含油气盆地构造—沉积响应研究与准噶尔盆地应用实践

蔚远江　◎等著

石油工业出版社

内 容 提 要

本书以构造沉积学、含油气盆地分析、构造—沉积响应与油气成藏效应分析等最新理论为指导，以地质、物探、测井等多学科综合研究方法与沉积地球化学、数理统计及计算机制图等多技术手段相结合，在含油气盆地构造—沉积响应原理、研究方法、研究进展综述的基础上，以我国的大型含油气盆地之一——准噶尔盆地为研究实例全面解剖，重点阐述了准噶尔地区二叠纪—第四纪原型盆地及其动力学演化，二叠纪以来准噶尔盆地原型及其构造环境演变的沉积—地球化学响应、腹部构造—沉积响应与油气勘探、西北缘构造—沉积响应与扇体岩性油气藏勘探，指出了准噶尔盆地西北缘扇体岩性油气藏精细勘探潜力与勘探方向、盆地腹部岩性油气藏勘探领域，并为近期勘探实践逐渐证实。

本书可供油气勘探开发工作者、生产及管理人员、高校师生参考阅读。

图书在版编目（CIP）数据

含油气盆地构造—沉积响应研究与准噶尔盆地应用实践 / 蔚远江等著 . —北京：石油工业出版社，2024.3

ISBN 978-7-5183-6463-3

Ⅰ.① 含… Ⅱ.① 蔚… Ⅲ.① 准噶尔盆地—含油气盆地—地质构造—研究 Ⅳ.① P618.130.2

中国国家版本馆 CIP 数据核字（2023）第 230458 号

出版发行：石油工业出版社
　　　　　（北京安定门外安华里 2 区 1 号　100011）
　　　　　网　　址：www.petropub.com
　　　　　编辑部：（010）64253017　　图书营销中心：（010）64523633
经　　销：全国新华书店
印　　刷：北京中石油彩色印刷有限责任公司

2024 年 3 月第 1 版　2024 年 3 月第 1 次印刷
787×1092 毫米　开本：1/16　印张：26.5
字数：670 千字

定价：300.00 元
（如出现印装质量问题，我社图书营销中心负责调换）

《含油气盆地构造—沉积响应研究与准噶尔盆地应用实践》
撰 写 人 员

蔚远江　何登发　芮宇润　胡素云　蔚镕檍　刘德勋

序

　　沉积盆地构造活动及其沉积响应的研究，对油气勘探工作起着至关重要的作用。在含油气盆地的长期勘探实践中，构造地质学家、沉积学家均从各自专业的角度开展研究，并逐渐形成了"构造—沉积响应"这一交叉学科研究方向。构造—沉积响应即构造活动（褶皱、断裂、底辟、沉降、隆升、剥蚀等）与沉积作用（沉积物源、搬运体系与沉积体系相应变化）之间的响应关系，主要阐述盆地和盆缘构造活动对沉积的控制作用和沉积作用对构造活动的响应特征，聚焦地层、沉积、构造和油气聚集子系统，涉及充填地层与沉积特性、构造沉积学、盆地类型划分及其原型恢复、源—汇体系分析与盆山耦合、沉积大地构造特性与盆地动力学、构造—沉积响应机制下的油气成藏效应等方面。

　　蔚远江博士等本书作者团队长期坚持和关注含油气盆地构造—沉积响应的研究，基于先后承担和参加的多项课题相关研究成果、近20年研究心得、资料总结集成，撰写了《含油气盆地构造—沉积响应研究与准噶尔盆地应用实践》一书。该书主要特色是集原理分析、方法总结、实例研究和应用于一身，集最新进展跟踪、交叉学科专论、长期成果总结之大成，立足全球视野，紧密跟踪板块构造观点下各类盆地构造—沉积响应的国内外最新研究进展和发展趋势，采取由国外现状与趋势到中国进展与实例研究和应用的渐进层次写作，研究深度、新度与跨度相结合，既有国外跟踪、洋为中用，又有国内实例分析和研究总结。提出了含油气盆地构造—沉积响应与油气成藏效应地质综合研究思路与方法系列，创建了前陆冲断带、复杂油气区（冲断）构造活动—砂砾岩扇体/砂体迁移沉积响应与油气成藏模式，指出准噶尔盆地西北缘扇体油气藏、腹部岩性油气藏勘探领域和有利方向，并为近期勘探实践逐渐证实。

　　本书作者之一的蔚远江博士于2002年8月进入中国石油勘探开发研究院

博士后站，2004 年出站留院工作，我是他的博士后导师。作为一级工程师，他长期扎根科研一线，爱岗敬业，认真勤奋工作，踏实潜心钻研，乐于担责与奉献，善于积累与总结，在盆地分析与构造—沉积学、（非）常规资源储层与地质综合评价、勘探规划部署与发展战略研究方面形成了自己的特色方向与专长领域。在我百岁期颐这一年，蔚远江同志主编了《寿登期颐 厚德生光——李德生院士百岁寿辰纪念集》一书，较高质量地完成了工作。非常高兴看到他与合作者的又一专著即将付梓印刷，欣然为序。

本书将丰富我国含油气盆地构造—沉积响应研究方法论和资料库，对推动含油气盆地构造沉积学理论、构造—沉积响应分析技术与这一交叉学科研究方向的发展有积极意义，值得大家一读。

中国科学院资深院士　李德生

　　含油气盆地构造—沉积响应研究是含油气盆地分析的核心内容之一，对油气勘探开发工作起着至关重要的作用。随着沉积盆地油气勘探的日渐深入和发展，含油气盆地构造活动与沉积作用的对应关系（即构造—沉积响应）为越来越多的学者所关注，已逐渐成为研究的热点，中国石油天然气股份有限公司（简称中国石油）在"十四五"科技重大专项中部署了相关研究内容。

　　构造—沉积响应即构造活动（褶皱、断裂、底辟、沉降、隆升、剥蚀等）与沉积作用（沉积物源、搬运体系与沉积体系相应变化）之间的响应关系，主要阐述构造活动对沉积的控制作用和沉积作用对构造活动的响应特征，聚焦地层、沉积、构造和油气聚集子系统，涉及充填地层与沉积特性、构造沉积学、盆地类型划分及其原型恢复、源—汇体系分析与盆山耦合、沉积大地构造特性与盆地动力学、构造—沉积响应机制下的油气成藏效应等方面，研究具有多学科跨越性和前沿性、多领域结合性与综合性。

　　准噶尔盆地是经历多期演化、复合发展的大型叠合含油气盆地，发育西北缘前陆冲断带这一巨型油气聚集带、南缘前陆冲断带和腹部等富油气区带，是新疆建设 5000×10^4 t 级大油气区的重要基础，对推动"一带一路"倡议、保障国家能源安全具有重要意义。笔者先后承担和参加了中国博士后科学基金项目"准噶尔西北缘逆冲构造—沉积响应耦合及扇控油气藏形成机理"、中国石油勘探开发研究院博士后研究课题"准噶尔盆地前陆冲断带构造—沉积响应与岩性油气藏勘探"，中国石油新疆油田项目"准噶尔盆地西北缘断裂构造特征、油气成藏演化与勘探方向"，中国石油天然气股份有限公司项目"准噶尔盆地及邻区石炭纪原型盆地与勘探潜力研究""油气重点预探项目跟踪分析与建议（2005—2010）新疆专题""股份公司油气勘探重点领域（前陆冲断带）评价优选"，以及中国工程院咨询研究项目"中国石油探区大型油气田勘探的重点领域和方向研究"等。

有感于国内尚缺乏深入探讨含油气盆地构造—沉积响应并与油气勘探领域和方向分析密切结合的交叉学科研究专著，笔者根据长期研究心得和成果资料总结，撰写完成本书。本书集原理分析、方法总结、实例研究和应用于一身，集最新进展跟踪、交叉学科专论、长期成果总结之大成，立足全球视野，紧密跟踪板块构造观点下各类盆地构造—沉积响应的国内外最新研究进展和发展趋势，采取由国外现状与趋势到中国进展与实例研究和应用的渐进层次写作，力争既有国外跟踪、洋为中用，又有国内实例分析和研究总结。

本书共八章，蔚远江负责全书构思和主持撰写工作，并执笔撰写前言。上篇为原理方法与研究综述，包括三章内容，第一章含油气盆地构造—沉积响应研究概述由蔚远江撰写；第二章含油气盆地构造—沉积响应原理和研究方法由蔚远江、何登发撰写；第三章含油气盆地构造—沉积响应研究进展综述由蔚远江、芮宇润撰写。下篇为实例研究与勘探应用，包括五章内容，第四章准噶尔盆地区域地质概况由蔚远江、芮宇润撰写；第五章准噶尔盆地二叠纪以来物源与构造背景演变的沉积—地球化学响应由蔚远江、芮宇润、蔚镕檍撰写；第六章准噶尔地区二叠纪—第四纪原型盆地及其动力学演化由蔚远江、何登发、胡素云、蔚镕檍撰写；第七章准噶尔盆地腹部构造—沉积响应与油气勘探由蔚远江、胡素云、芮宇润撰写；第八章准噶尔盆地西北缘构造—沉积响应与扇体油气藏勘探由蔚远江、何登发、蔚镕檍、刘德勋撰写。全书初稿统编由蔚远江完成，组织修改、审校由蔚远江、芮宇润完成，最后由蔚远江审改、定稿。

在历年项目研究、成果集成和本书撰写过程中，得到了中国石油天然气股份有限公司、中国石油新疆油田勘探处及勘探开发研究院、中国博士后基金会、中国石油勘探开发研究院博士后流动站，以及中国石油勘探开发研究院非常规研究所、石油天然气地质研究所、油气资源规划研究所、科研管理处等机构领导、专家的大力支持和帮助。感谢李德生院士、赵文智院士、朱庆忠教授、王红岩教授、赵喆教授、张宇高工、熊伟高工、赵群教授等在百忙之中不吝指导。本书选题、申报和出版得到了魏国齐教授、朱如凯教授、陈艳鹏高工的推荐和支持，室内外工作得到了中国石油勘探开发研究院李建忠教授、顾家裕教授、董大忠教授、张义杰教授、贾进斗教授、雷振宇教授、李晓波高工、张立平高工、石昕高工、吴晓智高工、刘志舟高工和西南石油大学周路教授、尹成教授等的大力支持、协作和帮助。张春宇博士、邓佳博士、田哲宇硕士、陶金雨硕士等协助整理了部分文献和数据。薄片鉴定和碎屑统计得到中国地质大学（北京）莫少龙教授的帮助。赵利涛、唐惠协助清绘了图件，王宇等整理了部分文献和表格，在此一并表示诚挚的谢意。

含油气盆地构造—沉积响应研究涉及面广，跨领域跨学科，持续研究难度大，一些细分领域和方向正处在不断深化与完善之中。由于本书是在繁重的日常科研工作之余编撰而成，加之笔者水平有限，虽尽最大努力，但书中疏漏或不妥、不足之处在所难免，恳请业内外专家、学者和读者提出宝贵意见。

2023 年 10 月 17 日是恩师李德生院士 101 岁寿辰的喜庆日子，先生是我们弟子和石油人的楷模，跟随先生多年，时时感受鼓舞，处处受到激励！谨以此书献给百岁导师李先生，祝先生永葆青春，永远健康！

特此再向提供过指导、支持、帮助和协作的各个单位、各个部门的各级领导、各位专家、所有同事和亲人表示衷心的感谢和敬意！谨将此书献给你们！

CONTENTS

目 录

上篇　原理方法与研究综述

第一章　含油气盆地构造—沉积响应研究概述 ················· 3

第一节　构造—沉积响应相关概念与内涵 ··············· 3

第二节　构造—沉积响应及其研究内容 ··············· 12

第三节　构造—沉积响应研究现状与发展趋势概述 ········· 17

参考文献 ······································· 20

第二章　含油气盆地构造—沉积响应原理和研究方法 ·········· 25

第一节　含油气盆地构造—沉积响应原理 ············· 25

第二节　含油气盆地构造—沉积响应研究思路和方案 ······· 39

第三节　正演分析法：构造作用对沉积的控制和影响研究 ····· 42

第四节　反演分析法：沉积作用对构造活动的响应和表征研究 ·· 58

第五节　实验测试分析法：构造—沉积响应时空关系印证研究 ·· 72

第六节　综合研究分析法：构造—沉积响应模式与成藏效应研究 · 92

参考文献 ······································· 99

第三章　含油气盆地构造—沉积响应研究进展综述 ··········· 107

第一节　前陆盆地构造—沉积响应研究进展 ············ 107

第二节　裂谷—断陷盆地构造—沉积响应研究进展 ········ 131

第三节　走滑—拉分盆地构造—沉积响应研究进展 ········ 144

参考文献 ······································· 152

下篇　实例研究与勘探应用

第四章　准噶尔盆地区域地质概况 ····················· 167

第一节　大地构造背景与基底特征 ················· 167

第二节　构造单元划分及区域构造特征 ··············· 169

第三节　地层分布与沉积体系特征 ··············· 171

第四节　构造层序特征与构造—沉积演化 ··············· 177

参考文献 ··············· 180

第五章　准噶尔盆地二叠纪以来物源与构造背景演变的沉积—地球化学响应
··············· 184

第一节　准噶尔地区的原型盆地分类 ··············· 184

第二节　准噶尔盆地物源与构造背景演化示踪样品采集与研究方法 ··············· 186

第三节　准噶尔盆地二叠纪以来砂砾岩碎屑组成特征及物源区分析 ··············· 190

第四节　准噶尔盆地二叠纪以来陆源碎屑成分与盆地构造环境分析 ··············· 200

第五节　准噶尔盆地二叠纪以来火山岩特征与构造环境判别 ··············· 208

第六节　准噶尔盆地二叠纪—侏罗纪物源区与构造背景演化示踪讨论 ··············· 212

参考文献 ··············· 217

第六章　准噶尔地区二叠纪—第四纪原型盆地及其动力学演化 ··············· 221

第一节　前二叠纪原型盆地形成与动力学演化概述 ··············· 221

第二节　准噶尔地区二叠纪原型盆地的形成与演化 ··············· 224

第三节　准噶尔地区三叠纪原型盆地的形成与演化 ··············· 241

第四节　准噶尔地区侏罗纪原型盆地的形成与演化 ··············· 248

第五节　准噶尔地区白垩纪原型盆地的形成与演化 ··············· 264

第六节　准噶尔地区新生代原型盆地的形成与演化 ··············· 270

第七节　原型盆地叠加改造、演化特征与油气成藏背景探讨 ··············· 278

参考文献 ··············· 283

第七章　准噶尔盆地腹部构造—沉积响应与油气勘探 ··············· 285

第一节　准噶尔盆地腹部断裂发育及构造特征 ··············· 285

第二节　腹部断裂活动对侏罗纪砂体沉积的控制作用 ··············· 287

第三节　腹部断裂活动对侏罗系油气聚集的控制作用 ··············· 292

第四节　腹部古地貌及古隆起活动对沉积和油气聚集的控制作用 ··············· 296

第五节　腹部多种成藏模式及岩性油气藏勘探领域 ··············· 316

参考文献 ··············· 321

第八章　准噶尔盆地西北缘构造—沉积响应与扇体油气藏勘探…………… 324

第一节　准噶尔盆地西北缘地质概况 …………………………………… 324

第二节　西北缘二叠纪—侏罗纪同生断裂活动与扇体发育特征 ………… 332

第三节　西北缘前陆冲断带挤压逆冲构造—扇体沉积响应讨论 ………… 361

第四节　西北缘前陆冲断带构造活动的层序地层响应 …………………… 365

第五节　西北缘前陆冲断带二叠纪—侏罗纪扇体成藏特征及成藏条件 ……… 371

第六节　扇体岩性油气藏精细勘探潜力与勘探方向 ……………………… 390

第七节　西北缘深化精细勘探存在问题与勘探建议 ……………………… 401

参考文献 ………………………………………………………………… 403

上篇　原理方法与研究综述

第一章　含油气盆地构造—沉积响应研究概述

　　沉积盆地构造活动及其沉积响应的研究，对油气勘探工作起着至关重要的作用。本章从构造—沉积响应相关概念和术语入手，先后介绍了构造沉积学、原型盆地、盆山耦合、盆地动力学，总结并归纳了不同学者的盆地分类方案，然后概述了构造—沉积响应的国内外研究进展以及未来发展趋势，以期为构造—沉积响应研究后续各章奠定基础。

第一节　构造—沉积响应相关概念与内涵

一、构造沉积学概念与特点

　　随着沉积盆地油气勘探的日渐深入和发展，含油气盆地构造活动与沉积作用的对应关系为越来越多的学者所关注，逐渐形成了大地构造学（更确切地说是板块构造学）与沉积学相互渗透和融合的一门分支学科——构造沉积学（Tectonic Sedimentology）。中国学者最早提出了构造沉积学的定义（柯保嘉，1992），经历近些年的不断完善后，通常认为构造沉积学以板块构造和沉积学的基本原理为理论基础，探讨各类沉积盆地的大地构造背景、构造环境、构造活动特点和机理、构造（活动）对盆地形成和演化的控制作用；研究含油气盆地的沉积作用、沉积物特征、沉积分布和演化及其对构造作用的响应特点，从宏观上和整体上认识这些特征和特点出现的规律性。

　　构造沉积学研究既强调通过确定研究区构造属性来阐明沉积作用的特点，又重视利用沉积学的研究结果来帮助判断大地构造背景，它们是一个密切相关的有机整体。其研究目的是通过构造作用来了解沉积盆地的沉积动力过程，建立不同大地构造条件与沉积作用的对应关系，最终科学地恢复原型盆地，认识地壳及岩石圈的演化特点，指导人类的经济活动。

二、原型盆地概念、类型与恢复

1. 原型盆地的概念

　　盆地原型这一术语最早见于 Klemme（1974）的文献中，当时仅指盆地原始形态类型，概念上并不完全与盆地形成的地球动力学相关。中国地学界对其讨论较多，目前相关认识不尽一致。朱夏教授（1986）认为一个结构单元是一种构造型式，也是一个沉积实体，某一特定地史时期内形成的原始状态意义上的沉积盆地，就称为盆地原型（Proto-type）。张抗（2000）认为原型盆地是"受单一动力机制所产生的盆地沉降类型和结构实体，换言之，它是指具相同大地构造特征的沉积堆积体"。张渝昌等（1997）提出盆地的原型是从现今"结构复杂的盆地"中恢复当时地史阶段运动体制下受单一动力机制所产生的盆地沉降类型和结构实体。刘池洋等（2000）认为盆地原型不仅指盆地的原始类型，而且还指地史上盆地发育过程中沉积建造及展布、构造变形、水动力、热动力、区域构造背景、地理环境和盆地类型等方面的原始状况或原始面貌。赵文智等（2000）认为原型盆地指在原始沉积阶段，于特定的构造环境中形成的并在整个盆地发育的大部分时间或以最大的频次被汇水所占据和侵漫的负向区域；地形上包括了低洼盆地及相关沉积体系所能涉及的广大斜坡区。童晓光等（2001）认为在不同的地质时期或阶段，盆地所处的构造沉积环境与热状态不一样，它们所处的盆地类型也不相同，盆地内的沉积充填、沉积机理、变形样式等也有较大的变化，从而有机质的赋存环境、堆积速率、保存条件是不相同的。在这个特定的构造与沉积背景下形成的相应盆地类型，称为原型盆地。也就是说，每一地质时期（相当于一个构造层的形成时间）的盆地实体有相对稳定的大地构造环境（构造背景与深部热体制），有某种占主导地位的沉降机制，有一套沉积充填组合，有一个确定的盆地边界（虽然此边界常常难以恢复），这样的盆地实体可以称作该阶段的"盆地原型"或"原型盆地"（何登发等，2004）。温志新等（2012）在原型盆地研究的基础之上，还提出了主要原型盆地和次要原型盆地的概念。每个阶段一般能够形成固定的盆地类型，称之为相应阶段的原型盆地，其中各个阶段一定形成的原型盆地，称之为主要原型盆地；而可能形成的原型盆地，称之为次要原型盆地（孟祥化等，1993；温志新等，2012）。

笔者认为，在不同的地质历史时期或阶段，盆地所处的构造沉积环境、热体制、沉积充填、盆地类型等并不完全相同，它们所决定的每一阶段的盆地实体与相应的成油气环境各异，这种各个阶段或时期的原始盆地可以称之为"原型盆地"。各个时期构造体制与热体制的变化主要体现在构造沉降（或隆升）、断裂或褶皱变形、古地温梯度、沉积充填等方面，以构造体制与热体制的变化或转折"点"为界，可将两次变化之间的时间段厘定为"原型盆地发育的时间"。

就某一阶段而言，一个盆地可以由若干小或亚盆地（Sub-basin）组成，它们的类型可以不一样，例如，一侧是伸展型盆地，另一侧可以是挤压型盆地，还可以具有走滑边界及相关盆地。它们共同组合成一个盆地的"方式"取决于具体的地球动力学背景。这就是"原型盆地"的横向"复合"。张渝昌等（1997）称之为盆地原型的并列，也就是同一世代两个或两个以上的原型所构成的统一沉降实体，原型并列控制着油气的形成。

随着地质历史的发展，不同阶段的"原型盆地"在空间上要发生交切、叠加，叠加的方式则取决于运动体制变化与作用方式。既可以在前一阶段的盆地基础上"平稳"发展，也可以是对以前阶段的盆地进行改造，如剥蚀、断裂、褶皱、深埋等。这就是"原型盆地"的纵向"叠合"。张渝昌等（1997）称之为盆地原型的叠加，即盆地原型或其并列实体被新的原型取代而叠置的关系，主要包括沉积的上叠和运动的叠加改造。原型盆地的叠加控制了油气的分布。

因此，现今所见盆地是在地质历史发展过程中随着运动体制的不断变化，由众多不同类型的盆地以横向复合、纵向叠合的方式形成的"复式"盆地。世界上许多大型盆地是由不同地质时代、不同成因类型的盆地叠合而成的，其形态和边界常由后期相对年轻的盆地的构造边界所决定（李思田，2004）。"叠合复合盆地"是大多数具多旋回演化特点盆地的共性，而它们的特殊性取决于"叠合、复合"的具体方式。原型盆地随地史发展呈序次性世代演化，盆地是原型的组合。它们在时空上的并列和叠加关系反映了盆地系统边界条件的动态变化。

国外地质学家 Weeks 早在 1958 年就提出"要了解石油的产出，就必须回到原始沉积盆地中去"，前人已深刻认识到原始盆地的特点对油气分布的控制作用。既然大多数盆地是"原型盆地叠合、复合"的结果，因此，要了解油气产出的具体特点，就需要开展构造—沉积响应研究，对不同时期的原型盆地特点进行描述，对原型盆地复合、叠加的过程进行刻画，既要掌握当时盆地实体的构造形态特征，又要明确盆地沉降、沉积充填情况，以及复合、叠加过程。只有当这些内容全部分析透彻，才能更有把握地寻找出控制油气形成与分布的根本性因素。

2. 原型盆地类型划分

在很大程度上，前人的许多沉积盆地划分方案都相当于原型盆地划分方案，因此原型盆地的分类可以参考沉积盆地的分类。国内外较有代表性的分类方案（Halbouty，1970；Dickinson，1976；朱夏，1965，1982；刘和甫，1983；孟祥化，1993；田在艺，1996），更多考虑的是盆地形成的地壳性质、动力学背景和沉降机制等因素。如朱夏（1982）将古生代盆地划分为 6 种原型、中—新生代盆地划分出 7 类原型；张渝昌等（1997）按照一定地史阶段运动体制下岩石圈的组成类型、所属板块构造位置、动力作用方式，包括构造—热体制及其相互转化所产生的地壳沉降结构，将盆地类型划分为 4 类构造环境下的 15 种原型；孟祥化（1993）划分出 6 大类 17 种原型盆地；温志新等（2012）以板块构造演化历史为时间线索，用动态方法将全球处于一个威尔逊旋回的现今盆地划分为 12 种类型，2014 年又根据经历一个完整周期的板块构造演化，将原型盆地分为 6 大类 17 小类（温志新等，2014）。总之，目前的原型盆地划分仍众说纷纭，尚无一个公认的统一分类方案。

原型盆地的类型，主要包括裂陷（裂谷断陷）、拗拉谷（拗拉槽）、克拉通内拗陷（台内拗陷）、克拉通边缘拗陷（陆缘拗陷）、弧前拗陷、弧后扩张盆地、碰撞前渊（前陆盆地）、塌陷盆地、走滑拉分、拉张断陷等（曹成润，2005；Galloway，1998；解习农等，2012）。本书在原型盆地划分原则及方法的基础上，结合中国含油气盆地勘探实践和油气工业应用现状，将最常见的原型盆地主要类型划分为前陆盆地、断陷盆地、裂谷盆地、走滑—拉分盆地和克拉通盆地 5 种。

3. 盆地"原型"及原型盆地恢复的内涵与意义

盆地"原型"中文一词，由朱夏最早提出，并赋予了特定的内涵和盆地研究意义。

刘池洋等（2020）将朱夏的盆地原型内涵及思想综合理解和归纳为：（1）盆地原型指某一特定地史阶段一种地球动力机制（一定构造环境下）形成的一个结构构造形式和沉积实体单元，不同动力机制或环境可以产生出不同类型的盆地原型；（2）各原型形成的主要机制有 A 型俯冲、基底拆离、大陆碰撞、与深部作用有关的差异沉降、拉张断陷、断层走滑及其引起的拉张与断陷、重力滑移的改造作用（朱夏等，1983；朱夏，1983，1986）。由这些原型和形成动力机制的类型名称可知，盆地原型可简洁、明了地理解或表述为盆地形成单一动力机制（环境）的原本构造动力类型（属性）；（3）（小型）简单盆地只有一个盆地原型，大型复杂盆地总是包含着若干个不同类型的盆地原型，是由若干盆地原型经构造运动改造后在横向上复合或在纵向上叠加而成。对同一原型的盆地来说，共性是主要的。随时间发展，盆地原型的类型是变化的。几种不同类型的盆地原型在空间并列、时间叠加，组合成了各有特色、统一的（较）大型含油气盆地整体。可以按地球动力学的机制来区分、类比的是这类原型，而不是它们的组合——盆地。

早期原型盆地在地质历史演化过程中，往往被后期的构造运动所改造，甚至破坏，导致后期盆地的改造和叠加，往往只能保留原型盆地面貌的一部分。原型盆地恢复，就是利用综合分析方法，把盆地视为一个整体，通过对盆地构造作用和沉积充填作用的时空分析和特征研究，恢复（或再造）盆地原型和分析后期构造运动的改造作用，重塑每一地质时期的盆地"原型"或原始面貌。刘池洋等（2020）深刻阐述其研究意义为：（1）在科学理论方面，是朱夏 20 世纪 80 年代"含油气盆地 TSM 系统研究程式"之中的重要组成部分，是衔接沉积盆地与成盆动力学环境的关键环节；（2）在理论研究和应用实践方面，盆地原型赋予了盆地的形成动力学机制，在宏观、整体上控制着盆地形成演化的特征和油气等沉积矿产的赋存、成藏和分布，使以盆地为对象，进行大地构造学、盆地动力学等科学研究和油气等沉积矿产勘探评价有了可对比的基础和可操作的结构要素。

4. 原型盆地恢复存在的局限性

古老的盆地原型往往被后来的构造运动所改造、破坏，或者只残留一部分，因而恢复或判断某一地史时期的盆地原型绝非易事。后期的构造作用常使早期的盆地发生变形，破坏了其原有的完整性。抬升和剥蚀作用可导致早期大型盆地变得支离破碎，原有的盆地边界消失，沉积相带缺乏连续性，甚至也可能导致一些小型盆地完全消失。后期盆地的叠加也可强烈改造早期存在的盆地，不同叠加方式或不同类型盆地的相互叠置可使早期盆地的原始格架变得十分复杂。尤其在盆地和造山带的过渡地带，早期盆地很可能由于强烈的大规模逆冲推覆作用而被构造岩片所掩盖；在某一时期相邻两个盆地的关系也由于后期的构造作用而变得模糊不清。总之，遭受改造盆地的原盆和原型恢复难度大，因其形成作用多样、改造过程复杂、恢复的证据和结论多解性强。原型盆地越是古老，被改造的期次也就越多，现今的构造面貌也就越复杂，对其恢复的难度也就越大。

对原型盆地的恢复很难达到完全准确的目标，而只能求得一种合理性，只能对原型盆地的某一方面进行研究，且为定性研究，尚不能完全定量分析。目前主要是以残留盆地为基础，从盆地形成时的构造背景、热体制及后期构造演化、沉积演化等方面进行的原型盆地恢复（张磊，2009）。

国际学术界缺乏一个统一的沉积盆地分类方案。绝大多数学者采用基于大地构造背景的划分，但一些沉积盆地在这些分类方案中尚没有包括，例如广泛分布在造山带内部的山间盆地、明显受海平面变化控制的沉积盆地等（胡修棉等，2021）。也有一些学者过分强调盆地的沉降机制作为盆地分类的要素，导致原型盆地恢复在术语体系中存在很大的不一致，增加了认识上的困难。"以偏概全、将今论古、词不达意"三个表现是我国学术界对沉积盆地类型理解方面的突出问题（刘池洋等，2015）。

自然界既存在单一动力学机制下形成的沉积盆地，也存在几种动力学机制在同一时期形成的沉积盆地，有学者称之为"复合盆地"（胡修棉等，2021），这也容易导致原型盆地恢复的多解性和难度性。例如北拉萨地块班戈地区早白垩世晚期既有受新特提斯洋俯冲相关的多尼组，又发育受拉萨—羌塘碰撞相关的多巴组，形成弧后—周缘复合前陆盆地（Lai et al.，2019）。

目前在造山带研究中，针对每一类沉积盆地尚未总结出可靠的、有效的判别标准（胡修棉等，2021）。越来越多的研究者认识到，每一个沉积盆地都是独特的。即便是同一类大地构造背景的沉积盆地，也总是表现出明显的差异性。原型盆地判别标准的不统一，造成了原型盆地恢复的困难和不确定性，也是导致争议的一个重要原因。

三、中国含油气盆地类型及其划分

含油气盆地指具备成烃要素、有过成烃过程或正在发生油气生成、运移和聚集，并已发现有商业价值油气聚集的沉积盆地，其类型划分可以参照沉积盆地的分类方法。许多国外学者提出了有一定影响力的盆地类型划分方案（Halbout et al.，1970；Dickinson，1974，1976；Bally，1975，1980；Kingston，1983；Miall，1990；Ingersoll et al.，1995），一些国内学者结合中国地质特点的盆地分类方案也具有一定代表性（朱夏，1965，1979，1982，1983；李德生，1982；刘和甫，1983，1993；陈发景，1982，1986；孟祥化，1993；彭作林，1995；田在艺，1996）。

其中，李德生（1982）按照基本构造类型将中国含油气盆地分为3种，同时还总结了中国主要含油气盆地区域构造属性和地质构造的演化过程。陈发景（1986）参考了Klemme、Dickinson、Bally等人的分类方案，又借用了地槽说的一些术语，针对中国实际情况进行重新组合，提出3大类和4种沉降机制类型（表1-1）。罗志立等（1988）根据中国板块构造运动和陆相盆地形成特点将中国盆地分为4类10种。康玉柱（2014）将沉积盆地分类标准进行了再整合，依据大地构造背景及环境、构造体系特征、地球动力学等因素，盆地形成演化及纵横向结构特征，盆地充填沉积及相变这3项标准，将众多盆地从总体上划分为古生代克拉通盆地、中—新生代断陷盆地（包括大陆边缘盆地等）和中—新生代前陆盆地三大类。王成善等（2003）在《沉积盆地分析原理与方法》一书中，详细总结了国际和国内流行的盆地分类方案。

表 1-1　盆地分类方案（据陈发景，1986）

与离散板块运动有关的盆地	大陆内坳陷（盆地）	差异沉降坳陷盆地
		整体沉降坳陷盆地
	大陆内裂谷或断陷（盆地）	地幔柱成因裂谷盆地
		与俯冲作用有关的裂谷盆地
	拗拉槽盆地	
	被动陆缘坳陷盆地	
	被动大陆内部和被动陆缘坳陷盆地	
与会聚板块运动有关的盆地	与 B 型俯冲带有关的盆地，按其岛弧中的位置可以细分	弧前盆地
		弧间坳陷或断陷盆地
		弧后盆地
	与 A 型俯冲带或基底滑移有关，克拉通和周缘前渊或断陷，或类似前渊型坳陷盆地	
	与大陆碰撞作用有关的盆地 — 碰撞裂谷	
	与大陆碰撞作用有关的盆地 — 造山后盆地	山前坳陷或断陷盆地，山间坳陷或断陷盆地，山脉围绕的中间稳定断块盆地
	俯冲或碰撞作用形成的塌陷盆地	
与转换断层或平移断层有关的断陷盆地		

　　总体上，国内外不同学者对盆地分类方案的研究角度和出发点不同，导致对盆地分类原则或依据的种种差异。较多考虑的划分依据是板块构造背景，主要包括：（1）盆地所处的地壳类型或性质；（2）盆地所处板块边缘位置；（3）板块相互作用的类型；（4）盆地沉降机制和动力学性质（曹成润，2005），先后出现了以槽台学说为基础的固定论划分、以板块学说为基础的活动论划分、以地球动力学为基础的动力学划分三大类方案。需要指出的是，任何一种盆地分类方案都代表了一定的学术思想，与当时的学术观点和具体认识程度有关。所以在探究未知的盆地类型时，不能完全照搬。应当根据研究区的实际情况，对该区的板块构造属性、构造动力学机制、岩石圈和地壳类型、大陆边缘类型、岩浆活动程度及沉积层序类型等进行详细分析，从而准确地判定盆地的类型（康玉柱，2014）。

　　总体看来，盆地的形成和发展主要与深部动力学背景、岩石圈变形机制及沉积过程直接相关。对中国油气勘探实际而言，目前最为现实、讨论较多的还是大陆内部的盆地，诸多学者分类方案中的趋同点日渐增多，地球动力学分类方案渐趋流行。

四、盆山耦合与盆地动力学

1. 盆山耦合

　　"耦合"一词指两个地质体系之间存在各种相互作用而表现出的具有成因联系的现象。刘少峰等（1999）认为耦合一词的基本含义包括两方面，即成对性和成因联系；成对性指事物发展的两个方面，成因联系是事物两个方面的相互影响和相互制约。"盆山耦合"指造山带体系与盆地体系之间通过各种相互作用彼此影响的过程，主要包括冲断造山带与前陆盆地、伸展山岭与裂陷盆地、走滑造山带与走滑盆地在构造、沉积和深部结构上的耦合现象。盆地和造山带的形成演化不是孤立的，而是存在密切的时空关系和成因联系。在时空结构上，盆山之间具有协调性和承接性；表壳和地壳深层物质转化与运移上存在近于等量的互补关系；造山带的隆升与盆地的沉降存在着统一的动力学机制。造山带控制了盆地发育，既包括对造山过程各个阶段大陆边缘盆地发育的控制，也包括造山作用的陆内响应，即对克拉通盆地发育的控制；作为对造山作用的响应，盆地内沉积记录蕴含了造山过程的大量信息甚至细节。

国际上并无"盆山耦合"的提法，而是关注"岩石圈深部过程与近地表构造过程耦合"。关注的研究重点是去认知岩石圈深部过程与近地表构造过程耦合的精细构造（曹成润，2005）。

中国"盆山耦合"的概念出现于20世纪90年代。李思田（1995）将造山带变形史与盆地演化发展间的关系称为"耦合关系"。丁道桂等（1999）对"盆山耦合"的含义进行了概括，认为造山带与盆地是在一个统一的构造框架和地球动力学体制下形成的，造山带可看作沉积盆地演化的最终产物；造山带与盆地构造耦合关系研究就是把盆地与造山带作为一个在形成与时空演化上的统一体加以研究，一方面重塑某一地质历史时期大陆边缘的构造环境、沉积序列、当时的热状态、判别控制油气生成的盆地原型及油气资源的潜量，另一方面深入研究盆地周边造山带形成的地球动力学机制、造山作用方式和运动学过程，以及对盆地的改造、油气的控制作用与发展模式。吴根耀等（2012）强调在不同的构造发展阶段，耦合方式也可能不同，甚至出现脱耦现象。

由此可见中国学者围绕造山带与沉积盆地间的地球动力学系统、沉积、构造和深部结构上的耦合关系提出了各种不同的定义，但大多强调了体系之间的各种相互作用。并且由于构造运动的多期次和多旋回性形成了叠合盆地格局。中国大陆不但发育多种类型的盆山耦合系统，并且造就了盆山耦合的多阶段性（李凤杰等，2008）。

对盆山耦合内涵的认识，学者之间存在着共识，均将盆山之间的相互作用看作是盆山耦合的主要内容（吴根耀等，2003）。盆山耦合是壳—幔作用在浅层的响应，主要存在4种形成机制：（1）底侵作用，产生变质核杂岩—岩浆块断山系与陆内裂陷盆地耦合；（2）底辟作用，主要发生在俯冲阶段的局部地幔对流与上涌，产生岩浆弧造山带与弧后裂陷盆地耦合；（3）负荷作用，主要发生在碰撞造山阶段，产生造山带地壳增厚与相邻地壳挠曲，形成造山带与前陆盆地耦合；（4）拆沉作用，主要发生在后造山阶段，山根的拆沉产生晚期伸展造山带与后继裂陷盆地的耦合。

在盆山耦合的实际研究中，往往只注重造山带对盆地的影响，而盆地对造山作用响应的研究很薄弱。例如目前在沉积学方面主要根据某些沉积物（特别是同造山期沉积物）的研究，来对造山过程提出新的解释。一是根据同造山期沉积特征研究，恢复造山带的地球动力学演化。康玉柱（2014）报道了Leiss（1990）对Northern Calcareous Alps白垩纪同造山期沉积的研究，不仅确定了推覆体的年龄，阐明了构造作用，而且发现挤压作用会造成自发沉积作用（浊积岩、碎屑岩和滑塌沉积），对该造山带的造山作用和地球动力学演化提出了新的解释。二是以砾岩等粗碎屑岩为标志研究沉积和构造演化的关系，粗碎屑岩一般可作为沉积盆地内沉积源区和构造作用最清楚、最直接的记录。三是根据前陆盆地的沉积作用恢复造山作用过程、造山事件。但造山带的剥蚀产物堆积于旁侧的盆地中，只能说明造山带对盆地施加了一定的影响；反过来，盆地对造山带的影响却很少考虑，应加强研究。仅仅从造山带的剥蚀与盆地的充填角度研究盆山耦合也是不够的，应加强多角度、多学科综合分析。

盆山耦合作用与构造应力关系十分密切，同一应力场导致的盆地与山脉并列伴生是常见的现象；岩石圈的挠曲、断陷、冷沉降都是应力场作用的衍生现象。软流圈的对流是导致应力场生成与演变的基本动力。岩石圈变形过程引起的盆山耦合现象的直接力源是构造应力场，而一级动力来自地幔对流。故盆地与山脉耦合的类型划分，以大区域应力场作为背景。这种分类只能应用于地球本身动力所形成的盆山耦合，不能包括地外物体撞击形成的盆山耦合。因此，作为动力分类还必须把地外物体撞击形成的盆山耦合类型包括进来（表 1-2）。

表 1-2　盆山耦合的动力学分类（据李继亮，2003）

地球内部动力形成的盆山耦合	水平应力场形成的盆山耦合	（1）张应力场的盆山耦合
		（2）挤压应力场的盆山耦合
		（3）走滑应力场的盆山耦合： ①走滑挤压应力场的盆山耦合； ②走滑引张应力场的盆山耦合
	垂向应力场形成的盆山耦合	地幔柱引起的盆山耦合
地外物体冲击形成的盆山耦合		冲击坑与周边山脉的耦合

现今对盆山耦合关系的认识是从对前陆褶皱逆冲带与前陆盆地演化的研究开始获得的，对盆山耦合过程的沉积响应研究较多地集中在挤压造山带楔状体向盆内推进过程的响应。以大别山北侧合肥盆地的研究最具特色，通过对盆内古水流方向、碎屑矿物组成、同位素及地球化学等方面的研究，直接反演和恢复超高压变质岩折返过程及其时限（王清晨，2003）。

走滑盆地对走滑造山带、伸展盆地对伸展山岭的沉积响应，以往的研究多集中在通过沉积时代来确定控盆断裂的活动时间，如对于郯庐断裂和哀牢山断裂与相关盆地的研究（刘德民，2002）。盆山耦合研究主要集中在造山带与盆地深部构造的耦合关系、大陆边缘构造演化与盆地原型及时空分布、造山带形成与盆地改造变形关系等方面。

克拉通盆地在大陆动力学中有着重要的地位（张进，2004）。但其盆山耦合关系的研究很少。人们已经注意到大型克拉通盆地的形成与一些造山作用有密切关系，例如北美的伊利诺伊盆地、密歇根盆地的形成与阿巴拉契亚的造山运动有关（Root et al., 1999；刘和甫，2001）。

2. 盆地动力学

盆地动力学的概念于 20 世纪 90 年代由国外学者 Dickinson（1993）提出并延展深化，

认为准静态盆地分类应该走向更具有动力学意义和适应性的分类，盆地研究应转向盆地形成过程的动力学分析，使盆地由静态的类型研究转变为动态的过程研究。研究的关键是盆地的沉降机制及其与构造过程关系的确定，结合板块边界类型的认识即可恢复盆地形成及其动力学演化的过程。杨仁超（2006）认为盆地动力学是通过研究发生在地球深部（包括地壳和岩石圈以下）的物质、能量交换和平衡过程，来揭示盆地成因、演化机制、成矿过程及其全部动力学过程的一门科学。刘池洋（2008）将盆地动力学定义为直接控制和明显影响盆地沉降和沉积充填的地球内、外动力地质作用有机耦合的统一动力学系统和演化过程。沉积盆地动力学分析，既包括盆地沉积充填、地层流体形成过程、演化、机制及其控制因素分析，也包括直接控制和影响盆地沉积充填和地层流体的地球内、外动力地质作用及其动力学机制分析，是地球动力学研究的重要组成部分（解习农等，2012），同时也是沉积盆地分析蓬勃发展的重要产物。

盆地动力学的主要研究内容，可归纳为以沉积学分析为主的盆地充填动力学研究、以构造地质学分析为主的盆地构造动力学研究、以地球动力学背景分析为主的盆地形成演化动力学研究、以油气系统演化分析为主的盆地多学科交叉流体动力学研究4个方面（李思田等，2015；解习农等，2012），详见表1-3。

表1-3　沉积盆地动力学研究纲要（据李思田，2015，修改）

盆地沉积充填动力学研究	（1）进行构造地层分析，识别主要的不整合面—古构造运动面，划分构造地层单元和构成叠合盆地的原型序列； （2）重要研究区应用层序地层的方法建立高精度等时地层格架； （3）分阶段进行沉积体系研究及源—汇系统分析； （4）编制古环境图（精细时段）和古地理图，分析沉积环境格局的动态演化； （5）成岩作用特别是深埋成岩作用研究； （6）盆地充填序列中的古气候和古环境记录
盆地构造动力学研究	（1）根据盆地的构造样式及动力学机制确定其形成的动力学类型（伸展、挠曲、走滑或复合机制）； （2）盆地的沉降史和热历史分析； （3）根据地震、测井资料精细编制全盆主要界面的构造图； （4）各原型盆地构造单元划分和整体构造格局研究（隆起、凹陷分布对油气系统至关重要）； （5）盆地整体的三维构造格架和原型盆地的演化序列
盆地形成演化动力学研究	（1）盆地基底特征（地壳、岩石圈的物理性质和深层主要界面的起伏）； （2）盆地在板块构造、大陆动力学系统中的时空关系； （3）盆地与相邻造山带构造事件的对比研究； （4）应用地球物理方法获得岩石圈深部及地幔的影像； （5）根据岩浆岩的岩石—地球化学参数判断深部地幔过程及其对盆地演化的影响
盆地油气系统流体动力学研究	（1）生烃源岩的性质和分布； （2）生烃凹陷识别及生烃动力学； （3）储层类型及特征，储集性的决定因素； （4）盆地中的圈闭类型、分布及区带； （5）与生、排烃和聚集相关的能量场研究（压力场、地热场）； （6）流体运移及输导系统的动力学特征； （7）油气系统演化的动力学分析及预测

结合表1-3可知，盆地沉积充填动力学主要研究盆地内充填物的内部构成、空间展布及其演变规律，包括充填物的成因及其沉积作用过程分析、充填物的地层属性分析、充填序列、地层格架及沉积体的空间配置。盆地流体动力学主要研究沉积盆地范围内温度场、压力场和化学场等各种物理化学场的形成演化，以及在地层流体输导网络的格架下流体运动过程及其活动规律。

近十多年来，盆地动力学研究在盆地或盆山深部结构及构造分析、盆地动力学成因分析、深水沉积动力学、高精度层序地层学、盆地充填与源—汇系统分析、造山带沉积记录与沉积盆地构造、构造沉积学与综合古地理、源区剥蚀过程及其深部响应、大陆边缘盆地动力学、盆地流体动力学及成岩—成藏（矿）等方面取得了长足的进展。

大陆动力学研究促进盆山耦合分析在时空两方面不断深化：（1）在空间上，地表盆山耦合主要是深部壳—幔作用在浅层的响应，如深部的底侵作用、拆沉作用及底辟作用等，从岩石圈动力学深化到地幔动力学；（2）在时间上，深入到后造山阶段的大陆旋回，大洋旋回以盆山转化为主旋律，如威尔逊旋回6个演化阶段中出现的各类原型盆地（刘和甫，2001）。

未来盆地动力学将更多注重于地球深部过程的研究，从定性向定量组建三维模拟地质模型、高精度地球物理技术和方法不断更新发展，地球动力学快速发展将大大推动盆地动力学和理论技术发展，以便对能源资源分布的掌控和长期的勘探工作具有指导意义（杨仁超，2006；解习农等，2012）。

第二节　构造—沉积响应及其研究内容

一、构造—沉积响应概念及内涵

构造—沉积响应即构造活动（褶皱、断裂、底辟、沉降、隆升、剥蚀等）与沉积作用（沉积物源、搬运体系与沉积体系相应变化）之间的响应关系，主要阐述构造活动对沉积的控制作用和沉积作用对构造活动的响应特征，是构造沉积学的主要研究内容，研究对象为（含油气）沉积盆地。在含油气盆地中，油气的时空分布规律是受盆地形成的构造和沉积环境等因素支配的，盆地的构造特征、沉积演化控制着油气在盆地中生成、运移、聚集和保存的整个过程。通过将某一含油气盆地作为与周边区域具有生成联系的一个构造单元或独立系统，分析各种构造背景中构造的形成与分布规律，研究盆地的沉积—构造层序及其纵横序列、构造旋回和构造事件，探讨盆地形成、发展和演化过程与机制（包括盆地的改造期次与型式）及其沉积作用，最终建立构造作用—沉积响应模式及构造—沉积响应机制下的油气分布模式，指导油气勘探开发等经济活动。

沉积盆地及盆外物源区一旦发生大型构造运动，有新的山地抬升出现，会引起汇入盆地的水系、基底和古地理格局等发生重大调整，出现沉积相带的变迁，影响沉积岩或沉积相的类型和分布规律。构造—沉积响应研究主要关注沉积盆地对盆内及盆缘构造活动、对相邻造山带的沉积响应关系，即通过沉积响应去重塑盆内构造活动特征及其演化、盆—山耦合过程及相邻造山带的演化。恢复造山带地层序列，除构造学、古地磁学等方法外，最直观、最醒目的仍是沉积作用留下的各种沉积记录和时空演化标志。特别是原生沉积构造，多为原生沉积作用留下的烙印，往往可以代表生成的沉积环境，是沉积岩、浅变质岩地层序列赖以建立的基础。另一方面，各种已知大陆构造背景或已知盆地成因类型中沉积充填物时空演化规律的研究，将有助于了解盆内及周缘构造如何控制沉积作用，基于造山带地层序列、古动力学条件和古构造环境恢复，建立不同大地构造条件与沉积作用的对应关系，从而认识盆地动力学与沉积作用之间的因果关系、地壳及岩石圈演化特点（柯保嘉，1992；Klemme，1974；朱夏，1986；张渝昌等，1997）。

构造控制的沉积盆地和邻近造山带是在同一地球动力学背景和构造框架下形成的两个构造单元，两者在空间上相互依存，物质上相互转化。盆地的沉积作用是造山作用、造山事件最好的记录，其形成演化与造山带发展密切相关，并因其所处的特殊构造而成为解决造山带许多疑难问题的关键，尤其是解决主造山期造山带的结构、构造和动力学机制的关键（柯保嘉，1992）。而对于盆内及盆缘构造活动和变形的研究，必须与毗邻盆地的沉积作用研究相结合，通过盆地的构造—沉积特征综合分析来反演构造过程。

通常，自然界对构造运动，以及由此引起的气候旋回、物源供给、海或湖平面升降变化等的响应绝大部分都会保留在沉积记录中，它赋予了构造—沉积响应研究如下两方面内涵：

（1）通过对盆地和盆缘构造活动的分析，了解构造作用对沉积作用（方式、模式）、沉积物的发育和分布规律、沉积物的充填—叠置和迁移规律，以及对生储盖配置关系的控制作用和影响。

（2）从盆地沉积记录（主要包括沉积类型、沉积样式、沉积体迁移、沉积岩相及分布规律、沉积物聚集速度、沉降速率、层序界面、物源类型、物源区的分布和改变等）识别和描述其所反映的地质事件来重塑古构造作用（主要包括构造活动的类型、方式和期次、冲断带或构造隆升活动机制与隆升时间、前缘隆起发育与迁移规律等）。

二、构造—沉积响应研究内容

由前述概念和内涵可知，构造—沉积响应研究是一项复杂的系统工程，这是由造山带和沉积盆地本身的结构、沉积和构造的复杂性决定的。其研究应重点聚焦地层、沉积和构造三个子系统。又分三个层次，根据每个子系统现存的物质记录，通过专题研究和综合分析，分别确定各子系统的综合特征。而后进行更高层次的构造—沉积响应综合研究，以厘定构造—沉积响应模式、构造—沉积响应机制下的油气成藏效应和油气分布特点，确定盆地形成、演化机制及勘探策略，主要包括如下内容。

1. 充填地层特性研究

一是盆地充填组分（岩石组分及类型、生物化石组分及组合等）特征研究。通常利用最新钻井资料、地震剖面及野外露头，结合前人研究及区域资料，重点关注地层结构、厚度和充填形态，尤其是主要不整合接触关系、事件地层学、构造地层学信息和特征的研究。

二是充填地层格架研究。盆地充填地层格架由沉积盆地的外部和内部几何形态及充填盆地的地层堆积性质等要素组成。盆地的外部形态可由盆地充填体的空间形态所反映，包括平面几何形态和剖面几何形态；盆地的内部几何形态由盆地内部单个地层单元和单元序列充填体的空间几何形态所反映。因此，根据盆地充填地层格架可以厘定盆地的几何形态和构造样式，进而确定盆地性质和盆地形成机制及动力学。研究表明，不同性质和类型的盆地具有不同的盆地充填地层格架，即使同一种性质的盆地由于具体构造背景不同亦可形成不同的盆地充填地层格架，如对称性前陆盆地与不对称性前陆盆地的地层格架不同，反映的盆山耦合关系也不相同。因此，盆地充填地层格架将为深入研究构造作用和沉积作用之间的关系提供重要途径。随着盆地露头、钻井、重力、航磁，特别是地震反射剖面资料的积累，已能展现时间地层关系并确定盆地几何形态和充填物的内部几何形态，为大尺度研究盆地充填地层格架奠定基础。

三是盆地充填序列分析。盆地充填序列是盆地演化的历史记录，沉积组合的交替反映了构造演化的阶段性。位于同一盆地群中的盆地充填序列往往有惊人的相似性，相距很远的同期、同类型盆地的充填序列基本可以对比，可以概括为一定的充填序列模式。

2. 沉积与物化探特性研究

一是各种构造或动力学背景中的盆地沉积特性研究。包括粒度、重矿物、沉积组构和构造、沉积岩相、构造古地理、沉积体系、沉积层序、沉积类型与组合特征、宏微观沉积标志等，重点关注沉积厚度与形态、粗碎屑沉积、构造沉积旋回、事件沉积学、构造沉积学、动力沉积学信息和特征的研究。其中的构造古地理研究，主要重建包含了某一个时期的古构造格局和古地理轮廓，包括海区、陆区、剥蚀区、沉积区的范围，沉积物主要类型及展布、海陆地壳性质及其相互关系。侧重于构造格局，着眼于构造地貌标志，不仅揭示各种沉积类型、组合的分布，而且要分析构造—地貌单元，如大陆边缘、岛弧、边缘海、裂陷槽等。

二是地球化学特性研究。包括岩石和细粒沉积的常量元素、微量元素、稀土元素、放射性元素、同位素等，尤其要关注有助于判断大地构造背景和演化特征的信息和资料。

三是地球物理特性研究。包括声波、电阻率、电位、电极性、感应特性、密度特性、二维和三维地震资料解释等，尤其关注反映基底物理特性、基底断裂、控盆和控储断裂、沉积体二维和三维形态、地层接触关系等信息和特征的研究。

四是地磁特性研究。包括沉积地层中磁性颗粒所反映出的正向、负向磁场及磁化率等，尤其关注基底构造与性质的研究。

3. 源—汇体系分析与原型盆地恢复

一是源—汇体系分析，重点是物源分析。从剥蚀区形成的物源（包括风化剥落的颗粒沉积物和溶解物），搬运到沉积区或汇水盆地中最终沉积下来，这一过程被称为源—汇系统。其中保存下来的地质信息，是从山到盆的整个地球表层动力学过程的记录，也是深部岩石圈动力学过程与地球表面物理、化学与生物及气候条件等相互作用的产物。对现今源—汇系统研究的基本任务，是要揭示物源（物源区的母岩成分）如何从山上形成、又如何从剥蚀区搬运至沉积区（海盆陆架区—深海区、湖盆斜坡区—深湖区）堆积下来。

源—汇系统不同的构成部分在源区宽度、斜坡的陡缓、沟谷发育的数量、切割陆架的深度，以及最终在盆地内形成的沉积体系构成等都有重要的差别。比如在活动的陆架边缘，构造的抬升可导致活动的物源区，发育的冲积平原分布面积窄，陆架边缘延伸长度有限，沉积物从物源区可以很快进入陡的斜坡区；而被动大陆边缘区，冲积平原和陆架区较宽，形成的下切水道数目少，规模大且比较稳定。

二是原型盆地恢复研究，其主要内容包括改造前原始沉积地层的分布范围、厚度大小（地质外推法、沃尔特相律估算法、反序构造分析法、剥蚀厚度恢复法厘定）、盆地边界、相带展布、盆地类型、盆地构造、原始沉积体系、沉积古地理格局、控盆因素等方面。刘池洋等（2020）认为原盆和原型恢复主要包括寻觅证据、厘定属性、建模复原和重塑过程4方面工作，彼此关联、循序渐进。胡修棉等（2021）提出造山带原型盆地恢复至少要包括5个要素，即清晰的盆地顶底界面、明确的古地理环境、动态的盆地构造分析、定量化的物源分析与综合的盆地外围研究（板块边界类型、基底类型、距板块边界距离；图1-1）。

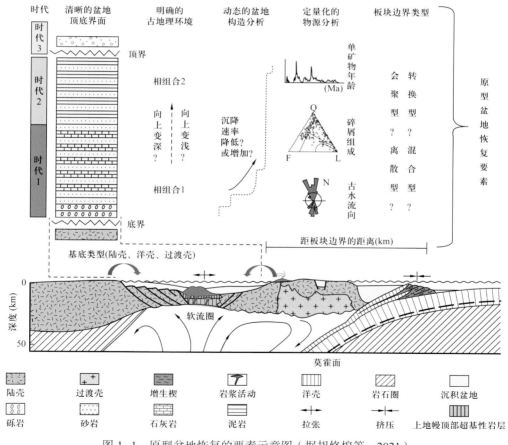

图1-1 原型盆地恢复的要素示意图（据胡修棉等，2021）

通过原型盆地的研究，恢复或判断某一地史时期的盆地原型，确定现今盆地与早期盆地的叠加关系，研究早期的生烃中心与现今盆地单元之间的关系，并以动态、历史的观点分析油气成藏和演化的历史，有利于查清油气的"原位"分布及其规律，对指导油气勘探有重要意义。

4. 沉积大地构造特性与构造控沉积作用研究

沉积大地构造特性研究以板块构造和沉积学基本原理为理论基础，探讨各类盆地的大地构造背景、形成条件和机理及其发展演化史（柯保嘉，1992），建立不同大地构造背景与沉积作用的对应关系。通过沉积作用来研究板块构造作用具有不可替代性，其重要原因在于沉积岩（物）保留了同期板块构造作用过程的信息，并且这种记录往往是连续且完整的，可以动态刻画造山带构造应力、地形地貌、岩石圈性质等要素的演化过程。大地构造活动控制着盆地充填的几何形状和沉积相的三维分布，其沉积响应在空间和时间上都包含在盆地充填格架和沉积相内（李向平，2006）。

构造控沉积作用研究重点关注构造运动面、同沉积构造、盆地形态、沉降特征、区域构造、岩浆与火山活动、盆地构造格架对沉积的控制作用。

盆地沉积地层反映了两种独立的控制作用，一级控制是盆地所在的岩石圈板块挠曲引起的区域性沉降；二级控制（冲断带岩性、气候、剥蚀、相对海平面对基准面的控制）影响地层，并控制了物质从造山带向盆地的分散（康玉柱，2014）。

沉积盆地的大地构造活动，几乎全部是通过控制地形来影响沉积相发育的。构造控沉积作用主要表现是构造热沉降作用、断层扩展褶皱作用对古沉积地形地貌的控制。古地貌和物源区分布控制着盆地充填方式和沉积体系的空间配置，进而对油气藏的形成和分布起主导控制作用。在一个时间序列中构造作用相对于沉积作用是瞬时的（脉冲式、幕式构造活动），而沉积作用过程是一个渐进的过程。这样就可以得到一个动力控制过程——动力地形，即构造作用塑造了沉积地形（通过构造样式来表达）。沉积地形特别是地形突变带或突变点控制了水动力条件，因此控制了沉积作用，特别是碎屑流的沉积作用（通过沉积型式来表达）。在分析古代沉积物（特别是利用地震、测井和岩心资料研究覆盖区地下地质特征）时，可以根据所识别的构造样式来分析不同的沉积型式。同时，也可以运用沉积型式来确定构造样式不同阶段的发育特征，而露头区的现代和古代构造样式与沉积型式研究可以提供模型和约束。

构造层序是在一定的构造作用背景下所形成的地层，以不整合或与其对应的整合为界，指示沉积盆地类型的一个构造演化阶段（汪泽成，1998）。沉积盆地充填演化受控于不同序次的幕式构造作用（解习农等，1996），因此构造层序的级次与幕式构造旋回的级次有关。

区域性构造事件往往与沉积盆地内较高级别的层序界面（一级构造层序和二级构造层序）有密切关系，这种相关性不仅表现在陆相盆地（陆内裂谷盆地），而且表现在其他类型的盆地。在地层中反映区域性构造事件的界面都可视为构造层序界面。可作为构造层序界面的有古构造运动面、构造应力场转换面、区域侵蚀面或冲刷不整合面、大面积超覆界面、区域性沉积体系转换面或突变面、区域海侵方向转换面6种界面。

上述6种界面在野外露头、钻孔岩心或测井曲线中往往显示古风化壳、古土壤层或强烈冲刷现象等一系列特征标志，界面上下地层不仅有明显的岩性差异，而且在古生物组合、有机质丰度和有机质类型等方面有显著的差异。这些层序界面在地震剖面上表现为削截现象和超覆现象。

5. 盆地动力学与构造—沉积响应研究

盆地动力学研究内容包括根据地球动力学背景的盆地分类、各类盆地的沉降机制与构造沉降史、岩石圈成分和流变学对沉积盆地形成的影响、板内应力在盆地形成中的作用、深部过程对盆地演化的影响、裂谷作用、火山作用等。

构造—沉积响应及响应模式研究是在构造沉降史分析的基础上，通过地层连井剖面和地层残余厚度平面展布图，结合盆地现今地质结构特征，恢复关键构造期古构造格局。通过单井与露头沉积相分析、连井沉积相剖面分析及平面沉积相带展布分析，研究盆地地质时期沉积环境与充填特征，探讨关键构造期构造—沉积响应及其演化模式。

综上所述，构造作用可以引起物源区造山带的缩短和地壳的加厚，沉积响应则是盆地的沉降补偿。构造作用主要表现为逆冲或走滑，其中逆冲作用控制盆地沉降和可容纳空间的形成，提供物源并导致盆地的沉降和物源在垂直造山带方向的迁移；走滑作用控制盆地沉降和物源在平行造山带方向的迁移，并可导致盆地的抬升剥蚀或沉降凹陷。

构造作用和沉积响应的纽带就是物源。沉积盆地的地层形态、岩相类型及空间配置样式是构造事件的重要标识。沉积序列中特征岩石组分的出现标志着毗邻造山带隆升的初始启动时间，与物源区地层单元垂向叠置序列相反或相同的岩屑组分剖面分布则是幕式构造旋回的反映。在前陆盆地中砾石层的出现被认为是冲断岩席活动的记录，而在断陷盆地和走滑拉分盆地中通常可识别出 100m 级的向上变粗和向上变细的旋回层，它们被解释为构造高地重复隆升和溯源侵蚀的结果。

不同类型沉积盆地的构造背景不同，其形成演化机制不同。根据沉积作用来确定古构造活动和恢复原始地貌一直是构造—沉积响应研究的重点和难点。构造—沉积响应作为构造沉积学中的关注热点，其最终是为油气勘探服务。将区域构造事件与沉积作用相结合并形成构造—沉积响应体系，有助于了解含油气盆地构造的运动学和动力学特征，在油气的生成、运移、聚集、分布和保存等方面具有重要的理论意义和实践意义。

第三节　构造—沉积响应研究现状与发展趋势概述

一、国外研究现状与发展趋势

最早将沉积作用与大地构造（运动）联系起来的是美国学者 James Hall（1859）。到了 20 世纪 70 年代，随着板块构造理论的诞生和发展，开始尝试通过研究沉积盆地、沉积物（岩）来探讨板块构造作用，取得了巨大成功，诞生了沉积大地构造学科（Dewey et al.，1970；Dickinson，1970，1974，1976）。国际沉积学界主要进行构造环境对砂岩成分的控制、构造格局对沉积相演化的影响两方面研究（冯建伟等，2009），板块构造与沉积作用关系的文献与日俱增。Dickinson、Allen、Reading、Gretener 和 Miall 等都是当时该领域较有影响力的地质学家（柯保嘉，1992）。沉积盆地大地构造背景判别方法和实例研究发展迅速，并在后期不断完善。Dickinson（1979）在板块构造理论的框架下，研究了已知构造背景下北美地区古代砂岩的组成特征，建立了具有广泛影响的板块构造背景 Dickinson 碎屑组分统计判别法与系列三角图解，为构造活动对盆地内砂岩组成的控制提供了标准。Weltje（2006）、Garzanti（2016）发现单独使用砂岩碎屑组分来区分大地构造背景的理论方法并不完备，探讨了 Dickinson 图解的有效性，并进行了改进。

进入 20 世纪 80 年代，国外学者开始探讨沉积作用和盆地演化与造山带逆掩与推覆构造的响应关系（Galloway，1998；Allen et al.，1986；Kleiospehn et al.，1988）。陆续总结了利用前陆盆地地层确定毗邻造山带逆冲推覆作用的方法（Jordan et al.，1988；Jordan，1995；Burbank et al.，1988），前陆盆地挠曲沉降的动力学研究取得明显进展。提出了一系列常量元素构造环境判别图解，包括 TiO_2—（Fe_2O_3+MgO）、Al_2O_3/SiO_2—（Fe_2O_3+MgO）、K_2O/Na_2O—（Fe_2O_3+MgO）、Al_2O_3/（CaO+Na_2O）—（Fe_2O_3+MgO），以及综合不同元素权重的常量元素判别图解，用来区别活动大陆边缘、被动大陆边缘、大洋岛弧和大陆岛弧 4 种构造环境。一些稀土元素及微量元素图解也被用来判别沉积盆地的源区大地构造背景（Bhatia，1985；Bhatia et al.，1986）。部分学者进行了一些重新评估、验证和局限性讨论（Roser et al.，1985；Armstrong-Altrin et al.，2005；Garzanti，2016）。

20 世纪 90 年代以来，国外学者研究了前陆盆地构造沉降和沉积演化的二维和三维模拟成像技术，讨论了压性构造对盆地边缘扇体及冲积体系的控制作用（Galloway，1998；Mitras，1998；Couzens，1996）。前陆盆地及前陆冲断带构造—沉积响应相关理论和分析方法逐渐形成，利用前陆盆地沉积记录研究了主要造山带的逆冲推覆作用，如比利牛斯造山带、阿巴拉契亚造山带、落基山造山带、喜马拉雅造山带。

进入 21 世纪，学者们主要聚焦于单一盆地的构造—沉积响应研究，但综述类总结相对较少。Arenas 等（2001）以 Ebro 盆地为研究对象，讨论了压性构造对盆地边缘扇体及冲积体系的控制作用。2012 年在 AAPG《构造和沉积作用对石油系统的影响》一书中，收录了数篇近十年构造、沉积及油气系统动态作用相关的论文，例如 Davison 等（2012）阐述了伸展断层及其沉积模式对生烃和聚集的影响等，对于褶皱和断层的横切面里寻找高潜力"甜点"构造具有重要意义。Anggun（2012）利用构造地层学、地震地层学原理对早古近纪 Ngimbang Sub 盆地的裂谷沉积类型进行探讨。Abadi 等（2014）认为构造演化影响了伊朗东北部 Kopeh-Dagh 盆地中三叠世的沉积物供给情况。

单颗粒稳定矿物石英阴极发光、石英氧同位素分析（杨江海，2012；马收先等，2014），碎屑锆石、碎屑金红石单矿物 U—Pb 年代学方法的快速发展为恢复沉积盆地物源和大地构造背景提供了新的途径，并得到广泛应用。Cawood 等（2012）通过对全球已知构造背景的沉积盆地碎屑锆石年龄谱的统计分析，提出识别会聚（Ⅰ型俯冲）、碰撞（Ⅱ）或拉张环境（Ⅲ）的碎屑锆石累计密度曲线分布图解。Pereira 等（2020）提出了可以区别裂谷被动陆缘环境、大陆俯冲（会聚）环境、碰撞环境相关的概率累积分布图解。但学者们研究发现，仅仅利用碎屑单矿物的年龄分布来反映源区大地构造背景具有明显的片面性与局限性，没有考虑沉积再循环的影响，并不能捕捉源区的全部信息，因此该方法的推广和使用需要非常谨慎。

近年来，单颗粒碎屑矿物各种原位微区分析、高精度碎屑矿物示踪与物源体系重建、源—汇过程控制、碎屑锆石年代学与裂变径迹年代学等方面卓有成效的研究（Moosavirad et al.，2012；Abadi et al.，2014；Ali et al.，2014；Caxito et al.，2014），促进了对造山带构造演化及源—汇系统认识的提高。

二、国内研究现状与发展趋势

中国将大地构造与沉积学相结合出现在20世纪70年代之后。早在1992年，柯保嘉对20世纪60—80年代期间全球范围的构造沉积学的研究进展进行了总结（柯保嘉，1992），"六五"时期以来构造—沉积响应成为构造沉积学的主要研究内容，涌现出大量区域性和单个盆地构造分析的文献。

20世纪90年代以来，国内主要集中于中国西北地区的陆内造山带，即外国学者所谓"中国型盆地"的命名地区，展开前陆盆地盆—山转换、盆山耦合关系的研究，取得了一定进展。伴随层序地层学的出现，构造—沉积响应研究向与盆地动力学、盆地深部地质结构、盆山耦合研究等结合的方向发展（汤良杰等，2002）。

21世纪以来，国内在构造反转、挠曲沉降、盆山耦合及沉积相带划分、充填过程的控制作用等方面取得了研究成果，以及针对一些区域性研究的进展。

一是从构造—沉积演化、盆山耦合、盆山构造与沉积耦合等方面探讨了沉积盆地构造与沉积作用的关系，提出山脉或山岭的发育制约了沉积作用，使盆地的沉积中心、沉降中心、相带及其分布、沉积楔状体及其分布等都发生相应的迁移，构成盆地沉积对邻侧造山带演化的沉积响应（王清晨等，1991；李勇等，1995；牛树银等，1995；陶晓风等，2001；王清晨等，2003；张进等，2004），通过裂变径迹热年代学和质量平衡法来研究沉积物、反演山脉隆升剥蚀历史，首次尝试运用盆山耦合理论指导盆地异常高压研究，对四川盆地、大别山、青藏地区盆山结构类型和盆山耦合研究较为深入，提出盆山耦合关系主要受控于深部结构差异性和造山带形成演化过程（符超峰等，2005；吴根耀等，2012；刘树根等，2013）。

二是对中国中西部各类前陆盆地及前陆冲断带形成的大地构造背景、结构类型划分、构造事件与沉积作用的响应关系、构造—沉积响应特征和准噶尔、塔里木前陆冲断带等的实例研究（贾承造等，2000；楼雄英等，2004；蔚远江等，2004，2005，2019；刘亢等，2008），提出造山作用和前陆盆地具有统一的运动学过程和动力机制，造山带控制了前陆盆地形成演化过程，通过建立前陆盆地挠曲沉降与沉积过程的三维模型，探讨了正牵引构造对高频层序结构及沉积充填的控制作用机制，模拟展示了造山带逆冲推覆作用、岩石圈挠曲沉降响应及在山盆体系的剥蚀和沉积过程（李斌等，2009；胡明卿等，2012；印森林，2014），前陆盆地层序地层学及构造活动的层序地层响应研究取得一些进展，前陆盆地冲断带构造—沉积响应研究方法与技术逐渐完善，已成为一个重要的学科发展方向。

三是总结了造山带逆冲推覆作用的不同尺度地层标识，包括盆地充填地层格架、不整合面、构造层序、粗碎屑楔状体、相带及沉降中心的迁移、沉积物特征碎屑组分的变化、沉积物通量和沉积速率的增减、河流梯度、前缘隆起，以及放射性测量与裂变径迹年代测定，逐渐形成了从盆地沉积记录再造和确定造山带逆冲推覆作用的方法（李勇等，2000；Shu et al.，2009），对陆内伸展盆地和造山后盆地、伸展作用和走滑作用对沉积的控制作用进行精细分析，并分析其区域构造活动规律（颜照坤等，2012）。

近期中国开展示踪盆—山系统源—汇过程和前陆冲断带构造活动与沉积作用的研究，取得了显著进展（李任伟等，2005；刘少峰等，2005；杨江海等，2012；李忠，2013；王清晨，2013；马收先等，2014）。其中对后造山期或陆内隆升（变形）期的研究成果相对较丰富，而对同造山期沉积记录的研究相对较少。

随着勘探技术的发展与研究手段的不断创新，未来将着重对构造—沉积响应进行进一步细化和深化，重点关注盆地的层序系列、盆地成因类型、沉积体系域的构造样式对构造作用等的响应过程；盆山耦合领域将进一步向定量化方面发展，如隆升的速率、幅度、规模等的定量化研究。

参 考 文 献

曹成润，2005.含油气盆地构造分析原理及方法［M］.长春：吉林大学出版社.

陈发景，1982.板块构造及含油气盆地［M］.武汉：武汉地质学院出版社.

陈发景，1986.我国含油气盆地的类型、构造演化和油气分布［J］.地球科学，（3）：221-230.

丁道桂，刘伟新，崔可锐，等，1999.造山带与盆地构造耦合关系研究：以塔里木盆地为例［M］// 马宗晋.构造地质学：岩石圈动力学研究进展.北京：地震出版社，364-372.

冯建伟，戴俊生，鄢继华，等，2009.准噶尔盆地乌夏前陆冲断带构造活动—沉积响应［J］.沉积学报，27（9）：494-502.

符超峰，方小敏，宋友桂，等，2005.盆山沉积耦合原理在定量恢复造山带隆升剥蚀过程中的应用［J］.海洋地质与第四纪地质，25（1）：105-112.

何登发，贾承造，童晓光，等，2004.叠合盆地概念辨析［J］.石油勘探与开发，31（1）：1-7.

胡明卿，刘少峰，2012.前陆盆地挠曲沉降和沉积过程［J］.地质学报，86（1）：181-187.

胡修棉，薛伟伟，赖文，等，2021.造山带沉积盆地与大陆动力学［J］.地质学报，95（1）：139-158.

贾承造，何登发，雷振宇，等，2000.前陆冲断带油气勘探［M］.北京：石油工业出版社，1-351.

康玉柱，2014.全球沉积盆地的类型及演化特征［J］.天然气工业，34（4）：10-18.

柯保嘉，1992.构造沉积学［J］.地球科学进展，7（2）：82-83.

李斌，宋岩，孟自芳，等，2009.中国中部前陆盆地盆山耦合关系分析［J］.西南石油大学学报（自然科学版），31（1）：23-28.

李德生，1982.中国含油气盆地的构造类型［J］.石油学报，3（3）：1-12.

李凤杰，郑荣才，蒋斌，2008.中国大陆主要盆山耦合系统及其特征［J］.岩性油气藏，20（4）.

李继亮，肖文交，闫臻，2003.盆山耦合与沉积作用［J］.沉积学报，21（1）：52-60.

李任伟，孟庆任，李双应，2005.大别山及邻区侏罗和石炭纪时期盆—山耦合：来自沉积记录的认识［J］.岩石学报，（4）：1133-1143.

李思田，1995.沉积盆地的动力学分析：盆地研究领域的主要趋向［J］.地学前缘，2（3）：1-8.

李思田，2004.沉积盆地分析基础与应用［M］.北京：高等教育出版社.

李思田，2015.积盆地动力学研究的进展、发展趋向与面临的挑战［J］.地学前缘，22（1）：1-8.

李向平，2006.鄂尔多斯盆地西南缘中生代构造事件及沉积物源环境分析［D］.西安：西北大学.

李勇，王成善，曾允孚，2000.造山作用与沉积响应［J］.矿物岩石，20（2）：49-56.

李勇，曾允孚，伊海生，等，1995.龙门山前陆盆地沉积及构造演化［M］.成都：成都科技大学出版社.

李忠，徐建强，高剑，2013.盆山系统沉积学：兼论华北和塔里木地区研究实例［C］//中国科学院地质
　　与地球物理研究所.中国科学院地质与地球物理研究所2013年度（第13届）学术论文汇编：岩石圈
　　演化研究室.中国科学院地质与地球物理研究所，439-454.

刘池洋，2008.沉积盆地动力学与盆地成藏（矿）系统［J］.地球科学与环境学报，30（1）：1-23.

刘池洋，王建强，赵红格，等，2015.沉积盆地类型划分及其相关问题讨论［J］.地学前缘，22（3）：1-26.

刘池洋，王建强，赵晓辰，等，2020.盆地"原型"及其相关外延称谓与研究［J］.石油实验地质，42（5）：
　　720-727.

刘池洋，杨兴科，2000.改造盆地研究和油气评价的思路［J］.石油与天然气地质，21（1）：11-14.

刘德民，李德威，2002.造山带与沉积盆地的耦合：以青藏高原周边造山带与盆地为例［J］.西北地质，
　　（1）：15-21.

刘和甫，1983.中国中新生代盆地构造样式分析［J］.地质论评，（5）：445.

刘和甫，1993.沉积盆地地球动力学分类及构造样式分析［J］.地球科学（中国地质大学学报），18（6）：
　　699-724.

刘和甫，2001.盆地—山岭耦合体系与地球动力学机制［J］.地球科学（6）：581-596.

刘元，曲国胜，许华明，2008.前陆盆地构造作用的沉积响应［J］.新疆石油地质，29（6）：778-781.

刘少峰，等，1999.东秦岭—大别山及邻区挠曲类盆地演化与碰撞造山过程［J］.地质科学，（3）：336-
　　346.

刘少峰，张国伟，2005.盆山关系研究的基本思路、内容和方法［J］.地学前缘，12（3）：101-113.

刘树根，罗志立，赵锡奎，等，2003.中国西部盆山系统的耦合关系及其动力学模式：以龙门山造山带—
　　川西前陆盆地系统为例［J］.地质学报，77（2）：177-186.

刘树根，孙玮，王国芝，等，2013.四川叠合盆地油气富集原因剖析［J］.成都理工大学学报：自然科学
　　版，40（5）：481-497.

楼雄英，许效松，2004.塔里木盆地早古生代晚期构造—沉积响应［J］.沉积与特提斯地质，24（3）：
　　72-79.

罗志立，金以钟，朱夔玉，等，1988.试论上扬子地台的峨眉地裂运动［J］.地质论评，（1）：11-24.

马收先，孟庆任，武国利，等，2014.内蒙古隆起晚古生代构造隆升的沉积记录［J］.地质学报，88
　　（10）：1771-1789.

孟祥化，张新元，1993.沉积盆地与建造层序［M］.北京：地质出版社.

牛树银，孙爱群，白文吉，1995.造山带与相邻盆地间物质的横向迁移［J］.地学前缘，2（1-2）：85-
　　92.

彭作林，郑健京，黄华芳，等，1995.中国主要沉积盆地分类［J］.沉积学报，（2）：150-159.

汤良杰，金之均，漆家福，等，2002.中国含油气盆地构造分析主要进展与展望［J］.地质论评，（2）：
　　182-192.

陶晓风，刘登忠，朱利东，2001.陆相盆地沉积作用与构造作用的关系［J］.沉积学报，19（3）：410-
　　414.

田在艺，张庆春，1996.中国含油气沉积盆地论［M］.北京：石油工业出版社.

童晓光，何登发，2001.油气勘探原理和方法［J］.北京：石油工业出版社.

汪泽成，刘和甫，段周芳，等，1998.黄骅坳陷中新生代构造负反转分析［J］.地球科学，（3）：5.

王成善，李祥辉，2003.沉积盆地分析原理与方法［M］.北京：高等教育出版社.

王清晨，2013.造山带隆起剥蚀过程与沉积记录［J］.地质科学，48（1）：1-31.

王清晨，李忠，2003.盆山耦合与沉积盆地成因［J］.沉积学报，21（1）：24-30.

王清晨，彭海波，孙枢，1991.赣北安源煤系沉积对构造活动的响应［J］.地质科学，（3）：231–238.

蔚远江，何登发，雷振宇，等，2004.准噶尔西北缘前陆冲断带二叠纪逆冲断裂活动的沉积响应［J］.地质学报，78（5）：612–625.

蔚远江，胡素云，何登发，2020.准噶尔盆地西北缘二叠系—下侏罗统碎屑岩骨架组分及其物源与构造背景演化示踪［J］.地质学报，94（5）：1347–1366.

蔚远江，胡素云，雷振宇，等，2005.准噶尔西北缘前陆冲断带三叠纪—侏罗纪逆冲断裂活动的沉积响应［J］.地学前缘，12（4）：423–427.

温志新，童晓光，张光亚，等，2012.全球沉积盆地动态分类方法：从原型盆地及其叠加发展过程讨论［J］.地学前缘，19（1）：239–252.

温志新，童晓光，张光亚，等，2014.全球板块构造演化过程中五大成盆期原型盆地的形成、改造及叠加过程［J］.地学前缘，21（3）：26–37.

吴根耀，梁江平，杨建国，等，2012.“盆”“山”耦合在异常高压盆地流体研究中的应用［J］.石油实验地质，34（3）：223–233.

解习农，任建业，焦养泉，等，1996.陆相盆地幕式构造旋回与层序构成［J］.地质论评，（3）：239–244.

解习农，任建业，雷超，2012.盆地动力学研究综述及展望［J］.地质科技情报，31（5）：76–84.

颜照坤，李勇，李奋生，等，2012.沧东断层孔店期伸展、走滑作用的沉积响应［J］.断块油气田，19（2）：158–162.

杨江海，2012.造山带碰撞—隆升过程的碎屑沉积响应：以北祁连志留系、右江二叠—三叠系和大别山南麓侏罗系为例［D］.武汉：中国地质大学.

杨仁超，2006.沉积盆地动力学研究新进展［J］.特种油气藏，13（5）：10–14.

印森林，吴胜和，李俊飞，等，2014.同生逆断层正牵引构造对高频层序地层结构及沉积充填的控制作用［J］.地质论评，60（2）：310–320.

张进，马宗晋，任文军，2004.对盆山耦合研究的新看法［J］.石油实验地质，26（2）：169–175.

张抗，2000.盆地的改造及其油气地质意义［J］.石油与天然气地质，21（1）：38–41+45.

张磊，2009.六盘山盆地白垩系沉积构造演化及原型盆地研究［D］.东营：中国石油大学（华东）.

张渝昌，1997.中国含油气盆地原型分析［M］.南京：南京大学出版社，12–26.

赵文智，靳久强，薛良清，等，2000.中国西北地区侏罗纪原型盆地形成与演化［M］.北京：地质出版社.

朱夏，1965.中国陆相中新生界含油气盆地的大地构造特征及有关问题［M］//中国大地构造问题.北京：科学出版社.

朱夏，1979.中国东部板块内部盆地形成机制的初步探讨［J］.石油实验地质，（00）：1–9.

朱夏，1982.中新生代油气盆地［M］//中国地质学会构造地质专业委员会.构造地质学进展.北京：科学出版社，113–124.

朱夏，1983.含油气盆地研究方向的探讨［J］.石油实验地质，5（2）：116–123.

朱夏，1986.板块构造与中国石油地质［M］//朱夏.朱夏论中国含油气盆地构造.北京：石油工业出版社，71–79.

朱夏，1986.论中国含油气盆地构造［M］.北京：石油工业出版社.

朱夏，陈焕疆，孙肇才，等，1983.中国中、新生代构造与含油气盆地［J］.地质学报，（3）：235–242.

Abadi M S, Silva A C D, Amini A, et al, 2014. Tectonically controlled sedimentation : Impact on sediment supply and basin evolution of the Kashafrud Formation（Middle Jurassic, Kopeh-Dagh Basin, northeast Iran）［J］. International Journal of Earth Sciences, 103（8）：2233–2254.

Ali S, Stattegger K, Garbe-schonberg D, et al, 2014. Petrography and geochemistry of Cretaceous to quaternary siliciclastic rocks in the Tarfaya basin, SW Morocco : Implications for tectonic setting, weathering, and provenance [J]. International Journal of Earth Sciences, 103 (1): 265–280.

Allen P A, Homewood P, 1986. Foreland Basin [J]. Fribourg: Switzerland Special Publication of IIS.

Anggun A, 2012. Play Identification for Paleogene Rift Sediment in Ngimbang Sub Basin, East Java Basin, Indonesia [M]. 74th EAGE Conference and Exhibition incorporating SPE EUROPEC.

Arenas C, Millan H, Pardo G, et al, 2001. Ebro basin continental sedimentation associated with late compressional pyrenean tectonic (North–Eastern Iberia): Controls on basin margin fans and fluvial system [J]. Basin Research, 13: 65–89.

Armstrong–Altrin J S, Verma S P, 2005. Critical evaluation of six tectonic setting discrimination diagrams using geochemical data of Neogene sediments from known tectonic settings [J]. Sedimentary Geology, 177 (1–2): 115–129.

Bally A W, 1975. A geodynamic scenario for hydrocarbon occurrences [C]. The 9th World Petroleum Congress.

Bally A W, 1980. Basins and subsidence: a summary [M]//Bally A W, Bender P L, McGet T R, et al. Dynamics of plate interiors, Vol 1. AGUGS Geodynamics Series, American Geophysical Union, 5–20.

Bhatia M R, 1985. Rare earth element geochemistry of Australian Paleozoic graywackes and mudrocks: Provenance and tectonic control [J]. Sedimentary Geology, 45 (1–2): 97–113.

Bhatia M R, Crook K A W, 1986. Trace element characteristics of graywackes and tectonic setting discrimination of sedimentary basins [J]. Contributions to mineralogy and petrology, 92 (2): 181–193

Burbank D W, Raynolds R G H, 1988. Stratigraphic keys to the timing of thrusting in terrestrial forland basin: Applications to the northwestern Himalaya [C] // Kleimspeh K L, et al. New Perpective in Basin Analysis. New York: Springer–Verlag.

Cawood P A, Hawkesworth C J, Dhuime B, 2012. Detrital zircon record and tectonic setting [J]. Geology, 40 (10): 875–878.

Caxito F D A, Dantas E L, Stevenson R, et al, 2014. Detrital zircon (U–Pb) and Sm–Nd isotope studies of the provenance and tectonic setting of basins related to collisional orogens: The case of the Rio Preto fold belt on the northwest São Francisco Craton margin, NE Brazil [J]. Gondwana Research, 26 (2): 741–754.

Couzens B A, 1996. The control of mechanical stratigraphy on the formation of triangle zones [J]. Bulletin of Canadian Petroleum Geology, 44 (2): 165–179.

Davison I, Underhill, J R, 2012. Tectonics and sedimentation in extensional rifts: Implications for petroleum systems [J]. AAPG Memoir (100): 15–42.

Dewey J F, Bird J M, 1970. Mountain belts and the new global tectonics [J]. Journal of Geophysical Research, 75 (14): 2625–2647.

Dickinson W R, 1970. Interpreting detrital modes greywacke and arkoses [J]. Journal of Sedimentary Petrology. 51: 695–707.

Dickinson W R, 1974. Plate tectonics and sedimentation [J]. Special Publication of SPEM, 22: 1–27.

Dickinson W R, 1976. Plate tectonic evolution of sedimentary basins [C]. Tulsa: AAPG Continuing Education Course Notes Series 1, 1–62.

Dickinson W R, 1993. Basin Geodynamics [J]. Basin Research, 5: 195–196.

Dickinson W R, Suczek C A, 1979. Plate tectonics and sandstone compositions [J]. AAPG Bulletin, 12: 2164–2182.

Galloway W E, 1998. Siliciclastic slope and base of slope depositional systems: Component facies, stratigraphic architecture, and classification [J]. AAPG Bulletin, 82 (4): 569–595.

Garzanti E, 2016. From static to dynamic provenance analysis : Sedimentary petrology upgraded [J]. Sedimentary Geology, 336: 3−13.

Hack J T, 1973. Stream−profile analysis and stream gradient index [J]. Journal of Research of the U. S. Geological Survey, 1 (4): 421−429.

Hack J T, 1975. Dynamic equilibrium and landscape evolution [J]. Theories of Landform Development : Publications in Geomorphology, 91−102.

Halbouty M T, King R E, Klemme H D, et al, 1970. World's giant oil and gas fields, geologic factors affecting their formation, and basin classification Part Ⅱ: Factors affecting formation of giant oil and gas fields, and basin classification [J]. AAPG Special Volumes, 502−528.

Ingersoll R V, Busby C J, 1995. Tectonics of sedimentary basins [C] //Ingersoll R V, Busby C J. Tectonics of sedimentary basins. Oxford : Blackwell Science, 120−232.

Jordan T E, 1995. Retroarc foreland and related basins [C] //Busby C J, Ingersoll R V. Tectonic of Sedimentary Basins. New Jessey : Blackwell Science.

Jordan T E, Flemings P B, Beer J A, 1988. Dating thrust−fault activity by use of foreland−basin strata [C] // Kleimsphehn K L, et al. New Perspective in Basin Analysis. New York : Springer−Verlag.

Kingston, 1983. Global basin classification system [J]. AAPG Bulletin, 67: 2175−2193.

Kleiospehn K L, Paola C, 1988. New Perspectives in Basin Analysis [M]. New York : Springer−Verlag, 63−81.

Klemme H D, 1974. Basin classification : Geological principles of World Oil Occurrence [D]. Edmonton : University of Alberta.

Lai Wen, Hu Xiumian, Garzanti E, et al, 2019. Early Cretaceous sedimentary evolution of the northern Lhasa terrane and the timing of initial Lhasa−Qiangtang collision [J]. Gondwana Research, 73: 136−152.

Leiss Otto, 1990. New interpretations of geodynamics and orogeny as a result of synorogenic Cretaceous deposits within the Northern Calcareous Alps [J]. Geologische Rundschau, 79 (1): 47−84.

Miall A D, 1990. Principles of Sedimentary Basin Analysis [M]. New York : Springer−Verlag, 414−415.

Mitras Mountvs, 1998. Foreland basement−involved structures [J]. AAPG Bulletin, 82: 524−548.

Moosavirad S M, Janardhana M R, Sethumadhav M S, et al, 2012. Geochemistry of Lower Jurassic sandstones of Shemshak Formation, Kerman basin, Central Iran : Provenance, source weathering and tectonic setting [J]. Journal of the Geological Society of India, 79 (5): 483−496.

Pereira I, Storey C D, Strachan R A, et al, 2020. Detrital rutile ages can deduce the tectonic setting of sedimentary basins [J]. Earth & Planetary Science Letters, 537: 116193.

Root S, Charles M O, 1999. Structure and tectonic evolution of the transitional region between the central Appalachian foreland and interior cratonic basins [J]. Tectonophysics, 305 (1−3): 205−223.

Roser B P, Korsch R J, 1985. Plate tectonics and geochemical composition of sandstones : A discussion [J]. Geology, 93: 81−84.

Shu Liangshu, Wang Yan, Sha Jingeng, et al, 2009. Jurassic sedimentary features and tectonic settings of southeastern China [J]. Science in China Series D : Earth Sciences, 52 (12): 1969−1978.

Weltje G J, 2006. Ternary sandstone composition and provenance : An evaluation of the 'Dickinson model' [C] //Buccianti A, Mateu−Figueras G, Pawlowsky−Glahn V. Compositional data analysis : From theory to practice. Geological Society of London Special Publications, 264: 611−627.

第二章　含油气盆地构造—沉积响应原理和研究方法

含油气盆地构造—沉积响应研究主要包括两大方面：（1）从正演或构造角度的研究，即研究含油气盆地构造活动及演化、构造作用特征及其对沉积充填的控制作用；（2）从反演或沉积角度的研究，即研究盆地沉积充填与分布特征、沉积演化及其对盆地与盆缘构造、盆缘造山活动的响应作用。盆地构造作用—沉积充填及其演化与耦合过程，控制着油气的生烃、成储、封盖保存及成藏分布，形成构造—沉积响应机制下独特的油气成藏效应。本章在构造—沉积响应原理、研究思路的基础上，阐述构造—沉积响应研究的正演分析法（构造作用对沉积的控制和影响研究）、反演分析法（沉积作用对构造活动的响应和表征研究）、测试分析法（构造—沉积演化时空响应关系印证）、综合分析法（构造—沉积演化时空响应特征及模式与油气成藏效应剖析）。

第一节　含油气盆地构造—沉积响应原理

构造—沉积响应是内、外地质动力作用下，盆—山及盆地系统中"构造系统作用控制下沉积系统的相应演变"，包括各类构造（褶皱、断裂、底辟、沉降、隆升、剥蚀等）活动方式、强度、分布等特征作用下，所引起的物源区（物源类型、物源特征及其差异、风化能力、剥蚀强度等）相应变化、搬运系统（搬运营力、强度、距离等）相应差异、沉积区（可容空间大小、沉积物分散方式、充填过程、沉积分布）相应演变，相应产生了含油气盆地内不同构造—古地理、不同类型地貌单元、不同序次的沉积体系与不同方向展布的沉积相组合，决定了构造—岩相古地理环境和油气成藏要素的分布。

一、成盆动力学及构造作用控盆原理

1. 成盆动力学

含油气盆地的形成是内、外动力地质作用（地质营力）的综合结果，其中，构造应力、重力、热力与地幔动力是最基本的动力。板块相互作用和地幔动力过程则对盆地的形成演化具有重要控制作用，不同的成盆动力学机制下形成不同成因类型的含油气盆地。现代沉积盆地动力学分析是将盆地的形成演化纳入全球系统之中，整体地、动态地、综合地研究盆地的沉降隆升史、沉积充填史和叠加改造史等一系列的动力学过程（李思田，2015）。

其中，成盆动力学主要研究沉积盆地发展演化各个阶段的动力学背景、机制、控制因素及其对盆地沉积沉降、能量场等多方面的影响。许多沉积盆地的形成演化是多重机制的联合，在盆地的不同演化阶段其主要控制作用各异，不同的区带地球动力学背景及复杂的构造活动重组事件往往形成复杂的盆地构造样式（解习农等，2013）。盆地构造动力直接控制着盆地各种地质作用的发生和盆地类型及其演化，进而总体制约着沉积矿产形成和烃类成藏的条件、特点和分布规律。

成盆动力学机制分析强调应满足或遵循一些基本原理或准则：盆地样式与成盆机制存在对应关系；成盆过程中岩石圈物质要平衡或守恒；成盆机制分析中各种证据要统一，但在各种"证据"发生矛盾时，直接的"证据"优先于间接的"证据"，即证据存在"优先律"；成盆机制假说服从基本理论和实验；此外，需灵活运用各种理论和实验模式。

目前研究的弱点、难点及重点主要在于盆地和构造形成的构造应力、重力、热力、地幔动力，以及盆地动态演化与动力学背景，如成盆动力学框架（成盆机制或构造属性）、盆山耦合关系、稳定地块的作用、盆地动态构造演化与深部作用过程等（刘池洋，2005）。

2. 构造作用控盆原理

构造作用是内、外动力交织影响沉积盆地形成的核心体现，包括构造沉降作用控盆、断裂作用控盆。构造沉降作用控盆，指岩石圈内由构造—热动力过程（地壳构造运动）而导致盆地基底沉降、地面沉降的构造沉降活动进而控制了盆地形成，它是地壳由于自身的动力因素而产生的主动沉降过程，其动力因素包括岩石圈板块间的相互作用、热作用和相转换等（岳勇等，2007）。

分析构造沉降史是研究盆地形成、演化的重要内容，是整个盆地系统研究中最为基础的环节，对厘定整个盆地的构造、热历史及演化等起着至关重要的作用。在构造沉降（史）分析中，需遵循非常重要的均衡代偿理论。它用来描述地壳的状态和运动，阐明地壳的各个地块趋向于静力平衡的原理，即在大地水准面以下某一深度处常有相等的压力，大地水准面之上山脉（或海洋）的质量过剩（或不足）由大地水准面之下的质量不足（或过剩）来补偿。运用均衡代偿学说可以研究地球内部构造，如上地幔的起伏；还可研究大地水准面形状，推估重力异常和计算垂线偏差等。

引起构造沉降的原因可以归纳为构造原因和非构造原因。构造作用引起地表沉陷形成盆地，这属于构造沉降。盆地中充填沉积物的负荷进一步促使盆地下沉，这属于负荷沉降。构造沉降加上负荷沉降，构成总沉降。总沉降与构造沉降是盆地沉降分析中非常重要的部分。

目前，对于构造沉降发生的机制，主要归结于局部均衡和挠曲均衡。局部均衡是均衡代偿理论的一种运用，挠曲均衡其实是对局部均衡的一种精确。

在局部均衡里，地球的各个板块之间没有相互作用，各个板块相互独立。但是，实际上岩石圈是具有弹性的，各个板块之间及板块内部都会存在作用力。当负载压在岩石圈上，板块会像弹性梁一样弯曲，受到周围岩石圈的作用力。根据阿基米德原理，重力会与地幔岩石圈的浮力及岩石圈内部的作用力达成平衡，从而使整个区域形成挠曲沉降。

当地球的均衡效应被打破的时候，内部的热量会发生改变而产生热沉降。由于温度的变化，导致密度的变化，通常是温度越高岩石的密度越低；由于先前受热的岩石圈冷却及伴随的密度增大而产生的均衡沉降就是热沉降。岩石圈和地壳加热造成隆起，随之产生地表侵蚀使地壳变薄，然后又变冷导致这种减薄地壳的沉降。热沉降机制是被动大陆边缘、大洋盆地和大陆裂谷裂后坳陷的重要沉降机制之一。

构造沉降对研究盆地演化有重要的意义。构造作用往往是控制层序地层构成样式的主要因素，它与全球海平面变化、气候和沉积物供给量（或沉积速率）等因素一起影响着可容空间的变化。研究表明，构造作用的影响延续的时间较长，构造沉降作用具有旋回性；同时在盆地的不同部位具有差异性。对于陆相盆地来说，构造作用被认为是形成陆相层序的一种主控因素，甚至是其形成的最主要控制因素。

构造运动对可容空间增加与减小的影响最大，该因素与气候条件一起控制了可容空间内沉积物的类型和数量。构造运动对沉积记录的影响可分为 3 个不同级别：（1）抬升和盆地演变；（2）沉降速率变化；（3）褶皱、断层、岩浆活动和底辟作用（李思田，2004）。

造山带逆冲推覆作用所产生的构造负荷是前陆盆地生长的构造动力，控制前陆盆地的沉降和可容空间的形成，提供物源，并可导致盆地的沉降和物源在垂直造山带方向的迁移；造山带走滑作用不仅控制山带内走滑挤压盆地的形成，而且控制前陆盆地的沉降和物源在平行造山带方向的迁移，并可导致盆地的抬升与侵蚀（李勇等，2000）。

断裂作用的控盆机制指主要断裂体系的成生发展控制着含油气盆地的形成和演化。研究认为板块调整事件造成的区域应力场转变控制了断裂体系的时空差异，进而造成了盆地结构的发育和转型、沉降中心的迁移和展布（刘雨晴等，2020）。不同力学状态下的控盆主断裂形态影响和控制着沉积盆地的边界、形态或盆地内重要构造单元的界线与分布。影响控盆主断裂形态的力学原理，包括水平构造应力、基底的流动（但有复杂情形）、异常压力、岩石力学性质、其他力学原因（后期构造变形等）。相关力学模型，以挤压作用断裂为例，包括水平滑动后推力模型、流体后推力逆演模型、重力扩展模型、重力滑动模型等。

二、含油气盆地构造作用的控沉积、控砂控储机制

1. 含油气盆地构造作用的控沉积原理

在盆地基底结构、强度与活动性的明显控制和影响下，发生的构造应力、重力、热力、地幔动力等控制了沉积作用、储集砂体的发育机制。

一是构造作用影响盆地的沉降速率，构造抬升促进地层的风化剥蚀，为同时期相邻盆地的沉积提供物质来源，其抬升的速率控制相邻盆地沉积的速率和沉积物的粒级。

二是隆起区与沉积区的距离控制沉积物的风化程度、搬运距离和搬运方式。以陆相湖盆沉积为例，供源隆起区紧靠沉积湖盆时，沉积物搬运距离短、风化磨圆程度低，重力滑塌作用发育，可以发育近岸水下扇沉积；供源隆起区逐渐远离沉积湖盆时，沉积物

搬运距离逐渐增大，沉积物风化磨圆程度变化，牵引流淘洗作用越来越充分，沉积物粒级越来越细，一般在扇三角洲、辫状河三角洲甚至曲流河三角洲才能发育。

三是沉积盆地的构造成因控制了盆地的几何形态，如走滑拉分作用易形成菱形湖盆，单断湖盆剖面上呈不对称的箕状，双断湖盆剖面形态可以相对对称，前陆盆地平面上多呈长轴型，坳陷盆地长短轴比值相对小。

四是构造作用及其控制的盆地形态、沉降特征，直接控制沉积物的充填形态和高能相带、低能相带的空间展布。如陆缘碎屑沉积发育在湖盆边缘，细粒沉积则靠近在湖盆中部；构造坡折带附近为沉积转换区，对碎屑岩多为沉积物沉降，对碳酸盐岩则为台地区与盆地区的转换区，可能发育碳酸盐岩礁滩体；构造拉张等带来的海侵作用，还可能导致膏盐岩、碳酸盐岩等化学岩的沉积。在沉积物沉积的过程中，部分湖盆基底也不是静止的，也会发生沉降或隆升，从而影响沉积物的形态。

五是构造作用还直接影响储集体的储集性能。构造隆升或沉降直接影响储层的成岩环境、温压条件和流体环境，从而影响储层的成岩序列和孔隙演化。构造作用导致储层侧向挤压或形成构造裂缝，甚至可将储层抬升至地表附近，使其接受局部剥蚀或风化淋滤，间接控制沉积物的埋藏程度、成岩作用的温压和流体环境，影响储层的成岩改造。以塔里木盆地库车前陆坳陷为例，前陆盆地区储层的侧向挤压较为明显，靠近山前的前陆冲断区最大古应力大，尽管埋深相对浅，孔隙度平均为 6%～7%；远离山前的前陆冲断区最大古应力小，虽然埋深更大，孔隙度却可以达到 8%；而前缘隆起区，储层横向挤压更弱，同一套储层孔隙度均达到 12% 以上。区内白垩系储层早期长期浅埋，晚期快速深埋，原生孔隙得到较好保存，8000m 以深仍然发育规模储层。构造裂缝不仅可以大大改善储层的渗透性能，还为成岩流体提供了通道，促进裂缝周缘储层的溶蚀作用，大大改善储层的储集性能。

2. 含油气盆地构造作用的控砂控储机制

按照类型和样式，构造大体上可划分为断裂（带）、褶皱（带）、传递带 / 转换带 / 坡折带三类，明显控制和影响着盆地的砂体沉积和储层分布。

一是边界断裂的生长、连接、交互及消亡过程是形成复杂的同沉积构造古地貌和可容空间与沉积物供给配置比例的重要因素，并进一步影响沉降中心迁移、沉积物组合类型、层序地层样式，以及砂体分散方式和路径的调整过程。

二是同沉积断裂对不同体系域砂体沉积的控制作用。以渤海湾盆地东营凹陷为例，控砂机制体现在同沉积断裂活动对于低位体系域砂体发育非常有利，断层的活动及断层对湖泊水体的分割使得下降盘成为水动力条件非常活跃的部位，因而也是湖泊沉积体系中储层发育的最有利部位。由于同沉积断层的活动，砂体在向前推进的过程中，不仅沉积厚度增大，而且平面展布范围也不断扩大（朱桂林，2007）。

三是基底断裂对砂体沉积和储层分布的控制作用。以准噶尔盆地腹部为例，基底断裂控砂机制在于腹部基底断裂的早期"显性"活动控制了主要二级构造带的边界、古凸起（古梁）展布、主断裂分布及四大压扭构造带的展布方向。后期北东向基底断裂的"隐性"活动导致上部盖层破碎，使早期的二叠纪古凸起带成为浅表断裂破碎带。河道水系的冲刷下切极易取其走向，从而控制了侏罗系三工河组和西山窑组的主河道及主砂体沿北东向主断裂构造线及早期凸起带的展布，进而也就控制了储层和油气藏的分布（胡素云等，2006）。构造事件控制了沉积水系、储集砂体类型与分布型式，侏罗纪三工河组二段（J_1s_2）沉积期末、西山窑组（J_2x）沉积期末、头屯河组（J_2t）沉积期末这 3 幕燕山运动，造成局部或区域性不整合、盆缘西山窑组的明显剥蚀和中—下侏罗统的大面积缺失。构造升降及隆坳格局决定了沉积面貌，古隆起影响沉积物的物源供应和沉积物分配形式；各组不同体系的生长断裂主要通过控制沉积时的构造地貌控制沉积。

四是伸展构造体系中传递带的明显控砂作用。断陷盆地中常见发育两种典型传递带类型，一种是发育于同一条控盆断裂活动减弱部位的同向型横向凸起传递带（图 2-1a），另一种是盆缘侧列断层构成的同向叠覆型走向斜坡传递带（图 2-1b），与之对应的断层下降盘普遍发育大型扇三角洲或浊积扇砂体。

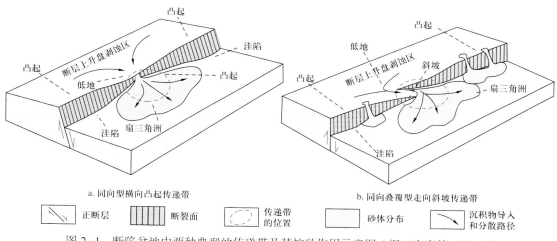

图 2-1　断陷盆地中两种典型的传递带及其控砂作用示意图（据王家豪等，2008）

控砂作用的机理是：同沉积主断层的强烈活动，一方面导致断层上盘强烈沉降形成深洼；另一方面导致下盘均衡抬升，形成幅度较大的凸起和古地貌差异，尤其是传递带断层下盘的古地貌低地对物源供给水系起着汇聚和引导作用。当断层活动性沿走向减弱直至消失时，下盘隆起逐渐消失，形成相对低地或缓坡；上盘则呈相对凸起。结果，在主断层断距较大的部位，其下盘的凸起阻碍了物源的导入；而在主断层断距较小的部位，其下盘形成漏斗状的相对低地或缓坡，使物源水系（或浊流）汇聚，并成为水系进入盆地（或浊流进入盆地中心）的入口，之后在上盘凸起上向四周分散。此外，在盆地中央的大型纵向隆起带上发育的反向平行型传递带，其形成的断沟、断槽常常成为沉积物轴向输送的通道（王家豪等，2008）。

传递带控砂作用表现为同沉积正断活动引起的传递带与邻区古地貌差异，尤其是传递带部位断层下盘的相对低地、沟槽对物源水系起着引导、汇聚作用，而传递带部位断层上盘的高地、凸起则影响储层砂体的分散。反之，一些传递带表现为地形高地或凸起，则会阻碍或限制物源供给。只有与传递带对应的断坡带才是大型储层砂体发育的有利部位。最终，结合不同级别、不同类型传递带及传递带组合，分析传递带及周缘的古地貌特征，就能分析沉积物供给和分散的优势路径，对储层砂体的展布进行合理的预测。

五是陆相断陷盆地控砂作用，主要提出了坡折控砂、沟谷控砂、层序控砂、动态物源控砂原理。在坡折（带）控砂方面，提出了断陷盆地构造坡折带的概念、特征、基本类型，认为构造坡折带决定了浊积物的卸载场所，分析了砂体的控制作用，以及在预测储集砂体和隐蔽油气藏中的作用，在此之后，坡折带控砂理论在中国陆相断陷盆地中得到了迅速推广，对勘探起到了巨大的指导作用，在各油区产生了巨大的经济效益。

在沟谷控砂方面，20 世纪 60—70 年代沉积学家在研究海底扇沉积时就认识到了沟谷（供给水道）对扇体形成的重要作用，还对供给峡谷对深水扇的影响进行了分析，认识到了具有峡谷（点物源）和不具有峡谷（线物源）的物源供给方式差异会导致在坡脚沉积物成因类型和沉积体规模的差异。在国内，20 世纪 90 年代胜利油田在东营凹陷北部陡坡带勘探过程中认识到了沟—扇对应关系，有效地指导了陡坡扇砂砾岩体的勘探。

在层序控砂方面，国内地质学家在陆相断陷盆地中引入层序地层学概念，建立了陆相层序地层格架砂岩分布模式，在砂体预测中起到了重要的作用。

在动态物源控砂机理方面，动态物源指物源的供给与分配随时空的变化而变化，不同层序位置、湖平面变化不同阶段，物源区的大小均是变化的，影响沉积作用的发生；不同古地貌位置，物源供给与分配是有差异的，影响沉积砂体的非均质分布。动态物源存在的根本原因在于沉积的旋回性。沉积是渐进的过程，任何一个物源区被新沉积的沉积物覆盖都不是突变的，而是经历了漫长的地质历史时期（赖维成等，2010）。物源区大小的变化是个动态的过程，物源区的范围受基准面旋回控制，基准面变化影响物源区的扩大和收缩。后期被覆盖的低凸起区在沉积的早期都有可能是物源区，这样就重新认识了凹陷中许多远离大物源区的继承性"凹中隆"，认为它们在沉积早期都可能成为物源区并在周边形成一定规模的沉积砂体，而不是传统观点的"找砂禁区"，这一认识突破意味着勘探禁区的突破。

三、含油气盆地沉积作用对构造活动演化的响应机理

盆地沉积充填物质记录了沉积过程中的构造特征、重大地质事件和构造活动信息，因此通过沉积盆地中标志不同时间尺度的沉积记录，研究不同沉积充填物的特征，识别地质事件的诊断性标志以及波动幅度和频率，即构造事件的沉积响应，可以反映不同的构造背景及构造演化特征，建立板块碰撞、物源区或造山带隆升和沉积区构造沉降成盆的时空坐标及其关系。

研究表明，沉积盆地的地层形态、岩相类型及空间配置样式是构造事件的重要标识。前陆盆地和走滑挤压盆地地层记录是恢复和研究造山作用、构造—沉积响应的窗口，沉积充填特征对构造演化的响应主要表现在盆地充填物及盆地形态格架对构造作用的响应（王成善，2003）。利用沉积响应再造物源区隆升造山作用的不同尺度地层标识包括：盆地充填地层格架、不整合面、构造层序、粗碎屑楔状体、沉积物特征碎屑组分变化、相及沉降中心的迁移、沉积物通量和沉积速率的增减、河流梯度、前缘隆起，以及放射性测量与裂变径迹年代测定（李勇等，2000）。

盆地充填地层格架由沉积盆地的外部和内部几何形态以及充填盆地的地层堆积性质等要素组成。盆地的外部形态可由盆地充填体的空间形态所反映，包括平面几何形态和剖面几何形态；盆地的内部几何形态由盆地内部单个地层单元和单元序列的充填体的空间几何形态所反映。由此原理，根据盆地充填地层格架可以确定盆地的几何形态和构造样式，进而确定盆地性质和盆地形成机制及动力学。

　　不整合面是分割盆地充填序列的最重要界面，一般划分为角度不整合面、平行不整合面两类。角度不整合面（包括微角度不整合面）的特点是界面上、下地层呈角度相交，下伏地层具不同程度的变形，上覆地层则相对平缓，构造削蚀现象明显，界面上普遍发育黏土型风化壳或古土壤层和底砾岩，属于水平挤压型构造侵蚀不整合面；平行不整合面以下伏地层被不均衡剥蚀为特征，界面上有时发育黏土型风化壳、古土壤层或底砾岩，属于抬升型构造侵蚀不整合面。此外不整合面多数分布于盆地边缘，一般向盆内过渡为整合面。前陆盆地中每一个地层不整合界面应是相邻造山带一次逆冲推覆事件和走滑事件的沉积响应与地层标识，由此原理，可根据前陆盆地充填序列中不整合面的层位和性质，确定造山带逆冲推覆事件和走滑抬升事件。

　　构造层序是以不整合面为界的充填实体，以盆地内分布的（区域或局部性）不整合面作为盆地充填序列的界面，划分出相应级别的构造层序和层序。构造层序具有特定的垂向充填模式和横向沉积体系配置模式，是一个成盆期的产物，相当于二级层序，可以与不整合界定地层单元（Uncomformity-bounded Stratigraphic Unit）对比；层序是在构造层序内以不整合面、相转换面和海泛面为界的充填地层，是一个成盆期内不同发育阶段的产物，相当于三级层序，可以与构造沉积单元（Tectosedimentary Unit）对比。由此原理，可以将前陆盆地充填序列划分为构造层序和层序，构造层序为造山带逆冲推覆幕的沉积响应，是一个成盆期的充填实体，层序为造山带逆冲推覆事件的沉积响应，是一个成盆期不同演化阶段的充填实体。进而根据其充填序列中所存在的构造层序，可划分出若干逆冲推覆幕，并根据层序划分若干逆冲推覆事件。

　　砾质粗碎屑楔状体往往大量发育在与造山带相关的沉积盆地边缘，并具周期性出现和空间上迁移的特征。根据"地貌侵蚀旋回理论"（Davis，1972），粗碎屑楔状体的出现是物源区构造重新活动的标志；前陆盆地粗碎屑楔状体的出现也是造山带逆冲推覆作用的地层标识。由此原理，可以根据前陆盆地边缘粗碎屑楔状体的形成次数和层位推断造山带逆冲推覆的次数和规模；通过粗碎屑楔状体在垂直造山带方向的迁移，研究逆冲推覆作用向盆地扩展的方式和速率；并根据粗碎屑楔状体在平行造山带方向的迁移，研究走滑作用的方式和速率。

　　造山带地层脱顶历史分析的原理在于，造山带是盆地的主要物源区，它的逆冲推覆等构造活动直接控制着前陆等盆地的沉积物类型和沉积物供给量，因此沉积盆地碎屑岩的物质成分能够反映造山带地层构成和古逆冲推覆活动。一方面可根据砂岩碎屑成分确定造山带的构造背景，另一方面可根据特征岩屑成分的首次出现及在时间上的变化，推测造山带推覆体前进的年龄和造山带内地层脱顶的年龄。

　　盆地构造沉降曲线在利用地层记录进行盆地沉降分析时，通常用来研究一个盆地所经历的整体沉降和构造控制的沉降。构造沉降曲线一般显示为由热冷却而引起的凹面向上的曲线、挠曲负载而引起的凸面向上的曲线两种形态。由于前陆盆地是大陆岩石圈受上叠地壳加载引起挠曲变形的边缘凹陷盆地，是逆冲推覆体推进的自然结果，造山带每次挤压逆冲均导致相应的前陆盆地产生新的沉降，增加可容空间，因此前陆盆地构造沉降历史是反映造山带逆冲推覆构造历史的良好标志。根据上述原理，可以利用前陆盆地沉积厚度粗略地估算造山带冲断推覆抬升高度。

盆地沉降中心的迁移是在盆地发育过程中经常见到的明显现象。一方面可以表现为在垂直造山带方向的迁移（龙门山前陆盆地、比利牛斯前陆盆地、西瓦里克前陆盆地等），显示了造山带以前展式向盆地内不断推进的特征，并可根据沉降中心在垂直造山带方向迁移的距离推断造山带逆冲作用扩展的方式和速率。另一方面还表现在平行造山带方向的迁移（龙门山前陆盆地），显示造山带不仅具逆冲作用，而且具走滑性质，由此原理，可根据沉降中心在平行造山带方面的迁移距离推测造山带走滑作用的方式和速率。

前陆盆地前缘隆起的发育和迁移是相邻造山带构造负载强度的标志。前缘隆起作为前陆盆地的重要组成部分，是岩石圈受上叠地壳加载于克拉通侧发生拱曲的结果，其向上挠曲的幅度与前陆盆地沉降中心下沉幅度成正比，即下沉幅度越大，前缘隆起幅度就越高，反之亦然。由此原理，前缘隆起的幅度是前陆盆地边缘构造负载的均衡响应，构造负载越大，前缘隆起幅度也越大，反之亦然。

盆地沉积通量和沉积速率的增减是造山带逆冲作用大小和快慢的标志。在盆—山系统中，盆地充填物均来自相邻造山带物源区，造山带与盆地之间是以物源连接为纽带的。因此，可利用盆地沉积物增减研究确定造山带上被剥蚀或削蚀的物质数量，从而确定造山带逆冲作用的时间。根据质量平衡古地理再造方法（Hay et al.，1989），可以利用盆地中不同断代的沉积质量计算和校正，恢复造山带古高度。其核心思想就是将造山带和盆地作为一个碎屑沉积作用过程的相对封闭系统（包括所有物源区和沉积区），在目前地形高度的基础上，逐步将盆地的沉积物质剥下来，重新搬回物源区；以物源为连接，精确刻画其沉积通量（Sedimentation Budget）、沉积总量和沉积速率（Sedimentation Rate）等参数，反演造山带逆冲、抬升的过程，以恢复造山带不同时期的古地形高度、剥蚀通量和隆升过程。

河流梯度（阶地）和水系特征是研究造山和高原隆升、构造活动的重要标志。河流的纵剖面对正在发生的隆起与下沉作用引起的基准面变化很敏感，可以用河流梯度推测与构造相关的河流系统中的不平衡。当河道的梯度、宽度、深度与流量、载荷平衡时，河流应是平缓的，虽然流量受载荷的变动、岩石类型和气候的变化，以及构造对河道的影响，河流不可能达到完全平衡，但在半对数图上河流的纵向剖面常常近似于直线。因此，河流的高度与长度存在以下关系，即 $H=C-K\ln L$（其中 H 是高度，L 是自源头的距离，C 和 K 是常数），其中 K 为河流理想剖面的坡度和梯度指数，可用于描述河流的剖面特征，并可用 $K=H_i-H_j/(\ln L_i-\ln L_j)$ 进行计算（其中 i 和 j 是沿河流剖面的两个点）。

地表侵蚀是地貌演化的外营力。利用河流阶地沉积物或盆地沉积物宇宙成因核素（^{10}Be 和 ^{26}Al）可获取流域万年尺度平均侵蚀速率时间序列，弥补了热年代学获得的百万年平均剥露速率和水文观测获得的年代级侵蚀速率之间的环节。利用宇宙成因核素 ^{10}Be、^{26}Al 估算流域侵蚀速率的原理是：地表及其附近岩石中的矿物的原子核受到来自外层宇宙空间的高能宇宙射线粒子的轰击，发生核反应而产生放射性核素，然后被快速埋藏，不再接受宇宙射线辐射。总体上，它们在地表的暴露时间短暂，宇生核素含量低，埋藏后宇生放射性核素随时间流逝而衰减。利用 ^{10}Be 和 ^{26}Al 估算流域古侵蚀速率就是基于此原理，通过测试河流沉积物或盆地沉积物的年代，结合 ^{10}Be 浓度，进而估算流域的平均侵蚀速率。

裂变径迹和放射性测量年代测定揭示造山带隆升速率的原理是：裂变径迹分析基于 Dodson（1973）提出并逐渐发展完善起来的封闭温度理论，认为地盾区或造山带中深成岩矿物或变质矿物所给出的年龄是它的冷却年龄，如果冷却是由正常地温梯度下地质体隆升或剥蚀作用引起，则冷却历史就是隆升历史的反映。假定平均地温梯度，或者计算被测样品的温度—气压关系，把放射性测量和裂变径迹年代测定给出的冷却温度值与当时的地面以下深度联系起来，进而根据连贯封闭温度系统之间被消除的岩石深度计算出侵蚀速率，再根据侵蚀与山脉高度之间有增大的对数关系，确定山脉的隆起速率。岩石的冷却历史可以用不同矿物进行测定。一般来说，对角闪石和云母用 ^{40}Ar/^{39}Ar 方法，对榍石、锆石和磷灰石用裂变径迹方法，通常选择 30℃/km 作为平均地热梯度。已开始将放射性测量应用于沉积物中碎屑年龄的测定，以确定碎屑从物源区母岩被剥蚀的年龄，进而推测物源区开始隆升的时间（Copeland et al., 1990）。

含油气盆地热历史研究主要涉及不同盆地的成因机制、热体制、热结构、热史恢复模拟及构造热事件等方面，主要包括岩石圈尺度上的构造热演化法和盆地尺度上的古温标法两种方法，高堋等（2017）进行了很好的总结和综述。构造热演化法又称为盆地演化的地球动力学模拟方法，其基本原理是通过模拟盆地形成过程中岩石圈所产生的伸展减薄、挠曲变形、均衡调整等各种构造变化及相应的热效应（盆地定量模型），从而得到岩石圈在温度和热流等方面的时空演化史。不同类型的沉积盆地由于其形成机制的差异，以及形成演化过程中地球动力学背景的不同，使得适用于这些各自拥有不同构造热演化过程的盆地的数学模型也各不相同。由此可具体针对各种不同成因类型的沉积盆地，根据其相应的地质地球物理资料确定合适的数学模型，在已知或假定的初始条件及边界条件下，通过不断调整模型的参数，使模拟计算的结果与实际观测的盆地构造沉降史得以拟合，从而确定盆地的基底热流，进而结合盆地的沉积埋藏史恢复沉积盆地的热历史（高堋等，2017）。

古温标法主要是利用沉积盆地中有机质或矿物受热发生一系列物理和化学性质变化从而记录、保存的古地温信息（称作古温标，又称"古地温计"），对沉积盆地的热历史进行直接反演或间接反演。直接反演仅适用于线性增温或线性降温的热史路径，基本原理是将古温标样品的热史路径分为多个时间段，每个时间段应用不同模型，正演计算出模型理论值，通过理论值和实测值的差异进行反复迭代，从而厘定线性增温或线性降温的热史路径。间接反演的基本原理是建立在埋藏史重建和盆地内物理过程模拟基础上，以古温标动力学模型为核心的迭代过程；其以盆地底部热流变化衰减量和地层剥蚀量为迭代参量，根据盆地埋藏史间接确定地层的热史路径。

　　每种古温标都有特定的温度适用范围，有些古温标是最高古地温计，只能记录其所经历过的最高古地温，如 R_o 等；有些则能够记录样品所经历的热历史过程，如裂变径迹等。目前构造—沉积响应研究方面发展比较成熟且应用较为广泛的主要是低温热年代学古温标。在研究沉积盆地构造演化、物源区山体隆升和构造—沉积响应的过程中，由于温度较低，通常采用磷灰石和锆石的裂变径迹和（U-Th）/He 等低温热年代学方法（图 2-2）。磷灰石的 He 封闭温度较低，约为 75℃，裂变径迹封闭温度为 110~125℃；锆石的 He 封闭温度为 170~190℃，裂变径迹封闭温度为 210~240℃；榍石的 He 封闭温度为 191~218℃，裂变径迹封闭温度为 265~310℃（榍石在沉积盆地的热史研究中应用较少）。

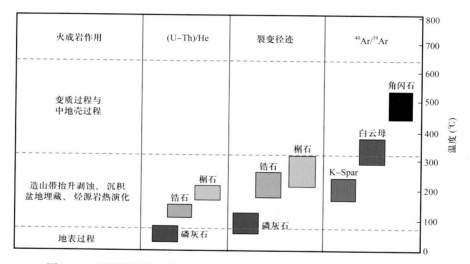

图 2-2　不同低温热年代学方法适用温度范围示意图（据高珊等，2017）

　　近年来，构造热演化法、古温标法和低温热年代学随着定量模型的完善和测试仪器的快速发展，已在地质体定年、盆地抬升—沉降和热历史恢复、地形地貌演化和沉积物源研究、盆地及造山带抬升和地层剥蚀量、构造热事件研究等方面广泛应用，并取得了不少成果。

　　尤需指出的是，在根据上述不同尺度沉积记录（地层标识）恢复造山带古构造活动时，一定要注意各识别标志的综合对比，彼此补充，相互印证，减少结论的或然性。同时应不断地完善物源连接技术、剥蚀面与沉积基准面对比技术和古地形再造技术，尽快与国际同领域研究接轨（李勇等，2000）。

四、含油气盆地构造—气候—地貌关系及响应原理

1. 基本概念与相关内涵

　　构造运动、地貌演变、气候变化及其响应等过程和要素共同构成了一个密切联系、相互反馈的地球动力学系统，三者之间相互作用与关系，以及造山带隆升的时代、过程、

方式、机制及其资源效应，是当前地学界研究的核心主题和前沿热点之一。

含油气盆地构造—气候—地貌关系，内涵是含油气沉积盆地形成演化过程中构造活动、地形地貌、气候变化和侵蚀与沉积的相互作用关系、制约和影响因素，重点研究构造地貌—气候环境—油气生聚协同演化的历史、过程和机制，探讨其深浅耦合与相关因素如何影响烃源岩层系、储集层段、圈闭盖层的分布和特征，如何相互作用进而制约油气的生成运移、输导成储、成藏和聚集。

地形地貌是构造、气候等共同作用的重要载体，不同地貌景观和沉积物保存着过去诸如构造活动、沉积作用、构造—气候—地貌演化与响应的记录，这些记录的研究需要借助相关理论、观测和模型，将诸多因素（地形地貌、气候水文、构造活动、沉积地质）的空间模式和时间变异性、相关识别指标与油气生聚动态联系起来，进而评估构造—气候—地貌—沉积作用与油气聚集的关系、响应机制、作用规律和资源分布及潜力。构造变形可能受控于气候变化与剥蚀因素，尤其是在构造活动较为强烈的造山带及其边缘、山间盆地等区域。地貌对构造活动的响应是直接的，而构造与地貌对气候的响应是间接的，地表侵蚀、构造活动与气候变化之间可能存在耦合性，并在相关研究中越发受到重视（刘静等，2018；施紫越等，2021）。

2. 作用关系与响应原理

构造和气候、地貌之间存在着复杂的相互作用关系（图2-3）。一般而言，各类构造活动（断裂活动、会聚/裂解过程地壳增减作用、地壳均衡反弹、岩石圈负载挠曲、深部地幔对流地壳增厚、均衡抬升、沉降、剥蚀及褶皱变形等）引起地表岩石的垂向和横向运动，导致海拔高度增加、地形高差增加、侵蚀能力增强，可以改变古地形地貌和古气候条件，古地貌控制着沉积作用和充填序列，进而影响气候模式和沉积过程，直接影响着碎屑沉积物的物质来源、搬运距离、搬运方式、充填沉积体几何形态等特征。山脉的形成和盆地的沉降会导致气候的区域差异，影响降水、温度和风向等；沉积响应也会反映出构造和气候的变化，并对油气的生成和聚集产生影响。

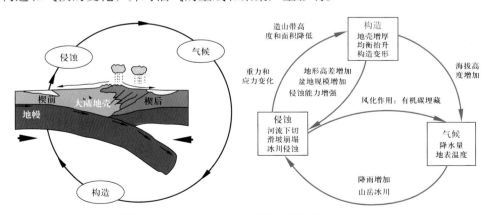

图2-3　构造、气候和侵蚀之间相互作用的关联过程（部分修改自 Willett et al.，2006）

不同气候条件下，地貌的形成和演化过程也会有所不同。气候因素如降水、风化和侵蚀作用会塑造地貌景观，进而控制降水、风化和侵蚀等过程，影响沉积物的来源和输运。构造地貌是深部构造应力与气候变化在地球表层的直接反映，地表过程（风、河流、冰川侵蚀，以及物理、化学、生物风化作用等）以剥蚀、搬运、沉积为主，对地形产生"削高填低"的夷平、均一作用。

地表过程与气候密切相关，又与构造活动相互反馈，三者相互关联，相互作用，塑造了地球过去、现今及未来的地貌形态。因此地貌是构造、气候和时间的函数，并由岩石的抬升、变形与风化，以及地表的侵蚀、搬运与堆积过程所塑造。地貌特征也会对构造过程产生影响，例如山脉的存在可能对地壳应力分布产生影响，进而影响断层和褶皱的发育。地貌特征如山脉、河流和海岸带的分布，也会影响沉积体系的发育和油气的运移路径。

相关的原理主要是均衡理论。均衡理论认为，地貌在内、外营力的共同作用下逐步趋于均衡；当构造活动和气候条件相对稳定时，均衡态下形成河流均夷或均衡纵剖面并呈现下凹形态，坡面过程与河流过程之间的竞争达到平衡，河流平均下切速率与基岩平均抬升速率相平衡（即流域总侵蚀速率与抬升速率相等），则河流纵剖面形态随时间只会产生很小的变化，构造抬升速率的差异则决定着均衡态地貌的平均坡度和流域高差；差异性抬升则会导致河流均衡剖面上出现裂点，即河流纵剖面上坡度的突变部位，呈现非均衡剖面（潘保田等，2021）。Hack（1973，1975）基于基岩河流纵剖面形貌学的研究提出了地貌演化的"动态平衡"理论：当构造隆升和地表侵蚀同时发生时，造山带地貌可以处于平衡状态，即高程和地势不随时间变化，较高的沉积通量一直持续发生；另外，由于岩石强度有限，山脉不会无限隆升，当地形坡度达到临界角就会发生地貌垮塌（曹凯等，2022）。

基于均衡理论，可通过均衡态地貌的形态特征差异分析气候或构造对地貌演化的控制作用（Haghipour et al.，2014），通过模拟地形与真实地形的比对，定量获得裂点迁移速率和构造活动时间（王一舟等，2018；张会平等，2011）。

基于河流均衡纵剖面概念、流域尺度地貌演化模型、河流水力侵蚀模型，指出多数均衡河流纵剖面可以用河流坡度（S）和上游流域面积（A）的幂函数来表示，提出地形高差、谷间距或沟谷特征、河流陡峭指数（k_s，指示河流比降变化）、河流坡降指数（反映基岩抗蚀能力和构造活动）、标准化的河流陡峭指数（k_{sn}）、河道凹度系数等流域尺度地貌的重要指标，很好地定量化反映了构造抬升速率时空差异、区域岩性差异及区域基准面变化。

非均衡状态剖面的证据主要是裂点或裂点带，一般被用于指示构造或气候沿河道纵剖面的变化，裂点将河道分成河流坡度明显不同的上、下河段，且裂点以动力波的形式向河源后退（Kirby et al.，2012）。裂点溯源迁移模型可以很好地揭示河流的演化阶段（王平，2010；Schmidt et al.，2015；张会平等，2011）。

五、含油气盆地源—汇系统响应及其分析原理

1. 基本内涵与相关概念

源—汇系统原本是一个生态学术语，描述了生态系统中物质和能量流动的一种模式。20 世纪 90 年代末，美国开始在沉积学研究中引入源—汇分析的概念和思想。含油气盆地

源—汇系统指盆地中自剥蚀地貌形成的剥蚀产物，搬运到沉积区或汇水盆地并最终沉积下来的过程。基本内涵中，"源"指物源区（山）和物源体系，"汇"指汇水沉积区（湖、海）和汇聚体系，将沉积物从物源区剥蚀到搬运、沉积的整个沉积动力学过程看成一个完整的源—汇系统，来分析汇水沉积区从烃源岩（生烃岩系）生烃、通道运移到汇聚带（储集层系）聚集成藏之间的相互关系和作用过程，探讨储集体的富集机理和油气成藏效应。

大陆边缘盆地沉积体系的"源—汇"研究集中于沉积事件的触发机制、沉积物的搬运方式与沉积响应特征等研究。陆架斜坡至深海区是从陆到洋的源—汇系统的最终沉积区，这一地貌带的研究常常聚焦于陆架坡折带的地貌与海底扇体系发育的关系。

陆相断陷盆地源—汇时空耦合控砂基本思想的内涵是：物源区风化剥蚀产生的碎屑物质经过一系列的输砂通道搬运后，在特定的时间和特定的空间沉积下来，就构成了一个完整的源—汇时空耦合控砂系统。一个完整的陆相断陷盆地源—汇系统包括山地、沟谷、坡折、湖盆等四大地貌要素（徐长贵，2013；图2-4）。

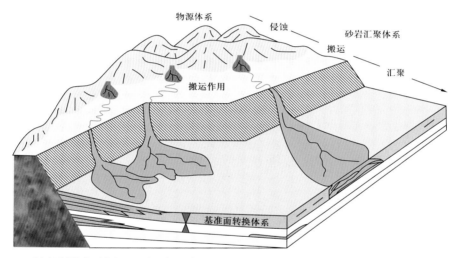

图2-4 陆相断陷盆地源—汇时空耦合体系基本概念及空间关系示意图（据徐长贵等，2017）

陆相断陷盆地源—汇时空耦合系统的基本概念包括三大体系，即有效物源体系、高效汇聚体系和基准面转换体系。

（1）有效物源体系。物源体系的地貌形态、规模、物源供给的充足与否及源区母岩的性质控制了湖盆中砂岩的成因、展布方向、层序中沉积岩石类型及层序的叠置样式。复杂断陷盆地物源体系是复杂的，有长期遭受风化剥蚀的、稳定的、容易识别的显性物源体系，是将研究层段顶部的剥蚀范围作为物源区；也有风化剥蚀时间较短的或受构造运动影响而不容易识别的隐蔽性物源体系，可分为时间上的隐蔽性物源体系和空间上的隐蔽性物源体系。时间上的隐蔽性物源体系指同一个三级层序中，早期剥蚀成为物源区，晚期接受沉积而不能提供物源，而这一早期的剥蚀时间不易识别，从而使得该时期的物源具有一定的隐蔽性，通常将这段时间的物源称之为隐蔽性物源。空间上的隐蔽性物源指在构造作用（最常见的为走滑平移作用）下，物源位置随时间发生变化，使得在现今状态下物源和沉积体系难以寻找到对应关系，形成空间上的隐蔽性物源体系。前人关于显性物源对沉积体系的控制作用已做过许多探讨，但关于隐蔽性物源对沉积体系的控制作用的研究却较少（徐长贵，2013）。

（2）高效汇聚体系。物源区被风化剥蚀后产生碎屑物质，经过输砂通道进行搬运，在与输砂通道对应的坡折处集中堆积下来，这个输砂通道、坡折带、碎屑物质的可容空间共同构成砂岩的高效汇聚体系。陆相断陷盆地常见输砂体系主要有断面、侵蚀沟谷、山间洼地、断槽和走向斜坡等 5 种类型，常见坡折体系主要有断裂型坡折、挠曲型坡折和沉积型坡折，其中断裂型坡折又可以分为盆缘断裂墙角式坡折、盆缘断裂走向斜坡式坡折、盆缘断裂相向消减式坡折、盆缘断裂沟谷式坡折及走滑断裂坡折等 5 种类型。输砂通道和坡折堆积空间不是截然分开的两个体系，这两个体系受气候、湖平面、构造和沉积作用可以相互转化。

（3）基准面转换体系。层序的发育及其特征主要受到沉积基准面变化的控制，沉积基准面的升降运动决定了盆地的沉积作用状态和特征。在纵向上，主要体现在物源作用形式与强弱、沉积物构成、岩性的纵向变化等方面。研究认为，基准面旋回转换决定砂体的发育条件、影响物源供给型式，基准面旋回转换的位置决定砂体富集的位置，基准面旋回转换的级别影响砂体的规模。

上述三大体系中，有效物源体系和高效汇聚体系在空间上是相互连接的、相互作用的地貌单元，在时间上是动态变化的。源—汇时空耦合系统受气候、湖平面变化及构造作用的变化而变化，有的源—汇耦合系统在时空上是容易识别的，是"显性源—汇体系"；而有的源—汇耦合系统在时空上是难以识别的，是"隐蔽性源—汇体系"，因此，准确刻画源—汇系统需要在高分辨率层序地层框架内进行精细的古地貌分析。

2. 源—汇关系与响应原理

源—汇关系指剥蚀物源区和汇水沉积区、烃源岩和汇聚区（储层）之间的联系和相互作用。影响因素包括地质构造、沉积环境、热历史、流体动力学、油气运移和输砂通道等。

源—汇时空耦合控砂原理本质上是自然界物质守恒定律的延伸，认为物质是守恒的，物源区风化剥蚀产生的碎屑物质一定会以一种特定的过程和特定的方式堆积在原地或异地，而不会自生自灭，并且这种沉积物的沉积作用是受碎屑物质从"源"到"汇"整个过程的影响，而不是受单一的物源、沟谷或坡折控制的。要在复杂的陆相断陷盆地找到砂岩的富集区，必须找到一个完整的源—汇时空耦合系统。换句话说，在复杂陆相断陷盆地找到了一个完整的源—汇时空耦合系统就一定可以找到砂岩的发育区。

在复杂的陆相断陷盆地，一个砂岩富集区常常都对应一个完整的源—汇时空耦合系统。源—汇时空耦合体系包括有效物源体系、高效汇聚体系和基准面转换体系，其中有效物源体系包括显性物源体系和隐蔽性物源体系，隐蔽性物源体系包含时间上的隐蔽性物源体系和空间上的隐蔽性物源体系，识别隐蔽性物源体系对陆相断陷盆地储层预测具有重要的意义；高效汇聚体系由输砂通道、坡折带、碎屑物质的可容空间共同构成；基准面转换体系主要控制一个层序内砂体发育的时期。将其应用于渤海古近系勘探，使得储层预测成功率由原来的 40% 提高到了 80%（徐长贵，2013）。

源—汇时空耦合控砂原理首次把湖盆砂体预测的研究对象从湖盆扩展到整个源—汇系统，认为湖盆砂体的沉积作用是整个源—汇系统各地貌单元相互作用的结果，而不仅仅是湖盆内地貌单元与湖平面变化的结果；同时，源—汇时空耦合控砂原理还认识到，在地质历史中不仅存在显性的源—汇体系，而且还存在隐蔽性的源—汇体系，这是砂体预测理念的重要突破。

第二节　含油气盆地构造—沉积响应研究思路和方案

一、构造—沉积响应研究总体思路

含油气沉积盆地中构造标识的地质记录和时空序列实际上是多级次隆升—剥蚀—沉积过程叠加作用的最终结果，其构造—沉积响应研究是一项多学科结合的系统工程。但相关论著要么是从单一构造角度分析，要么是从沉积角度分析，少有系统、综合地将构造与沉积结合开展研究。笔者根据多年系列研究的感悟和经验，提出构造—沉积响应研究的总体思路如下。

从现有的沉积现象和构造特征入手，以含油气盆地构造动力学、构造—沉积学、源—汇系统沉积学、盆地分析等最新理论为指导，以地质、物探、测井等多学科资料综合及沉积地球化学、测试化验分析与数理统计分析等新技术应用为手段，点线面结合、多学科结合、新理论与多方法结合、宏微观结合、最新勘探和研究认识结合，在研究区构造背景、原型盆地格局、沉积充填格架和构造—沉积环境恢复的基础上，以构造—沉积响应分析、盆—山转换与耦合分析、构造—沉积—成藏一体化分析为主线，突出构造活动与沉积过程—沉积充填的动态响应标志、构造或侵蚀不整合间断界面和古构造旋回频率、幅度以及沉积响应参数的跃变或强峰特征研究，分析含油气盆地构造作用对源—汇体系、沉积储层与油气成藏的控制以及沉积作用对构造活动的响应，研究构造—沉积响应机制下油气成藏效应和勘探方向，优选有利勘探领域、勘探区带和评价勘探潜力。

二、构造—沉积响应研究技术方案

含油气盆地构造—沉积响应研究以构造作用对沉积的控制和影响、沉积作用对构造活动的响应和表征、构造—沉积作用对油气聚集成藏的控制和改造研究为主线，探索有利勘探领域并指明勘探方向。为此建立的研究框架和技术路线如下（图 2-5）。

1. 构造作用及其对沉积的控制和影响分析

充分利用已有的地面地质、钻井、测井、二维地震、三维地震、重磁电、露头及岩心、测试分析等资料，在引用、验证、修编、完善前人成果的基础上，开展构造作用及其对沉积的控制和影响分析。构造作用分析包括古构造格局和古地貌、断裂活动及演化，主要涉及构造背景、隆升沉降及动力学、不整合与剥蚀量分析、原型盆地隆坳格局和盆山关系，以及断裂构造样式、同生断裂识别、断裂活动特征、构造动力学与演化；构造作用对沉积的控制和影响分析主要涉及构造控源作用及演化、构造控盆作用及特征、构造控砂作用及演化、构造控储作用及特征（褶皱、断裂活动等对储集砂体沉积充填、时空分布与迁移的控制和再改造作用等），以及构造控制作用方式、强度、期次、模式和构造控制的影响因素等（图 2-5）。

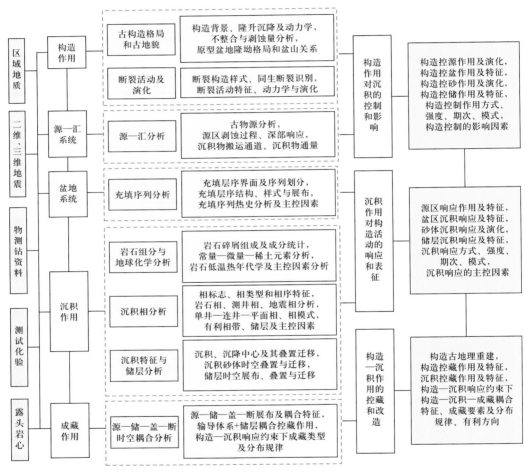

图 2-5　含油气盆地构造—沉积响应与勘探方向研究技术路线图

2. 源—汇系统和盆地系统分析

源—汇分析基于高分辨率三维地震数据体的地震地貌或地震沉积学资料，结合露头观测、钻井岩心及锆石测年等资料，主要包括从盆地隆坳格局、局部古隆起带的古地貌分析，到沉积古斜坡、坡折带或古水道的单一沉积体宏微观分析，古物源特征、源区隆升剥蚀过程、深部响应及供源作用，以及沉积物搬运通道、沉积物通量及"源—渠—汇"系统的耦合关系分析。

盆地系统分析主要涉及充填序列分析，包括盆内及周缘充填层序界面及序列划分、充填层序结构、样式与展布，充填序列热史分析以及主控因素、构造—沉积充填演化分析、盆地类型及其动力学演化分析等。

3. 沉积作用及其对构造活动的响应和表征

沉积作用分析主要涉及三个方面，一为岩石组分与地球化学分析，包括岩石碎屑组成及成分统计、常量—微量—稀土元素分析、岩石低温热年代学及主控因素分析；二为沉积相分析，主要包括相标志、相类型和相序特征，岩石相、测井相、地震相分析，单井相—连井相—平面相和相模式分析，有利相带、储层及主控因素分析；三为沉积特征与储层分析，主要包括沉积、沉降中心及其叠置迁移，沉积砂体时空叠置与迁移，储层时空展布、叠置与迁移分析。

沉积作用对构造活动的响应分析和表征，主要包括源区响应作用及特征、盆区沉积响应及特征、盆地构造环境演变的沉积学与地球化学响应、砂体沉积响应及演化、储层沉积响应及特征、沉积充填响应、相带变迁特征与推覆冲断等构造活动方式、隆升剥蚀与沉降之间关系的分析，以及沉积响应方式、强度、期次、模式分析和沉积响应的主控因素分析等。

4. 成藏作用及构造—沉积响应机制下的控藏和改造分析

不同于常规研究，本节的成藏分析主要是构造—沉积响应体制下的成藏效应剖析，主要开展源—储—盖—断时空耦合分析，包括源—储—盖—断展布及耦合特征、输导体系 + 储层耦合控藏作用、构造—沉积响应约束下成藏类型及分布规律研究。基于构造古地理重建、构造控藏作用及特征（断裂带、不整合面、成藏期古构造活动与演化对油气成藏的控制、改造与再调整成藏的影响）、沉积控藏作用及特征研究，明确构造—沉积响应约束下构造—沉积—成藏耦合特征、成藏要素及分布规律。

主要进行各时期原型盆地格局下油气成藏背景与特征分析，已知典型油气藏特征、控藏要素与机制、成藏模式及成藏组合特征综合剖析，预测可能的油气分布；在典型失利探井分析、成藏组合综合分析的基础上，研究油气成藏条件、各类储集体的时空展布、结构特征和有利储集体分布预测，指出勘探领域、方向与潜力。

三、构造—沉积响应研究主要方法概述

如果已知某个问题的根源属性或具体的数学模型（内因），根据这种根源属性推导出相关参数分布属性、特征或系统输入条件（外因）来求取相应的输出时，由原因导致相应结果的映射是正向的，这种由因及果的过程就构成一个正向问题（正演）。地质学中的正演问题，通常指根据已知的地质历史事件或公认地质活动的成因、动力，去分析、推演其可能产生的地质现象、主控因素；或根据已知的地球内部结构，去探测、模拟其可能产生的地球物理场信息等。正演分析法是传统的经典理论和一整套成熟工作方法的结合，这在构造稳定的克拉通地区和被动大陆边缘以及现代海洋研究中往往十分有效。在

构造—沉积响应研究中，根据前人研究、诸多论著和文献阐述，学界公认地球动力作用下的构造活动是控制沉积作用的动力和内因、是盆地形成和沉积演化的根源属性。因此，可以采取由因及果的正演方法分析构造作用（背景、类型、方式和时空特征等）对沉积的控制和影响。

在了解系统的发展以及相互作用规律的基础上，根据系统的部分输出信息来逆向地求解系统的部分输入信息或某些未知结构特征，这种由果求因的问题则为反向问题，或称反演。反演就是一个复原、分解的过程，就像"解剖学""看图说话"。地质学中的反演问题，指通过观察现存的地质现象，反推地质历史事件；或通过在地表测量的地球物理场信息，探测地球内部结构。地质学反演问题面临的一大难点，在于反演结果的多解性——不同的地质条件和作用过程，有可能导致相同的最终产物，因此对地质现象和勘探资料的解释并不唯一。

现今看到的野外露头、钻井岩心和各种地质现象，都是历经复杂构造以及沉积活动的叠加、改造和演化而残留下来的，是亿万年漫长地质历史演变的结果。因此在构造—沉积响应、含油气盆地分析中，可以采取由果求因的反演方法分析和表征沉积作用对构造活动的响应（形态、类型、方式和时空特征等）。在多旋回叠合盆地、前陆盆地冲断带、造山带等构造活动剧烈地区，利用正演分析法恢复古海洋、原盆面貌等则难以奏效，经常失灵。因而反序思维和反演分析法是恢复构造活动剧烈地区复杂原貌，还其原始面目的重要途径。

上述的反演在基础地质研究中也包含正演，很多数据是在正演的基础之上、根据正演图像或特征反推正演模型，最后和正演模型比对，分析反演参数和方法是否正确。反演往往存在多解性，与反演者的经验、对正演图像或特征的理解深度有关，最终需要多手段结合、多方法综合进行验证或科学性、合理性推论。由此提出和划分了印证和研究构造—沉积响应时空关系的实验测试分析法。

综合研究分析法则是地质、物探、钻井分析法结合，或者将正演、反演与实验测试分析法结合，综合研究与分析构造—沉积响应特征模式、成藏效应和勘探方向，以便为优选有利勘探领域、勘探区带和评价勘探潜力提供决策参考的基础资料。

基于前面所述，根据相关方法研究的角度、逻辑途径和功能作用，构造—沉积响应研究可以划分出正演分析法、反演分析法、测试分析法、综合分析法四大类方法，分述如下。

第三节　正演分析法：构造作用对沉积的控制和影响研究

构造—沉积响应的正演分析法指从构造角度对构造作用控制和影响沉积的正向分析或正序推理，即根据传统的经典理论和模型认知，由构造现象与特征、动力作用与结果等去研究构造作用（包括盆地构造的阶段性演化或幕式构造作用、构造沉降速率变化、同沉积构造活动等）对沉积作用（盆地的可容空间、沉积速率、物源方向、沉积体系分布等）控制和影响的方法，主要包括断裂对沉积的控制作用分析、同沉积构造对沉积的控制作用分析、构造沉降作用及其对沉积的控制分析、构造沉积旋回与构造作用旋回分析四个方面。

一、断裂对沉积的控制作用分析

断裂对沉积的控制作用分析一般是从若干条地震大剖面构造解释、非地震物探资料分析、钻井岩心和测井曲线分析几方面，确定盆地结构和断裂系统，判识断裂类型、平面形态、剖面形态、组合样式、规模大小、活动强度等，综合研究断裂活动及其对沉积的控制作用，包括控沉积断裂的活动强度、分期性及分段性、同沉积断层的生长指数统计，结合盆地物源、砂地比、沉积体系等沉积学资料，解剖控沉积断裂展布、时空演化及其与沉积砂体、相带平面分布及垂向演变的耦合关系，查明断裂对砂体展布、砂体形态、砂体结构和接触关系等方面的控制作用，分析同沉积断层差异性活动对沉积作用、沉积—沉降中心迁移的影响，断裂控砂、控相特征等。

一些学者（王洪宇等，2020；雷宝华，2012）总结、梳理了伸展断裂活动性评价方法，包括断层生长指数法、古落差法、断层活动速率法、滑距法、位移—长度分析法，五种方法的计算公式、图解及适用范围如图 2-6 所示。

笔者评估认为，上述可作为断层活动性评价的总体研究方法参考。然而，不同作用断层的生长指数和落差可能得出相同结果，难以真实反映断层的活动性，并且上述几种方法仅仅反映的是断层的活动性，未能够反映出断层对沉积的控制作用。

中国海油发明、提出了一种断层控制沉积的直接确定方法（陈飞等，2020），该方法的主要步骤：（1）在油田构造平面图上选取间距相等、彼此平行、垂直断层方向的一系列地震剖面；（2）分别测量每一个地震剖面断层两侧上升盘和下降盘的地层厚度，并计算每一个地震剖面断层的垂向增长量（垂向增长量 = 断层下降盘地层厚度 – 断层上升盘地层厚度）；（3）分别计算每一个地震剖面断层两侧上升盘和下降盘的同一套地层的水平扩张量（水平扩张量 = 同一套地层在水平方向上的位移量）；（4）根据计算的每一个地震剖面断层的垂向增长量和水平扩张量计算相应地震剖面断层的断层生长量（断层生长量 = 断层垂向增长量 × 地层水平扩张量），进而能够定量预测出该油田构造平面图上沉积的规模和分布范围，直接反映出整个断层对沉积的控制作用，为刻画沉积体系时空展布提供依据。该方法中需要计算的断层垂向增长量和水平扩张量能够直接在油田构造平面图中进行求取，求取方式简洁方便，可以广泛应用于油田勘探开发评价领域中。

从断层的切割地层深度、控制作用大小、活动时期与性质等角度分析，与断裂控制沉积作用相关的断层通常包括基底断裂、盆缘断裂、同沉积断裂、走滑断裂四类，其中同沉积断裂也属于同沉积构造的类型之一，放在下一节集中阐述。

1. 基底断裂对沉积砂体的控制作用分析

基底断裂是切割至盆地深部结晶基底或褶皱基底中的大型断裂，常成为大地构造或盆地构造的分界。基底断裂往往在盆地开始接受沉积之前已经形成，活动时间较早，多数还具有长期继承性活动特征；基底断裂是地壳内的薄弱带，在盆地发育时期易于复活，从而控制着含油气盆地和沉积砂体的生成、演化，影响着盆地内的断层系统、相应的沉降与沉积格局和油气的分布。

介绍	生长指数	古落差	活动速率法	滑距法	位移—长度分析法
图解	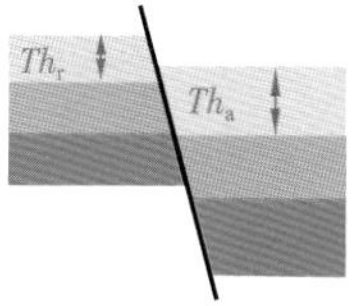	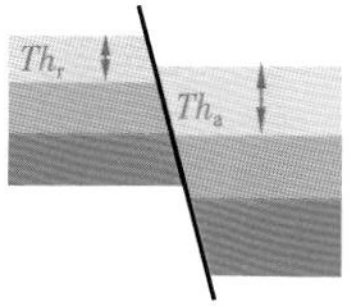	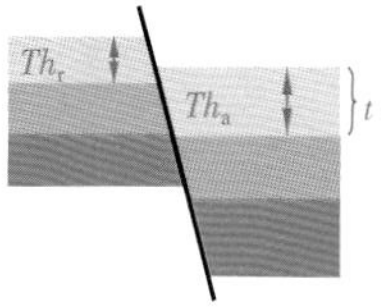	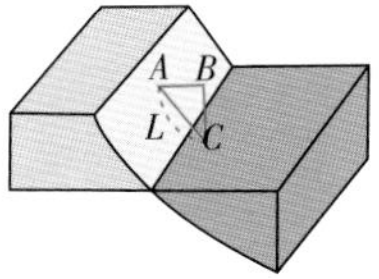	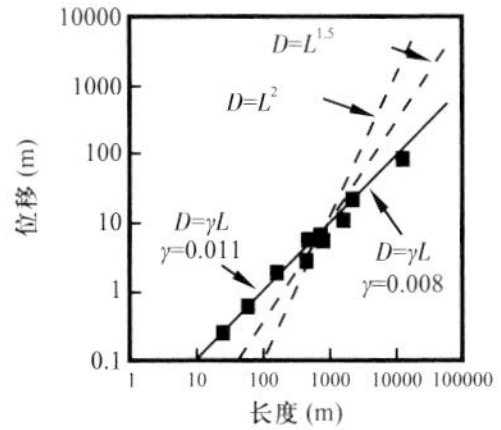
	定量分析生长断层的相对活动强度和活动历史				
公式	Th_d/Th_u	Th_a-Th_t	$(Th_a-Th_t)/t$	$L=AC=\sqrt{AB^2+BC^2}$	统计回归得到经验公式
优点		(1)不受断层上升盘地层缺失的限制；(2)只受断陷盆地整体沉降幅度的影响；(3)地质含义明确；(4)方法简单可操作性强	(1)克服了断层上升盘地层缺失及沉积速率变化的影响，反映断层的真正活动强度更加准确；(2)引入时间概念，便于不同时期断层活动对比，弥补了断层落差和生长指数缺少时间概念的不足；(3)能够更好反映断层不同时期即断层活动强度的对比研究	(1)地质含义更为明确；(2)断层活动量的表述更准确更全面	(1)可分析单条扩展、连接生长、相互作用的断层和断层之间的连接生长过程；(2)可计算连接断层之间相互作用的程度，用以预测地震；(3)位移模式还可用于研究盆地演化历史，对研究地演化史具有重要作用；(4)提供断层连接生长的证据；(5)断层位移和长度关系从二维扩展到三维
缺点	(1)不适用于一侧无沉积的断层；(2)断裂两盘地层的沉积厚度由断裂活动和盆地沉降共同决定；(3)未考虑地层剥蚀；(4)概念含糊，不容易转换为地质含义	(1)未体现出地质时间的概念；(2)用以恢复断层活动量的铅直分量作为近似断层活动量落差，受断层倾角变化影响较为严重，在断裂产状变化明显地区其应用效果受到一定的限制	必须知道地层沉积的准确时间，这在非常困难而且得到的数据是很不精确的	(1)不能很好地体现断层在时间轴上的强弱变化；(2)对于有走向滑动的断层，走向滑距一般难以确定	(1)断层位移量与长度的关系未必有效，其不同尺度关系研究—长度关系不尽相同，定量关系未必成熟；(2)地层活动速率等信息未在长度或方向上有明确表示，断层对沉积控制强度方面尚未明确表达，不能很好地体现断层间间的强弱变化；(3)注意集中于对正断层位移—长度关系的研究

图2-6 伸展断裂活动性评价方法图解及适用条件（据雷宝华，2012；王洪宇等，2020，修改）

总体研究方法，一是基底断裂识别刻画与活动性分析。基于重磁电、二维和三维地震剖面、钻井资料，识别基底断裂系统及其展布、基底断裂组合（包括直接复活断层、派生雁列状断层、断续分布断层与连接断层等）与活动性（朱光等，2013）。有时遇到部分断裂较为模糊，不易识别，为了提高断层解释精度与可信度，明确断层构造样式，可在研究区三维地震数据体上提取 ESP 相干体，开展沿层切片及振幅属性提取，将平面与剖面结合可以有效地识别并解释断层。断层解释完毕后，在 Landmark 等软件中绘制出断层 polygon 和断层分布平面图，再根据断裂走向和相同走向断裂数目的占比绘制断层玫瑰花图，可以更直观、更清楚地精细刻画断裂位置、走向、倾向和平面展布规律（杨俊斌，2016）。

　　研究中需要利用一系列地震剖面，通过基底断裂不同部位地层古落差实测数据，再除以各组地层所对应的时间，获得断层不同部位在各时期的活动速率，半定量分析基底断层活动的相对强弱、其复活特征与活动性规律。

　　二是基底断裂活动控砂作用分析。盆地的基底断裂常常是"控盆"断裂与主要二级构造带的边界断裂，对盆地的形成、演化、物源体系延伸方向、砂体展布均具有重要控制作用（高瑞祺等，1997）。分析的核心是沟谷、河道等水道、地貌的识别、提取与统计，沟谷、河道、沉积砂体走向优势方向的厘定与各类编图，各类水道地貌、砂体展布与基底断裂及其组合的时空关系探究。

　　从活动方式来看，基底断裂在沉积盖层发育期的活动主要有两种形式。其一为"显性"活动，即基底断裂活动对沉积盖层的厚度与变形、变位有明显控制作用，如美国伊利诺伊盆地和威利斯顿盆地中的基底断裂（赵文智等，2003）。现代地貌及地质学中常用"逢沟必断"来形容断层活动与分布对河道水系与沉积体系的控制作用。基底断裂的小幅度活动（扭动和小规模走滑）可使地表发生破碎而形成地表破碎带。若有水系注入盆地，河道就极易取其走向冲刷下切，基底断裂分布区就成为河道砂的主要发育部位。其二为"隐性"活动，往往形成了"隐性"断裂带，可以导致早期的凸起带成为浅表断裂破碎带，从而控制了后期的河道发育及砂体展布（胡素云等，2006）。

　　尤需指出，隐性断裂带是基底断裂体系活动、区域或局部应力场、潜山块体扭动影响下在沉积盆地盖层中产生的断裂趋势带，它是断裂带的一种类型，与显性断裂伴生于沉积盆地，但由于不具有显性断裂的固有特征，隐蔽性强，常常被忽略（周维维等，2014）。隐性断裂带具有多种断裂组合特征和构造变形方式，同时可以表现为沿一定方向分布的河道水系、砂体带或油藏带。

　　隐性断裂带主要在基底断裂展布及活动基础上，通过重磁、遥感、高精度的三维地震勘探、地质和钻井等资料详细论证发现。可以通过 7 个方法及其组合手段有效识别出隐性断裂带：（1）小型显性构造（小断层、小褶皱、断块）呈雁列式、断续状、错位对称式有规律组合反映的大型隐性断裂带；（2）基底断裂体系及其活动在沉积盆地盖层中产生的隐性断裂带；（3）潜山、凹陷或坳陷分布形成的线状、调节型或侧列式隐性断裂带；（4）沉积相、砂体分布反映的隐性断裂带；（5）已发现油藏规律性排列、分布、走向反映的隐性断裂带；（6）地震相干体切片显示的隐性断裂带；（7）断层叠覆端、末端、深大断裂分段活动等局部应力场变化形成的隐性断裂带（周维维等，2014）。

周维维等（2014）按照隐性断裂带规模、力学性质、成因地质背景、组成成分、走向、趋势带宽度、演化程度、平面特征、地质意义等建立了隐性断裂带的类型划分方案体系，并阐述了不同级别构造单元中隐性断裂带的类型特征（表2-1）。

表2-1　隐性断裂带分类（据周维维等，2014）

规模大小	盆地级	坳陷级	凹陷级	洼陷级	圈闭级
力学性质	拉张型	挤压型	走滑型	张扭型	压扭型
成因地质背景	裂谷盆地	前陆盆地	走滑拉分盆地	克拉通盆地	叠合型盆地
组成成分	雁列构造型	凹陷侧列型	断续断层型	油藏串珠型	复杂构造型
按走向	北东向	北西向	南北向	东西向	弧形
趋势带宽度	超宽趋势带 （>100km）	宽趋势带 （50~100km）	中带 （10~50km）	窄带 （1~10km）	线状带 （<1km）
按演化程度	早期弱雁列式	早中期强雁列式	中期断续状	中后期串状	后期显性断裂
平面特征	隐伏型	转换型	不连续型	准成熟型	复合型
地质意义	调节型	控凹型	控相型	控藏型	控震型

隐性断裂带的控沉积作用研究方法包括作为调节构造带调节盆地不均匀伸展活动，分隔凹陷、隆起等构造单元的分析；盆地、坳陷或凹陷的充填序列界面、构造事件界线的识别厘定；如何控制沉积相带发育分布、湖盆砂体展布范围的分析；有无串珠状、带状油气富集区定向展布及控制圈闭组合排列、改造输导体系的分析（周维维等，2014）；有无地震震中参数等定向排列、地表正负向变形过渡带定向展布的分析等。

2. 盆缘断裂对沉积砂体的控制作用

盆缘断裂往往是控盆边界断裂，其活动强度、活动速率的变化，往往对物源的进积与退积、沉积相类型与层序特征、盆地充填速率及演化有明显的控制作用（王冠民等，2016）。盆缘断裂综合研究方法，一是分析盆缘断裂特征及活动性。在大量钻井、三维地震多属性切片分析和精细综合解释的基础上，识别出盆缘断裂及其平面形态、剖面样式，统计盆缘断裂两侧上升盘和下降盘各层系的时间地层厚度，利用时深关系转化为真实地层厚度，将两盘同一层系的真实地层厚度做差后再与该层系的沉积时间做比值，计算主要盆缘断裂在不同时期、不同位置的活动速率，并与相应时期平面沉积体系的展布特征相对比。断裂活动速率主要表现为地层的沉降速率，可以较准确地反映不同时期构造拉张沉降幅度的强弱，进而分析沉降速率与沉积特征之间的对应关系。

二是研究盆缘断裂活动方式、活动性质（静止期还是活动期？）、活动期次，断层两侧沉积体形态、地层厚度、沉积速率、沉积相带展布及差异，分析边界断层活动对沉积地层几何特征的控制。如断裂活动期，边界断层活动使盆底地形向盆方向倾斜，产生楔形沉积充填空间，沉积物对此空间充填最终形成楔形沉积体；断裂活动静止期，盆底地形较为平坦，形成的沉积体呈板状。

三是研究盆缘断裂分布特征、主干断裂或高级别断裂所处位置及其与地形地貌、沉积砂体的时空分布关系等，分析断裂系统及其演化对沉积砂体、输入路径和水系的控制。如断裂系统形成的低洼地形控制水系发育，即控制沉积物输入路径，进而控制砂体发育位置。边界断层的活动对陡坡和缓坡同一类型沉积相相结构也具有控制作用，陡坡扇三角洲往往能发育成吉尔伯特型，缓坡发育的浅水扇三角洲一般不发育吉尔伯特型结构。断层的不同活动方式，导致了砂体不同的生长方式，产生不同的砂体（或相）结构。

盆缘断裂如果也同时为生长断层，其上盘与下盘地层厚度存在明显不同，反映出断层活动历史与沉积物之间的相互作用。当前，定量分析同沉积盆缘或边界断裂活动强度的主要研究方法有断层位移—长度关系分析法、生长指数法、断层活动速率法和古落差法等。

要重点研究盆缘断裂的活动周期、程度及各期次活动演化过程与沉积物质、地貌或地形的时空关联性、控制与影响性。大型控盆断裂的连接部位往往是盆地早期构造转换带和调节带发育的部位，也就是物源进入盆地内部的入口，并往往具有继承性发育的特点，可以用来判断盆地物源位置和方向，大致有如下两个阶段。

（1）盆缘断裂活动剧烈期，断裂两侧地形差异明显，沉积物质供应充足，剥蚀区和沉积区相距较近，小型冲积扇可逐渐演化为大型冲积扇—辫状河沉积，构成冲积沉积体系。该阶段水体较浅，或大部分地区处于暴露状态，没有大型湖泊形成，突发性的洪水事件成为主要的沉积驱动力。该阶段的沉积响应表现为充填粗碎屑及黏土类沉积，厚度较大。

（2）盆缘断裂活动稳定期，沉积物供给速率小于盆地沉降速度，盆地覆水深度加大，沉积可容空间增大，早期的冲积沉积体系转变为扇三角洲—湖泊沉积，盆地的沉积体系发生根本变化。有两种机制可导致沉积体系或体系域的转换：一是构造作用导致单位时间进入盆地沉积物体积减小或盆地的可容空间增加，冲积—河流沉积体系即向湖泊沉积体系转换；二是由于盆地边界断层活动导致沉积面积随时间而增大，即使供给的沉积物体积不变，只要沉积物不能填满新增加的沉积空间，沉积可容空间持续增大，早期的河流沉积体系也将最终转换为湖泊沉积体系（Scholz et al.，1991）。

盆缘断裂的活动差异性主要表现为断裂发育的垂向古落差、横向差异性，及其发育史和分段活动特征的不同。断层古落差指某地质历史时期的铅直断层滑距。在沉积补偿的情况下，沉积盆地的沉降幅度等于沉积物的厚度，可以利用两盘地层厚度代表生长断层两盘的下降幅度。尽管计算断层古落差应考虑压实作用、剥蚀作用、塑性流动、古水深等因素的影响。但只要断层线附近沉积表面没有明显的高度差，都可以用两盘的地层厚度差代表两盘的下降幅度差，而不必考虑整个盆地是否沉积补偿（姜华等，2010）。通过断裂分段活动性研究可以进行物源进入盆地通道的判断，从而对沉积体系的展布进行有效预测。

3. 走滑断裂对沉积砂体的控制作用

大型走滑断裂带的研究多采用野外露头观测、GPS 遥感数据、$^{40}Ar/^{39}Ar$ 年代学以及地震资料解释等方法（朱光等，2001）。

走滑断裂控沉积作用的通常研究方法是在大量钻井资料和地震资料分析的基础上，查明走滑断裂动力特征、走滑断裂叠合与组合、走滑体系展布、走滑断裂不同组合样式的应力分布特点等基本特征，分析走滑断裂各种应力作用与源—汇体系的关系，重点包括走滑断裂压扭作用对（局部）物源体系形成的控制、走滑断裂张扭作用对沟谷低地形成的控制、走滑断裂水平运动对源—汇体系的横向迁移控制、各种走滑断裂带源—汇体系发育模式等。如徐长贵等（2017b）研究渤海走滑断裂对古近系源—汇体系的控制作用，提出了"S"形走滑断裂带源—汇体系模式、叠覆型走滑断裂带源—汇体系模式、帚状走滑断裂带源—汇体系模式、共轭走滑断裂带源—汇体系模式，创建了"走滑压扭成山控源，走滑张扭成谷控汇，走滑平移砂体叠覆"的复杂走滑断裂带控砂模式，在渤海走滑断裂带富砂储层预测成效显著。

二、同沉积构造对沉积的控制作用分析

同沉积构造也称同生构造、生长构造，指构造作用与沉积作用（近乎）同时发育的一种构造，构造形态主要表现为褶皱变形，盆地或盆缘的张性、张扭性、压扭性断层，包括同沉积断裂、同沉积褶皱变形、同沉积构造坡折带等类型，其对沉积的控制作用简述如下。

1. 同沉积断裂对沉积的控制作用

同沉积断裂主要指与沉积作用同期形成、分布于沉积岩层中的低级别断裂，是发育在未固结沉积物中的塑性变形。它是由沉积物的沉积、压缩和变形所引起的，是同沉积构造活动的主要表现形式之一，直接控制着盆地后期砂体的形成和展布，其时空差异性对可容空间、沉积速率、物源体系类型及砂体展布都有着重要影响。

按照断层两盘的相对运动可将同沉积断裂划分为同沉积正断层、同沉积逆断层和同沉积走滑断层三种类型，以前两者最为常见和发育。同沉积正断层具有正断性质且兼具同沉积特征，常发育在板块拉张区或重力—张力构造环境。按照不同形态可将其划分为坡坪式正断层、铲式正断层和平面式正断层三种（解习农等，2013）。坡坪式正断层是由多个较陡倾斜的断坡和较缓倾斜的断坪连接成台阶式或阶梯状断层面形态，常常顺着构造带的延伸方向，呈台阶式展布，使得近岸的水下扇体顺着断层台阶逐渐向前方富集，同时也常常与其他类同生断裂组合，共同约束砂体的横向展布范围。

铲式正断层形态类似帚状同沉积断裂系统，多由一条主干断裂向一端发散或分叉成多条规模变小的次级断裂，在平面表现为帚状特征，常常控制着扇体主河道的迁移方向，在发散的部位易形成构造低部位，常常与厚度较大的"断角"砂体伴生，从而控制着局部的次级沉积中心。通常情况下铲式正断层控制的盆地较浅，深湖范围局限或不发育，因而贫油居多。如中国河南油田的南阳凹陷是一个由铲式断层控制的典型断陷盆地，盆地深度不超过 5km，盆地面积很大，但是油气资源量很小。

平面式正断层往往受到区域走滑作用的影响，形成一个顺物源的主干断裂和另一个次级断裂，主要起到控制沉积相边界的作用。一般主断裂控制并调节扇体朵叶的分布与

走向，另一个次级断裂则会限定物源的分布，起到遮挡作用（单敬福，2010）。平面式正断层控制的盆地往往比较深，多导致深湖的发育，因而油气资源较为丰富。如中国河南油田与南阳凹陷相邻的泌阳凹陷，其边界断层为堑—垒式断块，产状陡，盆地深度达到8km以上，其面积不到南阳凹陷的一半，却是全国著名的"小而肥"含油气盆地（路智勇，2008）。

同沉积逆断层上盘上升，下盘相对下降，边沉积边活动，常发育在中西部压性和压扭性盆地内（杨克绳等，1985）。同沉积逆断层活动同样控制砂体的展布，优质砂岩输导层主要位于逆断层上部，紧靠生长逆断层发育，与生长逆断层共同在剖面上可以构成酷似"F"形的输导系统，形成构造油气藏以及构造—岩性油气藏成藏的主要通道网络（李鹤永等，2009）。

部分基底断裂在盆地形成演化过程中新生或再活动、或由其延续断裂，可转化为同沉积基底断裂，其主要识别标志包括：（1）盆地断裂内侧有粗碎屑冲积扇带，沉积层向盆缘断裂倾斜和增厚；（2）同沉积断裂两侧岩性岩相和层段厚度差异显著，沿断裂构成岩相变化带或厚度梯度带；（3）碎屑岩楔或煤层向同一方向变薄尖灭或分岔、合并，并且这种变化呈明显的带状展布；（4）同沉积断裂两侧的地层层序不对应，下降盘层序完整，底部层段可能存在早期堆积的粗碎屑岩楔，而上升盘层序不完整，可能缺失下部层段，而上部层段超覆于剥蚀面上；（5）古流体系流向和样式的急剧改变，古河流持续发育的坳陷带和由此产生的煤系和煤层中河道冲蚀填充体的叠置；（6）断层两侧岩层、煤层厚度显著不同，各层段断距不等，自下而上断距逐渐减小，直至消失。邻近活动基底断裂带同沉积变形构造发育。

同沉积断裂的研究，一是采用野外露头观察和识别的方法。在野外尺度上，同沉积断裂具有以下指示特征：（1）常常集中发育于一定的充填层序，沉积接触关系中同沉积断层不影响所有的地层序列，不切割上覆地层，具有一定的层控特性；（2）断层两盘岩层及矿层不等距错位，两盘岩性、层厚、间距和煤层结构等显著不同，下降盘厚度突然增大，上、下盘层序难以对接；（3）断层形状通常为典型的犁状；（4）断层面不规则（通常呈曲线状），不是光滑的面状破裂，通常沿断层面有沉积黏土注入；（5）断层下降盘一侧通常充填三角形楔状的沉积物，在一些情况下这个楔状的沉积物比周围沉积物粒度大；（6）断层岩脆性变形，不发育岩脉，一般不具断层破碎带；（7）断层通常与同沉积滑动和扰动的沉积序列有关（发育包卷纹理、脱水构造和砂火山）。

二是采用室内研究的方法，主要是基于地震剖面解释，编制古构造图和古构造发育史剖面图，对其形态、厚度、不整合和岩性等方面进行分析，恢复其发生、发展的过程。随着勘探技术的不断发展，相关研究从定性逐渐向定量化迈进。根据断层对地层厚度的控制特点，对同沉积断裂的定量分析通常采用生长指数分析法、落差法、垂直断距法、正断层拉张量计算法、滑脱深度计算法等方法。

同沉积断裂控砂作用研究的主要方法，一是首先搞清研究区构造纲要、构造演化阶段、断裂系统发育特征（断裂展布及组合、构造样式及特征），厘定沉积体系、砂体纵向分布与横向展布、沉积（相）特征，并通过三维地震和测井等资料建立断裂体系、由断层控制形成的古地貌和沉积体系关系，进行断裂控砂作用与控砂模式综合分析。如谢通等（2015）研究霸县凹陷断坳转换期同沉积断裂的特征及对砂体的控制作用，提出东营组三段沉积期主要发育帚状同沉积断层控砂模式、雁列式断裂组合控砂模式和平行同向断层转换带控砂模式3种控砂模式。

二是利用井—震资料，结合构造地质背景，识别和分析同沉积断裂分布位置、组合样式、断开地层、展布规模等特征；根据岩心、测井、录井资料，统计地层厚度、砂体厚度和砂地比数据，重点分析同沉积断裂两侧或两盘沉积厚度、沉积相、相带分布与规模、沉降速度、沉积速度及其差异性；统计砂体产油能力，结合井注水见效数据，分析同沉积断裂两侧（或两盘）或断裂远近处砂体连通性、含油性、产水性及其储集性差异，从这几个方面明确同沉积断裂对沉积充填与砂体展布的控制作用。

不同类型同沉积断裂对沉积体系的控制研究实例，如郭颖等（2021）、郝京航（2022）基于构造—沉积学分析方法和前人研究，结合沉积、构造特征研究成果，根据边界断层、内部结构、平面展布、构造位置和发育演化阶段等特点，将南堡凹陷同沉积断裂剖面和平面组合样式共分为断崖型、断坡型、同向断阶带和反向断阶带4种断裂坡折带类型，分析认为在南堡凹陷东营组同沉积断裂主要有调节带控砂、侧列弯曲控砂、共线分段硬连接控砂、侧列走向斜坡控砂、走滑端部控砂、走滑叠覆带控砂等6种砂体控制作用（图2-7）。

2. 同沉积褶皱变形及其对沉积的控制作用

同沉积褶皱变形构造指在沉积作用过程中形成的褶皱和变形构造样式。同沉积褶皱变形构造通常出现在同一沉积岩层中，位于沉积岩层的顶部或底部。其与沉积作用和沉积环境的演化密切相关，通常是由于沉积物在沉积过程中受到挤压、拉伸等地质作用而形成的。通过对同沉积褶皱变形构造的研究，可以揭示地球内部的构造和动力学特征，以及地球表面的演变过程、同沉积褶皱变形构造—沉积响应作用，为油气勘探提供重要的参考依据。

同沉积褶皱只限于层系内，是局部现象，通常与扰动沉积序列（同沉积伸展断层、包卷纹理、球状和枕状构造、脱水构造、沙火山和泥火山等）有关，发育生物掘穴或钻孔，被上覆层面或沉积脱水构造截断，发育未变形碎屑或化石；同沉积变形的破碎与未破碎部分、褶皱与未褶皱层之间的接触界面也是连续的而非构造成因的；其滑动体以后部的伸展构造为特征，但是滑动体前缘以局部挤压伴随褶皱的发育、逆冲断层和叠瓦构造为标志。

同沉积褶皱变形构造主要发育在伸展型沉积盆地内，能够很好地反映构造活动特征及构造作用的沉积响应关系。包括同沉积背斜和同沉积向斜、同沉积鼻状构造，以及与之相关的调节断块构造等基本类型，具体可分为逆牵引背斜、差异压实背斜、拖曳背斜、塑性拱张、调节构造和反转构造等多种样式。当有各类型断裂叠加作用时，根据断裂类型和其受力情况可以将同沉积背斜分为受压性、压扭性基底断裂控制的同沉积背斜，受张性、张扭性基底断裂控制的同沉积背斜，生长断层下降盘的逆牵引背斜和底辟型同沉积背斜等。

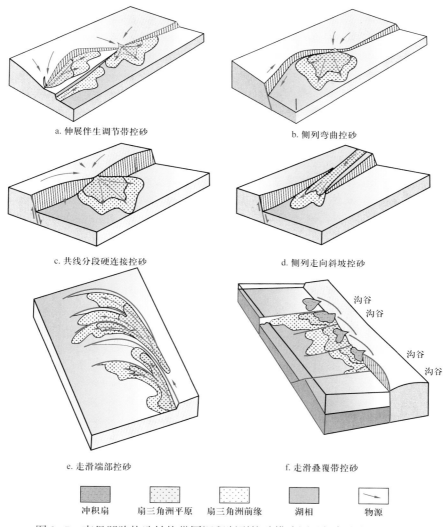

| 冲积扇 | 扇三角洲平原 | 扇三角洲前缘 | 湖相 | 物源 |

图 2-7 南堡凹陷构造转换带同沉积断裂控砂模式图（据郝京航，2022）

同沉积褶皱常具有以下特点：褶皱两翼的倾角一般上部平缓，往下逐渐变陡，褶皱总体为开阔褶皱；岩层厚度在背斜顶部薄，向两翼厚度增大，向斜中心部位岩层厚度往往最大，沉积的等厚线与相应的构造等值线形态基本一致；岩石结构构造和岩相明显受构造控制，背斜顶部常沉积浅水的粗粒物质，厚度小，甚至沉积间断面频繁，地层面流水构造和胶结硬化的风化壳发育、流水再搬运作用显著，而往向斜中心部位岩石颗粒逐渐变细，岩层厚度大，反映盆地较深处的沉积；常在一侧或两侧伴生同沉积滑塌褶皱或滑塌断层，滑塌一般自背斜隆起中心顺两翼下滑；同沉积背斜构造形态往往上缓下陡，上部与下部构造形态常不吻合，且同沉积超覆现象明显，沉积剖面旋回结构不对称。

常用的同沉积褶皱研究方法包括褶皱要素（翼、顶、轴面、翼间角、转折端等）描述法、沉积相—厚度分析法、地质平衡剖面法（图解法）、煤岩法、古地磁法、沉积稳定坡度法，以及沉积速率法、回剥法、骨架纵坐标法等技术。还可利用等间距厚度法来求取同沉积鼻状构造的活动指数，从而定量评价同沉积鼻状构造活动性（向立宏，2005）。

例如，同沉积褶皱形成时期的判断，可用岩性厚度分析法。主要是根据组成同沉积褶皱的地层在剖面中的岩性厚度变化，结合两翼产状变化来判断褶皱的形成时代。如一个同沉积背斜的顶部，岩层粒度较粗，厚度较小，甚至缺层；向两翼和向斜部位，粒度逐渐变细，厚度逐渐增大，甚至层数增多；并且这种褶皱通常较宽缓，顶部和槽部的岩层倾角较小，向两翼倾角逐渐增大等。因为褶皱是在岩层沉积的同时逐渐形成的，可根据所在地层剖面中具有上述特征的地层时代来确定同沉积褶皱的形成时代。即组成同沉积褶皱的地层中，其最老地层至最新地层的时代，为该同沉积褶皱的形成时代。

同沉积背斜的岩性与其成因有着内在的联系，因而可以根据编制的砂泥岩百分含量等值线图，大致判断同沉积背斜分布范围。通过厚度分析研究同沉积褶皱的发育情况，可以研究构造的雏形期、定型期、完整期和衰退期，进而恢复一个同沉积褶皱的完整发育过程。因为成因不同，同沉积褶皱的顶部位移规律也就有所不同，因而对顶部位移规律的研究将对同沉积褶皱的成因有很大帮助。

同沉积褶皱可以在盆地基底古隆起的背景上发育，以继承性背斜为主，多见于凹陷缓坡构造带和洼间等低隆起的顶部。在伸展背景下，常常受同生断裂控制而形成断裂伴生褶皱（解习农等，2013）。并且，在褶皱和断裂同时存在的背景下，往往是断裂、尤其是同沉积断裂对砂体控制起着主导的作用（张宇，2010；李文龙，2011；钱水华，2009；李思田等，2004；冯友良等，2006；李宏义，2010；路智勇，2008；余宽宏，2013；和政军，2000）。

3. 同沉积构造坡折带对沉积的控制作用

同沉积构造坡折带是层序地层学研究中一个极为重要的概念，笔者赞同的概念界定是构造活动型盆地中，对层序及其体系域发育起明显控制作用的主要同沉积断裂及其相关褶皱、基底断裂差异沉降及古地貌产生的沉积斜坡、古地形坡度或湖底梯度明显突变的地带（冯有良等，2018）。其对盆地充填的可容空间和沉积作用可产生重要的影响，制约着盆地沉积相带的空间展布。

有研究认为，陆相断陷盆地的坡折带类型与同沉积构造类型密切相关，可划分出同沉积断裂构造坡折带、同沉积背斜构造坡折带两个主要类型。同沉积断裂构造坡折带是同生断裂带、阶状断裂面及其断层转换带引起地形坡度的突变带，按断面、断阶面、转换带在平面的组合方式，可以归纳出帚状同沉积断裂构造坡折带、陡坡平行（断阶）状同沉积断裂构造坡折带、缓坡平行（断阶）状同沉积断裂构造坡折带、交叉状同沉积断裂构造坡折带、梳状同沉积断裂构造坡折带5种组合样式。同沉积背斜构造坡折带是因同沉积背斜的发育而造成的古地貌折曲、地形坡度发生突变的地带，进一步可划分为同沉积逆牵引背斜构造坡折带、同沉积披覆背斜构造坡折带两个组合样式（冯有良等，2006）。

断陷盆地剖面上，根据边界断层、内部结构、平面展布、构造位置和发育演化阶段等特点，可将同沉积构造坡折带划分为断崖型、断坡型、同向断阶型和反向断阶型4类断裂组合样式（图2-8，王华等，2011）。这些断裂剖面组合样式形成特定的古地貌控制着可容空间的变化，影响着局部碎屑体系推进方向和砂体的展布样式。

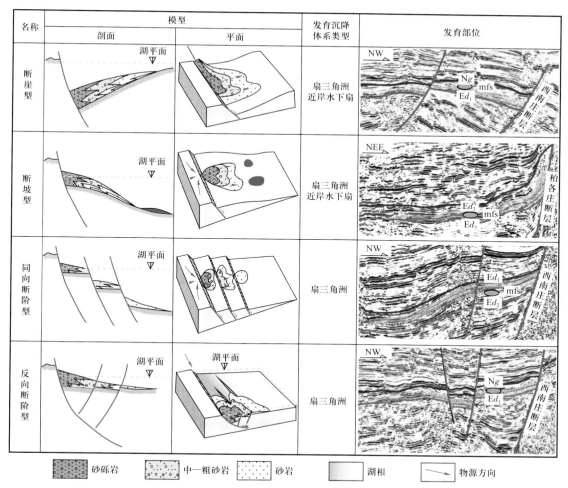

名称	模型		发育沉降体系类型	发育部位
	剖面	平面		
断崖型			扇三角洲近岸水下扇	
断坡型			扇三角洲近岸水下扇	
同向断阶型			扇三角洲	
反向断阶型			扇三角洲	

砂砾岩　　中—粗砂岩　　砂岩　　湖相　　物源方向

图 2-8　南堡凹陷东营组同沉积构造坡折类型及其对砂体分散体系的控制（据王华等，2011）

断陷盆地平面上，可将同沉积断裂坡折带划分为梳状、帚状、叉状 3 种断裂组合样式（林畅松等，2000；图 2-9），受控于构造应力场、先存断裂系再活动及重力调节等作用。不同坡折带样式控制着不同砂分散体系、沉积砂体形态及分布样式及其多样化发展。

在西部的挤压和压扭性叠合盆地中，按成因可划分为同沉积逆断裂坡折（带）和隐伏断裂挠曲坡折（带）。前者是同期发育的逆断层活动造成的湖底坡度梯度变化带，后者是深部隐伏断裂活动造成的湖底坡度梯度变化带。同沉积构造坡折控制的层序低位体系域砂砾岩体储层，如冲积扇、辫状河道、低位三角洲及滨浅湖砂体、湖底扇砂体，若有断裂和不整合面与油源沟通，能形成良好成藏条件，有利于岩性油气藏发育（冯有良等，2018）。

同沉积构造坡折带一般特征包括：（1）属于差异沉降明显的古构造枢纽带，厚度突变，下降盘旋回多、厚度大；（2）为相域分带界线，凹陷边缘构造坡折带以下常为低位体系域沉积区，高水位期构成浅水与深水的突变界线；（3）陡坡、缓坡及洼陷带存在多个断阶时可形成多个坡折带，一般都构成沉积坡折；（4）形成的构造古地貌较复杂，取决于同生断裂活动性及组合样式，还与物源供应、沉积基准面或湖平面升降有关，从而导致双阶式、多阶式、帚状或梳状砂体组合样式多样化；（5）构造坡折带往往是砂岩厚度和层数的加厚带，沿坡折带可能找到加厚的砂体，凹陷边缘坡折带控制着低位扇或三角洲砂体的发育部位，坡折带之上常有利于低位期下切水道与不整合面的发育（林畅松等，2000；谭先锋等，2010；张翠梅，2010）。

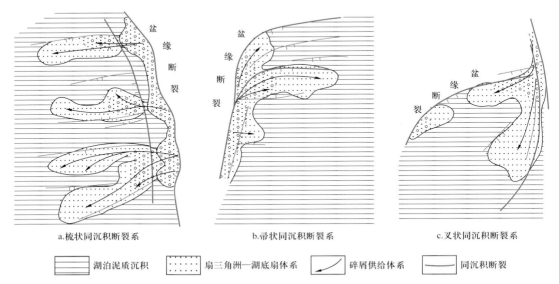

图 2-9 几种典型的同沉积断裂坡折样式与扇三角洲—湖底浊积扇体系分布（据林畅松等，2000）
a. 以渤海湾盆地孤北洼陷东部沙河街组为例；b. 以渤海湾盆地四扣洼陷东部沙河街组为例；c. 以渤海湾盆地孤南洼陷东部沙河街组为例

同沉积构造坡折带对沉积控制作用研究方法，通常应用构造—层序地层分析的思维，利用地震、钻井、测井和录井等资料，通过构造格架与地层格架的关联分析对沉积充填样式与过程、控制要素、同沉积构造坡折特征及其控制的层序建造等进行系统研究。主要研究内容包括构造格架与地层格架的关联分析，解剖构造结构与构造坡折带特征，通过沉降史分析并结合区域构造演化特征，划分出若干个次级构造幕，恢复构造演化；划分沉积相类型，研究沉积体系的时空展布规律，分析同沉积断裂及其时空配置关系对盆地或凹陷结构和沉积体系类型及其展布的控制作用，明确各时期构造演化对沉积充填的控制、构造坡折带对砂体发育的控制作用（张强等，2017）。

同沉积构造坡折带概念和分析方法，已被广泛应用于中国东部渤海湾盆地、松辽白垩纪后裂谷盆地和准噶尔晚古生代—中新生代叠合盆地等的层序地层分析和低位砂体预测中。

三、构造沉降作用及其对沉积的控制分析

构造沉降是由于地壳垂直运动导致盆地顺重力方向、高程降低方向的运动，包括伴随地壳隆起、拗陷、断裂活动和其他构造变形产生的地面沉降等现象。地壳的沉降作用是形成盆地的直接原因，没有沉降就没有盆地。盆地是构造作用的沉积响应，主要受构

造沉降作用控制，往往会产生沉降中心。沉降中心与沉积中心、堆积中心分布可能一致，也可能不一致。沉降中心是盆地内沉积过程中下伏岩层或基底顶面沉陷最深或沉陷幅度最大的地区，主要受沉降作用控制（刘池洋，2008）。沉积中心是盆地或坳陷同一地层单元内沉积厚度最大、最细沉积物分布区，为中心相发育区（王成善等，2003；刘池洋，2008）或沉积速率最慢的地区，主要受沉降作用及物源等因素控制，水体一般最深，常形成生烃洼陷。堆积中心是某一时期内盆地或坳陷沉积物堆积最厚、地层厚度最大的区域，主要受物源、水动力和沉降作用的控制（刘池洋，2008；林玉祥等，2016）。

构造沉降作用及其对沉积控制的研究方法常用的是构造沉降史模拟法和盆地沉降史研究法。即从沉积学入手，结合构造分析、地震剖面解释资料、钻井详细整理资料，对地层单元进一步细分并应用 Matlab 等软件进行盆地沉降史恢复，对盆地在各个时期沉降的量进行求解，得到其总沉降与构造沉降数据，进而初步模拟其沉降速率，分离异常沉降。通过对构造沉降史的模拟，编绘反映盆地沉降特征的地层埋藏史曲线、盆地基底沉降曲线、盆地构造沉降曲线等来表述盆地沉降特征，可以分析构造活动导致的可容空间增加，了解盆地沉积物的堆积过程和方式。

分析构造沉降作用，一般可用沉降量和沉降速率两个参数。沉降量（或沉降幅度）是最直观、最简便的表征参数，表示某地质时期一个地区累计沉降幅度的大小。沉降速率是盆地某一构造面在单位地质时期内相对于某一基准参照面（海平面或湖平面）下降的幅度，它能反映盆地构造动力学的某些信息。通常可用图示方法直观反映观测点的沉降量和沉降速率。

盆地的构造沉降可表述为：构造沉降 = 总沉降（基底沉降）-（沉积物和水负载沉降 + 沉积物压实沉降 + 海平面或古水深变化）。

总沉降指盆地的基底到水平面的距离，也称为基底沉降。总沉降是盆地在各个时期沉积地层厚度的总和。在总沉降求解过程中，由于地层埋藏作用、海平面升降等原因，需要对它分别进行去压实和海平面变化校正。另外，由于沉积时期古水深的可能存在，要对最后的沉降进行古水深校正。

构造沉降是把由于沉积物负载导致的沉降和海平面变化影响移除之后，根据均衡代偿所分离出的沉降。它是由初始动力导致的沉降，这种初始动力可能包括热对流、地壳物质的流动以及深部的地壳变质等。

在推导、求解构造沉降过程中，由于沉降机制不同，主要有局部均衡、挠曲均衡两种模型，本书重点对挠曲模型下的构造沉降进行讨论。在运用挠曲方程求解由于沉积物负载而导致的挠曲沉降时，需要将一般挠曲方程进行修改，并且岩石圈必须满足如下四个基本的假设前提：（1）岩石圈具有流塑性，并且这种流塑性随着深度的增加而呈线性变化；（2）挠曲量相对较小；（3）弹性岩石圈的厚度远小于受到负载而产生挠曲的板块长度；（4）板块内部的平面在挠曲之后仍然保持为平面。

在利用弹塑性力学解决岩石圈挠曲沉降之后，就可以将修改后的挠曲均衡模型应用于构造沉降的求解当中，和局部均衡一样，仍然使用回剥法（图 2-10）。

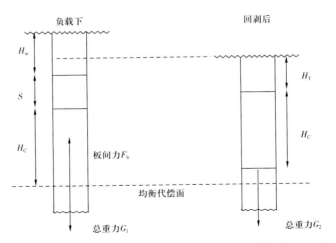

图 2-10　挠曲均衡模型下的回剥法简化图（据李超等，2011）
负载下：H_w—沉积物负载下的挠曲沉降；S—现今负载下的总沉降；H_C—挠曲沉降＋总沉降界面至均衡代偿面之间深度；
回剥后：H_T—盆地初期的构造沉降；H_C—盆地初期构造沉降面至总重力作用顶面之间深度

　　选取现今地层岩石圈底部为均衡代偿面，在此面之上受到的浮力相等。与局部均衡相比，挠曲均衡中，由于周围岩石圈的抗挠对该部分岩石圈具有向上的作用力，所以根据重力均衡，可得

$$\rho_w(H_s + H_{Pw}) + \rho_s S + \rho_L H_L - F_b = \rho_w H_T + \rho_L H_L + \rho_A(S + H_{Pw} - H_T) \qquad (2-1)$$

式中，S 为现今负载下沉积物的总厚度（即总沉降），m；H_s 为现今负载下沉积物表面到海平面之间的水体高度，m；H_{Pw} 为当时的古水深，m；ρ_s 为负载沉积物的密度，kg/m³；ρ_L 为地壳的密度，kg/m³；ρ_A 为挠曲部分沉积物的密度，kg/m³；H_L 为地壳的厚度，km；H_T 为回剥后盆地初期的构造沉降，m；F_b 为板间力（是由于岩石圈挠曲对该部分剪切力与黏滞力的总和），N；ρ_w 为地层水的密度，kg/m³。

　　此外，利用孔隙度与深度的关系，正常压实条件和压实系数下，可以恢复不同地质时期各地层的顶、底界深度，最老地层的深度即为基底总沉降量 S_t。沉积物沉积时，其沉积界面在水下一定深度，故沉积物厚度不能代表沉降深度，要进行古水深校正。古水深加上沉积物厚度，可以直接得到真正的深度。假设局部均衡，构造沉降（量）可表达为

$$S_{tt} = S_t \frac{\rho_s - \rho_w}{\rho_w - \rho_m} + W_d \qquad (2-2)$$

式中，S_{tt} 为构造沉降量，m；S_t 为基底总沉降量，m；ρ_s 为某一时刻沉积层的平均密度，kg/m³；ρ_m 和 ρ_w 分别为地幔和地层水的密度，kg/m³；W_d 为古水深，m。根据式（2-2），可以求得每一时刻的地层埋藏深度和沉降量。

　　研究中需要注意几个问题，一是沉降模型的选择应根据对岩石圈挠曲性质的要求程度。一般来说，在挠曲机制控制的海沟和与造山带连接的前陆盆地区域，挠曲均衡模型较为准确。在伸展类型的盆地中，局部均衡模型更为适用。在实际情况中，具有一定刚性的岩石圈在承受负载下会发生一定的弹性弯曲，会对周围圈层产生剪切力与黏滞力，从而阻止负载沉降。故挠曲均衡模型下的沉降应该小于局部均衡模型下的沉降量。

二是构造沉降速率因时因地而异，一般沉降范围或区域比较大，沉降速率比较小。大部分地区的构造沉降是在漫长的地质时期中持续进行的。

三是盆地的异常构造沉降原因难以分析，其控制因素十分复杂，如研究美国西部前陆盆地的形成过程和构造变形，发现引起盆地沉降的动力除了逆冲作用，还有动力沉降，即深部地幔活动引起的沉降（Liu et al.，2004）。反演结果有时候会与实际偏差较大，这时候需要深入分析原因。

四、构造沉积旋回与构造沉积旋回分析

地壳运动在地质历史中无时无刻不存在，并具普遍性和旋回性，即相对平静期的和缓运动与激烈运动期的剧烈运动交替发生，使地壳发生变形、变位，形成各种地质构造。每次由和缓运动到剧烈运动的更迭时长算作一个旋回，叫构造（作用）旋回或构造运动期。

在地壳幕式构造运动（地壳升降、气候冷暖变化、海平面升降等）的控制下，盆地中沉积作用也呈现出相应的旋回特性，即往往可见成因上有联系的地层岩性（颜色、结构、构造、成分等）或岩石组合等特征按一定的生成顺序在剖面上规律叠覆的现象。不同演化阶段在不同构造作用下形成反映其古构造环境与古地理环境、在成因上互有联系而又各具特色的沉积总体的叠覆，就组成若干个构造—沉积旋回。

由于构造活动在一定区域范围内有其同时性和准同时性，其形成的沉积旋回及其组成阶段可以进行区域对比；构造作用旋回的顶底界，往往和沉积—充填演化阶段起止、充填序列顶底界紧密相关，构造层序（界面）往往是充填序列（界面）划分的依据和参考。

相关研究方法，主要是采用角度不整合分析法，结合露头剖面特征、二维和三维地震剖面特征，识别出区域性和局部性的构造旋回界面，根据沉积粒序和韵律特征、沉积不整合面与沉积间断面等将盆内沉积序列划分为若干个构造—沉积单元，每一个构造—沉积单元为一向上变细或向上变粗的沉积韵律，分别与低、高沉积或沉降速率相对应，反映了构造作用的减弱或加强。在横剖面上则表现出沉积作用的退积和进积过程。多个沉积序列反映盆地经历了多次构造—沉积旋回，产生了多个构造活动转换面，表明了造山带周期性脉动的造山历史。

沉积盆地通常是由厚度几百米到上千米的旋回性沉积（Cyclic Sedimentation）组成，旋回层序中海相、湖泊细粒沉积与砂质纵向河流沉积和砾石级的横向辫状河平原或冲积扇沉积在垂向地层序列中交替出现。研究发现，在几乎所有陆相盆地地层剖面中，从米级到千米级尺度上，一般都可以识别出向上变粗变厚或向上变细变薄的两类层序。

一般认为断陷盆地、拉分盆地和前陆盆地中100m级到1000m级尺度的旋回层是构造成因或者受气候变化控制，10m级小尺度的旋回受自旋回沉积机制的控制。向上变粗的层序记录构造隆升的时间和冲积扇的进积；向上变细的层序则由构造平静期溯源侵蚀产生，物源区后退的结果造成远端细粒沉积依次叠置在近端粗粒沉积之上。但对构造与沉积响应的具体细节，也有研究提出不同的观点，认为在一个前陆盆地的沉积韵律中，粗粒沉积物之上的细粒沉积物出现才标志着另一次构造活动的开始（Blair et al.，1988）。

第四节　反演分析法：沉积作用对构造活动的响应和表征研究

研究表明，沉积盆地的地层形态、岩相类型及空间配置样式等是构造事件的重要标识。因此，通过沉积盆地中不同时间尺度的沉积记录识别地质事件的诊断性标志以及波动幅度和频率，分析幕式构造旋回和构造事件的沉积标识、判别标志及控制因素，就可厘定和表征构造事件或构造活动的沉积响应及其特征，建立源区碰撞隆升、汇区聚集沉积的时空坐标。

构造—沉积响应的反演分析法是从沉积角度对沉积作用响应和记录构造活动的反向分析或逆序推演，即根据已知相关理论和关系认知，由沉积记录与现象特征、受控因素与可能成因等去重建和恢复沉积作用对构造活动响应和表征的方法，主要包括盆地充填体空间形态与充填层序格架分析、粗碎屑沉积体与相带迁移及其对构造作用的响应分析、盆地沉积（物）通量和沉积速率变化及其对构造强度响应分析、前陆盆地前缘隆起与沉降中心的迁移及其对构造活动的响应分析、物源区隆升剥蚀与盆地动力学过程的水系响应分析等五个方面。

一、盆地充填体空间形态与充填层序格架分析

盆地充填体空间形态指盆地或盆地的某一层段和地段（通常是大的岩相带）充填物呈现在三维空间的几何形状和分布状态，盆地充填体往往构成特定的盆地充填序列，具有相应的充填物性质、结构、演变序列特征和成因。充填序列由一定数量的充填层序组成，某一时期的充填层序或其组合就构成了充填层序格架。盆地充填地层格架、不整合面、构造层序是利用沉积响应恢复造山带造山作用的不同尺度的三项地层标识。

资料表明，多数沉积盆地的充填序列具有两大特征：一是沉降和充填历史的多幕性，这种多幕性反映了盆地的幕式构造活动过程和相应的构造演化阶段；二是盆地充填序列的顶底大多发育一系列构造运动面，包括以角度不整合和平行不整合形式出现的古间断面、更低级别的间断面，这种不整合面和沉积间断面标志着构造的反转，即由沉降转化为抬升和剥蚀、或其他形式的构造变形。它们大量存在于地层记录中、反射地震剖面上，是层序概念提出的客观基础。相关研究方法和分析内容，主要包括如下几个方面。

一是通过盆地露头、钻井、重力、航磁资料，特别是二维和三维地震剖面，构建跨越盆地或区带边界与主要构造带或单元的区域性地震—地质剖面或连井剖面，编制盆地充填序列柱状图、充填地层等厚图等，了解盆地边界范围、性质和空间形态，查明盆地平面几何形态、剖面几何形态和结构，分析充填物的内部几何形态（由盆地内部单个地层单元和单元序列的充填体的空间几何形态所反映）。

二是确定充填地层层序和充填格架，按一定时间标尺建立不同成因类型的地层序列，按地质时代进行不同时间尺度的地层和沉积序列划分和对比，开展充填层序格架内的沉积体系展布特征和与相应地貌单元的配置关系研究，剖析盆地充填样式、三维充填模式。对连续地层序列，重点研究古构造旋回的频率、幅度，以及沉积响应参数的跃变或强峰。

对不连续地层序列，识别研究以构造或侵蚀不整合为代表的间断界面（也是古构造运动面），对盆地充填实体进行三维解析。根据层序地层学提出的对盆地填充实体进行三维解析的方法系统，将盆地地层记录中所显示的不整合面作为分割盆地充填序列的基本界面，并根据不整合面的规模和性质，将盆地沉积实体划分出充填序列、构造层序和层序3个级别。识别和划分盆地充填序列、构造层序和层序的标志只能是围限它们的不整合面。盆地充填序列是以盆地一级不整合面为界的沉积层序，包括盆地沉积基底面以上的全部盖层充填，是多个成盆期充填物的叠合；构造层序是以盆地中二级不整合面为界的充填实体，是一个成盆期的充填作用产物，具特定的垂向充填层序模式和横向沉积体系配置模式，相当于二级层序；层序是以构造层序内次级不整合面、大的相转换面和海泛面为界的充填地层，是一个成盆期不同发育阶段的产物，相当于三级层序。

李勇等（1994）根据上述原则和方法，将龙门山前陆盆地充填实体作为一个盆地充填序列，并根据次级不整合面规模和性质，进一步将其划分出6个构造层序和14个层序，建立了龙门山前陆盆地地层格架和充填模式。

三是研究充填层序特征与构造活动的充填响应模式，进一步反演推断出沉积盆地在相应地质时期的构造活动序列、期次、强度或频率等信息。在此基础上分析间断面和强峰时段的构造地貌背景，从而在物源区构造隆升—剥蚀夷平的等时性或穿时性变化之间建起可对比的地层依据。

对于了解较少或资料缺乏的沉积盆地，需借助盆地充填模型，即借鉴其他同类型、同构造环境盆地的充填规律和充填模型，在对盆地沉降规律、充填类型及控制影响因素（物质供应、古地形、构造沉降、沉积充填过程及盆地演化规律等）分析的基础上，结合地球物理或参数计算，定性至半定量化综合判别和预测盆地充填地层格架与充填模式。

二、粗碎屑沉积体、沉积中心与相带迁移及其对构造作用的响应分析

1. 砾质粗碎屑楔状体及其迁移和对构造作用的响应分析

与造山带相关的沉积盆地边缘通常发育数量众多的砾质粗碎屑楔状体，并呈周期性出现的特点（李勇等，2000）。逆冲推覆作用直接控制着前陆盆地沉积物类型和沉积物供给量。根据Davis（1972）的"地貌侵蚀旋回理论"，粗碎屑楔状体的出现是物源区构造重新活动的标志。造山带每次逆冲推覆作用均可导致在前陆盆地中形成相应的粗碎屑楔状体，不同幕次构造活动和逆冲推覆事件的作用，最终造成砾质楔状体垂向上的层位叠置和横向上的侧向迁移，显然也是造山带逆冲推覆作用的地层标识之一。相关研究方法和分析内容，主要包括如下几个方面。

一是分析粗碎屑楔状体的岩相学、沉积类型和沉积层序、沉积环境与相带分布、垂向充填序列、构造层序、各层序间地层接触关系、沉积旋回特征、沉积体系配置模式和古流向体系、砾质粗碎屑楔状体出现层位及其时空分布、巨厚砾质粗碎屑楔状体及侧向迁移等方面，总结编绘相关图表。

二是根据存在的主要砾岩层位置、数量、地层切割关系，初步厘定存在的逆冲推覆事件层位、时代与数量，由充填序列中出现的最底部砾岩层（最早沉积时期）分析冲断

带形成与逆冲抬升剥蚀最早时间、砾质粗碎屑楔状体时空分布及侧向迁移特征。

可以根据前陆盆地边缘粗碎屑楔状体的形成次数和层位，推断造山带逆冲推覆的次数和规模。此外，还必须注意粗碎屑楔状体在空间上的迁移，通过粗碎屑楔状体在垂直造山带方向的迁移，研究逆冲推覆作用向盆地扩展的方式和速率；根据粗碎屑楔状体在平行造山带方向的迁移，研究走滑作用的方式和速率（李勇等，2000）。

三是进一步结合断裂构造分带、主干断裂，以及岩浆岩和变质岩年龄频谱等资料，划分出逆冲推覆作用的若干个逆冲推覆构造幕和相应的逆冲推覆构造事件。前陆盆地中每一个地层不整合界面应是相邻造山带一次逆冲推覆事件和走滑事件的沉积响应与地层标识，因此可根据前陆盆地充填序列中不整合面的层位和性质，确定造山带逆冲推覆事件和走滑抬升事件；根据所存在的构造层序，划分逆冲推覆幕；并根据层序划分逆冲推覆事件（李勇等，2000）。

需要注意的是，目前对于将前陆盆地中砾石进积作为冲断活动标识的传统解释，还存在不同认识和观点。Jordan等（1988）解释认为，标定幕式冲断运动的时间序列需要精细的地层定年数据，而且砾岩相的进积可能是穿时的。如美国西部落基山山前侵蚀速率低，落基山前陆盆地是欠补偿的或者是饥饿型盆地，除了紧邻冲断带前峰地带见有砾岩堆积，近端地区主要由细粒沉积组成，砾石进积滞后于构造活动时间，出现在构造沉降和冲断事件减弱或停止阶段。但Burbank等（1988）根据巴基斯坦北部西瓦里克前陆盆地资料证实砾岩进积与喜马拉雅逆冲事件启动时间是一致的，认为冲断构造活动期或平静期沉积物侵蚀和搬运速率、冲断活动强度和沉降速率的相对大小控制着砾岩地层的几何形态；有极高侵蚀速率的沉积物被古河流搬运进入前陆区，并且沉积物输入量超过它的容纳量，有相当数量的沉积物向盆外搬运，因而，冲断事件伴随着广泛的砾岩进积。

在拉张盆地中构造沉降的沉积响应更复杂，而不能简单地认为粗粒沉积就是构造高差最大的时期。一些研究认为，冲积扇出现在毗邻盆地边缘的构造隆升期，盆地相对沉降产生了地形高差，而物源区侵蚀、高差降低时细粒级的陆源物质叠覆在冲积扇之上。但也有研究提出构造旋回层中细粒部分沉积与构造启动的时限可能更一致，河流和湖泊环境比冲积扇或冲积平原更快速地反映构造沉降。如果进入盆地的粗粒沉积伴随着物源区构造隆升，那么就意味着剥蚀速率应与构造隆升速率同步或更快；只有当盆地沉降急剧减小或停止时，物源区的侵蚀速率才能超过沉降速率，产生广泛分布的进积型砾岩楔状体（Blair et al.，1988）。

2. 沉降、沉积中心与沉积相带迁移及其对构造活动期次的响应分析

沉降中心与沉积中心在概念、地质意义和主控因素上有所区别（赵俊峰等，2008），前文已有简述。

研究沉降中心的相关方法，主要是通过盆地沉降史分析和剖面、平面编图，厘定所研究地质历史时期沉积地层或基底顶面沉陷最深或沉陷幅度最大的地区，进而分析沉降中心及其迁移对构造活动期次的响应。

研究沉积中心的方法是编制所研究地质历史时期沉积地层的现今残余厚度图，然后根据地震反射界面的变化，对剥蚀地层厚度进行恢复，从而恢复原始（压实后）地层厚

度图。如果研究要求精度更高，还应该对砂泥岩的压实程度进行恢复、对井点沉积期位置进行恢复，编制该地质历史时期原始空间的原始（压实前）地层厚度图。沉积中心一般是中心相发育区，还需要开展沉积相空间展布规律研究，分析中心相特征与分布，助力识别沉积中心位置。

沉积中心的迁移，受沉积速率和沉降速率双重控制。沉积速率和沉降速率均受到区域构造活动的影响，如沉积速率受控于周缘造山带隆升剥蚀速率，沉降速率受控于沉降作用，因此沉积中心的迁移受构造活动控制。当沉积速率大于沉降速率，此时的"饱和盆地"主要发育水上和浅水沉积，沉积中心位于厚度较大、粒度较细的浅水沉积相区；当沉积速率小于沉降速率，此时的"饥饿盆地"主要发育浅水和较深水沉积，沉积中心位于细粒、厚度较大的深水相区（林玉祥等，2016）。

粗碎屑沉积体、砾质粗碎屑沉积相带的迁移是确定造山带及邻近盆地冲断运动时间的重要手段，也是构造作用的一种沉积响应方式。通常利用地震层序分析和预测技术，结合地质、地震、区域分析方法综合研究。但是分析的时候要注意，海或湖平面变化、地形、气候等表面过程或者原岩中冲断相关隆起变化也可以影响沉积相（带）的侧向变化和迁移；相对于一般碎屑沉积体和沉积相带而言，尤其要关注砾质粗碎屑相带的迁移规律分析及控制因素判别，它对构造作用的沉积响应分析更有意义。

三、盆地沉积物通量和沉积速率变化及其对构造强度的响应分析

沉积物通量（Sediment Flux）是单位时间内通过某一断面水体内的沉积物的质量，可用于衡量陆表侵蚀作用过程中盆地沉积物的供给程度。沉积物通量大小反映着盆地沉积物的增减、源区剥蚀速率大小。源区剥蚀速率与各种地形参数（平均高程、最高高程、大范围或局部起伏、坡度、流域面积等）密切相关。构造活动的挤压山区沉积物通量可达 $100 \sim 10000 \mathrm{t} \cdot \mathrm{km}^2/\mathrm{a}$，构造活跃的年轻造山带比构造不活跃的老地区（克拉通地区）的沉积物通量要大得多。因此，可根据盆地沉积物通量的研究，确定造山带或源区剥蚀情况变化，进而厘定造山带隆升、逆冲作用的时间。

沉积物通量（输送量）研究通常采用长期沉积物通量估算方法，也就是通过盆地区沉积物厚度来估算沉积物总量。国外学者提出了盆地沉积法或质量平衡古地理再造法（Hay et al.，1989），认为在一定的时间间隔内，作用在研究区表面的构造、侵蚀和沉积过程造成的沉积物侵蚀总量与沉积总量之间质量守恒，即沉积物侵蚀通量与沉积物通量质量守恒。通过山体侵蚀下来堆积在周边盆地（海洋和陆地盆地）中沉积物的沉积量多少反推山体的剥蚀量大小（Ruddiman et al.，2013；Burbank et al.，2011），定量重建古地貌和古地理。

盆地沉积法主要是在盆地内地层年代框架的基础上，应用沉积物的体积或质量大小，反演流域剥蚀速率的方法。盆地沉积法设定在一个碎屑沉积作用过程的封闭系统里（包括所有物源区和沉积区），优先采用盆地中不同时期沉积物质量的计算和校正来恢复造山带古高度。即以目前的地形高度为基础，逐步将盆地的沉积物质剥离下来、重新搬回物源区，恢复造山带不同时期的古高度。将计算得到的盆地充填物质按时间重新恢复到物

源区，从而对相应时间段的古地形进行再造，并由此分析造山带剥蚀通量、隆升过程和构造演化。具体流程如下：

第一步，将研究区划分为不同的沉积阶段。然后，根据各个构造层序内部地层发育时代，对剥蚀—沉积阶段做更进一步的划分。

第二步，重点开展剥蚀区边界标定，即对地史时期物源区边界的标定。由于在地史时期，盆地物源区面积必定发生了变化，而这种变化是很难精确恢复的。可以通过地层特征判断古流向，以确定物源方向；通过对剥蚀区与沉积区岩石的对比分析，判断盆地沉积物物质来源（颜照坤等，2013）。

第三步，盆地沉积通量的计算。在确定各个阶段来自冲断带的沉积物分布范围和沉积物厚度的情况下，可以计算得到各个阶段沉积物体积。然后，计算任何一个剥蚀—沉积阶段内被搬运至沉积区物质的质量：

$$M_s = V \cdot \rho \qquad (2-3)$$

式中，M_s 为沉积物质量，t；V 为沉积总体积，m³；ρ 为岩石密度，t/m³。

进而计算出盆地沉积通量：

$$AR = M_s / (S \cdot \Delta t) \qquad (2-4)$$

式中，AR 为沉积通量，t/（m²·Ma）；M_s 为沉积物质量，t；S 为沉积区面积，m²；Δt 为沉积持续时间，Ma。

根据上述方法，考虑构造隆升对沉积物的影响，认为质量平衡是造山过程中通过逆冲和地壳缩短作用在山脉中形成的物质积累和通过侵蚀作用从山脉中造成的物质流失之间的物质守恒，应根据盆地中沉积物分析、造山带中缩短量恢复两种因素对古地形进行恢复。这种方法充分考虑到构造隆升对古地形的重要影响，因而是一种更为合理的古地形恢复法。对造山带的研究，归根到底就是对古地形地貌的恢复，因为古地形地貌是特定阶段下特定作用的综合产物。因此，质量平衡法也是定量研究造山带隆升过程的一种可行方法（Metivier et al.，1997；符超峰等，2005）。

通过盆地沉积物通量来反演盆地周缘山脉剥蚀信息的方法总体已比较成熟，由盆地精细三维地震剖面和年代学控制而计算的沉积物通量变化比较准确，可以从时空上较好的揭示山体剥蚀的变化。总体思路是将造山带和盆地作为一个相对封闭系统，以物源为连接，精确刻画其沉积通量、沉积总量和沉积速率等参数，反演造山带逆冲、抬升的过程。这种沉积响应的定量分析是客观准确描述造山带隆升和构造演化的重要方法之一。

这种方法通常用于长时间尺度（百万年—千万年）、大范围（造山带或大陆）的侵蚀速率的估算（Ruddiman et al.，2013；Meyer et al.，1998；Clift，2006；Metivier et al.，1998，1999；颜照坤等，2010，2013）。

研究中，要注意误差分析：（1）现今的盆地在地史时期不都是封闭的，从物源区剥蚀下来的沉积物并未完全保留在盆地内；（2）地层存在大量缺失的情况下，会造成剥蚀过程的不连续性，进而无法实现对古高度的准确恢复。

对此，矫正处理方法为：（1）由盆地中河流的输沙量统计结果反推流失的沉积物质多少；（2）由裂变径迹、镜质组反射率、古地温等方法获得缺失地层记录时期的剥蚀量。

这两部分缺失的物质都要加到盆地沉积物通量计算过程中，矫正后的沉积通量才更符合实际。

近期中国学者基于源—汇系统质量平衡原则，首次以深时沉积通量数值模拟方法（BQART—MCS，BQART 模型与 Monte Carlo Simulation 组合模拟法），以青藏高原陆相盆地源—汇系统为研究对象，尝试重建沉积盆地地貌格局，为在陆相盆山源—汇系统开展沉积物定量研究提供了新的思路（王新航等，2022）。

四、前陆盆地前缘隆起、沉降中心的迁移及其对构造活动的响应分析

前缘隆起是岩石圈受上部推覆体构造负载发生挠曲的结果，其发育和迁移是相邻造山带构造负载强度的标志。前缘隆起向上挠曲的幅度与前陆盆地沉降中心下沉幅度成正比，即下沉幅度大，前缘隆起幅度就高，反之亦然。因此，前缘隆起的幅度是前陆盆地边缘构造负载的均衡响应，构造负载越大，前缘隆起幅度也越大，反之亦然。前缘隆起一般显示为构造、地貌高地，直接控制了相邻盆地一侧的沉积物源、古水流体系、沉积相带、地层厚度和地层界面等展布。中国西部中—新生代前陆盆地前缘隆起多表现为中央隆起，这种复杂型前缘隆起形成了独具中国特色的地质现象。

研究表明，盆地与造山带的水平缩短以及造山带的侧向扩展过程驱动了前陆盆地相对盆地基底的迁移，盆地内相应时期充填沉积序列内的地层上超记录提供了一个完整、可解释的前陆盆地前隆的迁移记录（图 2-11），可反映造山带的生长与地壳缩短过程。

已有学者总结了分析前陆盆地迁移过程的方法（李超等，2023），主要包括两个方面，一是识别砾岩—砂岩过渡带的迁移。研究表明，识别前陆沉积层序中标志性沉积相界线的位置变化也可恢复前陆盆地的迁移历史。发育自造山带的河流流经下游宽阔的前陆盆地时，往往会发育中粗卵砾石至极粗砂的粒度突变河段，常称为砾—砂过渡带，并被埋藏在盆地地层中成为砾岩—砂岩过渡带（图 2-11）。这一现象在全球的河流沉积和沉积地层中被广泛发现，具有空间和时间尺度的普遍性。因此，砾岩—砂岩过渡带可作为一种前陆沉积层序中标志性的沉积相界线，其在长时间尺度上向前陆方向的稳定迁移过程可反映造山楔与前陆盆地之间地壳缩短过程驱动的前陆盆地迁移。通过地震剖面上地震相特征差异对应岩相的变化，可识别出单条反射面的地震相突变点的位置对应沉积地层的砾岩—砂岩过渡带位置。

二是识别向前陆方向的地层上超。当造山带向盆地下伏板块之上逆冲驱动盆地前隆迁移时，盆地内沉积地层的上超点位置会随之同步变化，记录了盆地前隆的迁移过程。通过对地震剖面的精细解释可恢复盆地的迁移过程，主要内容包括根据地震剖面配套钻井数据标定地层界面，基于剖面内地震波反射面的延伸与终止情况的组合判断主要的地层不整合界面，识别出与造山带隆升耦合的前陆沉积单元；再通过追踪前陆沉积单元内每一条反射面至终结点，确定每一条反射面的终结点位置和方向，即每一条反射面代表的地层上超点位置。上超点组成一个穿时的包络面，代表盆地前隆向前陆方向迁移的记录，连接地震剖面中前陆沉积层底部反射面终结点可获得上超点的底部包络面。通过将地震剖面与位置相同或相近的磁性地层剖面关联，将磁性地层学年龄框架引入地震剖面，

约束主要地层边界年龄，再用内插法获得前陆沉积层内每一条反射面的年龄。建立剖面中终结点的底部包络面的位置和年龄的线性回归模型，计算前陆沉积单元向前陆方向的上超速率，约束前陆盆地相对盆地基底的迁移速率。迁移速率的变化对应前陆盆地基底相对造山带的俯冲速率变化，反映造山带吸收的地壳水平缩短速率变化。进一步结合GPS测量、构造平衡恢复和地球物理探测等其他地质证据，就可发现前陆盆地迁移过程反映的地壳缩短速率变化趋势和变形模式。

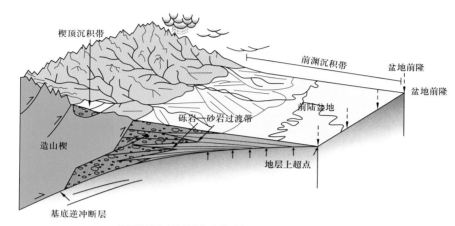

a. 前渊沉积带内地层上超点和砾岩—砂岩过渡带

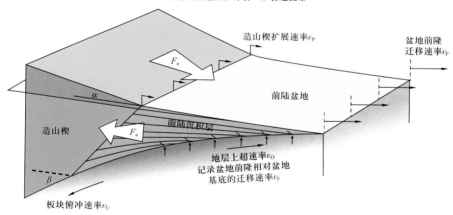

b. 前陆沉积层内地层上超速率记录盆地前隆的迁移速率，其中 F_a 为汇入造山楔的物质通量，
F_e 为被剥蚀的物质通量

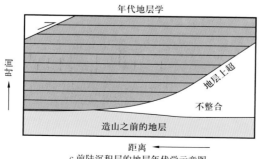

c. 前陆沉积层的地层年代学示意图

图 2-11　前陆盆地—造山楔系统及前隆向前陆方向迁移示意图（据李超等，2023）

前陆盆地沉降中心一般位于盆地靠近褶皱冲断带（或造山带）一侧，是盆地最大沉积厚度分布区，远离造山带地层厚度减薄。在盆地发育过程中，前陆盆地沉降中心往往发生明显的迁移现象，主要表现为两种迁移方式：一是垂直造山带方向的迁移，造山带构造负载以前展式向盆地内不断推进为特征，可以通过沉降中心在垂直造山带方向上的迁移距离来推断造山带逆冲推覆的方式和速率；二是平行造山带方向的迁移，这种造山带不仅具逆冲作用，还兼有走滑性质，并可根据对沉降中心在平行造山带方向的迁移距离推测造山带的逆冲速率、走滑作用方式和速率（李勇等，2000）。

针对前缘隆起空间迁移，目前提出了弹性流变模型法和黏弹性流变模型法研究其迁移规律。两个模型有明显差异，主要区别是黏弹性流变模型中，冲断负载期间（岩石圈假定为刚性），盆地宽而浅，冲断带与前缘隆起之间的距离较大；在平静期，岩石圈松弛导致邻近逆冲断裂处发生沉降，前缘隆起向逆冲断裂迁移，盆地变窄。而弹性流变模型中，在变形开始时，盆地变窄，前缘隆起和相带向逆冲断裂迁移；在变形停止后，盆地变宽，前缘隆起和相带向远离逆冲断裂方向迁移。李勇等（2005a）对四川盆地进行弹性挠曲模拟表明，在晚侏罗世，前缘隆起与冲断带距离约200km，该时期造山带负载系统向扬子克拉通推进速率为6.7mm/a；晚白垩世，推进速率为4.3mm/a。

古地貌、古隆起是控制沉积体系发育和分布的重要因素，特别是对水进和低位体域的砂分散体系和相分异有着特定的控制作用。利用三维地震数据拉平古水平沉积层是当前国际上广泛采用的恢复古地貌的基本方法。通常为了更精确的恢复地形地貌，对沉积界面与层序界面间的地层厚度进行了"去压实"校正，还原其真实沉积厚度，从而求取该地层沉积前古地形的相对高低，并在此基础上进行"古水深"校正，沉积物在水下沉积时，因其沉积界面在水下一定深度，沉积物厚度不能代表其当时的沉积深度，所以需要进行古水深的校正。校正方法是在地震剖面上显示的大型前积层顶找到一条切线进行拉平，拉平后的状态即为当时沉积时期的状态，拉平的前积层与底界间的厚度即为此前积层沉积时的古水深。通过以上方法便可恢复层序形成时期的古地貌形态。

五、物源区隆升剥蚀与盆地动力学过程的水系响应分析法

研究发现，水系形态能够较好地记录构造活动方式，造山带水系的河流袭夺演化和水系重组受逆冲褶皱带的区域构造活动及其演化、局部侵蚀基准面变化的控制与影响。因此，对造山带源—汇系统的水系形态进行分析，可以反推河流沉积或侵蚀过程和水系演化对构造活动、气候变化和侵蚀基准面的响应过程与机制。

针对古代流域水系和物源区，常常采用裂变径迹测年分析、河流下蚀速率分析、最古老冲积扇沉积物分析、数字高程模拟、均衡重力异常及其反演模拟等方法，研究其对物源区隆升剥蚀与盆地动力学过程的响应。本节将这几种方法简述如下。

1. 裂变径迹测年分析法

裂变径迹测年分析法是一种同位素定年方法，包括裂变径迹年龄、裂变径迹密度和长度分布数据，综合应用可反演沉积物源、造山带构造运动、断裂活动时代、地质体的构造热历史等。

造山带隆起区抬升—剥露岩石矿物的裂变径迹（FT）冷却年龄与山前带盆地区未遭受热重置碎屑矿物颗粒的裂变径迹冷却年龄呈现出彼此关联、有序分布的镜像对称关系（图2-12a）。

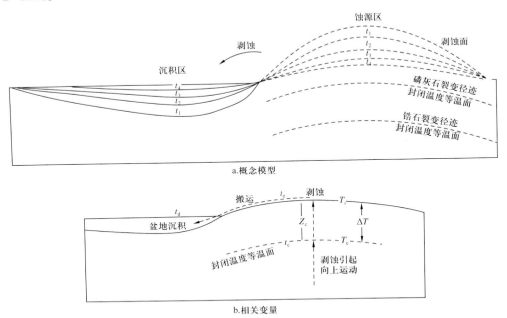

图2-12　造山带剥露、物质搬运和再沉积的概念模型及裂变径迹年龄分析相关变量（据王国灿，2002）

t_d—沉积时间；t_e—剥露时间；t_c—封闭时间；T_s—地表温度；T_c—封闭温度；ΔT—温度变化；Z_c—封闭温度等温面深度

假定造山带的剥蚀物质被源源不断地迁移到相邻的沉积盆地中，某一深度的岩石从隆升剥露到再沉积的整个过程要经过以下几个时间段（图2-12b），首先是抬升经过某矿物裂变径迹封闭温度（T_c）等温面和封闭深度（Z_c）时的时间（t_c），即封闭时间；然后是剥露于地表的剥露时间（t_e）；最后是被剥蚀、搬运并沉积于相邻沉积盆地中的沉积时间（t_d）。用造山带剥露于地表的基岩样品进行裂变径迹测年来估算剥蚀速率，一般假定一个线性地热梯度，并根据试验获得的经验数值给出特定的裂变径迹封闭温度（王国灿，2002）。

裂变径迹测年主要采用两种方法：一是利用造山带相邻盆地的沉积信息；二是利用蚀源区基岩矿物热年代计，包括单矿物封闭温度年龄法和地形高差法。

单矿物封闭温度年龄法的计算公式为

$$\Delta t = t_c - t_d \approx t_c - t_e \tag{2-5}$$

式中，t_c 为蚀源区碎屑颗粒裂变径迹封闭的冷却年龄，Ma；t_e 为蚀源区碎屑颗粒剥露到近地表的剥露年龄，Ma；t_d 为蚀源区剥露地表的碎屑颗粒遭受风化剥蚀并快速搬运到山前沉积盆地所经历的时间，其一般很短可以忽略不计，即 $t_d \approx t_e$。因此，Δt 可近似看作蚀源区碎屑颗粒裂变径迹封闭的冷却年龄（t_c）与其剥露到近地表的剥露年龄（t_e）之差。

蚀源区的抬升冷却速率 v（℃/Ma）和剥露速率 E（km/Ma）及其转换关系可以表述为

$$v = (T_c - T_s) / (t_c - t_d) = \Delta T / \Delta t \tag{2-6}$$

$$E=Z_c/\Delta t=（T_c-T_s）/G（t_c-t_d）=v/G \tag{2-7}$$

式中，G 为蚀源区平均地温梯度，℃/km；T_s 为地表温度，℃；T_c 为碎屑颗粒矿物（锆石或磷灰石）的裂变径迹封闭温度，℃；Z_c 为封闭深度，km。

地形高差法主要采用不同高程单矿物地形高差法，不考虑地温梯度。由于磷灰石、锆石、榍石年龄随海拔高度变化而变化，在不同的海拔高度取样，有不同的裂变径迹年龄值，据此就可计算采样地区的剥蚀速率：

$$v_e=\Delta A/\Delta t \tag{2-8}$$

式中，ΔA 为高程差，km；Δt 为不同高程矿物的年龄差，Ma。

由于一个锆石、磷灰石裂变径迹样品的最年轻组分年龄代表它从开始抬升通过封闭深度（封闭温度所对应的埋藏深度）至今的年龄，所以它大于对应的沉积地层的沉积年龄，它们之间有一个时间差，称为滞后时间（图 2-13）。滞后时间为样品从开始抬升到封闭深度之上直至它被剥蚀搬运到盆地中的时间，其中它从地表被剥蚀搬运到盆地中的时间一般认为很短、可以忽略。用封闭深度除以滞后时间，可以求出平均剥露速率。在沉积地层剖面上，每出现一次新的最年轻年龄，即出现一个更年轻的蚀源区，代表蚀源区一次快速的剥露事件或火山活动。当最年轻年龄突然变大时，代表盆地中有再循环的物质加入或蚀源区的改变（纪友亮等，2004；朱文斌等，2005）。

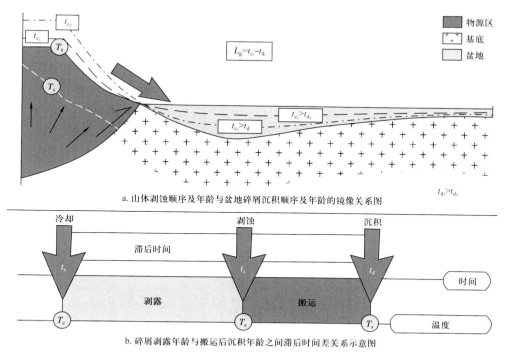

a. 山体剥蚀顺序及年龄与盆地碎屑沉积顺序及年龄的镜像关系图

b. 碎屑剥露年龄与搬运后沉积年龄之间滞后时间差关系示意图

图 2-13　山体隆升与盆地沉积间的耦合关系（据 Ruiz et al.，2004；朱文斌等，2005，修改）
t_c—达到封闭温度的时间；t_e—剥蚀时间；t_d—沉积时间；L_g—滞后时间；T_c—封闭温度；T_s—地表温度

统计受热中子照射的磷灰石、锆石等单矿物的裂变径迹数，可计算地质体的退火或冷却年龄；测量自发裂变径迹长度，统计裂变径迹长度分布，可计算地质体热演化历史。

利用锆石、磷灰石单矿物裂变径迹分析技术，可以很好地解释盆山耦合沉积过程，展示山体隆升与盆地沉积间的耦合关系（图 2-13；朱文斌等，2005）。依据锆石、磷灰石裂变径迹长度的分布图和对研究区域已有的地质历史的掌握，可以描绘出样品的冷却曲线图（李勇等，2006）。

裂变径迹测年法除利用矿物的诱发径迹分析之外，还可依据 ^{238}U 的自发裂变径迹密度计算裂变径迹表观年龄。天然样品中 ^{238}U 的裂变径迹约占 99.97% 以上，而 ^{235}U 和 ^{232}Th 等其他同位素和宇宙核素产生的裂变径迹在年龄测定中可忽略不计。^{238}U 的自发裂变释放出大约 20MeV 的能量，其中大多数作为动能转化成两个核素产物。它们在相反方向穿过大约 $7\mu m$，留下穿过介质 $10\sim20\mu m$ 长的破坏痕迹，并在晶格中产生线性损伤，形成辐射伤害（裂变径迹）。自然状态的裂变径迹非常细小。在实验中，通常选择适当的化学试剂在一定条件下对矿物磨光面进行腐蚀处理（蚀刻），使蚀刻后的径迹在显微镜下可放大到 $200\sim1000$ 倍。用普通光学显微镜观察已知表面面积内的径迹数目，以此来确定 ^{238}U 自发裂变所产生的径迹密度。测定矿物的铀含量和自发裂变径迹密度、数量和长度、角度，再根据特定公式计算表观年龄。

应用公式计算年龄时需满足下列要求：（1）自发裂变的半衰期是恒定的；（2）$^{238}U/^{235}U$ 比值是一个常数；（3）所有的自发裂变径迹是 ^{238}U 产生的，而所有的诱发裂变径迹都是 ^{235}U 经热中子照射诱发产生的；（4）自发裂变径迹和诱发裂变径迹的蚀刻条件相同；（5）样品形成以后保持封闭体系。

裂变径迹法测定年龄的样品适应性广，只要样品中产生的自发裂变径迹密度大于 $1\sim10/cm^2$，均可选用，如磷灰石、榍石、锆石和白云母等。

总体来看，裂变径迹测年法的封闭温度较低，磷灰石裂变径迹（AFT）的封闭温度一般为 $110\sim130℃$，锆石裂变径迹（ZFT）为 $200\sim300℃$，不需要大型贵重仪器，矿物用量少，测定年龄的范围宽（从几十年到几亿年），可测定的对象（样品种类）多。特别是在 5 万年至 1 亿年期间内，测年效果比其他方法好，特别适用于年轻样品，是第四纪地质年代测定的重要方法之一。

研究中要注意如下三个方面问题：

（1）如果碎屑沉积埋藏过深或有热事件，并引起裂变径迹的热重置，那么所得到的年龄就只是热重置后的冷却年龄，而无法反映蚀源区的热历史信息。

（2）沉积盆地中的样品，可能是具有不同抬升冷却历史的蚀源区中不同岩石风化剥蚀后的混合物。因此，矿物的裂变径迹年龄就不能采取加权平均的办法进行计算，可将单颗粒年龄经过高斯拟合或二项式拟合获得最佳的颗粒年龄分布（Brandon，1992，1996）。

（3）如果样品经历了漫长的沉积期，则它的隆升剥蚀过程可以通过裂变径迹和沉积地层年龄来限定。

2. 河流或流域下蚀速率分析法

河流或流域侵蚀速率估算的定量化是研究地貌演化形式、速率及其与气候、构造运动、海平面变迁之间耦合关系的关键。定量化研究古侵蚀速率的方法有多种，一是热年代学和裂变径迹分析法，可以估算长时间尺度（几百万年至上亿年）的岩石剥露速率。

在构造控制的盆地，河流最大的下蚀深度与残留的最高山顶面的相对高程具有一致性，因此河流最大的下蚀深度可以反映造山带的隆升幅度。河流的下蚀深度为河流下蚀残留的最高山顶面与河流下蚀残留的最低河床面之间的高程差。但是，河流的下蚀深度在不同河段存在差异性，这反映了河流的下蚀速率在不同构造地貌单元的差异性。根据不同河段的最大河流下蚀深度和下蚀速率，可以计算最大河流下蚀深度所需时间 T_m。这一时间指示的是由河流切割作用形成造山带山峰的时间的下限。也就是说，河流形成的时间早于 T_m。由于山脉提供的高差才会形成河流，可以推测，造山带的初始形成时间也应该早于 T_m。

上述两种方法反映的剥露历史是几百万年的长期平均数据，很难精确地与轨道尺度气候周期变化和海平面升降的影响进行比对；分析封闭盆地的沉积容积或分析有精确定年的沉积地层剖面有可能反演流域侵蚀速率的信息，但是盆地沉积还受到基准面升降和构造变动控制，在计算过程中存在较大误差，且精确定年剖面尚比较少，成为限制因素；现代水文台站输沙量和化学输移量监测可以准确反映流域的侵蚀速率，然而，有记录的台站仅百年而已，而且近年来的人为活动强烈，已经很大程度上改变了流域自然过程（胡二伢等，2011）。

二是宇宙成因核素法，可以反演万年至十万年尺度的平均流域侵蚀速率，探讨构造背景尺度下气候变化对侵蚀速率等的影响。

宇宙成因核素简称宇生核素（^{10}Be、^{26}Al），是地表及其附近岩石中矿物的原子核受到来自外层宇宙空间的高能宇宙射线粒子的轰击，发生核反应而产生的放射性核素，其中 ^{10}Be（半衰期1.34Ma）和 ^{26}Al（半衰期0.705Ma）宇宙核素在自然界分布广泛而稳定，有较长的半衰期，可以利用铍、铝同位素的富集量变化速率来有效研究地表暴露时间或年龄和本地或地表的剥蚀速率（李英奎等，2006；Bierman，1994；Darryl et al.，1996；Lal，1991）。

河流阶地上沉积的石英砂内所含的宇宙成因核素记录了阶地的沉积年龄、沉积物的搬运时间，以及阶地形成时期整个流域的侵蚀物沉积速率，盆地沉积物内所含的宇宙成因核素同样也记录了流域的古侵蚀速率，据此通过分析河流阶地和盆地序列来恢复流域的古侵蚀速率的时间序列。^{26}Al/^{10}Be 等时线埋藏测年法的提出，拓展了埋藏测年的应用范围，并为埋藏测年数据可信度提供了一种有效的验证手段。

^{10}Be、^{26}Al 的实验处理主要包括以下3个步骤（胡二伢等，2011）：

（1）石英纯化处理。即从野外采集的样品中分离出纯净的石英。主要是通过酸蚀和重液矿物分离，最终要使纯化后的石英中 Al 含量低于200mg/kg。

（2）Be、Al 化学分离。包括石英溶解、体系转换、氢氧化物沉淀和离子交换等步骤，在马弗炉中高温灼烧获得 BeO 和 Al_2O_3，BeO 和 Al_2O_3 分别与 Nb 和 Ag 粉混合制靶。

（3）进行加速器 AMS 测试。AMS 测定的是 ^{10}Be/^{9}Be 和 ^{26}Al/^{27}Al 的比值。

应用宇生核素方法研究流域侵蚀速率，有效测年范围为0.3～5Ma，样品为分布广泛的石英，具有采样简便、精确度高、应用范围广等优势，可以反映更大时间尺度和更广空间尺度上的侵蚀速率变化情况，适用于 ^{10}Be 和 ^{26}Al 等核素方法对第四纪以来年轻地层、岩石的地表侵蚀演化进行研究。

$^{26}Al/^{10}Be$ 等时线埋藏测年法的优点在于埋藏年龄的求解仅取决于等时线的斜率，而无须知道继承核素和后期生成核素的确切浓度；其可检验性保证了构建等时线时可以将与等时线显著偏离的样品剔除掉，然后重新采样，直至样品数量足够多和拟合出足够精确的等时线为止。其缺点在于样品量较大，为了构建等时线，需要依具体情况采集、分析多个样品，对数据精度的要求越高，所需样品的数量就越多。一般只适用于同一层位、相近剖面可获得多个石英质砾石的地点（孙政等，2012）。

3. 最古老冲积扇沉积物分析法

没有河流就不会有冲积扇，首先通过盆地地表的冲积砾岩剖面和盆地内的钻井剖面研究，找到盆地中最古老的冲积砾石层，它是盆地内部河流发生和发展历史的沉积记录，也是造山带构造活动的沉积响应。那么，该冲积砾石层的形成时间，就可以用来标定河流的形成时间。因此，盆地内最古老冲积砾石层的形成时间可以用来推测造山带的隆升时间。

4. 数字高程模拟分析法

数字高程模拟（Digital Elevation Model，DEM）是用数字显示地球表面地形的变化，通常是用三维网格形式来展示地形在空间上的高程变化。该模型通过遥感方法建立，基础数据包括卫星图像、激光高程数据和雷达数据。

首先，制作区域性数字高程剖面，并统计最高海拔高程点（显示研究区内河流下蚀残留的最高峰顶面的海拔高程）、平均高程（表示研究区平均海拔高程及其变化规律）和最低海拔高程点（显示研究区内河流下蚀残留的最低河床的海拔高程）。

其次，求取河流下切深度，即河流下蚀地残留最高峰顶面的海拔高程与最低河床之间的高差。通过对 DEM 不同构造地貌单元区内河流切割深度变化的研究，可以判断研究区地表隆升幅度与河流切割深度是否存在正相关。存在正相关的研究区，河流最大下切深度可以反映研究区不同地貌单元表面隆升幅度。

最后，厘定河流下切时间，可以通过阶地沉积物测年与河流最古老冲积扇沉积物的形成时间确定。根据上述河流的下切深度和下切时间，可以得出研究区不同地貌单元的河流下切速率，并进而反演表面隆升速率变化。但这一速率往往比实际偏小，可能的一个原因是最高峰顶面海拔高程受剥蚀作用影响，比理论要低。

李勇等（2005a，2005b）通过 DEM 方法，研究青藏高原东缘地区的数字高程剖面，得到了其河流下切速率与表面隆升速率对比图。

5. 均衡重力异常及其反演模拟分析法

均衡重力异常是地面重力测量值经过纬度改正、自由空气改正、布格改正和均衡改正后得到的重力异常值，均衡重力异常和构造活动之间有密切联系，反映了一个地区现今的均衡状态或稳定程度。地壳均衡是基于流体静力平衡原理的一种假说，认为均衡作用需要的基本条件是密度较小的岩石圈能够"漂浮"在密度较大的软流圈之上，并按照阿基米德原理处于平衡状态。

假定在一定深度存在一个均衡补偿面，那么，这个均衡补偿面上的压力是相等的，流体静力在所有的方向上也一致。在此基础上，大陆区在海平面以上的质量过剩将由均衡补偿面之上的质量亏损来补偿，海洋区在海平面以下的质量不足将由均衡补偿面之上的质量过剩来补偿，其中最为显著的是以山脉为代表的过剩质量，将由均衡补偿面之上的质量亏损来补偿。

地学界先后提出了均衡作用的普拉特均衡假说、艾黎均衡假说两种端元假说，以及艾黎—海斯卡宁均衡模型（简称艾黎模型）、普拉特—海福特均衡模型（简称普拉特模型）、维宁·迈尼兹模型、实验均衡模型和动态均衡模型5种地壳均衡模型（李勇等，2005c；黎哲君，2012），以艾黎均衡假说在中国得到认可较多、应用较广，可由式（2-9）表达艾黎均衡模式：

$$h_{root} = h_{mt}\rho_1 / (\rho_2 - \rho_1) \tag{2-9}$$

式中，h_{root} 为山根的厚度，km；h_{mt} 为山脉的高度，m；ρ_1 为均衡补偿面之上的上部层密度，g/cm^3；ρ_2 为均衡补偿面之下的下部层密度，g/cm^3。

基于艾黎均衡理论构建空间重力异常的方法，主要包括重力异常的均衡改正、地形位的影响校正、空间异常构建3个步骤。在此基础上，对造山带均衡重力异常进行模拟反演。即设计出一些假设模拟体，采用似三度体重力异常计算方法计算假设模拟体的重力异常，与均衡重力异常进行对比。根据两者的差异，修改假设模拟体，最终选取与均衡重力异常符合得最好的假设模拟体作为该均衡重力异常的源体。

最近数十年，均衡重力异常计算的方法不断得到改进，由查表法、模板法等传统方法发展为计算机自动处理，特别是基于数字高程模型（DEM）计算方法、高精度地球重力场模型和地形模型的发展，不仅计算速度和精度大为提高，也使得计算大范围、高分辨率的均衡重力异常成为可能（黎哲君，2012）。

李勇等（2005a）通过龙门山正均衡重力异常计算发现，龙门山的下地壳顶面抬升了11.2～12.6km，但其实际最大海拔高程仅5km左右，表明有6～7km的地层被剥蚀掉了。造成了龙门山的正均衡异常，揭示了构造抬升和剥蚀作用在相似的时间尺度上和空间尺度上控制着龙门山地貌的形成，龙门山的表面隆升是构造隆升和剥蚀作用叠加的产物。

针对近现代流域水系，学者们提出了野外考察、沉积学、地形分析结合卫星遥感图像和数字高程模型（DEM）数据分析的方法，提取造山带及其山前盆地构造地貌和主干流域基岩水系剖面、地形形态特征，开展河流纵剖面的函数拟合、河流水力侵蚀模型构建，计算河道纵剖面的凹曲指数、纵剖面的陡峭指数，以及河流陡峭度、Gilbert指数、河谷宽高比等地貌参数，估算断裂带在所研究地质时期的平均走滑速率，探讨了水系发育方式及其对构造活动的响应（贾营营等，2010；李奋生等，2016；于洋等，2022）。

第五节　实验测试分析法：构造—沉积响应时空关系印证研究

基于沉积记录的样品实验测试结果，分析造山带物源区的物质组成、物源类型和构造属性是研究源—汇系统动力学过程和物质交流方式、原型盆地恢复、盆—山耦合与构造演化历史及其沉积响应机制的关键内容之一。本节所述实验测试分析法，特指印证构造—沉积响应时空关系的实验测试分析和研究方法，包括岩石学、矿物学、沉积学、元素地球化学和地质热年代学等，在构造—沉积响应时空关系印证研究中起着重要的作用。

一、岩石矿物与沉积学分析

相关研究方法，主要包括砾岩和砂岩等各类碎屑岩岩石学与碎屑成分分析、碎屑矿物或轻矿物分析、重矿物分析和黏土矿物分析等。其主要用于沉积物物源研究，包括沉积物物源组成与类型、物源区位置和性质、沉积物从"源"到"汇"的路径，以及影响沉积岩或沉积物组成的构造环境、物源区隆升剥蚀、地形地貌和气候等各种因素及其耦合关系等（杨江海，2012）。通常采用几种方法结合以获取较好效果，例如采用砾石成分统计结合重矿物分析或碎屑锆石年龄谱等不同方法（马艺萍等，2022）。

1. 粗碎屑岩或砂砾岩岩石学与砾石成分分析法

一般采用岩心或剖面观测与镜下观察、粗碎屑岩或砂砾岩岩石学与碎屑骨架成分统计、多类型碎屑及端元成分分析、典型物源区碎屑组合模式及特征参数分析等多种方法，对其物源类型、构造背景及其演化开展分析和示踪。

剖面观测主要为砾石岩性、种类、成分统计。在样品点的位置划分出约 2m×2m 范围进行砾石统计，所选范围需要囊括周围砾石的岩性，相对于整体而言具有代表性。每个样品点的砾石统计量数为 100～350 个。

岩心观察统计主要包括砂砾岩砾石成分（岩性与种类）、结构、构造、含量、定量排列、粒序特征、分选性与磨圆度、纵横向分布和顶底接触关系等，镜下观察统计包括砾石成分、含量、形态、分布和微构造等内容，重点关注岩石学与砾石成分所反映的构造（活动）信息、砂砾岩特征与构造（活动）之间关系等。

针对类型多样、组成复杂的砾岩或砂砾岩和砂岩骨架碎屑组分，分别根据砾岩或砂砾岩岩心样品观察和岩石薄片鉴定结果，结合钻测井资料，统计、绘制各层组或地层单元砾岩砾石组分、砂砾岩岩屑组分含量分布图，分析砾岩或砂砾岩和砂岩的碎屑组分与物源区母岩组合、纵向各时期分布规律、变化特征及其反映的物源区母岩组合演化特征。

需要指出，不同沉积环境（陆地、水下环境）、不同构造环境（伸展、挤压和走滑盆地）下均可形成砾岩或砂砾岩，砾石从源区到汇聚盆地的运移可能经历了搬运—沉积—再搬运—再沉积的多旋回过程（Allen，2008）。因此需认真识别砾岩是否经历了多旋回沉积过程，基于综合研究来恢复砾岩沉积与构造活动之间成因联系，讨论伸展、挤压和走滑构造环境下盆缘断裂活动、盆地构造沉降、沉积物供给，以及它们的时空变迁对砾岩沉积的控制作用。例如，在恢复古老伸展盆地演化时，不仅要研究砾岩的时代、岩相和沉积环境，而且要关注砾岩层的时空分布和厚度变化，从而合理重建裂谷盆地的构造—沉积历史；在分析前陆盆地砾岩沉积时，要关注砾岩体形态、分选和磨圆等结构特征，谨慎判别其形成于强烈挤压构造活动期，还是平静期；走滑盆地通常经历了复杂的构造变形和沉积充填过程，拉分盆地构造演化和砾岩沉积的关系复杂，研究过程中要关注具体特征和地质分析，不应遵循某一特定走滑盆地的构造—沉积模型（孟庆任，2022）。

2. 碎屑矿物或轻矿物分析与 Dickinson 碎屑组分统计判别法

陆源碎屑岩作为母岩风化破碎、搬运和沉积的产物，其岩石的碎屑矿物成分组成可在一定程度上反映源区的构造性质，因此砂岩的碎屑成分经常用于指示物源区的板块构造属性、构造—沉积响应研究。

采集不同层位的露头或岩心样品若干，清除其表面的风化层后，磨制成岩石薄片。在显微镜下观察、描述粗碎屑砂岩薄片，并按照 Gazzi—Dickinson 碎屑组分定量统计方法（Dickinson et al.，1979；Dickinson，1988）优选（砾质）砂岩 + 砂砾岩样品若干个，进行碎屑颗粒点统计、Dickinson 模型投图与构造背景判别。

为保证碎屑骨架组成统计结果的可靠性，按 Gazzi—Dickinson 方法的惯例约定了如下几条统计规则：

（1）将砂岩中粒径大于 0.0625mm 的碎屑颗粒均计作单个矿物，而不论实际上该颗粒是单个矿物还是岩屑（Dickinson et al.，1979；Dickinson，1985，1988），其目的主要是尽可能减小因颗粒粒径不同或碎屑粒度—成分习性而导致的碎屑类型及含量的统计误差；列入统计和作图的样品平均粒度主要限定在细粒至粗粒（包括含砾砂岩或砾质砂岩）之间，即算术粒级 0.1～2mm。

（2）采用薄片线计法结合镜下正方网格交点点计法统计组分含量，砂岩样品统计骨架颗粒数不少于 400 个，网格间距视砂岩平均粒度而定，一般取平均粒度的两倍值；考虑到样品及颗粒粗细程度普遍性、代表性、兼顾层位、演化趋势等研究，选出部分稍粗的砂砾岩、中细砾岩和各粒级碎屑岩样品，岩心描述结合镜下观察统计，若是粗碎屑岩则加大计点统计量至不少于 500 个以保证其代表性，也可为物源（区）分析提供趋势性参考。

（3）杂基和胶结物不计数，且采用杂基含量小于 25% 的砂岩类样品，基本排除了杂基含量大于 25% 的杂砂岩类样品（Dickinson et al.，1979；Dickinson，1985，1988）。

（4）被自生矿物交代的骨架颗粒，按残留颗粒或恢复的原碎屑组分统计。

（5）分析区域上若不存在内源灰岩的物源，或供给的可能性极小，则样品中石灰岩岩屑按常规沉积岩岩屑进行统计。

镜下统计的碎屑颗粒类型主要包括石英（Q）、长石（F）和岩屑（L）等轻矿物及其组合（马收先等，2014），按照颗粒的组成和结构可细分为单晶石英（Qm）、多晶石英（Qp）、斜长石（P）、钾长石（K）、沉积岩屑（Ls）、变质岩屑（Lm）和火成岩屑（Lv）。对于砾石含量较高的样品，依据岩石结构和矿物组成，也可以识别细分出火成岩、沉积岩、变质岩 3 类砾石。根据上述规则，计点中所涉及的骨架颗粒参数的定义及自采样品经统计后所得的碎屑参数百分含量编制统计表、投点图。

Dickinson 和 Suczek（1979）、Dickinson（1985，1988）在统计世界上近百个已知大地构造背景、超过 7500 个砂岩样品碎屑组分（石英、长石、岩屑、单晶石英、多晶石英、沉积岩屑和火山岩屑等）及其含量基础上，开创性地运用砂岩碎屑组分来反演物源区的大地构造环境，提出了以砂岩骨架组分为端元的板块构造背景判别三角图解，被称作 Dickinson 图解（图 2-14），为构造活动对盆内砂岩组成的控制提供了模板和标准。

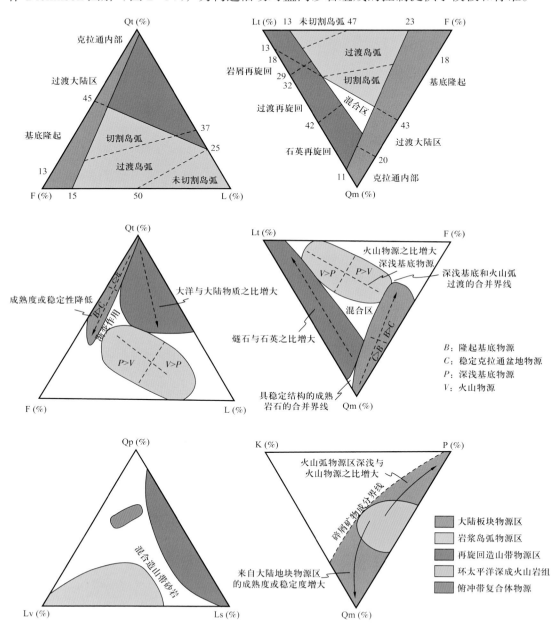

图 2-14　砂岩骨架组分为端元的 Dickinson 板块构造背景判别三角图解

Qt—单晶石英 + 多晶石英 + 燧石；Q—单晶石英和多晶石英；Qm—单晶石英；F—单晶长石；L—不稳定岩屑；Lt—多晶质岩屑；三角形外侧数字代表相邻端元的相对百分比（据 Dickinson et al.，1983）

Qt—F—L 和 Qm—F—Lt 三角图中涵盖的源区类型，包括大陆地块、岩浆弧、再旋回造山带三类主要物源区和混合物源区。其中，大陆地块物源区根据长石和石英的相对含量细分为克拉通内部、过渡大陆和基底隆起 3 个次级分区；岩浆弧物源区依据长石和岩屑的相对含量细分为切割弧、过渡弧和未切割弧 3 个次级分区；再旋回造山带物源区根据单晶石英（Qm）和岩屑总量（Lt）的相对含量细分为石英再旋回、过渡再旋回和岩屑再旋回 3 个次级分区（Dickinson et al.，1983）。在 Qp—Lv—Ls 三角图中涵盖的源区类型，包括大陆地块（或混合造山带）物源区、碰撞造山带和褶皱带（或碰撞缝合线及褶皱逆掩带）物源区、俯冲带混杂岩体（或俯冲带复合体）物源区、岛弧（或火山弧）造山带物源区。

采用石英—岩屑—长石碎屑组合统计数据进行物源区构造背景判别系列投图。根据 Dickinson 三角模式图解，结合砂砾岩多类型碎屑及端元成分（Qm、Qp、P、K、Lv、Ls）、基本物源区碎屑组合模式及特征参数分析，就可对投图结果分组、分类展开统计和分析，判识其物源区构造背景，分析其构造属性。

Dickinson 图解为盆地砂岩组成与源区大地构造背景建立了定量的联系，自建立以来一度成为恢复沉积盆地源区构造背景的重要方法。但近年来，其有效性受到争议（Ingersoll et al.，1984；Johnsson，1993；Garzanti，2008；Garzanti et al.，2007，2009；马收先等，2014），有学者指出，Dickinson 图解的建立主要依靠的是新近纪以前的砂岩数据，其所谓的"已知源区"本身也是通过其他方法推断而来，未必能代表真实的源区大地构造背景，因此利用推论得出的另一个推论可能会造成结果的循环论证（Garzanti，2016）。

Dickinson 碎屑组分统计判别法理论上也不完备：（1）显微镜下难以区分盆内和盆外的碎屑颗粒，但只有盆外来源的碎屑颗粒才具有相应的大地构造意义；（2）没有考虑到混合物源、风化过程、搬运机制和成岩作用等的影响，尤其砂岩是经过充分混合的产物，其中不同时代的、不同大地构造背景的碎屑组分混合在一起，其投点得到的是混合组分特征，不能区分碎屑是年轻的还是古老的；（3）Dickinson 图解中与弧相关的物质没有考虑非造山弧（裂谷火山作用）的影响，无法确定火山物质来自弧还是裂谷；（4）Dickinson 图解中没有考虑碎屑颗粒的再循环，无法确定碎屑颗粒是否存在再循环（Garzanti，2016；胡修棉等，2021）。

后期许多学者对 Dickinson 碎屑组分统计判别法进行了应用与改进（Zuffa，1980；Ingersoll，1990；Weltje，2006；Garzanti，2016）。一系列研究实例表明，仅仅用特定砂岩成分的 Dickinson 图解单一来区分物源区构造背景存在一定局限性，可能会造成很大的误判。因此，Dickinson 系列图解不能用来直接判别大地构造环境，可能存在多解性或误解性。需要结合多种方法互相印证分析，综合研究推断。

3. 基于砂砾岩多类型碎屑及端元成分（Qm、Qp、P、K、Lv、Ls）和典型物源区碎屑组合模式及特征参数分析的 Dickinson 模型多图解信息优化判别法

Dickinson 等（1979，1980）提出了大陆地块物源区、岩浆弧物源区、再旋回造山带物源区 3 类基本物源区中砂岩碎屑模型及其构造环境定量判别指标参数（表 2-2）。

Dickinson 等（1980）深化总结了再旋回造山带物源区砂岩碎屑模式（表 2-3）。

表 2-2 基本物源区类型及其碎屑模型参数（据 Dickinson et al., 1979, 1980）

物源区类型		Q（%）	F（%）	L（%）	Qm（%）	Lt（%）
大陆地块物源区	A 克拉通内部	94	5	1	89	5
	A—B 过渡区	74	23	3	71	7
	B 基底隆起区	50	44	6	44	12
岩浆弧物源区	C 未切割岛弧	6	28	66	5	67
	C—D 过渡区	19	28	53	15	57
	D 切割岛弧	33	37	30	30	33
再旋回造山带物源区	E 削减混杂区	45	13	42	8	79
	F 碰撞造山带	71	12	17	63	25
	G 前陆隆升区	67	7	26	51	42

表 2-3 再旋回造山带物源区砂岩碎屑模式（据 Dickinson et al., 1980）

再旋回逆冲带物源区类型			Q（%）	F（%）	L（%）	Qm（%）	Lt（%）
弧后逆冲带物源及典型前陆盆地物源区	安塔拉前陆盆地	大不列颠哥伦比亚	57	14	29		
		来自俯冲带复合体的三角洲和浊积砂岩	73	2	25	47	51
	怀俄明前陆盆地	来自逆冲带的沉积—变质沉积三角洲砂岩（K₂）	72	7	21	48	45
	墨西哥前陆盆地	来自火山弧的三角洲碎屑（K—E₁）	36	28	36	32	40
上地壳隆升的物源	俯冲带复合体物源		50	0	37	5	82
	喜马拉雅逆冲褶皱带		66	0	31	59	38
碰撞造山带	喜马拉雅		45	32	23	44	24
	印度洋扇		57	28	21	56	15
	夸奇克造山带		71	17	12	68	15

　　Valloni 等（1981）根据对 160 多个现代深海砂岩样品的分析资料，采用 Q—F—L 体系图解法确定了不同板块构造背景下砂岩碎屑参数模型（表 2-4）。

表 2-4　近代板块构造运动的各类盆地中碎屑模型参数（据 Valloni et al.，1981）

盆地类型	样品数	Q（%）	F（%）	L（%）	C/Q	P/F	Lv/L
被动边缘 TE	29	62	26	12	0.12	0.30	0.13
活动边缘消减带 LE₁	8	16	53	31	—	0.72	0.98
活动边缘转换断层型 LE₂	50	34	39	27	0.29	0.65	0.33
弧后盆地 BA	53	20	29	51	0.48	0.61	0.84
弧前盆地 FA	20	8	17	75	—	0.87	0.99

Valloni（1985）总结现代不同构造背景物源区中砂的碎屑组合特征，提出了基本物源区碎屑组合及其特征参数模型（表 2-5）。

表 2-5　基本物源区碎屑组合及特征参数（据 Valloni，1985，资料总结）

物源区类型	基本碎屑组合	特征参数			特征颗粒描述
		C/Q	P/F	Lv/L	
克拉通基底	Q—F	0.05	0.25		以石英为主的碎屑
增生基底	Q—F	0.10	0.35	0.15	具石英质、沉积变质、沉积岩屑，有碳酸盐颗粒
褶皱冲断前陆	Q—L	0.15	0.40	0.05	沉积岩屑占优势
板块结合高地	F—L	0.20	0.60	0.45	
大陆岛弧	Lv	0.25	0.80	0.85	火成岩—变质火成岩占优势，伴有沉积—变沉积岩屑
大洋岛弧	Lv	0.30	0.85	0.85	火成岩占优势，沉积岩屑发育
群岛	贫 Q、富 L		0.90	0.95	常见火山玻璃，含拉斑玄武岩和碱性玄武岩残余颗粒

中国学者孟祥化等（1993）在 Valloni 等（1981）的研究基础上，提出了按板块构造部位来源关系建立的砂岩 Q—F—L 碎屑沉积模型（图 2-15）。

针对前面述及的 Dickinson 图解，Weltje 等（2006）和 Garzanti（2016）统计对比指出，Q—F—L、Qm—F—Lt、Qm—P—K、Qp—Lv—Ls 4 个 Dickinson 模型图解单独对大陆地块、岩浆弧和再旋回造山带物源区 3 个主要构造背景的推断成功率总体在 64%～78% 之间，对混合物源砂的板块构造背景直接推断误差较大，需要扩展至对全部六端元成分（Qm、Qp、P、K、Lv、Ls）的分析和优化判别。因此本书重点关注弥补 Dickinson 模型三角图解法的理论不足和方法缺陷，提出进一步结合砂砾岩多类型碎屑及端元成分（Qm、Qp、P、K、Lv、Ls）、典型物源区碎屑组合模式及特征参数分析（表 2-2 至表 2-5），结合图 2-12 的投点图解，对 Dickinson 三端元模型多图解信息进行综合分析与优化判别。

进一步根据砾岩成分和含量、砂岩碎屑组分和含量的纵向变化特点，结合砾岩和砂岩碎屑组分垂向变化、区域构造层序、构造运动与不整合信息综合分析，划分出源—汇系统构造—碎屑沉积响应旋回，剖析其物源区构造背景及物源组合演化。

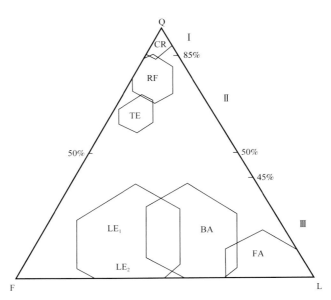

图 2-15 砂岩碎屑模型的盆地类型判别图解（据 Valloni et al.，1981；孟祥化等，1993）

CR—稳定克拉通内浅海盆地型；RF—裂谷及断陷盆地型；TE—被动边缘或拖曳边缘型；LE₁—活动边缘消减带型；

LE₂—活动边缘转换断层型；BA—弧后盆地型；FA—弧前盆地型

4. 重矿物组合及单颗粒分析法

碎屑重矿物是山脉隆升过程在盆地内的直接记录，通常颗粒较细（0.05～0.25mm）、含量小于1%、密度大于2.86g/cm³且性质相对稳定，其能够贯穿于整个物源输送的源—汇系统，伴随碎屑沉积物的产生、搬运、沉积过程，可揭示源区沉积母岩类型和物源方向等信息。

重矿物分析步骤为首先对样品进行筛析，接着用过氧化氢和稀盐酸处理，再水洗、烘干，然后用三溴甲烷对轻重矿物分离富集，最后在岩相偏光显微镜下人工提取重矿物进行鉴定、采用质量统计法测定含量，为保证准确性每个样品中重矿物的总质量在1g以上。

其中，碎屑石榴子石的分离与选取方法：（1）首先将砂岩样品经无污染粉碎至10目（最大岩块粒径约2mm），利用标准干筛筛选40～80目，为0.18～0.45mm粒级（近乎大于砂岩分析样品的最小平均粒度），以保证分离出的重矿物为碎屑成因颗粒；（2）通过重液、精淘分离和电磁分离出电磁、无磁和强磁三部分重矿物；（3）在显微镜下将用于电子探针分析的碎屑石榴子石挑选出来，每个样品至少选择100粒颗粒，无选择性地对其中25～40粒进行探针分析（李忠等，2004）。

相关研究通常采用重矿物组合及化学组分分析法、重矿物单颗粒分析法（和钟铧等，2001；王建刚等，2008；田豹等，2017；许苗苗等，2021）。

重矿物组合及化学组分分析法，主要包括两方面：

一是传统统计分析某一地质时期内重矿物含量分布规律或ZTR等指数平均值，利用重矿物组合特性来恢复母岩构成、物源方向和判别构造背景。由于物源区的母岩性质不同，来自不同源区的碎屑物质在经受风化、搬运和沉积之后，其重矿物组合往往呈现不同特征（表2-6）。

表2-6 碎屑岩矿物组合与母岩类型的对应关系（据田豹等，2017）

母岩类型	矿物组合
再造沉积岩	重晶石、海绿石、石英、石英岩屑、白钛石、金红石、圆电气石、圆锆石
低级变质岩	板岩和千枚岩屑、云母、白钛石、石英和石英岩屑、电气石
高级变质岩	石榴石、角闪石、蓝晶石、矽线石、红柱石、十字石、石英、云母、酸性斜长石、绿帘石、黝帘石、磁铁矿
酸性火山岩	磷灰石、黑云母、角闪石、独居石、白云母、榍石、硝石、石英、微斜长石、磁铁矿、电气石
基性火山岩	板钛矿、辉石、锐钛矿、紫苏辉石、钛铁矿和磁铁矿、铬铁矿、白钛石、橄榄石、金红石、中性斜长石、蛇纹石
伟晶岩	萤石、蓝电气石、石榴石、独居石、白云母、黄玉、钠长石、微斜长石

ZTR指数是锆石、电气石和金红石含量占透明矿物总含量的百分比，Z、T、R分别指锆石、电气石和金红石。利用重矿物数据计算ZTR指数，可以推导物源区的距离及方向。锆石、电气石、金红石三类矿物的抗物理风化和化学风化的能力较强，在重矿物组合中最为稳定，因此ZTR指数也是重矿物稳定系数，高ZTR指数常指示较高的矿物成熟度和较远的搬运距离，而低ZTR指数则指示靠近物源区和搬运距离较短。

进行重矿物定量统计时，要特别注意计数方法的选择。传统的重矿物分析计数方法有全计法、带计法和线计法，Garzanti等（2019）主张引入岩石薄片颗粒分析时常用的点计法，认为其可使重矿物分析高效、准确。点计法的操作方法是在网格线上对矿物进行计数，矿物与网格交点被作为计数点，统计各种颗粒的点数。为了保证数据准确性，每个样品的计数应保证透明矿物的总计数达200以上。如果要计算矿物对指标，则需要更多的计数量。

Garzanti等（2007，2019）将碎屑沉积物物源划分出大洋岩石圈、岩浆弧地壳和大陆岩石圈3种基本类型，根据不同的圈层位置和岩石类型可以进一步划分，并总结提出了不同大地构造背景和位置下沉积物的不同重矿物组合特征（表2-7；许苗苗等，2021）。可以看出，不同物源区的沉积物中重矿物组合特征明显。但是，造山带是上述3个基本物源的复合体，其产生的沉积物并没有特定的重矿物组合，需要具体情况具体分析。对于成岩作用不强烈的沉积物，很多情况下只通过基本的重矿物组合即可以进行有效的物源区分。

二是多元统计分析恢复不同物源体系的发育范围及其母岩类型。以重矿物含量分析数据为依据，利用聚类分析（分为Q型、R型）、因子分析（分为Q型、R型）和主成分分析等多元统计分析的方法，可以很好地解决沉积期次判断、混源体系区分等问题。其中因子分析法把多个有内在联系的因子"降维"，抽象成少数几个综合因子，通过降维而得到重矿物组合，组合类型简约，能很好地判断母岩类型，可以通过方差贡献情况区别主次物源，是判断母岩类型及主次物源最为理想的办法。

表 2-7　不同构造背景下重矿物组合特征（据 Garzanti et al.，2007，2019；许苗苗等，2021）

源岩构造背景和位置		沉积物重矿物特征
大洋岩石圈	沉积盖层	重矿物含量较少，以稳定和超稳定矿物为主（含铬尖晶石）
	上地壳	辉石、阳起角闪石和丰富的绿帘石
	下地壳	以单斜辉石为主的矿物组合，包含绿棕色角闪石或紫苏辉石
	地幔	以橄榄石（或蛇纹石）为主，斜方辉石次之，尖晶石少量
岩浆弧地壳	火山弧	以普通辉石、紫苏辉石为主，橄榄石、普通角闪石次之
	弧岩基	以普通角闪石为主，含绿帘石、单斜辉石、紫苏辉石、榍石和锆石少量
大陆地壳	上地壳	源岩为浅变质岩：以绿帘石为主，超稳定矿物少量；源岩为碎屑岩盖层：以锆石、电气石和金红石为主；源岩为碳酸盐岩：不含重矿物；源岩为陆内火山：以单斜辉石为主，局部有橄榄石、磷灰石、锆石、易变辉石和尖晶石等
	中地壳	源岩为花岗岩或角闪岩相变质岩：以角闪石为主；源岩为角闪岩相副变质岩：以石榴子石、蓝晶石和十字石组合为特征
	下地壳	以紫苏辉石、角闪石、石榴子石、单斜辉石和矽线石组合为特征
造山带变质推覆体	大洋变质推覆体	洋壳榴辉岩化变质岩：几乎由单斜辉石、石榴子石、金红石构成；榴辉岩退变质后源岩：以绿帘石、角闪石为主，辉石、石榴子石少量
	大陆变质推覆体	榴辉岩相岩石经受退变质后的源岩与退变质大洋榴辉岩类似，但石榴子石更多，蓝晶石更少；蓝片岩相岩石经受绿片岩相退变质后的源岩：以绿帘石为主
造山带		大洋、岛弧和大陆岩石均可卷入造山带，因此造山带的沉积物没有特定的重矿物组合

除了统计分析和直接对比，前人也提出通过计算各类特定的重矿物指标以更好地展示、挖掘重矿物组合数据中所蕴含的潜在信息，汇总集成了 21 种较为常见的指标（许苗苗等，2021），包括基于重矿物对的物源敏感指标、基于多矿物的源岩类型敏感指标、可反映水力分选和成岩溶解的指标、其他常见指标 4 类。相关研究侧重于物源示踪，提出要关注重矿物含量的偏差矫正、沉积物贡献量计算，将朝向机器自动矿物识别、重矿物分析与单矿物分析相结合方向发展。限于篇幅和关注重点不同，这里不做阐述，读者可参看相关文献。

重矿物单颗粒分析法是挑选出单一种类的重矿物，分析其地球化学或年代学等特征示踪物源的方法，是近年蓬勃发展的新前沿、新方向，具有独特的优势。首先，一个重矿物的单矿物颗粒只可能来自一个物源区，则具有不同地球化学特征的同种矿物颗粒可以指示不同的物源区；其次，选择未经蚀变的矿物或未蚀变的区域进行分析，可以避免成岩作用对物源区判断的影响；最后，随着电子探针、离子探针和激光剥蚀等离子体质谱仪（LA-ICP-MS）、扫描电镜—能谱仪/背散射成像（SEM-EDS/BSE）技术及综合矿物分析系统等微区分析技术的发展，使得单矿物原位的地球化学分析变得简单而可靠

（王建刚等，2008）。

用于重矿物分析的单矿物颗粒主要有锆石、磷灰石、金红石、石榴子石、尖晶石、（绿）辉石、蓝闪石、多硅白云母、角闪石、绿帘石、十字石、硬绿泥石、电气石、钛铁矿和橄榄石等，碎屑单矿物分析方法统计详见表2-8。用电子探针可分析上述矿物的含量、化学组分、类型和光学性质等，针对每个重矿物的特性及其特定元素含量，用其典型的化学组分判定图或指数来判定其物源。

表2-8　碎屑单矿物分析方法及其发展情况统计表

矿物	主量	微量	Ar—Ar	U—Pb	Pb	FT	U—Th—He	Sr	Nd	Hf	O	B
锆石		新发展		已成熟		已成熟	已成熟			已成熟	有远景	
磷灰石		新发展				已成熟	已成熟	新发展	新发展			
金红石				新发展						有远景		
独居石				新发展			有远景		有远景			
榍石				新发展								
电气石	已成熟											有远景
尖晶石	已成熟											
云母			已成熟									
石榴子石	已成熟	已成熟										
辉石	已成熟											
钾长石					新发展							

应当注意，当火山岩和变质岩作为母岩时，其中的重矿物所经历的搬运、沉积次数较少，受后期的影响小，保留的一般较好，能够很好地反映源区的性质。当沉积岩作为母岩时，沉积物可能经历了多次的搬运、沉积和改造作用，具有多旋回性，其中所含的重矿物随之受到影响，发生组分或含量的变化，用重矿物组合及单颗粒分析法判断物源时应慎重。同时，该方法用于新生代的沉积物，其判断较为准确可靠；对中生代、古生代等时代较老的沉积物，重矿物保存至今，会因温度、埋深等条件在不同时期不同种类增多，含量分布较分散，保留原岩的信息减少，对判断物源不利。因此，沉积物时代越新，利用重矿物判断物源时的准确性会越高。同时，水动力会影响沉积时重矿物的性质，成岩作用会改变沉积时的部分沉积组分，如矿物的层间溶解等，会使不稳定重矿物含量变化。另外，对出现的自生重矿物，如白云石、黄铁矿等，也应加以考虑（赵红格等，2003）。

二、全岩元素地球化学判别分析法

碎屑岩记录了地层从"源"到"汇"的完整过程，并且不同的造岩矿物具有特定的地球化学组成，通过将特定砂岩的全岩元素地球化学组成与对应的全球标准大地构造背景的化学组成作对比，就可由其主量元素、微量元素和稀土元素特征来指示和判别其物源、构造背景和沉积环境等信息（赵嘉峰等，2022）。

相关研究方法，首先是基于露头剖面或岩心观察，针对研究层系自下而上非等间距采集新鲜样品，开展室内样品处理和全岩主量元素、微量元素测定分析。全岩主量元素测定采用熔片法，以无水四硼酸锂熔融，硝酸铵为氧化剂，加助溶剂后于 $1150\sim1250℃$ 下熔融制片，在 X 射线荧光光谱仪上进行测量。全岩微量元素测定采用酸溶法进行前处理，利用氢氟酸和硝酸在封闭环境下溶解，在电热板上蒸发除尽氢氟酸，稀释后利用 NexION 300D 等离子体质谱仪、电感耦合等离子质谱仪（ICP−MS）等仪器直接测定。具体测试方法和流程，参照相关国家标准执行。其次是应用测试数据开展砂岩的全岩主量元素、微量元素和稀土元素模式图解分析，判别构造环境，分述如下。

1. 砂泥岩的主量元素分析判别法

研究表明，砂岩和泥岩中的主量元素特征受控于板块构造环境，可用于追溯盆地和物源区的大地构造性质。基于类似原理，Bhatia（1983）研究了澳大利亚东部古生代已知源区构造背景的 69 个浊积砂岩样品，根据其相应氧化物在反映构造环境中的地位，给出它们的影响系数（表 2−9），通过函数关系来表达所有主量元素对构造背景的区别情况。

表 2−9　砂岩和砂泥岩构造环境的非标准化判别函数及判别公式表（据 Bhatia，1983；Roser et al.，1988）

判别函数	SiO_2	TiO_2	Al_2O_3	Fe_2O_3	FeO	MnO	MgO	CaO	Na_2O	K_2O	P_2O_5	常数
F1	−0.045	−0.472	0.008	−0.267	0.208	−3.082	0.14	0.195	0.719	−0.032	7.51	0.303
F2	−0.421	1.988	−0.526	−0.551	−1.61	2.72	0.881	−0.907	−0.177	−1.84	7.224	43.57
F3		−1.773	0.607	0.76			−1.5	0.616	0.509	−1.224		−9.09
F4		0.445	0.07	−0.25			−1.142	0.438	1.475	1.426		−6.861

注：判别公式为 $D_i=ax_1+bx_2+cx_3+\cdots+kx_{11}\pm c$，其中 x_1—x_{11} 为 11 个判别变量，即氧化物含量，按本表顺序由 SiO_2 至 P_2O_5 为 x_1、x_2、$\cdots$、x_{11}；a、b、$\cdots$、k 依次为各氧化物的系数；c 为常数，Ⅰ式取（−），Ⅱ式取（＋），Ⅲ式、Ⅳ式均用（＋）；i 取 Ⅰ、Ⅱ、Ⅲ 或 Ⅳ。

通过对已知构造背景下的砂岩 11 种主量元素（或氧化物）的成分分析，总结了各种构造背景下砂岩主量元素的分布特征，综合不同元素权重后，利用 F1、F2 两个判别函数端元编制出砂岩构造背景的判别图解（图 2−16），区分出被动大陆边缘、活动大陆边缘、大洋岛弧、大陆岛弧 4 种不同的物源区及构造背景。

Bhatia（1983）根据砂岩中最不易迁移元素和最易迁移元素氧化物的含量及其相对比值，进一步提出了 4 种常量元素构造环境判别图解（图 2−17），包括 TiO_2—（Fe_2O_3＋MgO）、Al_2O_3/SiO_2—（Fe_2O_3＋MgO）、K_2O/Na_2O—（Fe_2O_3＋MgO）、$Al_2O_3/$（CaO＋Na_2O）—（Fe_2O_3＋MgO）判别图解，用来区别活动大陆边缘、被动大陆边缘、大洋岛弧和大陆岛弧 4 种构造环境。

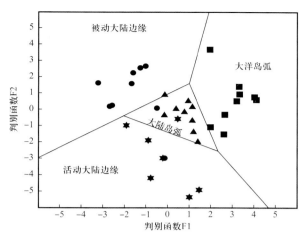

图 2-16　4 种构造环境的砂岩化学成分判别函数 F1—F2 图解（据 Bhatia，1983）

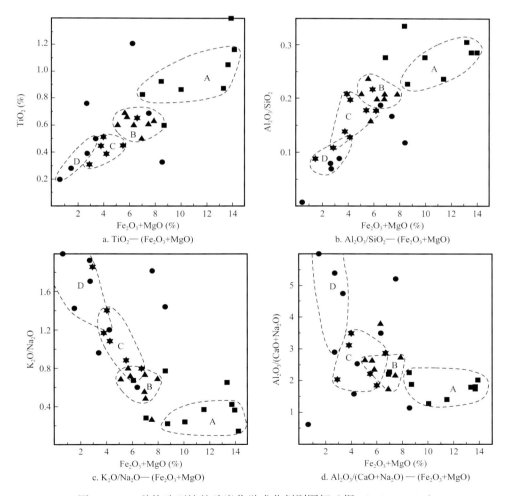

a. TiO₂—（Fe₂O₃+MgO）

b. Al₂O₃/SiO₂—（Fe₂O₃+MgO）

c. K₂O/Na₂O—（Fe₂O₃+MgO）

d. Al₂O₃/（CaO+Na₂O）—（Fe₂O₃+MgO）

图 2-17　4 种构造环境的砂岩化学成分判别图解（据 Bhatia，1983）

A—大洋岛弧（落点标为 ■）；B—大陆岛弧（落点标为 ▲）；C—活动大陆边缘（落点标为 ★）；D—被动大陆边缘

（落点标为 ●）

Bhatia 图解为人们广泛接受和引用，但其适用性和缺陷也被讨论和争议，指出其判别图解主要针对砂岩或现代砂而言，而对细碎屑岩（泥岩、粉砂岩）则未加考虑。不同粒度沉积物化学成分的变化在其构造环境判别图上可显示一定的变化趋势，事实上，细碎屑岩由于其物质来源更为广泛，其成分更能反映源区特征，因此也是源区构造背景恢复的良好指示。

新西兰学者 Roser 和 Korsch（1986，1988）结合已知构造背景的新西兰砂岩和泥岩主量元素成分研究，改进提出了区分砂—泥岩物源区构造环境的 Al_2O_3/SiO_2—K_2O/Na_2O 判别图解（图 2-18）。又以砂—泥岩中 11 种氧化物含量为变量，根据其在反映物源区特征中的各自地位，确定其相应权重系数，建立区分砂泥岩构造环境的 F3、F4 两个判别函数（表 2-9）。然后计算不同样品的判别函数值，编绘构造环境的 F3—F4 函数判别对图（图 2-19），判别其构造环境。

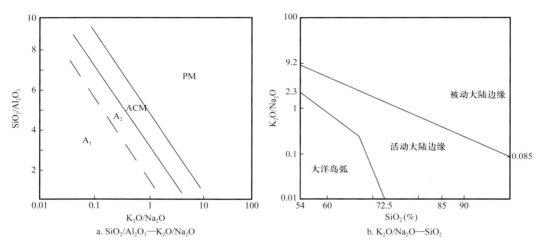

图 2-18　砂—泥岩化学成分与构造环境判别图解（据 Roser et al.，1986）

A_1—岛弧背景（玄武质—安山质碎屑）；ACM—活动大陆边缘；A_2—演化的岛弧背景（霏细深成岩屑）；PM—被动大陆边缘

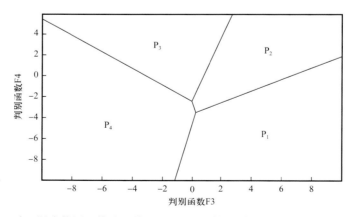

图 2-19　砂—泥岩物源区构造环境的 F3—F4 函数判别对图（据 Roser et al.，1988）

P_1—基性火山岩物源区；P_2—中性火山岩物源区；P_3—长英质火山岩物源区；P_4—成熟大陆石英质物源区

需要指出的是，砂岩的全岩地球化学图解反映的是所有物质的平均值，在源区是多物源的情况下（自然界通常是多物源混合的情况），使用类似的图解会造成对大地构造背景极大的误判。陆缘碎屑岩的元素地球化学信息是母岩类型、风化强度、搬运作用、成岩作用、搬运过程中水动力等多因素影响的综合产物（Garzanti，2016），使得单纯基于全岩元素地球化学进行大地构造判别的相关图解变得更加不准确（胡修棉等，2021）。因此，研究中一定要注意多种手段应用与综合分析的结合。

2. 砂泥岩的微量元素分析判别法

形成于不同构造背景下的碎屑沉积岩中微量元素的含量存在明显差异，并且 Al、Ti、Zr 等一些微量元素的氧化物难以在低温溶液下溶解，在一定程度上被视为稳定元素，其元素比值常和物源区母岩具有一致性，可以据此反演其构造背景。

较为经典和著名的是，Bhatia 等（1986）通过对澳大利亚东部古生代已知构造环境的 68 个浊积杂砂岩微量元素的详细研究，根据 La、Ce、Nd，Th、Zr、Nb、Y、Hf、Ti、Sc 和 Co 等惰性元素的组合特征，提出了 4 种砂岩构造环境的微量元素最佳判别图解（图 2-20）和微量元素标志（表 2-10），很好地区分出了 4 种构造背景下的杂砂岩。

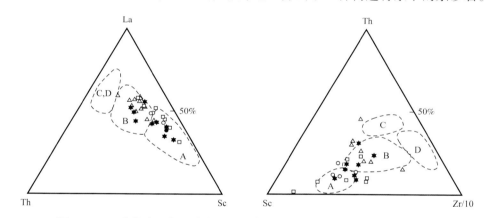

图 2-20　4 种构造环境的砂岩微量元素判别图解（据 Bhatia et al.，1986）

A—大洋岛弧（落点标为 □）；B—大陆岛弧（落点标为 △）；C—活动大陆边缘（落点标为 ★）；D—被动大陆边缘

（落点标为 ○）

表 2-10　不同构造环境砂泥岩的微量元素特征表

微量元素	大洋岛弧	大陆岛弧	活动大陆边缘	被动大陆边缘
Pb（10^{-6}）	6.9 ± 1.4	15.1 ± 1.1	24.0 ± 1.1	16.0 ± 3.4
Rb/Sr	0.05 ± 0.05	0.65 ± 0.33	0.89 ± 0.24	1.19 ± 0.40
Th（10^{-6}）	2.27 ± 0.7	11.1 ± 1.1	18.8 ± 3.0	16.7 ± 3.5
Zr（10^{-6}）	96 ± 20	229 ± 27	179 ± 33	29.8 ± 8.0
Hf（10^{-6}）	2.1 ± 0.6	6.3 ± 2.0	6.8	10.1
Nb（10^{-6}）	2.0 ± 0.4	8.5 ± 0.8	10.7 ± 1.4	7.9 ± 1.9

微量元素	大洋岛弧	大陆岛弧	活动大陆边缘	被动大陆边缘
K/Th	405 ± 1526	1296 ± 250	1252 ± 360	681 ± 194
Th/D	2.1 ± 0.78	4.6 ± 0.45	4.8 ± 0.38	5.6 ± 0.7
Zr/Th	48.0 ± 13.4	21.5 ± 2.4	9.5 ± 0.7	19.0 ± 5.8
Ti（%）	0.48 ± 0.12	0.39 ± 0.06	0.26 ± 0.02	0.22 ± 0.06
Ti/Zr	56.8 ± 21.4	19.7 ± 4.3	15.3 ± 2.4	6.74 ± 0.9
Sc（10^{-6}）	19.5 ± 5.2	14.8 ± 1.7	8.0 ± 1.1	6.0 ± 1.4
V（10^{-6}）	131 ± 40	89 ± 13.7	48 ± 5.9	31 ± 9.9
Co（10^{-6}）	18 ± 6.3	12 ± 2.7	10 ± 1.7	5 ± 2.4
Zn（10^{-6}）	89 ± 18.6	74 ± 9.8	52 ± 8.6	26 ± 2.4
Sc/Cr	0.57 ± 0.16	0.32 ± 0.06	0.3 ± 0.02	0.16 ± 0.02

注：表中数据格式为平均值 ± 标准差。

同时 Bhatia（1981）认为，当 Th/U 值为 2.50～3.00 时，主要物源为岛弧火山岩；Th/U 值约为 4.50 时，物源以沉积岩为主，并混入一定数量岛弧火山岩碎屑；当 Th/U 值约为 6 时，可以推断物源主要是再旋回沉积岩，并且可能存在 Th 矿化（赵嘉峰等，2022）。

TiO_2/Zr 值是判别物源属性的一种常用指标，其值从长英质物源到铁镁质物源逐渐增大（Moradi et al.，2016；Tao et al.，2014；王忠伟等，2020）。其中长英质的物源一般具有较低的 TiO_2/Zr 值（<55），中等的 TiO_2/Zr 值（55～200）指示中性的物源，而高的 TiO_2/Zr 值（>200）则指示铁镁质的物源，据此建立了砂岩物源属性的 TiO_2—Zr 判别图解（图 2-21；Hayashi et al.，1997）。

沉积岩中微量元素如 La、Co、Cr 和 Hf 等因性质较为稳定，可以在判别物源区构造背景时提供分析支持。一般而言，La、Th 和 Zr 等元素更多赋存在长英质岩石及其风化产物中，而 Co、Sc 和 Cr 等则更多赋存在铁镁质岩石及其风化产物中（Armstrong et al.，2004）。Wronkiewicz 等（1989）指出，可以用分别主要存在于铬铁矿和锆石中的 Cr 和 Zr 元素之比来确定镁铁质和长英质物源的重要程度，Cr/Zr 值越大，镁铁质岩石对源区的贡献越大，反之则由长英质岩石提供主要物源。后续，又相继建立了砂岩物源属性的 La/Th—Hf 判别图解（Floyd et al.，1987）、Co/Th—La/Sc 判别图解（Condie，1993）、Th/Sc—Zr/Sc 判别图解（图 2-21；McLennan et al.，1993）。

3. 砂泥岩的稀土元素分析判别法

目前主要应用的方法有 Taylor 模式、稀土元素、Floyd 图解和主元素组合等地球化学分析物源方法，稀土元素分析判别法的主要优点是：利用多种元素所包含的物源区信息从不同角度说明物源区母岩性质和大地构造背景，无须考虑多物源和物源区信息不全等影响；适用范围不受研究区勘探程度的限制，对高或低勘探程度区均适用。

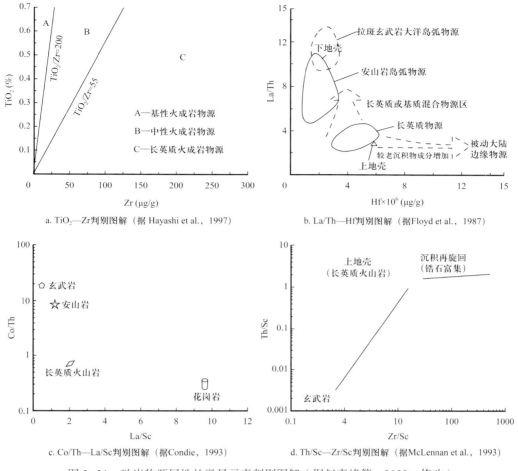

a. TiO$_2$—Zr判别图解（据 Hayashi et al., 1997）

b. La/Th—Hf判别图解（据 Floyd et al., 1987）

c. Co/Th—La/Sc判别图解（据 Condie, 1993）

d. Th/Sc—Zr/Sc判别图解（据 McLennan et al., 1993）

图 2-21　砂岩物源属性的微量元素判别图解（据赵嘉峰等，2022，修改）

　　Bhatia（1985）通过对澳大利亚东部古生代 4 种不同构造环境 68 个浊积砂岩内稀土元素的分析研究，提出了被动大陆边缘、安第斯型边缘、大洋岛弧、大陆岛弧 4 种构造环境的砂岩稀土元素判别图解（图 2-22）。

　　总而言之，碎屑岩的物源区和板块构造背景分析要基于详细的地层学和沉积学基础之上，才能最大程度地发挥其作用；物源区分析要基于四维空间讨论，不仅考虑空间，更要考虑时间；造成物源区变化的因素很多，要结合地质事实、沉积盆地理论等进行合理解释；物源区变化最有效的研究手段，目前主要是薄片碎屑统计 + 单矿物分析（锆石、铬尖晶石、榍石、金红石和磷灰石等）。全岩元素地球化学不能用来直接进行大地构造判别，需要结合多种方法互相印证分析、综合研究推断。

三、构造—沉积响应相关的热年代学分析方法

　　沉积岩碎屑矿物的热年代学资料，能够有效记录盆地在形成演化过程中的温度、时间及构造强度等信息，为含油气盆地的不同尺度构造事件、构造—沉积响应、构造演化特征提供直接证据和约束条件。与构造—沉积响应直接相关的热年代学分析方法，主要

是中低温热年代学分析技术，涉及同位素年代学、构造地质学、岩石矿物学及计算机模拟技术等多个学科和技术方法。

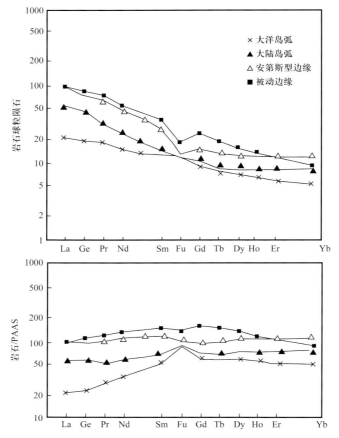

图 2-22　四种构造环境的砂岩稀土元素判别图解（据 Bhatia，1985）

中温热年代学，相对而言主要是 $^{40}Ar/^{39}Ar$ 年代学方法，结合其他同位素定年方法，可得到盆地深部沉积岩中碎屑矿物大量物源区的年龄信息（Pierce et al.，2014；Blewett et al.，2019；Gemignani et al.，2019）。

低温热年代学最常见的方法主要包括锆石裂变径迹（ZFT）和锆石（U—Th）/He（Z He）分析、磷灰石裂变径迹（AFT）和磷灰石（U—Th）/He（AHe）分析、碎屑单矿物锆石或金红石 U—Pb 年代学等。低温热年代学测定年龄的范围宽，可解决地表 10km 以内的地质热事件（图 2-23），广泛应用于研究造山带的隆升与冷却史的年龄约束，沉积盆地热演化历史恢复、剥蚀量计算与埋藏—剥蚀史恢复、物源区分析、山体隆升剥露与盆地沉降沉积之间的耦合关系、断裂活动时限及热液成矿时代和期次等方面（袁万明等，2011；郑建京等，2014；张硕等，2018；邱楠生等，2020；田朋飞等，2020；陈洁瑜等，2023），已经成为重要工具和关注热点。

磷灰石、锆石裂变径迹测年分析法前文已有介绍，本节重点阐述磷灰石、锆石（U—Th）/He 测年方法，以及近年来快速发展的碎屑单矿物 U—Pb 年代学方法。

1. 磷灰石、锆石（U—Th）/He 测年方法

目前较为常用的分析流程主要包括 4 个步骤（杨波等，2013）。

一是单矿物挑选。在双目体式显微镜下（带数码照相和测量功能），从已经分选出的单矿物（磷灰石、锆石等）中挑选晶体尽量完好、无明显裂缝和杂质、颗粒较大（晶体最短轴直径最好大于 70μm）、不含包裹体（或包裹体尺寸在 10μm 以内）的单矿物颗粒（3～6 颗），在显微镜下对矿物的形状和尺寸进行照相、准确测量。然后将挑选出的单矿物颗粒逐一装入特制的金属胶囊内（磷灰石一般用 Pt 胶囊，锆石用 Nb 胶囊）。

二是单矿物氦的提取和测量。将装入金属胶囊中的矿物通过激光加热法进行氦的提取（锆石 1200℃，磷灰石 1000℃），重复加热 2～3 次，确保单矿物颗粒完全释放出 ^4He，根据气体同位素稀释剂法原理（加入一定量的 ^3He），用气体同位素质谱仪测量 ^4He 含量。

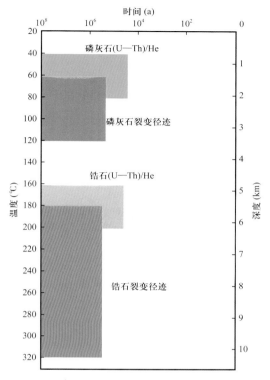

图 2-23　低温热年代学方法体系（据郑建京等，2014）

三是单矿物中 U、Th 含量的测定。将已测定过氦含量的单矿物胶囊逐一取出、完全消解（磷灰石用 HNO_3，锆石用 $HF+HNO_3$），同样使用同位素稀释剂法（加入定量的 U、Th 同位素稀释剂），在 ICP-MS 上测得 U、Th 的含量，利用年代学公式计算得出初始氦年龄。

四是氦年龄的校正。由于 α 粒子的发射效应和样品单矿物颗粒本身存在或多或少的缺陷，要求必须对使用年代学公式计算得出的初始氦年龄进行校正。Farley 等提出了据颗粒形状和大小校正具较长射程 α 粒子氦年龄的定量模型。目前国际上绝大多数实验室均采用该方法获得校正系数（Ft）和氦校正年龄。

（U—Th）/He 系统的封闭温度是已有同位素体系中最低的，磷灰石（U—Th）/He（AHe）方法的封闭温度一般为 70～90℃，锆石（U—Th）/He（ZHe）方法的封闭温度一般为 150～200℃（田云涛等，2017），能够记录地表 2km 以内地质体经历的时代与温度信息（图 2-23）。随着热年代学软件 AFT、HeFTy、QTQt、Pecube 等开发出来，使磷灰石裂变径迹和磷灰石（U—Th）/He 可以更为系统地反演一段时期内地质热历史、构造历史（Gallagher，1995；Ketcham et al., 2018；田朋飞等，2020）。目前，磷灰石、锆石等矿物的（U—Th）/He 测年技术日臻完善，应用日趋成熟而广泛，其与裂变径迹法、$^{40}Ar/^{39}Ar$ 法相结合，可以约束地表以下 7～8km 以内 40～320℃ 以内地质体的构造事件，重建地质

历史时期内造山带或沉积盆地热演化历史、地质体定年、古地形地貌演化等。

2. 碎屑单矿物 U—Pb 年代学方法

1）碎屑锆石 U—Pb 年龄分析法

碎屑锆石 U—Pb 年龄分析法的制靶过程和分析条件依据标准程序进行。在每个样品中，随机挑选约 300 粒的碎屑锆石固定制靶，抛光晶体 1/2 后进行拍照和打点测试。测年使用 LA-ICP-MS 进行分析，激光束斑直径 32μm，激光脉冲 8Hz，剥蚀物质的载气采用氦气（He）。所得数据依据谐和度大于 90% 且小于 110% 的标准筛选出有效年龄，对于锆石年龄小于 1000Ma 的数据采用 $^{206}Pb/^{238}U$ 年龄，锆石年龄大于 1000Ma 的数据采用 $^{207}Pb/^{206}U$ 年龄，并用 ICP-MS DataCal 程序进行分析和普通铅校正处理，锆石年龄谱及谐和图用 Isoplot 绘制（马艺萍等，2022）。

研究表明，沉积盆地的碎屑锆石可以有效地记录源区沉积期的岩浆活动，而岩浆岩的时代、性质、规模可以大概反映所处的构造环境。前人通过对全球已知构造背景的沉积盆地碎屑锆石年龄谱的统计分析，提出识别会聚（Ⅰ型，俯冲背景）、碰撞（Ⅱ型）或拉张（Ⅲ型）环境的碎屑锆石累积密度曲线分布图解（图 2-24a；Cawood et al.，2012；胡修棉等，2021）。该图解利用单颗粒碎屑锆石的结晶年龄（CA）与所属地层的沉积年龄（DA）之差为横坐标，定义为滞后（Lag）时间，累计概率为纵坐标，显示出在俯冲背景下，大于 30% 的锆石颗粒滞后时间小于 100Ma；而碰撞背景下，5%～30% 的锆石颗粒滞后时间小于 100Ma；在拉张背景下，锆石颗粒的滞后时间小于 150Ma 的仅不到 5%（图 2-24a）。

事实上，仅靠碎屑锆石年龄的统计学方法进行构造背景判别依然存在局限性：（1）锆石在碎屑岩中的平均含量约为 0.02%（Taylor et al.，1995），因此只是将视野关注于碎屑锆石本身会使其余 99.98% 的信息被弱化（Garzanti，2016）；（2）锆石的产出能力与基岩的地质条件、风化和岩性等多种因素有关（Malusa et al.，2020），因此不同源区锆石的产出能力也会影响碎屑锆石概率图解对源区大地构造属性的判别，如拉张背景下的 A 型岩浆岩同样可以为盆地提供大量的同沉积活动的岩浆锆石（Pereira et al.，2020）；（3）受水动力分选的影响，不同粒度的砂岩中产出的碎屑锆石年龄的峰谱也有显著差异（Ibanez-Mejia et al.，2018）；（4）采样位置影响样品能否全面反映物源区情况、部分碎屑锆石在地质演化中存在不同程度的 Pb 丢失以及再循环锆石的影响等，都会成为解释物源的挑战；（5）碎屑锆石测年费用高昂，除年代之外还有大量碎屑锆石 CL 图像、元素含量等数据也没有得到有效的利用（马艺萍等，2022）。

2）碎屑金红石 U—Pb 年龄分析法

研究表明，金红石的形成与变质作用密切相关，因此其主要分布在与造山作用有关的俯冲和碰撞阶段相关的盆地中；在拉张环境下，低压变质作用很难形成大量的金红石。通过汇集全球已知大地构造背景的碎屑金红石年代学数据库，Pereira 等（2020）提出了可以区别裂谷—被动陆缘环境、大陆俯冲（会聚）环境、碰撞环境相关的概率累积分布图解（图 2-24b、c）。

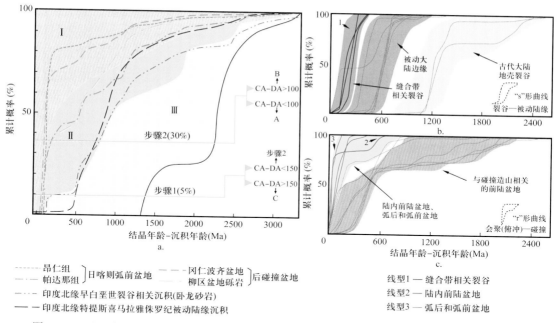

图 2-24　基于碎屑锆石和金红石 U—Pb 年龄累计概率分布曲线得到的盆地大地构造环境图解
（据胡修棉等，2021）

CA—锆石的结晶年龄；DA—所属地层的沉积年龄；a. 碎屑锆石 U—Pb 年龄的累计概率分布图解（底图据 Cawood et al.，2012），Ⅰ代表会聚（俯冲）环境，Ⅱ代表碰撞环境，Ⅲ代表拉张环境；其中日喀则弧前盆地数据源自 An 等（2014），冈仁波齐盆地和柳区盆地的数据源自 Wang 等（2010，2013），印度北缘下白垩统卧龙砂岩数据源自 Hu 等（2010），印度北缘侏罗纪被动陆缘数据源自 Neupane 等（2020）；b、c. 基于碎屑金红石 U—Pb 年龄累计概率分布曲线的盆地构造环境图解（修改自 Pereira et al.，2020）

与碎屑锆石概率累积分布图解相比，金红石年龄的图解更趋向于利用线形来区别构造环境（"s"形为拉张环境，"r"形为会聚环境）。事实上，由于地质构造演化的复杂性，利用相对并不丰富的碎屑金红石数据形成的图解仍存在很大问题，如缝合带之上发育的裂谷盆地的累计概率曲线分布线型与会聚环境下的弧前或弧后盆地很难区别（图 2-24b、c，线型 1 和线型 3），后碰撞的喜马拉雅前陆盆地现代河流砂中的碎屑金红石年龄累计概率分布曲线也与俯冲背景下的相关盆地很相似（图 2-24b、c，线型 2 和线型 3；Pereira et al.，2020）。由于金红石 U—Pb 年代学的封闭温度明显低于锆石（金红石 570℃左右，锆石超过 900℃；Hodges，2014），因此金红石年龄的热重置和源区复杂的剥露历史也会使其累计概率分布图变得复杂、多解。另外，与锆石等单矿物类似，其同样受控于沉积环境及水动力分选的控制，而造成的潜在差异是不容忽视的（Garzanti，2016）。

综上所述，单个分析方法往往具有一定的偏向性，仅仅利用碎屑单矿物的年龄分布来反映源区大地构造背景具有明显的片面性与局限性，没有考虑沉积再循环的影响，并不能捕捉源区的全部信息，因此该方法的应用和结果分析需要非常谨慎（胡修棉等，2021）。往往需要综合多种中低温年代学方法，利用古水流数据及区域地质资料，并结合来自地层、地貌、构造、遥感、岩石、流体包裹体、温度压力计、镜质组反射率和二维、三维地震等手段方法来获得更为完善数据，获取侵蚀出露地表—河流运移—盆地沉积一系列更为全面的年龄和热演化信息（Ansberque et al.，2018；Bernet et al.，2016；Bernet，2019；Zhang et al.，2019）。

第六节　综合研究分析法：构造—沉积响应模式与成藏效应研究

综合研究分析法，旨在强调各种方法的综合与联用，一是指地质研究分析综合观、系统论思维的运用，多学科多手段结合。二是指将正演、反演与实验测试分析法结合，或者地质、物探、钻井分析法结合，综合研究与分析构造—沉积响应特征模式、成藏效应和勘探方向，以便为优选有利勘探领域、勘探区带和评价勘探潜力提供决策参考的基础资料。

一、正演、反演与实验测试结合分析法

前面在多处、多节阐述中讲到，单一手段或方法的研究难以适应自然界本就复杂的客观存在与地质事实，对复杂地质体的认识犹如"盲人摸象"，容易以偏概全。以Dickinson图解为例，图解的确立是根据许多已知构造环境的砂岩成分总结出来的，属于正演，而利用图解判定未知盆地的构造环境则属于反演。两种方法是相辅相成的，正演是反演的前提，没有科学严格的正演，反演就无从谈起（马收先等，2014）。缺少正演的反演会导致错误的解释，需要正演与反演方法的紧密结合，并用实验测试结果去分析、相互佐证。

为此，本书主张重视正演分析法、反演分析法与实验测试法结合基础上的综合分析。前面的研究思路中也强调以地质、物探、测井等多学科资料综合及沉积地球化学、测试化验分析与数理统计分析等新技术应用为手段，点线面结合、多学科结合、新理论与多方法结合、宏微观结合、最新勘探和研究认识结合，以构造—沉积响应分析、盆—山转换与耦合分析及构造—沉积—成藏一体化分析为主线，突出构造活动与沉积过程—沉积充填的动态响应标志、构造作用对源—汇体系、沉积储层与油气成藏的控制，以及沉积作用对构造活动的响应研究。

含油气盆地构造—气候—地貌关系研究、含油气盆源—汇系统响应研究，均需采用正演、反演与实验测试结合的综合研究分析法。以此两者为例，简述如下。

1. 含油气盆地构造—气候—地貌关系及响应综合研究方法

研究思路是首先利用野外地质剖面和地震剖面、尽量高分辨率的数字高程模型（DEM）等资料，完成研究区的河道纵剖面数据提取、河流纵剖面形态参数（标准化的河流陡峭指数、河道凹度系数和裂点分布）计算、宏观地貌参数（地形坡度、地形起伏度、条带剖面、河长坡降度、分形维数、盆地形状指数、流域盆地不对称度）、流域盆地面积—高程积分曲线、谷底宽度与谷肩高度的比值等的定量获取；然后根据区域构造、岩性和气候等资料，与河流谷地和河流阶地研究结合，探讨相关因素对河流纵剖面的影响；再结合区域地质、古水流系、冰川与河流地貌研究结果，探讨（古）水系、（古）冰

川演化对河流纵剖面形态的控制过程；通过古构造地貌恢复、不整合分布样式及沉积相等研究，辅助分析区域地质构造相对稳定性、沉积盆地古构造地貌特征及其对沉积建造、储层特征的控制作用，评价构造—气候—地貌—沉积作用与油气聚集的关系、响应机制、作用规律和资源分布及潜力。

相关综合研究方法，主要包括构造地貌分析方法（构造地貌格局分析法、构造地貌形态分析法、构造地貌相关沉积分析法和构造地貌年代分析法），基于多源 SRTM-DEM、ASTER-DEM 数据的 GIS 和 RS 技术成图分析法（程维明等，2017），沉积古地貌反演分析法（印模法、沉积学法、层序地层学法和层拉平法，以及基于构造趋势面转换的沉积期微幅度古地貌推算法；王建国等，2017）和构造—气候—地貌关系综合分析法等。高精度数字高程（SRTM、ASTER GDEM、Lidar 和无人机）、低温—超低温热年代学［裂变径迹、（U—Th）/He 和 $^4He/^3He$］和宇宙核素等测试技术、古高度计、气候干湿指标，以及构造—地表过程数值模拟技术让定量刻画造山带气候—构造—剥蚀相互作用、地貌状态、发育过程及其控制因素成为可能（曹凯等，2022）。

印模法是将待反演地貌结束剥蚀开始上覆地层沉积时视为一等时面，在上覆地层中选择一对剥蚀地貌有填平补齐性质的地层作为基准面，将该基准面拉平，然后度量不同钻井中该基准面到剥蚀面的厚度，利用上覆地层与残余古地貌之间存在的"镜像"关系，通过上覆地层的厚度半定量恢复古地貌的形态。印模法的优点是简单易操作，缺点是上覆地层参考层不易确定，压实校正不易确定，只能半定量表征剥蚀地貌上覆地层沉积期古地貌，无法表征整合接触的地层沉积期古地貌（王建国等，2017）。

沉积学方法是通过沉积相及古环境分析，研究沉积地层的发育特点和沉积时空配置特征，定性展示古地貌的时空格局。其优点是理论基础充实，缺点是仅能定性展示沉积期古地貌的时空格局，压实校正难度大，差异构造运动幅度大直接导致古地貌恢复的精度变差。

层序地层学和层拉平方法是利用层序地层学原理建立上覆地层的层序地层格架，然后选择区域性等时面将其拉平，最后将各单井底面用平滑曲线连起来，从而恢复出古地貌形态。在此技术原理基础上，借助物探技术并假设各层序的原始厚度不变，在三维地震体系中，参照沉积基准面或最大洪泛面选择对比层序的参考顶底面，将底面时间减去顶面时间，即将顶面拉平，将拉平的面视为古沉积时的湖平面，就可以得到底面的形态，此时底面的形态就可以认为是地层沉积前的相对古地貌。这两种方法优点是利用地球物理勘探资料横向连续性好，能够较为准确地表征基准面的变化规律，从而实现古地貌的刻画；缺点是要求地震资料的品质要高，同时地震纵向分辨率低，对于地震资料品质差的深层较薄地层中的微幅度起伏刻画不清。

盆地模拟法首先从二维和三维地震、测井信息、地表地理等信息表征现今盆地结构，再利用压实校正、古水深恢复和剥蚀量校正等手段考虑区域构造位置、气候、基准面变化和构造运动等因素后，逐渐恢复特定时期的古地貌。盆地模拟法既充分利用了沉积学、层序地层学、构造地质学、地质力学和岩石力学等理论，又充分利用了计算机技术快速求解反演过程中大型方程组的优点。但在某些关键环节的准确性仍有很多问题亟待解决，例如在盆地关键构造变革期的界定、构造—古地理重建、构造演变与沉积—剥蚀过程耦合、不整合面结构、剥蚀过程、剥蚀量估算等方面的准确性还亟须加强，从而导致盆地模拟技术对微幅度古地貌的恢复精度有限（王建国等，2017）。

基于构造趋势面转换的沉积期微幅度古地貌推算法，假设克拉通盆地的多阶段升降或扭转构造运动表现为构造趋势面的变动，但该变动并没有改变局部古高地与其周围地形的拟构造幅度。技术流程为首先利用现今构造图及其趋势面求得拟构造幅度，然后将地层剥蚀线的平均走向近似于沉积期构造趋势面的走向，求得沉积期构造趋势面倾向；利用将今论古的思想借用现今潮坪相平均坡度作为沉积期构造趋势面的倾角；最后将沉积期构造趋势面与拟构造幅度相加即得沉积期古地形图。在此基础上，结合取心井的岩石学、白云岩化类型，可以更好地确定海相沉积体系中各亚相或微相的分布范围。该方法在鄂尔多斯苏里格气田东区下奥陶统马家沟组五段五亚段潮坪相碳酸盐岩地层的应用效果较好，可以为其他克拉通盆地弱构造变形区沉积期古地貌研究提供有益的思路（王建国等，2017）。

尤需指出，含油气盆地构造—气候—地貌关系研究更注重地质历史时期中由构造变形、沉积充填、差异压实和风化剥蚀等因素形成并残留至今的某些地貌类型与古构造—古气候关系及其响应的分析。与古地貌有关的油气圈闭包括与沉积期古地貌有关的油气圈闭（礁体、颗粒滩、沙坝、沙丘和侵蚀河谷等）、与剥蚀期古地貌有关的油气圈闭（因表生淋滤作用产生的溶洞储层、潜山储层等）。世界范围内，与古地貌直接相关的油气储量大于 $0.8 \times 10^8 m^3$ 油当量的大油气田共计 174 个，占总储量的 17%（王建国等，2017）。

2. 含油气盆地源—汇系统响应综合分析方法

一是物源分析技术。物源分析通过对比潜在母岩区与沉积区的岩石成分来示踪沉积物搬运路径，重点在"源"和"汇"两个单元，如古物源区恢复、古水系—古地理格局和古源—汇体系及其演化过程重建。包括以 Dickinson 为代表的砂岩组分构造背景判别三角图解分析法、以 Rollinson 为代表的元素分析法、以 Morton 为代表的重矿物组合及重矿物指数分析法等传统物源分析法，已相对成熟并在盆地物源分析中应用广泛。近年来沉积物碎屑锆石 U—Pb 定年、矿物颗粒形态学、单矿物元素分析和 Nd 同位素分析等物源分析新方法开始被普及应用，并逐渐由单一方法向多方法综合应用发展。在少井的深水勘探前缘盆地，可以利用相对有效和相对低成本的重矿物、碎屑锆石 U—Pb 年代学等资料进行物源和地层研究，进而重建古水系，约束储层砂岩分布和预测。

二是源—汇分析技术。重点通过剥蚀量与沉积物通量关系研究，建立"源"与"汇"之间的对应关系，并从定性化研究逐渐向定量化研究发展。对沉积物搬运与沉积的研究应该贯穿于源—汇系统的每一个阶段，并重视探索源—汇沉积过程中某一阶段的定量化分析，建立源—汇响应关系的定量化表征方法，得出源—汇系统各要素与扇体展布面积之间的匹配关系。源—汇系统中各体系的定量化表征以及相互之间定量匹配关系的研究，决定了沉积体与储层定量预测的最终实现（徐长贵等，2017）。

三是物理实验模拟和计算机数值模拟技术。沉积过程的正演模拟一般包括两种方法，即物理实验模拟与计算机数学模拟。两种方法均是以既定的地质认识为约束条件进行实验，进而利用得出的结果来验证认识的正确性。如沉积过程的物理实验模拟、沉积坡折带控砂模拟实验，主要针对冲积扇、三角洲、扇三角洲、河道和重力流等沉积体系，对其约束条件的设置一般包括宏观沉积地形、水流强度、物源供给强度和湖平面变化等。沉积计算机数值模拟建立在对沉积过程定量化分析的基础上，通过古地貌恢复，得到相对真实的沉积背景。综合物源供给、可容空间变化、搬运方式等各项参数进行计算模拟，可以建立少井条件下沉积体的分布模式。现在物理实验模拟和计算机数值模拟广泛应用于源—汇约束下的沉积过程再现，并已有很多模拟研究将两者结合起来，取得了很好的成果（徐长贵等，2017）。

源—汇系统中，源区重构与物源供给解析是重点内容和研究热点。现代、第四纪浅时系统地层记录完整，诸多参数获取简便，常规的沉积分析法即可满足研究需要。古老层系的深时系统研究中针对地层记录缺失和参数获取困难的特点，诸多学者则提出了多种基于不同资料的研究方法，总体可归为四类（操应长等，2018）。

一是地质年代学法，包括地质热年代学法和宇宙成因核素测年法。地质热年代学法如裂变径迹测年法可获得样品点剥蚀速率，结合源区规模可获得源区物源供给量和源区隆升高度。宇宙成因核素法则可通过 ^{10}Be 或 ^{10}Be—^{26}Al 核素对测年计算整个源区剥蚀速率获得物源供给量与源区隆升高度。

二是将今论古法，包括地貌规模法、扩散模型法和 BQART 法。地貌规模法利用现代源—汇系统地貌参数与沉积参数之间的线性关系，重构源区或预测沉积规模。扩散模型法则在提取坡度平均降水量、流动长度等参数的基础上，利用现代地貌学山坡模式计算物源供给速率。BQART 法是在分析数百个现代源—汇系统沉积通量控制因素的基础上，建立更为精准的定量计算模型，用以进行河口处物源供给速率计算和古海拔恢复。但上述方法所需计算参数（源区面积、古海拔和古温度等）在深时系统中提取困难，实际研究中难以操作。

三是水文学法，主要为古水文比例法和支点杠杆法。古水文比例法是利用现代河流中水文参数与源区参数之间的线性关系，恢复源区参数。在此基础上对比源区参数与古源区特征，可厘定沉积路径。支点杠杆法利用河道充填沉积物特征与河道几何参数计算河道物源供给速率。相较其他方法水文学法所需参数获取简便，操作性较强。

四是沉积学法，包括常用的物源分析法、沉积回填法和地层趋势法。沉积回填法和地层趋势法，主要用于古地貌恢复。后者可厘定沉积路径。物源分析则多用于母岩恢复与沉积路径厘定。

总体来看，源—汇系统的先进性体现在其正演化、定量化和动态化研究思路，但研究方法仍处于探索阶段，而要完善研究体系则需着眼于物源体系研究，多时间尺度地质定量化表征方法，多学科交叉动态化研究方法（操应长等，2018）。

国内已有优秀的含油气盆地源—汇系统响应综合研究实例。如在源—汇时空耦合控砂理论的指导下，渤海湾断陷盆地渤海海域识别并总结出常见的 8 种富砂型源—汇系统，分别是区域物源—盆源斜坡—三角洲砂体富集模式、局部物源—梳状断裂坡折带—扇三角洲砂体富集模式、局部物源—同向消减型坡折—扇三角洲砂体富集模式、局部物源—轴向沟谷—辫状河三角洲砂体富集模式、复杂走滑带砂体富集模式、局部物源—墙角型坡折—扇三角洲砂体富集模式、局部物源—走向斜坡—辫状河三角洲砂体富集模式和局部物源—陡坡带—近岸扇砂体富集模式（徐长贵，2013；徐长贵等，2017）。

二、地质、物探、钻测井结合分析法

含油气盆地往往经历了多期次构造动力的作用和改造、盆地的叠加与复合，以及多阶段的构造与沉积演化，盆地沉积体系是多种因素综合作用的最终结果，并在动态发展之中。如碎屑岩成分受到源区构造环境、搬运体系和水动力环境、气候、地形、植被以及再旋回等因素影响，复杂的物理化学改造、多物源混合与再旋回沉积更增加了物源分析的复杂性，其保存的源岩信息也不同程度地丢失。由于大地构造背景、气候、盆地类型、沉积环境的差别，碎屑岩所包含的地质信息也不尽相同。这时单一方法往往不能奏效，也难有完美的方法，需要根据地质实际多手段结合，采用多种方法优势互补，以达到全面、准确的研究目的。

与地质结合的分析法，重点关注野外与现场基础地质、区域地质资料的运用与分析，扎实的地质研究与室内外观测分析结合，强调研究视野的宏观性和区域观，注重对盆地构造地质、沉积地质的整体解剖和宏观研究。

与物探结合的分析法，主要是注重多种地球物理勘探（重、磁、电、震）资料的把握，获取有关盆地基底起伏形态、基底构造特征和区域性控盆断裂的位置及盆地内部断裂构造的信息，尤其要注重二维、三维地震资料的应用和剖面解释研究，获取有关地层格架、构造格架、不整合与构造层序、充填层序与地震相信息。主要包括以下几个方面的内容。

一是勾绘出盆地内部几何形态，建立盆地年代地层格架、不同层次地层对比框架。

二是开展精细构造解释，包括面解释、空间解释、综合解释。面解释是在时间剖面上确定断层、构造、不整合面和地质异常体等地质现象。同时，还需要把时间剖面转换成深度剖面，为局部构造和区域构造发展史研究提供基础性资料，包括基干测线对比、全区测线对比和复杂面解释。空间解释主要指断层的平面组合、构造等值线的勾绘、等深度构造图和地层等厚度图的制作等，即要把各条面上所确定的地质现象在平面上统一起来，这样才能较全面地反映地下构造的真实形态，也是构造解释的最终成果。综合解释是在面解释和空间解释的基础上，结合地质、其他地球物理资料，进行综合分析对比，对沉积盆地的性质、沉积特征、构造展布规律、油气富集规律作出综合评价和有利区块的预测。

三是地震相及沉积体系、沉积体精细刻画及展布分析。地震相是特定沉积相或地质体的地震响应，通过各种地震相标志建立起对应各种沉积体系的地震相样式，确定岩性组合类型或圈定沉积体的空间展布特征（解习农等，2013）。要注意将地震成果的分析与钻孔验证、地面地质调查充分结合，才能做出更好的解释，科学合理地编制各类图件。

与钻井、测井结合的分析法，主要是关注各种沉积、构造现象的测井响应，应用测井曲线确定沉积环境还必须与详细地质研究所确定各种沉积体系的垂向序列相结合，考虑其垂向和横向上的变化，以建立各种环境曲线的标形特征（解习农等，2013），识别沉积韵律、沉积旋回、层序顶底界面及标志，建立井震标定的模板。

研究中需要注意，造山带物源区在碰撞造山体制下，不但可以发生平面上的缩短、旋转或向外扩展和增生，而且也可以发生垂向的隆升、沉降及高度不等的变位，所以沉积盆地中构造标识的地质记录和时空序列，实际上是多级次隆升—剥蚀—沉积过程叠加作用的最终结果（伊海生等，2001）。只有确定了各个构造部位（腹地、周缘、外延）不同时段的相对或绝对升降幅度，才能全方位地有效阐明其时空演变。由此，按位于不同构造地理部位的时间段，逐个研究蕴含古构造信息的沉积速率、构造沉降速率，以及古地形、古地高程等替代性参数的突变和强峰。

要特别关注各级构造活动事件、逆冲推覆事件及其地层标识，一级逆冲推覆构造事件的主要地层标识为盆地充填序列，时间分布大于200Ma；二级逆冲推覆构造事件（逆冲推覆幕）的主要地层标识为构造层序，时间分布为1～50Ma，辅助性地层标识包括地层不整合面、盆地构造沉降速率明显变化、巨厚砾质粗碎屑楔状体及侧向迁移、前陆盆地宽度变化和结构变化、前陆隆起幅度变化及侧向迁移、沉降中心迁移、沉积体系配置模式和古流向体系改组7个方面；三级逆冲推覆构造事件（逆冲推覆事件）的主要地层标识为层序，时间分布为1～20Ma；辅助性地层标识包括地层不整合及沉积间断面、砾质粗碎屑楔状体出现、盆地构造沉降速率变化3个方面（李勇等，1995）。据此地质＋物探＋钻测井分析结合，进行区域对比，才能有助于辨明隆升与侵蚀夷平在不同构造位置上的响应与差异，阐明隆升与沉降之间的调节机制。

三、构造—沉积响应机制下的油气成藏效应综合分析法

成藏效应指在含油气沉积盆地有限环境下，油气成藏相关地质条件、影响因素和油气富集场所、成藏规模、油气藏品质等结果之间的因果现象、成因联系或作用效果。所谓构造—沉积响应机制下的油气成藏效应综合分析，主要指从构造—沉积响应机制这一方向或构造—沉积响应这一角度，去研究分析（挤压型）前陆盆地、（伸展型）裂谷—断陷盆地、（走滑型）走滑—拉分盆地等各类型盆地中，构造动力下构造作用（或构造活动）如何影响和控制烃源岩发育及演化（控烃）、如何影响和控制储层分布与质量（控砂控储）、如何影响和控制圈闭类型与规模（控圈闭）、如何影响和控制油气运移和聚集（控成藏），以及沉积作用在构造控制下如何响应成烃、成砂成储、成圈闭和成藏的？换句话说，就是要研究在构造—沉积响应体制下，构造—沉积作用对烃源岩、砂体、储层、圈闭、油气保存、油气运移，以及成藏要素配置、改造与调整等的控制和影响，研究其有着怎样的特征和规律。

还要注意突出构造、沉积作用的控藏和改造研究，分析构造—沉积响应机制下何时何处形成有利的成烃类型与区（或段）分布、有利的成砂成储类型与分布区、有利的圈闭类型与分布区、有利的成藏类型与分布区？这些有利烃源岩、砂体、储层、圈闭、油

气藏的形成与分布模式、油气藏的规模与潜力等。

以渤海湾盆地东营凹陷为例，古近纪发育了丰富多彩的同沉积构造，同沉积构造在东营凹陷主要发育同沉积背斜、同沉积鼻状构造，以及与之相关的调节断块构造等基本类型，具体可分为同沉积断裂带、逆牵引背斜、差异压实背斜、拖曳背斜、塑性拱张、调节构造和反转构造等多种样式。这些同沉积构造类型形成了东营凹陷的主要构造圈闭样式（朱桂林，2007），构造样式与沉积体系的有效配置决定了油气的运移方向、方式及有利构造相带。

同沉积构造特有的构造条件、沉积条件及构造位置特点，对油气成藏非常有利（朱桂林，2007）。构造—沉积响应体制下，控烃、控砂控储、控圈闭和控成藏特征表现如下。

（1）有利于发育优质烃源岩。同沉积断裂活动初期，水体较浅，水动力条件也最为活跃，因而在层序的低位体系域发育大量不同类型的砂体；之后随着断裂活动的不断发展，水体逐渐变深，大量的湖侵体系域深水泥岩等细粒沉积物覆盖在砂体之上，成为下伏砂体的有利盖层。这些富含有机质的泥岩对于上覆高位体系域三角洲沉积的砂体，则是优质高效的油源岩。

（2）有利于发育良好的储集体。同沉积断层的活动控制了砂体的分布规律。在层序低位体系域中砂体类型主要包括下切水道充填、低位楔（扇三角洲、小型废弃型三角洲）和低位扇（浊积扇等）；湖侵体系域中主要发育深水浊积扇、滩坝砂等；高位体系域则主要发育与三角洲沉积体系有关的砂体。

（3）有利于发育良好的输导体系。同沉积断层及其控制的砂体在空间上的不同配置，形成了不同的输导体系类型。全球构造运动往往是幕式或间歇式的，板内陆相盆地构造沉积建造以及油气藏的形成和演化直接受控于幕式构造运动。东营凹陷同沉积断层在幕式活动过程中，断面成为有利的油气运移通道，因此张性断层带以及由底辟作用形成的负花状构造带成为断陷盆地中最为重要的油气运移聚集带。

下降盘水体较深，所沉积的砂体前缘直接与生油岩接触，因此，同沉积断裂不仅控制了砂体的展布，断面、层序界面和骨架砂体等同时组合形成了油气运移的立体网络输导体系。

（4）有利于发育多种类型的油气藏。同沉积断裂活动期，沉降速度较快，差异压实作用显著，结合有机质成烃增压等作用，在东营、沾化、车镇、惠民等凹陷均发育了异常高压带，这就使得油气运移具备了足够的动力。同沉积断裂的幕式活动、由此而发育的各类砂体及层序界面等则为油气运移提供了良好的泄压通道。因此，东营凹陷同沉积构造的形成与发展，对于油气的生成、运移、聚集、储集和保存等都有着至关重要的作用。拖曳牵引、差异压实、塑性岩层的拱张等在同沉积构造的形成过程中共同发挥了应有的作用，从而形成了以同沉积构造为背景的各类圈闭。与同沉积构造有关的油藏类型，主要有低位扇体形成的岩性（上倾尖灭、下切水道砂）油藏、同沉积断裂封堵形成的断块油藏和滚动背斜油藏，层序界面是不整合面及与之相当的界面，油气可以从深洼区沿该界面运移进入低位体系域砂体成藏，形成层序界面上下发育的地层超覆或地层不整合油气藏。

参 考 文 献

操应长，徐琦松，王健，2018. 沉积盆地"源—汇"系统研究进展［J］. 地学前缘，25（4）：116-131.

曹凯，王国灿，2022. 如何定量评估构造和气候对造山带地貌演化的贡献？［J］. 地球科学，47（10）：3837-3839.

陈飞，范廷恩，范洪军，等，2020. 断层控制沉积的确定方法：202010811551.1［P］. 2020-11-10.

陈洁瑜，王佳龙，刘润，等，2023. 低温热年代学方法及其应用进展［J］. 内陆地震，37（1）：12-22.

单敬福，2010. 蒙古国境内贝尔湖凹陷早白垩世沉积充填演化与同沉积断裂的响应［J］. 吉林大学学报，40（3）：509-518.

冯友良，徐秀生，2006. 同沉积构造坡折带对岩性油气藏富集控制作用：以渤海湾盆地古近系为例［J］. 石油勘探与开发，33（1）：22-25.

冯有良，胡素云，李建忠，等，2018. 准噶尔盆地西北缘同沉积构造坡折对层序建造和岩性油气藏富集带的控制［J］. 岩性油气藏，30（4）：14-25.

符超峰，方小敏，宋友桂，等，2005. 盆山沉积耦合原理在定量恢复造山带隆升剥蚀过程中的应用［J］. 海洋地质与第四纪地质，25（1）：105-112.

高堋，胡圣标，姜光政，等，2017. 沉积盆地热历史研究方法的基本原理与进展［J］. 地学前缘，24（3）：65-78.

高瑞祺，蔡希源，1997. 松辽盆地油气田形成条件与分布规律［M］. 北京：石油工业出版社.

郭颖，于莹，王政军，等，2021. 南堡凹陷东营组同沉积断裂对砂体的控制作用［C］. 中国地球科学联合学术年会，3196-3199.

郝京航，2022. 南堡凹陷断裂特征及其对烃源岩和沉积的控制作用［D］. 大庆：东北石油大学.

和政军，2000. 燕山中元古代裂谷早期同沉积断裂活动及其对事件沉积的影响［J］. 古地理学报，2（3）：83-90.

和钟铧，刘招君，张峰，2001. 重矿物在盆地分析中的应用研究进展［J］. 地质科技情报，20（4）：29-32.

胡二伢，李颖，赵志军，2011. 利用宇宙成因核素 ^{10}Be 与 ^{26}Al 计算流域侵蚀速率的原理与应用［J］. 水土保持通报，31（3）：103-107.

胡素云，蔚远江，董大忠，等，2006. 准噶尔盆地腹部断裂活动对油气聚集的控制作用［J］. 石油学报，27（1）：1-7.

胡修棉，薛伟伟，赖文，等，2021. 造山带沉积盆地与大陆动力学［J］. 地质学报，95（1）：139-158.

纪友亮，杜金虎，邹伟宏，等，2004. 渤海湾盆地剥蚀量恢复中的综合分析法［J］. 同济大学学报，32（5）：617-621.

贾营营，付碧宏，王岩，等，2010. 青藏高原东缘龙门山断裂带晚新生代构造地貌生长及水系响应［J］. 第四纪研究，30（4）：825-836.

姜华，王建波，张磊，等，2010. 南堡凹陷西南庄断层分段活动性及其对沉积的控制作用［J］. 沉积学报，28（6）：1047-1053.

赖维成，宋章强，周心怀，等，2010. "动态物源"控砂模式［J］. 石油勘探与开发，37（6）：763-768.

雷宝华，2012. 生长断层活动强度定量研究的主要方法评述［J］. 地球科学进展，27（9）：947-956.

黎哲君，2012. 基于均衡重力异常的华北地区构造活动特征研究［D］. 武汉：中国地震局地震研究所，9-18.

李超，陈国辉，何智远，等，2023. 中国西部新生代陆内前陆盆地迁移过程及其构造指示意义［J］. 地球科学进展，38（7）：729-744.

李超，姜承鑫，2011. 盆地沉降分析中的两类沉降［J］. 中国科技信息，（19）：48-49.

李奋生，赵国华，李勇，等，2016. 青藏高原东缘的隆升及其水系的响应［J］. 长江流域资源与环境，25

（3）：420-428.

李鹤永，刘震，张延华，等，2009.柴达木盆地西部南区同沉积逆断层控制下的输导系统特征及其勘探意义［J］.西安石油大学学报（自然科学版），24（2）：1-4+8.

李宏义，2010.渤海湾盆地南堡凹陷断层对油气运移的控制作用［J］.现代地质，24（4）：755-761.

李思田，2015.沉积盆地动力学研究的进展、发展趋向与面临的挑战［J］.地学前缘，22（1）：1-8.

李思田，解习农，2004.沉积盆地分析基础与应用［M］.北京：高等教育出版社，13-58+355-374.

李文龙，2011.同沉积断裂对沉积的控制作用：以乌尔逊凹陷为例［J］.科学技术与工程，35（11）：8851-8856.

李英奎，Jon Harbor，刘耕年，等，2006.宇宙核素地学研究的理论基础与应用模型［J］.水土保持研究，12（4）：139-145.

李勇，Allen P A，周荣军，等，2006.青藏高原东缘中新生代龙门山前陆盆地动力学及其与大陆碰撞作用的耦合关系［J］.地质学报.80（8）：1101-1109.

李勇，Densmore A L，周荣军，等，2005a.青藏高原东缘龙门山晚新生代剥蚀厚度与弹性挠曲模拟［J］.地质学报，79（5）：608-615.

李勇，曹叔尤，周荣军，等，2005b.晚新生代岷江下蚀速率及其对青藏高原东缘山脉隆升机制和形成时限的定量约束［J］.地质学报，79（1）：28-37.

李勇，2006.青藏高原东缘大陆动力学过程与地质响应［M］.北京：地质出版社.

李勇，王成善，曾允孚，2000.造山作用与沉积响应［J］.矿物岩石，20（2）：49-56.

李勇，徐公达，周荣军，等，2005c.龙门山均衡重力异常及其对青藏高原东缘山脉地壳隆升的约束［J］.地质通报，24（12）：1162-1168.

李勇，曾允孚，1994.龙门山前陆盆地充填序列［J］.成都理工学院学报，21（3）：46-55.

李勇，曾允孚，1995.龙门山逆冲推覆作用的地层标识［J］.成都理工学院学报，22（2）：1-10.

李忠，王道轩，林伟，等，2004.库车坳陷中—新生界碎屑组分对物源类型及其构造属性的指示［J］.岩石学报，20（3）：655-666.

林畅松，潘元林，肖建新，等，2000."构造坡折带"：断陷盆地层序分析和油气预测的重要概念［J］.地球科学（中国地质大学学报），25（3）：260-266.

林玉祥，赵承锦，朱传真，等，2016.济阳坳陷惠民凹陷新生代沉积—沉降中心迁移规律及其机制［J］.石油与天然气地质，37（4）：509-519.

刘池洋，2005.盆地构造动力学研究的弱点、难点及重点［J］.地学前缘，（3）：113-124.

刘池洋，2008.沉积盆地动力学与盆地成藏（矿）系统［J］.地球科学与环境学报，30（1）：1-23.

刘静，张金玉，葛玉魁，等，2018.构造地貌学：构造—气候—地表过程相互作用的交叉研究［J］.科学通报，63（30）：3070-3088.

刘雨晴，吴智平，王毅，等，2020.北部湾盆地古近纪断裂体系发育及其控盆作用［J］.中国矿业大学学报，49（2）：341-351.

路智勇，2008.渤海湾盆地车镇凹陷古近系构造样式对沉积及储集层的影响［J］.古地理学报，10（3）：277-284.

马收先，孟庆任，曲永强，2014.轻矿物物源分析研究进展［J］.岩石学报，30（2）：597-608.

马艺萍，王荣华，戴霜，等，2022.北祁连北大河沉积物碎屑组成及物源正演分析：对物源定量分析方法的启示［J］.沉积学报，40（6）：1525-1541.

孟庆任，2022.砾岩沉积与构造环境［J］.地质学报，96（10）：3559-3572.

孟祥化，1993.沉积盆地与建造层序［M］.北京：地质出版社.

潘保田，蔡顺，耿豪鹏，2021.山体隆升历史与地貌演化过程的数值模拟约束：以青藏高原东北缘河西走廊中段的周边年轻上升山地为例［J］.中国科学：D辑 地球科学，51（4）：523-536.

钱水华，2009. 同沉积断裂对油气成藏的控制作用［J］. 承德石油高等专科学校学报，11（1）：1-5.

邱楠生，何丽娟，常健，等，2020. 沉积盆地热历史重建研究进展与挑战［J］. 石油实验地质，42（5）：790-802.

施紫越，辛存林，王晶菁，等，2021. 我国构造地貌学研究热点及趋势探讨：基于中文文献计量学的视角［J］. 地震科学进展，51（5）：193-205.

孙政，沈冠军，赖忠平，2012. $^{26}Al/^{10}Be$ 等时线埋藏测年法基本原理与应用简介［J］. 盐湖研究，20（2）：66-72.

谭先锋，田景春，白建平，等，2010. 陆相断陷湖盆陡坡断裂带沉积响应及充填过程以断陷湖盆北部陡坡断裂带古近系为例［J］. 中国地质，37（2）：298-309.

田豹，李维锋，祁腾飞，等，2017. 重矿物物源分析研究进展［J］. 中国锰业，35（1）：107-109+115.

田朋飞，袁万明，杨晓勇，2020. 热年代学基本原理、重要概念及地质应用［J］. 地质论评，66（4）：975-1004.

田云涛，袁玉松，胡圣标，等，2017. 低温热年代学在沉积盆地研究中的应用：以四川盆地北部为例［J］. 地学前缘，24（3）：105-115.

王成善，李祥辉，2003. 沉积盆地分析原理与方法［M］. 北京：高等教育出版社.

王冠民，付尧，张健，等，2016. 渤中凹陷古近纪控盆断裂的活动速率与沉积响应［J］. 海洋地质与第四纪地质，36（4）：85-92.

王国灿，2002. 沉积物源区剥露历史分析的一种新途径碎屑锆石和磷灰石裂变径迹热年代学［J］. 地质科技情报 . 4：35-40.

王洪宇，付晓飞，王海学，等，2020. 渤海湾盆地歧口凹陷断裂活动定量分析和评价对油气成藏的控制作用研究［J］. 地质学报，94（10）：3062-3073.

王华，2011. 南堡凹陷东营组同沉积构造活动性与沉积格局的配置关系研究［J］. 地球科学与环境学报，33（1）：70-77.

王家豪，王华，肖敦清，等，2008. 伸展构造体系中传递带的控砂作用：储层预测的新思路［J］. 石油与天然气地质，29（1）：19-25.

王建刚，胡修棉，2008. 砂岩副矿物的物源区分析新进展［J］. 地质论评，54（5）：670-678.

王建国，蒋传杰，常森，等，2017. 克拉通盆地微古地貌恢复的构造趋势面转换法［J］. 石油学报，38（1）：77-83+104.

王新航，汪银奎，旦增平措，等，2022. 陆相流域盆地沉积通量模拟及古地貌意义：以西藏尼玛地区为例［J］. 沉积学报，40（4）：912-923.

王忠伟，占王忠，高远，等，2020. 羌塘盆地北缘上三叠统藏夏河组沉积物源及构造背景分析［J］. 地质论评，66（5）：1199-1216.

向立宏，2005. 定量评价同沉积鼻状构造活动性的等间距厚度法：以大王庄鼻状构造为例［J］. 油气地质与采收率，12（1）：6-8.

谢通，黄传炎，张宏伟，等，2015. 霸县凹陷断坳转换期同沉积断裂的特征及对砂体的控制作用［J］. 西安石油大学学报（自然科学版），30（6）：1-9.

解习农，任建业，2013. 沉积盆地分析基础［M］. 武汉：中国地质大学出版社，72-78.

徐长贵，2013. 陆相断陷盆地源—汇时空耦合控砂原理：基本思想、概念体系及控砂模式［J］. 中国海上油气，25（4）：1-21.

徐长贵，杜晓峰，徐伟，等，2017a. 沉积盆地"源—汇"系统研究新进展［J］. 石油与天然气地质，38（1）：1-11.

徐长贵，加东辉，宛良伟，2017b. 渤海走滑断裂对古近系源—汇体系的控制作用［J］. 地球科学，42（11）：1871-1882.

许苗苗，魏晓椿，杨蓉，等，2021. 重矿物分析物源示踪方法研究进展［J］. 地球科学进展，36（2）：154-171.

颜照坤，李勇，董顺利，等，2010. 龙门山前陆盆地晚三叠世沉积通量与造山带的隆升和剥蚀［J］. 沉积学报，28（1）：91-101.

颜照坤，李勇，李海兵，等，2013. 晚三叠世以来龙门山的隆升—剥蚀过程研究：来自前陆盆地沉积通量的证据［J］. 地质论评，59（4）：665-676.

杨波，丁俊，杜谷，等，2013. (U-Th)/He 低温热年代学技术方法在造山带隆升剥蚀过程研究中的应用［J］. 地质学报，87（增刊）：359-360.

杨江海，2012. 造山带碰撞隆升过程的碎屑沉积响应：以北祁连志留系、右江二叠—三叠系和大别山南麓侏罗系为例［D］. 武汉：中国地质大学（武汉），3-10.

杨俊斌，2016. 陆西凹陷构造及演化特征研究［D］. 大庆：东北石油大学.

杨克绳，王同和，1985. 冀中坳陷逆同生断层的发现及其找油意义［J］. 石油勘探与开发，（4）：1-7.

伊海生，王成善，李亚林，等，2001. 构造事件的沉积响应：建立青藏高原大陆碰撞、隆升过程时空坐标的设想和方法［J］. 沉积与特提斯地质，21（2）：1-15.

于洋，王先彦，李正晨，等，2022. 晚第四纪长江源区水系演化对断裂活动和气候变化的响应［J］. 第四纪研究，42（3）：880-898.

余宽宏，2013. 扬子地台北缘寒武纪同沉积断裂控制的斜坡沉积特征［J］. 古地理学报，15（3）：401-413.

袁万明，杨志强，张招崇，等，2011. 安徽省黄山山体的隆升与剥露［J］. 中国科学：D 辑 地球科学，41（10）：1435-1443.

岳勇，王华，刘军，等，2007. 黄骅坳陷北塘凹陷新生代沉降史分析［J］. 石油天然气学报（江汉石油学院学报），29（3）：173-175.

张翠梅，2010. 渤海湾盆地南堡凹陷构造沉积分析［D］. 武汉：中国地质大学，51-98.

张强，刘丽芳，张晓庆，等，2017. 埕北凹陷古近系构造对沉积的控制作用［J］. 东北石油大学学报，41（4）：88-98.

张硕，简星，张巍，2018. 碎屑磷灰石对沉积物源判别的指示［J］. 地球科学进展，33（11）：1142-1153.

张宇，2010. 渤南洼陷同沉积断裂构造坡折带对沉积的控制作用［J］. 西北大学学报，40（5）：860-865.

赵红格，刘池洋，2003. 物源分析方法及研究进展［J］. 沉积学报，21（3）：409-415.

赵嘉峰，王剑，付修根，2022. 西藏羌塘盆地古近纪康托组沉积物源及构造背景分析［J］. 地质论评，68（1）：93-110.

赵俊峰，刘池洋，喻林，等，2008. 鄂尔多斯盆地中生代沉积和堆积中心迁移及其地质意义［J］. 地质学报，82（4）：540-552.

赵文智，胡素云，汪泽成，等，2003. 鄂尔多斯盆地基底断裂在上三叠统延长组石油聚集中的控制作用［J］. 石油勘探与开发，30（5）：1-5.

郑建京，高占冬，王亚东，等，2014. 构造—热年代学在含油气盆地分析中的应用进展［J］. 天然气地球科学，25（10）：1491-1498.

周维维，王伟锋，安邦，等，2014. 渤海湾盆地隐性断裂带识别及其地质意义［J］. 地球科学（中国地质大学学报），39（11）：1627-1638.

朱光，姜芹芹，朴学峰，等，2013. 基底断层在断陷盆地断层系统发育中的作用：以苏北盆地南部高邮凹陷为例［J］. 地质学报，87（4）：441-452.

朱光，宋传中，王道轩，等，2001. 郯庐断裂带走滑时代的 $^{40}Ar/^{39}Ar$ 年代学研究及其构造意义［J］. 中国科学：D 辑 地球科学，31（3）：250-256.

朱桂林，2007. 渤海湾盆地东营凹陷第三纪同沉积构造控砂控油作用［J］. 石油实验地质，29（6）：

545−549.

朱文斌，万景林，舒良树，等，2005. 裂变径迹定年技术在构造演化研究中的应用 [J]. 高校地质学报. 11（4）：593−600.

Allen P A, 2008. From landscapes into geological history [J]. Nature, 451（7176）：274−276.

An Wei, Hu Xiumian, Garzanti E, et al, 2014. Xigaze forearc basin revisited（South Tibet）：Provenance changes and origin of Xigaze Ophiolite [J]. Geological Society of America Bulletin, 126（11−12）：1595−1613.

Ansberque C, Godard V, Olivetti V, et al, 2018. Differential exhumationacross the Longriba Fault system：Implications for the eastern Tibetan Plateau [J]. Tectonics, 37（2）：663−679.

Armstrong−Altrin J S, Lee Y I, Verma S P, et al, 2004. Geochemistry of sandstones from the Upper Miocene Kudankulam Formation, Southern India：Implications for provenance, weathering, and tectonic setting [J]. Sedimentary Research, 74（2）：285−297.

Bernet M, 2019. Exhumation studies of mountain belts based on detritalfission−track analysis on sand and sandstones [M] //Malusa M G, Fitzgerald P G. Fission−Track Thermochronology and Its Application to Geology. Cham, Switzerland：Springer International Publishing, 269−277.

Bernet M, Urueña C, Amaya S, et al, 2016. New thermo and geochronological constraints on the Pliocene−Pleistocene eruption history of the Paipa−Iza volcanic complex, eastern Cordillera, Colombia [J]. Volcanology and Geothermal Research, 327：299−309.

Bhatia M R, 1983. Plate tectonics and geochemical composition of sandstone [J]. Geology, 91（6）：611−627.

Bhatia M R, 1985. Rare earth element geochemistry of Australian Paleozoic graywackes, mudrocks：Provenance and tectonic control [J]. Sedimentary Geology, 45（1−2）：97−113.

Bhatia M R, Crook K A W, 1986. Trace element characteristics of graywackes and tectonic setting discrimination of sedimentary basins [J]. Contributions to mineralogy and petrology, 92（2）：181−193.

Bierman P R, 1994. Using in situ produced cosmogenic isotopes to estimate rates of landscape evolution：A review from the geomorphic perspective [J]. Geophysical Research：Solid Earth, 99：13885−13896.

Blair T C, Bilodeau W L, 1988. Development of tectonic cyclothems in rift, pull−apart and foreland basins：Sedimentary response to episodic tectonism [J]. Geology, 16（6）：517—520.

Blewett S C J, Phillips D, Matchan E L, 2019. Provenance of Cape Supergroup sediments and timing of Cape Fold Belt orogenesis：Constraints from high−precision $^{40}Ar/^{39}Ar$ dating of muscovite [J]. Gondwana Research, 70：201−221.

Brandon M T, 1992. Decomposition of fission−track grain age distributions [J]. American Journal of Science, 292：535−564.

Brandon M T, 1996. Probability density plots for fission−track grain−age distributions [J]. Radiation Measurements, 26（5）：663−676.

Burbank D W, Anderson R S, 2011. Rates of Erosion and Uplift [M] //Tectonic Geomorphology, Second Edition. New Jersey：Wiley, 195−242.

Burbank D W, Beck R A, Raynolds R G H, et al, 1988. Thrusting and gravel progradation in foreland basins：A test of post−thrusting gravel dispersal [J]. Geology, 16（12）：1143−1146.

Cawood P A, Hawkesworth C J, Dhuime B, 2012. Detrital zircon record and tectonic setting [J]. Geology, 40（10）：875−878.

Clift P D, 2006. Controls on the erosion of Cenozoic Asia and the flux of clastic sediment to the ocean [J]. Earth & Planetary Science Letters, 241（3−4）：571−580.

Condie K C, 1993. Chemical composition and evolution of the upper continental crust : Contrasting results from surface samples and shales [J] . Chemical Geology, 104 (1–4) : 1–37.

Copeland P, Harrison T M, 1990. Episodic rapid uplift in the Himalaya revealed by $^{40}Ar/^{39}Ar$ analysis of detrital K–feldspar and muscovite Bengal fan [J] . Geology, 18 (4) : 354–357.

Darryl E Granger, James W Kirchner, Robert Finkel, 1996. Spatially Averaged Long–Term Erosion Rates Measured from in Situ–Produced Cosmogenic Nuclides in Alluvial Sediment [J] . Geology, 104 : 249–257.

Davis W M, 1972. Two Glacial Erosion in France, Switzerland and Norway [M] //Embleton, Clifford. Glaciers and Glacial Erosion. New York : Springer–Verlag, 38–69.

Dickinson W R, 1985. Interpreting provenance relations from detrital modes of sandstones [M] //Zufa G G. Provenance of Arenites. New York : Springer–Verlag, 333–361.

Dickinson W R, 1988. Provenance and sediment dispersal in relation to paleotectonics and paleogeography of sedimentary basin [M] //Kleinspehn K L, Paola C. New Perspectives in Basin Analysis. New York : Springer–Verlag, 3–25.

Dickinson W R, Beard L S, Brakenridge G R, et al, 1983. Provenance of North American Phanerozoic sandstones in relation to tectonic setting [J] . Geological Society of America Bulletin, 94 (2) : 222–235.

Dickinson W R, Suczek C A, 1979. Plate tectonics and sandstone compositions [J] . AAPG Bulletin, 63 (12) : 2164–2182.

Dickinson W R, Volini R, 1980. Plate settings and provenance of sands in modern ocean basins[J] . Geology, 8 : 82–86.

Dodson M H, 1973. Closure temperature in cooling geochronological and petrological systems [J] . Contributions to Mineralogy and Petrology, 40 (3) : 259–274.

Floyd P A, Leveridge B E, 1987. Tectonic environment of the Devonian Gramscatho Basin, South Cornwall : Framework mode and geochemical evidence from turbiditic sandstones [J] . Geological Society of London, 144 : 531–542.

Gallagher K, 1995. Evolving temperature histories from apatite fission–track data [J] . Earth & Planetary Science Letters, 136 (3) : 421–435.

Garzanti E, 2008. Comment on "When and where did India and Asia collide?" By Jonathan C. Aitchison, Jason R Ali, and Aileen M Davis [J] . Geophysical Research : Solid Earth, 113.

Garzanti E, 2016. From static to dynamic provenance analysis : Sedimentary petrology upgraded [J] . Sedimentary Geology, 336 : 3–13.

Garzanti E, AndÒ S, 2019. Heavy minerals for junior woodchucks [J] . Minerals, 9 (3) : 148.

Garzanti E, AndÒ S, Vezzoli G, 2009. Grain–size dependence of sediment composition and environmental bias in provenance studies [J] . Earth & Planetary Science Letters, 277 : 422–432.

Garzanti E, Doglioni C, Vezzoli G et al, 2007. Orogenic belts and orogenic sediment provenances [J] . Geology, 115 : 315–334.

Gemignani L, Kuiper K F, Wijbrans J R, et al, 2019. Improving the precision of single grain mica $^{40}Ar/^{39}Ar$–dating on smaller and younger muscovite grains : Application to provenance studies [J] . Chemical Geology, 511 : 100–111.

Hay W W, Shaw C A, Wold C N, 1989. Mass–balanced paleogeographic reconstructions [J] . Geologische Rundschau, (78) : 207–272.

Hayashi K I, Fujisawa H, Holland H D, et al, 1997. Geochemistry of approximately 1.9 Ga sedimentary rocks from northeastern Labrador, Canada [J] . Geochimica et Cosmochimica Acta, 61 (19) : 4115–

4137.

Hodges K V, 2014. Thermochronology in orogenic systems [M] //Heinrich D H, Karl K T. Treatise on Geochemistry, Second Edition. Oxford, UK: Elsevier, 281-308.

Hu Xiumian, Jansal L, Chen Lei, et al, 2010. Provenance of lower Cretaceous Wolong volcaniclastics in the Tibetan Tethyan Himalaya: Implications for the final breakup of eastern Gondwana [J]. Sedimentary Geology, 223 (3-4): 193-205.

Ibanez-Mejia M, Pullen A, Pepper M, et al, 2018. Use and abuse of detrital zircon U-Pb geochronology: A case from the Rio Orinoco delta, eastern Venezuela [J]. Geology, 46 (11): 1019-1022.

Ingersoll R V, 1990. Actualistic sandstone petrofacies: Discriminating morden and ancient source rocks [J]. Geology, 18 (8): 733-736.

Ingersoll R V, Bullard T F, Ford R L, et al, 1984. The effect of grain size on detrital modes: A test of the Gazzi-Dickinson point-counting method [J]. Journal of Sedimentary Petrology, 54: 103-116.

Johnsson M J, 1993. The system controlling the composition of clastic sediments [J]. Geological Society of America Special Paper, 284: 1-19.

Jordan T E, Flemings P B, Beer J A, 1988. Dating thrust fault activity by use of foreland-basin strata [M] // Kleimsphehn K L, et al. New Perpective in Basin Analysis. New York: Springer-Verlag.

Ketcham R A, van der Beek P, Barbarand J, et al, 2018. Reproducibility of thermal history reconstruction from apatitefission-track and (U-Th) /He data [J]. Geochemistry Geophysics Geosystems, 19 (8): 2411-2436.

Lal D,1991. Cosmic ray labeling of erosion surfaces: in situ nuclide production rates and erosion models [J]. Earth & Planetary Science Letters, 104: 424-439.

Liu S, Nummedal D, 2004. Late Cretaceous subsidence in Wyoming: Quantifying the dynamic component [J]. Geology, 31: 397-400.

Malusa M G, Fitzgerald P G, 2020. The geologic interpretation of the detrital thermochronology record within a stratigraphic framework, with examples from the European Alps, Taiwan and the Himalayas [J]. Earth-Science Reviews, 201: 103074.

McLennan S M, Hemming S, McDaniel D K, et al, 1993. Geochemical approaches to sedimentation, provenance, and tectonics [J]. Geological Society of America Special Papers, 284: 21-40.

Metivier F, Gaudemer Y, 1997. Mass transfer between eastern Tien Shan and adjacent basins (central Asia): Constraints on regional tectonics and topography [J]. Geophysical Journal International, 128: 1-17.

Metivier F, Gaudemer Y, Tapponnier P, et al, 1998. Northeastward growth of the Tibet plateau deduced from balanced reconstruction of two depositional areas: The Qaidam and Hexi Corridor basins, China [J]. Tectonics, 17 (6), 823-842.

Metivier F, Gaudemer Y, Tapponnier P, et al, 1999. Mass accumulation rates in Asia during the Cenozoic [J]. Geophysical Journal International, 137: 280-318.

Meyer B, Tapponnier P, Bourjot L, et al, 1998. Crustal thickening in Gansu-Qinghai, lithospheric mantle subduction, and oblique, strike-slip controlled growth of the Tibet plateau [J]. Geophysical Journal International, 135: 1-47.

Moradi A V, Sari A, Akkaya P, 2016. Geochemistry of the Miocene oilshale (Hanili Formation) in the Ankrorum Basin, Central Turkey: Implications for Paleoclimate conditions, source-area weathering, provenance and tectonic setting [J]. Sedimentary Geology, 341: 289-303.

Neupane B, Zhao Junmeng, Allen C M, et al, 2020. Provenance of Jurassic-Cretaceous Tethyan Himalayan sequences in the Thakkhol Section-Nepal, inferring pre-collisional tectonics of the central Himalaya [J].

Journal of Asian Earth Sciences, 192: 104288.

Pereira I, Storey C D, Strachan R A, et al, 2020. Detrial rutile ages can deduce the tectonic setting of sedimentary basins [J]. Earth & Planetary Science Letters, 537: 116193.

Pierce E L, Hemming S R, Williams T, et al, 2014. A comparison of detrital U−Pb zircon $^{40}Ar/^{39}Ar$ hornblende $^{40}Ar/^{39}Ar$ Arbiotite ages in marine sediments off East Antarctica : Implications for the geology of subglacial terrains and provenance studies [J]. Earth Science Reviews, 138: 156−178.

Roser B P, Korsch R J, 1985. Plate tectonics and geochemical composition of sandstones : A discussion [J]. Geology, 93: 81−84.

Roser B P, Korsch R J, 1986. Determination of tectonic setting of sandstone suites using SiO_2 content and K_2O/Na_2O ratio [J]. Geology, 94: 635−650.

Roser B P, Korsch R J, 1988. Provenance signatures of sandstone−mudstone suites determined using discriminant function analysis of major−element data [J]. Chemical Geology, 67: 119−139.

Ruddiman W F, 2013. Tectonic uplift and climate change [M]. New York : Springer−Verlag.

Ruiz G M H, Seward D, Winkler W, 2004. Detrital thermochronolgy : A new perspective on hinterland tectonics, an example from the Andean Amazon basin, Ecuador [J]. Basin Research, 16: 413−430.

Scholz L A, Ros endahl B R, 1991. Coarse−clastic facies and stratigraphic sequence models from lakes Malawi and TanganYika, East Africa [J]. AAPG Memoir, 50: 151−168.

Sean D Willett, Niels Hovius, Morrk T Brandon, et al., 2006. Tectonics, climate and landscape evolution. Boulder [M]. USA : Geological Society of America 398.

Tao Huifei, Sun Shu, Wang Qingchen, et al, 2014. Petrography and geochemistry of Lower Carboniferous greywacke and mudstones in Northeast Junggar, China : Implications for provenance, source weathering, and tectonic setting [J]. Journal of Asian Earth Sciences, 87: 11−25.

Valloni R, 1985. Reading provenance from modern marine sands [M] //Zwffa G G. Provenance of arenites. New York : Springer−Verlag, 309−320.

Valloni R, Maynard J B, 1981. Detrital modes of recent deep−sea sands and their relation to tectonic setting : A first approximation [J]. Sedimentology, 28 (1): 75−83.

Wang Jiangang, Hu Xiumian, Garzanti E, et al, 2013. Upper Oligocene−Lower Miocene Gangrinboche Conglomerate in the Xigaze area, southern Tibet : Implications for Himalayan uplift and paleo−Yarlung−Zangbo initiation [J]. Geology, 121 (4): 425−444.

Wang Jiangang, Hu Xiumian, Wu Fuyuan, et al, 2010. Provenance of the Liuqu Conglomerate in southern Tibet : A Paleogene erosional record of the Himalayan−Tibetan orogeny [J]. Sedimentary Geology, 231 (3−4): 74−84.

Weltje G J, 2006. Ternary sandstone composition and provenance : An evaluation of the 'Dickinson model' [C] //Buccianti A, Mateu−Figueras G, Pawlowsky−Glahn V. Compositional data analysis in the Geosciences : From theory to practice. Geological Society of London Special Publications, 264: 611−627.

Wronkiewicz D J, Condie K C, 1989. Geochemistry and provenance of sediments from the Pongola Supergroup, South Africa : Evidence fora 3.0 Ga old Continental craton [J]. Geochim Cosmochim Acta, 53 (7): 1537−1549.

Zhang Liang, Yang Liqiang, Weinberg R F, et al, 2019. Anatomy of a world−class epizonal orogenic−gold system : A holistic thermochronological analysis of the Xincheng gold deposit Jiaodong Peninsula eastern China [J]. Gondwana Research, 70: 50−70.

Zuffa G C, 1980. Hybrid arenites : Their Composition and classification [J]. Journal of Sedimentary Petrology, 50: 21−29.

第三章 含油气盆地构造—沉积响应研究进展综述

由前述原型盆地、沉积盆地及其类型划分可知，沉积盆地（或原型盆地）类型多样，不同类型的含油气盆地构造—沉积响应特征与模式、油气成藏效应有所不同。结合沉积盆地（或原型盆地）类型划分现状、中国最为常见的陆上盆地类型和勘探研究程度，笔者优选了（挤压型）前陆盆地、（拉张—伸展型）裂谷—断陷盆地、（走滑型）走滑—拉分盆地，综述这三类含油气盆地的构造—沉积响应研究进展。

第一节 前陆盆地构造—沉积响应研究进展

挤压型盆地是由于板块的碰撞挠曲作用产生的局部沉降所形成的盆地，包括前陆盆地、山间盆地等，典型代表是位于盆山结合部的前陆盆地，含有丰富的油气资源，一直以来是构造—沉积响应、盆山耦合关系和油气勘探领域的研究热点。

一、前陆盆地、前陆冲断带及其分类与鉴别特征

前陆盆地指位于造山带前缘与相邻克拉通之间的、平行于造山带前陆区展布的线状挤压性深坳陷，是受板块俯冲和造山带控制的高度不对称沉积盆地，具有明显的造山带与前陆盆地耦合现象。从上述定义的前陆盆地范围看，仅仅包括造山带与前隆间的深坳陷。但 Peter 等（1996）指出前陆盆地的范围远比以上定义大很多，由造山带向克拉通方向沉积分带可划分为楔顶、前渊、前隆、隆后沉积 4 部分，共同构成前陆盆地系统。前陆盆地系统是一个沿造山带分布的长条状潜在沉积可容空间，相应地，综合已有成果，典型前陆盆地由造山带往克拉通方向依次可划分出褶皱冲断带、前陆坳陷、前缘隆起和隆后坳陷 4 个结构单元（图 3-1），其挤压强度逐次递减，基底埋深逐渐变浅，沉积地层厚度逐渐减薄、粒度变细，逐渐过渡为克拉通层序，并在克拉通一侧发育正断层。

前陆冲断带处于造山带与前陆盆地之间的过渡部位，是造山带向盆地方向大规模逆冲推覆、前陆盆地所在地块向造山带之下俯冲碰撞所形成的冲断系统，是一个运动指向盆地内部的冲断构造带。前陆盆地平行造山带呈带状延展，在其横剖面上结构明显不对称。

1.前陆盆地分类与鉴别特征

对前陆盆地定义和分类的研究在不同时期存在一定差异，不同学者根据不同的分类原则、从不同方面对前陆盆地又有不同的划分与理解。但国际上通用的概念中，前陆盆

地是在挤压构造背景下、在碰撞后的盆地发展阶段形成的。国外方案包括根据大地构造背景和盆地变形改造特征不同划分出的周缘前陆盆地、弧背前陆盆地和破裂前陆盆地 3 种基本类型（Dickinson，1974），以及根据大陆岩石圈俯冲作用与边界关系划分的地台型沉积前渊、中国型盆地或喜马拉雅型盆地（Bally et al.，1980）；按横剖面特征划分的简单型、复杂型 Ⅰ、复杂型 Ⅱ、与背驮盆地有关型和沉积后变形型前陆盆地 5 种（Ricci-Lucchi，1986）；根据流变学划分出弹性板块上的前陆盆地和黏弹性板块上的前陆盆地两类（Beaument et al.，1988；Watts，1992）。

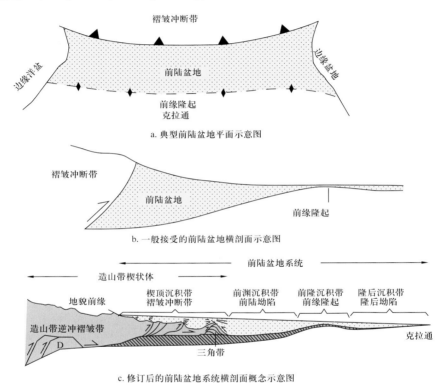

a. 典型前陆盆地平面示意图

b. 一般接受的前陆盆地横剖面示意图

c. 修订后的前陆盆地系统横剖面概念示意图

图 3-1　典型前陆盆地及前陆盆地系统结构示意图（据 Peter et al.，1996；DeCelles et al.，1996，修改）

　　国内学者对前陆盆地的分类研究，先后根据大地构造背景、成因机制和演化程度划分出边缘弯曲盆地、边缘块断盆地、碰撞前渊盆地和弧后前陆盆地 4 种类型（甘克文等，1982）；基于国外前陆盆地分类和成盆期大地构造背景划分出周缘前陆盆地、弧后前陆盆地、破裂前陆盆地、陆内前陆盆地和走滑前陆盆地 5 种类型（高长林等，2000）；根据碰撞造山带成因类型与俯冲构造位置，进一步细分周缘前陆盆地为原前陆盆地、新前陆盆地，细分弧背前陆盆地为岛弧弧背前陆盆地、陆弧弧背前陆盆地两种构造类型和亚类（李日俊等，2001）；基于中西部地区中—新生代盆地研究划分出与岛弧耦合的周缘前陆盆地、与岛弧碰撞山链耦合的弧后前陆盆地、板内"背靠稳定区面朝活动带"的陆内前陆盆地 3 种主要类型（孙肇才，2002）。

　　国内外分类中，具有代表性且影响较大的，还是普适性强、简明适用的 Dickinson（1976）前陆盆地分类，以及高长林等（2000）根据中国特色前陆盆地特点划分的 5 类前陆盆地。

从盆地发育的构造背景、盆地充填和构造特征上看，再生前陆盆地、陆内前陆盆地和挠曲类前陆盆地或类前陆盆地都是类似的概念。前人提出的"复活碰撞或再生前陆盆地"等名词，主要目的是要与中西部两期前陆演化过程中的早期前陆盆地相区别。笔者认为，目前非常流行的"再生前陆盆地"一词易令人产生误解，因中文里"复活或再生"一词多指在原来基础上重新生长、演化出来之意，而中国中西部两期前陆盆地中的晚期前陆的位置、特征等较前一期均有所改变。由于前陆盆地的发育和造山带密切相关，而中国多数造山带都为陆内造山带，因此前述"陆内前陆盆地"一词更适合中国中西部前陆盆地的属性本质，也相对较易为国内学者接受和向国外类比、推广。从国内发表的文献（高长林等，2000；田作基，1995；田作基等，1996，2002；李日俊等，2001；孙肇才，2002）及近年发展趋势来看，采用这一名词的前陆盆地研究者逐渐增多，本书建议统一称谓，推广应用"陆内前陆盆地"一词。

总的来看，前陆盆地为一个盆地系列，综合有关资料，笔者提出典型前陆盆地构造、沉积两大类 15 项识别特征与标志，详见表 3-1。在构造、沉积综合研究和正确判识基础上，可进一步对其构造—沉积响应、运动学、动力学及与油气聚集的关系展开深入研究。

前陆盆地的一级分类可包括周缘前陆盆地、弧后前陆盆地、陆内前陆盆地、走滑前陆盆地 4 种基本类型，以及破裂前陆盆地 1 个复合类型。形成于不同大地构造背景中的前陆盆地具有不同的充填特点和盆地结构，也具有不同的含油气性。综合相关资料，将前陆盆地类型划分及其区别特征列入表 3-2。中国周缘前陆盆地以四川盆地与鄂尔多斯盆地为代表，与中生代南秦岭洋碰撞闭合有关；弧后前陆盆地，以楚雄盆地为代表，与中生代墨江洋向东俯冲有关；再生 / 陆内前陆盆地，以天山南北两侧前陆盆地为代表，与天山再造山作用有关（图 3-2；宋岩等，2008）。

中国学者对中西部前陆盆地开展研究和探索，总结出前陆盆地 10 个方面的特点：（1）位于造山带前展布的不对称箕状坳陷，受挤压作用形成的褶皱—逆掩断层带控制；（2）在大地构造位置上，往往位于活动带地槽和稳定带地台之间，即处于通常所说的一个特定时期的被动大陆边缘上；（3）在空间上一般具有性质不同的 3 种结构，位于造山带一侧以发育冲断褶皱或薄皮构造为特征的活动翼（即逆掩断层带）、紧邻逆掩断层带或位于逆冲带下盘的深坳陷或深盆地、连接深盆区并向克拉通方向延伸的前陆斜坡及隆起；（4）沉降曲线具有缓、陡两段，表现出沉降速度早期缓慢、晚期较快的特征，沉降速率一般比裂谷和克拉通盆地大，沉降中心和边缘尖灭线随着盆地演化和发展往往向克拉通方向迁移；（5）一般为陆源碎屑充填的海盆或内陆盆地，缺乏海相碳酸盐岩沉积；（6）热流值低，往往小于 $41868mW/m^2$，一般为冷盆；（7）缺乏区域性火山活动，盆地形成演化与邻近海洋闭合及造山带形成密切相关；（8）构造样式主要为薄皮逆冲断层、被动双重构造，往克拉通方向发育背冲和对冲的基底卷入性逆冲断层；（9）往往在前陆盆地前缘发育前缘隆起，并在前缘隆起靠近克拉通一侧发育次要的类前陆盆地；（10）前陆盆地的宽度和深度，与造山带和盆内沉积体规模、形态，以及与岩石圈挠曲刚度和岩石圈板片厚度有关，并且其下沉幅度距造山带距离越远变得越小（王凤林，2002）。其基本特征及鉴别标志见表 3-1 和表 3-2。

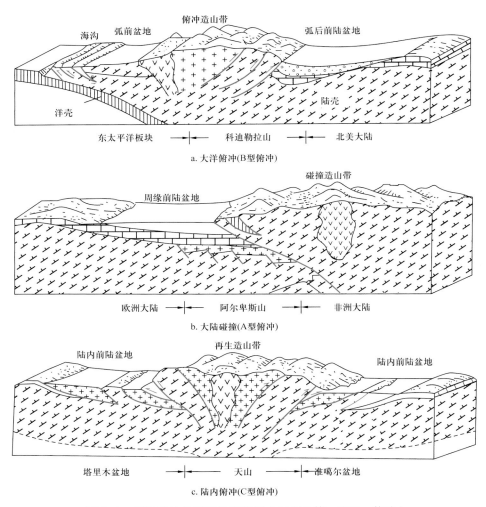

图 3-2 前陆盆地类型和发育位置（据宋岩等，2008，修改）

表 3-1 典型前陆盆地的基本特征及鉴别标志

基本特征		鉴别标志
构造特征	分布位置和地壳性质	形成于造山带前缘与相邻克拉通之间的前陆地区，发育在被动边缘（或克拉通周缘、坳陷槽、陆内裂谷—热沉降坳陷等构造背景）之上，主体坐落在与克拉通相关的（过渡）陆壳上，靠造山带一侧可卷入部分褶皱基底；山盆相邻、隆降同步，地形高差大且不断发展，并逐步向陆迁移
	平面展布及形态规模	平行于造山带呈狭长带状延展，纵向范围大致与相邻造山带前缘冲断—褶皱带的长度相当，形态的不规则性受周缘山系的控制；盆地大小悬殊，呈现的规模和形态不尽一致，由造山带向克拉通地势趋于平缓
	剖面结构	横剖面结构明显不对称，近造山带一侧陡，向克拉通一侧宽缓，呈简单类型，或是前缘盆地、背驮盆地等构成的复杂类型；由造山带往克拉通方向，依次呈褶皱冲断带、前陆坳陷、前缘隆起和隆后坳陷四元结构；基本结构和主要单元位置在不同演化阶段可动态变化，常会出现不同时期各构造单元上下错位叠置、单元发育不完全、特征不典型的现象

基本特征		鉴别标志
构造特征	动力学机制与发育时限	盆地形成主因为强烈挤压环境下靠近盆地的褶皱—冲断挤压构造负载引起的挠曲沉降，主要与收缩造山带及相关俯冲体系的地球动力学过程有关，不直接受造山带地球动力学作用控制，其发育时限与该造山过程大致同步
	构造变形	构造变形以挤压褶皱、冲断—推覆为特色，构造样式以台阶状逆断层及断层转折褶皱、断层传播褶皱为主，冲断方向自造山带指向克拉通；毗邻造山带一侧，遭受挤压构造变形强烈，有褶皱推覆体、叠瓦推覆体等类型，下部常见双重构造；向克拉通方向，变形强度递减，在克拉通一侧前缘隆起部位可发育张性或张扭性的正断层
	构造沉降作用	构造沉降曲线呈陡、缓、陡三段式，少见二段式，沉降量可据挠曲方程计算；沉降中心一般向克拉通方向迁移，与沉积中心不一致；沉降速率一般较裂谷和克拉通内盆地的大
	岩浆活动	一般缺乏岩浆作用事件，但下伏被动大陆边缘层序中可能出现岩浆活动
	地球物理场特征	呈明显的梯度带变化，如重力异常在冲断带一侧为正异常，等值线密集；向克拉通方向逐渐变为负异常，等值线稀疏；磁异常等值线图、大地电流测深法中也反映出相似变化
沉积特征	不整合面	与下伏被动陆缘之间，以及早、中、晚期层序之间的叠加界面常为不整合面；前缘隆起、冲断带上不整合较为发育，前缘隆起带的侵蚀不整合、应力松弛形成的不整合、张（扭）性断裂形成的不整合可以叠合在一起；层内同构造不整合（简单渐进不整合、同构造角度不整合等类型）相当发育
	沉积体几何形态及厚度	剖面上呈明显楔状，靠近盆地近端（造山带一侧）沉积物厚度最大，向克拉通方向逐渐减小，基底埋深变浅，沉积厚度减薄、粒度变细，并渐变为克拉通层序；由造山带往克拉通方向，依次为楔顶、前渊、前隆和隆后4个沉积分带；不包括纵向上溢出到残留洋盆地（孟加拉湾和印度的海下扇）或裂谷中的沉积物
	岩石学特征	早期沉积色深，以灰色、灰绿色等为主，石英含量高，长石、岩屑含量少，晚期沉积色红，以红色、杂色等为主，来自冲断体的削蚀组分占主要，富含岩屑；下部层序为石英砂岩组合，上部为岩屑砂岩组合，矿物的成分成熟度与结构成熟度由下至上明显降低
	沉积层序	下部主要为低位体系域，可出现浊流沉积；向上过渡为海进或高位体系域，为浅海陆架、滨海平原等沉积，三角洲、扇三角洲、辫状三角洲沉积发育；后期出现洪积扇、网状河等类型沉积；下部层序主要发育以波浪作用为主的沉积构造，如浪成波痕、小型交错层理等，生物扰动构造常见；上部层序主要为滨浅海环境或河流环境的沉积构造，可见前积构造、加积构造、大型交错层理、槽状层理和侧向交错层理等
	充填型式	深水复理石层序，自冲断带向克拉通方向依次展布扇三角洲相—深海半深海相（浊积扇或浊积岩沉积）—滨浅海相，以碎屑岩沉积为主；海相磨拉石层序，主要为冲积扇—河流相—滨浅海相组合；陆相磨拉石层序，主要为冲积扇—河流相—滨浅湖或湖沼相组合，后期主要以冲积沉积为主
	沉积物源及水系流向	主要来自造山带，也有部分可能源自克拉通，一般是单向物源；早期有自克拉通流向前陆方向的水系，但常为曲流河；后期（及现今）常为横向水系，水浅流急，河流阶地发育，自山带流向前陆
	沉积建造	建造以河流—三角洲混杂体系较为常见，也发育重力流沉积，一般缺乏同期火山建造；堆积速度快（过补偿）、厚度大、粒度粗，向克拉通方向递变较快；磨拉石建造（在近山一侧）常见且具代表性

表 3-2　前陆、前陆盆地、前陆盆地冲断带划分及其区别特征表（据高长林等，2000；宋岩等，2008，修改）

前陆类型	前陆盆地类型	前陆盆地冲断带类型	现今位置	发育时间	岩浆活动	沉积充填特征	含油气性	典型实例
前陆，曾为被动大陆边缘	周缘前陆盆地	周缘前陆盆地冲断带	A型俯冲带、陆—陆碰撞造山带的外缘，靠近缝合线的俯冲板块上	大陆碰撞过程中或其后	蛇绿岩缝合线带比岩基岩浆岩带、火山岩带更靠近盆地	海相到陆相的二元结构，早期为复理石沉积，厚度巨大；后期为磨拉石沉积，呈由上变粗序列	早期发育厚度较大的生油岩系。后期发育较厚的储集岩系，油气远景较好	美国阿科马盆地、北阿尔卑斯盆地、西西利克盆地，阿尔卑斯北部塔拉石盆地，准噶尔西北缘前陆盆地，川西前陆盆地
前陆，沟—弧系弧后	破裂前陆盆地或复杂型前陆盆地	弧后前陆盆地冲断带（破裂前陆盆地或复杂型前陆盆地冲断带）	与B型俯冲带相伴、与岛弧造山带相邻，俯冲板块的岩浆弧后	洋壳俯冲期间至大规模大陆碰撞前	蛇绿岩消减杂岩体比岩基岩浆岩带、火山岩更远离盆地	海相到陆相双层结构或仅有单层结构，早期发育火山复理石沉积，厚度大，后期火山磨拉石沉积	早期复理石阶段发育较厚的生油岩，油气远景较好	新西兰旺努阿依盆地、落基山盆地、西加拿大盆地、塔里木西南缘、东秦岭一大别盆地群、楚雄盆地
前陆、陆内造山带前缘　陆内前陆盆地	陆内前陆盆地	陆内前陆盆地冲断带	与C型俯冲和碰撞造山带的远程效应有关，远离造山带	大陆碰撞后很长时间	火山活动不发育	双层或单层结构，以发育陆相磨拉石沉积为主，早期复理石沉积不发育	前渊坳陷可有较厚烃源岩，较好源储配置，具有较好至一定的油气远景	准噶尔南缘晚期前陆，阿瓦提提前陆盆地，库车前陆盆地，川西前陆盆地
走滑型前陆、走滑造山带前缘	走滑前陆盆地	走滑前陆盆地冲断带	大型陆内走滑系的两侧，伴有拉分盆地	大型走滑造山期中或其后	缺乏同造山期的蛇绿岩套和双变质带	单层结构，发育磨拉石沉积，沉积中心明显呈雁行排列，具雁行错断	油气远景一定至有限	美国西部文图拉盆地、柴达木西部盆地、塔里木东部盆地、楚雄盆地

2. 前陆盆地冲断带分类及鉴别特征

根据前陆盆地的构造背景和相应类型，可将前陆盆地冲断带依次划分为周缘前陆盆地冲断带、弧后前陆盆地冲断带、破裂前陆盆地冲断带、陆内前陆盆地冲断带和走滑前陆盆地冲断带5种类型。弧后前陆盆地冲断带的形成与A型俯冲关系密切，但B型俯冲对其形成也有制约作用。周缘前陆盆地冲断带的形成主要与A型俯冲有关，该冲断带内侧常常有蛇绿岩、蛇绿混杂岩等卷入其中，基底卷入型构造、强烈叠瓦冲断构造为其主要变形样式，从而和弧后前陆盆地冲断带有较大区别。

中国学者针对中西部前陆盆地地质结构类型较复杂的特点，又提出了类前陆盆地冲断带、晚期前陆盆地冲断带等概念，它相当于陆内前陆盆地或再生前陆盆地冲断带的术语含义。贾承造等（2000）总结并详细划分了前陆盆地冲断带地质结构类型（表3-3）。其中较为简单、适用的类型划分是盖层滑脱型（薄皮型）冲断带、基底卷入型（厚皮型）冲断带、薄皮—厚皮复合型冲断带三类。

表3-3　前陆盆地冲断带地质结构类型划分及其特征表（据贾承造等，2000）

划分原则	主要类型			
据断层是否切入基底	基底卷入型（或厚皮构造）：主要发育在造山带内部，前陆区基底断裂继承性活动或断层反转等		盖层滑脱型（或薄皮构造）：主要发育在前陆地区，受控于滑脱面、地层厚度及组成等因素	
据冲断推覆体与下伏原地系（被动大陆边缘、断陷盆地等）厚度的相对变化	厚—厚叠加型：厚推覆体叠置在厚层被动陆缘层序之上，常形成多套有利的生储盖组合		薄—厚叠加型：推覆体较薄，下伏原地系统巨厚，变形常为叠瓦冲断构造，原地系统生成的烃类可以充注一些冲断相关构造	
	厚—薄叠加型：推覆体巨厚，原地系统较薄或直接为基底，油气来自推覆体自身		薄—薄叠加型：薄推覆体叠加在基底或薄层原地系统之上，破裂变形占主导，成藏条件较差	
据前陆盆地冲断带对前前陆盆地的改造程度	强改造型：多层次或多期次冲断推覆将前陆盆地强烈切割改造，或形成新的盆地类型（背驮盆地）		中等改造型：多期冲断活动在前陆盆地内部形成多排断褶带，但原始盆地面貌仍可保留	弱改造型：冲断活动局限在盆缘且活动较弱，对盆地内部的改造不太强烈
据典型构造变形样式（以盆—山结合部的典型样式为代表）	叠瓦断层式：老山向盆地呈叠瓦式冲断，在冲断前缘形成一系列构造	构造楔（或三角带）式：自构造楔向前陆为单斜或其他样式	反转式：控盆地边界断裂后期反转并向前陆逆掩	底辟式：某些前陆地区蒸发岩巨厚，受挤压而形成底辟叠瓦扇等样式

二、国外前陆盆地构造—沉积响应研究进展与发展趋势

1. 前陆盆地构造—沉积响应研究发展历程

按照研发主体时间段、主要特点、里程碑事件等划分，主要经历了以下3个发展阶段。

1）初步认识阶段（20 世纪 80—90 年代）

该阶段对前陆盆地及前陆冲断带的认识迅猛发展，研究程度大幅度提高，主要表现在：

（1）在应用板块构造理论来讨论盆地类型时，对前陆盆地给予了特别关注。探讨前陆盆地形成演化及其沉积作用对造山带逆掩与推覆构造响应关系的论文大量涌现，成果主要集中在构造环境对砂岩成分的控制、构造格局对沉积相演化的影响两方面，如论文《板块构造与油气聚集》、*Plate Tectonics and Sandstone Compositions* 及论文集 *Tectonics and Sedimentation* 等代表作，指出沉积区砂岩成分与大地构造背景具有确定性对应关系，提出了沉积物源区的砂岩骨架成分三角判别图解，至今仍是判断物源的依据之一（Crook，1974；Dickinson，1976，1985，1988；Dickinson et al.，1979，1983；Ingersoll，1983）；同时，还首先界定了周缘、弧后与破裂 3 种构造环境之下的前陆冲断带，虽然并未详细讨论。许靖华（1984）所著的《大地构造与沉积作用》、Reading 主编的 *Sedimentary Environment and Facies*、Miall（1981）所著的 *Principles of Sedimentary Basin Analysis* 等书，均详述了大地构造对盆地类型和演化的控制作用。Price（1973）在分析逆冲岩席运移引起的均衡反应后，首次将冲断作用、挠曲沉降与地层沉积有机联系起来讨论前陆盆地的演化，提出了前渊连续形成和推移发展的概念，预示着前陆盆地理论模式的逐渐确立。Allen 与 Homewood（1986）合著的 *Foreland Basins* 一书，则将大地构造学说与沉积学理论紧密地联系起来，首次对前陆盆地构造活动与沉积作用的关系进行了专门的讨论。

此外，以板块构造理论为指导来研究前陆盆地的沉积作用、沉积相和沉积环境也取得了明显进展，如前陆盆地（加拿大阿尔伯达盆地）沉积体系的建立、反映气候作用的旋回地层学的发展等。

（2）前陆盆地挠曲沉降的动力学和构造—沉积响应研究取得明显进展。20 世纪 80 年代以来，Jordan 等（1988，2001）和 Burbank 等（1988）陆续开始总结利用前陆盆地地层确定毗邻造山带逆冲推覆作用的方法，提出冲断事件伴随着广泛的砾岩进积，将前陆盆地中砾石进积作为冲断活动的标识，并进行巴基斯坦北部西瓦里克前陆盆地实例剖析；利用砾岩沉积时间确定造山带隆升启动时间和过程，开展砾岩相进积穿时性、砾石进积相对构造活动时间滞后性的讨论。研究扇体沉积旋回与充填层序构成、特征、旋回与沉积序列划分，探讨构造事件沉积标识的控制因素，认识到盆地的沉积建造、沉积物发育除受源区构造的控制外，还受外生旋回机制影响（Heller et al.，1988）。

随着岩石圈流变系统研究的不断发展，人们开始注意到前陆盆地沉降、沉积充填与岩石圈流变特性相关，将前陆冲断带的构造负载与前陆地区的挠曲沉降相联系，进行了构造沉降和沉积演化的二维和三维模拟。先后提出了二维非均一弹性板块模型（Stockmal et al.，1986）、地层模拟扩散模型（Sinclair et al.，1989，1992）、板内应力挠曲模型（Cloetingh，1988，1990）、进积沉积负载的岩石圈挠曲模型（Watts，1981，1992）、横向强度变化与非弹性屈服大陆岩石圈的挠曲模型（Waschbusch et al.，1992）、三维挠曲模型

（Stern，1992）、黏弹性三维挠曲流变模型（Beaumont et al.，1988）等，证明了岩石圈应力松弛是造山时期沉积相带和前缘隆起迁移的主要因素。将前陆盆地黏弹性流变变形分为3个阶段，并解释了阿巴拉契亚前陆盆地与科迪勒拉前陆盆地的构造—沉积演化。以弹性流变模型模拟了岩石圈随负载作用而发生的变形、盆地沉降和沉积演化，成功地解释了北美落基山前陆盆地沉积和构造演化，并认为通过前陆盆地沉积记录和沉积体分布可以确定冲断运动的时间和解释岩石圈弹性流变（Flemings et al.，1990）。这些模型将前陆冲断带的构造负载作用、挠曲沉降作用、剥蚀与搬运作用、沉积充填作用有机地结合起来，将前陆盆地动力学的认识提高到一个新的高度。

（3）前陆冲断带冲断推覆构造研究进展迅速，建立了前陆盆地沉降与沉积作用关系的稳态发展模式。期间，Lowell等（1972）对于前陆基底卷入型构造、前陆薄皮滑脱构造等典型构造样式的几何学与运动学进行了总结研究。1980年在伦敦帝国理工学院隆重召开了首次"冲断推覆构造"会议，出版了论文集 *Thrust and Nappe Tectonics*（石油工业出版社出版了中文版《冲断推覆构造》），讨论了逆掩（或逆冲）断层的定义、形成机制、发育环境、构造样式组合和典型冲断带分析等方面；同时，从理论上与模拟实验的角度，剖析了逆掩（或逆冲）断层的形成机制。解释了台湾前陆盆地的形成和演化，提出造山带与前陆盆地是一个动力系统，二者受均衡作用调节；造山带逆冲推覆作用控制前陆盆地的沉降，提供沉积物源，同时由于造山带迁移引起盆地沉积物抬升、侵蚀及与其相匹配的盆地远端沉降；一旦造山带达到稳定状态，构造负载保持不变，盆地生长的构造动力也就不再发生作用。初步探索前陆盆地形成演化的动力学机制，提出了盆地构造过程和沉积响应概念，建立起前陆盆地沉降与沉积作用关系的稳态发展模式（Covey，1986）。

2）迅速发展阶段（20世纪90年代末—21世纪初）

随着山地高分辨率地震与三维地震勘探技术的发展和进步，使得勘探难度非常大的南美新生代弧后前陆盆地、中国中西部前陆盆地等再次成为勘探的热点，构造—沉积响应研究和认识程度大幅度提高，在实践上、理论上与研究方法上日渐成熟，主要表现在：

（1）开始将前陆盆地冲断带作为前陆盆地的一个构造单元，开展了构造地层分析及应用研究。将断层相关褶皱作用与沉积作用相联系，提出了生长地层与生长楔的概念，从而开辟了一个新的勘探领域或研究手段，可以利用生长地层定量地揭示断裂活动与褶皱作用的速率。Burbank（1992）发现了前陆盆地的楔状沉积和板状沉积两种沉积样式，并提出了造山带与前陆盆地构造作用于表面过程之间的概念模型（图3-3）。

（2）前陆盆地（冲断带）构造—沉积响应的相关分析方法逐渐完善。人们开始认识到前陆盆地沉降、沉积演化与毗邻造山带逆冲推覆构造负载密切相关，可以根据前陆盆地充填序列和地层记录推断毗邻造山带变形历史；同时前陆盆地又具复杂性和特殊性，尚不能用单一的模式概括所有的前陆盆地随构造负载作用而发生的变形、沉降和沉积演化。但众多研究均肯定了逆冲推覆作用在前陆盆地演化中的核心地位，强调前陆盆地沉积作用是对造山带构造作用的响应；造山带逆冲推覆作用所产生的构造负载是形成前陆盆地的构造动力，没有构造负载就没有前陆盆地，造山带与前陆盆地是一个动力系统，二者受均衡作用的调节。造山带每次挤压逆冲均导致相应的前陆盆地沉降和沉积物充填，并直接控制着前陆盆地的沉积响应；造山带周期性逆冲推覆事件在前陆盆地中造成幕式沉积作用，活动期和相对静止期不仅在剖面上显示粗碎屑沉积楔的周期性出现，同时在横向上显示沉积体系配置型式和古流向体制的根本改组。在相关理论指导下，人们利用前陆盆地沉积记录研究了世界上主要造山带的逆冲推覆作用，如比利牛斯造山带、阿巴拉契亚造山带、落基山造山带、喜马拉雅造山带、龙门山—锦屏山造山带、台湾造山带，提出了造山带逆冲推覆作用的地层标识，逐渐形成了前陆盆地沉积记录恢复和确定造山带逆冲推覆作用的方法（李勇，1994，1995）。

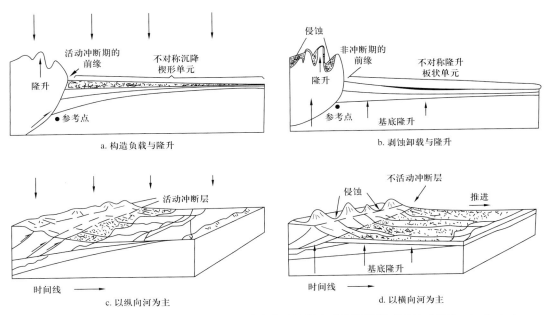

图 3-3　构造负载和剥蚀卸载机制形成的前陆盆地沉降方式和沉积样式对比（据 Burbank et al.，1992，2001）

（3）前陆盆地（冲断带）的构造—沉积响应和造山带盆山耦合研究取得进一步发展。基于相关方法和实例研究，剖析了前陆盆地构造旋回层发育中幕式构造运动的沉积响应（Blair et al.，1994）；论述了构造对沉积盆地演化的控制（Cloetingh et al.，2002a，2002b）；研究了湖盆或海盆水下斜坡体系的沉积建造、成因相组合及大型水体下构造样式对沉积型式的控制（Galloway，1998）；在研究古西班牙东北地区与比利牛斯山脉晚期压性构造相关的 Ebro 盆地沉积作用时讨论了压性构造对盆地边缘扇体及冲积体系的控制作用（Arenas et al.，2001）。

前陆盆地构造活动的层序地层响应研究取得了一些进展。相继分析前陆盆地地层层序及其沉积建造、沉积旋回特征，特别是针对某些典型前陆盆地的层序进行了详细解剖，提出了相应的层序模式（Posamentier et al.，1992；DeCelles et al.，1996）。构造对陆相沉积层序和体系域的控制作用、对坡折带和低位体系域成因机理和相互关系的讨论已逐渐成为研究热点和发展前缘，提出了沉积盆地等时地层格架的建立首先依赖于各种级别的不整合及其相应的整合界面的存在，前陆盆地构造活动、盆地基底构造作用的参与对盆地的可容空间产生了深刻的影响，从而对盆地充填和层序叠置样式起到了重要的控制作用，探讨了阿巴拉契亚前陆盆地构造与海平面变化叠加对层序发育的控制作用（Vail et al.，1991；Posamentier et al.，1992；Lemons et al.，1999；林畅松等，2000；Devlin et al.，1993）。

期间，典型前陆冲断带的跨学科跨领域合作研究以及相关专著、论文的发表将前陆盆地（冲断带）构造—沉积响应的研究推向了一个新高潮。如 Cloetingh（1999）领导的盆地动力学研究组应用多种现代手段对西欧比利牛斯、阿尔卑斯等新生代山前冲断带及前陆盆地进行了深入研究，出版了 *Cenozoic Foreland Basin in Western Europe* 一书，可以看作是前陆盆地盆—山耦合关系研究的典范。

同期建立了地形演化和盆地沉降的模型，为理解砾岩分布的控制因素和时间尺度提供了有用的框架。并提出了一个数值模型，用来预测伸展断层滑移速率变化对一个耦合的扇体—水系演化的影响（Densmore et al.，2007）。不断完善通过石英—岩屑—长石多碎屑矿物组合统计判别物源区构造背景的 Dickinson 图解（McLennan et al.，1993）、单颗粒稳定矿物石英阴极发光、石英氧同位素等分析方法（杨江海，2012；马收先等，2014），并得到了广泛应用。地震剖面反映的前陆冲断带地质结构、构造样式日益清晰，细节更为清楚，讨论了构造活动在层序和沉积体系形成过程中的重要作用，如前陆盆地演化过程中的周期性边缘逆冲和地壳加载事件，以及期间的应力释放和黏弹性下沉阶段在盆地充填样式、古水流体系变化等方面的影响。

（4）除讨论构造—沉积演化等成因动力学外，更重视前陆盆地冲断带与油气流体之间的相互关系研究。这一阶段除了有一系列论文发表外，还出版了 Macqueen 等（1992）主编的 *Foreland Basins and Fold Belts*（石油工业出版社 2001 年出版了中译本《前陆盆地和褶皱带》）、Robinson（1997）主编的 *Regional and Petroleum Geology of the Black Sea and Surrounding Region*、Cloetingh 等（1999）合著的 *Cenozoic Foreland Basin in Western Europe* 等著作，以西加拿大盆地、扎格罗斯盆地、东委内瑞拉盆地、阿拉斯加北坡盆地、落基山前陆、沃希托盆地、黑海及其邻区、比利牛斯、阿尔卑斯等前陆盆地及山前冲断带为重点，对前陆冲断带的油气聚集与成藏、前陆盆地构造特征与油气潜力进行了重点讨论。

3）认识日渐成熟阶段（21 世纪至今）

21 世纪至今，前陆盆地勘探实践与构造—沉积响应分析结合，开始利用多层次多方法手段对前陆盆地构造—沉积响应进行研究，成果进展较为显著，具体表现如下：

（1）通过盆地模拟分析和研究手段，建立了高精度前陆盆地构造—沉积响应模型。如模拟了美国西部前陆盆地构造过程，论证了前陆盆地沉降局限于盆地边缘地区，盆地的主要沉降是动力沉降，提出了始新世阿尔卑斯前缘碳酸盐岩缓坡淹没的挠曲—海平面升降数字模型；针对四川盆地首次应用高精度数字高程模型分析了沉积物堆积和造山带隆升剥蚀的响应关系，并运用剥蚀卸载模拟技术研究其构造—沉积响应关系（Liu et al., 2005；Densmore et al., 2005）。

（2）将沉积充填过程与区域构造演化过程紧密结合起来，构造—沉积响应研究取得了一些进展。这一时期，单颗粒碎屑矿物各种原位微区分析、高精度碎屑矿物示踪与物源体系重建、源—汇过程控制、碎屑锆石年代学与裂变径迹年代学等方面取得了卓有成效的进展（Moosavirad et al., 2012；Abadi et al., 2014；Ali et al., 2014；Caxito et al., 2014），促进了对造山带构造演化及源—汇系统认识的提高。结合多重研究手段及学科方法深化前陆冲断带的地质结构研究，如不同断层之间的组合或过渡关系、冲断系统的特点等。在结合盆地沉积物特征反演断裂构造演化的条件下，讨论了前陆盆地构造—沉积响应的控制要素、作用效果等内容。

2. 国外前陆盆地构造—沉积响应研究发展趋势

分析文献与综合展望，国外前陆盆地构造—沉积响应研究，将形成如下发展趋势：

（1）未来将注重构造—沉积响应的小尺度分析与区域构造—沉积演化研究的结合，构造与沉积作用关系的研究越来越精细化。在精细研究的基础上，通过构造作用来了解沉积的动力过程，即各级别构造的形成机制和过程以及与各级别构造相对应的沉积作用特点，更有利于进行砂体预测及小层对比，指导油气勘探。

（2）将更加重视构造—沉积模拟和建模分析，研究由定性向定量化、向物理模拟与数值模拟结合发展。例如通过同沉积断裂活动的定量化统计成图、构造沉降和沉积平衡关系的定量讨论，使得结论更为科学、可信；通过盆地模拟、平衡剖面建模等相关软件的应用，大大提高了研究与生产的效率。

（3）构造—沉积分析及模拟手段、方法综合化，聚焦于解决复杂多期叠合盆地沉积充填动力学分析、大陆边缘盆地动力学研究、物源区地貌演化和源—汇系统等关键科学问题。

三、国内前陆盆地构造—沉积响应研究进展与发展趋势

1. 中国前陆盆地构造—沉积响应特征

中国中西部发育 16 个前陆盆地（冲断带），包括南天山山前的塔里木盆地库车、塔西南、塔东南、喀什凹陷北缘，准噶尔盆地准西北缘、准南缘，柴达木盆地柴北缘、柴西南、四川盆地川西北龙门山前、川北米仓山—大巴山前、川西南缘、川东缘，鄂尔多斯盆地鄂西缘，吐哈盆地台北凹陷北缘，祁连山北缘的酒泉盆地西缘冲断带（图 3-4；蔚远江等，2020）。其中勘探程度较高的分别是准西北缘、库车、准南缘、柴西南、柴北缘、四川盆地川西北、塔西南和鄂尔多斯西缘等 8 个前陆盆地（贾东等，2011）。

中国发育的前陆盆地具有 3 个主要构造—沉积响应特征：（1）前陆盆地冲断带是陆陆碰撞的产物，形成了独特的中国式结构，缺失早期的海相地层，经历了多期不同性质盆地的演化叠合与改造，导致沉积具有倾向分带、走向分段、垂向分层的特征；（2）挤

压的不对称性导致中国中西部前陆盆地冲断带普遍具有山前深、向盆地方向沉积体厚度变浅，走向上沉积沉降具有明显不对称性，箕状沉降特征显著，在山前冲断带表现更为强烈，盆地沉积规模相对较小；（3）中国前陆盆地的形成主要有两期，但其演化一般都经历了多期叠合演化旋回，可划分为被动大陆边缘、早期山前挠曲盆地、中期山前挠曲盆地和晚期山前挠曲盆地 4 个演化阶段，在不同阶段地质体构造、沉积有一定对应性（李伟等，2021；纪学武等，2005；郑民等，2005）。体现在盆地构造环境演变的沉积学与地球化学响应、砂体沉积响应及演化、储层沉积响应及特征等，如前陆盆地形成期的岩石圈热背景控制着岩石圈强度的空间分布，影响着其后期演变，同时上覆地层以负载的方式影响盆地的演化等（何丽娟等，2017）。

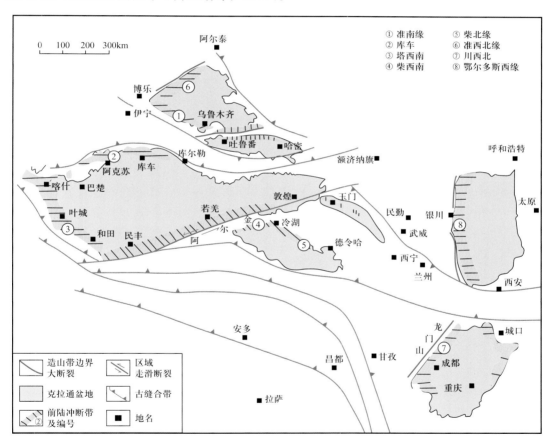

图 3-4　中国中西部主要前陆盆地（冲断带）分布示意图（据蔚远江等，2019a，2020）

2.国内前陆盆地构造—沉积响应研究进展

国内研究始自 20 世纪 90 年代中后期，至 21 世纪初形成热潮，目前持续稳定发展中。

1）早期认识阶段（20 世纪 90 年代—21 世纪初）

早期是参与学者众多，理论上全盘引进和遵循国外学术思路，实践上套用国外理论体系和方案；后来将盆地沉积过程和板块构造、区域动力学联系起来（刘树根等，2003；牛树银等，1995；吴根耀等，2004；吴根耀，2005），进一步研究岩石圈的动力学机制（丁道桂等，1996；李思田，1995；刘德民等，2002；刘和甫等，2000；吴根耀，2003；张进等，2004）。

针对中国特色地质特征提出了一些新的名词和概念，在外国学者所谓"中国型盆地"的命名地区——中西部陆内造山带前陆区，主要集中于盆地分类、盆—山转换和盆山耦合关系的探讨（刘和甫，1992，1996；田作基，1995；田作基等，2002；孙肇才，2002；卢华复等，2003）。明确了挠曲类前陆盆地或类前陆盆地的概念，根据盆地沉积时的大地构造背景、成因机制和演化程度推进了前陆盆地类型划分，包含边缘弯曲盆地、边缘块断盆地、碰撞前渊盆地和弧后前陆盆地四分法（甘克文等，1982），以及周缘前陆盆地、弧后前陆盆地、破裂前陆盆地、陆内前陆盆地和走滑前陆盆地五分法（高长林等，2000），并进一步将周缘前陆盆地细分为原前陆盆地、新前陆盆地，将弧背前陆盆地细分为岛弧弧背前陆盆地、陆弧弧背前陆盆地两种构造类型（李日俊等，2001）；分析了以塔西南前陆盆地和库车前陆盆地为代表的不同时期不同类型的前陆盆地叠置而成的盆地（陈发景等，1992；刘少峰，1991，1993，1995；何登发等，1996）。

明确了盆山耦合的概念，盆山耦合中的沉积响应研究成为一个重要的学科发展方向。盆山耦合的概念从盆地沉积物与相邻造山带在时空上的相互作用关系，转化为物源供应与物质堆积之间的关系，明确盆山之间的耦合主要表现在山脉或山岭的发育制约了沉积作用，使盆地的沉积中心、沉降中心、相带及其分布、沉积楔状体及其分布等都发生相应的迁移，构成盆地区域对邻侧造山带演化的沉积响应以及携带造山带大量信息的邻侧盆地沉积记录（李勇等，1995；牛树银等，1995；王清晨等，2003）。结合前陆盆地地层不整合面的层位和性质、巨型旋回层—构造层序和层序、巨厚砾质粗碎屑楔状体的周期性出现层位和侧向迁移、物源区（前陆盆地冲断带）地层脱顶历史、巨厚的向上变细旋回层、沉积物碎屑成分及其在时间上的变化、盆地构造沉降速率和沉降史、前陆隆起幅度及侧向迁移、前陆盆地沉降中心迁移等方面，总结了龙门山前陆盆地逆冲推覆作用的沉积响应模式，定量讨论库车陆内前陆盆地造山带逆冲活动与前陆盆地沉降和沉积平衡关系，从砾岩沉积、沉积旋回等构造事件的沉积标志总结了构造事件的沉积响应特征等（李勇等，1995；张明山等，1996；伊海生等，2001；王成善等，2001）。

这一阶段前陆盆地理论研究取得了进展，开始认识到中国前陆盆地的独有特色，前陆冲断带盆山耦合理论逐步成型。

2）理论与认识发展阶段（21世纪初—2014年）

期间构造—沉积响应动力学、冲断带结构、成藏关系、构造—层序响应等研究取得进展。

进一步研究构造—沉积响应与岩石圈的动力学机制。将盆地沉积过程和区域动力学、板块构造联系起来分析，发现前陆盆地冲断带水平与垂直方向组成的构造逆冲作用合力是控制前陆盆地冲断带沉积充填的力学基础，垂直隆升作用主要产生沉积可容空间，水平挤压（前展）作用使山体前移、物源前进，盆缘巨厚的砂砾岩沉积是对水平前展作用的响应，大面积的泥岩沉积则主要是对垂直隆升作用的响应（刘德民等，2002；刘和甫等，2000；牛树银等，1995；吴根耀，2003，2007；张进等，2004）。

盆—山耦合中的沉积响应研究逐步深入，开始走向新的研究思路，并取得重要进展。提出青藏高原周边中—新生代造山带与沉积盆地之间存在极其明显的盆—山耦合关系，主要表现为（盆）伸展扩张—（山）收缩隆升、（盆）挤压俯冲—（山）挤压仰冲、（盆）负载沉降—（山）卸载隆升、（盆）挤压挠曲+顺层滑脱—（山）侧向扩展+逆冲推覆4种耦合响应模式（刘德民等，2002）。中西部前陆区盆—山耦合关系的动力学模式分为C型（陆内型）俯冲、L型（龙门山型）俯冲、T型（天山型）俯冲3种类型，在垂向上表现为造山带隆升与沉积盆地沉降呈镜像关系，在横向上表现为物质流和能量流循环均有两个传递方向，并且盆—山系统岩石圈各层圈间有着强烈的相互作用（刘树根等，2003）。

首次从冲断活动的产物——各种成因扇体出发，以"构造对沉积作用的控制及盆地充填沉积对冲断活动的响应"为核心，以构造沉积学、前陆盆地分析等边缘交叉学科新理论和综合方法为手段，研究了准噶尔西北缘前陆盆地冲断带逆冲推覆作用、同生断裂活动与沉积作用的时空关系，通过对同生断裂生长指数及其分布的定量化统计，对同生断层活动强度、迁移性及相应的逆冲断裂活跃期断陷强度和沉积中心迁移趋势进行了有益的探索。提出了冲断活动及扇体迁移响应模式，深化了对准噶尔西北缘前陆冲断带"扇控论"的认识（蔚远江等，2002）。

对前陆盆地构造—沉积响应与冲断带结构、地质特征和成藏条件的关系展开了全面研究和总结，提出晚古生代以来中西部前陆盆地的"两期、三类、四组合"特征，其中两期指印支期（晚古生代—早中生代）和喜马拉雅期（新近纪以来），三类指印支期周缘前陆盆地、印支期弧后前陆盆地和喜马拉雅期陆内前陆盆地（魏国齐等，2005；彭希龄等，2006），四组合指改造型、新生型、叠加型和早衰型4种组合类型的前陆盆地（贾承造等，2005）。

前陆区地层构造和层序相互响应研究在21世纪初期取得较大进展。构造对陆相沉积层序和体系域的控制作用、对坡折带和低位体系域成因机理和相互关系的讨论成为研究热点和发展前缘。开始重视沉积大地构造及格架特征与沉积层序关系的结合，通过盆地结构、沉积充填序列和构造演化史综合分析，研究前陆盆地构造—沉积响应对地应力的影响（张传恒等，2003，2006；高志勇等，2013），分析前陆区盆山转化和快速迁移过程对沉积的控制作用和反演断裂构造的演化，提出断裂活动较强烈的湖盆中存在断裂坡折带并控制了盆底扇、深切谷等低位体系域的发育，长期活动的同沉积构造形成的"构造坡折带"控制着湖盆沉积层序和低位体系域、高位三角洲—岸线体系的发育部位和砂体分布。不同的同沉积断裂系控制着不同的沉积坡折带样式与同逆冲期的砂体分布，反映了断裂坡折样式对水系和堆积过程的控制（张福顺等，2003；林畅松等，2000；张传恒等，2003，2006；李勇等，2005；郑荣才等，2012）。

3）量化研究探索与完善发展阶段（2015年至今）

近年来，数字高程模型（DEM）、新型高分辨率遥感数据和数字地质资料出现，借助GPS和GIS技术、低温热年代学和宇宙成因放射性核素测年技术、三维地震技术、三维模拟技术的发展，以及下地壳韧性流的提出，定量研究地表过程已成为前沿领域，盆地构造—沉积响应的研究迅速发展并逐渐进入认识完善阶段。

前陆盆地碎屑岩骨架组分及其物源与构造背景演化示踪研究逐渐走向多层系（或层组）、多手段与综合化。以准噶尔盆地为例，其西北缘源—汇系统研究近年集中于单个层组或层系的古水流、岩屑组成、重矿物、裂变径迹与物源分析（胡宗全等，2001；李玮等，2010；德勒恰提等，2011；何苗，2015；谭剑，2016；黄云飞等，2017；高志勇等，2019；何苗等，2019）、单个时代或时期构造—沉积特征与演化、单个演化时期盆地性质分析等方面（陈发景等，2005；方世虎等，2004，2006；孟家峰等，2009；邵雨等，2011）。开展了准噶尔盆地西北缘北侧达尔布特断裂及其相邻区域构造环境的研究，对西北缘构造属性认识，早期有"逆冲断裂带"、近期有"走滑断层"和"逆冲—走滑"3种代表性观点（孙自明等，2008；陈石等，2016；谭剑，2016；何登发等，2018）。明确沉积物源研究包括物源组成、物源区的位置和性质、沉积物从"源"到"汇"的路径，以及影响沉积岩或沉积物组成的构造环境、地形地貌和气候等各种因素及其耦合关系（杨江海，2012；何登发等，2018）。基于沉积记录分析造山带物源区的物质组成、物源类型和构造属性，研究源—汇系统动力学过程和物质交换方式、原型盆地恢复、盆—山耦合与构造演化历史及其沉积响应机制并成为热点和关键内容之一（李任伟等，2005；刘少峰等，2005；杨江海，2012；李忠，2013）。从源—汇系统和构造—沉积响应理论新视角，采用镜下岩石矿物学分析、碎屑骨架成分统计与投图、砂砾岩多类型碎屑及端元成分（Qm、Qp、P、K、Lv、Ls）、典型物源区碎屑组合模式及特征参数分析、区域构造—沉积特征与前人相关资料佐证分析等方法手段，结合最新钻探和区域地质研究成果，剖析了准噶尔盆地西北缘前陆盆地冲断带二叠纪—早侏罗世构造环境演变的碎屑沉积响应，探讨了沉积区砂砾岩碎屑成分对物源区构造属性、盆山格局演化的指示意义（蔚远江等，2019b，2020）。

注重多方面、多层次讨论前陆盆地构造—沉积响应关系，结合物源与构造背景演化的耦合关系（颜照坤等，2017）、沉积大地构造格架与沉积层序关系讨论弧—陆碰撞事件的沉积—构造响应（师平平等，2021）、沉积地质体对构造演化的影响及构造演化对沉积物的控制作用等，厘定了中—新生代构造—沉积演化阶段、原型盆地与沉积充填特征，深化了中西部前陆盆地冲断构造—沉积响应认识（蔚远江等，2019b）。

一是中西部前陆盆地中—新生代构造—沉积演化研究。基于多学科综合研究，将中西部前陆盆地冲断带侏罗纪以来的构造演化过程划分为5个阶段：早侏罗世—晚侏罗世早期为断陷沉积阶段，形成了盆缘厚、盆内薄的楔状沉积充填；晚侏罗世晚期为挤压冲断和磨拉石沉积阶段，形成山前冲断构造和盆地古构造；白垩纪为差异性沉积充填阶段；晚白垩世晚期为区域性隆升剥蚀阶段，形成塔里木盆地、柴达木盆地、鄂尔多斯盆地东西向的构造隆起区，并缺失上白垩统甚至下白垩统，其南、北两侧均发育完整的白垩系；古近纪—新近纪为前陆盆地发育阶段，形成新生代早期盆地的充填和晚期复杂的冲断褶皱。

二是中西部前陆盆地原型恢复与沉积充填研究。中国前陆盆地叠置在被动大陆边缘、断陷或坳陷盆地之上（何登发等，2017），基于构造—岩相古地理重建，恢复了上述 5 个构造演化阶段下准噶尔盆地南缘、库车、塔里木盆地西南缘、柴达木等前陆盆地原型和沉积充填结构。识别出 3 期前陆盆地沉降扩张至抬升收缩过程，明确每期湖盆经历了从潮湿到干旱的过程，分别发育河流—曲流河三角洲、季节性河流—辫状河三角洲的充填演化序列。每一阶段的盆地实体与相应的成油环境各异，湖盆扩张期往往形成有效烃源岩的分布，而抬升收缩期则发育有效储层和构造圈闭。明确了原型盆地的发育范围、叠置迁移关系及烃源岩分布特征，拓展了冲断带源内、源外两大勘探领域，也为新一轮的油气资源潜力评价奠定了重要基础。

三是中西部前陆盆地新生代构造作用与冲断沉积响应研究。剖析了新生代高原增生、构造传播、侧向挤出 3 种构造作用，以及环青藏高原盆—山体系新构造运动下叠加型、改造型、新生型、早衰型 4 种组合类型前陆盆地的冲断沉积响应特征（赵孟军等，2017）。

建立上述中西部新生代 3 种构造作用、4 种组合类型盆地的盆—山耦合关系，对中国特色前陆盆地盆山耦合中的沉积响应研究进入成熟化。

一是前陆盆地系统盆—山耦合及其对深层结构控制研究。以天山南北两侧前陆盆地中—新生代以来盆—山耦合关系为例，在南北向构造应力场作用下，天山南部盆—山结合带构造变形主要集中在南天山山前库车坳陷内，为以逆冲断裂形式卷入坳陷的构造变形；盆山耦合关系表现为中下地壳及上地幔的层间插入与拆沉，造成天山地壳、岩石圈增厚。天山北缘山前坳陷受侧向挤压作用，北天山上地壳向盆地方向逆冲推覆；准噶尔盆地下地壳与上地幔则向北天山下部挤入，使天山地壳、岩石圈增厚并隆起。这样天山南北山前盆地构成统一变形的双指向的前陆盆地系统，位于俯冲板块之上的库车—塔北盆地为前方前陆盆地（Pro-foreland Basin），位于仰冲板块之上的准噶尔盆地南缘—中缘盆地为后方前陆盆地（Petro-foreland Basin），并进而建立起挤压环境下前陆盆地的数字演化模型（何登发等，2017）。

二是关注前陆盆地演化过程中构造与热演化、构造与沉积作用、隆升造山与剥蚀沉积的多种耦合关系研究。逆冲推覆作用的浅部温度效应、快速沉积作用对盆地温度场的影响等，往往存在浅部热演化（包括造山带逆冲推覆、快速沉积压实等）与盆地下伏岩石圈挠曲、深部热演化的联合作用（何丽娟等，2017）。发现新近纪以来海相前陆盆地的沉积与构造运动之间的时间存在明显滞后，滞后时间长达 3~6Ma，远大于一般认为的 0.1~1Ma。沉积物沿年轻造山带走向搬运、基底沉降导致近物源区粗碎屑物质的沉积、整个搬运体系中沉积物的局部保存与释放等因素可能是导致时间滞后的主要原因（许淑梅等，2017）。基于 SRTM DEM 数据，通过条带状剖面分析、古地形面（残余面）恢复及弹性挠曲模拟等研究手段，计算了青藏高原东缘龙门山前陆区晚新生代地壳均衡隆升与地表剥蚀之间的定量关系，探讨了龙门山地区表面剥蚀作用与均衡隆升作用之间的地表响应过程（闫亮等，2019）。通过砂箱物理模拟实验揭示冲断带—前陆盆地系统形成演化过程中，单一构造剥蚀、沉积作用和剥蚀—沉积耦合过程对其盆—山系统形成演化的控制影响作用（邓宾等，2021）。利用砂岩样品低温热年代学分析技术（AFT 和 AHe）约束龙门山南段前缘地区的剥露特征，认为中新世（约 21Ma）以来浅部地层经历了 10～11Ma 的快速剥露（500～700m/Ma）和向南东的逆冲推覆作用，构造应力通过四川盆地西南部多层滑脱层向盆地传递，导致龙门山前缘地区大范围构造变形及快速剥露（邵崇建等，2023）。

3. 国内前陆盆地构造—沉积响应研究发展趋势

实践表明，中国中西部前陆盆地构造演化长期而复杂，前陆冲断带的油气勘探是世界上最难的领域之一，其构造—沉积响应研究发展方向及目标主要包含以下几个方面：

（1）加强前陆盆地源—汇系统、造山带隆升过程与边缘盆地沉积响应研究，前陆盆地盆—山耦合与原型盆地时—空关系研究不断深化。包括对中西部地区前陆冲断带不同区段构造变形、构造活动及其沉积响应的差异性分析，冲断带区域地质结构、区域构造变形及其沉积响应特点的整体性认识。如对北天山前陆区或准噶尔盆地南缘前陆盆地冲断带的构造—沉积作用性质、细节的深化研究，明确其对区域构造格局及构造演化的响应特点和机制。盆—山关系研究中，除盆—山几何学、运动学关系分析之外，盆—山系统动力学研究将突显出来；时—空关系研究中，需要以时间为坐标，正演原型盆地的构造—古地理格局、充填序列、构造变形特征及其叠加的地质结构（何登发等，2017）。

（2）攻关提升三维地震资料品质，精细解剖山前带沉积体几何形态、充填特征、构造—沉积层序，以及断裂、变形程度、褶皱样式，建立有效的可指导地震资料处理与成图的构造—沉积模式，尤其是构建冲断层下盘的构造—沉积作用细节。

（3）加强深水深层褶皱逆冲带的构造—沉积响应分析，深化对不同类型前陆冲断带构造样式、构造多期叠加和改造模型的精细认识。如精细剖析准噶尔盆地南缘压扭构造、库车地区挤压冲断构造、柴北缘地区基底卷入构造特征，以及其构造模型、构造—沉积响应。

（4）多学科交叉渗透定量分析与四维动态模拟结合，深化构造—沉积响应机制下控烃、控砂、控储特征与规律、高孔渗段储层发育的研究。开展前陆盆地定量分析与模拟研究，多学科的充分融合、渗透将成为必然。研究方向包括前陆盆地内、外动力地质综合作用及其成盆效应、地貌—物源—流域—充填的内在机制。前陆盆地四维模拟系统可以据实际断层协调处理均一与非均一变形，建立"过程导向的"前陆盆地演化的定量模型（何登发等，2017），前陆盆地有效烃源岩质量与规模、储层物性非均质性的精细评价与方法建立等。

（5）强化前陆冲断带已有油气藏发育特征、成藏过程（成藏特征、成藏期次、要素配置及其改造与调整）的剖析和有利区分布预测，深化前陆冲断带不同区段油气成藏组合及其差异性、不同区段主要目的层及关键勘探技术组合的优化选择与分析。

（6）深化研究某些前陆冲断带（准噶尔盆地南缘）异常高压的形成史、封盖史、断裂系统、断裂与异常高压关系、断裂封闭性与开启性及与圈闭成藏和时空配套的关系等。

总体看来，未来中国前陆盆地构造—沉积响应研究的发展趋势将聚焦于解决因地表结构复杂、岩性横向多变、地层产状多陡而导致的复杂构造成像、低信噪比和静校正三大物探问题，集中攻关三维构造模型与构造—沉积响应模式、构造—沉积响应体制下油气成藏差异性、构造圈闭评价三大关键地质问题。

四、国内前陆盆地构造—沉积响应体制下的成藏效应与油气勘探

中国前陆盆地发育期以挤压应力机制和大陆构造环境为主，往往还要经历一定程度的多期叠加、复合与改造，构造—沉积作用对烃源岩、砂体、储层、圈闭、油气保存、油气运移，以及成藏要素配置、改造与调整等的控制和影响、特征和规律比较复杂，甚至独具中国特色。因此，构造作用（或构造活动）的控烃、控砂、控储、控圈闭、控成藏，以及沉积作用响应构造控制而成烃、成砂、成储、成圈闭、成藏的认识，是在不断深化和持续进步的。

1. 中国前陆盆地构造—沉积响应体制下的成藏效应

近年来剖析前陆冲断带深部低孔渗储层特征、两类相组合控砂与两种储层改造机制、膏盐层控储作用和深部储层含油气性4个主控因素，深化了中西部前陆冲断带储层、成藏响应认识。

研究表明，中国中西部发育改造型、新生型、叠加型和早衰型4种不同组合类型的4期前陆盆地，具有不同的盆地和冲断带结构特征，决定了其烃源岩、储盖组合、成藏特征等成藏条件的差异性、油气分布的多样性和油气勘探潜力的差异性（贾承造等，2005）。

国外前陆盆地主要是大型板块边缘沉积的海相地层，发育稳定分布的海相碎屑岩或碳酸盐岩储层，中国前陆盆地是叠置在小型古板块基底上的陆相盆地和巨厚磨拉石堆积，其油气地质条件具有中国特色，如盆地规模小、烃源岩分布范围局限、生烃潜力不如国外海相层序、陆相腐殖型烃源岩以生气为主，沉积陆相碎屑岩储层，扇三角洲、辫状河三角洲、滨浅湖等砂体是主要储层，储层非均质性强，油气藏埋深大。

前陆盆地冲断带是中西部前陆盆地油气富集的主要构造单元，烃源岩与储盖组合、构造特征及保存条件是其油气聚集成藏的主控因素，冲断带断层、盖层的时空配置控制了油气分布的分带、分段特征和富集规律，指示着不同构造段的油气富集部位及有利勘探目标（宋岩等，2012）。总体上，前陆盆地冲断带、前渊、斜坡带和隆起带等不同构造单元或构造带在烃源岩发育和演化、圈闭类型及成藏过程、保存条件等方面的差异性，导致其油气分布特征的差异性（熊维莉等，2021）。

前陆盆地地壳浅表构造作用直接控制了烃源岩的分布及储层性质。表现为两个方面：

（1）构造—剥蚀—沉积作用在不同时间和空间尺度上控制影响着褶皱冲断带—前陆盆地系统的应力—应变机制，对沉积碎屑物质具有控制作用，形成对应的烃源岩、砂体的响应和分布特征；（2）构造演化造成沉降—沉积中心发生迁移，形成前陆盆地内的沉积物可容空间，控制了沉积体系的位置、埋深及发育厚度，形成对应的储层响应和特征。

前陆盆地（冲断带）深层冲断活动及成储、成藏响应分为以下几个方面。一是前陆深部储层特征与控砂机制研究，揭示了准噶尔南缘前陆盆地上侏罗统与塔里木库车前陆盆地白垩系等冲断带深部孔隙型储层具有"低成分成熟度、低结构成熟度、高塑性岩屑含量、强压实"的特征，扇三角洲、辫状河三角洲两类沉积相组合控制储集砂体分布，有利储层受"薄膜分散式胶结、流体超压、颗粒破裂、溶蚀"等4个因素控制。二是前陆深部有效储层演化与改造机制研究，结合成岩模拟实验与分析，明确侧向构造挤压产生构造缝、垂向快速压实产生成岩压碎与破裂的两种改造机制控制了冲断带深部有效储层发育和低孔不低渗特征。库车前陆盆地和准噶尔南缘前陆盆地特有的低地温梯度和早期缓慢浅埋、晚期快速深埋过程有利于孔隙保存（冯佳睿等，2016；于志超等，2016；张惠良等，2014；高志勇等，2010）。快速深埋作用下产生的碎屑颗粒破裂与成岩缝、构造应力作用下发育的明显构造裂缝是深部储层溶蚀作用发生及渗透性提高的主要原因之一（袁静等，2017），挤压与压实作用的减孔造缝及大规模缝网溶蚀是深部有效储层发育的重要成因。在深部溶蚀作用中，长石的溶解现象普遍存在，常与钠长石生成相伴生，多形成粒间溶孔、粒内孔及少量铸模孔（冯佳睿等，2016）。基质孔隙与构造裂缝的结合，拓展了冲断带深部有利储层的勘探范围。三是前陆冲断带深部膏盐层控储作用研究。膏盐在前陆（超）深层优质储层形成中的作用主要体现在：（1）膏盐层热导率高，导热性强，盐下地层热量易于散失，从而抑制和延缓成岩作用进程（卓勤功等，2014），利于保持盐下砂岩储层的高孔隙度；（2）膏盐层的封盖作用，造成下伏地层流体排出不畅，延缓压实作用，利于膏盐层下孔隙的保存（付晓飞等，2016；卓勤功等，2014）；（3）膏盐在深部脱水，石膏转化为硬石膏，析出的水由于流通不畅引起超压，造成膏盐层超压封闭和物性封闭的双重封闭。因此巨厚膏盐层对其下部的储层物性保持具有重要的作用，并会对油气储存和保存产生有利影响。四是前陆盆地冲断带深部储层含油气性及主控因素研究。基于实例解剖、大量物理实验分析，提出前陆盆地冲断带深部低孔渗储层渗透率差异是导致天然气充注和聚集差异的根本原因，确定深层储层含油气性的4个主控因素为源储压差、超压压差、早期油气充注和后期裂缝改造。源储压差（紧邻储层的烃源岩排烃形成的压力与储层压力之差）控制了"源储叠置型"低孔渗砂岩气成藏。超压压差（天然气持续供给而形成的超压与储层压力之差）控制了"源储分离型"低孔渗砂岩气成藏。早期油气充注在一定程度上抑制了储层后期的致密化作用，有利于保存原生孔隙和保持细孔喉的连通性；后期高角度构造裂缝沟通了基质水平方向的片状孔喉，改善了低孔渗储层的渗透性，降低了气体充注动力并改变了充注方式，有利于天然气充注。

中国新生代构造的继承性和活动性导致早期海相沉积盆地被强烈改造、大陆边缘坳陷有利的生油相区被卷入造山带或逆掩推覆带之下（李本亮等，2009），可以形成山前带深层或冲断带下盘的砂体和油气聚集；前陆逆冲带多数古油藏被调整或破坏，形成油苗、沥青等，油气藏分布复杂；前陆冲断构造变形的多样性导致对其地质认识和油气勘探的复杂化，强烈的构造挤压也造成构造变形复杂、圈闭类型多样，甚至构造圈闭高点的迁移，影响着圈闭的准确识别和落实。

不同时期的前陆冲断构造控制了多期次、多层系、多类型的油气藏，燕山期及之前是早衰型前陆盆地（准西北缘）和改造型前陆盆地（川西）最主要的油气成藏期，喜马拉雅期则主要表现为早衰型前陆盆地油气藏的保存和改造型前陆盆地油气藏的调整和定型；喜马拉雅晚期是新生型前陆盆地（柴北缘）最主要的成藏期，而叠加型前陆盆地（准南）具有多期成藏的特征，但喜马拉雅晚期的油气成藏最为重要（赵孟军等，2007；李本亮等，2009）。

目前除了对准噶尔西北缘、川西、川北、塔里木库车等前陆盆地认识比较清楚外，对准噶尔南缘、塔东南、鄂尔多斯西缘等前陆盆地的认识尚少，有待深入研究和持续探索。除了前陆冲断带内沉积盖层中受脆性变形控制的断层相关褶皱的认识比较深入外，对于盐构造、走滑构造、基底卷入构造的变形几何学认识、构造圈闭的识别与落实、油气成藏规律的预测等都需要深入地研究。

2. 前陆盆地油气分布规律和勘探方向

中国中西部前陆盆地具有多期成藏的特征，构造多期叠合、古构造发育、多套烃源岩多期演化是油气多期成藏的主控因素；前陆盆地发育 3 套储盖组合和原源、他源两大套成藏体系，控制着油气纵向分布；前陆盆地不同构造带地质特征控制着油气区域分布规律，逆冲带、前缘隆起带油气藏主要分布于下部成藏体系，坳陷带油气藏主要分布于上部成藏体系，构造或以构造为主的油气藏主要分布于前陆盆地冲断带和前缘隆起带上，并且与造山带有一定距离；在逆冲山前带油藏被破坏形成油苗、沥青或残余油藏，在坳陷内的逆冲带和坳陷带主要聚集了成熟度相对较高的天然气，在斜坡带和前缘隆起带既聚集了早期形成的油（气）藏，又聚集了晚期成熟度相对较高的天然气（宋岩等，2006）。

在前陆盆地冲断带内部由于强烈的挤压，构造圈闭十分发育。前陆盆地具有"近物源、快速堆积"的沉积特点，在前陆盆地前渊坳陷和前缘斜坡带，岩性、岩性—地层、构造—岩性油气藏十分发育。在紧邻造山带附近由于挤压作用强烈，圈闭破坏程度比较严重，有效圈闭数量少，难以形成有效的油气聚集（姜福杰等，2007；薛良清等，2005；蔚远江等，2019a；马达德等，2018）。在前陆褶皱冲断带中，逆冲推覆构造发育，有利于下伏烃源岩发育和成熟，并且上覆逆掩岩体对下伏岩层中的油气能起到很好的封盖作用。一方面，挤压作用形成大量与挤压和冲断相关的背斜构造、很好的储集空间，成为油气富集区；在挤压过程中形成了裂缝和断裂（带），断裂带岩石的渗透率远远大于其他地区岩石的渗透率，是流体优先选择的运移通道。另一方面，由于前陆褶皱冲断带构造活动过于强烈、断裂大量发育，使得油气散失相对容易（库车前陆盆地库姆格列木、米斯布拉克和黑英山等）。因此，前陆褶皱冲断带油气成藏的关键是保存条件。

中国中西部地区前陆盆地的石油勘探程度较高，这主要得益于中国较早开始准噶尔西北缘前陆冲断带的勘探；前陆盆地天然气勘探程度总体较低，近十年来有了较大的提高。"十三五"时期以来，中国石油发展了以多滑脱构造变形控结构控圈（闭）、相组合与双应力控储（层）、断—盖组合控（成）藏为核心的前陆盆地冲断带深层油气聚集地质理论，明确指出前陆盆地冲断带深层近源的生储盖组合空间配置好，8000m以深仍发育规模有效储层，深层超压发育、源储能量配置优，深层构造更加稳定有效，盖层随埋深增大而塑性、封闭性、完整性增强，下部成藏组合更有利于油气规模成藏和保存的油气富集规律。研发了复杂构造（带）油气藏综合评价技术，解决了前陆盆地冲断带深层富油气构造带油气藏评价和含油气性预测等勘探难题。形成了冲断带深层富油气构造带勘探理论，提出山前断阶构造带、叠瓦冲断构造带和滑脱冲断背斜构造带3类典型富油气构造带勘探模式，指导和支撑了库车深层克深、博孜—大北两个万亿立方米规模大气区的发现和增储上产，推动准南、柴西、川西的富油气构造带勘探获得重大突破，助推了中秋1、五探1、齐古4等风险井和预探井上钻，以及准噶尔盆地南缘呼探1井、高探1井油气勘探大突破，支撑和推动了中西部前陆盆地冲断带库车博孜—大北、柴西英雄岭、准南乌奎等7个富油气构造带油气勘探大发现（赵孟军等，2022）。

总体来看，由于前陆盆地烃源岩有机质类型、烃源岩热演化过程的不同，造成了油、气分布的差异性。前陆盆地富气的有库车、柴西南、柴北缘和川西等，富油的有准噶尔西北缘、柴西南、塔西南和柴北缘等。总结了前陆盆地冲断带区域成藏特征与油气分布规律，剖析了库车前陆盆地常规砂岩超高压大气田成藏认识、川西北前陆盆地超深层生物礁大气田成藏认识、准噶尔盆地西北缘前陆盆地砂砾岩大油田成藏认识（蔚远江等，2019b）。近期勘探进展形势，既显示出较大增储潜力，也面临较大挑战共存的局面，未来总体勘探前景仍然较大。基于第四次油气资源评价结果和近期勘探认识，剖析了塔里木库车、柴西南、川西北、准南缘、塔西南前陆盆地冲断带等近期勘探重点领域和潜力区带的成藏地质条件。

研究认为，前陆盆地冲断带剩余油气资源总体较为丰富，在油气勘探发现中地位重要，未来勘探潜力较大，是加快天然气勘探增储的重点领域之一（熊维莉等，2021）。结合烃源岩、储层、盖层、成藏要素匹配、圈闭、保存六大成藏条件分析，从勘探层系、有利面积、资源储量规模、构造＋圈闭类型与目标储备、有利因素、地质风险6个方面开展区带综合评价和有利勘探区带优选，认为勘探主攻方向是塔里木库车、准噶尔西北缘、准噶尔南缘、塔里木西南缘及柴达木西南缘等，按3个层次优选出前陆盆地冲断带勘探增储的7个现实区带、6个接替区带、9个准备区带，预计未来5年可新增地质储量天然气$6500 \times 10^8 m^3$、石油$3.5 \times 10^8 t$（表3-4；蔚远江等，2019a）。

未来前陆盆地冲断带油气勘探，将向"多、隐、下、深"方向发展。体现在前陆勘探向多元化（多层系、多类型、多相态）发展，冲断带构造岩性油气藏勘探日趋重要；前陆油气勘探由冲断带上盘向隐伏构造和冲断带下盘延伸；前陆勘探向深层超深层发展，深部存在隐伏构造和有利勘探目的层，勘探潜力值得重视。中西部不同类型前陆冲断带发育不同的深层结构类型，应开展对应的研究和油气勘探，针对不同的前陆领域结构类型采取不同的研究与勘探对策（表3-5；蔚远江等，2019a）。

表 3-4 中国石油前陆冲断带勘探有利区带及其潜力分析简表（数据截至 2017 年底）

前陆领域	前陆区带	地质资源量 石油(10^8t)	地质资源量 天然气(10^8m^3)	近期勘探进展情况	探明储量 石油(10^8t)	探明储量 天然气(10^8m^3)	探明率(%) 石油	探明率(%) 天然气	5年增储潜力 石油(10^8t)	5年增储潜力 天然气(10^8m^3)	区带类型
塔里木	库车屯深—大北		32000	天然气气控制地质储量 4364×10^8m^3，预测地质储量 4032×10^8m^3	—	7113		22.1		2000	现实(7个)
	库车北部构造带	0.85	16400	天然气控制地质储量 564×10^8m^3，预测地质储量 518×10^8m^3	—	—		—		500	
准噶尔	西北缘红车拐地区	9.64		石油控制地质储量 2.39×10^8t，预测地质储量 1.32×10^8t，多层系整体地质储量规模 3.5×10^8t	2.40	—		24.9	1.0		
	西北缘克百—乌夏断裙带	7.56		三叠系石油储量规模 5×10^8t，2017 年多井多层组控制地质储量 2600×10^8t	2.53	—		33.5	1.0		
	西北缘玛湖西斜坡	4.19		石油控制地质储量 0.5518×10^8t，预测地质储量 0.6046×10^8t，致密油潜力大	—	—		—	0.5		
柴达木	柴西南英雄岭构造及昆同缘	8.84		近年新增石油控制地质储量 1.2×10^8t，预测地质储量 1.57×10^8t，有新进展	0.75	50.78	11.8		0.7		
	柴西南阿尔金—金祁连山前	3.8	13000	天然气控制地质储量 469×10^8m^3，尖北、东坪、牛中、冷北、牛东、双探 1 井、双探 3 井，有利面积 1500km^2	—	519		5.0		500	
川西北	龙门山山前缘北段		3588	天然气预测地质储量 508.35×10^8m^3，下古生界多层组系高产，有利面积 1500km^2	—	—		—		500	接替(6个)
塔里木	库车秋里塔格构造带		6000	有利面积 4500km^2，勘探程度低，暂未突破	—	—		—		—	
	库车博孜、阿瓦特构造带		2000	博孜 1 井、阿瓦 3 井获突破，有利面积 223km^2	—	—		—		200	
准噶尔	南缘齐古断褶带		1777	天然气预测地质储量 44.6×10^8m^3，齐古 3 井侏罗系获油气流，齐古 1 井、齐古 2 井	—	—		—		300	
柴达木	柴西南乌南—绿草滩	3.0～5.0		扎探 1 井侏罗系获突破，乌 106 井侏罗系，乌 112 井出气，石油控制地质储量 3584×10^4t，天然气控制地质储量 529.6×10^8m^3	0.2			5.0	0.3	100	

前陆领域	前陆区带	地质资源量 石油（10⁸t）	地质资源量 天然气（10⁸m³）	近期钻勘探进展情况	探明储量 石油（10⁸t）	探明储量 天然气（10⁸m³）	探明率 石油（%）	探明率 天然气（%）	5年增储潜力 石油（10⁸t）	5年增储潜力 天然气（10⁸m³）	区带类型
吐哈	台北凹陷北部山前带西段	0.5	1000	照4H井获发现，有利面积1000km²	—	—					接替（6个）
	米仓山前缘剑阁—九龙山		2000	2017年龙探1井栖霞组高产气，南部储层发育	—	—	—				
川西北	龙门山前缘南段		3878	天然气预测地质储量612.5×10⁸m³，兴探1井雷口坡组、大深1井栖霞组解释有气层，连探1井栖霞组出气，有利面积3700km²	—	—					
塔里木	塔西南柯东、苏盖特构造带	3.45	8720	已发现柯克亚气田，2011年柯东1井突破，有利面积15000km²	—	—					准备（9个）
	塔西南乌恰构造带	0.32	4841	中段成藏好，二叠系和石炭系有望发育储盖组合	—	446.44		8.4			
准噶尔	南缘乌奎背斜带	10	5000	发现玛河等5个气田，有利面积50000km²	—	—	—				
	西北缘掩覆构造	—	—	烃源岩规模发育，具规模储层和构造条件	—	—					
鄂西缘	西缘冲断带上古生界		1200	紫探1井出气，有利面积350km²；以构造为主，油气显示丰富	—	—					
柴达缘	黄瓜峁等		5000	生烃凹陷中，碳酸盐岩储层发育，构造盖层勘探程度低	—	—	—				
吐哈	台北凹陷北部山前带东段	0.61	274.6	东段及山前掩覆区勘探程度低，构造圈闭多，生储盖示丰富，有利面积1000km²	0.12	67.6	20	25			

表 3-5 中西部前陆盆地冲断带深层结构类型、有利新领域及相应研究与勘探对策（据蔚远江等，2019a）

前陆主要结构类型	典型前陆区	有利新领域	研究与勘探对策
先存古构造	准西北缘、库车西秋深层、川西北、鄂尔多斯西缘等	龙门山北段浅层推覆体之下的原地或准原地的断块和褶皱构造；西秋里塔格盐下古构造及新构造改造、准西北缘冲断带下盘深层与掩覆构造	古构造分析，寻找古构造、构造—岩性圈闭，有效烃源岩和优质储层预测
基底褶曲构造	川西北、准南、塔西南、川东、柴达木	龙门山北段基底褶曲及前翼反冲构造、龙门山南段逆冲推覆构造；准南缘冲断带深层楔体结构及下组合；柴北缘冲断带平面弧形冲断构造（冷湖—马仙构造带）、柴西南缘冲断带斜向逆冲构造	寻找完整的构造圈闭，侧向封堵的单斜，构造—岩性圈闭，圈闭有效性评价
鳞片体构造	库车、准南缘、塔西南、川东北	库车滑脱层下（克深—大北构造带）深层鳞片体冲断构造；塔西南冲断带深层原地隐伏构造、受滑脱层控制和以挤压逆冲为主的构造段	精细化勘探，寻找独立断片，侧向封堵分析，成藏要素匹配性分析

第二节　裂谷—断陷盆地构造—沉积响应研究进展

拉张或伸展型盆地形成时期受拉张应力主导，是引张作用下地壳和岩石圈伸展、减薄作用有关的裂陷盆地，包括陆内裂谷、坳陷、拗拉槽和被动大陆边缘等（解习农等，2013）。中国的大多数石油地质学家将裂谷称为箕状断陷盆地、伸展断陷盆地或裂陷盆地（姜敏等，2017）。中国东部地区构造作用活跃的主动裂谷盆地或断陷盆地十分发育，盆地演化早期以裂谷为主，后期以裂陷为主，其中多数现今已发展成为叠合盆地，勘探研究也较深入。因此本节合并论述裂谷—断陷盆地（后文简称为裂谷盆地）的构造—沉积响应。

一、裂谷盆地及其分类与鉴别特征

1. 裂谷盆地概念及主要类型

裂谷盆地是由于受区域性引张应力场作用使得岩石圈减薄、发生伸展破裂与裂陷作用形成的大范围狭长沉降区，并且常常是一侧为正断层限制的断陷盆地（Gregory，1896；Burke et al.，1973），最经典的例子就是东非裂谷。断陷盆地通常指断块构造中的沉降地块，受断层线控制，多呈狭长条状。

裂谷盆地的分类方式众多，其一是按盆地动力学成因，划分为与热隆拉张有关的主动裂谷盆地、与走滑或区域伸展应力场有关的被动裂谷盆地两大类（图 3-5），这也是沿用较多的划分；其二是按盆地所处构造位置与基底特征，划分为大陆裂谷或陆内裂谷盆地、陆间裂谷盆地、拗拉谷裂谷盆地、大洋裂谷和陆缘裂谷盆地 5 类；其三是按边界断裂型式，划分为单断式裂谷盆地（边界一侧由正断层限制，另一侧由地层上超边界限制）、双断式裂谷盆地（两侧都由正断层限制）；其四是根据岩石圈伸展模式的不同，将裂谷盆地分为对称裂谷盆地、非对称裂谷盆地及混合裂谷盆地（Sengor et al.，1978；Ziegler，1992；Ye，1992；张光亚等，2022）。

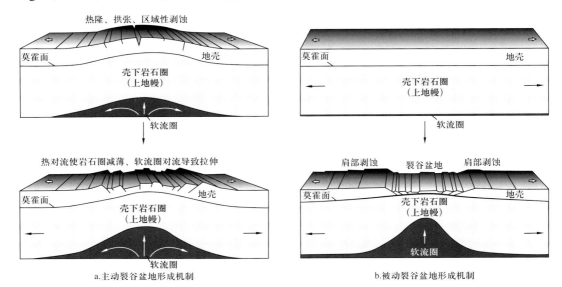

图 3-5　主动和被动两种动力学机制成因裂谷盆地（据 Ziegler，1992；姜敏等，2017）
a. 主动裂谷作用，它的驱动力是地幔柱或热席的隆起作用，它产生了地壳穹隆，并引发地表岩石圈的破裂，这种裂谷作用往往表现为三叉式或三联式裂谷系；b. 被动裂谷作用，它的驱动力是张应力，引起了岩石圈的减薄和破裂，随后由于均衡补偿，地幔物质被动上涌并引起的地壳隆起和火山活动

2. 裂谷盆地主要鉴别特征

从陆内裂谷到被动大陆边缘盆地，如现代的东非裂谷、莱茵地堑、大西洋被动大陆边缘等，具有一些共同的特征：（1）处于大陆离散、裂解或拉伸的地壳或岩石圈变薄带；（2）高的热流值（80～115mW/m²）；（3）具有基性和中基性火山岩、岩浆活动；（4）发育负布格重力异常；（5）伴生过区域隆起等。裂谷盆地不同的构造单元控制着特定的沉积相和砂体的展布形式，构造坡折带是油气藏形成的极有利地带（关欣，2012）。

除上述共同特征外，各类不同裂谷盆地性质及其类型，主要依据其控盆边界断裂、地球物理、成因机制、陡坡带与缓坡带样式、沉积体系、充填序列特征等方面进行细化鉴别。

主动裂谷盆地一般具有较缓的边界断层、沉降速率大、火山活动频繁、地热梯度高，地壳厚度一般为 25～30km。在发育的早期，主动裂谷有大规模的岩浆活动。在主动裂谷盆地中，地幔上隆和火山作用是盆地形成的第一阶段，岩石圈伸展减薄和均衡上隆是第二阶段。

被动裂谷通常具有较缓的边界断层，沉降速率小、火山活动不发育、地热梯度低，地壳厚度一般为 35～40km。被动裂谷在发育的早期缺少大规模的岩浆活动，伴随着地壳的减薄，中期和后期地幔物质上涌，可以有较小规模的岩浆活动。被动裂谷发育过程中，第一阶段为张裂下陷，第二阶段为火山作用。

前人对全球 124 个主要裂谷盆地的地质资料进行对比分析发现，主动裂谷与被动裂谷具有控盆断裂构造及断层性质、断陷内局部构造、坳陷构造层、岩性组合及沉积相序与火山岩发育、沉降曲线、地热史等 6 个方面典型特征差异（侯贵廷等，2023；表 3-6），两者的裂陷方式、裂陷时间、充填、成因机制与伸展模型、汇水系统、控砂构造单元（转换带、坡折带）、沉积体系域及砂体分布控制作用等也有不同。

表 3-6　主动裂谷与被动裂谷的典型特征差异对比（据侯贵廷等，2023，修改）

裂谷类型	控盆断裂构造	断陷内局部构造	坳陷构造层	岩性组合、沉积相序与火山岩发育	沉降曲线	地热史
主动裂谷（盆地）	盆地形成前地幔上拱、地壳弯曲，发育铲型控盆断裂	发育滚动背斜、断背斜和断块，以铲式、座墩式、马尾式陡坡带和宽缓型缓坡带为主	沉降幅度大，沉积厚度大	大套湖相泥岩、早期发育火山岩，完整湖盆相序；陡坡带多发育扇三角洲，缓坡带多发育河流—三角洲体系	快速持续沉降、沉降速率大、沉降曲线平直	地温高峰期早、冷却速率大
被动裂谷（盆地）	盆地形成前无壳弯曲，无层间或深层滑动，控盆主断裂陡立	以反（顺）向断块、断垒为主，滚动背斜少，以陡立板式和阶梯式陡坡带和窄陡型缓坡带为主	沉降幅度小，沉积厚度小	短暂湖相泥岩和短暂河流相砂岩互层，早期不发育火山岩，中晚期可能发育火山岩；陡坡带坡度相对较陡，多发育近岸水下扇，缓坡带多发育扇三角洲	脉冲式多期次沉降，沉降曲线呈周期性的锯齿形	地温高峰期较晚，冷却速率小

陆内裂谷盆地以东非裂谷盆地为典型代表，总体特点是位于大陆板块内部，盆地基底下降且仍为陆壳；构造上主要由一个或多个生长断层发育的地堑或半地堑组成，同沉积正断层控制着断陷及盆地格架，断层常为铲型，控制的断陷形态有箕状和地堑式；沉积盖层常具双层结构——下部的断陷期沉积和上部的坳陷期沉积，后者的范围一般超越了断层的控制范围，以陆相河流、冲积扇、三角洲及湖相砂泥岩充填为主；火山活动主要产物是双模式岩石、拉斑玄武岩和碱性玄武岩，裂谷发育初期常有基性喷出岩；属于热盆，地温梯度高（一般大于 3℃/100m），热流值为 60～80mW/m^2；当后期受到挤压或走滑应力作用时可发育挤压背斜或雁列褶皱，主要圈闭类型有滚动背斜、掀斜断块、底辟及地层圈闭。

陆间裂谷盆地以红海裂谷和加利福尼亚湾为典型代表。总体特点是早、中期演化与陆内裂谷早、中期相同，地层为沉积岩和熔岩、蒸发岩，当有河流在裂谷末端注入时，三角洲或浊流沉积会代替蒸发岩；总体缺乏良好生油岩，沉积岩薄，不易形成大的油气田。

裂陷盆地指与岩石圈拉伸减薄作用（裂陷作用）有关的一类盆地，是所有裂陷作用下形成的裂谷盆地，包括断陷盆地与坳陷型裂谷盆地。断陷盆地指裂谷形成过程中，裂谷断陷期比较发育，如中国东部渤海湾盆地。而坳陷型裂谷盆地在形成过程中，裂谷断陷期不发育，而裂谷坳陷期比较发育，如松辽盆地。

被动大陆边缘盆地构造作用一般相对较弱，坳陷、拗拉槽只经过区域沉降但缺乏大型伸展断层。

二、裂谷盆地构造—沉积响应研究进展与发展趋势

1. 裂谷盆地构造—沉积响应研究发展历程

根据主要特点、标志性内容或事件等划分，其研究经历了如下 4 个发展阶段。

1）20 世纪 70—80 年代，处于理论认识阶段，建立了裂谷盆地分类方法及其成因模型

1894 年，Gregory 开始关注裂谷盆地。自 20 世纪 70 年代开始，国内外一些地质学家对裂谷盆地进行了详细的分类研究。多数依据板块构造理论和诸多分类原则，将裂谷盆地作为与离散板块运动有关的一类单独列出（Halbouty et al.，1970；Klemme，1974），并开展了亚类细分。如将离散型板块边缘盆地进一步细分为裂谷盆地、大洋边缘盆地、拗拉谷和衰退裂谷（Mail，1984）；在被动大陆边缘盆地之上，又细分为裂谷盆地、拗拉谷盆地和挠曲盆地三类（Klein，1987）。

期间，比较有影响的是把裂谷盆地与地壳的拉张断裂联系起来，提出了裂谷盆地的地球动力学分类。即以盆地形成的力学环境为基础，首先划分出张裂环境盆地（拉张—裂陷盆地）、挤压环境盆地（挤压—裂陷盆地）、剪切环境盆地（走滑—裂陷盆地）、重力环境盆地或克拉通盆地，然后再对每一种类型进行细分。就前三种类型盆地的成因许多学者都达成了共识，主要代表人物包括 Sengor 和 Burke（1978）、Mackenzie（1978）、Wernicke、Lister、Barbier 等。

国内学者提出的盆地分类方案中，有划分出被动陆缘区的裂谷—拉张盆地，进一步细分为陆壳内裂谷断陷盆地、原始大洋裂谷盆地、被动边缘盆地和陆缘裂陷海槽（孟祥化等，1993）；又在与离散板块运动有关的盆地中划分出陆内裂谷，在与会聚板块运动有关的盆地中分出与碰撞作用有关的碰撞裂谷盆地（陈发景，1986）；也有认为在地壳拉张动力区主要是裂谷类盆地，又细分为弧后陆内裂谷盆地、弧后陆缘拉开盆地、弧内盆地和弧内断裂复活盆地（罗志立等，1988）。

众多研究者针对复杂多样的裂陷盆地成因机制，提出了各种不同的成因模型（表 3-7），结合构造动力学成因、运动学特征及盆地构造演化特征，分析了盆地形成机制。基于裂陷盆地的成因对裂谷盆地进行划分，按照动力学成因和驱动背景的不同，主要划分出拉张—裂陷、走滑—裂陷和挤压—裂陷三大类型。根据具体作用机制和作用方式的不同，又可区分为若干类别（Neugebauer，1978；McKenzie，1978；Keen，1985；马杏垣等，1983），并提出了多种西太平洋大陆边缘海盆地的形成模式，如基于板块构造背景下的弧后扩张模式（Karig，1971）、大西洋型扩张模式（Taylor et al.，1983）、热驱注入模式（Miyashiro，1986）等。

表 3-7　裂谷盆地的成因模型分类（据龚福华等，2022）

驱动类型	成因机制	剪切类型	裂陷伸展模型	参考文献
主动裂谷	地幔热作用与重力作用		地幔底辟模型	Burke et al., 1973
			重力均衡扩张模型	Neugebauer, 1978, 1983; Bott, 1981, 1992
			地壳与地幔转换模型	Latin et al., 1990, 1991, 1992
			岩石圈与软流圈转换模型	Crough et al., 1976; Zorin, 1981, 1989, 1991; Spohn et al., 1982, 1983; Mareschal, 1983; Mareschal et al., 1991
			自限式伸展模型	Houseman et al., 1986
拉张—裂陷	拉张作用与重力作用	纯剪切	壳幔均匀伸展模型	McKenzie, 1978
			壳幔非均匀非连续伸展模型	Royden et al., 1980; Hellinger et al., 1983
			壳幔非均匀连续伸展模型	Beaumont et al., 1982; Rowley et al., 1986
			简单剪切模型	Wernicke, 1981
			悬臂梁弯曲模型	King et al., 1988
		组合剪切	简单剪切或纯剪切模型	Eaton, 1980; 马杏垣等, 1983, 1984, 1985; Lister et al., 1986
			简单剪切或悬臂梁弯曲模型	Kusznir et al., 1992
走滑—裂陷	剪切拉张	走滑或斜向伸展模型	走滑拉分模型	Christie-Blick et al., 1985; Biddle et al., 1986
		共轭断裂拉张模型	横向张裂	Ben Avraham Zvi, 1992
挤压—裂陷弯曲拉张	纵向挤压横向拉张			Xu et al., 1992
				马杏垣等, 1985
	挤压背斜轴部拉张断陷			崔军文等, 1997

提出了当前主流的裂谷盆地分类方法，即根据盆地动力学特征，将拉张—裂陷盆地细分出主动裂谷盆地和被动裂谷盆地（Sengor et al.，1978；Bakerand，1981；Turcotteand，1983；Morgan，1983；Morganand，1983；Keen，1985）。主动裂谷成盆是地幔热作用的结果（Burke et al.，1973，1974），首先受到地幔上隆和火山作用影响，随后岩石圈伸展减薄和均衡上隆形成裂谷盆地，其机理是地幔热传导、热对流等引起地幔底辟上隆，或者热对流引起软流圈存在横向温度梯度，使岩石圈底部的正应力发生变化（Houseman et al.，1986），导致岩石圈机械上隆，上隆幅度取决于热流值的大小，上隆作用可以将热能传递给隆起区。

Wernicke 等（1982）通过研究断块的运动学特征提出了伸展型盆地正断层的 3 种组合类型（图 3-6），这 3 种类型控制了 3 类不同特征的裂谷盆地（图 3-7）。

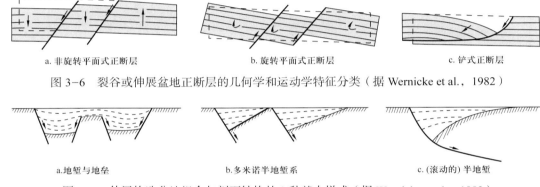

　　　a. 非旋转平面式正断层　　　　　　b. 旋转平面式正断层　　　　　　c. 铲式正断层

图 3-6　裂谷或伸展盆地正断层的几何学和运动学特征分类（据 Wernicke et al.，1982）

　　　a. 地堑与地垒　　　　　　　b. 多米诺半地堑系　　　　　　c.（滚动的）半地堑

图 3-7　伸展构造盆地组合与剖面结构的 3 种基本样式（据 Wernicke et al.，1982）

2）20 世纪 90 年代，进入迅速发展阶段，系统地总结裂谷盆地的演化模式，并对国内外裂谷盆地地层填充序列做出总结

期间，继续开展裂谷盆地分类研究，见有一些报道。国外学者在离散环境盆地中划分出大陆裂谷和初始大洋裂谷，在混合环境盆地里还细分了拗拉槽和撞击裂谷（Ingersoll et al.，1995）。中国学者依据盆地成因机制在克拉通内部盆地中划分出热力破裂盆地即裂谷或拗拉谷，其中包括衰亡裂谷（即断陷盆地和夭折的裂谷）；在中—新生代盆地基本类型克拉通内部盆地中划分出初始裂谷（甘克文，1992）。

将裂谷盆地的演化划分为同裂谷沉降、裂谷后沉降两个阶段（Ziegler，1992），前者形成断层控制的断陷盆地，后者形成热坳陷盆地，二者所形成的地层在剖面上呈牛头状。中国东部中—新生代裂谷盆地一般可划分为初始张裂阶段、断陷阶段、坳陷阶段 3 个演化阶段。

总结了被动与主动裂谷盆地演化各阶段的地质作用，认为被动裂谷成盆初期首先发生裂谷作用，后进行地幔均衡上隆和火山作用，其中可能出现脆性地壳直接受到拉张、脆性中上地壳和塑性下地壳与岩石圈地幔一起受到拉张产生均匀细颈化、脆性中上地壳受到拉张产生伸展断裂等情况（Cloeting，et al.，1992；万天丰，1993）。

1993 年在英国巴斯召开了裂谷盆地学术会议，研讨裂谷盆地地质特征、大陆裂谷和湖相烃源岩的油气生聚。随后出版 *Hydrocarbon Habitat in Rift Basins*（《裂谷盆地油气生聚》）一书，反映了裂谷构造模式、定量方法正反演模拟、构造—沉积响应及其油气勘探意义等方面的研究进展。尤需指出，Lambiase 等（1995）论述了大陆裂谷构造对沉积的控制作用，主要引用东非裂谷实例，着重强调构造分段对沉积物搬运的制约；Scholz 把东非马拉维湖三角洲的发育和调节带联系起来；Smith（1994）论述了加蓬早白垩世同裂谷期含油的湖相浊积岩系；Driscoll 和 Hogg 探讨了加拿大让娜·达尔克盆地早白垩世伸展作用的地层响应（向匡，1997）。

归纳了国内外裂谷盆地、裂陷盆地层序充填特征及构造对其控制作用，层序充填表现为普遍具有红—黑—红和粗—细—粗的整体特征。底部为初始裂陷阶段的红色类磨拉石粗碎屑岩（部分包括火山岩或火山碎屑岩），主要反映冲积环境的沉积，沉积速率快、相变快，地层结构通常表现为明显的不对称性。向上突变为整体向上变粗，可有若干个小旋回的暗色细粒岩为主体的湖盆沉积（局部受断裂控制的断崖扇发育），对应主要的烃源岩层段发育期。上部为坳陷阶段，为红色中—粗碎屑岩构成的浅湖相—河流相填平补齐阶段沉积，地层结构不对称性显著减小（王成善等，2003）。构造作用对层序的影响体现在构造活动、基准面与初始沉积地表（地貌）的差值控制着可容空间的大小，尤其是沉积期前构造影响着沉积空间、沉积物供给速率；构造在同沉积期对层序，尤其是层序内部构成、垂向叠加样式、沉积体系分布等有控制作用；沉积期后构造影响沉积物的保存状况。

从裂谷盆地分类角度来讲，主要建立了 3 类层序充填模式，即大陆边缘裂谷模式、陆内裂谷盆地模式、大洋裂谷盆地模式（龚福华等，2022）。

3）20 世纪 90 年代到 21 世纪初期，聚焦于裂谷盆地的残余和异常沉降、多幕拉伸作用的沉积响应研究

在诸多新生代裂谷盆地中，均发现了与传统裂谷盆地演化模型（MaKenzie，1978a）不相符的裂后期异常沉降或隆升现象。随后，通过对各种潜在因素的探讨初步完善了沉积盆地的沉降机制，并首次将残余沉降与动力地形相结合来分析其成因（解习农等，2006）。随后众多学者开始研究裂谷盆地的异常沉降（残余沉降）情况（Wheeler et al.，2000，2002；Xie et al.，2006；白玉，2014；康波，2014；季慧丽，2015），但前人在分析盆地裂后期异常沉降成因时，均仅仅针对单个盆地进行，由此导致讨论结果常为多种因素混合的定性分析，不能确定各种因素的主次关系，也缺乏对结果的定量认识。

中国石油进入海外裂谷盆地权益区块勘探，发展了苏丹被动裂谷盆地高效勘探、低勘探程度区快速发现大油田等勘探技术。聚焦于中西非 Muglad 盆地、Melut 盆地、Bongor 盆地、Doseo 盆地、Doba 盆地、Termit 盆地、Benue 盆地的单一盆地构造特征、多期裂谷演化、地层剥蚀量恢复、沉积充填特征、裂谷作用控制层序地层充填样式、石油地质等方面开展了大量研究（吕明胜等，2012）。

期间的重要进展，一是总结了裂谷盆地的断裂构造格架样式及控砂、控储、控油气作用。剖析裂谷盆地断裂面形态，提出了犁形断裂面、重力（垂向）剪切构造模式；总

结断裂系的极性，认为具不对称性，半地堑、不对称地堑多见，分析了极性反转、转换调节带。认为伸展断陷盆地内断层活动（包括其形成、生长、消亡等）影响沉积体系的发育，另一方面沉积地层响应记录了不同阶段的构造活动特征（Gupta et al.，2000）；对这一过程进行总结，并分别研究了海相和陆相断陷盆地内构造活动的沉积响应特征及其三维演化模式（Gawthorpe et al.，2000）。

二是认识到裂谷过程的多幕性。即裂谷盆地的形成往往不是一次快速拉伸的结果，也不是慢速的长时间伸长，而是经历多次的快速或瞬时拉伸，具有幕式活动的特点。多幕拉伸过程的重要证据之一是沉降速率的幕式变化（林畅松等，1995）。中国南海及东部中—新生代盆地许多裂谷盆地的拉伸过程都显示出多幕拉伸特点，如南海的莺歌海盆地、琼东南盆地、珠江口盆地和渤海湾等盆地都经历过多幕拉伸。回剥沉降史和正演模拟都证实了这种过程。受幕式伸展和断陷作用的控制和影响，裂谷盆地的沉积相应地呈现出幕式响应特点。

三是分析了构造作用在层序和沉积体系形成过程中的重要作用，认识到沉积盆地的地层形态、岩相类型以及空间配置样式是构造事件的重要标识。提出了断陷盆地构造坡折带的概念，构造坡折的展布样式将很大程度上决定沉积体系和沉积层序的发育和演化（林畅松等，2000；王英民，2000）。

4）21世纪初期至今，深化裂谷盆地分类研究，其构造—沉积响应研究步入半定量化与综合化时代，明确了裂谷—断陷盆地对沉积地质体的控制作用

这一时期，总结裂谷的形态学和动力学方面的分类，提出了广为流行的全球构造裂谷盆地分类法，主要是遵循板块构造离散或聚敛的活动规律，按板块构造位置把裂谷盆地分为稳定大陆边缘裂谷系列和活动大陆边缘裂谷系列（谯汉生等，2004）。稳定大陆边缘裂谷系列为陆内裂谷（板内）→陆缘裂谷（陆壳）→边缘海裂谷（过渡壳）→原洋裂谷（包括小洋盆和洋中脊裂谷等洋壳型）。活动大陆边缘裂谷系列为陆内裂谷（板内）→弧后裂谷（陆壳）→弧间裂谷（过渡壳）。认为全球构造裂谷系列的盆地分类有明显的规律性，即从大陆板块内部开始到板缘，再到大洋板块，裂谷出现的位置从大陆内部移向大洋内部，裂谷的地壳伸展程度逐渐增强，地壳逐渐变薄，热流逐渐升高，沉积物由陆相渐变为海相，沉积物的时代越来越新，最终裂谷的基底由陆壳渐变为过渡壳或洋壳（龚福华等，2022）。

目前，国际上还没有对被动裂谷进行详细的亚类划分。随着近年来中国在海外被动裂谷盆地中陆续发现油气资源和勘探开发的重大突破，推动了深化研究，将被动裂谷盆地进一步细分为走滑相关型被动裂谷盆地、冲断带后缘伸展型被动裂谷盆地（Chelif盆地）、碰撞诱导型被动裂谷盆地（莱茵地堑）、造山后伸展型被动裂谷盆地（南图尔盖盆地）4种类型，并开展了典型被动裂谷盆地沉积体系研究与充填主控因素分析。开展了典型主动裂谷盆地沉积体系与充填主控因素研究，以及中国东部渤海湾盆地、松辽盆地和东非裂谷系的实例分析。对比分析了主动裂谷盆地与被动裂谷盆地的沉积体系、沉积模式、石油地质条件和动力学机制及差异（龚福华等，2022；侯贵廷等，2023；表3-6）。

近年来，中国聚焦中西非叠合裂谷盆地群深化研究其演化阶段、不同阶段原型盆地发育特征、多期叠合与改造类型、模式研究，提出了叠合裂谷盆地的概念及其分类方案（侯贵廷等，2023）。根据早白垩世、晚白垩世、古近纪—新近纪3个构造演化阶段原型盆地在盆地性质、沉积充填、垂向叠加和构造变形等方面的差异，将中西非叠合裂谷盆地划分为继承叠合型和反转改造型两类，进一步划分为早断型、继承型、叠加型、晚断Ⅰ型、晚断Ⅱ型，以及裂谷盆地反转型、走滑—拉分盆地反转型、拗拉谷盆地反转型8种，并讨论了不同类型叠合裂谷盆地特征及其动力学背景（张光亚等，2022）。

针对中国东部陆上及海域裂谷系，分别按中国东北陆内地幔柱型裂谷区松辽盆地、二连盆地、海拉尔盆地，渤海湾陆内地幔柱型裂谷区渤海湾盆地重点富生烃凹陷，南华北、下扬子无地幔柱型裂谷区江汉盆地、苏北盆地，东海弧后裂谷区东海盆地西湖凹陷，南海边缘海裂谷区北部湾盆地、珠江口莺歌海盆地等，研究和总结了其构造特征、裂谷期同沉积构造样式、构造对富生烃凹陷、主力储盖组合、油气成藏条件及成藏区带和油气分布的控制作用（张功成等，2014）。

研究裂谷盆地构造—沉积耦合关系，提出在裂谷盆地发育的不同时期，受构造作用控制的基底变化造就了可容空间不断发生变化，进而决定了不同时期沉积物的分布和沉积体系的发育。在强断陷期，大量可容空间的增加，使得沉积物快速堆积，形成近源粗粒堆积，而在远离湖岸地区，由于粗粒沉积物难于到达形成了深湖相泥岩，常成为主力烃源岩。在平稳裂陷期，由于可容空间的分布相对均匀，常形成分布较为广泛的三角洲和扇三角洲沉积体系。而不同时期不同部位裂陷的差异也造就了不同的最大可容纳空间位置的迁移，进一步造就了沉积中心的迁移（龚福华等，2022）。

构造与沉积作用关系的研究趋向半定量化、综合化与精细化。计算机技术的进步在这一过程中发挥了重要作用。运用混合元胞自动机（Hybrid Cellular Automata，简写为HCA）数值动态模拟算法模拟沉积演化对伸展盐丘构造的响应，取得了较好的效果。对裂谷演化各时期展开分析，明确了断陷盆地不同尺度同生正断层对三角洲构型的控制作用、中国东部典型裂谷盆地构造演化期次与对应发育的沉积体特征，对裂谷—断陷盆地油气充注期次与成藏模式进行定量化分析等（文璠等，2023；陈贺贺，2023；王向东等，2022；窦鲁星，2021）。

分析了渤海湾裂谷盆地古地貌对沉积体系充填的影响，研究了南海海域不同裂谷盆地的沉积充填响应，建立了南海北部陆缘裂谷盆地、陆内裂谷盆地的构造—沉积充填一体化模式，提出不同盆地的沉积充填特征主要受构造运动与海侵规模控制，并由此奠定了不同盆地的资源前景（于兴河等，2016）。提出塔里木盆地南华纪发育后撤俯冲机制下的大陆裂谷沉积体系的新认识（邬光辉等，2021）。

开展南堡凹陷古近纪陆内裂谷盆地源—汇系统研究，建立了不同构造区域分段点+多级断阶型断裂坡折、单级断坡+轴向断沟、轴向断坡和古斜坡+轴向断沟4种沉积物分配模式。对比研究渤海湾盆地和东非裂谷系盆地，提出渤海湾盆地裂陷作用早，存在多幕次裂陷运动并发育稳定的坳陷期地层，沉积充填受控于构造样式及构造演化。其中，构造样式通过控制盆地不同构造单元的地貌和物源供给条件，进而控制了不同构造单元的沉积体系差异（李倩，2021）。

针对尼日尔 Termit 盆地，创新建立了"早期裂谷坳陷期大范围海相烃源岩控源、叠置裂谷初陷期控砂、深陷期区域泥岩盖层控油气分布、断层断距和砂体有效配置控藏"的叠合裂谷成藏模式；针对乍得 Bongor 盆地，创新建立"反转控制构造成型、初始裂陷源储共生、水下扇或（扇）三角洲控砂、古隆或断层控藏、深层或潜山富油"的强反转残留盆地油气成藏模式（穆龙新等，2020）。

2. 裂谷盆地构造—沉积响应研究趋势

总体来看，目前裂谷盆地的盆地分类、成盆动力学、构造特征、沉积体系、构造控凹陷控储盖控成藏作用研究相对深入，对各类裂谷盆地构造—沉积响应或耦合关系的专题研究较少。针对裂谷盆地复杂多变的构造背景，一直没有很好的层序地层模式来指导沉积体系的分析。尽管已有数种裂谷盆地的层序地层样式，其适用性还需进一步验证。同时对被动裂谷盆地和主动裂谷的差异，从层序形成机制上还需进一步细分和刻画。国内外对被动裂谷盆地的研究和认识相对不足，被动裂谷盆地的勘探多借鉴主动裂谷盆地的勘探经验，其成因机理、分类学及地球动力学特征研究尚待深入，构造—沉积响应、成藏（或控藏）机理与构造—沉积响应体制下成藏效应、勘探理论和技术亟须总结和深化。

针对上述问题与油气勘探开发生产需求，简单分析和预测未来发展方向和趋势如下：

（1）加强对裂谷或伸展盆地断裂系统及其对沉积控制作用的研究，应用地貌和地层的数据来分析断层演化特征，形成基于断层角度分析沉积中心演化阶段（从裂谷初始期，通过断裂相互作用到完全的断层连接）的地层和地貌系统指纹，解释地层结构及沉积响应。

（2）加强野外研究伸展裂谷或断陷盆地源—汇体系演化、沉积充填模式和响应断层演化的沉积物散布通道，与断层生长和地貌演化模拟比较，提供控制同裂谷地层过程的重要认识。

（3）建立有效模型（探索侵蚀过程的地貌演化模型和调查沉积作用的地层模型等），评价伸展裂谷或断陷盆地边缘剥落的长周期记录，提供上升盘侵蚀速率和时间的重要约束。

（4）加强多种测试手段及分析方法运用、室内外一体化结合、多学科交叉合作及融合性研究，如伸展裂谷或断陷盆地构造事件的重要沉积标识、沉积物及断裂和地形方面测年技术、异常地球化学方法和数字模拟、三维地震数据处理解释等，尤其要突出裂谷盆地沉积作用方式、类型和几何形态、充填响应特征与构造活动、演化的沉积标识分析，推动裂谷盆地构造—沉积响应研究定量化与多学科综合化发展。

（5）构造—沉积响应体制下伸展裂谷或断陷盆地的勘探地质理论和技术，将重点向复杂或叠合裂谷盆地深层复杂岩性（深层复杂断块、岩性地层、花岗岩潜山和变质岩潜山等）勘探理论和技术，中非剪切带的 Doseo 盆地和 Salament 盆地等强反转裂谷盆地勘探理论、成藏组合评价与勘探目标优选技术，火成岩发育的裂谷盆地勘探理论和技术方向发展，提升油气勘探成功率（穆龙新等，2019）。

三、裂谷盆地构造—沉积响应体制下的油气成藏效应

1. 伸展裂谷或断陷盆地构造—沉积响应体制下的成藏效应

中国东部陆上及海域可划分出东北裂谷区、渤海湾裂谷区、南华北裂谷区、中秦岭地块裂谷区、下扬子地台裂谷区、东海裂谷区和南海裂谷区七大裂谷区，进一步细分为陆内裂谷区（包括地幔柱发育型、无地幔柱发育型）、活动大陆边缘裂谷区和被动大陆边缘裂谷区三大类四小类（张功成等，2014），发育了松辽、华北、江汉、苏北—黄海、东海、南海珠江口、莺歌海、北部湾等中—新生代含油气裂谷盆地，是中国早期油气勘探的重要领域。其形成和演化一般经历了断陷期、断坳转换期、坳陷期3个发展阶段，或称早期初始期、中期发育期和晚期萎缩期3个阶段（孙家振等，1995；郭令智等，2001；孙珍等，2003；关成尧等，2017）。裂谷区类型对裂谷盆地油气富集性、凹陷油气富集性以及大型油气田形成具有控制作用。

伸展裂谷或断陷盆地构造活动控烃作用表现为裂陷作用多期发育，常出现两个或两个以上旋回的沉积层序，有助于烃源岩的发育，其断陷阶段和坳陷阶段都是烃源岩发育的重要时期，发育的烃源岩具有厚度大、丰度高、分布广和类型多的特点。如渤海湾盆地黄骅坳陷曾经历了3次裂陷作用，形成3套河湖相层序，控制了3套湖相泥质烃源岩的发育，即孔二段、沙三段中下部和沙一下亚段烃源岩；同时具有较高的地热背景，有机质演化成烃的条件优越，如渤海湾盆地烃源岩厚500～2000m，有机质类型好，以Ⅰ、Ⅱ型干酪根为主。但是同一盆地不同深度段有机质丰度、类型都有明显的变化。

伸展裂谷或断陷盆地构造活动控砂控储作用表现为当发育控盆断裂时，被动裂谷盆地板式陡坡带中，其控制的陆坡带沉积物颗粒粗、大小混杂、分选极差，多发育近岸水下扇和洪积扇；在盆地或凹陷边缘带，扇体呈裙带展布，沉积类型单一，平面相带窄，不同期次的扇体相互叠置呈柱状，围绕凸起呈窄条状分布，缺少隔层，成藏条件较差，油气不易聚集。在阶梯式断裂带中，沉积源远流长、沉积类型丰富、期次特征明显，沉积砂体是良好的油气储集空间；从物源区到沉积区最前端绵延十几千米，在最前端可发育滑塌浊积扇和深水浊积扇，近端可发育近岸水下扇，垂向上砂砾岩扇体的厚度并不大，一般几十米，最大不超过200m。

主动裂谷盆地陡坡带中断层较缓，如渤海湾裂谷盆地陡坡带类型多见铲式、座墩式、马尾式等类型。其中，铲式陡坡带沉积区距物源较近，发育冲积扇、扇三角洲及小型的辫状河三角洲，扇体规模大，期次较明显，扇与扇之间可被泥岩分割。沉积作用主要表现为侧向加积，垂向上厚度并不大，但平面上展布范围较大，扇体分布宽度一般在几千米以上，砂岩分选较好，成藏条件好。座墩式陡坡带常在主断面上残留一个基岩潜山，潜山面积较小、高差较小，并且在潜山与后侧主断面间形成沟谷，沟谷中常充填数百米厚的洪积扇沉积，其上方和前方可发育扇三角洲沉积，潜山发育孔洞，岩性致密，是良

好盖层或侧向遮挡层，成藏条件优越，油气极易富集。马尾式陡坡带沉积速度小于沉降速度，常发育多条顺向断裂切割近岸水下扇或扇三角洲，构造裂缝发育，地下水活跃产生溶蚀孔洞，改善砂砾岩扇体的储集性。

总之，裂谷盆地陡坡带控制了沉积物源碎屑类型，沉积物颗粒大小混杂、分选差，发育近岸水下扇沉积和洪积扇沉积等。在稳定沉积环境下储层规模大、横向稳定、成熟度高；在块断运动作用下沉积体系规模小，横向变化大，储层成因类型多。

裂谷盆地缓坡带控制的沉积物颗粒较为均匀、分选较好，发育河流三角洲、湖岸滩坝砂体，往往具有明显的分割性，各凹陷具有各自独立的沉积体系，储层的沉积环境和砂体类型也各有不同，河流、三角洲、扇三角洲以及滩坝和各种浊积砂体或砂砾岩体是主要储集砂体。

伸展裂谷或断陷盆地构造活动控圈控藏作用表现为：在西非裂谷系盆地，两期裂谷叠置下断层演化特征决定的上部成藏组合是最主要的成藏组合，凹陷的发育程度决定了油气分布的富集程度，区域应力场分布规律决定了油气富集带分布的具体位置，断裂展布除了控制油气平面分布外，对纵向含油层系的分布也具有控制作用（王玉华等，2020）。

中国裂谷盆地多旋回沉积演化下发育多种类型生、储油层组合，裂谷前期以新生古储组合为主，断陷期以自生自储组合为主，而裂谷后期以古生新储组合为主，裂谷盆地断裂体系发育，油气运移十分活跃，既存在侧向运移又存在垂向运移，以垂向运移为主，在断裂两侧富集。有多期运聚、重新分配、多期成藏的特点，纵向含油气井段长，形成多套含油气层系。如渤海湾断陷盆地古近纪包含 4 个裂陷子旋回，有多套含油气层系的分布；由于地温场高低和埋藏史的不同，储层的埋深及次生孔隙发育带的深度有很大差别。

裂谷盆地的一大特点是岩浆活动强烈，分析渤海湾盆地沾化凹陷中东部地区侵入岩及其附近油气藏发现，岩浆的高温、高压及活跃的化学性质不仅显著促进了周围烃源岩的生排烃，而且利于产生大量的裂缝和孔隙，成为良好的储层；岩浆岩的边缘相发育气孔、溶孔和收缩裂缝，为较好的储层；岩浆活动形成的异常高压场增强了地层对油气的吸附能力，有利于形成多种类型油气藏。岩浆活动不仅促进了油气生成，而且控制了油气的分布。岩浆活动对油气的控制作用主要取决于岩浆类型、活动强度、活动方式、活动时间、岩浆岩与烃源岩的空间关系，以及烃源岩的发育及其中有机质和碳酸盐岩的含量等（万丛礼等，2014）。

从全球范围来看，大多数裂谷盆地具有优越的油气成藏条件，包括高沉积速率、多旋回还原环境下沉积的富有机质泥页岩层、多物源的三角洲砂体与浊积岩体、高温高压条件下生成并向泄压带排驱运移的烃类、多种类型同生背斜圈闭与地层岩性圈闭等。因此，大多数中—新生代裂谷盆地，尤其是三叠纪—古近纪形成的大型裂谷盆地，都有丰富或比较丰富的油气资源，在构造—沉积响应体制下的成藏效应良好。此外，还有一部分二叠纪形成的古裂谷盆地，经过沉积间断，晚期坳陷下沉而被深埋，长期处于低温高压条件下，仍可赋存较丰富的石油。少数新近纪以来形成的年轻裂谷盆地，处于高温高压条件下，主要产出天然气。裂谷地层单元只占世界盆地面积的5%，但油气储量却占世界储量的10%（12%的石油储量和4%的天然气储量）。含油气的裂谷盆地中，油气藏类型相当丰富，可达数十种之多。常见的油气藏类型有基岩油气藏、披覆背斜油气藏、逆牵引（滚动）背斜油气藏、拱张背斜断块油气藏、盐背斜断块油气藏、挤压与逆冲背斜断块油气藏等构造油气藏；同时还存在大量的浊积砂体、河道砂体、生物礁滩、火山岩体等多种类型的岩性油气藏，以及地层不整合油气藏等。在不同类型构造与沉积特征的裂谷盆地内，主要的油气藏类型常常是有区别的（龚福华等，2022）。

2. 伸展裂谷或断陷盆地油气分布规律和勘探方向

坳陷型裂谷盆地中部一般发育和基底活动有关的背斜油气藏、断块油气藏。断陷盆地陡坡带则主要发育背斜油气藏、断块油气藏、地层超覆油气藏，洼陷带岩性油气藏发育，缓坡带则以岩性上倾尖灭油气藏、断块油气藏、地层不整合油气藏、地层超覆油气藏为主。

时代分布上，裂谷盆地深层油气多形成于白垩纪—新近纪，主要的运移成藏期在古近纪—新近纪，一般是白垩纪的烃源岩到古近纪—新近纪时因埋深温度足够大，成熟度达到生油窗，生成的油气沿不整合、断裂等运移到储层及圈闭中，油气运移的距离一般不会太大，并且以垂向运移为主。被动裂谷盆地的几何形态以深陡为主，构造坡度较大；主动裂谷盆地形态以宽缓为主，构造坡度较缓，二者油气富集有利区在陡坡带及缓坡带中具有明显差异（关欣，2012）。

位置分布上，油气主要分布在裂谷盆地的中心和边缘。在裂谷期，油气被限制在裂谷盆地的中心和边缘，平面上具有环带分布的特点。主要的油气聚集带分布于地垒型隆起、构造阶地、基岩单斜断块或前裂谷期的杂岩体单斜断块上，这些构造均沿断裂分布或分布在大型盆地的内部，如北海北部几乎所有重要的油田（包括新生界）都发现被限制在中生代主要裂谷盆地的中心和边缘。

总体来说，裂谷盆地油气藏类型多样，主要有背斜油气藏、断块油气藏、岩性油气藏、地层不整合油气藏、地层超覆油气藏等，储层发育规模大、横向稳定、成熟度高，是一类很好的含油气盆地。

分析未来伸展裂谷或断陷盆地的海外区带勘探方向，一是复杂裂谷盆地深层复杂岩性（深层复杂断块、岩性地层、花岗岩潜山和变质岩潜山等）油气藏领域，二是中非剪切带的 Doseo 盆地和 Salament 盆地等强反转裂谷盆地勘探，三是火成岩发育的裂谷盆地勘探。

预测未来伸展裂谷或断陷盆地的国内勘探方向，一是东部平原裂谷盆地低勘探程度区块、新层系、页岩油气新领域，二是东部海域裂谷盆地的精细勘探和新层系、新类型、新区块、非常规油气领域，三是中西部盆地深层超深层、古老层系的古裂谷盆地勘探领域，四是华北—扬子地区前寒武系的富烃裂谷盆地勘探领域。

第三节　走滑—拉分盆地构造—沉积响应研究进展

一、走滑—拉分盆地及其分类与鉴别特征

1. 走滑—拉分盆地的形成及特点

走滑盆地指在剪切作用下发生沿板块或断块边界走向的滑移时，与走滑作用所伴生、沿着大型走滑构造（带）分布的沉积盆地，或者是受走滑断层控制的盆地。走滑盆地的充填演化显示出沉积充填的不对称性，横向相变剧烈，常出现冲积扇直接入湖；盆地结构具有不对称性，盆地往往深而窄、同沉积构造活动强烈、横向相变剧烈、沉积物偏离物源区（Miall，1984）；盆地沉降中心有明显的迁移性，快速沉降和幕式演化。

走滑盆地基本的构造特征是走滑作用，由于走滑平移活动的影响，盆地的沉降中心及其轴向会随时间发生迁移和改变。图3-8表示盆地主物源位于盆地的端部或侧边时所导致的盆地沉降中心的迁移变化。如果主物源来自盆地的一端，盆地充填格架如图3-8a所示，盆地的沉降中心向离开走滑运动的方向迁移，沿地层倾向方向（河流上游方向），沉积地层逐渐变得年轻；如果主物源来自盆地另一端，沉降中心向下游迁移，如图3-8b所示。

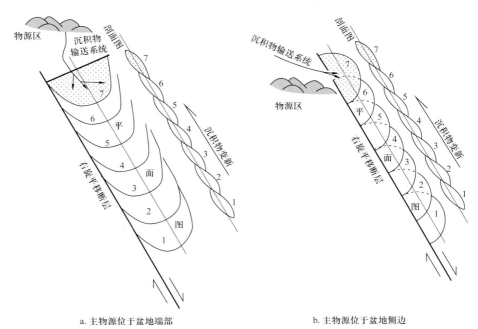

a. 主物源位于盆地端部　　　　　　　b. 主物源位于盆地侧边

图3-8　走滑盆地沉积特征及沉降中心的迁移模式（据 Nilsen et al.，1985，修改）

研究发现，走滑断层的活动可形成扭张和扭压两种环境，走滑断裂走向的改变引起同一条走滑断裂的不同部位呈现出平行、离散和聚合3种扭动方式（Harding，1985），在

相应的位置形成增压弯曲及减压拉分现象。随着走滑距离的增大，沿大型走滑断裂带附近可形成一系列的盆地，总称为走滑盆地（Mann et al.，1983；徐嘉炜，1995）。

多数走滑盆地具有以下特征：盆地规模从几百平方米到几十平方千米不等，平面形状一般为菱形或长条形，长轴方向与走滑构造带方向一致（陆克政等，2006）；剖面为陡倾的断层围限，盆内以正断层为主，也有逆断层和花状构造，以张扭性应力为主；地壳薄，具镜像倒影关系；热流值高，有火山活动；沉积区与物源区错位，沉降中心转移；高沉积速率，相变快，沉积地层在短距离内迅速变厚，发育大量反映同构造沉积作用的不整合，发育冲积扇和三角洲，存在局部派生的、偏离断层的边缘角砾岩相扇体（代表山麓堆积或冲积扇）；颗粒粗大的盆地边缘相沿盆地边缘断层形成一个狭长条带；沉积物以一种重叠的"活动百叶窗"排列，或者新地层向着沉积中心形成"地层叠瓦"，拉分盆地上覆的沉积层序厚度极大。

2. 走滑—拉分盆地的分类及鉴别特征

对走滑盆地的划分，主要依据盆地的动力学类型、几何形态、边界断层性质等原则分类。国内外学者从不同的分类侧重点和角度出发，提出了各自的分类方案，如超阶盆地、拉分盆地、断缘盆地和断带盆地（Sylvester，1992）；雁列张性盆地、纵向松弛盆地、拉分盆地和转换伸展盆地（徐嘉炜，1995；李思田，2004）；拉张盆地、挤压盆地和扭张盆地（王义天等，1999）；走滑拉张盆地、走滑挤压盆地和拉分盆地（王成善等，2003）。

本书采用王成善等（2003）的动力学类型划分，将走滑盆地划分为走滑拉张盆地、走滑挤压盆地、拉分盆地3种类型，其主要鉴别特征见表3-8。拉分盆地可进一步分为拉分盆地、楔形逃逸盆地和伸展弯曲盆地3类。拉分盆地是发育最广泛的走滑盆地类型之一，呈菱形或矩形，主要形成在两条近平行的走滑断层之间，断层呈雁列状阶步叠接，断层之间发育伸展盆地，在右滑右阶或左滑左阶条件下形成。如中国的郯庐断裂带，剖面上形成负花状构造；潍北凹陷也是一个典型的拉分盆地。楔形逃逸盆地主要发育在走滑断层与分支断层之间，在岩块滑出部分形成楔形盆地，如中国东部郯庐断裂带的胶莱盆地。伸展弯曲盆地为走滑断层弯曲时所产生的透镜状盆地，如美国西部圣安德烈斯断裂带的 Ridge 盆地。

表3-8　走滑—拉分盆地的动力学类型划分及主要特征对比（据王成善等，2003，修改）

主要特征	走滑拉张盆地	走滑挤压盆地	拉分盆地
盆地发育构造位置	离散走滑构造带	冲断带、造山带前缘等斜向挤压部位	走滑断层侧接处或雁行断裂部位
伴生构造	主要发育雁列状断裂，缺少明显的挤压作用，仅局部发育褶皱、褶皱轴与主位移带平行	逆断层、褶皱构造甚至推覆构造发育，褶皱与断裂多呈雁列状排列，在盆地内常形成多沉积中心	断裂，沿盆地对角线方向或在盆地内形成多个坳陷和水下凸起
控制盆地形成的主要因素	走滑与拉张双重控制	走滑与挤压双重控制	走滑

主要特征	走滑拉张盆地	走滑挤压盆地	拉分盆地
控盆边界主断裂性质	具有走滑分量的正断层	具有走滑分量的逆断层	走滑断裂和正断层
盆地充填	盆地边缘以角砾岩、扇三角洲、冲积扇沉积为主，中心以湖泊和浊流沉积为主，垂向上具有向上变细的退积型层序	以河流控制的冲积扇和辫状河沉积为主，具有与前陆盆地相类似的充填特征，垂向上显示变粗的进积型层序	与走滑拉张盆地相似
盆地扩展或收缩方向	与主走滑断裂带垂直	与主走滑断裂带垂直	与走滑断裂带平行
走滑运动的沉积学表现	沉积区与物源区错位、沉积体系的侧向迁移或侧向叠置、多沉积中心的产生和沉积中心侧列、古流向有规律性的偏转等		
实例	伊利诺伊盆地（Nelson et al.，1980）；安达曼海盆地（Harding，1985）；莺歌海古近纪—新近纪盆地（李思田等，1995）；伊通走滑伸展形盆地（李思田等，1997）	加州南部的文图拉盆地（Yeats et al.，1985）；斯匹次卑尔根古近纪—新近纪中央盆地（Steel et al.，1985）；云南景谷始新世盆地（刘善印等，1998）；下扬子中—晚三叠世盆地（夏邦栋等，1994）	死谷盆地（Burchiefel et al.，1966）；云南陇川盆地（陈布科等，1994）；下扬子地区宁芜中生代拉分盆地（林鹤鸣等，1997）

　　相比于前陆盆地和裂谷盆地而言，拉分盆地受剪切应力形成，其沉积速率更大、构造样式更为复杂、面积更小，沉积厚度更大；存在走滑分量的迹象，如发生过位移扇体或物源；由于平行于主走滑断层的沉积中心发生位移，故沉积物连续超覆在基底之上。

　　古老走滑盆地的识别相对难度较大，总体上可以通过沉积模式、地层序列、充填方式等方面综合判断（Nilsen，1988；李晓清等，2003），主要标志包括：（1）沉积中心沿平行于主位移带发生侧向迁移；（2）物源区和与之对应的沉积物被错开；（3）粗粒沉积的冲积扇、扇三角洲、滨浅湖（海）相沿盆地翼部（包括主位移带）得以保存；（4）具高沉积速率的巨厚沉积层序侧向延伸受限；（5）局部隆起与剥蚀，导致巨厚沉积附近发育同沉积期不整合；（6）沉积相变快；（7）盆地内部发育走滑断层；（8）与构造作用造成的盆地变深相对应，盆地范围内具有向上变粗的沉积序列特征。

二、走滑—拉分盆地构造—沉积响应研究进展与发展趋势

1. 走滑—拉分盆地构造—沉积响应研究经历了 4 个发展阶段

　　20 世纪 50—60 年代，开始关注走滑引起的沉积和地貌响应研究，并得到进一步加强（Crowell，1952，1954；Freund，1965；Clayton，1966；Burchfiel et al.，1966；Freund et al.，1970）。最先认识到 Ridge 盆地沉积期间圣加布里尔断层（San Gabriel）和圣安德烈斯走滑断裂的作用，1958 年开始探索走滑断裂体系的弯曲、分叉、终止和错断与沉积作用的关系，并指出其成因为沿贯通性走滑断裂上的不连续部位或"阶步处"因拉伸而产生（Lense，1958；Kingma，1958）。这一阶段研究了众多的以前未被认识到的大型走滑

断层，提出转换断层、张扭和压扭的概念，运用走滑构造来解释盆地、油气圈闭及造山带的演化。

20世纪70年代初期—末期，开始聚焦于走滑变形对油气圈闭和盆地形成的控制作用以及造山带的走滑运动研究（Wilcox et al.，1973；Moody，1973；Harding，1974；Crowell，1974；Harl，1971；Reading，1975）。提出了转换拉张、离散走滑、转换挤压、聚敛走滑的概念（Harl，1971）。20世纪70年代末，对东南亚地区走滑构造的研究逐渐增多，与走滑运动相关的沉积盆地和造山带方面的文章相继问世，提出了沉积作用和造山作用的走滑旋回（Mitchell et al.，1978）。1979年，在奥克兰大学由Balance主持召开了"走滑造山带中的沉积作用"学术讨论会，会后出版了 *Sedimentation in Oblique-Slip Mobile Zones*（《倾斜走滑活动带中的沉积作用》）论文集，就倾斜走滑断层特点及与沉积作用的关系等作了详细论述。

20世纪80—90年代，走滑构造研究取得进展，走滑盆地构造—沉积响应研究发展迅猛，建立了多种沉积响应模型。从不同角度提出了走滑盆地的多种分类方案，如依据板块构造划分出与板块边界转换断层伴生的、与离散边缘转换断层伴生的、与会聚边缘横推断层有关的、与缝合带横推断层伴生的沉积盆地4类（Miall，1984），把走滑盆地分为板间和板内两种类型（Sylvester，1988）；依据力学和沉降史划分出与地幔活动有关的、相对薄皮的走滑盆地两类（Allen et al.，1990）；依据盆地边界断层及盆地形成动力学机制划分出与断层弯曲有关的盆地、叠覆盆地、转换旋转盆地、转换挤压盆地、多成因盆地、多期叠加盆地6类（Nilsen et al.，1995）；依据盆地产生的部位划分的雁列张性盆地、纵向松弛盆地、拉分盆地（徐嘉炜，1995）；依据地震活动与断裂之间空间关系划分的叠覆盆地、拉分盆地、断缘盆地、断带盆地（Sylvester，1992）；依据盆地边界断层几何形态及构造位置划分的伸展型走滑盆地、挤压型走滑盆地、转换型走滑盆地、旋转型走滑盆地、复合型走滑盆地（魏永佩等，1999）；依据断裂力学机制划分出扭张性盆地、扭压性盆地两大类和22个亚类型（Montenat，1999；刘勇，1999）。

将走滑盆地定义为盆地内沉积作用与重要走向滑动相伴生的沉积盆地（Reading，1980），并建立了各种各样的走滑盆地经典演化模式，如拉分盆地（Rodgers，1980；Mann et al.，1983；Aydin et al.，1985）、转换旋转盆地（Ingersoll，1988）等，综述了走滑盆地发育构造位置的控制因素，总结了走滑盆地的构造和沉积学特征（Nilsen，1985；Christie-Blick，1985）。第29届国际地质大会上，设立了一个"走滑断层构造与沉积作用"的主题，推动了更深入的研究。国内走滑盆地研究见有富火山岩的宁芜盆地、海原盆地与百色盆地等实例报道，刘和甫等研究了含油气区的花状构造，钟嘉猷等进行了走滑断层试验。

21世纪初至今，走滑盆地构造—沉积响应研究不断深入，走滑盆地构造—沉积响应特征、对油气聚集的控制等研究进一步加深。研究了盐源盆地、龙门山—锦屏山新生代走滑—逆冲作用的沉积响应，以及合肥盆地东部对郯庐断裂带活动的沉积响应，发现盆地的沉积可容空间与郯庐断裂带的演化有着明显的响应关系，并提出不同演化阶段盆地的特征（刘国生，2009）。

2003年，塔里木盆地克拉通内发现塔中走滑断裂带，由此开启了走滑断裂及构造—沉积响应研究、勘探由"层控"向"断控"领域挺进之路。2010年以来，攻关创新了基于板缘应力场研究、野外露头解剖、模拟实验、三维地震解释为核心的深层走滑断裂刻画技术与识别方法，提出"剖面上发育高陡断面与花状构造、平面上呈现分段或雁列构造、空间上具有纵向分层结构"作为深层克拉通内走滑断裂判识标准；揭示了克拉通内走滑断裂形成机制、形成年代、板内走滑断裂动力学模型，实现了走滑断裂工业制图（杨海军等，2022）。

系统研究了走滑断裂（带）控储控藏作用与断控油气藏分布规律。剖析了超深走滑断裂的控储作用，明确了走滑断裂带裂缝型储集体、缝洞型储集体、礁滩型储集体、风化壳储集体、埋藏型储集体5类断控储层特征，走滑断裂控制成岩作用、岩溶作用、缝洞体发育的成储模式与分布规律；多学科动静态一体化构建了走滑断裂带主力源灶供烃、断裂主体输导、缝洞有效聚集的断控岩溶缝洞体成藏模式，阐明了典型走滑断裂断控油气藏关键成藏期次、断控油气运移作用和充注过程的成藏演化过程、油气分布与富集规律；提出主干断裂油气优势富集、走滑断裂分段性控制油气"一段一藏"分布、主断面破碎程度控制优质储集体发育、膏盐岩厚度控制断裂输导能力、现今地应力控制储集体渗流能力等油气富集规律认识，创新并发展了超深走滑断裂断控油气地质理论，指导并引领了超深走滑断裂断控特大型油田的发现与效益开发（杨学文等，2023）。

期间，综合应用走滑断裂滑动速率、走滑断裂大规模累积位移量计算等新分析方法，精确厘定了阿尔金走滑断裂演化历史（黄飞鹏等，2021）。揭示了走滑盆地同沉积断层的构造—沉积响应特征（江涛等，2012），以南海北部珠江口盆地为例研究多期走滑拉分盆地的沉积响应，剖析了珠江口盆地地堑式伸展、两期走滑拉分作用对沉积盆地的沉积相空间展布、沉积沉降中心迁移规律的控制作用（马晓倩等，2021）。利用地震反射勘探、钻孔探测和宇宙成因核素年代学方法揭示了板泉走滑盆地的沉积—构造演化过程，解析了拉分盆地与走滑断裂之间的耦合关系，提出盆地的沉积充填对盆地遭受的幕式拉分伸展作用有着明显的响应（疏鹏等，2023）。

研究指出渤海湾盆地新生代走滑活动导致了背斜构造和掀斜断块的形成，至少发育3类具有产油能力的构造圈闭；初步分析了走滑构造与油气聚集的关系，指出渤海湾盆地的走滑运动促进了挤压背斜、潜山披覆背斜、逆牵引背斜、鼻状构造等一系列有利圈闭的形成，促进了油气的运聚和成藏，认为走滑断层活动形成构造的同时也促进了油气运移，使构造中富集油气，走滑构造带比其他任何区带离生油岩更近，油源也更充足。其生储盖运配置关系好，是油气富集的有利区带。明确了渤海湾盆地内各类走滑派生构造与油气藏发育的匹配关系，建立了叠接增压、弯曲增压、尾端增压和共轭增压4类增压型油气成藏模式和1类释压—增压组合型油气成藏模式。创新提出了渤海西部海域先存基底断裂背景下走滑—伸展断裂成因机制、共轭走滑断裂差异控砂机制、"脊—断—盖"三元耦合控藏新认识。揭示济阳坳陷桩海地区北北东向断裂大多具有走滑断层性质，作为良好的油气运移通道有利于油气的富集和成藏。提出辽河盆地古近纪早期的伸展作用提供了沉积和生油条件，古近纪末期的走滑作用为油气运聚提供了圈闭和动力条件（肖尚斌等，2000；池英柳等，2000；李家康，2001；孙洪斌等，2002；邹东波等，2004；江涛等，2012；范彩伟，2018）。

基于从"源"到"汇"过程中构造—剥蚀—沉积作用的相似性原理和典型浅表作用的物理模拟实验，揭示了构造—剥蚀—沉积作用对楔形体变形过程及变形特征的控制影响作用。开展了弧形走滑构造剪切砂箱物理模拟实验，基于自然界原型—实验模型间相似性对比原理，系统对比物理模拟实验结果和莺歌海盆地弧形走滑剪切体系构造变形特征。基于底辟构造演化过程及其相似性原理和底辟构造物理模拟实验，揭示莺歌海盆地底辟构造形成演化过程特征及其与同构造沉积作用的相关性，进一步探讨了底辟构造成藏效应（邓宾等，2022）。

基于近年多块三维地震资料，首次对鄂尔多斯盆地南部盆内走滑断裂的基本特征及控藏规律进行了系统总结。剖析了盆内走滑断裂的识别方法、构造特征、运动学模型、形成期次、动力学背景及演化过程、走滑断裂控藏特征及断控成藏模式、成藏效应（周义军等，2023）。

2. 走滑—拉分盆地构造—沉积响应研究发展趋势

古老走滑盆地沉积充填记录保存有限，研究少、难度大。走滑构造对油气成藏影响的研究则相对丰富，但缺乏系统性。何种条件下起正面作用或起负面作用，目前还没有形成一套系统的理论。

预测未来发展趋势，一是将更加关注走滑盆地构造—沉积响应研究，以更全面地了解造山带和盆地的构造演化过程，为能源勘探提供理论指导（胡德胜等，2013）。

二是将不断引入研究新技术，将传统方法与新技术结合、从单一方法到多种方法综合、从定性分析发展到定量化研究、从单一学科发展到多学科交叉研究，进一步认识走滑构造作用下沉积物剥蚀—搬运—沉积的整个响应活动过程及其与相邻构造作用的耦合关系。

三、走滑—拉分盆地构造—沉积响应体制下的油气成藏效应

1. 走滑—拉分盆地构造—沉积响应体制下的油气成藏效应

综述认为，走滑盆地构造—沉积响应体制下油气成藏效应体现在控烃、控砂控储、控圈闭、控成藏几方面（李晓清等，2003），简述如下。

（1）大型走滑断裂纵向上可将深部与浅部走滑断层上下贯通，直达深层烃源岩。其构造演化对断陷发育及烃源岩具有控制作用，在原有的基底断裂之上发生斜向伸展作用，多期的强烈构造拉伸，可能导致断陷变宽加深，湖盆范围扩大，沉积速率加强，形成具有幕次响应特征的湖相泥岩、厚层暗色泥岩沉积，为油气的生成提供了良好的物质基础。

（2）走滑作用对沉积中心和沉积体系具有控制作用。盆地沉降中心沿盆地有规律迁移是狭长走滑盆地的一个重要沉积特征，构造沉降中心受走滑作用影响向其他位置发生迁移，导致盆缘隆升速率高，为盆内提供了充足的物源条件，盆内的沉降中心能及时地得到填平补齐，类似于海相构造控制的盆地。物源区碎屑物质经深入山体的沟谷体系进

入湖盆沉积，主要形成扇三角洲前缘砂体和深水滑塌砂体；同时砂体分布受盆缘边界断层控制，整体与断层走向呈高角度斜交或正交分布，形成良好的储层。同沉积断层普遍发育，在下降盘靠近断面位置形成沟道，成为物源入湖的主要通道，控制着砂体的发育和分布。

（3）走滑作用可以是瞬时的，也可以是长期活跃的；既可以切至地壳深处，也可以仅沟通浅部地层，扭动造成的裂隙有利于储层物性的改善。大型走滑断裂体系巨大的走滑位移、复杂的几何特征及多变的运动过程，可以产生一万米甚至几万米的隆升。地层的隆升必然导致大规模的剥蚀、风化，再经过埋藏成为很好的储层。

（4）走滑盆地多阶段活动演化和构造反转有利于圈闭形成，控制了圈闭类型多样化。走滑断层发育早期，多发育褶皱、断裂，走滑断层发育中期，走滑作用规模、位移增大，导致早期形成的雁列褶皱被错开、背斜圈闭完整性被破坏，常形成半背斜或断块圈闭；构造抬升加剧，地层遭受剥蚀，主要发育岩性圈闭。由于走滑过程中的扭动力，生油层中分散的油气被强力扭动、驱赶运移至储层当中。特别是在脆性地层发育地区，由于扭动力强烈剪切而形成的裂隙是一般断裂不能相比的，它能形成良好的储层。

比如在渤海湾盆地，走滑活动导致了背斜构造和掀斜断块的形成，至少发育3类具有产油能力的构造圈闭，即主位移带内的断块、与主位移带平行的强制褶皱、位于主位移带一侧或两侧的雁列断块（肖尚斌等，2000）；走滑运动促进了挤压背斜、潜山披覆背斜、逆牵引背斜、鼻状构造等一系列有利圈闭的形成，促进了油气的运聚和成藏（池英柳等，2000）。盆内走滑活动性强的断层多为坳陷或凹陷的边界断层，这些断层的掀斜活动和大的垂直断距，导致了在其下降盘沉积物的快速堆积、沉积，并形成沉降中心，这些部位目前是盆地内主要的生油中心。

（5）总结美国圣安德烈斯大断裂附近及中国东部与走滑断裂相关的油气盆地，指出走滑断层多方式作用控制了5种主要油气藏类型，包括背斜油气藏、背斜背景下的复杂断块油气藏、断层遮挡油气藏、岩性或地层油气藏、主走滑断层带下盘潜伏构造油气藏。再如塔里木、四川、鄂尔多斯三大海相克拉通盆地内部，走滑断裂控藏作用表现为：① 控储方面，受断裂—流体耦合改造控制，可形成断控缝洞型储集体、断—溶缝洞型或断控裂缝—孔隙型储集体；② 控圈方面，在碳酸盐岩地层中可形成断控缝洞型、断溶缝洞型岩性圈闭；③ 控运聚方面，走滑断裂产状高陡，可直接沟通烃源岩和储层，构成重要的油气垂向输导体系（郑和荣等，2022）。

2. 中国典型走滑—拉分盆地构造—沉积响应体制下的油气分布规律和勘探方向

中国在不同时期均发育了大型走滑断裂（系）和与其相关的走滑拉分沉积盆地（图3-9），如横跨中国东部不同构造单元的郯庐断裂和与之相关的渤海湾盆地等、在青藏高原快速隆升与扩展中形成的阿尔金断裂和与之相关的索尔库里盆地等。前者是由郯庐断裂带转变成由3～4条走滑断裂组成的走滑断裂系，并和区域弧后拉张应力场共同作用形成了复杂的渤海湾走滑拉分盆地群；后者是由青藏高原北缘发育的阿尔金断裂和海原断裂表现为相对简单平直的大型走滑断裂和小型走滑拉分断陷盆地（冯志强，2022）。

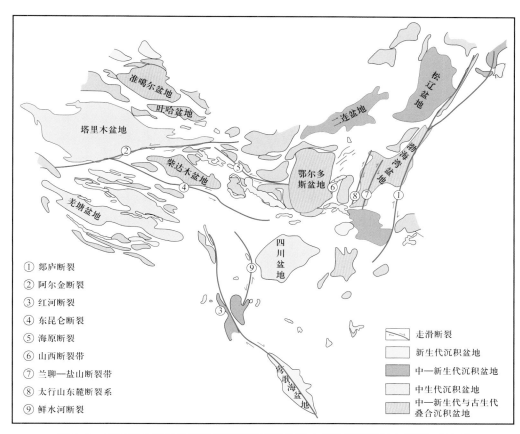

图 3-9　中国板块基底类型及典型走滑断裂分布（走滑断裂据冯志强等，2022）

在渤海湾盆地区，受区域扭动和拉张共同作用，整体上由太行山东麓断裂系、兰聊—盐山断裂带和郯庐断裂带共同组成，垂向上的油气分布具有明显的差异，地层具有花状构造和拆离断层相互叠加以及裂后统一的坳陷层等特征（冯志强等，2022）。盆地发育了多条北东—南西向的右旋走滑断层和大量相应的调节断层，断裂体系样式、断裂演化特征以及断裂与成藏关系研究（何京等，2017；吴奎等，2016；吕丁友等，2018；牛成民等，2022；王冰洁等，2022）表明，其烃源岩发育于古近系，新近系的油气成藏主要通过断层发生垂向运移，流体沿断层向上运移具有周期性，活动期断层可以作为流体垂向运移的通道，其中新近系油气成藏的垂向通道是新构造运动期断层活动速率大于10m/Ma 的主干断层；静止期断层垂向起封闭作用（周心怀等，2009；滕长宇，2014）。

总的来看，中国典型走滑盆地构造—沉积响体制下的勘探方向，要重点关注和深化评价东部渤海湾盆地等陆上深层、渤海—南海—东海海域新生代盆地、西部塔里木克拉通盆地内（超）深层走滑断裂带（或断裂系）、准噶尔盆地西北缘与腹部中—新生代走滑断裂带（或断裂区）、柴达木盆地盆缘与盆内新生代走滑断裂系，以及相关的走滑转换带。走滑转换能调节断层发育，油气垂向运移活跃，有利于呈现多层系、多断块含油的地质特征；有利于大规模圈闭群的发育，形成背斜类和断块类两种主要圈闭类型，并且走滑强度中等—强的走滑断层形成的圈闭规模相对较大；内部砂体分布相对广泛，在横向上和纵向上迁移特征均比较明显，有利于在平面上形成多个油田分布（王冰洁等，2022）。

参 考 文 献

白玉，2014.渤海湾盆地中北部沉降史分析与裂后期异常沉降分离［D］.北京：中国地质大学.

陈发景，1986.我国含油气盆地的类型、构造演化和油气分布［J］.地球科学，（3）：221-230.

陈发景，汪新文，汪新伟，2005.准噶尔盆地的原型和构造演化［J］.地学前缘，12（3）：77-89.

陈发景，汪新文，张光亚，1992.中国中、新生代盆地构造和动力学背景［J］.现代地质，6（3）：317-327.

陈贺贺，朱筱敏，施瑞生，等，2023.断陷盆地缓坡带物源转换与沉积响应：以渤海湾盆地饶阳凹陷蠡县斜坡古近系源—汇系统为例［J］.石油与天然气地质，44（3）：689-706.

陈石，郭召杰，漆家福，等，2016.准噶尔盆地西北缘三期走滑构造及其油气意义［J］.石油与天然气地质，37（3）：322-331.

池英柳，赵文智，2000.渤海湾盆地新生代走滑构造与油气聚集［J］.石油学报，21（2）：14-20.

德勒恰提，马新明，王威，2011.准噶尔盆地西北缘九区八道湾组油藏物源及古流向分析［J］.新疆大学学报（自然科学版），28（3）：366-370.

邓宾，何宇，黄家强，等，2021.前陆盆地形成与演化砂箱物理模拟启示：以四川盆地西部龙门山为例［J］.石油与天然气地质，42（2）：401-415.

邓宾，黄瑞，马华灵，等，2018."从源到汇"：褶皱冲断带前陆盆地系统砂箱物理模型浅表作用研究［J］.大地构造与成矿学，42（3）：431-444.

邓宾，刘树根，张静，等，2022.砂箱构造物理模拟与含油气盆地研究［M］.北京：科学出版社.

邓宾，赵高平，万元博，等，2016.褶皱冲断带构造砂箱物理模型研究进展［J］.大地构造与成矿学，40（3）：446-464.

邓辉，刘池阳，王建强，2014.前陆盆地盆山耦合及其物质交换［J］.西北地质，2：138-145.

丁道桂，等，1996.西昆仑造山带与盆地［M］.北京：地质出版社.

窦鲁星，2021.断陷盆地不同尺度同生正断层对三角洲构型控制作用研究［D］.北京：中国石油大学.

范彩伟，2018.莺—琼盆地高压成因输导体系特征、识别及其成藏过程［J］.石油与天然气地质，39（2）：254-267.

范彩伟，贾茹，柳波，等，2023.莺歌海盆地中央坳陷带成藏体系的盖层评价及控藏作用［J］.岩性油气藏，35（1）：36-48.

方世虎，郭召杰，张志诚，等，2004.中新生代天山及其两侧盆地性质与演化［J］.北京大学学报（自然科学版），40（6）：886-897.

方世虎，贾承造，郭召杰，等，2006.准噶尔盆地二叠纪盆地属性的再认识及其构造意义［J］.地学前缘，13（3）：108-121.

冯冲，黄志龙，童传新，等，2011.莺歌海盆地莺歌海组二段泥岩盖层封闭性综合评价［J］.地球科学与环境学报，33（4）：373-377.

冯佳睿，高志勇，崔京钢，等，2016.深层、超深层碎屑岩储层勘探现状与研究进展［J］.地球科学进展，31（7）：718-736.

冯志强，李萌，郭元岭，等，2022.中国典型大型走滑断裂及相关盆地成因研究［J］.地学前缘，29（6）：206-223.

付晓飞，徐萌，柳少波，等，2016.塔里木盆地库车坳陷致密砂岩—膏泥岩储盖组合断裂带内部结构及与天然气成藏关系［J］.地质学报，90（3）：521-533.

甘克文，1992.世界含油气盆地图［M］.北京：石油工业出版社.

甘克文，李国玉，张亮成，1982.世界含油气盆地图集［M］.北京：石油工业出版社，31-59.

高长林，叶德燎，钱一雄，2000.前陆盆地的类型及油气远景［J］.石油试验地质，22（2）：99-104.

高志勇，冯佳睿，李小陪，等，2013.天山南北前陆盆地冲断带沉积砂体对构造逆冲作用响应动力学［J］.
石油与天然气地质，34（2）：248-256.

高志勇，韩国猛，朱如凯，等，2009.准噶尔盆地南缘古近纪—新近纪前陆盆地沉积格局与演变［J］.古
地理学报，11（5）：491-502.

高志勇，胡永军，张莉华，等，2010.准噶尔南缘前陆盆地白垩纪—新近纪构造挤压作用与储层关系的
新表征：镜质体反射率与颗粒填集密度［J］.中国地质，37（5）：1336-1352.

高志勇，石雨昕，冯佳睿，等，2019.水系与构造复合作用下的冲积扇沉积演化：以南天山山前黄水沟
冲积扇为例［J］.新疆石油地质，40（6）：638-648.

龚福华，关欣，李笑天，等，2022.裂谷盆地沉积体系［M］.北京：石油工业出版社.

关成尧，赵国春，刘翠，等，2017.莺歌海盆地形成的约束条件及动力学模式［J］.科学技术与工程，17
（29）：8-18.

关欣，2012.苏丹被动裂谷盆地与渤海湾主动裂谷盆地沉积体系对比研究［D］.荆州：长江大学.

郭令智，钟志洪，王良书，等，2001.莺歌海盆地周边区域构造演化［J］.高校地质学报，7（1）：1-12.

何登发，李德生，吕修祥，1996.中国西北地区含油气盆地构造类型［J］.石油学报，17（4）：8-18.

何登发，李德生，王成善，等，2017.中国沉积盆地深层构造地质学的研究进展与展望［J］.地学前缘，
24（3）：219-233.

何登发，吴松涛，赵龙，等，2018.环玛湖凹陷二叠—三叠系沉积构造背景及其演化［J］.新疆石油地质，
39（1）：35-47.

何京，柳屿博，吴奎，等，2017.渤海海域辽中凹陷南洼断裂体系及走滑控圈模式［J］.断块油气田，24
（2）：147-153.

何丽娟，许鹤华，刘琼颖，2017.前陆盆地构造—热演化：以龙门山前陆盆地为例［J］.地学前缘，24（3）：
127-136.

何苗，2015.准噶尔盆地西北缘三叠系沉积演化及地质背景研究［D］.北京：中国地质科学院.

何苗，姜勇，张恒，等，2019.准噶尔盆地西北缘三叠系重矿物特征及其物源指示意义［J］.地质论评，
65（2）：464-476.

侯贵廷，闵阁，陈小龙，等，2023.裂谷盆地动力学［M］.北京：科学出版社.

胡德胜，佟殿君，阳怀忠，2013.走滑构造研究进展［J］.断块油气田，16（5）：27-30.

胡宗全，朱筱敏，彭勇民，2001.准噶尔盆地西北缘车排子地区侏罗系物源及古水流分析［J］.古地理学
报，3（3）：49-54.

黄飞鹏，张会平，熊建国，等，2021.走滑断裂百万年时间尺度位移量估计及其在阿尔金断裂系中的应
用［J］.地质力学学报，27（2）：208-217.

黄云飞，张昌民，朱锐，等，2017.准噶尔盆地玛湖凹陷晚二叠世至中三叠世古气候、物源及构造背景
［J］.地球科学，42（10）：1736-1749.

纪学武，徐礼贵，李明杰，等，2005.中国中西部前陆盆地特征及油气勘探前景［J］.石油地球物理勘探，
（S1）：6-10+24.

季慧丽，2015.东海陆架盆地沉降史分析与异常沉降分离［D］.北京：中国地质大学.

贾承造，何登发，雷振宇，等，2000.前陆冲断带油气勘探［M］.北京：石油工业出版社.

贾承造，宋岩，魏国齐，等，2005.中国中西部前陆盆地的地质特征及油气聚集［J］.地学前缘，12（3）：
4-13.

贾承造，魏国齐，李本亮，等，2003.中国中西部两期前陆盆地的形成及其控气作用［J］.石油学报，24

（2）：13-17.

贾东，武龙，闫兵，等，2011.全球大型油气田的盆地类型与分布规律［J］.高校地质学报，17（2）：
　　170-184.

江涛，邱玉超，邓校国，等，2012.狭长走滑断陷盆地构造对沉积—成藏的控制作用：以伊通盆地为例
　　［J］.石油试验地质，34（3）：267-271.

姜福杰，姜振学，庞雄奇，等，2007.准南前陆冲断带油气成藏的主控因素［J］.天然气工业，（7）：
　　27-30+132.

姜敏，王红峰，马涛，等，2017.裂谷型盆地的构造地层分析［J］.中国管理信息化，20（21）：180-
　　184.

琚宜文，孙盈，王国昌，等，2015.盆地形成与演化的动力学类型及其地球动力学机制［J］.地质科学，
　　50（2）：503-523.

康波，2014.琼东南盆地新生代沉降—热演化模拟［D］.武汉：中国地质大学.

李本亮，魏国齐，贾承造，2009.中国前陆盆地构造地质特征综述与油气勘探［J］.地学前缘，16（4）：
　　190-202.

李家康，2001.渤海湾油气成藏特点及与断层关系［J］.石油学报，22（2）：26-31.

李倩，2021.渤海湾盆地与东非裂谷系沉积充填对比研究［D］.北京：中国石油大学（北京）.

李任伟，孟庆任，李双应，2005.大别山及邻区侏罗和石炭纪时期盆—山耦合：来自沉积记录的认识［J］.
　　岩石学报，21（4）：1133-1143.

李日俊，宋文杰，买光荣，等，2001.库车和北塔里木前陆盆地与南天山造山带的耦合关系［J］.新疆石
　　油地质，22（5）：376-381.

李思田，1995.沉积盆地的动力学分析：盆地研究领域的主要趋向［J］.地学前缘，2（3-4）：1-8.

李思田，2004.沉积盆地分析基础与应用［M］.北京：高等教育出版社.

李思田，王华，陆凤香，1999.力学：基本思路与若干研究方法［M］：武汉：中国地质大学出版社，
　　1-200.

李伟，陈竹新，黄平辉，等，2021.中国中西部典型前陆盆地超压体系形成机制与大气田关系［J］.石油
　　勘探与开发，48（3）：536-548.

李玮，胡健民，渠洪杰，2010.准噶尔盆地周缘造山带裂变径迹研究及其地质意义［J］.地质学报，84（2）：
　　171-182.

李晓清，汪泽成，程有义，等，2003.拉分盆地分析与含油气性：以潍北盆地为例［M］.东营：石油大
　　学出版社.

李勇，曾允孚，1994.龙门山前陆盆地充填序列［J］.成都理工学院学报，21（3）：46-55.

李勇，曾允孚，1995.龙门山逆冲推覆作用的地层标识［J］.成都理工学院学报，22（2）：1-9.

李忠，2013.中国的盆地动力学：21世纪开初十年的主要研究进展及发展趋势［J］.矿物岩石地球化学通
　　报，32（3）：290-300.

李忠，高剑，郭春涛，等，2015.塔里木块体北部泥盆—石炭纪陆缘构造演化：盆地充填序列与物源体
　　系约束［J］.地学前缘，22（1）：35-52.

林畅松，潘元林，肖建新，等，2000."构造坡折带"：断陷盆地层序分析和油气预测的重要概念［J］.
　　地球科学（中国地质大学学报），25（3）：260-266.

林畅松，张艳梅，1999.盆地的形成和充填过程模拟：以拉伸盆地为例［J］.地学前缘，6（增刊）：
　　139-146.

林畅松，张燕梅，1995.拉伸盆地模拟理论基础与新进展［J］.地学前缘，（3）：79-88.

刘池洋，王建强，黄雷，等，2022.沉积盆地类型及其成因和称谓研究回顾与进展［J］.西北大学学报（自
　　然科学版），52（6）：891-909.

刘德民，李德威，2002.造山带与沉积盆地的耦合：以青藏高原周边造山带与盆地为例［J］.西北地质，（1）：15-21.

刘和甫，1992.中国沉积盆地演化与联合古陆的形成和裂解［J］.现代地质，6（4）：480-493.

刘和甫，1996.中国沉积盆地演化与旋回动力学环境［J］.地球科学—中国地质大学学报，21（4）：346-356.

刘和甫，汪泽成，熊保贤，2000.中国中西部中、新生代前陆盆地与挤压造山带耦合分析［J］.地学前缘，（3）55-72.

刘少峰，1991.前陆盆地几种构造—沉积演化模式综述［J］.地质科技情报，10（4）：39-44.

刘少峰，1993.前陆盆地的形成机制和充填演化［J］.地球科学进展，8（4）：30-37.

刘少峰，1995.前陆盆地挠曲过程模拟的理论模型［J］.地学前缘，2（3-4）：69-77.

刘少峰，李思田，庄新国，等，1996.鄂尔多斯西南缘前陆盆地沉降和沉积过程模拟［J］.地质学报，1：12-22.

刘少峰，张国伟，2005.盆山关系研究的基本思路、内容和方法［J］.地学前缘，12（3）：101-111.

刘树根，罗志立，赵锡奎，等，2003.中国西部盆山系统的耦合关系及其动力学模式：以龙门山造山带—川西前陆盆地系统为例［J］.地质学报，（2）：177-186.

刘树根，童崇光，罗志立，等，1995.川西晚三叠世前陆盆地的形成与演化［J］.天然气工业，15（2）：11-15.

卢华复，贾承造，2003.库车柯坪再生前陆冲断带构造［M］.北京：科学出版社，19-112.

吕丁友，李伟，郭睿朋，等，2018.辽东湾坳陷辽中南洼构造发育演化特征与成因机制［J］.海洋地质前沿，34（4）：25-32.

吕明胜，薛良清，苏永地，等，2012.裂谷作用对层序地层充填样式的控制：以西非裂谷系 Termit 盆地下白垩统为例［J］.吉林大学学报（地球科学版），42（3）：647-656.

陆克政，朱筱敏，漆家福，等，2006.含油气盆地分析［M］.北京：中国石油大学出版社.

罗志立，金以钟，朱夔玉，等，1988.试论上扬子地台的峨眉地裂运动［J］.地质，（1）：11-24.

马达德，袁莉，陈琰，等，2018.柴达木盆地北缘天然气地质条件、资源潜力及勘探方向［J］.天然气地球科学，29（10）：1486-1496.

马收先，孟庆任，曲永强，2014.轻矿物物源分析研究进展［J］.岩石学报，30（2）：597-608.

马晓倩，刘军，朱定伟，等，2021.多期走滑拉分盆地的沉积响应：以南海北部珠江口盆地为例［J］.大地构造与成矿学，45（1）：64-78.

马杏垣，刘和甫，王维襄，等，1983.中国东部中、新生代裂陷作用和伸展构造［J］.地质学报，（1）：22-32.

孟家峰，郭召杰，方世虎，2009.准噶尔盆地西北缘冲断构造新解［J］.地学前缘，16（3）：171-180.

孟祥化，葛铭，1993.沉积盆地与建造层序［M］.北京：地质出版社.

穆龙新，陈亚强，许安著，等，2020.中国石油海外油气田开发技术进展与发展方向［J］.石油勘探与开发，47（1）：120-128.

牛成民，杨海风，郭涛，等，2022.郯庐断裂带辽东湾段变形特征及展布规律［J］.石油与天然气地质，43（2）：265-276.

牛树银，孙爱群，白文吉，1995.造山带与相邻盆地间物质的横向迁移［J］.地学前缘，2（1-2）：85-92.

彭希龄，梁狄刚，王昌桂，等，2006.前陆盆地理论及其在中国的应用［J］.石油学报，27（1）：132-144.

谯汉生，于兴河，2004.裂谷盆地石油地质［M］.北京：石油工业出版社.

渠洪杰，胡健民，李玮，等，2008.新疆西北部和什托洛盖盆地早中生代沉积特征及构造演化［J］.地质学报，（4）：441-450.

邵崇建，颜照坤，李勇，等，2023. 晚中新世龙门山南段及前缘地区盆山体系形成的动力学机制［J］. 地球科学，48（4）：1379-1388.

邵雨，汪仁富，张越迁，等，2011. 准噶尔盆地西北缘走滑构造与油气勘探［J］. 石油学报，32（6）：976-984.

师平平，肖安成，付金华，等，2021. 鄂尔多斯地块南缘奥陶纪前陆盆地的沉积大地构造格架与演化［J］. 岩石学报，37（8）：2531-2546.

疏鹏，徐锡伟，鄢少英，等，2023. 板泉拉分盆地沉积—构造演化及其对郯庐断裂带新生代晚期右旋走滑运动的响应［J］. 中国科学：D 辑 地球科学，53（4）：784-805.

宋岩，柳少波，赵孟军，等，2008. 中国中西部前陆盆地油气分布规律及主控因素［M］. 北京：石油工业出版社.

宋岩，赵孟军，方世虎，等，2012. 中国中西部前陆盆地油气分布控制因素［J］. 石油勘探与开发，39（3）：266-274.

宋岩，赵孟军，柳少波，等，2006. 中国前陆盆地油气富集规律［J］. 地质论评，52（1）：85-92.

孙洪斌，张凤莲，2002. 辽河盆地走滑构造特征与油气［J］. 大地构造与成矿学，26（1）：16-21.

孙家振，李兰斌，杨士恭，等，1995. 转换—伸展盆地：莺歌海的演化［J］. 地球科学（中国地质大学学报），20（3）：243-249.

孙肇才，2002. 中国中西部中—新生代前陆类盆地及其含油气性［C］// 中国石油学会石油地质专业委员会. 油气盆地研究新进展. 北京：石油工业出版社，73-95.

孙珍，钟志洪，周蒂，等，2003. 红河断裂带的新生代变形机制及莺歌海盆地的实验证据［J］. 热带海洋学报，22（2）：1-9.

孙自明，洪太元，张涛，2008. 新疆北部哈拉阿拉特山走滑—冲断复合构造特征与油气勘探方向［J］. 地质科学，43（2）：39-320.

谭剑，2016. 准噶尔盆地西北缘车排子地区侏罗系八道湾组物源分析［J］. 西部探矿工程，53-56.

滕长宇，邹华耀，郝芳，2014. 渤海湾盆地构造差异演化与油气差异富集［J］. 中国科学：D 辑 地球科学，44（04）：579-590.

田作基，1995. 南天山造山带和塔北前陆盆地构造样式与油气远景［M］. 成都：成都科技大学出版社，30-79.

田作基，胡见义，宋建国，等，2002. 塔里木库车陆内前陆盆地及其勘探意义［J］. 地质科学，37（增刊）：105-112.

田作基，罗志立，罗蛰潭，等，1996. 新疆阿瓦提陆内前陆盆地［J］. 石油与天然气地质，17（4）：282-285.

童崇光，胡受权，1997. 龙门山山前带北段油气远景评价［J］. 成都理工学院学报，24（2）：1-8.

万丛礼，金强，李钜源，等，2014. 裂谷盆地岩浆活动控制油气概论［J］. 油气地质与采收率，21（1）：1-5+111.

万天丰，1993. 中国东部中新生代板内变形构造应力场及其应用［M］. 北京：地质出版社，1-100.

汪洋，裴健翔，刘亿，2016. 莺歌海盆地东方区高温超压气藏盖层封盖机制［J］. 华南地质与矿产，32（4）：397-405.

王冰洁，王德英，王鑫，等，2022. 渤海湾盆地辽中凹陷南洼走滑转换带特征及其对大、中型油田的控制作用［J］. 石油与天然气地质，43（6）：1347-1358.

王成善，李祥辉，胡修棉，2003. 再论印度—亚洲大陆碰撞的启动时间［J］. 地质学报，77：16-24.

王成善，向芳，2001. 全球气候变化：新生代构造隆升的结果［J］. 矿物岩石，21（3）：173-178.

王凤林，2002. 晚新生代龙门山走滑前陆盆地的沉积特征与演化过程［D］. 成都：成都理工大学.

王平在，何登发，雷振宇，等，2002.中国中西部前陆冲断带构造特征［J］.石油学报，23（2）：11-18.

王清晨，2009.中亚地区中生代以来的地貌巨变与岩石圈动力学［J］.地质科学，44（3）：791-810.

王清晨，李忠，2003.盆山耦合与沉积盆地成因［J］.沉积学报，21（1）：24-30.

王向东，王任，石万忠，等，2022.中国东部典型裂谷盆地构造活动特征及演化：以松辽盆地孤店断陷为例［J］.地质科技通报，41（3）：85-95.

王义天，李继亮.走滑断层作用的相关构造［J］.地质科技情报，1999，18（3）：30-34.

王英民，2000.海相改造残留盆地的地质特征和勘探前景［J］.石油与天然气地质，（1）：28-32.

王玉华，毛凤军，肖坤叶，等，2020.西非裂谷系 T 盆地断层特征及控藏作用［C］// 中国地球物理学会，中国地震学会，全国岩石学与地球动力学研讨会组委会，中国地质学会构造地质学与地球动力学专业委员会，中国地质学会区域地质与成矿专业委员会.2020 年中国地球科学联合学术年会论文集（二）.

蔚远江，2002.准噶尔西北缘前陆冲断带二叠纪逆冲推覆作用的沉积响应［M］// 李德生.中国含油气盆地构造学.北京：石油工业出版社，620-633.

蔚远江，何登发，雷振宇，等，2004.准噶尔盆地西北缘前陆冲断带二叠纪逆冲断裂活动的沉积响应［J］.地质学报，78（5）：612-619.

蔚远江，胡素云，何登发，2020.准噶尔盆地西北缘二叠系—下侏罗统碎屑岩骨架组分及其物源与构造背景演化示踪［J］.地质学报，94（5）：1347-1366.

蔚远江，杨涛，郭彬程，等，2019a.前陆冲断带油气资源潜力、勘探领域分析与有利区带优选［J］.中国石油勘探，24（1）：46-59.

蔚远江，杨涛，郭彬程，等，2019b.中国前陆冲断带油气勘探、理论与技术主要进展和展望［J］.地质学报，93（3）：545-564.

魏国齐，贾承造，李本亮，2005.我国中西部前陆盆地的特殊性和多样性及其天然气勘探［J］.高校地质学报，11（4）：552-557.

文璐，罗群，董雄英，等，2023.断陷盆地顺向断阶带油气充注期次与成藏模式：以渤海湾盆地歧口凹陷埕北断阶带为例［J］.石油实验地质，45（4）：797-808.

邬光辉，陈鑫，马兵山，等，2021.塔里木盆地晚新元古代—早古生代板块构造环境及其构造—沉积响应［J］.岩石学报，37（8）：2431-2441.

吴根耀，2003.初论造山带古地理学［J］.地层学杂志，27（2）：81-98.

吴根耀，2005.造山带古地理学：在盆地构造古地理重建中的若干思考［J］.古地理学报，（3）：405-416.

吴根耀，2007.地理学：重建区域构造古地理的若干思考［J］.古地理学报，（6）635-650.

吴根耀，马力，2004."盆""山"耦合和脱耦：进展，现状和努力方向［J］.大地构造与成矿学，28（1）：81-97.

吴奎，徐长贵，张如才，等，2016.辽中凹陷南洼走滑伴生构造带发育特征及控藏作用［J］.中国海上油气，28（3）：50-56.

向匡，1997.《裂谷盆地油气生聚》一书出版［J］.中国海上油气（地质），（3）：26.

肖尚斌，高喜龙，姜在兴，等，2000.渤海湾盆地新生代的走滑活动及其石油地质意义［J］.大地构造与成矿学，24（4）：321-328.

熊维莉，李勇，宋岩，等，2013.塔里木盆地库车坳陷克拉苏构造带古近系膏盐岩盖层演化与圈闭有效性［J］.石油实验地质，35（1）：42-47.

徐嘉炜，1995.论走滑断层作用的几个主要问题［J］.地学前缘，2（1）：125-136.

许淑梅，吴珊，李三忠，等，2017.台湾地区弧—陆碰撞控制的海相前陆盆地［J］.地学前缘，24（4）：284-293.

解习农，姜涛，王华，等，2006.莺歌海盆地底辟带热流体突破的地层水化学证据［J］.岩石学报，（8）：

2243−2248.

解习农，任建业，2013. 沉积盆地分析基础［M］. 北京：中国地质大学出版社.

薛良清，杨福忠，马海珍，等，2005. 南苏门达腊盆地中国石油合同区块成藏组合分析［J］. 石油勘探与开发，（3）：130−134.

闫亮，李勇，邓涛，等，2019. 龙门山构造带晚新生代剥蚀作用与均衡隆升的地表过程研究［J］. 地球学报，40（1）：76−92.

颜照坤，王绪本，李勇，等，2017. 龙门山构造带深部动力学过程与地表地质过程的耦合关系［J］. 地球物理学报，60（7）：2744−2755.

杨海军，邬光辉，韩剑发，等，2022. 塔里木盆地走滑断裂构造解析［M］. 北京：石油工业出版社.

杨江海，2012. 造山带碰撞—隆升过程的碎屑沉积响应［D］. 北京：中国地质大学.

杨学文，韩剑发，邬光辉，等，2023. 塔里木盆地走滑断裂控储控藏作用与油气富集规律［M］. 北京：石油工业出版社.

伊海生，王成善，李亚林，等，2001. 构造事件的沉积响应：建立青藏高原大陆碰撞、隆升过程时空坐标的设想和方法［J］. 沉积与特提斯地质，21（2）：l−15.

应凤祥，2002. 中国东部裂谷盆地储集层基本特征［C］//CNPC油气储层重点实验室，中国地质学会沉积地质专业委员会. 2002低渗透油气储层研讨会文摘集. ［出版者不详］.

于兴河，李胜利，乔亚蓉，等，2016. 南海北部新生代海陆变迁与不同盆地的沉积充填响应［J］. 古地理学报，18（3）：349−366.

于秀英，程日辉，王璞珺，2004. 裂谷盆地构造控制地形—沉积体系演化研究与面临问题［J］. 世界地质，23（2）：123−127.

于志超，刘可禹，赵孟军，等，2016. 库车凹陷克拉2气田储层成岩作用和油气充注特征［J］. 地球科学（中国地质大学学报），4l（3）：533−545.

袁静，李欣尧，李际，等，2017. 库车坳陷迪那2气田古近系砂岩储层孔隙构造—成岩演化［J］. 地质学报，91（9）：2065−2078.

张传恒，杜维良，刘典波，等，2006. 塔里木北部周缘前陆盆地早二叠世快速迁移与沉积相突变：俯冲板片拆沉的响应［J］. 地质学报，80（6）：785−791.

张传恒，孙玉建，汪剑，等，2003. 标定碰撞构造的地层学线索：欠补偿周缘前陆盆地结构与充填序列［J］. 地质科技情报，22（1）：36−40.

张福顺，樊太亮，毕研斌，等，2003. 白音查干凹陷断层活动对沉积的控制作用［J］. 华东地质学院学报，26（1）：24−27.

张功成，刘震，等. 2014. 中国含油气裂谷盆地构造［M］. 北京：石油工业出版社.

张光亚，黄彤飞，刘计国，等，2022. 中西非叠合裂谷盆地形成与演化［J］. 岩石学报，38（9）：2539−2553.

张惠良，张荣虎，杨海军，等，2014. 超深层裂缝—孔隙型致密砂岩储集层表征与评价：以库车前陆盆地克拉苏构造带白垩系巴什基奇克组为例［J］. 石油勘探与开发，41（2）：158−167.

张进，马宗晋，任文军，2004. 对盆山耦合研究的新看法［J］. 石油实验地质，26（2）：169−175.

张明山，钱祥麟，李茂松，1996. 造山带逆冲与前陆盆地沉降和沉积平衡关系定量讨论：以库车陆内前陆盆地为例［J］. 北京大学学报（自然科学版），32（2）：188−197.

张文佑，张抗，赵永贵，等，1983. 华北断块区中、新生代地质构造特征及岩石圈动力学模型［J］. 地质学报，（1）：33−42.

赵孟军，陈竹新，卓勤功，等，2022. 前陆冲断带深层富油气构造带地质理论、关键技术与勘探实践［R］. 2022年推荐申报科学技术奖公示内容.

赵孟军，宋岩，秦胜飞，等，2007. 中国中西部4种组合类型前陆盆地油气成藏研究：Ⅱ. 油气成藏过程

分析 [J]. 天然气地球科学, 18 (3): 321-327.

郑和荣, 胡宗全, 云露, 等, 2022. 中国海相克拉通盆地内部走滑断裂发育特征及控藏作用 [J]. 地学前缘, 29 (6): 224-238.

郑民, 孟自芳, 李相博, 2005. 陆内前陆盆地的复合动力演化研究: 以库车陆内前陆盆地为例 [J]. 新疆石油天然气, (1): 12-16+5.

郑荣才, 李国晖, 戴朝成, 等, 2012. 四川类前陆盆地盆—山耦合系统和沉积学响应 [J]. 地质学报, 86 (1): 170-180.

钟可见, 吴进民, 王嘹亮, 1995. 南海西部走滑断裂特征及其与油气的关系 [J]. 青岛海洋大学学报, 25 (4): 495-502.

周心怀, 刘震, 李潍莲, 2009. 辽东湾断陷油气成藏机理 [M]. 北京: 石油工业出版社, 24-26.

周义军, 刘池洋, 代双和, 等, 2023. 鄂尔多斯盆地走滑断裂理论认识与油气勘探实践应用 [M]. 北京: 石油工业出版社.

卓勤功, 赵孟军, 李勇, 等, 2014. 膏盐岩盖层封闭性动态演化特征与油气成藏: 以库车前陆盆地冲断带为例 [J]. 石油学报, 35 (5): 847-856.

邹东波, 吴时国, 刘刚, 等, 2004. 渤海湾盆地桩海地区 NNE 向断层性质及其对油气的影响 [J]. 天然气地球科学, 15 (5): 503-507.

Abadi M S, Silva A C D, Amini A, et al, 2014. Tectonically controlled sedimentation: Impact on sediment supply and basin evolution of the Kashafrud Formation (Middle Jurassic, Kopeh-Dagh Basin, northeast Iran) [J]. International Journal of Earth Sciences, 103 (8): 2233-2254.

Ali S, Stattegger K, Garbe-schonberg D, et al, 2014. Petrography and geochemistry of Cretaceous to quaternary siliciclastic rocks in the Tarfaya basin, SW Morocco: Implications for tectonic setting, weathering, and provenance [J]. International Journal of Earth Sciences, 103 (1): 265-280.

Allen Philip A, Homewood, 1986. Foreland Basin [C]. Fribourg, Switzerland, Special Publication of the International Association of Sedimentologists.

Arenas, Millan H, Pardo G, et al, 2001. Ebro Basin continental sedimentation associated with late compressional Pyrenean tectonics (northeastern Iberia): Controls on basin margin fans and fluvial systems [J]. Basin Research, 13 (1): 65-89.

Aydin A, Nur A, 1982. Evolution of pull-apart basins and their scale independence [J]. Tectonics, 1 (1): 91-105.

Baker, Morgan, 1981. Continental rifting: Progress and outlook [J]. Eos, Transactions of the American Geophysical Union, 62: 585-586.

Bally A W, 1995. Seismic Folded Belts and Related Basins [M]. Beijing: Petroleum Industry Press.

Bally A W, Snelson S, 1980. Realms of subsidence [C]. Canadian Society of Petroleum Geologist Memoir, 9-75.

Beaumont C, Quinlan G M, Hamilton J, 1988. Orogeny and stratigraphy: Numerical models of the Paleozoic in the eastern interior of North America [J]. Tectonics, 7: 389-416.

Blair, T C, McPherson J G, 1994. Alluvial Fan Processes and Forms [C] //Geomorphology of Dessert Environments. London: Springer, 354-402.

Burbank D W, 1992. Causes of recent Himalayan uplift deduced from depositional patterns in the Ganges basin [J]. Nature, 357: 680-2.

Burbank D W, Anderson R S, 2001. Tectonic geomorphology [M]. USA, Massachusetts: Blackwell Science Press, 1-274.

Burbank D W, Beck R A, Raynolds R G H, et al, 1988. Thrusting and gravel progradation in foreland basins : A test of post-thrusting gravel dispersal [J] . Geology, 16 (12): 1143-1146.

Burchfield B C, Stewart J H, 1966. "Pull-apart" origin of the central segment of Death Valley, California [J] . Geological Society of America Bulletin, 77 (4): 439-442.

Burke K, Dewey J F, 1973. Plume-generated triple junctions : Key indicators in applying plated tectonics to Old Rocks [J] . Geology, 81 (4) .

Burke K, Dewey J F, 1974. Hot spots and continental break-up : Implications for collisional orogeny [J] . Geology, 2 (2): 57-60.

Cardo N, Jordan T, 2001. Causes of spatially variable tectonic subsidence in the Miocene Bermejo foreland basin, Argentina [J] . Basin Research, 13 (4): 335-357.

Caxito F D A, Dantas E L, Stevenson R, et al, 2014. Detrital zircon (U-Pb) and Sm-Nd isotope studies of the provenance and tectonic setting of basins related to collisional orogens : The case of the Rio Preto fold belt on the northwest São Francisco Craton margin, NE Brazil [J] . Gondwana Research, 26 (2): 741-754.

Christie-Blick N, Biddle K T, 1985. Deformation and basin formation along strike-slip faults [C] // Biddle K T, Christie-Blick N. Strike-slipdeformation and basin formation. SEPM Special Publication, 37: 1-34.

Cloetingh S, 1988 . Intraplate stress fluctuations : A new element in basin analyses [C] //New Perspectives in Basin Analyses. NewYork : Springer, 205-230.

Cloetingh S, 1990. Geosphere fluctuations : Short-term instabilities in the Earth's system [J] . Global and Planetary Change, 89: 177-313.

Cloetingh S, Burov E, Poliskov A, 1999. Lithosphere folding Primary response to compression (from Central Aria to Paris Basin)[J] . Tectonica, 18: 1064-1088.

Cloetingh S, Durand B, Puigdefabregas C, 1995. Introduction to special issue on integrated basin studies(IBS): An European Commission (DGXII) project [J] . Marine and Petroleum Geology, 12 (8): 787-963.

Cloetingh S, Horvath F, Bada G, et al. , 2002a. Neotectonics and surface processes : The Pannonian Basin and Alpine/ Carpathian systems [J] . European Geosciences Union, Stephan Mueller Spec, 3.

Cloetingh S, Kooi H, 1992. Intraplate stresses and dynamical aspects of rifted basins [J] // Zegler P A. Geodynamics of Rifting, Volume I : Thematic Discussions. Tectonophysics, 215: 167-185.

Cloetingh S, Marzo M, Munoz J A, et al. , 2002b. Tectonics of sedimentary basins : from crustal structure to basin fill [J] . Tectonophysics, 346: 121-135.

Covey M, 1986. The evolution of foreland basins to steady state : Evidence from the western Taiwan foreland basin [C] //Allen G P. Foreland basins. Special Publication of the International Association of Sedimentologists, 77-9.

Crook K A W, 1974. Lithogenesis and geotectonics : The significance of compositional variation in flysch arenites (graywackes)[C] //The Society of Economic Paleontologists and Mineralogists. SP19: 304-310.

Crowell J C, 1982a. The Tectonics of Ridge Basin, Southern California [C] //Crowell J C, Link M H. Geologic History of Ridge Basin, Southern California. Field Guide Book, Pacific Section. SEPM, 25-42.

Crowell J C, 1982b. The Violin Breccia, Ridge Basin. Southern California [C] //Crowell J C, Link M H. Geologic History of Ridge Basin, Southern California. Field Guide Book, Pacific Section. SEPM, 89-98.

Crowell J. 1974. Sedimentation along the San Andreas Fault [M] . SPEM Special Publication, California Modern and Ancient Geosynclinal Sedimentation.

DeCelles P G, Giles K A, 1996. Foreland basin systems [J] . Basin Research, 8 (2): 105-123.

Densmore A L, Gupta S, Allen P A, et al, 2007. Transient landscapes at fault tips [J] . Journal of

Geophysical Research, 112（F03）.

Densmore A L, Li Yong, Ellis M A, et al, 2005. Active Tectonics and Erosional Unloading at Eastern Margin of the Tibetan Plateau［J］. Journal of Mountain Science, 2（2）: 146-154.

Devlin W J, Rudolph K W, Shaw C A, et al, 1993. The effect of tectonic and eustatic cycles on accommodation and sequence-stratigraphic framework in the Upper Cretaceous foreland basin of southwestern Wyoming［M］//Posamentier H W, Summerhayes C P, Haq B U, et al. Sequence Stratigraphy and Facies Associations. Special Publication 18 of the International Association of Sedimentologists. Oxford : Blackwell, 501-520.

Dickinson W R, 1974. Plate tectonics and sedimentation［M］. Society of Economic Paleontologists and Mineralogists Special Publication.

Dickinson W R, 1976. Plate tectonic evolution of sedimentary basin［C］//Dickinson W R, Yarboroug Hunter. Plate tectonics and Hydrocarbon Accumulation. AAPG Educational Series.

Dickinson W R, 1985. Interpreting provenance relations from detrital modes of sandstones［C］//Zufa G G. Provenance of Arenites Netherlands. Dordrecht : D. Reidel Publishing Company, 333-361.

Dickinson W R, 1988. Provenance and sediment dispersal in relation to paleotectonics and paleogeography of sedimentary basin［C］//Kleinspehn K L, Paola C. New Perspectives in Basin Analysis. New York : Springer-Verlag, 3-25.

Dickinson W R, Beard L S, Brakenridge G R, et al, 1983. Provenance of North American Phanerozoic sandstones in relation to tectonic setting［J］. Geological Society of America Bulletin, 94（2）: 222-235.

Dickinson W R, Suczek C A, 1979. Plate tectonics and sandstone compositions［J］. AAPG Bulletin, 63（12）: 2164-2182.

Flemings P B, Jordan T E, 1990. Stratigraphic modeling of foreland basins : Interpreting thrust deformation and lithosphere rheology［J］. Geology, 18: 430-434.

Freund R, 1974. Kinematics of transform and transcurrent faults［J］. Tectonophysics, 21（1-2）: 93-134.

Galloway W E, 1998. Siliciclastic slope and base of slope depositional systems : Component facies, stratigraphic architecture, and classification［J］. AAPG Bulletin, 82（4）: 569-595.

Gawthorpe R L, Leeder M R, 2008. Tectono-sedimentary evolution of active extensional basins［J］. Basin Research, 12（3-4）: 195-218.

Gregory J W, 1896. The great rift valley［M］. London : John Murray, 422.

Gupta S, Cowie P, 2000. Processes and controls in the stratigraphic development of extensional basins［J］. Basin Research, 12（3-4）: 185-194.

Harding T P, 1985. Seismic characteristics and identification of negative flower structures, positive flowers structures, and positive structural inversion［J］. AAPG Bulletin, 69（4）: 582-600.

Harland W H, 1971. Tectonic transgression in Caledonian Spits Bergen［J］. Geological Magazine, 108（1）: 27-42.

Heller P L, Angevine C L, Winslow N S, et al, 1988. Two-phase stratigraphic model of foreland-basin sequences［J］. Geology, 16: 501-504.

Houseman G, England G, 1986. A dynamical model of lithosphere extension and sedimentary basin formation［J］. Journal of Geophysical Research, 91: 719-728.

Houseman G, England P, 1993. Crustal thickening versus lateral expulsion in the Indian-Asian continental collision［J］. Journal of Geophysical Research, 98（B7）: 12233-12249.

Ingersoll R V, 1983. Petrofacies and provenance of Late Mesozoic forearc basin, northern and central California［J］. AAPG Bulletin, 67（7）: 1125-1142.

Ingersoll R V, 1995. Tectonics of sedimentary basin [J]. Geological Society of America Bulletin, 100: 1704−1719.

Ingersoll R V, Busby C Y, 1995. Tectonics of sedimentary basins [M] //Busby C J, Ingersoll RV. Tectonics of Sedimentary Basin. Oxford : Blackwell Science, 1−51.

Jordan T E, Flemings P B, 1991. Large−scale stratigraphic architecture, eustatic variation, and unsteady tectonism : A theoretical evaluation [J]. Journal of Geophysical Research, 96: 6681−6699.

Jordan T E, Flemings P B, Beer J A, 1988. Dating thrust fault activity by use of foreland−basin strata [M] // Kleimsphehn K L, Paola Chris. New Perspective in Basin Analysis. New York : Springer−Verlag.

Karig D E, 1971. Origin and development of marginal basins in the western Pacific [J]. Journal of Geophysical Research, 76.

Keen C, 1985. The dynamics of rifting : Deformation of the lithosphere by active and passive driving force [J]. Journal of the Royal Astronomical Society, 80: 95−120.

Klein G D, 1987. Current aspects of basin analysis [J]. Sedimentary Geology, 90−118.

Klemme, 1974. Basin classification : Geological principles of World Oil Occurrence [D]. Edmonton : University of Alberta.

Lambiase J J, Bosworth W, 1995. Structural controls on sedimentation in continental rifts [J]. Geological Society London Special Publications, 80: 117−144.

Lemons D R, Chan M A, 1999. Facies architecture and sequence stratigraphy of fine−grained lacustrine deltas along the eastern margin of late Pleistocene Lake Bonneville, northern Utah and southern Idaho [J]. AAPG Bulletin, 83 (4): 635−665.

Liu S, Nummedal D, Yin P, et al, 2005. Linkage of Sevier thrusting episodes and Late Cretaceous foreland basin megasequences across southern Wyoming [J]. Basin Research, 17: 487−506.

Lowell J D, Genik G J, 1972. Sea−floor spreading and structural evolution of the southern Red Sea [J]. AAPG Bulletin, 56 (2): 247−259.

Mann P, Hempton M R, Brandley D C, et al, 1983. Development of pull−apart basin [J]. Geology, 91: 529−554.

McKenzie D P, 1978. Some remarks on the development of sedimentary basins [J]. Earth and Planetary science letters, 40 (1): 25−32.

McLennan S M, Hemming S, McDaniel D K, et al, 1993. Geochemical approaches to sedimentation, provenance, and tectonics [J]. Geological Society of America Special Papers, 284: 21−40.

Miall A D, 1984. Principles of Sedimentary Basin Analysis [M]. Berlin : Springer.

Miyashiro A, 1986. Genesis of the west Pacific hot areas and its marginal basins [J]. Offshore Oil, 29 (5): 22−32.

Moosavirad S M, Janardhana M R, Sethumadhav M S, et al, 2012. Geochemistry of Lower Jurassic sandstones of Shemshak Formation, Kerman basin, Central Iran : Provenance, source weathering and tectonic setting [J]. Journal of the Geological Society of India, 79 (5): 483−496.

Morgan P, 1983. Constraints on rift thermal processes from heat flow and uplift [J]. Tectonophysics, 94: 277−298.

Morgan P, Baker B H, 1983. Introduction−process of continental rifting [J]. Tectonophysics, 94: 1−10.

Neugebauer H J, 1978. Crustal doming and the mechanism of rifting Part I : Rift formation [J]. Tectonophysics, 45 (2−3): 159−186.

Nilsen T H, McLaughlin R J, 1985. Comparison of Tectonic Framework and Depositional Patterns of the Hornelen Strike−Slip Basin of Norway and the Ridge and Little Sulpher Creek Strike−Slip Basins of California ［C］ //Biddle K T，Christie-Blick N. Strike-Slip Deformation，Basin formation，and Sedimentation. SEPM Special Publication，37：79-104.

Peter D G，Katherine G A，1996. Foreland basin systems ［J］. Basin Research，（8）：105-123.

Posamentier H W，Allen G P，James D P，et al，1992. Forced regressions in a sequence stratigraphic framework：Concepts，examples and exploration significance ［J］. AAPG Bulletin，76（11）：1687-1709.

Price R A，1973. Large-scale gravitational flow rocks，Southern Canadian Rockies［C］Dejong K A，Scholten R. Gravity and tectonics. New York：Springer-verlag，491-502.

Price R A，Mountjoy E W，1970. Geologic structure of the Canadian Rocky Mountains between Bow and Athabasca Rivers：A progress report ［J］. Geological Association of Canada Special Paper，6：7-16.

Reading H G，1980. Characteristics and recognition of strike-slip fault ［C］ //Balance P F，Reading H G. Sedimentation in obliqu eslip Mobile Zones. The IAS Special Publication，4：7-26.

Ricci-Lucchi F，1986. The Oligocene to recent foreland basins of the northern Apennines ［J］. The IAS Special Publication，8：105-139.

Rodgers D A，1980. Analysis of pull-apart basin development produced by En Echelon strike-slip faults ［C］ //Balance P F，Reading H. Sedimentation in Oblique-Slip Mobile Zones. Special Publications of the International Association of Sedimentologists，4：27-41.

Sengor A M C，Burke K，1978. Relative timing of rifting and volcanism on earth and its tectonic implications ［J］. Geophysical Research Letters，5：419-421.

Sinclair H D，1997. Flysch to molasses transition in peripheral foreland basins：The role of the passive margin versus slab breakoff ［J］. Geology，25（12）：1123-1126.

Sinclair J L，Jackson R，1989. Gas-particle flow in a vertical pipe with particle-particle interactions ［J］. AIChE journal，35（9）：1473-1486.

Sinclair W，Richardson J，1992. Quartz-tourmaline orbicules in the Seagull Batholith，Yukon Territory ［J］. Canadian Mineralogist，30：923-935.

Smith M，1994. Stratigraphic and structural constraints on mechanisms of active rifting in the Gregory Rift，Kenya ［J］. Tectonophysics，236（1-4）：3-22.

Stern R. J，Bloomer S H，1992. Subduction Zone Infancy：Examples from the Eocene Izu Bonin Mariana and Jurassic California Arcs ［J］. Geological Society of America Bulletin，104（12）：1621-1636.

Stockmal G S，Beaumont C，Boutilier R，1986. Geodynamic models of convergent tectonics：The transition from rifted margin to over-thrust belt and consequences for foreland basin development ［J］. AAPG Bulletin，70：181-190.

Sylvester A G，1992. Styles of Strike-slip Basin Along the Surface Rupture of the October 1987 Superstition Hill Earthquake ［M］. California：Imperial Valley.

Taylor B，Hayes D E，1983. Origin and history of the South China Sea basin ［J］. The tectonic and geologic evolution of Southeast Asian seas and islands：Part 2，27：23-56.

Turcotte，Emermann，1983. Mechanism of active and passive rifting ［J］. Tectonophysics，94：39-50.

Vail P，Audemard F，Bowman S A，et al，1991. The stratigraphic signatures of tectonics，eustasy and sedimentology：An overview ［C］ //Einsele G，Richen W，Seilacher A. Cycles and events in stratigraphy. Berlin：Springer-Verlag，617-659.

Waschbusch P J，Royden L H，1992. Episodicity in foredeep basins ［J］. Geology，146：813-826.

Watts A B，1992. The effective elastic thickness of the lithosphere and the evolution of foreland basin ［J］. Basin Research，4：169-178.

Watts N R, 1981. Sedimentology and diagenesis of the Hogklint reefs and their associated sediments, Lower Silurian, Gotland, Sweden [D]. UK: Cardiff University, 406.

Wernicke B, Burchfiel B C, 1982. Models of extensional tectonics [J]. Journal of Structural Geology, 4: 105-115.

Wheeler P, White N, 2000. Quest for dynamic topography: observations from Southeast Asia [J]. Geology, 28 (11): 963-966.

White N, Mckenzie D, 1988. Formation of the steers head geometry of sedimentary basins by differential stretching of the crust and mantle [J]. Geology, 3: 250-253.

Wilcox R E, Harding T P, Seely D R, 1973. Basic wrench tectonics [J]. American Association of Petroleum Geologists Bulletin, 57: 74-96.

Ye V, Khain, 1992. The role of rifting in the evolution of the Earth's crust [J]. Tectonophysics, 215 (1-2): 1-7.

Ziegler P A, 1992. Geodynamics of rifting and implications for hydrocarbon habitat [J]. Tectonophysics, 215 (1-2): 221-253.

下篇　实例研究与勘探应用

第四章　准噶尔盆地区域地质概况

准噶尔盆地经历了晚古生代、中生代和新生代 3 期变形，油气资源丰富，勘探潜力巨大。准噶尔盆地勘探始于 20 世纪 50 年代，迄今在石炭系至新近系的 21 个层组中发现工业油气流，已发现 32 个油气田（27 个油田、5 个气田）440 个油气藏，累计探明地质储量石油超 $32 \times 10^8 t$，天然气近 $1800 \times 10^8 m^3$，油气综合探明率为 24.3%，依然处于勘探初期（唐勇等，2022）。作为中国油气增储上产的主战场之一，近年来勘探不断取得重大突破，揭示了纵向上多层系复式油气聚集、平面上油气藏复合叠加连片、常规与非常规油气有序共生的分布格局。目前勘探主要集中在准噶尔西北缘超剥带和玛湖凹陷，以及西部坳陷南部深层源内、腹部上组合、南缘下组合等重点增储领域，特别是西北缘超剥带勘探程度相对较高，亟须对准噶尔盆地构造—沉积响应关系进一步梳理以明确下一步勘探方向（赵永强等，2023；朱明等，2021）。

第一节　大地构造背景与基底特征

一、准噶尔盆地大地构造背景

准噶尔盆地位于中国新疆维吾尔自治区北部、亚洲大陆的中心地带，是多旋回叠加的复合型含油气盆地。盆地东西长约 700km，宽约 370km，面积约 $13 \times 10^4 km^2$。盆内地壳南厚北薄，平均厚 45km，其中盖层厚 18km。盆内地势东高西低，地表海拔一般为 500～800m，西部湖沼洼地海拔已下降到 200～400m，艾比湖水面海拔仅 189m，腹部大多被古尔班通古特沙漠覆盖。

大地构造区划上，准噶尔盆地处于哈萨克斯坦—准噶尔板块的构造范围，位于准噶尔地块的核心稳定区。其西北缘为哈萨克斯坦古板块，东北缘为西伯利亚古板块（图 4-1），其间是乔先哈拉缝合线与它对接；南缘为塔里木古板块，其间有汗腾格里—康古尔塔格缝合线与其对接。准噶尔盆地是一个三面被古生代缝合线包围的、晚石炭世到第四纪发展起来的大陆板内盆地（陈哲夫等，1985，1993；周培兴等，2023；龚德瑜等，2023）。

现今的准噶尔盆地则属于欧亚板块的组成部分。其四周被海西期褶皱造山带环绕，包括北天山造山带、西准噶尔造山带、克拉美丽造山带、博格达造山带（郑孟林等，2015），东西向略长（300km 多），南北向窄（近 300km），是总体呈三角形的多期残余叠合盆地。

二、准噶尔盆地基底特征

盆地基底为准噶尔中央地块，对其基底性质的认识有古生代洋壳（李春昱等，1983；施央申等，1996；江远达，1984；胡霭琴等，2003；樊婷婷，2017）、前寒武纪结晶基底（吴庆福，1986；王汉生，1983；廉刚等，2023；邹国庆等，2021；毛哲等，2020）、陆壳或双层基底（胡见义等，1996；张义杰等，1999；丘东洲等，2002；李亚萍等，2007；赵俊猛等，2008；郑孟林等，2019）、地体拼贴或岛弧体系拼合体（况军等，1993；王方正等，2002）等不同观点，尤其对是否存在前震旦系变质基底始终存在争议（李亚萍等，2007；何治亮等，2015；郑孟林等，2015；林会喜等，2022）。

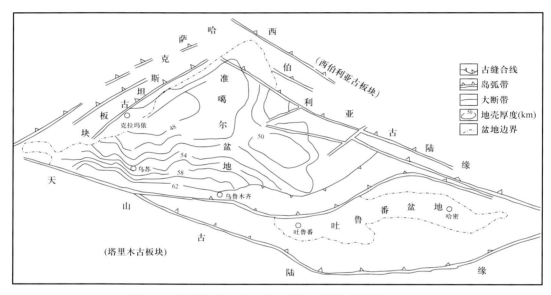

图 4-1　准噶尔盆地大地构造位置（据陈哲夫等，1993）

多位学者先后从铷模式年龄值、Sm—Nd 同位素、基底物源、锆石年代、大地电磁测深剖面、地壳圈层结构、生物标志化合物第 7 个方面分析和综合研究（赵振华等，1989；彭希龄等，1990；彭希龄，1994；蔡立国等，1997；王方正等，2002），认为准噶尔盆地下基底为前寒武系结晶基底、上基底为以边缘褶皱山系为主的海西期前石炭系褶皱基底，前寒武结晶基底在海西旋回中碎裂沉没，其上堆积了相对较薄的海西期建造，海西晚期后转化为内陆盆地（蔚远江等，2005）。

综合近几年地层学、年代学、地球物理学、穿越准噶尔盆地及其周缘 5 条综合地球物理剖面研究进展（郑孟林等，2015；Wang et al.，2021）和最新成果，本书提出"南北部地体拼贴 + 单双层基底组合"的观点，即准噶尔盆地基底由北部的乌伦古地体和南部的玛纳斯地体拼贴而成，两者的分界为北西西方向的滴水泉—三个泉缝合线，其西部与北东向达尔布特缝合带相连，东部与北西向的卡拉美丽缝合带相连；北部的乌伦古地体基底为双层构造，上层为泥盆系和下石炭统组成的褶皱基底，大致表现为北厚（3～5km）、南薄（1～2km），下层为前震旦系变质基底；南部的玛纳斯地体为单层基底，即新元古界结晶基底。

基底构造研究认为，盆地区的地壳存在多条深大断裂。其南北方向主要发育了红山嘴—车排子（简称红—车断裂）、德仑山、石溪、呼图壁、彩南和阜康6条深大断裂，断层倾角较大，向上延伸至上地壳下部，向下切入地壳基底界面；东西方向主要发育了北西西向滴水泉—三个泉、近东西向昌吉—玛纳斯2条横向深大断裂，均有逆断层性质。这些深大断裂对盆地构造发育具有一定的控制作用。准噶尔盆地具有挤压盆地—山地构造耦合格局，尤其是南部边界东部博格达—准东盆地的山地—盆地构造耦合（Wang et al.，2021）。

第二节　构造单元划分及区域构造特征

一、准噶尔盆地构造单元划分

以准噶尔盆地整体构造演化特征为背景，综合盆内二叠系构造特征，依据晚海西期盆地坳隆构造格局，以及印支、燕山和喜马拉雅运动对盆地构造改造作用特点等，自北向南划分出"三隆二坳一冲断带"6个一级构造单元和44个二级构造单元（杨海波等，2004；何文军等，2019；卫延召等，2019；图4-2）。

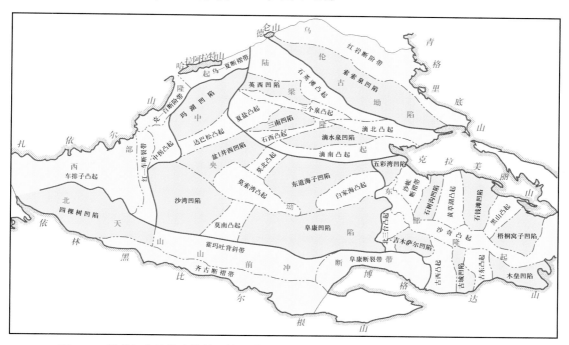

图4-2　准噶尔盆地构造格局及构造单元划分（据杨海波等，2004；何文军等，2019）

一级构造单元中，乌伦古坳陷位于盆地北部，由红岩断阶带、索索泉凹陷2个单元组成，走向近北西，索索泉凹陷是盆地较大型的凹陷。

陆梁隆起是被乌伦古坳陷和中央坳陷夹持的大型正向单元，由夏盐、石英滩、三个泉、石西、滴北、滴南凸起和英西、三南、滴水泉凹陷共"六凸三凹"9个二级单元组成，陆梁、石南、石西油田位于本单元西部。

中央坳陷位于盆地中心部位，进一步细分为玛湖凹陷、盆 1 井西凹陷、沙湾凹陷、阜康凹陷、东道海子凹陷、达巴松凸起、莫北凸起、莫索湾凸起、莫南凸起和白家海凸起，"5 凹 5 凸" 共 10 个二级构造单元（杨海波等，2004），总面积达 $3.8 \times 10^4 km^2$，沉积岩最大厚度 15000m，彩南油田位于该单元东部（白家海凸起东北部）。

西部隆起位于盆地西北部，由车排子凸起、红—车断裂带、中拐凸起、克—百断阶带、乌—夏断褶带 5 个二级单元组成，是大型北东向逆冲推覆断裂构造带，克拉玛依大油田位于该单元。

北天山山前冲断带位于盆地南部、天山北侧，南缘由四棵树凹陷、霍玛吐背斜带、齐古断褶带、阜康断裂带 4 个二级单元组成。齐古断褶带已找到独山子、卡因迪克、呼图壁、齐古等油气田，是盆地背斜褶皱最发育的单元。

东部隆起位于盆地东部从克拉美丽山前至天山山前地带，由五彩湾、石树沟、石钱滩、梧桐窝子、吉木萨尔、古城、木垒凹陷、黄草湖、黑山、三台、沙奇、古西、古东凸起及沙帐断褶带共 "七凹六凸一断褶带" 14 个二级单元组成，构造单元走向近南北，呈凹凸相间的构造格局，分布火烧山、沙南、三台等油田。

二、准噶尔盆地区域构造特征

资料表明，准噶尔盆地多期构造演化形成由拉张断裂控制边界、隆坳相间的构造格局（何文军等，2019）。盆地自晚古生代至第四纪经历了海西、印支、燕山、喜马拉雅构造运动。二叠纪晚海西期是盆地隆坳构造格局开始形成、演化的最关键时期，印支—燕山运动期受到进一步叠加和改造（盆地东部改造作用较为显著）；喜马拉雅运动主要作用于盆地南缘，对其他地区影响较轻，并使盆地构造格局定型。多旋回的构造发展在盆地中造成多期活动、类型多样的构造组合和沉积体系，并严格控制了油气生成、运移、聚集和散失。

盆缘地区变形强烈，以侧向挤压作用形成的冲断推覆变形为主，发育一系列与山系平行的压扭性断裂、褶皱和推覆体。盆缘发育不同的逆冲推覆构造样式。盆内构造表现为多向构造交织、多重构造机制、多种构造形迹、多级构造单元、多层构造系统、多相构造环境、多期构造演化、多源动力作用的基本特征，构造类型以断裂为主（宋岩等，2000）。腹部广大地区变形较弱，以继承性宽缓的坳陷和隆起变形为特色，断裂和褶皱构造相对不发育，其构造变形特点、构造样式类型及力学性质与盆缘地区相比迥然不同。

从断开层位来看，发育深层和浅层两大不同断裂系统，展布方向性明显，断裂走向基本一致，呈现继承性发育特点。深层断裂在全盆地内广泛发育（南缘发育程度相对较弱），断距一般较大，平面延伸较远，对盆地的构造格局、地层沉积和油气分布具有十分重要的控制作用。浅层断裂仅在西北缘的红—车断裂带附近、腹部地区以及南缘东部的甘河子断裂附近集中成群成带分布，一般切割层位较少，有的仅仅在侏罗系内部发育，对侏罗系、白垩系构造圈闭形成和油气成藏具有重要控制作用。

从力学性质来看，盆内发育的断裂主要为压性、压扭性、张性和重力滑脱 4 种类型，其延伸方向、形成时间、活动强度及规模有较大差异。其中，压性断裂构成盆地主要断裂类型；压扭断裂主要分布于盆地西部和南缘；张性断裂呈东西或北东走向，主要发育在盆地腹部侏罗系；重力滑脱断裂则集中于盆地的南缘。盆地在演化后期受到西北缘、东北缘和南缘 3 个方向构造应力的作用，较早期有很大的减弱，后期形成的断裂规模一般较早期形成的规模要小；东北缘受构造应力作用强度最大，西北缘受力强度次之，南缘受力强度最小。

　　从展布方向来看，盆内主要发育北西向、北东向、南北向和近东西向断裂体系，其中北西向、北东向、东西向 3 组断裂体系构成了盆地的基本断裂格架，表明盆地所受构造应力具有较稳定的方向性。其中西北缘和东部地区断裂走向为北东和北北东向，南缘等其他地区的构造线走向为北西和近东西向。

　　断裂发育程度和规模上，盆缘强烈，均为大规模的基底断裂；腹部微弱，主要发育小规模次级断裂，从盆缘到盆内断裂发育明显呈衰减趋势。断裂性质一般较为单一，无论是盆缘断裂还是盆内断裂，几乎全为逆冲断裂。正断层规模较小，仅分布于腹部及红—车地区的侏罗系中。断裂存在多期活动，一些海西期、印支期形成的断裂，燕山期又进一步活动断开侏罗系。

　　褶皱构造是盆内发育的局部圈闭构造的主要类型，其分布遍及整个盆地且与断裂伴生，包括基岩生长背斜、披覆背斜、挤压背斜和压扭性背斜等。

　　总之，准噶尔盆地构造类型多样、成因复杂，特别是断裂构造复杂多样，盆地西北部发育鱼鳞状逆冲构造，东北部发育鱼鳞状逆冲构造和雁列状构造，东部、西部隆起区为南北走向近直线状的冲断褶皱构造；南缘西部为斜向瓦垄状逆冲推覆构造，南缘东部为正向瓦垄状逆冲推覆构造；广大中央地区以北西向隆坳格局为特征，并发育正断层和逆断层。盆内断裂在平面展布及其组合形式多样化，不同时期断裂活动方式和方向存在着差异。

第三节　地层分布与沉积体系特征

　　准噶尔盆地发育有中上石炭统—第四系沉积，沉积岩最大厚度为 15000m。准噶尔盆地充填地层系统及构造演化阶段详见表 4-1。资料表明，准噶尔盆地石炭系岩相建造类型复杂、火山岩十分发育、构造变动频繁。多期构造活动背景下，形成二叠系与三叠系的整合接触，三叠系与上覆侏罗系呈不整合接触，侏罗系下部与上覆白垩系为不整合接触，白垩系与古近系呈不整合接触。总体上，中上石炭统—下二叠统属海相沉积，为火山岩—碎屑岩混合建造和复理石建造，盆地南缘发育较全，最大厚度在 5000m 以上。上二叠统转为陆相沉积，盆缘发育磨拉石建造、南部发育湖相油页岩建造。上二叠统—三叠系主要为磨拉石和复理石建造，也是在盆地南部发育较全，最大厚度达 4100m。中—下侏罗统发育陆相含煤建造，南部地层厚达 4000m。上侏罗统—白垩系是红色砂泥岩建造，厚度达 2500m。新生界以红色碎屑岩为主，最厚达 5000 米。经历多个演化阶段下，形成各时期不同的地层分布与沉积体系特征。

表 4-1　准噶尔盆地充填地层系统及构造演化阶段表（据张功成等，1999，修改）

界	系	统	组 西北部	组 东北部	组 南部	地震波组	地质年龄(Ma)	接触关系	构造、沉积演化阶段	层序
新生界	第四系	更新统			西域组Q_1x		1.64	不整合	陆内前陆盆地	
	新近系	上新统	独山子组N_2d	独山子组N_2d	独山子组N_2d	Tn_1		不整合		SQ11
		中新统	塔西河组N_1t	塔西河组N_1t	塔西河组N_1t		23.3	局部不整合		SQ10
			沙湾组N_1s	沙湾组N_1s	沙湾组N_1s	Te_1				
	古近系	渐新统	乌伦古河组$E_{2-3}w$	乌伦古河组$E_{2-3}w$	安集海河组$E_{2-3}a$				掀斜坳陷盆地	SQ9
		始新统								
		古新统	红砾山组$E_{1-2}h$	红砾山组$E_{1-2}h$	紫泥泉子组$E_{1-2}z$		65.0			
中生界	白垩系	上统	艾里克湖组K_2a	红沙泉组K_2h	东沟组K_2d		97.0			SQ8
		下统	吐谷鲁群K_1tg	吐谷鲁群K_1tg	连木沁组K_1l			不整合	压扭坳陷盆地	SQ7
					胜金口组K_1s					
					呼图壁河组K_1h					
					清水河组K_1q	Tk_1	145.6			
	侏罗系	上统	齐古组J_3q	齐古组J_3q	喀拉扎组J_3k		152.1			SQ6
					齐古组J_3q		157.1			
		中统	头屯河组J_2t	头屯河组J_2t	头屯河组J_2t	Tj_4	166.1	局部不整合		SQ5
			西山窑组J_2x	西山窑组J_2x	西山窑组J_2x	Tj_3	178.0		弱伸展坳陷盆地	
		下统	三工河组J_1s	三工河组J_1s	三工河组J_1s	Tj_2	194.5			
			八道湾组J_1b	八道湾组J_1b	八道湾组J_1b	Tj_1	208.0	不整合		
	三叠系	上统	白碱滩组T_3b	黄山街组T_3h	郝家沟组T_3hj	Tt_3	235.0			SQ4
					黄山街组T_3h					
		中统	上克拉玛依组T_2k_2	克拉玛依组T_2k	克拉玛依组T_2k	Tt_2	241.1			
			下克拉玛依组T_2k_1							
		下统	百口泉组T_1b	烧房沟组T_1s	烧房沟组T_1s	Tt_1	245.0			
				韭菜园子组T_1j	韭菜园子组T_1j					
古生界	二叠系	上统	上乌尔禾组P_3w	梧桐沟组P_3wt	梧桐沟组P_3wt	Tp_5		不整合	周缘前陆盆地	SQ3
				泉子街组P_3q	泉子街组P_3q		256.1			
		中统	下乌尔禾组P_2w	平地泉组P_2p	红雁池组P_2h	Tp_4	260.0			SQ2
					芦草沟组P_2l					
					井井子沟组P_2jj					
			夏子街组P_2x	将军庙组P_2j	乌拉泊组P_2wl	Tp_3	270.0	不整合		
		下统	风城组P_1f	金沟组P_1jg	塔什库拉组P_1t	Tp_2	280.0	不整合	伸展断陷盆地	SQ1
			佳木河组P_1j		石人子沟组P_1s	Tp_1	290.0			
	石炭系	上统	太勒古拉组C_2t	石钱滩组C_2s	祁家沟组C_2q			不整合	坳陷—断陷—前陆盆地系	
			巴塔玛依内山组C_2b		柳树沟组C_2b		320.0			
		下统	包谷图组C_1b	滴水泉组C_1d				不整合	断陷—裂谷—被动陆缘系	
			希贝库拉斯组C_1x							

一、二叠纪地层分布与沉积体系

二叠纪地层发育相对完整，主体为陆相沉积的一大套陆相碎屑岩，夹火山碎屑岩。其中，南缘为海陆交互相的灰—灰黑色和暗色砾岩、细砂岩、粉砂岩、石灰岩及油页岩，局部夹火山碎屑岩；东北缘为红色和灰绿色砂岩、泥岩夹砾岩及油页岩；西北缘为一套熔岩、火山碎屑岩及砂砾岩、砾岩、砂岩、泥岩夹薄煤层。

下二叠统佳木河组（东部相当于金沟组下部）主要分布于西北缘和中央坳陷大部分地区（中拐凸起除外），陆梁隆起上的英西、三南凹陷和东部隆起上的五彩湾、石钱滩、古城和梧桐窝子凹陷内也有一定范围的分布；充填沉积总体呈楔状，西厚东薄，形成西北缘克—夏断阶带、沙湾凹陷两个沉积中心，厚度分别可达3200m和1200m。下二叠统风城组（东部相当于金沟组上部）主要分布于玛湖、盆1井西、沙湾及阜康四大凹陷内，其他地区均处于无沉积或剥蚀状态；沉积充填由北西向南东逐渐减薄，沉积中心位于克—夏断阶带—玛湖凹陷，厚度可达1400m。中二叠统夏子街组（东部称将军庙组）主要分布于西北缘、中央坳陷（中拐凸起除外）和东部隆起内的各凹陷，形成玛湖凹陷、沙湾凹陷两个主沉积中心，厚度均在1200m左右。中二叠统下乌尔禾组（东部为平地泉组）与夏子街组沉积范围相当，并在中拐地区和沙帐断褶带大部有一定厚度的沉积，玛湖凹陷、盆1井西凹陷—沙湾凹陷两个沉积中心厚度可达600～1000m。上二叠统上乌尔禾组（东部称下仓房沟群）沉积范围扩大到陆梁隆起及乌伦古坳陷的广大地区，但在石英滩凸起和英西凹陷局部、三个泉凸起和陆南凸起东部缺失，地层厚度变化不大，在200～600m之间。

二叠纪在盆地西北缘主要发育冲积扇—扇三角洲—辫状河三角洲—湖泊沉积体系，东南缘主要发育扇三角洲—滩坝—湖泊沉积体系（张逊，2020；史燕青，2020；唐湘飞等，2023）。

扇三角洲沉积体系可细分出扇三角洲平原和扇三角洲前缘亚相。扇三角洲平原亚相以分流河道沉积为主，平原根部发育砾岩和碎屑流砂砾岩，块状层理和粒序层理发育，砾石为棱角状—次棱角状，分选较差；可见棕色粉砂质泥岩和灰色质纯的泥岩。扇三角洲前缘亚相发育水下分流河道和水下分流间湾微相，水下分流河道主要发育灰色—灰绿色砾岩、砂砾岩和含砾粗砂岩，单砂体厚度为5～16m，水动力减弱，发育块状层理和粒序层理，砾石最大粒径达7.5cm，呈棱角状—次棱角状，砂砾岩中滚动总体约占70%，分选一般；水下分流间湾以灰绿色、灰色粉砂质泥岩和泥岩为主，单层厚度为1～2m。滩坝以灰—灰绿色灰质粉砂岩、泥质粉砂岩与泥岩的薄互层为主，为波浪的频繁改造所致，灰质粉砂岩碎屑颗粒主要为石英，含有少量的晶方解石胶结物，碎屑颗粒磨圆度较高，大多呈次棱角状—次圆状，分选较好。

辫状河三角洲沉积体系总体以辫状河三角洲平原的辫状河道发育为主，测井曲线多呈钟形，内部可见不甚明显的心滩坝沉积，交错层理较发育；发育灰色含砾粗砂岩和细砾岩、中—粗砂岩，颗粒分选和磨圆较好。辫状河三角洲前缘发育水下分流河道及河口坝沉积，其与前三角洲泥岩呈不等厚互层，在分流河道细砂岩中可见明显的平行层理。

前辫状河三角洲与湖相泥岩相接触，以灰色水平层理粉砂质泥岩和泥岩为主。

冲积扇沉积体系具近源低成分成熟度特征，可细分为扇根、扇中和扇缘亚相。扇根亚相以厚层—块状砂砾岩发育为主，一般厚度大于10m，多为主槽泥石流砂砾岩体沉积，底部泥质含量较高；扇中亚相以辫状河水道中—厚层细砾岩发育为主，可见明显的河道冲刷构造，自下而上多呈正韵律特征，垂向厚度多为3～8m，砾岩分选磨圆较好，物性也较好；广泛发育扇缘漫流细粒沉积，少量径流水道镶嵌其中，呈"泥包砂（或砾）"的特征，径流水道厚度多为2～5m。

湖泊沉积体系可细分为滨浅湖和半深湖亚相。滨浅湖亚相主要为灰绿色泥岩，夹薄层灰绿色粉砂岩和泥质粉砂岩，或灰绿色和灰色泥岩夹薄层泥质白云岩和泥晶白云岩；半深湖亚相主要发育深灰色白云质泥岩，夹薄层凝灰质白云岩和泥质白云岩。

二叠系下部整体上呈现扇三角洲—浅海相的退积型充填序列，上部缺少进积型充填序列，指示准噶尔残余洋盆及其周边地区在晚石炭世经历了构造抬升和剥蚀，上石炭统莫老坝组（C_2m，相当于准西北缘的太勒古拉组 C_2t）被下二叠统哈尔加乌组（P_1h，相当于准西北缘的佳木河组 P_1j）陆相沉积角度不整合覆盖，表明准噶尔残余洋盆在早二叠世前已经消失；中二叠世—晚二叠世末，根据芦草沟组和梧桐沟组泥页岩生物标志化合物参数和元素地球化学参数综合对比，发现芦草沟组沉积期湖盆为咸化—半咸化的水体，以干热的古气候条件为主；而上二叠统梧桐沟组沉积期则为弱咸化—淡水的湖盆水体环境，以温暖湿润的古气候条件为主。从野外地层中发现中二叠统芦草沟组泥页岩地层中有鱼类化石，梧桐沟组中发现植物化石。结合生物标志化合物特征，显示芦草沟组和梧桐沟组母质来源整体以低等水生生物、原核生物（细菌）和沉水植物等输入为主，梧桐沟组有较多的沉水植物、泥炭藓和原核生物。沉积体系由湖泊相演化至以前三角洲沉积为主（孙浩等，2020；刘兵兵等，2022）。

二、三叠纪地层分布与沉积体系

三叠系开始沉积时，已经基本形成了统一的沉积盆地，其沉积中心主要位于沙湾凹陷及阜康凹陷内。中—下三叠统百口泉组—克拉玛依组（东部称上仓房沟群—克拉玛依组）为一套冲积—河流相及湖相的砾岩、砂岩、泥岩夹碳质泥岩和薄煤层沉积，与上乌尔禾组沉积范围相当，并且在凸起区也有一定厚度分布，形成沙湾凹陷西南—盆1井西凹陷和索索泉凹陷内两个沉积中心，厚度分别为1200m和800m，其他地区地层厚度分布较均匀，在东部隆起区仅有200m厚度。上三叠统白碱滩组（东部称黄山街组—郝家沟组）以湖相沉积的砂岩、泥岩夹煤层和菱铁矿为主，其与中—下三叠统的沉积范围相当，但在克拉美丽山前、帐北断褶带的局部区域等盆地边缘部分凸起区遭受剥蚀，形成盆1井西凹陷—沙湾凹陷内、南缘天山山前冲断带中部两个沉积中心，厚度分别可达600m以上及1000m，但沉积中心范围较小。

三叠纪在盆地西北缘主要发育冲积扇—扇三角洲、河流三角洲和湖泊3类沉积体系，盆地东南缘主要发育辫状河三角洲—湖泊沉积体系。

辫状河三角洲沉积体系的平原亚相可划分出平原水上辫状河道和辫状河道间泛滥平原两种微相。辫状河道沉积物以砾岩、含砾粗砂岩等粗碎屑岩为主，泛滥平原以泥岩、粉砂质泥岩及煤线沉积为主，包括河漫滩、河漫湖和河漫沼泽微相。

冲积扇沉积体系包括扇根、扇中和扇缘亚相，发育粗碎屑辫状河道，其间充填粒度较细的砂砾质漫滩或砂质漫滩。

扇三角洲沉积体系发育扇三角洲平原—扇三角洲前缘亚相，沉积物来源与盆地西北缘大型冲积扇群一致，辫状河道和砂质漫滩自西北向东南发散分布。

湖泊沉积体系在各组均有发育，颜色较深，多由灰色—灰绿色质纯的大套块状泥岩组成，可作为稳定标志层，横向分布稳定，长期处于安静水体中沉积，粒度较细，主要为浅湖和半深湖—深湖亚相，而滨湖亚相较为少见（矫适之，2015；何苗等，2017；史燕青，2020）。

三、侏罗纪地层分布与沉积体系

侏罗系沉积时处于泛盆发育阶段，盆地范围进一步扩大，沉积中心主要位于沙湾凹陷，其次是乌伦古坳陷和四棵树凹陷。下侏罗统八道湾组的沉积范围扩大到南缘西部的广大地区及车排子凸起南段，开始形成四棵树凹陷；沉积中心主要位于中央坳陷内及索索泉凹陷北部，范围较广，厚度可达800m左右。下侏罗统三工河组沉积与八道湾组的沉积范围相当，地层厚度变化不大，形成沙湾—阜康凹陷内和南缘山前断褶带两个厚度不大、但范围很广的沉积中心，最厚可达600～800m。中侏罗统西山窑组与三工河组的沉积范围相当，但在莫索湾凸起高部位缺失。沉积厚度总体变化不大，形成沙湾—阜康凹陷内、乌伦古坳陷东北部、四棵树凹陷东部—南缘山前断褶带3个沉积中心，最厚可达600m左右。中—上侏罗统头屯河组—齐古组（东部称石树沟群）的沉积范围整体上有所收缩，四棵树凹陷与盆地主体分离，但在莫索湾凸起高部位有一定厚度的沉积，形成南缘山前断褶带乌鲁木齐前缘、索索泉凹陷东北部、四棵树凹陷3处沉积中心，最厚可达800m。岩相上，中—下侏罗统为河流—沼泽沉积，有砂岩、砾岩、泥岩、煤层及碳质页岩；上侏罗统主要为杂色砂泥岩互层。

侏罗纪在盆地南缘主要发育吉尔伯特式浅水扇三角洲体系、吉尔伯特式浅水辫状河三角洲体系、毯式浅水扇三角洲体系、毯式浅水辫状河三角洲体系及湖泊体系5类沉积体系（表4-2）；盆地东部发育辫状河三角洲沉积体系、扇三角洲沉积体系，其中三角洲平原亚相与前缘亚相过渡部位往往赋存工业矿化；盆地西北缘主要发育辫状河体系、辫状河三角洲体系以及湖泊体系3类沉积体系（唐湘飞等，2023；焦国华等，2023）。

齐古组沉积期是盆地南缘侏罗纪突变的一个过渡期，由张性环境向局部挤压环境转换，发生沉积充填。喀拉扎组沉积期北天山出现一次快速抬升，使得盆地边界从早—中侏罗世的中天山向北天山后退，侏罗纪盆地充填结束。整体上侏罗纪沉积体系以较粗的中细粒砂岩为主，组分单一且集中，呈跳跃搬运和悬浮搬运，分选性较好，水动力条件中等—较强，总体较稳定，沉积于滨浅湖及水下重力流的沉积环境（范媛媛，2021）。

表4-2 准噶尔盆地南部下侏罗统三工河组不同三角洲体系特征对比（据焦国华等，2023）

沉积体系	毯式浅水扇三角洲	毯式浅水辫状河三角洲	吉尔伯特式浅水扇三角洲	吉尔伯特式浅水辫状河三角洲
供源体系	冲积扇	辫状河或辫状平原	冲积扇	辫状河或辫状平原
发育位置	湖泊浪基面之上	湖泊浪基面之上	湖泊浪基面之上	湖泊浪基面之上
古地貌特征	前缘平缓倾斜	前缘平缓倾斜	前缘陡峭	前缘陡峭
骨架砂体微相类型及砂体岩性	水下分流河道：灰色砾岩、砂砾岩、中粗砂岩、含砾砂岩、砂岩；前缘沙坝：灰色中细砂岩—粉砂岩	辫状河：杂色砾岩、砂砾岩；水下分流河道：灰色砾岩、砂砾岩、含砾砂岩、砂岩；前缘沙坝：灰色中细砂岩—粉砂岩	水下分流河道：灰色砾岩、砂砾岩、含砾砂岩及砂岩	水下分流河道：岩屑砂砾岩、含砾细岩屑砂岩、粗岩屑砂砾岩、中细岩屑砂岩—粉砂岩；前缘沙坝：灰色岩屑砂岩、中细砂岩
骨架砂体成熟度	成熟度中等、分选中等、颗粒支撑	成熟度好、分选好、颗粒支撑	成熟度差、分选差、杂基支撑	成熟度中等、分选差、颗粒支撑
沉积构造	水下分流河道：正粒序、底部冲刷滞留、大型板状交错层理和槽状交错层理；前缘沙坝：反韵律、斜层理或块状	辫状河：砾石呈定向排列、低角度交错层理、槽状交错层理、底部具有冲刷面；水下分流河道：正粒序、层理不大明显；前缘沙坝：反韵律、斜层理或块状	正韵律、见底部冲刷面及交错层理	水下分流河道：底部滞留沉积和交错层理；前缘沙坝：反韵律、层理不明显，多为块状
骨架砂体厚度	水下分流河道10m左右、前缘沙坝5~10m	水下分流河道10m左右、前缘沙坝5~10m	5~10m	水下分流河道10m左右、前缘沙坝2~3m
地震相特征	叠瓦状前积结构	叠瓦状前积结构	斜交前积结构	具有复合前积结构

四、白垩纪—新近纪地层分布与沉积体系

白垩系主要分布于克拉玛依以东、克拉美丽山南部及盆地南缘，呈平行或角度不整合覆盖于侏罗系之上。可识别出冲积扇、辫状河、湖泊和风成4类沉积体系。下白垩统吐谷鲁群的沉积范围进一步扩大，仅车排子凸起和东部隆起区的大部分缺失沉积，沉积中心位于盆地南缘石河子—昌吉附近，厚达2800m左右，由南向西、北、东3个方向地层厚度快速减薄至尖灭；其底部普遍发育砾岩层，其上为绿色泥岩与砂岩互层夹紫红色砂质泥岩条带。上白垩统东沟组（东部称艾里克湖组）沉积范围减小、车排子凸起、四棵树凹陷和东部隆起区大部分缺失沉积，沉积中心位于盆地南缘石河子以南、昌吉以东的局部范围，最厚可达1000m、由南向西、北、东3个方向地层厚度逐渐减薄至尖灭。主要发育河流沉积体系、湖泊沉积体系的褐黄色和紫红色泥岩、砂岩、砾岩。

古近系古新统—始新统红砾山组（南缘称紫泥泉子组）沉积期，北部造山带发生构造抬升，风化剥蚀强烈并提供大量陆源碎屑，在近物源区发育多个不同规模的冲积扇，远物源处为冲积平原，主体为河流沉积体系红色砂岩、砂质泥岩。渐新统为湖泊沉积体系深湖亚相的灰绿色砂岩和泥岩，其沉积范围进一步扩大，仅车排子凸起北部、西北缘西北部和东部隆起大部分地区缺失沉积，沉积中心位于盆地南缘山前断褶带石河子—奎屯附近，沉积厚度可达1200m，由南向西、北、东3个方向地层厚度逐渐减薄至尖灭。乌伦古河组（南缘称安集海河组）沉积期，下段沉积时气候变得温暖湿润，气候的短暂波动导致沉积了灰绿色、红褐色条带砂岩、泥岩；中、上段沉积时气候更加潮湿，雨量充沛，地表径流增大，盆地北部河网密布，以辫状河沉积体系为主，整体处于氧化环境。

新近系中新统—上新统沙湾组发育河流沉积体系红色砂岩、泥岩。塔西河组—独山子组沉积期，下段沉积时气候依然较为温暖潮湿，喜马拉雅运动导致盆地北部形成东西轴向的褶曲，在此之上发育了冲积扇沉积体系；上段沉积时，由于青藏高原及其山系隆升的影响、特提斯海向西退却等原因，气候变得干旱，形成局部风成沉积体系，整体处于氧化环境（邓远等，2015）。

第四系沉积为尚未固结的砾岩与黏土层，呈戈壁荒漠的地理景观；其沉积范围扩大到整个盆地，沉积中心位于南缘山前断褶带西部独山子地区，最大沉积厚度可达4000m，由南向西、北、东3个方向地层厚度逐渐减薄至尖灭。

第四节　构造层序特征与构造—沉积演化

一、准噶尔盆地构造层序特征

构造层序是盆地一级构造运动面所界定的地层序列，类似于大地构造中的构造层，每一个构造层序对应一种盆地原型。构造层序界面指在一定的构造作用背景下形成的地层，以不整合或与之相对应的整合为界的一套地层的顶界面，指示沉积盆地类型的一个构造演化阶段的结束，是一级、二级层序识别、划分及对比的关键，也是不同演化阶段

构造作用、海平面变化、物源供给等综合作用的结果，其级次与幕式构造旋回的级次有关（解习农等，1996；汪泽成等，2002；Thies et al.，2006；王英民，2007；左倩媚等，2019；唐武等，2021；韩效忠等，2023）。构造层序能提供一种更为精确的时代对比、古地理再造、盆地生成演化和沉积矿产预测等分析方法，通过对关键构造层序界面特征研究，对阐明盆地的形成演化、分析构造运动史均有重要意义。其特征包括不整合特征及构造层特征，划分方法是以关键井的井震标定为基础，在地震剖面上识别出主要不整合面，结合地震波组特征划分出地震地层，通过时—深关系将地震剖面上的不整合面标定在井上，并依据不整合面的追踪结果，开展相应的连井对比。对不同构造带上的不整合面，用古生物和年代学数据进行约束，限定其时限，开展对比，最后用相同的方法开展盆内与相邻露头之间的对比，最终确定出研究区的划分方案（张磊等，2018）。

盆地构造与沉积地层之间的接触关系是划分构造层序、研究构造特征、恢复构造演化过程的基础。以区域性不整合面为界所分隔的一套地层序列构成巨型旋回层，是某种构造环境或体制下的一套沉积充填产物，其充填序列具有明显的旋回式沉积特点，构造层序之间在沉积充填、沉积相、构造变形、变质或岩浆活动等方面存在明显差异。根据地表地质、地震、钻井等资料，不同构造单元地层分布存在较大差异，地层不整合面较多，其中石炭系、中—下二叠统、上二叠统—三叠系、侏罗系、白垩系和新生界之间的不整合面具有区域性广泛发育特点（图4-3），是重要的构造—地层界面。从图4-3不难看出，发育盆地第四系底界、新近系底界、白垩系底界、三叠系底界、二叠系底界等角度不整合，整体上可以划分出石炭系、下二叠统、中二叠统—三叠系、侏罗系、白垩系—古近系、新近系—第四系6个一级构造（或构造—地层）层序。

由于准噶尔盆地构造单元间存在地质条件差异，在不同的构造单元中盆地构造层序特征有一定差异性，以盆地东部隆起为例进行简述。其石炭系—第四系可划分为下石炭统构造层、上石炭统—下二叠统构造层、中二叠统—侏罗系构造层、白垩系构造层、古近系构造层、新近系—第四系构造层6个一级构造层序，其中下石炭统构造层由石炭系巴塔玛依内山组构成，是一套海陆过渡相的火山岩系地层，该构造层下界面未知，厚度未知；上石炭统—下二叠统构造层由石炭系石钱滩组和二叠系金沟组构成，该构造层底部区域不整合面为巴塔玛依内山组顶部不整合，顶部区域不整合面为中二叠统底部不整合，最大厚度在克拉美丽山前，向南上超在博格达山前；中二叠统—侏罗系构造层由中二叠统将军庙组和平地泉组、上二叠统梧桐沟组、三叠系和侏罗系组成，构造层底部区域不整合面为中二叠统底部不整合，顶部区域不整合面为白垩系底部不整合，并向北侧克拉美丽山前和南侧博格达山前减薄，上侏罗统向构造高部位上超，凹陷内沉积厚度大于凸起；白垩系构造层底部区域不整合面为白垩系底部不整合，顶部区域不整合面为古近系底部不整合，该构造层的分布与构造单元没有直接关系，总体呈向东延伸的舌状，具有西厚东薄的特征；古近系构造层由古近系构成，普遍缺失渐新统，始新统遭到不同程度剥蚀。古近系构造层底部区域不整合面为古近系底部不整合，顶部区域不整合面为新近系底部不整合，总体表现为埋深向西南增大，厚薄变化幅度较小的席状；新近系—第四系构造层由新近系和第四系构成，底部区域不整合面为新近系底部不整合，顶部为

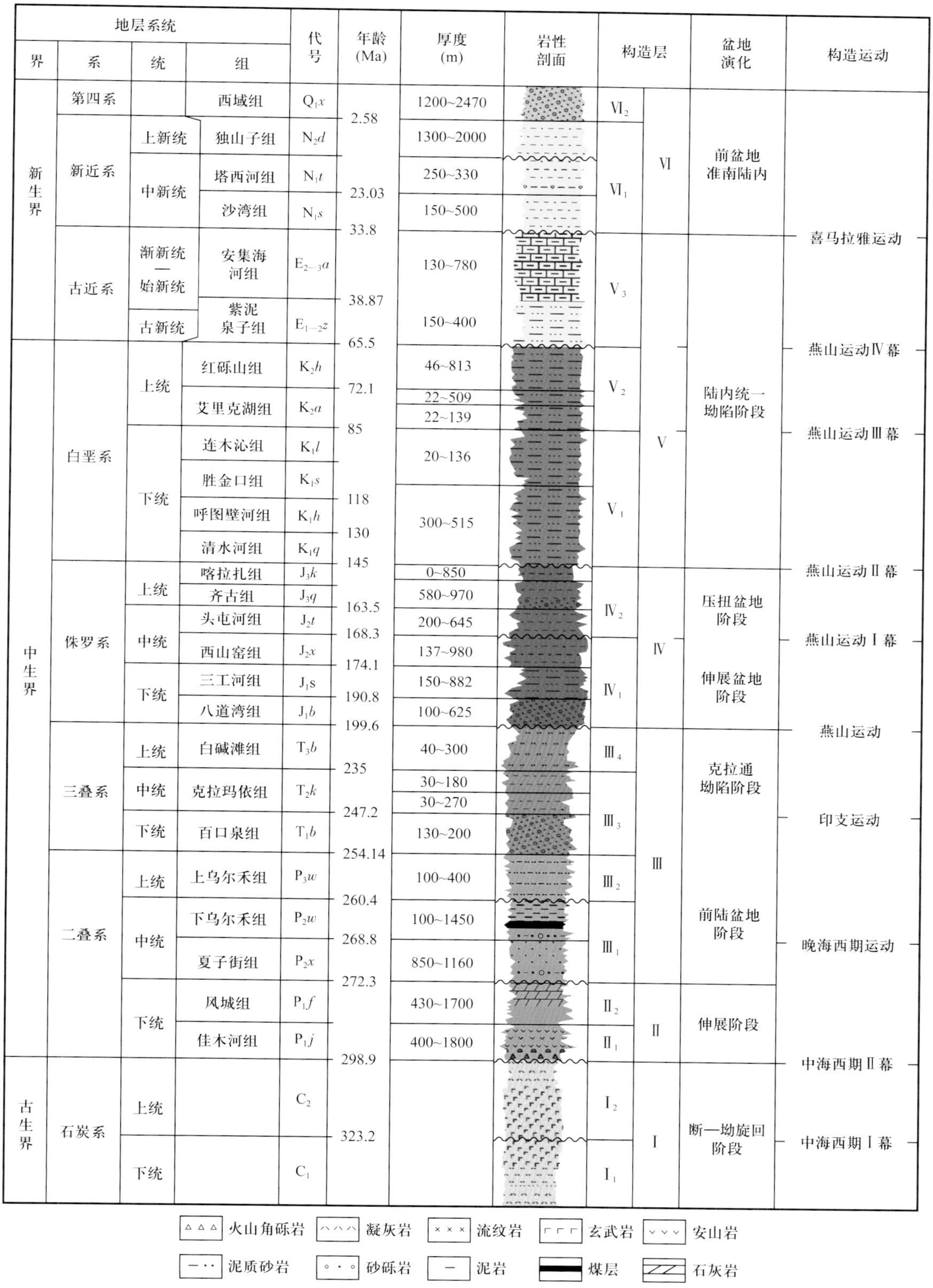

界	系	统	组	代号	年龄(Ma)	厚度(m)	岩性剖面	构造层	盆地演化	构造运动
新生界	第四系		西域组	Q_1x	2.58	1200~2470		VI_2	前盆地准南陆内	喜马拉雅运动
	新近系	上新统	独山子组	N_2d		1300~2000		VI		
		中新统	塔西河组	N_1t	23.03	250~330		VI_1		
		中新统	沙湾组	N_1s	33.8	150~500				
	古近系	渐新统—始新统	安集海河组	$E_{2-3}a$	38.87	130~780		V_3		
		古新统	紫泥泉子组	$E_{1-2}z$	65.5	150~400				
中生界	白垩系	上统	红砾山组	K_2h	72.1	46~813		V_2	陆内统一坳陷阶段	燕山运动Ⅳ幕
			艾里克湖组	K_2a	85	22~509				燕山运动Ⅲ幕
		下统	连木沁组	K_1l		22~139		V		
			胜金口组	K_1s	118	20~136		V_1		
			呼图壁河组	K_1h	130	300~515				
			清水河组	K_1q	145					燕山运动Ⅱ幕
	侏罗系	上统	喀拉扎组	J_3k		0~850			压扭盆地阶段	
			齐古组	J_3q	163.5	580~970		IV_2		
		中统	头屯河组	J_2t	168.3	200~645				燕山运动Ⅰ幕
			西山窑组	J_2x	174.1	137~980		IV		
		下统	三工河组	J_1s	190.8	150~882		IV_1	伸展盆地阶段	
			八道湾组	J_1b	199.6	100~625				燕山运动
	三叠系	上统	白碱滩组	T_3b	235	40~300		III_4	克拉通坳陷阶段	
		中统	克拉玛依组	T_2k	247.2	30~180				印支运动
						30~270		III_3		
		下统	百口泉组	T_1b	254.14	130~200				
	二叠系	上统	上乌尔禾组	P_3w	260.4	100~400		III_2	前陆盆地阶段	
		中统	下乌尔禾组	P_2w	268.8	100~1450		III		晚海西期运动
			夏子街组	P_2x	272.3	850~1160		III_1		
		下统	风城组	P_1f		430~1700		II_2	伸展阶段	
			佳木河组	P_1j	298.9	400~1800		II_1		中海西期Ⅱ幕
古生界	石炭系	上统		C_2	323.2			I_2	断—坳旋回阶段	
		下统		C_1				I_1		中海西期Ⅰ幕

△△△ 火山角砾岩　∧∧∧ 凝灰岩　××× 流纹岩　⌐⌐ 玄武岩　∨∨∨ 安山岩

—·· 泥质砂岩　∘∘ 砂砾岩　— 泥岩　▬ 煤层　⫽ 石灰岩

图4-3　准噶尔盆地地层综合柱状图（据何登发等，2018，修改）

第四系顶面，构造层总体表现为南厚北薄的楔形体，向北上超，在博格达山西段厚度可达上千米。每个一级构造层序还可以根据不整合面特征，结合露头、古生物资料与年代学资料等进一步划分次级构造层（张磊等，2018；易泽军等，2018）。

二、准噶尔盆地构造—沉积演化特征

目前对盆地演化阶段有不同观点及认识（张功成等，1999；何登发等，2018；Wang et al.，2021；孙潇等，2023）。本书根据充填序列及地层接触关系，结合各时期原型盆地特征分析，准噶尔盆地在前寒武系结晶基底与前石炭系褶皱基底双层基底上，经历了6个构造—沉积演化阶段，简述如下。

（1）晚石炭世—早二叠世断—坳旋回和伸展断陷盆地阶段：分别经历晚石炭世断陷或坳陷旋回，主要发育准西北伸展断陷、石南火山岩断陷、准南弱伸展断陷及博格达陆间裂谷盆地。下二叠统佳木河组沉积期、风城组沉积期为伸展断陷发育期。火山及断陷活动早期较强烈，晚期微弱。

（2）中二叠世—中三叠世周缘前陆盆地阶段：风城组沉积末期构造反转，由伸展转为挤压，由准西北周缘前陆盆地、准南周缘前陆盆地、五彩湾—帐北前陆盆地三大前陆系统构成，以准西北周缘前陆盆地的规模最大，充填的层序也最厚。

（3）上三叠统—中侏罗统西山窑组沉积期弱伸展陆内坳陷盆地阶段：晚三叠世形成大型的克拉通内坳陷，早—中侏罗世早期伸展变形明显，准东发育陆内断陷盆地，西北缘、南缘冲断体系持续发展，形成冲断前缘超覆带及斜坡带。准噶尔盆地在弱伸展环境下，沉积了厚层砂泥岩及含煤岩系。

（4）中侏罗统头屯河组沉积期至早白垩世压扭坳陷盆地阶段：中侏罗世晚期—晚侏罗世转变为压扭活动，在准噶尔盆地腹部形成了一系列北东向断裂、背斜构造带及南西—北东向的车—莫古隆起，也产生了西山窑组和头屯河组之间、侏罗系与白垩系之间的区域不整合面。早白垩世为岩石圈热冷却沉降期，充填了上千米厚的下白垩统吐谷鲁群，为泛盆发育期，沉积达到最大规模。

（5）晚白垩世—古近纪掀斜陆内坳陷盆地阶段：主要处于压扭掀斜环境，形成统一的沉积沉降中心和碟型盆地结构，为大型内陆湖泊盆地发育期，受炎热气候影响，发育红层。

（6）新近纪—第四纪陆内前陆盆地阶段：处于前陆环境，发生大规模缩短变形，为天山向盆地的强烈挤压冲断时期，由于是单侧挤压作用，不但在准南缘形成较宽的上、下不协调的断层相关褶皱叠加背斜带和快速沉降与巨厚充填的昌吉坳陷，也导致盆地腹部向南的急剧掀斜与前缘隆起向北的急剧迁移，至上新世，前缘隆起迁移至北部石英滩—三个泉一带。

参 考 文 献

蔡立国，刘和甫，1997. 四川前陆褶皱—冲断带构造样式与特征［J］. 石油实验地质，（2）：115-120.

陈哲夫，梁云海，1985. 新疆天山地质构造几个问题的探讨［J］. 新疆地质，3（2）：1-13.

陈哲夫，张良臣，1993. 新疆维吾尔自治区区域地质志［M］. 北京：地质出版社.

邓远，陈世悦，杨景林，等，2015. 准噶尔盆地北部晚白垩世—古近纪沉积特征研究［J］. 岩性油气藏，27（5）：53-59.

樊婷婷，2017. 新疆准噶尔盆地基底性质研究进展［J］. 地下水，39（4）：193-195+207.

范媛媛，2021. 新疆准噶尔盆地南缘上侏罗统齐古组沉积相及沉积环境研究［D］. 西安：长安大学.

龚德瑜，周川闽，齐雪峰，等，2023. 准噶尔盆地东部多类型天然气的发现与勘探启示［J/OL］. 地质学报，1-16［2023-11-13］. https：//doi.org/10. 19762/j. cnki. dizhixuebao. 2023258.

韩效忠，吴兆剑，林中湘，等，2023. 准噶尔盆地东部构造抬升剥蚀对铀成矿的控制［J］. 煤炭学报，48（9）：3471-3482.

何登发，张磊，吴松涛，等，2018. 准噶尔盆地构造演化阶段及其特征［J］. 石油与天然气地质，39（5）：845-861.

何苗，张利伟，刘勇，等，2017. 准噶尔盆地西北缘三叠纪沉积体系与环境［J］. 地质通报，36（6）：1032-1042.

何文军，王绪龙，邹阳，等，2019. 准噶尔盆地石油地质条件、资源潜力及勘探方向［J］. 海相油气地质，24（2）：75-84.

何治亮，高山林，郑孟林，2015. 中国西北地区沉积盆地发育的区域构造格局与演化［J］. 地学前缘，22（3）：227-240.

胡霭琴，韦刚健，2003. 关于准噶尔盆地基底时代问题的讨论：据同位素年代学研究结果［J］. 新疆地质，21（4）：398-406.

胡见义，赵文智，钱凯，等，1996. 中国西北地区石油天然气地质基本特征［J］. 石油学报，17（3）：1-11.

江远达，1984. 关于准噶尔地区基底问题的初步探讨［J］. 新疆地质，2（1）：11-16.

焦国华，张卫平，谢利华，等，2023. 准噶尔盆地南部下侏罗统三工河组沉积体系及其控制因素［J］. 古地理学报，25（3）：628-647.

矫适之，2015. 准噶尔盆地南缘与东缘中—下三叠统沉积特征研究［D］. 北京：中国地质大学.

况军，1993. 地体拼贴与准噶尔盆地的形成演化［J］. 新疆石油地质，14（2）：126-132.

李春昱，汤耀庆，1983. 亚洲古板块划分以及有关问题［J］. 地质学报，（1）：1-10.

李亚萍，李锦轶，孙桂华，等，2007. 准噶尔盆地基底的探讨：来自原泥盆纪卡拉麦里组砂岩碎屑锆石的证据［J］. 岩石学报，23（7）：1577-1590.

廉刚，唐湘飞，黄松，2023. 准噶尔盆地东部卡姆斯特地区头屯河组下段砂岩地球化学特征及地质意义［J］. 铀矿地质，39（4）：546-557.

林会喜，宁飞，苏皓，等，2022. 准噶尔盆地腹部车排子—莫索湾古隆起成因机制及油气意义［J］. 岩石学报，38（9）：2681-2696.

刘兵兵，马东正，秦臻，等，2022. 准噶尔盆地吉木萨尔南部中上二叠统沉积古环境分析：来自泥页岩生物标志化合物和元素地球化学方面的证据［J］. 天然气地球科学，33（10）：1571-1584.

毛哲，曾联波，刘国平，等，2020. 准噶尔盆地南缘侏罗系深层致密砂岩储层裂缝及其有效性［J］. 石油与天然气地质，41（6）：1212-1221.

彭希龄，1994. 准噶尔盆地早古生代陆壳存在的证据［J］. 新疆石油地质，15（4）：289-297.

彭希龄，张国俊，1990. 准噶尔盆地构造演化与油气聚集［M］//朱夏，徐旺. 中国中新生代沉积盆地. 北京：石油工业出版社，196-211.

丘东洲，李晓清，2002. 盆—山耦合关系与成烃作用：以准噶尔西北地区为例［J］. 沉积与特提斯地质，22（3）：6-12.

施央申，卢华复，贾东，等，1996. 中亚大陆古生代构造形成及演化［J］. 高校地质学报，2（2）：134-145.

史燕青，2020. 准噶尔盆地东南缘中二叠世—早三叠世构造—古地理演化研究［D］. 北京：中国石油大学.

宋岩，王震亮，王毅，等，2000. 准噶尔盆地天然气成藏条件［M］. 北京：科学出版社.

孙浩，徐严，韩宝福，等，2020. 西准噶尔阿舍勒阔尔勒斯地区石炭系—下二叠统沉积环境变迁及物源［J］. 地质通报，39（7）：963-982.

孙潇，鲁克改，王国荣，等，2023. 准噶尔盆地乌伦古坳陷中新生代构造演化与铀成矿作用研究［J］. 地质论评，69（1）：185-188.

唐武，赵志刚，谢晓军，等，2021. 南海南沙地块新生代层序地层格架及构造演化模式［J］. 中国海上油气，33（2）：67-77.

唐湘飞，吴声明，2023. 准噶尔盆地东部沙帐断褶带下侏罗统沉积体系研究及其找矿意义［J］. 铀矿地质，39（4）：533-545.

唐勇，雷德文，曹剑，等，2022. 准噶尔盆地二叠系全油气系统与源内天然气勘探新领域［J］. 新疆石油地质，43（6）：654-662.

汪泽成，赵文智，彭红雨，2002. 四川盆地复合含油气系统特征［J］. 石油勘探与开发，26（2）：26-28.

王方正，杨梅珍，郑建平，2002. 准噶尔盆地岛弧火山岩地体拼合基底的地球化学证据［J］. 岩石矿物学杂志，21（1）：1-10.

王方正，杨梅珍，郑建平，2002. 准噶尔盆地陆梁地区基底火山岩的岩石地球化学及其构造环境［J］. 岩石学报，（1）：9-16.

王汉生，1983. 新疆准噶尔含油气盆地构造特征［J］. 新疆石油地质，（2）：1-17.

王小军，宋永，郑孟林，等，2022. 准噶尔西部陆内盆地构造演化与油气聚集［J］. 地学前缘，29（6）：188-205.

王英民，2007. 对层序地层学工业化应用中层序分级混乱问题的探讨［J］. 岩性油气藏，19（1）：9-15.

卫延召，宋志华，奇瑞，等，2019. 准噶尔盆地陆梁隆起东部滴北凸起天然气成因来源再认识［J］. 天然气地球科学，30（6）：840-849.

蔚远江，胡素云，雷振宇，等，2005. 准噶尔西北缘前陆冲断带三叠纪—侏罗纪逆冲断裂活动的沉积响应［J］. 地学前缘，12（4）：423-437.

吴庆福，1986. 准噶尔盆地构造演化与找油领域［J］. 新疆地质，4（3）：1-19.

解习农，任建业，焦养泉，等，1996. 断陷盆地构造作用与层序样式［J］. 地质论评，42（3）：239-244.

杨海波，陈磊，孔玉华，2004. 准噶尔盆地构造单元划分新方案［J］. 新疆石油地质，25（6）：686-688.

易泽军，何登发，2018. 准噶尔盆地东部构造地层层序及盆地演化［J］. 石油与天然气地质，39（5）：932-942.

张功成，陈新发，刘楼军，等，1999. 准噶尔盆地结构构造与油气田分布［J］. 石油学报，20（1）：13-18.

张磊，何登发，李涤，等，2018. 准噶尔盆地陆东地区石炭系地震波组及构造—地层层序特征［J］. 石油与天然气地质，39（5）：918-931.

张逊，2020. 准噶尔盆地东南缘中—上二叠统沉积体系类型及芦草沟组页岩岩相学研究［D］. 武汉：中国地质大学.

张义杰，王惠民，何正怀，等，1999. 准噶尔盆地基底结构及形成演化初见［J］. 新疆石油地质，20（增刊）：568-572.

赵俊猛，马宗晋，姚长利，等. 2008. 准噶尔盆地基底构造分区的重磁异常分析［J］. 新疆石油地质，29（1）：7-11.

赵永强，宋振响，王斌，等，2023. 准噶尔盆地油气资源潜力与中国石化常规—非常规油气一体化勘探策略［J］. 石油实验地质，45（5）：872-881.

赵振华，赵惠兰，柴之芳，等，1989. 大阳岔寒武—奥陶系界线层型剖面的无铵纲及沉积岩微量元素地球化学［J］.中国科学：B 辑，（8）：877-887.

郑孟林，樊向东，何文军，等，2019.准噶尔盆地深层地质结构叠加演变与油气赋存［J］.地学前缘，26（1）：22-32.

郑孟林，邱小芝，何文军，等，2015.西北地区含油气盆地动力学演化［J］.地球科学与环境学报，37（5）：1-16.

周培兴，吴孔友，董方，等，2023.准噶尔盆地断拗转换期剥蚀厚度及其分布规律［J］.地质与资源，32（5）：575-583.

朱明，袁波，梁则亮，等，2021.准噶尔盆地周缘断裂属性与演化［J］.石油学报，42（9）：1163-1173.

邹国庆，潘飞，余牛奔，等，2021.准噶尔盆地西北缘布尔克斯台蛇绿岩特征及地质意义［J］.东华理工大学学报（自然科学版），44（5）：412-422.

左倩媚，李俊良，裴健翔，等，2019.南海礼乐盆地新生代构造层序界面特征及油气地质意义［J］.沉积与特提斯地质，39（2）：60-68.

Thies K，Ahmad M，Mohamad H，et al，2006. Structural and stratigraphic development of extensional basins：A case study offshore deep-water Sarawak and northwest Sabah. Malaysia［C］. Search and Discovery Article，10103.

Wang Xiaojun，Song Yong，Bian Baoli，et al，2021. Basement structure of the Junggar Basin［J］.地学前缘，28（6）：235-255.

第五章 准噶尔盆地二叠纪以来物源与构造背景演变的沉积—地球化学响应

第一节 准噶尔地区的原型盆地分类

准噶尔盆地是一个复杂的多旋回叠加、复合盆地，不但纵向上经历了多期演化阶段中不同类型盆地的叠加，而且平面上也有同一构造演化阶段或旋回的不同单元原型盆地的拼合，加上多期构造的改造、叠加作用，增加了恢复盆地原型的难度。特别是挤压型盆地边缘隆升幅度大，缺失地层多，大部分边界断层上盘缺失了二叠系—三叠系全部和侏罗系的大部分地层，无法断定是原始未沉积还是后期遭剥蚀，其恢复难度很大。

前人有些成果涉及本区的原型盆地研究。张义杰等（1998）参照孟祥化的盆地分类法，将准噶尔地区二叠纪—第四纪的盆地划分为三大类、八亚类原型。赵文智等（2000）根据盆地的力学性质、几何形态、所处大地构造位置、基底性质及地层层序和沉积建造特征，将包括准噶尔盆地的西北地区早—中侏罗世原型盆地划分为山间断陷盆地、山前断陷盆地、类克拉通盆地和走滑拉分盆地4类，将中—晚侏罗世原型盆地划分为山间坳陷盆地、山前坳陷盆地、类克拉通盆地和剪切挤压盆地4种类型。

笔者在前人基础上，结合原型盆地划分原则、方法及主要类型，对准噶尔地区的原型盆地类型进行了重新厘定和划分（表5-1）。主要的原型盆地类型可大致划分为前陆型盆地、坳陷型盆地、断陷型盆地、裂陷型盆地四大类，其主要类型及特征分述如下。

表5-1 准噶尔地区原型盆地分类表

分类		亚类	准噶尔及邻区的盆地
大陆内部盆地	陆内断陷盆地	陆内山前断陷盆地	三工河组沉积期准东、西山窑组沉积期三塘湖地区
		陆内山间断陷盆地	西山窑组沉积期伊宁、喀什河地区
	陆内坳陷盆地	碟型陆内坳陷盆地	古近纪准噶尔盆地
		收缩型陆内坳陷盆地	晚白垩世福海盆地、准噶尔盆地
		弱伸展坳陷盆地	侏罗纪乌伦古坳陷、西山窑组沉积期哈密地区
		陆内前陆盆地	新近纪—第四纪准噶尔南缘压扭性前陆盆地

分类		亚类	准噶尔及邻区的盆地
克拉通边缘盆地	边缘盆地	周缘前陆盆地	中—晚二叠世西北缘前陆盆地
		前陆盆地或前陆坳陷盆地	中—晚二叠世准南缘、五彩湾—帐北、乌伦古—沙帐地区
		（弱）伸展断陷盆地	早二叠世准西北缘、准南地区
		火山岩断陷盆地	石炭纪准东地区、早二叠世石南地区
	边缘裂谷盆地	裂陷盆地	石炭纪—早二叠世克拉美丽地区
		陆间裂谷（盆地）	石炭纪—早二叠世博格达地区

一、前陆型盆地

前陆型盆地分别形成于东、西准噶尔造山带及北天山山前和稳定克拉通之间的过渡地带，为一平行造山带的狭长盆地，以向逆冲带一侧沉积厚、远离逆冲带向克拉通方向减薄的楔状沉积体为特征。包括周缘前陆盆地和陆内前陆盆地两类，第三章对其主要特征及鉴别标志已有详细论述。

周缘前陆盆地以中—晚二叠世准噶尔西北缘玛湖凹陷为代表，是因西准噶尔海槽关闭造山、消失了边缘海而在克拉通边缘形成的前陆盆地系统。由西向东分别可划分出准西北缘前陆坳陷、中拐—陆西前缘隆起、沙湾—盆1井西隆后叠加坳陷3个完整的结构单元，准西北缘二叠系柳树沟组一套粗碎屑岩可能是这一前陆盆地系统的楔顶沉积。南缘北天山山前中—晚二叠世也是一个前陆盆地系统，可能也属于周缘前陆盆地，由南向北分别可划分出准南缘前陆坳陷、莫索湾—沙南前缘隆起、五彩湾—帐北前陆坳陷（即准南前陆盆地的隆后坳陷）3个完整的结构单元，山前的1套二叠系磨拉石沉积也可能是其楔顶沉积。这两个前陆盆地系统彼此相连，构成了中—晚二叠世准噶尔盆地主体沉积区，并以不同走向相交，形成一个开口向北东的"V"形复合沉积盆地。

陆内前陆盆地以南缘北天山山前坳陷为代表，是古近纪—第四纪因天山隆升扩展，板块碰撞后进入陆内造山，逆冲席负载在准噶尔地块边缘引起的挠曲沉降盆地。其与C型俯冲和陆—陆碰撞造山带的远程效应有关，远离造山带分布，动力学机制以重力作用为主，完全为陆相沉积，不发育3个完整单元的结构。

前陆盆地或前陆坳陷盆地由于在较长地质时间受到强烈的破坏，遗留的证据也不多，或者研究程度不够，属性难以准确恢复确定，故只能笼统地称为前陆盆地。

二、坳陷型盆地

坳陷型盆地主要是在地壳挠曲、整体沉降或剥蚀夷平作用下形成的相对高差较小且宽广的盆地，盆地内部沉积层的构造比较简单，断层和褶皱很少，为水平层或简单的向沉降中心平缓倾斜的复向斜，沉积体主要表现为碟形体或平板体。根据地壳变形和沉积体的差异进一步分为碟型陆内坳陷盆地、收缩型陆内坳陷盆地和弱伸展坳陷盆地。

碟型陆内坳陷盆地以地壳挠曲沉降为特征，沉积体为碟形体。以古近纪盆地为代表，并表现出由北侧的乌伦古坳陷和南部两个坳陷（盆地）复合的特点。

收缩型陆内坳陷盆地以晚白垩世准噶尔盆地为代表，其为缓慢抬升或剥蚀夷平作用下形成的浅窄盆地，受早期地形或下伏地层差异压实的影响，盆地底面可能有起伏，但沉积体总体以平板为特征。

弱伸展坳陷盆地以中侏罗统西山窑沉积期的哈密地区为代表。

三、断陷型盆地

断陷型盆地是伸展构造期的产物，可发育在大陆内部或克拉通边缘，故在大陆内部有陆内山间断陷和山前断陷两个亚类，稳定大陆边缘可识别出（弱）伸展断陷盆地、火山岩断陷盆地等亚类。

陆内山间断陷盆地发育在造山带之上，受断裂和构造运动控制明显，活动性较强，一般为双断型。盆地通常早期断陷较深，而晚期则抬升遭受剥蚀，故其继承性较差。陆内山前断陷盆地发育在山前地带与稳定地块的结合部位，往往以一深大断裂与造山带为邻，一般为一侧断陷较深的箕状形态，继承性发育较好。稳定大陆边缘盆地亚类主要是依据伸展作用、火山活动性大小及盆地充填物质主体划分的。

四、裂陷型盆地

裂陷型盆地又称裂谷盆地，是在稳定大陆岩石圈或克拉通之上由于区域性拉张应力造成的沉降实体，其形成与地幔物质上涌导致的地壳拉伸和减薄具有密切关系。往往分布一系列单断的箕状凹陷或双断的地堑凹陷，非常发育半地堑、犁式断层、滚动背斜，形成凸起和凹陷相分隔的构造格局。裂陷型盆地内的沉降和沉积速率较大，往往具有幕式沉降的特点，盆地基底热流值普遍较高，并往往在裂陷作用之后伴随上地幔的热冷却导致的坳陷过程。

当其在克拉通边缘的拗拉谷（夭折的裂谷）上形成发展时，根据拗拉谷发育的程度不同，把基本切开克拉通地块的裂谷盆地称为陆间裂谷盆地。本节把石炭纪—早二叠世的博格达地区划为陆间裂谷（盆地），它基本切开了准噶尔地体与吐哈地体，当然现今的博格达山高耸入云，盆地早已不复存在。

第二节　准噶尔盆地物源与构造背景演化示踪样品采集与研究方法

示踪准噶尔盆地西北缘二叠纪—早侏罗世物源区及其构造背景演化，采取的主要方法和依据如下。

一是砂砾岩岩石学与砾石成分分析法，开展岩心与镜下观察，采集不同层位岩心样品43 个，磨制岩石薄片 37 个，在显微镜下观察、描述砾岩薄片 17 个、砂岩薄片 20 个。

二是碎屑矿物分析与 Dickinson 碎屑组分统计判别法，在显微镜下观察、描述粗碎屑砂岩薄片，并进行 Gazzi—Dickinson 碎屑骨架成分统计。按照 Gazzi—Dickinson 方法（Dickinson et al.，1979；Dickinson，1988）优选（砾质）砂岩 + 砂砾岩样品 23 个，进行碎屑颗粒计点统计、Dickinson 模型投图与构造背景判别。由于除风城组沉积期外，区域上不存在内源石灰岩的物源或供给的可能性极小（本区风城组之外的样品中石灰岩岩屑含量一般小于 1.2%），故风城组之外的样品中石灰岩岩屑按常规沉积岩岩屑进行统计。

根据第二章第五节详述的分析方法和统计规则，计点中所涉及的骨架颗粒参数的定义及自采样品经统计后所得的碎屑参数百分含量详见表 5-2。

三是基于砂砾岩多类型碎屑及端元成分（Qm、Qp、P、K、Lv、Ls）和典型物源区碎屑组合模式及特征参数分析的 Dickinson 模型多图解信息优化判别法。部分学者（Ingersoll et al.，1984；Johnsson，1993；Garzanti et al.，2007，2009； 马收先等，2014）研究表明，Dickinson 模型图解法单一运用于物源区构造背景解释存在一定局限性，例如没有考虑到混合物源、风化过程、搬运机制和成岩作用等的影响，可能会导致物源分析出现一定偏差。Weltje 等（2006）和 Garzanti（2016）也统计对比指出，Q—F—L、Qm—F—Lt、Qm—P—K、Qp—Lv—Ls 4 个 Dickinson 模型图解单独对大陆块、岩浆弧和再旋回造山带物源区 3 个主要构造背景的推断成功率总体在 64%～78% 之间，对混合物源砂的板块构造背景直接推断误差较大，需要扩展至对全部六端元成分（Qm、Qp、P、K、Lv、Ls）的分析和优化判别。因此为弥补 Dickinson 模型三角图解法的不足，进一步结合砂砾岩多类型碎屑及端元成分、典型物源区碎屑组合模式及特征参数分析（表 2-2—表 2-5），进行了 Dickinson 三端元模型多图解信息优化与综合判别。

四是构造—沉积响应理论与源—汇系统分析法，基于横穿西北缘主要构造单元的沉积充填序列与构造层序（图 5-1、图 5-2），结合砂砾岩样品碎屑组合、区域地质背景、区域构造运动（不整合）特征，剖析准噶尔盆地西北缘源—汇系统的构造—沉积响应及其旋回特征。

五是前人相关资料佐证与综合分析法，结合前人有关本区单层组（或单层系）、单区段或周缘碎屑岩沉积学、重矿物与物源分析，以及碎屑锆石测年等成果认识，揭示准噶尔盆地西北缘源—汇系统在沉积响应约束下的物源类型与构造背景演化特征。

有学者也指出，单一的物源分析方法往往只能反映源区的部分性质，而难以准确地恢复完整的物源信息（马收先等，2014；徐杰等，2019）。因此，本章注意多种方法和多类数据的结合与相互印证，力求通过多维度综合分析而得出相关认识和结论，以达到尽可能准确判断母岩及物源区的目的（蔚远江等，2020）。

表 5-2 准噶尔盆地西北缘二叠系—下侏罗统碎屑骨架矿物成分统计表

样品号	层位	深度（m）	岩石名称	杂基（%）	Q 或 Qt（%）	F（%）	L（%）	Qm（%）	Lt（%）	Qp（%）	P（%）	K（%）	Lv（%）	Ls（%）	C/Q	P/F	Lv/L
G18	J₁s	2363~2368	中粒长石岩屑砂岩	3.83	48.49	20.23	31.30	43.00	36.77	5.50	6.50	13.73	21.23	10.04	0.11	0.32	0.68
G001-2		2034~2037	中—细粒岩屑长石砂岩	6.39	47.54	29.83	22.60	34.30	35.88	13.24	9.57	20.26	16.53	6.11	0.28	0.32	0.73
G3		2726.5~2734.5	中粒岩屑长石砂岩	4.11	44.65	25.05	30.30	39.07	35.88	5.58	7.74	17.31	22.67	7.63	0.12	0.31	0.75
G4-2		2200~2204.6	中粒岩屑长石砂岩	7.00	49.32	24.79	25.90	40.05	35.16	9.28	10.87	13.92	16.11	9.77	0.19	0.44	0.62
G6-2		1763.16~1764.77	含砾粗粒长石砂岩	5.15	34.36	19.27	46.40	28.02	52.69	6.33	3.63	15.64	41.24	5.12	0.18	0.19	0.89
G001-1		2012.95~2019.15	中粒岩屑长石砂岩	7.85	56.91	22.72	20.40	44.21	33.07	12.69	6.46	16.25	14.04	6.35	0.22	0.28	0.69
C67-4		2155~2158	粗粒长石岩屑砂岩	11.9	72.64	9.77	17.60	38.66	51.56	33.98	1.64	8.12	9.56	8.02	0.47	0.17	0.54
C67-3		2157~2158	粗粒长石岩屑砂岩	11.56	70.73	13.90	15.40	51.70	34.40	19.03	1.46	12.44	6.13	9.24	0.27	0.10	0.40
C45-2		3076.12~3081.12	砾质砂岩	6.12	24.48	4.27	71.20	17.45	78.29	7.05	1.80	2.47	43.90	27.34	0.29	0.42	0.62
C67-2	J₁b	2555.5~2561.36	中粒钙质长石砂岩	12.44	63.83	11.52	24.70	53.30	35.18	10.54	0	11.52	11.11	13.55	0.17	0	0.45
C45-1		3636.21~3638.41	砾质砂岩	6.43	45.65	3.32	51.00	35.84	60.83	9.80	0.48	2.85	39.11	11.92	0.21	0.14	0.77
K87	T₂k	2141.64~2145.64	中—粗粒岩屑长石砂岩	9.98	39.21	37.58	23.20	33.20	29.23	6.01	5.71	31.88	15.79	7.43	0.15	0.15	0.68
G102-2		3014~3018	砾质粗粒长石岩屑砂岩	4.49	47.56	15.09	37.40	38.29	46.62	9.26	3.12	11.96	30.49	6.87	0.19	0.21	0.82

样品号	层位	深度（m）	岩石名称	杂基（%）	Q或Qt（%）	F（%）	L（%）	Qm（%）	Lt（%）	Qp（%）	P（%）	K（%）	Lv（%）	Ls（%）	C/Q	P/F	Lv/L
G6-1	T₁b	3021.4~3026.4	含砾粗粒岩屑砂岩	2.17	1.89	5.66	92.40	1.69	92.65	0.20	5.66	0	89.66	2.79	0.10	1.00	0.97
M003-2		3578~3581	中砾质砂岩	7.34	3.56	0	96.40	2.57	97.43	0.99	0	0	44.75	51.68	0.28		0.46
M006-2		3407.45~3409.1	中砾质砂岩	3.59	3.90	1.43	94.70	2.41	96.17	1.50	1.13	0.30	73.19	21.50	0.39	0.79	0.77
K79	P₃w	3474~3480	砂质细砾岩	5.43	6.56	3.62	89.80	0.65	95.72	5.91	2.95	0.65	62.90	26.91	0.90	0.82	0.70
M003-1		3633~3639.55	砾质粗—巨粒岩屑砂岩	0	4.04	0	96.00	2.37	97.65	1.69	0	0	55.56	40.39	0.42		0.58
M006-1	P₂w	3537~3541	中—细砾质粗砂岩	0	0.93	0	99.10	0	100.00	0.93	0	0	24.19	74.89	1.00		0.24
M4-1		3525.55~3526.4	细砾质粗砂岩	0	0.86	0	99.10	0.39	99.61	0.46	0	0	44.47	54.69	0.54		0.45
K80	P₁f	4152~4157	中—细砾质砂岩	1.38	0.69	0	99.30	0	100.00	0.69	0	0	88.62	10.70	1.00		0.89
C67-1		3904.08~3907.9	凝灰质砾岩	8.25	0.43	7.24	92.80	0.43	92.76	0	7.24	0	87.73	5.03		1.00	0.95
G102-1	P₁j	3241~3249	凝灰质砂砾岩	0	1.52	4.26	95.30	1.52	95.31	0	3.24	1.02	90.79	4.52	0	0.76	0.95

注：上表颗粒组分中，Qm—单晶石英颗粒，Qp—多晶石英颗粒（包括燧石）、Q（=Qt）—石英颗粒总量；P—斜长石颗粒总量，K—钾长石颗粒，F—长石颗粒总量，L—不稳定岩屑颗粒总量，Lt—所有稳定和不稳定岩屑颗粒总量；其中，Q=Qt=Qm+Qp，F=P+K，L=Lv+Ls，Lv—火成岩和变质火成岩岩屑颗粒，Ls—沉积岩和变质沉积岩岩屑颗粒总量，Lt=L+Qp，C=Qp。

第三节　准噶尔盆地二叠纪以来砂砾岩碎屑组成特征及物源区分析

一、准噶尔西北缘二叠纪以来砾岩碎屑组分与物源区母岩组合

准噶尔盆地西北缘二叠系—下侏罗统砾岩（层）极为发育，砾岩骨架碎屑类型多样、组成较为复杂。根据 23 个砾岩或砂砾岩岩心样品观察和 17 个岩石薄片鉴定结果，统计、绘制了各组砾岩砾石组分的含量分布图（图 5-1）。图 5-1 中各类砾石的含量和占比数据是依据镜下鉴定的所有砾石含量总和换算而来的百分比，横坐标为累计百分频数；正文中数字则为统计的实际含量。自下而上各组地层的砾岩骨架组分特征简述如下。

1. 下二叠统佳木河组（P_1j）砾岩

砾岩类型以（凝灰质）砾岩、凝灰质砂砾岩、（含方解石）砂质砾岩、（含片沸石）砂砾岩、安山质火山角砾岩为主，砾石含量为 48.3%～89%，平均约为 62%；多呈次棱角状，砾径一般为 2～6mm，个别可达 10～15mm。砾石成分主要为安山岩（含量高达 20%～86%）、凝灰岩（含量为 12%～43%），砾石组合依含量由高到低顺序为安山岩、凝灰岩、（凝灰质）砂岩、黏土岩、霏细岩，平均含量依次为 30.35%、17.10%、10.40%、3.90%、0.80%（图 5-1），这也反映了其母岩类型主要为中酸性火山岩、火山碎屑岩和沉积岩的组合特征。

2. 下二叠统风城组（P_1f）砾岩

少量发育砂质细砾岩、砂砾岩、砾岩，砾石呈次棱角—次圆状，大部分砾径为 2～8mm，少数为 8～12mm。砾石种类较少，主要为凝灰岩、安山岩、黏土岩，平均含量依次为 26.75%、4.25%、2.80%，反映以火山碎屑岩为主、少量中酸性火山岩和沉积岩的母岩组合。结合区域地质和岩相展布分析，尚存在大量湖盆内源沉积（张杰等，2012）。

3. 中二叠统下乌尔禾组（P_2w）砾岩

砾岩类型主要有（不等粒）砂砾岩、含砂/砂质砾岩、细砾岩、细—中砾岩等，砾石呈次棱角—次圆状，砾径一般为 2～8mm，少数颗粒可达 12mm。砾石成分以凝灰岩、（粉砂质）黏土岩、（凝灰质）砂岩、安山岩和霏细岩为主，平均含量依次为 21.83%、18.10%、11.13%、4.63%、4.2%，总体形成以沉积岩＋火山碎屑岩＋中酸性火山岩类为主的母岩组合。

4. 上二叠统上乌尔禾组（P_3w）砾岩

砾岩类型主要为砂质细砾岩、（含砂/砂质）砾岩和砂砾岩，砾石呈次棱角—次圆状，砾径为 2～4mm，少量可达 13～18mm。砾石成分主要为凝灰岩、黏土岩、粗面安山岩、

砂岩及变砂岩、泥质板岩、霏细岩、花岗岩、流纹岩和燧石硅质岩等；各类砾石平均含量依次为凝灰岩28%、砂泥岩8.1%、安山岩2.6%、硅质岩2.5%和流纹岩1.8%，形成以火山碎屑岩和沉积岩为主、少量中酸性火山岩的母岩组合。

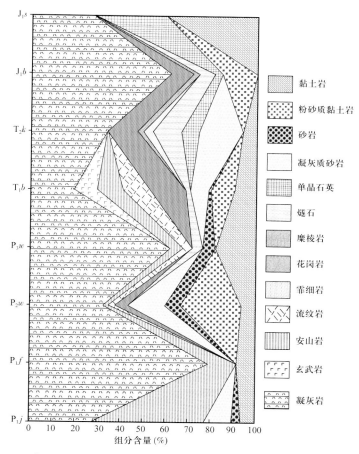

图5-1　准噶尔盆地西北缘各组砾岩骨架碎屑中砾石组分含量及其垂向变化分布图

5. 下三叠统百口泉组（T₁b）砾岩

砾岩类型主要有砂砾岩、含砂砾岩、砂质中细砾岩3种，砾石呈次棱角—次圆状，大部分砾径为8～15mm，少数为2～6mm，无定向分布。砾石成分主要为凝灰岩、霏细岩、流纹岩、安山岩、粉砂质黏土岩、玄武岩、黏土岩和凝灰质砂岩，平均含量依次为12.5%、10.20%、7.80%、7.50%、6.77%、6.60%、6.30%和5.10%（图5-1），个别为花岗岩砾石。较之上乌尔禾组，凝灰岩砾石的含量突然降低，流纹岩、安山岩和玄武岩砾石含量显著增加，未见变质岩和沉积变质岩砾石。反映物源区母岩总体以火山碎屑岩和中酸性＋基性火山岩砾石为主，平均含量约为45%；沉积岩砾石次之，平均含量为22%。

6. 中三叠统克拉玛依组（T₂k）砾岩

包括下克拉玛依组和上克拉玛依组。砾岩类型主要为含砂砾岩、不等粒砂砾岩、（不等粒）砂质砾岩，砾石呈次棱角—次圆状，砾径为 2~8mm。砾石主要成分为凝灰岩、凝灰质砂岩、霏细岩、燧石和黏土岩，平均含量依次为 13.65%、7.80%、5.40%、5.15% 和 2.50%，极少量糜棱岩、花岗岩、安山岩和流纹岩砾石，反映的物源类型为以沉积岩—火山碎屑岩—酸性火山岩为主、极少量变质岩和酸性侵入岩的组合特征（图 5-1）。

7. 下侏罗统八道湾组（J_1b）砾岩

发育的砾岩类型主要有砂质砾岩、砾岩，砾石呈次棱角—次圆状，镜下砾石大小为 1.5mm×2mm 至 5mm×12mm，分选差。砾石成分见有凝灰岩（25%~70%，最高达 76%~86%）、粉砂质黏土岩（1%~10%）、泥质板岩（1%~3%）、霏细岩（3%~25%）、花岗岩（2%~8%）、石英（1%~5%）、燧石（4.2%）、石英岩、石英片岩等硅质岩类（1%~3%）和安山岩（1%），砾石组合依含量由高到低顺序为凝灰岩、粉砂质黏土岩、霏细岩、燧石、石英和花岗岩，平均含量依次为 38.4%、9.65%、6.20%、4.20%、2.00% 和 1.60%。尤以凝灰岩较多为特色，形成以火山碎屑岩、沉积岩为主，少量酸性火山岩的母岩组合。

8. 下侏罗统三工河组（J_1s）砾岩

砾岩不发育，所见砾石成分为黏土岩、凝灰岩和单晶石英组合，平均含量为 2.2%、1.7% 和 1.5%，反映了沉积岩、火山碎屑岩混合的母岩组合特征。

准噶尔盆地西北缘整个二叠系—侏罗系砾岩所识别出的砾石成分有凝灰岩、玄武岩、安山岩、流纹岩、霏细岩、花岗岩、糜棱岩、燧石、多晶石英、凝灰质砂岩、砂岩、粉砂质黏土岩和黏土岩等，可归为岩浆岩砾石、沉积岩砾石和变质岩砾石 3 类。

岩浆岩砾石占骨架碎屑总含量的 30%~80%，以凝灰岩、玄武岩、安山岩、流纹岩和霏细岩为主，花岗岩砾石含量相对较少。随层位变新，火山岩砾石成分和含量具有向上减少的趋势。这表明到晚侏罗世，源区岩浆岩已被大量剥蚀而匮乏，不再成为盆地主要物源。

沉积岩砾石占骨架碎屑总含量的 10%~40%，主要有砂岩、粉砂质黏土岩和黏土岩砾石。层位由老到新，沉积岩砾石在地层中呈先增加后减小又增加的趋势。表明物源区早期沉降后，又经历了隆升剥蚀、沉降、再抬升剥蚀的幕式构造演化。

变质岩砾石占骨架碎屑总含量的 0~30%，主要有糜棱岩、燧石和多晶石英。变质岩砾石在地层中由老到新呈现增加的趋势。

二、准噶尔盆地西北缘二叠纪以来砂岩骨架碎屑组分与物源区母岩组合

准噶尔盆地西北缘二叠系—下侏罗统中发育大量砂岩（层），砂岩骨架碎屑组分较为复杂。根据 20 个（含油）砂岩岩心样品观察和 20 个岩石薄片鉴定结果，统计、绘制了各组砂岩岩屑组分的含量分布图（图 5-2）。图 5-2 中各类岩屑的含量和占比数据，是依据镜下数百个岩屑颗粒的粒径格值总和换算而来的百分比，横坐标为累计百分频数；正文中数字则为统计的实际含量。自下而上各组地层砂岩骨架组分特征简述如下。

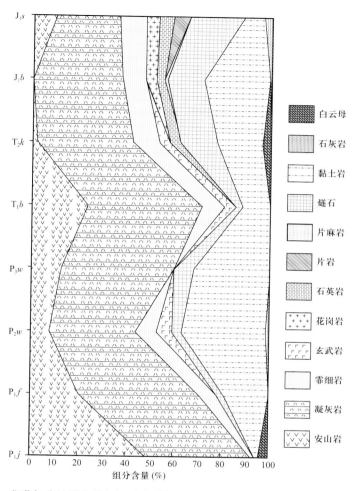

图 5-2　准噶尔盆地西北缘各组砂岩骨架碎屑中岩屑组分含量及其垂向变化分布图

图例（自上而下）：白云母、石灰岩、黏土岩、燧石、片麻岩、片岩、石英岩、花岗岩、玄武岩、霏细岩、凝灰岩、安山岩

1. 佳木河组（P_1j）砂岩

佳木河组的砂岩类型主要为（凝灰质/含片沸石/含砾/砾状）不等粒岩屑砂岩、（含片沸石）中细粒长石岩屑砂岩，碎屑长石含量为 3%～35%，石英含量极低，仅 0.4%～3%，以岩屑为主。主要岩屑组合为安山岩—凝灰岩—（变）砂泥岩—霏细岩岩屑（图 5-2），其含量依次为 14%～82%、5%～65%、2%～15%、0.5%～1%，偶见安山质熔岩岩屑，反映的母岩类型为以中性火山岩、火山碎屑岩和沉积岩为主，少量酸性火山岩的组合，与砾石组合反映的母源类型特征接近。

2. 风城组（P_1f）砂岩

风城组的砂岩类型主要为钙质砂岩、凝灰质中砂岩、不等粒砂岩或层状细—粗粒砂岩。岩屑组合反映的母岩类型主要为凝灰岩—安山岩—黏土岩—霏细岩组合（图 5-2），与风城组砾岩中砾石组合反映的母源类型一致。

3. 下乌尔禾组（P_2w）砂岩

砂岩类型主要有（含砾/砾状）不等粒岩屑砂岩、砾质粗—巨粒岩屑砂岩、中—细粒岩屑砂岩及少量长石岩屑砂岩。骨架碎屑成分以岩屑为主，一般为 37%～65%，最高可达85%～95%；碎屑中石英含量低，一般以 1%～6% 为主，最高 30%；长石含量为 2%～20%。岩屑成分有凝灰岩、黏土岩、安山岩、流纹岩、霏细岩、凝灰质砂岩及粉砂岩、燧石岩、硅质岩、花岗岩、云母石英片岩和泥质板岩等，形成以火山碎屑岩—沉积岩—中酸性火山岩为主、少量变质岩和侵入岩的母岩组合（图 5-2），与砾岩中砾石组合反映的母岩组合特征基本一致，新出现了少量变质岩和侵入岩的母源供应。

4. 上乌尔禾组（P_3w）砂岩

砂岩类型主要为中粒岩屑砂岩。碎屑中石英含量极低，为 0.5%～4%，长石含量为2%～3%，绝大部分为岩屑。岩屑组合反映的母岩类型为凝灰岩—黏土岩—安山岩—燧石硅质岩组合（图 5-2），与上乌尔禾组砾岩砾石组合反映的母源类型相同。

5. 百口泉组（T_1b）砂岩

百口泉组的砂岩类型主要有（含砾/砾状/含泥）不等粒岩屑砂岩、中—细粒岩屑砂岩、含砾粗粒岩屑砂岩，全部为岩屑砂岩类。碎屑呈次棱角—棱角状，磨圆分选度较差。碎屑中石英含量为 2.3%～18%，长石含量为 2%～20%，岩屑含量为 60%～73%。岩屑成分主要为凝灰岩、安山岩、黏土岩、霏细岩、玄武岩和硅质岩（图 5-2），少量花岗岩、云母石英片岩、云母碎屑，其沉积岩屑组分构成较砾岩中明显减少，岩屑组合表明母岩以火山碎屑岩、中酸性和基性火山岩为主，沉积岩为次，与百口泉组砾岩的母岩组合相比，新见到少量变质岩、侵入岩供屑。

6. 克拉玛依组（T_2k）砂岩

砂岩类型主要有（含泥砾状/泥质/含泥含砾）不等粒岩屑砂岩、（含灰质）细—中粗粒岩屑砂岩、（砾质粗粒/不等粒）长石岩屑砂岩、（中—粗粒/不等粒）岩屑长石砂岩，碎屑呈次棱角—棱角状，分选及磨圆较差。碎屑中石英含量为 6%～45%，长石含量为 3%～34%、岩屑含量为 20%～77%。岩屑成分反映的母岩类型为凝灰岩—霏细岩—黏土岩—燧石及硅质岩—玄武岩组合（图 5-2），少量安山岩、石英岩、石灰岩及白云母、黑云母岩屑，与克拉玛依组砾岩的母源类型基本相同。

7. 八道湾组（J_1b）砂岩

八道湾组的砂岩类型主要有（含灰质）中—细粒岩屑砂岩、（含泥质/含砾/弱菱铁矿化泥质）不等粒岩屑砂岩、中粒钙质长石岩屑砂岩，碎屑形态为次棱角—棱角状，分选及磨圆度较差。主要碎屑成分中石英含量为 15.5%～41.7%，长石含量为 4%～10%，岩屑含量为 30%～70%。岩屑成分反映的物源类型为凝灰岩—黏土岩—霏细岩—燧石—花岗岩—硅质岩组合（图 5-2），与八道湾组砾岩的母源类型完全相同。

8. 三工河组（J_1s）砂岩

砂岩类型主要有（含方解石／含砾）细—粗粒长石岩屑砂岩、中—细粒岩屑长石砂岩，碎屑呈次棱角—棱角状，磨圆及分选中等—较差。主要碎屑中石英含量为35%～45%，长石含量为25%～30%，岩屑含量为25%～40%。岩屑成分有凝灰岩、黏土岩、燧石、霏细岩、石英岩、安山岩、花岗岩、片岩、大理岩、白云母及黑云母，形成以火山碎屑岩—沉积岩—变质岩为主、夹极少量侵入岩的母岩组合（图5-2）。与三工河组砾岩的母源类型相比，变质岩和侵入岩供屑的出现，反映出多物源混合的特征。

综合准噶尔盆地西北缘整个二叠系—下侏罗统砂岩观察和统计结果（表2-5），砂岩类型总体以岩屑砂岩、长石岩屑砂岩为主。碎屑成分中石英、长石含量均较低，并且含量变化大，岩屑为主要骨架颗粒。石英以单晶为主；钾长石含量大于斜长石；岩屑成分有安山岩、凝灰岩、霏细岩、玄武岩、花岗岩、石英岩、片岩、片麻岩、燧石、黏土岩、石灰岩和白云母，种类主要为火成岩岩屑，沉积岩岩屑也很丰富，变质岩岩屑极少发育。

火成岩岩屑以凝灰质、安山质和隐晶质为主，该岩屑组合特征与下伏岩浆岩地层特征相似，它们应来自这些岩浆岩物源区。沉积岩岩屑以黏土岩、粉砂质黏土岩和燧石为主，该沉积岩屑组合特征及类型多样的岩屑表明并非完全继承自其结晶基底的岩浆岩，同时存在一些其他的物源供应。在下乌尔禾组、百口泉组、三工河组沉积期，少量变质岩岩屑（以石英岩、片岩为主）的出现，表明物源区隆升的加剧，剥蚀切割至变质基底而增加了物源（类型）的供给。

综上所述，同组地层的砾岩和砂岩碎屑组合反映的母岩类型与组合总体较为接近，尽管可能由于野外取样、样品切割与磨片的位置不同和岩石非均质性，造成个别层组砾岩和砂岩的母源组合类型有轻微差异，但两者仍然可以互相印证、互相补充，进一步完善物源区母源类型的分析。

三、准噶尔西北缘二叠纪以来物源区构造背景判识与属性分析

砂岩的碎屑成分可以指示物源区的板块构造属性（Dickinson et al.，1979；Valloni et al.，1981；Dickinson et al.，1983；Valloni，1985；Dickinson，1985，1988）。笔者采用前述石英—岩屑—长石碎屑组合统计数据进行了物源区构造背景判别系列投图（图5-3）。根据Dickinson三角模式图解，结合砂砾岩多类型碎屑及端元成分（Qm、Qp、P、K、Lv、Ls）、基本物源区碎屑组合模式及特征参数分析，对投图结果分组、分类展开论述。

1. 西北缘各时代砂岩分组投图结果分析

首先分组由老到新分别阐述投图结果，并判识其物源区构造背景，分析其构造属性。

1）佳木河组（P_1j）及风城组（P_1f）投图

在Qt—F—L三角图上，该两组投点均落在未切割的岩浆岛弧物源区（图5-3a），在Qp—Lv—Ls三角图中投点落在火山弧造山带物源区（图5-3c），但在Qm—F—Lt三角图上投点落在岩屑质再旋回造山带物源区（图5-3b）。Dickinson等（1979）认为在与岛弧造山带背景相关的构造环境中所形成的砂岩、砾岩往往含有大量的火成岩岩屑和长石，

并有高含量的燧石。从岩屑类型来判断，该两组的砂岩、砾岩基本具有此特征。在 Qm—P—K 三角图上佳木河组投点则落在大陆板块岩浆弧物源区紧邻深成组分 / 火山组分比率增加的斜长石端元（图 5-3d），反映深成岩浆弧物源供给占较大比重。

再将上述西北缘各时代砂岩和砾岩的基本物源区碎屑组合及其特征参数（表 5-2）与 Valloni（1985）所总结的不同物源区现代海洋砂的相应资料（表 2-5）对比发现，该两组的砂岩、砾岩碎屑特征参数与大陆岛弧较为接近。由此可以基本剔除其为再旋回造山带物源区，推测应为大陆板块岩浆岛弧造山带物源区。

2）乌尔禾组（$P_{2+3}w$）投图

乌尔禾组在 Qt—F—L 三角图上投点均落在未切割的岩浆岛弧物源区（图 5-3a），在 Qm—F—Lt 三角图上投点落在岩屑质再旋回造山带物源区（图 5-3b）。

再旋回造山带物源区包括俯冲杂岩物源区、碰撞造山带物源区和前陆隆起物源区 3 种类型。对于来自俯冲杂岩构造高地的碎屑，其成分特点是富含燧石颗粒，可超过石英、长石总量的 2～3 倍，则在 Qp—Lv—Ls 三角图中投点应该落在Ⅲ区。但实际上，在 Qp—Lv—Ls 判别图中投点没有落入俯冲杂岩物源区，绝大多数投点落在岛弧造山带物源区，有一个点落在陆块物源区且靠近碰撞造山带物源区（图 5-3c），故可排除沉积物来自俯冲杂岩带的可能性。投点的分散，反映物源供应趋于复杂。

资料表明，碰撞造山带物源区与前陆隆起物源区的碎屑组分特征相似，具中等含量石英，明显低含量的长石，高的石英 / 长石比率，以及丰富的沉积岩—变沉积岩岩屑（Dickinson et al.，1979；Valloni，1985）。从笔者现有的砾岩、砾质砂岩薄片样品镜下统计来看，乌尔禾组（尤其下乌尔禾组）岩屑类型以沉积岩屑占优势；由于粒度较粗，除石英含量较低外，其他碎屑组分变化趋势特征与其基本吻合。

为判识、区别开上述两种物源区构造背景，将上述砂岩和砾岩的基本物源区碎屑组合及其碎屑参数与 Valloni 等（1981）采用 Q—F—L 体系图解法确定的不同构造背景下砂岩碎屑参数模型（表 2-5）对比发现，C/Q 比值大多在 0.42～0.90 之间，P/F 比值为 0～0.82，Lv/L 比值为 0.24～0.70，其与褶皱冲断前陆—板块结合高地物源区的砂岩碎屑参数较为接近。

再将其碎屑特征参数与 Dickinson 等（1980）总结的再旋回造山带物源区砂岩碎屑模式（表 2-3）进行对比发现，其与上地壳隆升区的俯冲带复合体物源较接近。因此，根据模式投图，结合区域构造地质资料综合分析，物源区性质应以前陆隆起—隆升基底物源区为主，同时也有大陆岛弧造山带物源区供屑。

3）百口泉组（T_1b）投图

在 Qt—F—L 三角图上百口泉组投点落在未切割的岩浆岛弧物源区（图 5-3a），在 Qp—Lv—Ls 三角图中投点落在岛弧造山带物源区（图 5-3c），但在 Qm—F—Lt 三角图上投点落在岩屑质再旋回造山带物源区（图 5-3b）。这与佳木河组的投点分布特征有点相似，但不同的是在 Qm—P—K 三角图上百口泉组投点则部分靠近岩浆弧物源区或部分靠近陆块物源区（图 5-3d）。

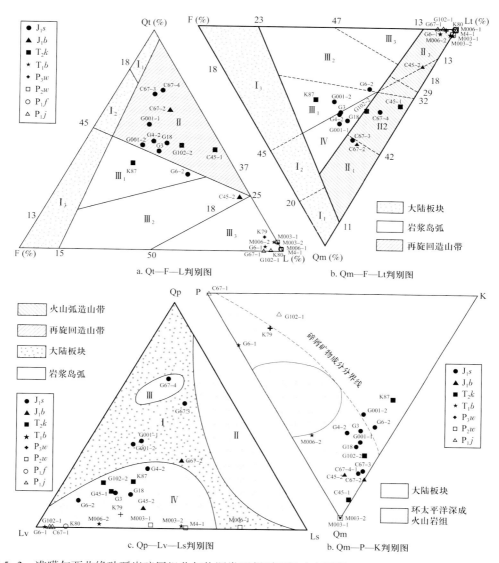

图 5-3　准噶尔西北缘砂砾岩碎屑组分与物源类型判别图解（底图据 Dickinson et al.，1979，1983）

将其碎屑参数与表 2-5 对比发现，其碎屑组合接近褶皱冲断前陆的 Q—L 型，比值参数和特征颗粒与大陆岛弧接近。将其碎屑参数与 Dickinson 的定量判别指标参数（表 2-3）对比发现，碎屑参数与未切割的岩浆岛弧物源区最接近。这说明至少有相当一部分物源应是继承性地来自早期岩浆岛弧物源区。

与再旋回造山带物源区砂岩碎屑模式（表 2-2）进行对比发现，百口泉组碎屑参数与隆升基底的俯冲带复合体物源接近。Dickinson 的稳定陆块物源区包括克拉通内部、过渡性大陆和基底隆起区 3 个亚类，据此判断本区百口泉组沉积期还有隆升基底的物源供应。这在一定程度上表明，物源区的基底隆升剥蚀持续进行，冲断活动呈现出相对的活跃性。

4）克拉玛依组（T₂k）投图

在 Qt—F—L 三角图上克拉玛依组投点主要落在再旋回造山带物源区，个别点落在切割的岩浆岛弧物源区（图 5-3a）；在 Qm—F—Lt 三角图上投点主要落在过渡型再旋回造山带物源区，个别点落在切割的岩浆岛弧物源区（图 5-3b）；在 Qp—Lv—Ls 三角图中投点落在岛弧造山带物源区及陆块物源区且靠近两者界线附近分布（图 5-3c），表明其物源主要介于岛弧造山带和稳定陆块之间；在 Qm—P—K 三角图上投点则落在靠近陆块物源区一侧（图 5-3d），成熟度或稳定性较百口泉组显著增加。

将其碎屑参数与表 2-5 对比发现，其碎屑组合接近褶皱冲断前陆的 Q—L 型、比值参数和特征颗粒与大陆岛弧接近。与再旋回造山带物源区砂岩碎屑模式（表 5-4）进行对比发现，其碎屑参数与墨西哥前陆盆地来自火山弧的三角洲碎屑组合特征相对较为接近。与 Dickinson 的定量判别指标参数（表 2-2）对比发现，碎屑参数与未切割的岩浆岛弧物源区较接近。综合上述投图及参数对比结果，分析认为克拉玛依组物源应主要来自碰撞造山带—前陆隆起区，少部分继承性地来自早期岩浆岛弧物源区；该岩浆岛弧物源区由于持续冲断隆升，明显受到下切剥蚀。

5）八道湾组（J₁b）投图

在 Qt—F—L 三角图上八道湾组投点落在再旋回造山带物源区和过渡型岩浆岛弧物源区（图 5-3a），在 Qm—F—Lt 三角图上投点落在岩屑质和过渡型再旋回造山带物源区（图 5-3b），在 Qp—Lv—Ls 三角图中投点落在岛弧造山带物源区和大陆板块混合造山带物源区内靠近岛弧造山带物源区一侧（图 5-3c），在 Qm—P—K 三角图上投点则落在靠近陆块物源区一侧（图 5-3d），成熟度或稳定性较克拉玛依组有所增加。

与表 2-5 对比发现，其碎屑组合接近褶皱冲断前陆—板块结合高地的参数特征；与表 2-3 对比发现，其碎屑参数与碰撞造山带碎屑组合特征较为接近；与表 2-2 对比发现，碎屑参数与再旋回造山带物源区的前陆隆起区—碰撞造山带碎屑特征相对较接近。综合上述投图及参数对比结果，分析认为八道湾组物源应主要来自碰撞造山带—前陆隆起区和早期岩浆岛弧物源区。由于进一步隆升和下切，早期岩浆岛弧物源有所增加。

6）三工河组（J₁s）投图

在 Qt—F—L 三角图上三工河组投点大多数落在再旋回造山带物源区，个别投点落在切割型岩浆岛弧物源区（图 5-3a）。在 Qm—F—Lt 三角图上投点明显分散开来，半数投点落在混合物源区，部分投点落在过渡型再旋回造山带物源区，个别投点落在切割型和过渡型岩浆岛弧物源区之间（图 5-3b）。在 Qp—Lv—Ls 三角图中半数投点落在岛弧造山带物源区，半数投点落在大陆板块混合造山带物源区（图 5-3c）。在 Qm—P—K 三角图上投点均落在靠近稳定陆块物源区一侧，个别投点的成熟度或稳定性较高（图 5-3d）。可见，三工河组沉积期以混合物源、多类型物源为特征。

三工河组的碎屑组合及主要参数也反映了混合物源的特征。将其碎屑参数与表 2-5 对比发现，C/Q 比值在 0.11～0.47 之间，P/F 比值为 0.10～0.44，Lv/L 比值为 0.40～0.89，值域变化大且复杂，难以归入某一物源区类型。与表 2-3 对比发现，其碎屑参数与喜马拉雅碰撞造山带及墨西哥前陆盆地来自火山弧的三角洲碎屑组合特征相对较为接近。与表2-2对比发现，其与前陆隆升区的碎屑参数较接近。综合分析认为三工河组物源区大地构造背景较复杂，推断应以碰撞造山带—前陆隆起区和稳定陆块区（基底隆起区及克拉通内部物源区）为主，还有早期的切割型岛弧物源区的叠加影响。

2. 西北缘各时代砂岩分类投图结果分析

再从各组碎屑岩骨架组分在每类三角判别图中的投点分布（图5-3），讨论物源区构造背景与构造属性。

由Qt—F—L三角图（图5-3a）中可以看到，佳木河组、风城组、下乌尔禾组、上乌尔禾组、百口泉组碎屑岩组分投点均落在岩浆岛弧物源区的未切割弧区，克拉玛依组、八道湾组、三工河组多数投点落在再旋回造山带物源区，少数投点落在岩浆岛弧物源区的切割弧区和过渡型弧区。投点分布表明，百口泉组沉积期之前的主要物源来自未切割的大陆岩浆岛弧区的持续供屑，物源区虽遭受抬升剥蚀，但主要限于岛弧上部的火山物质，还没有切割到其下的侵入岩、结晶或变质基底。随着西准噶尔造山带持续隆升，西北缘物源区不断剥蚀下切，克拉玛依组沉积期开始有碰撞造山带—前陆隆起物源区的供屑，之后局部出现切割的岩浆岛弧和过渡型岩浆岛弧物源类型。由区域地质资料分析，克拉玛依—中拐—车排子西北侧造山带物源区可能存在链状岛弧。

在Qm—F—Lt三角图（图5-3b）中可以看到，佳木河组、风城组、下乌尔禾组、上乌尔禾组、百口泉组碎屑岩组分投点均落在再旋回造山带物源区的岩屑质再旋回区，表明百口泉组沉积期之前，源—汇（造山带物源区与沉积场所）距离很近，总体经历了物源区持续地隆升剥蚀、强物理风化和近源快速堆积。克拉玛依组和八道湾组部分投点落在再旋回造山带物源区的过渡型再旋回和石英质再旋回区，少数投点落在岩浆岛弧物源区的切割弧区，反映克拉玛依组和八道湾组沉积期形成了碰撞造山带—前陆隆起物源和切割岛弧物源的叠加。三工河组投点比较分散，说明三工河组沉积期形成了混合物源、多物源供给格局。

从Qp—Lv—Ls判别图（图5-3c）可知，佳木河组、风城组、下乌尔禾组、上乌尔禾组、百口泉组、克拉玛依组碎屑岩组分绝大部分投点落在岛弧造山带物源区，仅有1个下乌尔禾组投点落在混合造山带物源区；八道湾组碎屑岩组分投点落在岛弧造山带物源区和混合造山带物源区紧靠岛弧造山带物源区一侧；三工河组碎屑岩组分投点主要落在岛弧造山带物源区和混合造山带物源区，个别投点落在俯冲带复合体物源区。投点分布表明，西北缘二叠系—下侏罗统的砂砾岩物源供应主要来自火山岛弧造山带物源区与混合造山带物源区，源区岩石类型以火成岩为主，沉积岩其次。

从Qm—P—K判别图（图5-3d）可知，佳木河组、风城组、下乌尔禾组、上乌尔禾组、百口泉组、克拉玛依组、八道湾组、三工河组碎屑岩组分投点均落在大陆板块物源区，并且随着地层由老到新，来自陆块物源区的成熟度、稳定度呈增大趋势。其中佳木河组C67-1、上乌尔禾组K79、百口泉组G6-1、克拉玛依组G102-1共4个样品投点靠近岩浆弧物源区，其深成组分/火山组分比率较其他样品增加，显示了车排子—中拐—克拉玛依地区的造山带物源区火山活动的响应。

第四节　准噶尔盆地二叠纪以来陆源碎屑成分与盆地
构造环境分析

研究表明，砂砾岩中的陆源碎屑成分是板块构造背景控制下的物源区与沉积盆地有机结合配置的产物，因而也是揭示这种关系及构造环境的有效标志；砂泥岩的化学成分、微量元素等地球化学特征受控于板块构造环境，可用于追溯盆地和物源区的大地构造性质。据此，笔者对区内各时代部分砂砾岩样品的碎屑组成、砂泥岩的化学成分及微量元素进行了统计分析，尝试用岩矿沉积学及沉积地球化学手段，运用沉积大地构造学理论初步恢复其物源构成、反演大地构造背景，再造其构造古地理环境、辅助判别其盆地性质。

一、砂砾岩碎屑矿物成分与板块构造环境判别

Valloni 等（1981）根据对 160 多个现代深海砂岩样品的分析资料，采用 Q—F—L 体系图解法确定了不同构造背景下砂岩碎屑参数模型（表 2-4）。

将表 5-2 中数据与其对照发现，各时代砂砾岩碎屑参数与表 2-4 差别较大，很难对应到某一个盆地类型中，这表明准噶尔西北缘地区各时期的沉积背景不属于上述类型的盆地。

孟祥化（1989）在 Valloni 等（1981）的研究基础上，提出了按板块构造部位来源关系建立的砂岩 Q—F—L 碎屑沉积模型。将表 5-2 中克拉玛依组—三工河组砂岩样品数据投点到该 Q—F—L 砂岩模型三角图中（图 5-4），投点基本散布在所有类型盆地范围之外的空白区域，仅有八道湾组的 1 个、三工河组的 2 个样品投点靠近裂谷及断陷盆地区边缘分布。这也表明准噶尔西北缘地区除八道湾组和三工河组沉积期可能为断陷盆地性质外，其他各时期的沉积背景基本不属于图 5-4 中相应类型的盆地。

二、砂泥岩地球化学特征与板块构造环境判别

碎屑岩的地球化学特征主要取决于其组成成分，而后者与其物源和大地构造背景的关系非常密切。虽然成岩作用可能会改变碎屑岩的原始地球化学特征，但这种变化本身就与构造环境密切相关。因此，可以根据碎屑岩的地球化学特征来判别其形成的大地构造背景。在这方面，已经有着大量的研究成果和文献报道（Crook，1974；Bhatia，1983；Bhatia et al.，1986；Roser et al.，1985，1986，1988；McLennan et al.，1991，1993；Mclennan，1989；Garver et al.，1999；Condie et al.，2001；Taylor et al.，2014）。由于笔者所参加课题的性质、经费等多种因素限制，未能进行系列样品的相关测试分析，但收集到前人的准噶尔南缘泥岩相关测试成果，进行辅助投图判别，也算是对盆地性质分析手段的有益补充。

1. 主量元素特征及其构造环境判别

砂岩和泥岩中主量元素特征及其与构造环境的关系很早即受到人们的关注，近几十

年来，在这方面的研究成果更可谓极其丰硕（Crook，1974；Schwab et al.，1978；Bhatia，1983，1985，1986；Roser et al.，1985，1986，1988）。已证明砂岩的化学成分特征受控于板块构造环境，可用于追溯盆地和物源区的大地构造性质，其中一些判别图解极为直观地反映了砂泥岩形成的构造背景，也得到了很好的实践检验。

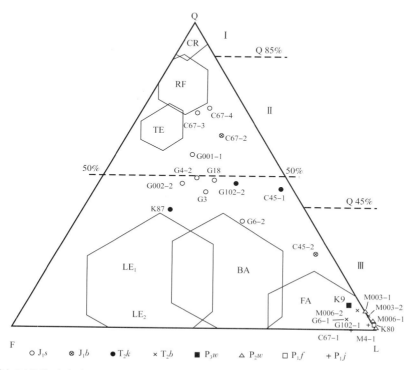

图 5-4　准噶尔西北缘砂岩碎屑模型的盆地类型判别图解（底图据 Valloni et al.，1981；孟祥化等，1993）
CR—稳定克拉通内浅海盆地型；RF—裂谷及断陷盆地型；TE—被动边缘或拖曳边缘型；LE₁—活动边缘消减带型；
LE₂—活动边缘转换断层型；BA—弧后盆地型；FA—弧前盆地型

细粒碎屑岩（粉砂岩、泥岩）的化学成分虽然因其搬运过程及风化程度的差异而与粗碎屑岩有一定的差异，但其沉积物来源较粗碎屑岩具有更为广泛的物源区，因此它们更能反映沉积物源区性质及其形成的构造背景。这方面，方爱民等（2003）在新疆西昆仑库地复理石源区性质及构造背景分析中进行了有益的尝试，并取得较好效果。笔者收集到的前人所做准噶尔南缘侏罗系泥岩样品主量元素资料详见表 5-3。样品由中国科学院兰州地质研究所分析，仪器型号为日本产的 X-Ray Flourescent Spectromemter of Model 3080E3 型。

从表 5-3 中可以看出，所有样品的 CaO 含量均属正常范围，无须进行 Roser 和 Korsch（1985）式的校正。下面将根据表 5-3 中数据，利用不同的判别方法来对其物源区及其构造环境进行判别。

1）利用 Bhatia（1983）图解判别构造环境

为了更好地利用砂岩中各主量元素的成分特征来反映其形成的构造环境，Bhatia

表 5-3 准噶尔盆地南缘侏罗系泥岩样品主量元素分析成果及相关参数

样号	层位	化学成分（%）										
		SiO$_2$	TiO$_2$	Al$_2$O$_3$	Fe$_2$O$_3$	FeO	MnO	MgO	CaO	Na$_2$O	K$_2$O	P$_2$O$_5$
W-1	J$_3$q	67.26	0.74	14.42	6.12	—	0.072	2.27	1.02	2.71	3.16	0.157
W-7	J$_3$q	67.34	0.80	12.97	6.59	—	0.050	1.34	0.73	1.84	3.98	0.019
W-2	J$_2$t	64.92	0.71	15.20	7.81	—	0.082	2.60	0.96	2.80	3.03	0.221
W-3		62.54	0.96	16.61	7.53	—	0.079	2.85	1.02	2.73	2.68	0.202
W-4		66.01	0.78	14.20	6.72	—	0.121	2.24	1.21	2.58	2.94	0.137
W-5		73.54	1.10	17.35	2.63	—	0.024	0.55	0.19	0.66	1.20	0.026
W-6		71.70	1.02	16.09	3.23	—	0.033	0.78	0.51	2.10	2.25	0.117
W-8		67.43	0.58	13.08	6.01	—	0.094	2.72	1.24	2.44	2.12	0.133
W-9	J$_1$b	63.23	1.01	17.04	6.46	—	0.072	1.57	0.51	2.33	2.50	0.150
W-10		63.65	1.09	17.78	5.76	—	0.060	1.59	0.54	2.40	2.54	0.182

井号	深度（m）	参数计算								
		函数I	函数II	函数III	函数IV	Fe$_2$O$_3$+MgO（%）	Al$_2$O$_3$/SiO$_2$	K$_2$O/Na$_2$O	Al$_2$O$_3$/（CaO+Na$_2$O）	SiO$_2$/Al$_2$O$_3$
台19	1854~1854.5	-1.86	1.88	-2.26	-0.69	8.39	0.21	1.17	3.87	4.66
台13	2191~2192	-3.83	-0.50	-3.12	-0.07	7.93	0.19	2.16	5.05	5.19
台25	2173~2175	-1.63	2.52	-0.78	-1.53	10.41	0.23	1.08	4.04	4.27
台25	2188~2190	-1.68	4.11	-0.52	-2.11	10.38	0.27	0.98	4.43	3.77
台10	2192~2194	-2.34	2.49	-1.65	-1.23	8.96	0.22	1.14	3.75	4.65
台10	2373~2379	-4.00	2.46	-0.35	-3.67	3.18	0.24	1.82	20.41	4.24
台10	2379	-2.30	1.82	-1.22	-0.45	4.01	0.22	1.07	6.16	4.46
台13	2380~2382	-2.07	4.30	-2.28	-3.13	8.73	0.19	0.87	3.55	5.16
台13	2603~2607	-2.38	3.62	0.46	-1.40	8.03	0.27	1.07	6.00	3.71
台13	2607	-1.90	3.70	0.21	-0.99	7.35	0.28	1.06	6.05	3.58

（1983）根据不同元素在其风化、搬运、沉积过程中所具有的不同特点，确定其相应氧化物在对构造环境反映中的地位，并由此给出它们的影响系数（表2-9），通过函数关系来表达所有主量元素对构造背景的区别情况。

Bhatia（1983）基于澳大利亚东部古生代浊积砂岩的11种主量元素化学成分分析，根据世界上已知构造背景下的砂岩成分资料所计算出的F1、F2值，总结、区分出4种不同的物源区及构造背景；利用一系列判别图及F1、F2两个判别函数作为二端元的砂岩构造背景判别图，进一步总结了各种构造背景下砂岩主量元素的分布特征。

笔者计算了准噶尔南缘侏罗系泥岩样品氧化物含量的判别得分（表2-9），并进行了投点（图5-5）。结果发现，八道湾组、头屯河组、齐古组的样品投点均落在被动大陆边缘区，其中齐古组的样品投点略向边部、靠近活动大陆边缘区分布。

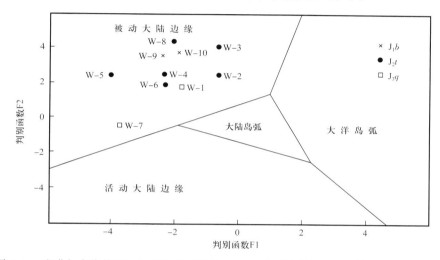

图5-5　准噶尔南缘侏罗系泥岩构造背景的F1—F2函数判别图（底图据Bhatia，1983）

Bhatia（1983）认为砂岩成分中最具代表性的反映物源区特征及其构造背景的氧化物含量及其相对比值等有关参数有 Fe_2O_3+MgO、TiO_2 和 $Al_2O_3/(CaO+Na_2O)$。其中，沉积物中 Fe 和 Ti 元素由于不易流失，且在海水中驻留时间较短，可以较好地反映其母源性质；Mg 元素虽不如 Fe 和 Ti，但也基本可以代表母源的原始含量，故砂岩中这几种元素氧化物的含量可作为反映其母源区性质及其构造背景的良好参数。此外，$Al_2O_3/(CaO+Na_2O)$ 则反映了砂岩中最不易迁移元素和最易迁移元素的比值。Bhatia（1983）利用上述参数，将其配对组成二端元图，较好地区分出砂岩形成的不同构造环境。

笔者利用表5-3数据进一步绘制砂岩化学成分之间的关系散点图（图5-6）。在 TiO_2—（Fe_2O_3+MgO）关系图（图5-6a）中，投点大多介于大陆岛弧和大洋岛弧区之间；在 Al_2O_3/SiO_2—（Fe_2O_3+MgO）关系图（图5-6b）中，多数投点分布于大陆岛弧区周缘，部分点落在大陆岛弧区内及大洋岛弧区靠近大陆岛弧一侧；在 K_2O/Na_2O—（Fe_2O_3+MgO）关系图（图5-6c）中，多数投点靠近大陆岛弧区，各有1个点落在活动大陆边缘和被动大陆边缘区；在 $Al_2O_3/(CaO+Na_2O)$—（Fe_2O_3+MgO）关系图（图5-6d）中，多数投点靠近大陆岛弧区散布，部分投点落在被动大陆边缘区或其附近。

图 5-6 的总体特点说明准噶尔盆地南缘在侏罗纪时具有被动大陆边缘—大陆岛弧的过渡性质，同时八道湾组和齐古组沉积期的构造活动性要稍强一些。

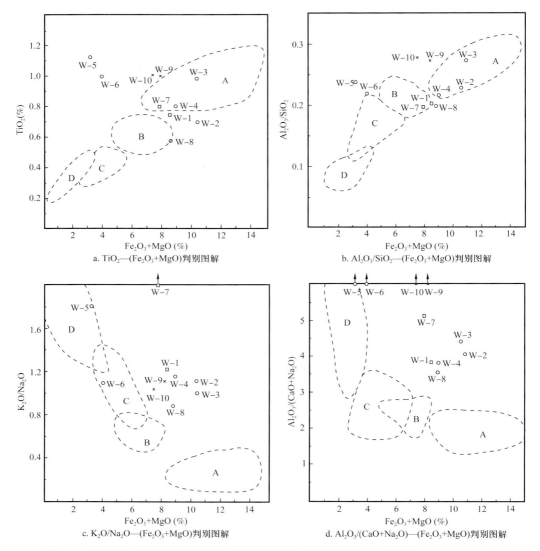

a. TiO$_2$—(Fe$_2$O$_3$+MgO)判别图解

b. Al$_2$O$_3$/SiO$_2$—(Fe$_2$O$_3$+MgO)判别图解

c. K$_2$O/Na$_2$O—(Fe$_2$O$_3$+MgO)判别图解

d. Al$_2$O$_3$/(CaO+Na$_2$O)—(Fe$_2$O$_3$+MgO)判别图解

图 5-6 准噶尔南缘侏罗系泥岩构造环境的化学成分判别图解（底图据 Bhatia，1983）

A—大洋岛弧；B—大陆岛弧；C—活动大陆边缘；D—被动大陆边缘（去掉烧失量）

应当指出，虽然 Bhatia（1983）所提出的上述砂岩构造环境的判别图解具有较好的适用性，并且已为人们广泛接受和引用。但其仍然存在很多缺陷乃至不适之处（Haughton et al.，2003，2009）。特别是，Bhatia 在提出该图解时，主要针对砂岩或现代砂而言，而对细碎屑岩（泥岩、粉砂岩）则未加考虑。事实上，细碎屑岩由于其物质来源更为广泛，故其成分更能反映母源区特征，因此也是母源区构造背景恢复的良好指示。Roser 等（1986，1988）就利用砂—泥岩的主量元素含量对其沉积物源区和构造背景进行了很好区分。

2）利用 Roser 等（1986，1988）的图解判别构造背景

新西兰学者 Roser 等（1985）探讨了沉积物颗粒大小对其化学成分的影响，认为不同粒度的沉积物化学成分的变化在其构造环境判别图上可显示一定的变化趋势，由此可以得到有用的信息。因此，他们认为细粒碎屑岩也可通过判别函数进行计算、投点，反映其构造环境。此后，Roser 等（1986）在对新西兰来源于不同物源区的砂岩和泥岩主量元素成分研究的基础上，结合世界上其他地区已知构造背景下砂岩和泥岩的化学成分分析资料，利用与板块构造关系密切的某些氧化物的比值（K_2O/Na_2O、Al_2O_3/SiO_2）作为参数，通过图解法判别出它们的不同物源区和构造环境，并建立起两者的关系模式图。

将准噶尔南缘侏罗系泥岩主量元素比值投入上述判别图（图 5-7），可以看出，八道湾组样品投点落入活动大陆边缘区（ACM），头屯河组样品投点分布介于被动大陆边缘和活动大陆边缘之间，齐古组样品投点落在被动大陆边缘区。这表明八道湾组沉积期构造活动性相对较强，头屯河组—齐古组沉积期向较稳定的被动大陆边缘过渡。

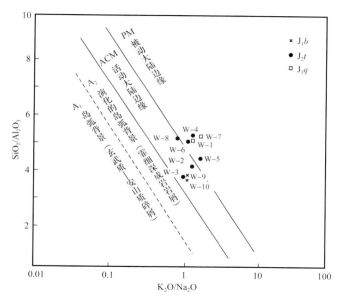

图 5-7　准噶尔南缘侏罗系碎屑岩化学成分与板块构造环境关系图解（底图据 Roser et al.，1986）
A_1—岛弧背景（玄武质—安山质碎屑）；A_2—演化的岛弧背景（霏细深成岩岩屑）ACM—活动大陆边缘；
PM—被动大陆边缘

Roser 等（1985）在 Bhatia（1983）研究的基础上，针对砂岩构造环境判别函数中存在的问题（主要由其化学成分分析数据中的某些缺陷所引起），提出了几点修改意见。此后，Roser 等（1988）进一步提出了一个区分砂—泥岩物源区的综合图解。这一图解法是以砂—泥岩中几种氧化物含量为变量，并根据这些氧化物在反映物源区特征中的各自地位，确定其相应系数（表 2-9），由此建立了区分砂泥岩构造环境的 F3、F4 两个判别函数。再以这两个判别函数为端元，作出二元图，计算不同样品的判别值，并将其投于二元图中，借此来判别其形成的构造环境。

将准噶尔南缘的泥岩样品，按上述方法进行判别函数值的计算，并将结果投入 F3—

F4 函数判别对图（图 5-8）中。可见八道湾组样品投点分布介于中性火山岩和长英质火山岩物源区之间，头屯河组、齐古组两组样品投点均分布于长英质火山岩和成熟大陆石英质物源区之间。这从另一侧面反映了侏罗系沉积的混合物源特征，八道湾组沉积母源为中性火山岩和长英质火山岩两类岩石组成的被动大陆边缘—大陆岛弧区，头屯河组—齐古组沉积母源为长英质火山岩和成熟大陆石英质两类岩石组成的被动大陆边缘—稳定陆块区。

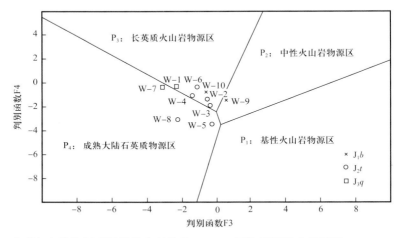

图 5-8　准噶尔南缘侏罗系泥岩构造环境的 F3—F4 函数判别图（底图据 Roser et al.，1988）

2. 微量元素特征及其构造环境判别

形成于不同构造背景的岩石中微量元素含量存在明显差异，据此可以通过对岩石中微量元素的研究反演其构造背景。目前，已有很多这方面的研究（Bhatia et al.，1986；Floyd et al.，1991；Cullers，1995；Yan et al.，2006；Jian et al.，2013；李双应 等，2014；裴先治等，2015），其中以 Bhatia 等（1986）的研究方法及成果较为著名，并得到了较广泛的应用。

Bhatia 等（1986）通过对澳大利亚东部古生代浊积岩层序中杂砂岩内微量元素的详细研究，指出碎屑岩中微量元素（特别是相对不活泼的微量元素）的组合特征在确定物源区类型和反映构造环境方面极为有用，其中尤以 La、Ce、Nd、Th、Zr、Nb、Y、Hf、Ti、Sc 和 Co 等不活泼元素的组合特征最为有效。利用这些微量元素组合特征，提出了一系列沉积盆地构造环境的最佳判别图解和微量元素标志（表 2-10），很好地区分出了 4 种构造背景下的杂砂岩。

笔者利用收集到的准噶尔南缘侏罗系泥岩样品的微量元素资料（表 5-4）。将其测定结果投入 Bhatia 等（1986）所建立的 Th—Co—Zr/10 三角判别图中（图 5-9），发现部分样品投点落入了大陆岛弧区（B 区）内、部分样品投点散落在大陆岛弧区附近。说明其物源区为大陆岛弧或与大陆岛弧密切相关。

将表 5-5 与表 5-4 对比发现，准噶尔南缘侏罗系绝大多数泥岩样品的微量元素特征与大陆岛弧的微量元素标志参数较为接近，这与投图结果基本一致。

表5-4 准噶尔南缘侏罗系泥岩样品的微量元素特征及相关参数

样号	井号	层位	深度(m)	Pb/(μg/g)	Rb/Sr	Th/(μg/g)	Zr/(μg/g)	Nb/(μg/g)	Zr/Th	V/(μg/g)	Co/(μg/g)	Zn/(μg/g)	Ba/(μg/g)	Rb/(μg/g)	Sr/(μg/g)	Ga/(μg/g)	As/(μg/g)	Bi/(μg/g)	Cu/(μg/g)	Ni/(μg/g)	W/(μg/g)	Cr/(μg/g)	Y/(μg/g)	Zr/Y	Sr/Ba	Th+Co+Zr/10/(μg/g)	Th(%)	Co(%)	Zr/10(%)
W-1	台19	J_3q	1854~1854.48	19	0.42	9	193	12.6	21.44	91	17.8	88	546	110	265	20	18	6	34	33	4	93	21.8	8.85	0.49	46.1	19.52	38.61	41.87
W-7	台13		2191~2192	8	0.89	6	163	8.4	27.17	125	16	92	442	141	158	18	3	4	34	15	3	67	23.6	6.91	0.36	38.3	15.66	41.78	42.56
W-2	台25	J_2t	2173~2175	19	0.60	8	177	11.7	22.13	114	15.5	106	545	107	178	22	7	4	44	38	4	84	30.2	5.86	0.33	41.2	19.42	37.62	42.96
W-3	台15		2188~2190	4	0.41	4	212	10.3	53	120	15.4	94	414	81	200	18	8	0	42	33	1	132	23.6	8.98	0.48	40.6	9.85	37.93	52.22
W-4	台10		2192~2194	14	0.20	4	192	11.6	48	94	15.3	90	861	106	533	19	22	3	36	30	3	90	23.7	8.1	0.62	38.5	10.39	39.74	49.87
W-5	台10		2373~2379	14	1.21	6	333	16	55.5	79	13.5	59	328	81	67	20	6	1	16	15	4	182	21.7	15.35	0.2	52.8	11.36	25.57	63.07
W-6	台10	J_2t	2379	3	0.58	1	253	11.2	253	103	13.3	60	377	74	128	17	10	0	25	18	3	165	27.9	9.07	0.34	39.6	2.53	33.58	63.89
W-8	台13		2380~2382	19	0.22	9	223	13	24.78	87	15.2	82	867	66	298	20	7	5	32	27	4	168	25.5	8.75	0.34	46.5	19.35	32.69	47.96
W-9	台13	J_1b	2603~2607	10	0.60	2	249	11.7	124.5	110	21.1	85	698	74	124	17	9	3	34	33	3	202	25.8	9.65	0.18	48	4.17	43.96	51.88
W-10	台13		2607	15	0.60	7	314	14.6	44.86	107	21.4	92	665	79	132	21	13	5	31	32	3	192	27.9	11.25	0.2	59.8	11.71	35.78	52.51

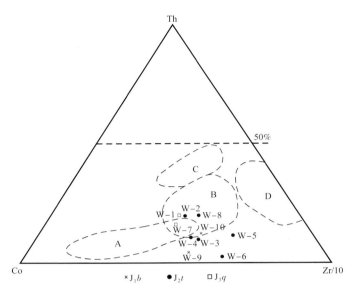

图 5-9 准噶尔南缘侏罗系泥岩构造环境的 Th—Co—Zr/10 判别图解（底图据 Roser et al.，1988）
A—大洋岛弧；B—大陆岛弧；C—活动大陆边缘；D—被动大陆边缘

第五节　准噶尔盆地二叠纪以来火山岩特征与构造环境判别

前人对准噶尔盆地周缘、盆内的火山岩及其构造环境已有很好的研究，取得了一批重要成果。准噶尔地区火山岩分布比较广泛（表 5-5），盆地周缘主要发育西准噶尔、东准噶尔、准南缘北天山火山岩区的古生界—中上三叠统火山岩，西北缘局部见侏罗系火山岩；盆地内部主要为石炭系、二叠系火山岩。本节主要就与本区二叠纪以来原型盆地形成演化密切相关的火山岩展开简述和讨论。

表 5-5　准噶尔盆地火山岩分区特征对比表

特征		西（北）准噶尔	（东）北准噶尔	东（南）准噶尔
		克—夏、车排子、中拐	老山沟、陆梁、乌伦古	准东、天山北
古生代构造特征	类型	O_1-C_2 弧盆系	O—C_3 洋内弧	C_1-C_2 拗拉谷
	演化阶段	O_2-C_2 会聚过渡壳 C_{2+3} 固结成陆 P 稳定大陆	D_3-C_1 会聚过渡壳 C_3 固结成陆 P 稳定大陆	C_2 会聚过渡壳 P_1 固结成陆 P_2 稳定大陆
	构造单元形态	面积中等，长短轴比为 2～3	面积小，长短轴比 3～5	面积大，形态不规则
	古生代地壳厚度（km）	38.7	乌伦古 56.9、陆梁 27.8	33.2
现代地壳特点	厚度（km）	46～50	48～50	48～54

特征		西（北）准噶尔	（东）北准噶尔	东（南）准噶尔
		克一夏、车排子、中拐	老山沟、陆梁、乌伦古	准东、天山北
现代地壳特点	基底结构（km）		双层结构：上层 5.91～6.35；下层 6.71～7.03	双层结构：上层 5.84～6.04；下层 6.17～6.27
火山岩组合	石炭系	玄武岩 18%、玄武安山岩 14%、安山岩 59%、粗面岩 2%	玄武岩 25%、玄武安山岩 11%、安山岩 25%、粗面岩 14%、英安岩 1%、流纹岩 21%	玄武岩 29%、玄武安山岩 8%、安山岩 40%、粗面岩 1%、英安岩 8%、流纹岩 1%
	二叠系	玄武岩、安山岩、粗面岩、流纹岩	玄武岩＋安山岩＋流纹岩	玄武岩
火山岩地球化学特征	K_{60}（%）	2.10	乌伦古 3.10、陆梁 1.50	1.80
	基性岩 TiO_2（%）	平均 1.28	平均 1.85	平均 1.27
	基性岩微量元素　Cr（μg/g）	55.3（14.1～114.0）	133.3（29.5～240）	48.4（13～118）
	基性岩微量元素　Th（μg/g）	0.21（0.20～0.25）	0.41（0.20～0.80）	0.58（0.2～1.26）
	基性岩微量元素　Rb（μg/g）	25.3（10～55）	17.4（3～27）	32.75（10～56）
	基性岩微量元素　样数	6	7	8
	基性岩稀土元素　ΣREE（10^{-6}）	66.40	132.59	105.56
	基性岩稀土元素　$(La/Yb)_N$	2.24	3.42	4.60
	基性岩稀土元素　样数	6	7	8
矿物成分	辉石中 Ti^{VI}（%）	0.02～0.07	0.04～0.07	<0.04
Sm—Nd 同位素	模式年龄（Ma）	341～426，志留纪—石炭纪	341～366，泥盆纪—石炭纪	420，志留纪
	等时年龄（Ma）	416、505，寒武纪	1341，中元古代	636，震旦纪
	初始比值	0.51238、0.51254	0.51158	0.51225
Rb—Sr 同位素	等时年龄（Ma）		323、193	295
	初始比值		0.70496、0.70441	0.70374
石炭纪古生物群		与准东差异大	俄罗斯地台型	与准西差异大

一、二叠纪火山岩特征与构造背景分析

早二叠世，由于地壳活动性增强，火山活动十分强烈，在北天山—准噶尔地区形成厚度达数千米的陆相喷发中酸性火山岩，其分布主要与西准噶尔、东准噶尔、南缘北天山造山带的活动强度及地壳物质相一致。邻区吐鲁番—哈密盆地及大南湖等地，则有大量海相中基性火山岩出露。伊犁盆地除见有中酸性、中基性火山岩外，还见有钾质流纹岩。晚二叠世，地壳活动趋于稳定，除北天山地区仍有较强火山活动、伴随有中酸性火山岩外，其余地区均未见火山岩出露。

二叠纪火山喷发主要集中于下二叠统佳木河组沉积期，风城组沉积期仅克 81 井—克 82 井—克 009 井区附近出现短暂的喷发。火山喷发作用可大致分为 5 个喷发期、10 个主要喷发旋回，喷发作用都与断裂相伴而存在；风城组沉积期火山喷发作用短暂，厚仅 10 余米，岩性为酸性流纹岩。

火山岩岩石组合是大地构造背景的综合反映。根据新疆维吾尔自治区区域地质志等资料，二叠纪全部是陆相火山岩，岩石类型为玄武岩、玄武安山岩、安山岩、英安岩、流纹岩、安山质凝灰岩、流纹质凝灰岩，以亚碱性系列为主，兼有碱性系列，仅部分地区火山岩属拉斑玄武岩系列和高钾钙碱性系列（王方正等，1997）。总体呈双峰式的玄武岩—流纹岩组合特点，西北缘为玄武岩—安山岩—英安岩—流纹岩和粗面岩—粗安岩组合，东南缘为玄武岩组合，反映了二叠纪存在火山活动的地区性差异。

从火山岩的产状、岩相、岩石组合、岩石化学、地球化学、主要造岩矿物成分，以及 Sm—Nd、Rb—Sr 同位素特点分析，西北、东北、东南 3 个火山岩带在泥盆纪—石炭纪都是产出于岛弧（会聚挤压岛弧、钙碱性挤压岛弧）构造环境。但二叠纪以后的火山岩构造环境，则各具特色。

准噶尔盆地二叠纪火山岩具有分区特征，西北缘火山岩带以陆相中酸性火山岩组合为主且较为发育，地球化学特征显示钙碱性陆内挤压碰撞造山带环境；东北缘火山岩带二叠纪火山岩数量较少，呈陆内造山火山岩的地球化学特点；东南缘火山岩带二叠纪火山岩成分较单一，以基性岩为主，为板内大陆玄武岩的地球化学特点，陆壳内的构造热事件相对较弱。反映了二叠纪存在火山活动的地区性差异，并与地壳或岩石圈的伸展或张裂作用有关。

根据火山岩岩石化学研究，新疆北部二叠纪火山岩在分异指数（DI）频率曲线图上（图 5-10）显示为双峰特点，表现出挤压与拉张双重构造环境。这表明在盆地形成初期，准噶尔地块在晚古生代晚期于碰撞拼贴后发生板内开合运动；碰撞后的松弛期对应短期裂谷—火山岩发育期，陆壳也表现出过渡壳特征。

由上所述资料和盆地火山岩热演化发育特征可以推断，石炭纪以前准噶尔盆地基底表现为一个继承性统一的大陆地壳，而在石炭纪—二叠纪表现为较强烈的陆内软碰撞变形特征，在西北准噶尔、东北准噶尔、南准噶尔 3 个陆块边缘均表现出一定的碰撞挤压—短期裂谷开合特征。由于在区带和时空上的差异，沿断裂带发育的火山岩熔融物质及岩浆房形成的深度也存在差异，致使火山岩微量元素与稀土元素特征不同，这正是非典型陆壳、非典型碰撞带所表现出的碰撞期后热事件——碱性火山岩发育的特征，在老盆地基底之上叠加新的褶皱基底。结合重磁、MT 及其他资料，可以清楚地表明准噶尔盆地基底存在双层结构，上层为古生代海西褶皱基底，主要组成是岛弧沉积（火山岩建造），其下层是海西期前的前寒武纪结晶基底—太古代微陆块；在挤压与开合强度较大的西准噶尔、东准噶尔洋壳特征较明显，而在盆地腹部陆梁隆起为典型的陆壳。

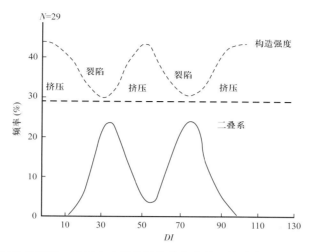

图 5-10　准噶尔盆地周缘二叠纪火山岩分异指数分布的双峰示意图（据王惠民等，1999）

二、三叠纪—侏罗纪火山岩特征与构造背景分析

区域资料表明，在西准噶尔的扎伊尔火山岩带、准南缘的博格达火山岩带都发育有中—晚三叠世的火山岩，前者为碱性玄武岩—流纹岩组合，后者为陆相安山岩组合，其火山岩的分布和规模都很局限。

侏罗纪火山岩的分布和规模也十分有限。仅在盆地西北缘克拉玛依市西南蚊子沟剖面发现岩浆侵位至三叠系甚至侏罗系八道湾组中，形成 5.25m 的基性熔岩（图 5-11）；在东准噶尔将军戈壁附近的西山窑组中见有玄武玢岩。

图 5-11　指示准噶尔西北缘火山口的侏罗系火山岩柱状节理

在以往的 Ar—Ar 法测年中总有相当于中生代的年龄值，由于中生界不含火山岩成分，始终被认为可信度差。王方正等（1997）用蒸发法测定了火山岩中单颗粒锆石年龄。结果表明，准东的北 5 井流纹岩的自形锆石年龄为 215Ma，相当于晚三叠世；西北

缘古 65 井玄武岩、CH0403 井英安岩及和什托洛盖盆地和参 1 井花岗岩的锆石年龄分别为 191Ma、225Ma 和 211Ma，相当于晚三叠世—早侏罗世。乌伦古地区伦 2 井流纹岩（2088m）的熔蚀锆石年龄为 197Ma，与该区 Sm—Nd 和 Rb—Sr 等时线年龄（193Ma）非常接近，表明该区侏罗纪存在酸性岩浆活动，属造山带中的后期岩浆作用。

上述经 Sm—Nd、Rb—Sr 及单颗粒锆石法在乌伦古、准东和西北缘探井零星获得的三叠纪—侏罗纪年龄值，进一步证明中生代在盆地中存在岩浆热事件。地震剖面上常见的因火山岩上拱使上覆三叠系—侏罗系地层褶曲的底辟构造就是这种岩浆热事件的证据，如石西背斜、玛湖背斜等。

由前述分析，东南缘火山岩带内发现晚三叠世火山岩锆石年龄，反映三叠纪末期的构造热事件还相当强烈，也是盆地发育中一次重要的构造热事件。西北缘火山岩带发现的侏罗纪火山岩属板内大陆环境的玄武岩，为双峰式陆内裂谷火山岩组合（王惠民等，1999）；其为地幔物质部分融熔的产物，它的上升和喷发通常需要张性深断裂为其提供空间，显示系大陆地壳扩张环境的喷发产物，表明侏罗纪在盆地西北部是一个重要的拉张成盆期，深部构造热事件活动强烈。

三叠纪—侏罗纪的火山岩大多以次火山的形式存在，表明这期间构造应力松弛，岩浆活动重新活跃，这次构造岩浆事件对形成侏罗系的构造圈闭及油气藏起到了极其重要的作用。

第六节　准噶尔盆地二叠纪—侏罗纪物源区与构造背景演化示踪讨论

一、相关问题分析与前人资料佐证

关于准噶尔西北缘风城组（P_1f）、夏子街组（P_2x）与白碱滩组（T_3b）的沉积物源类型和构造背景问题。由于 Gazzi—Dickinson 统计法分析物源对混积岩不适用，风城组以云质岩夹中细碎屑岩组合为主，对风城组碱湖相白云质砂岩、凝灰质白云岩未做统计。夏子街组在红车—中拐全区及乌—夏地区局部缺失、克—乌地区部分钻遇井未取心；白碱滩组以巨厚泥岩为主，限于钻井与取心状况，暂未采集到砂砾岩、砂岩样品。

本节对 3 组地层未做重点论述，但前人做过一些相关研究。对风城组扇三角洲—碱湖相混积体系的成因认识存在多种观点（张杰等，2012；张元元等，2018），笔者赞同认为其沉积于西准噶尔地区古生界基底上所发育的二叠纪造山后伸展断陷中，云质岩形成于受深部热液作用影响的高盐度闭塞性湖泊环境（张元元等，2018），和伸展断陷背景下活跃的火山活动密切相关；同期的火成岩特征揭示为伸展与挤压双重构造环境（韩宝福等，2006；谭绿贵等，2006；周涛发等，2006；孙国强等，2012；何登发等，2018）。这与前文投图分析的早二叠世应为岩浆岛弧造山带物源区的认识是吻合的。

何苗等（2015，2019）通过西北缘三叠系露头剖面古水流测量和砂岩、砂砾岩样品重矿物特征及其主因子和相关性分析，推测母岩组合为中酸性岩浆岩＋沉积岩＋变质岩，并以中酸性岩浆岩为主；物源区为哈拉阿拉特山和扎伊尔山老山剥蚀区（高志勇等，2019），物源为下石炭统太勒古拉组大套凝灰岩、安山岩、安山玢岩，以及花岗岩、花岗闪长岩侵入体和凝灰岩、粉—细砂岩，属于近源物质和远源物质的混杂堆积。黄云飞等（2017）对玛湖凹陷西斜坡泥岩岩心样品的全岩主量和微量元素地球化学比值及判别投图表明，乌尔禾组至克拉玛依组的物源岩性主要为长英质火成岩，少数属于中性火山岩。这与前文对三叠系百口泉组和克拉玛依组砂砾岩、砂岩岩心样品中砾石、岩屑组分统计得到的母岩组合特征基本一致，也印证了两种方法分析的结果对应性尚好。

二、西北缘源—汇系统构造—沉积响应旋回

纵向观察准噶尔西北缘砾岩碎屑组分，二叠系—下侏罗统砾岩成分和含量呈现出"两个组骤变、三段式增减"的变化特点。即在下乌尔禾组和百口泉组沉积期，砾岩组分类型骤然增多、沉积岩砾石含量显著增加，下乌尔禾组沉积岩砾石含量甚至超过了岩浆岩砾石，百口泉组凝灰岩砾石含量突然降低、中酸性岩浆岩砾石含量增加（图5-1）。表明物源区有大量早先的沉积岩在下乌尔禾组和百口泉组沉积期发生隆升剥蚀、再沉积，应该是物源区不断隆升下切、西北缘大规模冲断推覆的沉积响应。在下乌尔禾组和上乌尔禾组沉积期，火山岩砾石和沉积岩砾石含量呈现彼此消长和跳跃式变化的特点，反映出中—晚二叠世是一个构造变动活跃和快速堆积、持续隆升剥蚀和再沉积的时期。

由佳木河组至风城组、百口泉组至克拉玛依组、八道湾组至三工河组3个沉积阶段中，每一段由下到上岩浆岩砾石成分与含量明显减少、沉积岩砾石成分与含量占比趋于增多，说明经历了物源区构造活跃→平静、隆升→沉降和由浅至深连续剥蚀，而沉积区快速堆积→不均匀抬升→稳定扩张和持续沉积的3个大的充填序列响应过程；每一段分界后下部岩浆岩组分的增多，表明物源区构造背景的一次变化，存在构造活动与火山喷发。其中，克拉玛依组的花岗岩、糜棱岩和石英岩砾石组分开始出现、燧石含量也有增加，应当是物源区持续隆升和深度剥蚀的沉积响应。

纵向观察准噶尔西北缘砂岩碎屑组分，由二叠系至侏罗系，随层位变新，长石碎屑含量呈增加趋势，意味着物源区长英质母岩供给的增加。片岩、片麻岩岩屑和燧石含量从下至上逐渐增加，表明物源区一定程度持续隆升和剥蚀切割的存在。霏细岩岩屑在上乌尔禾组突然消失（图5-2），安山岩岩屑含量在上乌尔禾组与百口泉组有明显变化，这应是上乌尔禾组与百口泉组沉积期存在构造活动、驱使物源区背景转变的沉积响应。在上乌尔禾组和八道湾组，沉积砂岩碎屑含量总和超过了岩浆岩碎屑含量，大量的再沉积物源发育，表明物源区经历了沉降—隆升剥蚀、再沉降—再抬升剥蚀的多期幕式构造活动。

通常情况下，石英含量与长石＋岩屑含量的比值，即Qt/（F+L）值可作为砂岩成分成熟度的指标。由砂砾岩碎屑组分垂向变化图（图5-12）可知，由下至上，准噶尔西北缘碎屑沉积物最低的成熟度出现在佳木河组至百口泉组，Qt/（F+L）值不超过0.1。Qt/（F+L）值在克拉玛依组为0.6～0.9，底部开始显著增大，表明物源区剥蚀程度明显增

加；Qt/（F+L）值在八道湾组底部陡然降低，表明晚三叠世—早侏罗世物源区背景发生了变化，区域上发生了一次构造运动或有火山喷发活动事件。Qt/（F+L）值在八道湾组上段和三工河组下段大于1，成熟度很高，表明沉积稳定而持续，开始有长距离搬运物源供应。总体看来，准噶尔西北缘二叠系—侏罗系砂砾岩的结构成熟度和成分成熟度均较低，其组成特征总体反映沉积场所与母源区距离不远，经历了强烈的剥蚀、物理风化和近源快速堆积，碎屑沉积受搬运作用的影响不大。

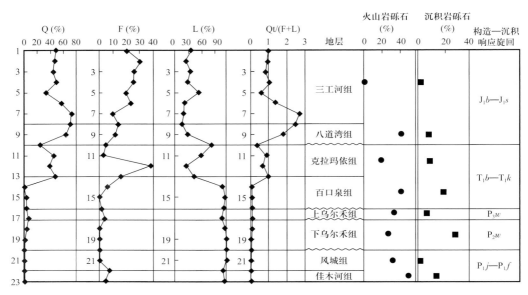

图5-12　准噶尔盆地西北缘砂砾岩骨架碎屑组分的垂向变化分布及其构造—沉积响应旋回

　　综合前述砾岩和砂岩碎屑组分垂向变化、区域构造层序、构造运动与不整合信息（图5-13），可以划分出 P_1j—P_1f、P_2w、P_3w、T_1b—T_2k、J_1b—J_1s 5个构造—碎屑沉积响应旋回（图5-12）。其中 P_1j—P_1f、T_1b—T_2k、J_1b—J_1s 3个旋回岩浆岩砾石和沉积岩砾石含量均呈由高到低减少趋势，显示出早期构造活跃、晚期沉积稳定的构造—碎屑沉积响应特点。结合区域资料和图5-12分析，每一个构造—碎屑沉积响应旋回中，发生了3次至1次大的物源区构造活动或逆冲推覆事件，沉积区形成了3期至1期大型扇体发育或粗碎屑沉积响应。如在 P_1j—P_1f 旋回，伴随着3次逆冲推覆事件和3期大型扇体沉积；在 P_2w 旋回，发生了2次逆冲推覆事件和2期大型扇体堆积；在 P_3w 旋回、T_1b—T_2k 旋回和 J_1b—J_1s 旋回，分别发生了1次大型逆冲推覆事件和1期大型扇体发育。每一个构造—碎屑沉积响应旋回的发育，形成了沉积区各具特色的碎屑沉积记录。这些碎屑沉积的发育和演化特征，由前述三角判别图解中各组碎屑投点分布反映出来，为示踪准噶尔西北缘源—汇系统二叠纪—早侏罗世物源区类型和构造背景演化提供了证据和约束条件。

三、西北缘物源区构造背景及物源组合演化

　　上述砂砾岩碎屑组分的纵向变化，指示了西准噶尔造山带物源组成和构造背景的演变，也反映了物源区地壳抬升与沉降、深部岩石被多次暴露、剥蚀与沉积的幕式构造演

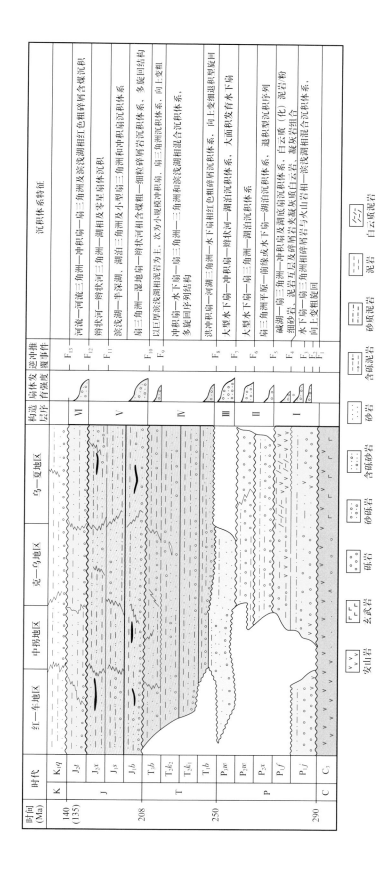

图 5-13　准噶尔西北缘二叠纪—侏罗纪充填其列、构造层序及沉积体系分布示意图（据蔚远江等，2020）

化过程。

早—中石炭世准噶尔西北地区发生俯冲碰撞，晚石炭世末—早二叠世，随着早期发育的达尔布特洋、额尔齐斯洋（富蕴—青河洋分支）洋盆闭合（何登发等，2018），准噶尔西北部完成洋—陆转换，进入陆内演化阶段。西准噶尔造山带开始褶皱回返，西准噶尔冲断推覆体系发生由西向东的大规模冲断推覆活动，形成准噶尔西北缘冲断带的冲断前锋构造。同期发育的火成岩有花岗岩和火山岩两种，花岗岩形成时代为320—290Ma（晚石炭世—早二叠世），整体以碱性（A型）花岗岩为主（韩宝福等，2006），代表了西准噶尔地区幔源岩浆喷发、地壳生长的重要记录，形成于同俯冲相关的伸展构造环境（何登发等，2018）。

火山喷发主要集中于下二叠统佳木河组沉积期，为陆相喷发的"双峰式"火山岩（谭绿贵等，2006；周涛发等，2006），表现出挤压与拉张双重构造环境。中拐地区为岛弧体系的大陆内侧喷发环境（马收先等，2011），爆发相、火山通道相主要分布在克—百断裂带，火山岩为凝灰岩—安山岩—流纹岩—玄武岩和粗面岩—粗安岩组合，以沿断裂带分布为主，远离断裂带方向火山岩逐渐被沉积岩代替（易逸等，2015）。佳木河组砾岩组分及砂岩岩屑组分（图5-1、图5-2）亦印证了这一火山岩组合，且物源都来自未切割的火山岛弧（图5-3a）。在地震剖面上佳木河组的最下部层位表现为沉积岩层的地震反射特征，靠近边界断裂处地层厚度大、岩性粗（毛翔等，2012），表明物源区火山岛弧遭受强烈抬升剥蚀而快速堆积。风城组沉积末期，随着西准噶尔地区洋盆最终封闭和碰撞造山，古岛弧体系进一步隆升和切割，盆地区分割性断陷发育，注入的碎屑物质既有岛弧上部的火山灰物质，也有下部物质，物源区应为介于未切割岛弧和切割岛弧之间的过渡类型。综合前述碎屑成分及其物源区构造背景投图（图5-3）分析，佳木河组—风城组沉积期西北缘物源区背景为大陆板块岩浆岛弧造山带，物源岩石类型主要为中酸性火山岩—火山碎屑岩—沉积岩、风城组沉积期有较多湖盆内源物质供给。

中—晚二叠世，区域应力场由伸展变为挤压，主要发生陆壳碰撞和冲断推覆，同生断裂活动趋于增强，前陆盆地冲断前缘冲积扇体发育。已知的最大推覆距离在哈拉阿特山推覆体下，达20km以上。达尔布特断裂存在两次逆冲峰期（隋风贵，2015），碰撞挤压、冲断作用在晚二叠世达到顶峰（隋风贵，2015；易逸等，2015），扎伊尔山形成双指向冲断带，砂砾岩组分的变化是中二叠世的相对平静期和晚二叠世强烈冲断推覆构造活动的响应。综合前面分组和三角模式图（图5-3）分析，乌尔禾组沉积期西北缘物源区背景为受大陆岛弧造山带叠加影响的前陆隆起—隆升基底（冲断造山带），物源区岩石类型主要为火山碎屑岩—沉积岩—中酸性火山岩、少量变质岩和侵入岩的组合。

三叠纪初期，发生区域坳陷，山根拆沉。西准噶尔冲断推覆体系沿着山前断裂带继续逆掩推覆，并进一步被抬升，使一些深成花岗岩侵入体大片出露地表，因此沉积区碎屑岩中石英、长石和花岗岩岩屑大量增加。至晚三叠世，砾岩中出现花岗岩砾石成分，砂岩碎屑自下而上岩浆岩组分逐渐减少，沉积岩组分逐渐增多，表明物源区深部的侵入岩逐渐被剥蚀出来。物源方向主要为北西—南东向，供屑主要来自扎伊尔山（徐芹芹等，2009；何苗，2015），来自上地壳长英质岩浆岩。西北缘断裂在该时期活动性由强变弱

（蔚远江等，2005），表现出继承性隆升、向稳定环境过渡趋势。故三叠纪西北缘物源区背景总体为无切割—有切割的岩浆岛弧及冲断造山带，其中物源区背景在百口泉组沉积期为受稳定陆块区隆升基底影响的未切割岩浆岛弧，物源岩石类型总体以火山碎屑岩—中酸性＋基性火山岩—沉积岩为主，少量变质岩和侵入岩；在克拉玛依组沉积期为有切割型岩浆岛弧叠加的碰撞造山带—前陆隆起区，物源岩石类型总体以沉积岩—火山碎屑岩—酸性火山岩为主，极少量变质岩和酸性侵入岩。

晚三叠世—早侏罗世，区域上发生了印支运动和造山带抬升—剥蚀作用（李丽等，2008），准噶尔西北缘物源方向变为北东—南西向（李玮等，2009；何苗，2015；周天琪等，2019），供屑主要来自西准噶尔造山带（扎依尔山、哈拉阿拉特山和德仑山）。西北缘零星发育下侏罗统玄武岩，属于碱性系列的双峰式陆内裂谷火山岩组合，形成于大陆板内的伸展构造环境（徐新等，2008；高睿等，2013），表明处于弱伸展断陷成盆阶段。地震剖面显示准噶尔西北缘断层并未切穿侏罗系，各构造带侏罗系均上超于下伏地层（邵雨等，2011；隋风贵，2015）。八道湾组上段—三工河组下段砂岩 Qt/（F+L）值较下部地层明显增高（图5-4），表明早侏罗世中晚期准噶尔西北缘活动性较弱，构造相对稳定。综合分析，早侏罗纪世西北缘物源区背景总体为切割的岩浆岛弧、冲断造山带及基底隆起区，其中物源区背景在八道湾组沉积期为受岩浆岛弧影响的碰撞造山带—前陆隆起区，到三工河组沉积期演化为受切割型岩浆岛弧影响的碰撞造山带—前陆隆起和克拉通内部—基底隆起区，物源岩石类型总体为以火山碎屑岩—沉积岩—变质岩为主、少量酸性火山岩夹侵入岩的组合，多物源混合特征突出。

参 考 文 献

白斌，2008.准噶尔南缘构造沉积演化及其控制下的基本油气地质条件［D］.西安：西北大学.

方爱民，李继亮，侯泉林，等，2003.新疆西昆仑库地复理石源区性质及构造背景分析［J］.岩石学报，19（1）：153-166.

高睿，肖龙，王国灿，等，2013.西准噶尔晚古生代岩浆活动和构造背景［J］.岩石学报，29（10）：3413-3434.

高志勇，石雨昕，周川闽，等，2019.砾石分析在扇三角洲与湖岸线演化关系中的应用：以准噶尔盆地玛湖凹陷周缘百口泉组为例［J］.沉积学报，37（3）：550-564.

韩宝福，季建清，宋彪，等，2006.新疆准噶尔晚古生代陆壳垂向生长（Ⅰ）：后碰撞深成岩浆活动的时限［J］.岩石学报，22（5）：1077-1086.

何登发，吴松涛，赵龙，等，2018.环玛湖凹陷二叠—三叠系沉积构造背景及其演化［J］.新疆石油地质，39（1）：35-47.

何苗，2015.准噶尔盆地西北缘三叠系沉积演化及地质背景研究［D］.北京：中国地质科学院地质研究所，2-8.

何苗，姜勇，张恒，等，2019.准噶尔盆地西北缘三叠系重矿物特征及其物源指示意义［J］.地质论评，65（2）：464-476.

黄云飞，张昌民，朱锐，等，2017.准噶尔盆地玛湖凹陷晚二叠世至中三叠世古气候、物源及构造背景［J］.地球科学，42（10）：1736-1749.

李丽，陈正乐，祁万修，等，2008.准噶尔盆地周缘山脉抬升—剥露过程的FT证据［J］.岩石学报，

241（5）：1011-1020.

李双应，杨栋栋，王松，等，2014.南天山中段上石炭统碎屑岩岩石学、地球化学、重矿物和锆石年代学特征及其对物源区、构造演化的约束［J］.地质学报，88（2）：167-184.

李玮，胡健民，瞿洪杰，2009.新疆准噶尔盆地西北缘中生代盆地边界探讨［J］.西北大学学报（自然科学版），39（5）：821-830.

马收先，孟庆任，曲永强，2011.华北地块北缘上石炭统—中三叠统碎屑锆石研究及其地质意义［J］.地质通报，30（10）：1485-1500.

马收先，孟庆任，曲永强，2014.轻矿物物源分析研究进展［J］.岩石学报，30（2）：597-608.

毛翔，李江海，张华添，等，2012.准噶尔盆地及其周缘地区晚古生代火山机构分布与发育环境分析［J］.岩石学报，28（7）：2381-2391.

孟祥化，1989.《沉积建造学讲座》第二讲沉积建造分析原理和方法（一）［J］.岩相古地理，（3）：50-60.

孟祥化，等，1993.沉积盆地与建造层序［M］.北京：地质出版社.

裴先治，胡楠，刘成军，等，2015.东昆仑南缘哥日卓托地区马尔争组砂岩碎屑组成、地球化学特征与物源构造环境分析［J］.地质论评，61（2）：307-323.

邵雨，汪仁富，张越迁，等，2011.准噶尔盆地西北缘走滑构造与油气勘探［J］.石油学报，32（6）：976-984.

隋风贵，2015.准噶尔盆地西北缘构造演化及其与油气成藏的关系［J］.地质学报，89（4）：779-793.

孙国强，史基安，张顺存，等，2012.准噶尔盆地中拐地区石炭—二叠纪火山岩特征及构造环境分析［J］.地质科学，47（4）：993-1004.

谭绿贵，周涛发，袁峰，等，2006.新疆萨吾尔地区二叠纪火山岩地球动力学背景［J］.合肥工业大学学报（自然科学版），29（7）：868-874.

唐小飞，马静辉，张博文，等，2023.准噶尔盆地柴窝堡凹陷中二叠统地层格架与沉积体系特征［J］.地质科学，58（3）：986-1007.

王方正，郑建平，1997.准噶尔盆地火山岩研究［R］.新疆石油局油气勘探科技工程项目《准噶尔盆地地质结构、演化及构造单元划分》第三专题报告.

王惠民，张义杰，何正怀，1999.准噶尔盆地火山岩与构造热事件［J］.新疆石油地质，20（增刊）：580-584.

王家林，吴朝东，朱文，等，2016.准噶尔盆地南缘二叠纪—三叠纪构造—沉积环境与原型盆地演化［J］.古地理学报，18（4）：643-660.

蔚远江，何登发，雷振宇，等，2004.准噶尔西北缘前陆冲断带二叠纪逆冲断裂活动的沉积响应［J］.地质学报，78（5）：612-625.

蔚远江，胡素云，何登发，2020.准噶尔盆地西北缘二叠系—下侏罗统碎屑岩骨架组分及其物源与构造背景演化示踪［J］.地质学报，94（5）：1347-1366.

蔚远江，胡素云，雷振宇，等，2005.准噶尔西北缘前陆冲断带三叠纪—侏罗纪逆冲断裂活动的沉积响应［J］.地学前缘，12（4）：423-437.

徐杰，姜在兴，2019.碎屑岩物源研究进展与展望［J］.古地理学报，21（3）：379-396.

徐芹芹，季建清，龚俊峰，等，2009.新疆西准噶尔晚古生代以来构造样式与变形序列研究［J］.岩石学报，25（3）：636-644.

徐新，陈川，丁天府，等，2008.准噶尔西北缘早侏罗世玄武岩的发现及地质意义［J］.新疆地质，26（1）：9-16.

易逸，曾超，2015.准噶尔西北缘中生代构造形迹及构造事件［J］.现代矿业，6：98-101.

张杰，何周，徐怀宝，等，2012.乌尔禾—风城地区二叠系白云质岩类岩石学特征及成因分析［J］.沉积学报，30（5）：859-867.

张元元，李威，唐文斌，2018.玛湖凹陷风城组碱湖烃源岩发育的构造背景和形成环境［J］.新疆石油地质，39（1）：48-54.

赵文智，靳久强，薛良清，等，2000.中国西北地区侏罗纪原型盆地形成与演化［M］.北京：地质出版社.

周涛发，袁峰，谭绿贵，等，2006.新疆萨吾尔地区晚古生代岩浆作用的时限、地球化学特征及地球动力学背景［J］.岩石学报，22（5）：1225-1237.

周天琪，吴朝东，袁波，等，2019.准噶尔盆地南缘侏罗系重矿物特征及其物源指示意义［J］.石油勘探与开发，46（1）：65-78.

Bhatia M R，1983. Plate tectonics and geochemical composition of sandstone［J］. Geology，91（6）：611-627.

Bhatia M R，Crook K A W，1986. Trace element characteristics of graywackes and tectonic setting discrimination of sedimentary basins［J］. Contributions to Mineralogy and Petrology，92（2）：181-193.

Condie K C，Lee D，Farmer G L，2001. Tectonic setting and provenance of the Neoproterozoic Uinta Mountain and Big Cottonwood groups，northern Utah：Constrains from geochemistry，Nd isotopes，and detrital modes［J］. Sedimentary Geology，141-142：443-464.

Crook K A W，1974. Lithogenesis and geotectonics：The significance of compositional variation in flysch arenites（graywackes）［J］. The Society of Economic Paleontologists and Mineralogists，SP19：304-310.

Cullers R L，1995. The controls on the major- and trace-element evolution of shales，siltstones and sandstones of Ordovician to Tertiary age in the wet Mountains region，Colorado［J］. Chemical Geology，123：107-131.

Dickinson W R，1985. Interpreting provenance relations from detrital modes of sandstones［C］//Zuffa G G. Provenance of Arenites Netherlands. Dordrecht：D. Reidel Publishing Company，333-362.

Dickinson W R，1988. Provenance and sediment dispersal in relation to paleotectonics and paleogeography of sedimentary basin［C］//Kleinspehn K L，Paola C. New Perspectives in Basin Analysis. New York：Springer-Verlag，3-25.

Dickinson W R，Beard L S，Brakenridge G R，et al，1983. Provenance of North American Phanerozoic sandstones in relation to tectonic setting［J］. Geological Society of America Bulletin，94（2）：222-235.

Dickinson W R，Suczek C A，1979. Plate tectonics and sandstone compositions［J］. AAPG Bulletin，63（12）：2164-2182.

Dickinson W R，Valloni R，1980. Plate settings and provenance of sands in modern ocean basins［J］. Geology，8：82-86.

Floyd P A，Shail R，Leveridge B E，et al，1991. Geochemistry and provenance of rheonobercynian synorgenic sandstones：Implications of tectonic environment discrimination［C］//Morton A C，Todd S P，Haughton P D W. Development in sedimentary provenance studies. Geological Society Special Publication，57：173-188.

Garver J I，Brandon M T，Roden-Tice M，et al，1999. Exhumation history of orogenic highlands determined by detrital fission-track thermochronology［J］. Geological Society，London，Special Publications，154（1）：283-304.

Garzanti E，2016. From static to dynamic provenance analysis：Sedimentary petrology upgraded［J］. Sedimentary Geology，336：3-13.

Garzanti E，Andò S，Vezzoli G，2009. Grain-size dependence of sediment composition and environmental bias in provenance studies［J］. Earth and Planetary Science Letters，277：422-432.

Garzanti E，Doglioni C，Vezzoli G，et al，2007. Orogenic belts and orogenic sediment provenances［J］.

Geology, 115: 315-334.

Haughton P D W, Barker S P, Mccaffrey W D, 2003. "Linked" debrites in sand-rich turbidite systems origin and significance [J]. Sedimentology, 50: 459-482.

Haughton P, Davis C, McCaffrey W, et al, 2009. Hybrid sediment gravity flow deposits classification, origin and significance [J]. Marine and Petroleum Geology, 26: 1900-1918.

Ingersoll R V, Bullard T F, Ford R L, et al, 1984. The effect of grain size on detrital modes : A test of the Gazzi-Dickinson point-counting method [J]. Journal of Sedimentary Petrology, 54: 103-116.

Jian X, Guan P, Zhang D W, et al, 2013. Provenance of Tertiary sandstone in the northern Qaidam basin, northeastern Tibetan Plateau : Integration of framework petrography, heavy mineral analysis and mineral chemistry [J]. Sedimentary Geology, 290: 109-125.

Johnsson M J, 1993. The system controlling the composition of clastic sediments [J]. Geological Society of America Special Paper, 284: 1-19.

Mclennan S M, 1989. Rare earth elements in sedimentary rocks : Influence of provenance and sedimentary processes [J]. Reviews in Mineralogy and Geochemistry, 21 (1): 169-200.

Mclennan S M, Hemming S, Mcaniel D K, et al, 1993. Geochemical approaches to sedimentation, provenance, and tectonics [C] //Johansson M J, Basu A. Processes Controlling the Composition of Clastic Sediments. Special Paper of Geological Society America, 284: 21-40.

McLennan S M, Taylor S R, 1991. Sedimentary rocks and crustal evolution : Tectonic setting and secular trends [J]. Geology, 99: 1-21.

Roser B P, Korsch R J, 1985. Plate tectonics and geochemical composition of sandstones : A discussion [J]. Geology, 93: 81-84.

Roser B P, Korsch R J, 1986. Determination of tectonic setting of sandstone suites using SiO_2 content and K_2O/Na_2O ratio [J]. Geology, 94: 635-650.

Roser B P, Korsch R J, 1988. Provenance signatures of sandstone-mudstone suites determined using discriminant function analysis of major-element data [J]. Chemical Geology, 67: 119-139.

Schwab, Frederic L, 1978. Secular trends in the composition of sedimentary rock assemblages : Archean through Phanerozoic time [J]. Geology, 6 (9): 532-536.

Taylor K G, Macquaker J H S, 2014. Diagenetic alterations in a silt- and clay-rich mudstone succession : An example from the Upper Cretaceous Mancos Shale of Utah, USA [J]. Clay Minerals, 49 (2): 213-227.

Valloni R, 1985. Reading provenance from modern marine sands [M] //Zuffa G G. Provenance of Arenites. New York : Springer-Verlag, 309-322.

Valloni R, Maynard J B, 1981. Detrital modes of recent deep-sea sands and their relation to tectonic setting : A first approximation [J]. Sedimentology, 28 (1): 75-83.

Weltje G J, 2006. Ternary sandstone composition and provenance : An evaluation of the 'Dickinson model'[C]// Buccianti A, Mateu-Figueras G, Pawlowsky-Glahn V. Compositional data analysis : From theory to practice. Geological Society of London Special Publications, 264: 611-627.

Yan Zhen, Wang Zongqi, Wang Tao, et al, 2006. Provenance and tectonic setting of clastic deposits in the Devonian Xicheng basin, Qinling Orogen, Central China [J]. Journal of Sedimentary Research, 76: 557-574.

第六章　准噶尔地区二叠纪—第四纪原型盆地及其动力学演化

第一节　前二叠纪原型盆地形成与动力学演化概述

一、准噶尔地区前石炭纪大地构造演化

准噶尔地区主要指准噶尔盆地及其周边邻区，在区域上北部与西伯利亚板块为邻，南部与塔里木板块和伊犁微板块相接，准噶尔微板块夹持在其间。资料表明，在早古生代初期准噶尔地区为哈萨克斯坦古陆东部或东北部的大陆边缘地区。此时，在西伯利亚板块和塔里木古陆之间的北疆地区以现今准噶尔盆地西界山为中心扩张成准噶尔古洋盆，使准—吐微板块从哈萨克斯坦古陆分离而独立出来，开始了古生代板块发展演化历史。在哈萨克斯坦古陆解体的同时，塔里木古陆的北部边缘逐渐拉张，其后拉张加剧，并有双峰式火山岩和复理石建造形成，最终伊犁微板块和卡瓦布拉克地块从塔里木古陆分离出来。这些古陆的解体，奠定了准噶尔微板块与相邻板块古生代构造活动的基本格局（新疆地质矿产局地质矿产研究所，1991；新疆维吾尔自治区地质矿产局，1993）。

从早古生代中期到晚古生代中期是准噶尔地区板块活动的活跃时期。中奥陶世—中晚志留世，准噶尔微板块、伊犁微板块的边缘地带因洋壳的俯冲，沿塔尔巴哈台—洪古勒楞、玛依勒—唐巴勒—莫钦乌拉、博罗科努—米什沟、那拉提—巴仑台等地产生了裂陷拉张带，并逐渐拉张扩展成小洋盆，洋盆环境从中奥陶世一直延续到中—晚志留世，并发生过两次俯冲。经扩张、俯冲形成了沟—弧—盆体系，最后碰撞闭合。在中奥陶世末期和志留纪末期都曾发生过波及面广、影响大的构造运动，导致许多地区在构造运动之后隆起，处于剥蚀状态，在大范围内缺失晚奥陶世到早志留世沉积，或缺失下泥盆统，只有一些残留海盆接受了陆缘碎屑岩和碳酸盐岩沉积。

中泥盆世进入板块活动的第二次高潮期。在准噶尔微板块范围内，形成了微型陆块与小洋盆相间的格局，出现了塔尔巴哈台—纳尔曼得、达尔布特—卡拉麦里两条新生裂谷带，并迅速扩张成洋盆，进而扩张俯冲形成沟—弧—盆体系。发育了火山弧和花岗岩链，洋盆经短暂的发育在泥盆纪末期到早石炭世早期封闭。

此时在伊犁微板块南出现南天山洋，将原来属于塔里木古陆北缘稳定大陆边缘的哈尔克山陆缘活动带推向伊犁微板块，并形成那拉提—巴仑台岛弧带。南天山洋最终封闭，使塔里木古陆与伊犁微板块拼合。北部可能有斋桑洋盆生成，并向北（向西伯利亚板块和准噶尔微板块）多次俯冲，使西伯利亚板块大陆边缘向南增生，地幔热液上涌，在克

兰弧后盆地引起拉张而幔源物质上侵。

中泥盆世末期，古亚洲洋封闭，广大地区造山成陆。仅在准噶尔微板块的北部有边缘海存在，发育晚泥盆世碎屑岩—碳酸盐岩建造或海陆交互相碎屑岩—火山碎屑岩—火山岩建造，其他地区多出现陆相磨拉石沉积。

二、准噶尔地区石炭纪原型盆地形成与动力学演化

现有的石炭纪资料表明，准噶尔盆地及邻区石炭纪原型盆地的形成、发展、演化，与准噶尔微板块自身发展演化特征有直接的关系，而受周边西伯利亚板块、塔里木板块、伊犁微板块活动的影响十分微弱。

早石炭世，准噶尔盆地与东、西准噶尔地区是统一的整体，当时没有形成独立的准噶尔盆地的迹象，可能不具有盆地初始的萌芽边界线。这时期的原型盆地一般规模较大，其展布方向多与区域构造线的走向一致，呈宽带状延展，并与准噶尔微板块中相应大地构造单元之间往往有较好的吻合性或者完全吻合，显示大地构造单元对沉积环境和原型盆地分布有着一定的控制作用。部分具有很强独立性的原型盆地（沙丘河—双井子陆内前陆盆地或坳陷盆地和加依尔断陷盆地），虽规模不大，但具有较特殊的边界控制条件，对未来准噶尔盆地的生成和发育的东、西部边界线展布起到了一定的限制作用。

早石炭世天山地区的原型盆地（伊宁裂谷盆地、准南被动陆缘、北天山洋盆、精河被动陆缘、博格达裂谷盆地等），是在裂谷环境或拉张环境中成生、并按裂谷或洋壳的模式发展演化，各个原型盆地都有独立的发育特征。其中，博格达裂谷盆地是在准噶尔—吐哈古陆的基础上发育成裂谷盆地的，它的发育、生成隔断了准噶尔盆地与吐哈盆地之间的联系，使两者分开，为未来两个盆地的形成创造了先期条件。自此之后，天山地区这些盆地的北部边界线，在以后的准噶尔盆地形成时期，基本上限制了盆地向南拓展的可能性。

区内早石炭世的沉积充填总体呈一个较完整的海退—海侵—海退旋回序列，其中在早石炭世中期和晚期又表现为两个海侵—海退亚旋回过程，而在天山地区海水进退表现得并不明显。由早期到晚期，火山活动从强向弱发展演化，并具有带状分布特点，准噶尔地区多具中心式喷发活动，天山地区具较典型的裂谷火山活动特征。依据岩石组合、沉积构造、生物组合推测该时期以滨浅海沉积为主，局部的深海沉积可能属于深海槽或有限洋盆的深水区域，未发现远洋深海环境形成的岩石组合。在多数情况下，地层沉积厚度大的地区，多与火山活动地区（或火山活动带）基本一致；在以正常碎屑岩沉积为主时，地层的沉积厚度可能与盆地的沉降幅度及物源供给程度有直接关系。

中石炭世，受早石炭世末期构造运动的影响，准噶尔地区北部隆起，并与阿尔泰古陆拼贴，海水向南退却，形成北陆南水的格局。北部除局部有小范围的陆相沉积区外，大部分地区处于剥蚀状态，缺失中石炭统；南部多为浅海或浅海—半深海沉积，仅天山地区有小范围隆起区。此时原型盆地的形成具有新生性和继承性发育的特点。新生的原型盆地，包括西准噶尔的中石炭世早期陆相沉积盆地和中石炭世晚期海相沉积盆地、准噶尔内部的乌伦古—三个泉坳陷盆地、陆梁—石西坳陷盆地、车排子—昌吉坳陷

盆地等，其规模均较小，延伸不远。继承性发育的原型盆地，主要分布在天山地区。除伊宁裂谷盆地在中石炭世又第二次小规模拉张外，其他继承性的沉积盆地，多显示平稳过渡性质，向稳定型沉积环境方向发展。该时期，准噶尔地区北部隆起形成塔城—二台—三塘湖北古陆，并与阿尔泰古陆拼合在一起；该古陆的范围大致与早石炭世早期准噶尔地区北部的海洋范围一致，其南部边界线，基本控制了未来准噶尔盆地边界线展布范围。

这一时期，一些构造单元不均匀沉降而形成的多个原型盆地具有各自的发育特点和沉积特征，一般规模较小、发育演化时间短、受周边干扰性较小。陆相沉积在西准噶尔地区等不同盆地中的发育特点不同，造成其沉积建造在区域上对比较困难。中石炭世的火山喷发活动总体呈南强北弱、早强晚弱特点。中石炭世早期与晚期之间发生的构造运动造成海水动荡，在局部有海侵发生，并造成南部两个裂谷构造带的拉张期结束，而转变为会聚发展时期。陆地范围总体由北向南拓展，早期范围小、晚期范围略有扩大，说明并未形成大规模的造陆运动。

早石炭世末期的构造运动，使准噶尔地区北部隆起成陆，形成塔城—二台—三塘湖北古陆，该古陆范围大致相当于早石炭世早期准噶尔地区北部的海洋范围，它在准噶尔西、北、东北方向展布，并形成稳定区；准噶尔南部主要受裂谷盆地限制，初步形成一个三角形的圈闭区，准噶尔盆地范围被包围在中间。自中石炭世开始，准噶尔地区基本为受外界地质条件影响较小的地质环境，形成了盆地独自发育的前提条件。中石炭世晚期，构造单元数量减少，沉积环境趋向统一发展，盆地边界轮廓已初步形成，进入了准噶尔盆地初始形成发展阶段，为将来形成统一的准噶尔盆地奠定了基础。

晚石炭世，陆地范围进一步拓展，阿尔泰古陆、塔城—沙丘河—三塘湖古陆、伊宁—那拉提古陆基本已相互联通，并处于剥蚀、夷平发展阶段。原型盆地除新生成小规模的哈巴河上叠盆地、赛里木湖陆内坳陷盆地外，大多为继承性盆地的延续发育、演化，总体向萎缩方向发展，盆地规模逐渐缩小。这一时期，火山喷发活动微弱，分散且呈无规律地分布，其强度、规模均小，火山熔岩多呈夹层出现。海水也明显萎缩形成海退环境，在半封闭的近岸海域，以滨—浅海沉积为主，局部发育半深海—深海沉积。沉积类型以稳定型的碎屑岩、碳酸盐岩沉积为主，活动型沉积范围小，不具区域分布。

综上所述，早石炭世是新生原型盆地的发展阶段，其规模大，与相应的大地构造单元的吻合性较强；中石炭世原型盆地既有新生性发育特点，又有继承性演化特征，同时又是准噶尔盆地初始形成阶段；晚石炭世原型盆地基本上以继承性平稳延续发展为主。早石炭世末期—中石炭世时期，准—吐微板块与哈萨克斯坦板块重新碰撞闭合，使准噶尔盆地西部进入了一个新的发育阶段（张恺，1991）；西伯利亚板块与准噶尔板块聚敛碰撞，揭开了克拉美丽推覆体和准噶尔东部前陆系统的发育历史；晚石炭世—早二叠世准—吐微板块与塔里木板块碰撞，从而揭开了北天山推覆构造和南部前陆盆地系统的序幕。同时，因板块俯冲、碰撞作用的影响，导致了博格达陆间裂谷的发育和随后的反转关闭，形成博格达构造带，将准—吐微板块又分割成准噶尔地块和吐鲁番地块两部分，从而使这两个板块的盆地发育进入新的、独立的演化阶段。

第二节　准噶尔地区二叠纪原型盆地的形成与演化

在晚石炭世准西北缘残余洋消亡以后，发生了强烈的碰撞造山活动。经历前二叠纪板块会聚构造演化阶段之后，乌伦古地体（主要由下古生界变质岩组成）与玛纳斯地体（前寒武系结晶基底）拼贴及周缘混杂地体的增生造山作用形成了准噶尔盆地雏形，并自二叠纪开始由开放海盆向封闭型陆相盆地转化，进入陆块拼贴焊接后的板内构造演化、陆内盆地发展阶段和盆—山一体的构造—沉积发展体系。

二叠纪是准噶尔盆地的主要成盆期和坳隆构造格局形成演化的关键变革期。综合研究认为，早二叠世，盆地沉积基底处于起伏不平、坳隆相间状态，主要形成准西北、石南与准南伸展或弱伸展断陷盆地；中二叠世，盆地发育填平补齐式的沉积，坳隆相间的构造格局已不显著，形成了准西北周缘前陆盆地、准南周缘前陆盆地和五彩湾—帐北前陆盆地，后两者沉积厚度分别可达 2400m 和 1000m；晚二叠世，盆地继续发育填平补齐式的沉积，准西北、准南和东北缘（乌伦古—沙帐）三大前陆盆地继续发展，坳隆相间的构造格局趋于消失，开始形成统一的沉积盆地。

由于在一些时期平面上有不同类型原型盆地的复合，纵向上经历了多期不同类型原型盆地的叠合，加上多期构造的改造、叠加作用，增加了恢复盆地原型的难度。特别是挤压型盆地边缘隆升幅度大，缺失地层多，部分边界断层上盘缺失了二叠系—三叠系全部和侏罗系的大部分地层，无法断定是原始未沉积还是后期遭剥蚀，其恢复难度更大。笔者在相关课题中曾以深大断裂为界，将准噶尔及邻区划分出北为西伯利亚板块阿尔泰陆缘活动带、南为塔里木板块伊犁微板块、中间为哈萨克斯坦—准噶尔板块准噶尔微板块三大构造单元；自二叠纪到第四纪准噶尔地区与吐哈地区大多为沉积连通区（韩玉玲，2000；赖世新等，1999），联系极为紧密。据此，为叙述方便，将研究区划分为准噶尔—吐哈沉积区、准噶尔北东邻区沉积区和准噶尔西南邻区沉积区三大沉积单元，重点对准噶尔地区原型盆地的定性恢复及其形成演化浅析如下。

一、早二叠世（佳木河组—风城组沉积期）原型盆地特征及其演化

二叠系普遍与下伏石炭系呈区域性角度不整合接触，充填分布比较广泛，主体分布在玛纳斯—昌吉、五彩湾及东部地区，露头主要分布在盆地南缘和东北缘，具有较明显的沉积分区、分带性。二叠纪沉积盆地的演变除表现出与前二叠纪盆地类型与性质的差异外，其自身也存在早二叠世、中二叠世、晚二叠世之间不同盆地的转变。

1. 沉积充填特征及构造—沉积环境

1）准噶尔—吐哈沉积区

早二叠世是准噶尔盆地初始形成期，处于前前陆期的演化阶段。充填序列下部（佳木河组或金沟组下部）表现为西部厚、东部薄，由北西向东南厚度逐渐减薄，自东向西呈喇叭口状增厚、楔状展布的沉积充填特点和盆地结构（图 6-1）。其在地面见于哈拉阿

拉特山，井下及地震剖面上主要分布在西北缘和腹部石南地区、盆1井西、东道海子、梧桐窝子、古城凹陷及南部地区，在西北缘车排子东南部、五八区、百口泉、乌尔禾及凤城地区充填较厚，最厚达3500～4000m，向玛湖地区变薄、向北东渐成楔形尖灭。其他地区，包括盆地腹部莫北高部位、车排子、乌伦古地区及准东隆起高部位则不同程度地遭受剥蚀及缺失该套地层。

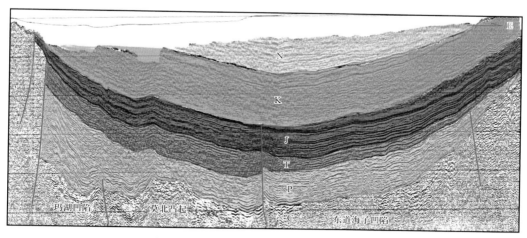

图6-1　准噶尔盆地二叠系楔状沉积结构

佳木河组由沉积岩、火山岩、火山碎屑岩构成规模较大的向上变粗的沉积旋回，总体岩性为灰绿色、褐红色、紫红色砾岩夹砂岩、粉砂质泥岩及灰绿色中基性熔岩、凝灰质砂岩、凝灰质角砾岩等。以发育水下扇为主，主要分布于车拐地区、五区南、百口泉、乌尔禾及夏子街地区，其次为局部的扇三角洲沉积。佳木河组沉积期，盆地西南端为一浅海—半深海盆地，发育了一套由火山—火山碎屑岩相和正常碎屑岩相的混合沉积，形成一套杂色酸性—中性陆相火山喷发岩建造和磨拉石建造。夏子街—德1井北—陆2井北—泉3井北一带可能为海盆的北界，其南北两侧邻区分别为伊宁—那拉提古陆、阿尔泰古陆。

这一时期，盆地周缘海槽已基本收缩闭合、褶皱成山，仅残存盆地东南博格达海槽伸入盆地并与外海沟通。沉降、沉积中心主要位于西北缘克拉玛依—百口泉、车排子东南部、南缘昌吉地区，最厚分别可达4500m、3500m、1500m；中部莫索湾—沙南隆起构造走向为近东西向，沉积厚度急剧减薄，局部尖灭（图6-2）。盆地西北缘主要发育红—车断裂、拐前断裂、红3井东断裂、克拉玛依断裂、中白百断裂、白—百断裂、乌兰北断裂等，基本上构成了西北侧原型盆地的边界。盆地的断裂展布以北西向为主、北东向次之，早期主要受东南、西北两个近似相对方向的挤压作用，西北缘冲断带强烈地自西向东推掩，从而形成该期的剧烈沉降区、造成盆地基底西倾，堆积了巨厚的火山磨拉石建造，开始形成并发育一个大型的准西北伸展断陷盆地。受晚海西运动影响，火山活动强烈、断裂发育，坳隆相间的构造格局十分明显。准噶尔地区总体气候温暖潮湿，晚期向干旱转化。

充填序列上部（凤城组或金沟组上部）沉积充填具四周较厚、中间较薄、由北西

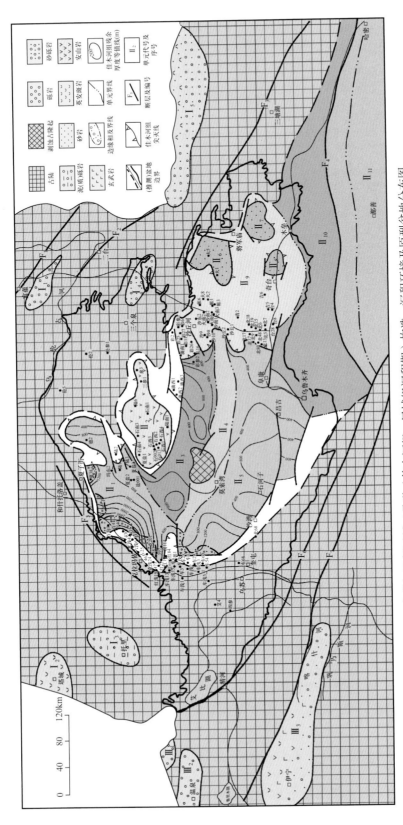

图 6-2 准噶尔及邻区早二叠世（佳木河组—风城组沉积期）构造—沉积环境及原型盆地分布图

F₁—额尔齐斯断裂；F₂—阿尔曼太断裂；F₃—克拉美丽断裂；F₄—天山北缘断裂；F₅—达尔布特断裂；F₆—艾比湖—巴音沟断裂；F₇—博罗科努—阿其库都克断裂；
准噶尔北东邻区沉积区：I₁—富蕴陆内断陷盆地；I₂—塔城陆内断陷盆地；I₃—托里陆内坳陷盆地；I₄—三个泉东陆内坳陷盆地；I₅—小羊东山陆内断陷盆地；
准噶尔—吐哈沉积区：II₁—准西北坳陷；II₂—石南火山岩断陷；II₃—英东—五彩湾坳陷；II₄—莫索湾—沙南隆起；II₅—准南弱伸展断陷；II₆—大井坳陷；II₇—梧桐窝
子坳陷；II₈—古城坳陷；II₉—准东隆起；II₁₀—博格达陆内裂陷；II₁₁—吐哈南部陆前断陷盆地
准噶尔西南邻区沉积区：III₁—温泉北陆内坳陷盆地；III₂—温泉南陆内坳陷盆地；III₃—伊宁陆内断陷盆地

- 226 -

向东南逐渐减薄的特点，主要分布于玛湖、盆1井西、车排子南部和昌吉地区，一般厚300～800m，最厚达1400m（玛湖西缘）。由于西准噶尔山和博格达山向盆地强烈的冲断推覆造山作用，在乌鲁木齐前缘开始形成并发育另一个大型伸展断陷盆地——准南弱伸展断陷盆地。由此准噶尔地区进入了边缘独立发展2个伸展型盆地的分割性沉积阶段，盆地北西西向坳隆格局也在此期初具规模，形成了多个坳陷和隆起区。这一时期，盆地西北、东北部均与外部海洋隔绝，仅东南部仍可接受海水供给，处于残留海沉积环境。受晚海西运动影响，坳隆相间的构造格局继续存在，盆内的前述主要沉降、沉积中心位置不变，厚度分别可达2100m、1900m和1100m以上，北西向展布特征十分明显。此期，盆地的断裂特征也以北西向为主、北东向次之，北部玛湖和盆1井西地区的构造走向为北东向，哈萨克斯坦板块作用较明显；东部巨厚沉降区的构造走向为北西向，主要特点是西伯利亚板块和塔里木板块作用较明显。

风城组沉积期是二叠纪主要的湖（海）泛时期之一，盆地向北扩张，湖侵范围明显扩大，盆地边缘基本为沉积边界，仅局部有同生断裂活动，构成含蒸发碳酸盐岩的灰色陆相复陆屑建造。西北缘岩相展布由海陆过渡环境的陆缘近海滨浅湖、扇三角洲、冲积扇单元构成（图6-3），以近海滨浅湖相为主，向南可能与残留海水相通；扇体主要受到克102井—检乌11井—检乌25井北推测断裂、白—百断裂等同沉积断裂的控制，晚期在八区局部地区发生火山活动，显示盆内火山活动明显减弱。平面上，由边缘向盆地形成扇三角洲相到湖泊相的展布模式；纵向上，形成自下而上粗—细—粗的退积—进积型充填序列，总体上反映风城组由于构造抬升—沉降—抬升的次级构造演化，导致水体上升—下降的湖平面变化。克—百断裂上盘及中拐凸起北西翼为西北缘主要物源区，夏子街地区则为另一物源区。南缘下芨芨槽子群包括石人子沟组和塔什库拉组，目前井下未做细分，均主要分布在博格达山地区，总厚度大于5500m，为三角洲—滨浅海沉积，岩性主要为巨厚的滨海相碎屑岩夹硅质薄层，中部发育鲕粒灰岩，主体上属于海相复理石建造。东北缘已完全转化为陆相红色—杂色陆相碎屑岩夹火山碎屑岩不等厚互层及少量碳质泥岩、煤线沉积，充填序列由早期到晚期依次发育河流相—湖泊相—滨岸沼泽相。

分析认为，早二叠世早期（佳木河组沉积期）是主要的冲断造山加载时期，广布富火山岩和火山碎屑岩的冲积扇—河流沉积体系；早二叠世晚期（风城组沉积期）冲断减缓，发育西北缘近物源扇三角洲—湖泊沉积体系、南缘远物源三角洲—残留海沉积体系、中东部河流—泛滥平原沉积体系。早二叠世末期，受海西运动主幕影响，本区发生不均衡抬升，特别是东北部抬升幅度大、时间早，造成了早二叠世、中二叠世之间的不整合，也造成风城组在北部、东部的大面积剥蚀，形成现今其在盆地西北至西南大致呈半月形分布的残余面貌。早二叠世末期，新源运动使准噶尔盆地完全与外部海洋隔绝，而转化为内陆型盆地。

2）准噶尔北东邻区和西南邻区沉积区

北东邻区和西南邻区大部分为陆相沉积区，火山活动极为发育，具多旋回喷溢特征。伊犁地区为一活动型沉积盆地，地势南高北低，早二叠世沉积了一套杂色的火山岩夹河

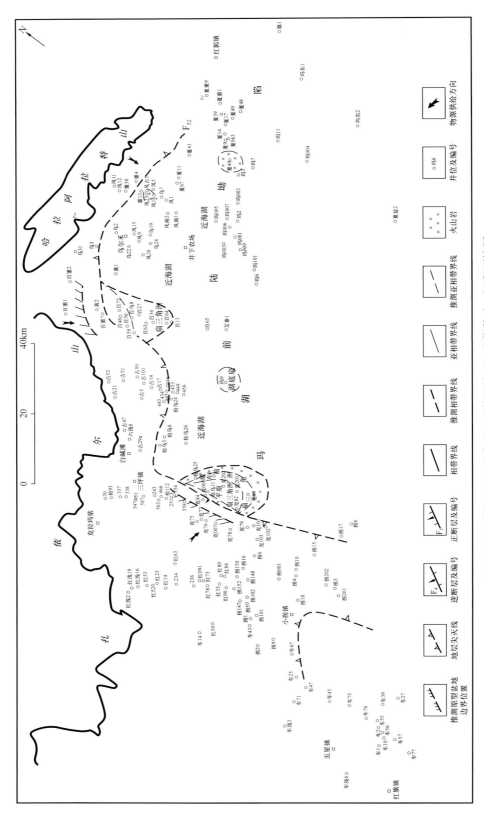

图6-3 准噶尔盆地西北缘下二叠统风城组沉积期风积构造—沉积环境图

流相碎屑岩。三塘湖地区早二叠世早期有大量中酸性火山岩，陆源碎屑沉积往往仅占5%～20%，具河流—火山喷发相沉积特征。

博格达—吐鲁番盆地，海相沉积仅局限于早二叠世北天山山前，主体位于博格达至甘新边界。雅满苏西南至磁海一带，以火山喷发岩系为主，组成3个喷发旋回夹碎屑岩，总厚度达10146m，显示槽盆较深并仍有海底喷发。大南湖火山活动相对雅满苏西南一带较弱，属还原环境下的半深海相区。博格达深—半深海海域为雅满苏—大南湖海槽的西延部分，早二叠世经历了斜坡→盆地→斜坡→陆棚→潮坪的环境演变，结束海域沉积的时间要早于雅满苏—大南湖海槽。

2.早二叠世沉积—构造单元及原型盆地分析

1）主要构造作用及沉积—构造单元划分

早二叠世的主要构造作用表现为早期较强烈的火山活动，全区性、程度不同的伸展断陷（裂陷）和冲断造山加载作用；晚期的北强南弱不均衡抬升和海水南退作用，在残余海盆内堆积了有利烃源岩组合。以石南地区、西北缘为典型代表，石南地区大面积发育厚达800m以上的安山岩等，火山岩基本上覆盖全区，向四周迅速尖灭，并形成断裂的围限。西北缘则以裂隙式的点状火山喷发为特征，形成火山岩、火山碎屑岩与碎屑岩的巨厚混合堆积。总体上，准噶尔地区具火山活动西北强、南部弱，裂陷作用西北缘最强、石南次之、准南最弱的特点。

伊犁地区早二叠世发育乌郎群双峰式火山岩，以酸性火山岩、英安岩、流纹岩、碧玄岩和碱性玄武岩为主，属碱性玄武岩系列。表明自石炭纪开始的裂谷活动延续至早二叠世，盆地性质为裂谷断陷性质，沿阿吾勒拉—伊宁一线形成断陷盆地中心。

综合前述特征，准噶尔及邻区发育的沉积—构造单元平面分布如图6-2所示。

2）原型盆地类型分析

关于早二叠世准噶尔原型盆地的类型，历来就存在较大争议（赖世新等，1999；陈书平等，2001；蔡忠贤等，2000；赵白，1992；张功成等，1999）。如基于双峰式火山岩的存在及博格达裂谷地区的研究，认为是一个裂谷（陷）盆地（蔡忠贤等，2000；庞志超等，2020）；冯陶然（2007）认为它是晚石炭世碰撞挤压作用的持续发育，为前陆型盆地或周缘前陆—联合前陆盆地；张渝昌（1997）认为其为一塌陷盆地；罗金海等（2001）认为是一个由西南向东北发展的山前坳陷盆地，其早期发育受周边地带裂谷活动的制约，晚期主要与依林哈比尔根—博格达这一陆内造山带的性质有关；也有认为准东地区早二叠世盆地原型为断陷盆地；王家林等（2016）认为准噶尔南缘早二叠世为陆内裂陷盆地。

笔者认为上述观点仅看到问题的一个方面，对以下现象考虑不够。

（1）准噶尔地块周缘造山作用的不等时性：西准噶尔沟—弧—盆系早石炭世末期—早石炭世开始碰撞闭合，造山作用最早；西伯利亚板块与准噶尔板块聚敛碰撞随后进行，东准噶尔造山作用次之；晚石炭世—早二叠世准—吐微板块与塔里木板块碰撞，南准噶尔与北天山海槽闭合造山最晚。这就造成一个地区发生挤压时，另一个地区可能还处于弧后拉张的环境，火山岩特征响应表现为一个地区为陆相碱性火山岩，另一个地区为拉张背景的双峰式火山岩。这种周缘造山作用的不等时性也相应地导致了盆地内部构造格局的急剧变化。因此，二叠纪准噶尔及邻区盆地的性质具有明显的分区性，西北缘虽总体处于挤压环境，但在早二叠世佳木河组沉积期仍为裂陷环境，至早二叠世晚期控制西北缘扎伊尔裂陷的边界断层由张性转变为压扭性，才开始了准西北缘前陆盆地的发展历史，但其逆冲掩覆规模最大，前陆盆地地层层序也最厚。

（2）构造环境随时间的演化特点：西准噶尔地区自晚石炭世碰撞作用之后，石炭纪末期发生了强烈掩冲推覆，其后进入了短暂的调整时期，出现了大规模陆相火山喷发，具碰撞后的松弛调整作用特点。这表明在挤压背景之下，在其弱挤压状态的间隙期，可出现深部的断陷构造活动，伴随着分割性的沉降作用，才发育了早二叠世的一系列沉积断陷，如准西北伸展断陷。

（3）石炭纪—二叠纪准东地区处于高地温梯度带，分布在盆地东部五彩湾—大井坳陷一带，古地温梯度为5～6℃/100m，也表明其扩张环境的存在。但西北缘、南缘、北部、腹部的中低地温显示扩张并不太强烈。

初步研究认为，下二叠统佳木河组沉积期，西准噶尔地区为弱挤压背景之下间夹短暂松弛调整的伸展盆地环境，表现在佳木河组沉积期具有明显的火山活动，但火山活动逐渐减弱，其处于周缘前陆盆地发育的早期；风成期的构造环境已向稳定方向发展，例如，玛湖坳陷成为一个大型湖泊盆地，虽然它具有西深东浅的不对称地质结构。南缘（和东缘）的山系隆起较晚，在靠近地块一侧的山前发育了晚石炭世—早二叠世弱伸展断陷盆地，在T94-186测线上，石炭系—上二叠统南厚北薄，显示箕状凹陷的断陷盆地结构。故早二叠世在准噶尔西缘、南缘形成了两个独立的断陷盆地系统，这与张元元等（2021）认为西北缘具半地堑结构为同断陷盆地、张志杰等（2023）认为全盆地断陷发育期的观点一致。

吐鲁番—哈密地区夹在博格达山和觉罗塔格山之间，中石炭世末期是吐哈地块周边山系褶皱回返的主要时限，但北缘的博格达地区尚未明显隆起，周边存在裂谷后期的残留海盆，并持续到早二叠世。故北缘地区晚石炭世—早二叠世为断陷盆地发育时期，发育海相火山—沉积岩系；南部则为前陆盆地。上二叠统底部的巨厚砾岩层为造山期的磨拉石沉积，表明博格达隆起应在晚二叠世。三塘湖盆地的性质与吐哈南缘的情况类似，山前发育了一套海陆交互相中石炭世—早二叠世前陆盆地，相变大，以中酸性—酸性火山碎屑岩沉积为主，既有深水硅质岩，也有陆相红色岩系或夹薄层煤。伊犁地区裂陷活动一直持续到早二叠世，其为陆内断陷盆地。

综上所述，早二叠世准噶尔及邻区主要发育以下盆地类型（图6-2）。

（1）伸展盆地系列：包括3种类型盆地。

① 裂谷及边缘盆地：主要发育在博格达及其南、北两侧台地边缘（II_{10}）博格达陆间裂谷，以石人子沟组、塔什库拉组海相沉积为主体，下部夹火山岩。

② 伸展断陷盆地：如准西北伸展断陷（II_1）、石南火山岩断陷（II_2）、准南弱伸展断

陷（Ⅱ₅）、塔城陆内断陷盆地（Ⅰ₂）、小羚羊山陆内断陷盆地（Ⅰ₅）、伊宁陆内断陷盆地（Ⅲ₃）。

③ 坳陷盆地：如莫北—五彩湾坳陷（Ⅱ₃）、大井坳陷（Ⅱ₆）、富蕴南陆内坳陷盆地（Ⅰ₁）、托里陆内坳陷盆地（Ⅰ₃）、三个泉东陆内坳陷盆地（Ⅰ₄）；温泉北陆内坳陷盆地（Ⅲ₁）、温泉陆内坳陷盆地（Ⅲ₂）。

（2）挤压盆地系列：主要为弧后前陆盆地，发育在吐哈盆地南部（Ⅱ₁₁）。

3）原型盆地分布及其时空组合

同一时期在统一的地球动力学背景下形成单一的原型盆地或不同类型的原型盆地在平面上有规律的组合，就构成了这一时期的盆地实体。

由于板块的碰撞造山作用，早二叠世准噶尔地区在伸展环境下发育了准西北、石南、准南三大断陷盆地，并呈一定角度交叉接合；向南东与莫北—五彩湾、大井、梧桐窝子、古城 4 个坳陷及博格达陆间裂谷盆地复合在一起，从而构成了"3 断陷—4 坳陷—1 裂谷"的原型盆地组合格局。

由于其处于克拉通边缘强烈活动区，岩浆活动频繁，早二叠世早期发育了较厚的火山岩建造。该区原始盆地沉积边界较准噶尔现今盆地范围小很多，推测沉积范围北以夏子街—德 1 井北—陆 2 井北—泉 3 井北一带为界，西南大致以红 19 井—车浅 4 井—车 54 井—北 68 井—柴窝铺一线为限（即车排子隆起的东界，红山嘴—车排子断裂带一线附近），西北缘边界与现今盆地边界大致相当。北部的伦 5 井—伦参 1 井—三个泉地区、西南部的车排子—奎屯—南缘界山地区均为隆起的古陆。

二、中二叠世（夏子街组—下乌尔禾组沉积期）原型盆地特征及其演化

1. 构造作用的沉积响应及构造—沉积环境

1）准噶尔—吐哈沉积区

中二叠世准噶尔地区构造展布总体为北东向，沉积分割的局面初步统一，但坳隆相间的构造格局继续存在，沉积坳陷仍是由断裂作用所控制的箕状坳陷，形成大小不等的多个沉积中心。这表明基底构造的格局对湖盆的分布范围、不同湖区湖水的深浅及沉积特征仍然起着控制的作用。由于哈萨克斯坦板块的作用，西准噶尔造山带强烈地自西向东推掩，使西北缘沉降沉积中心由克—夏断阶带迁移至玛湖地区，仍继承性发育了一个北东方向延伸的沉降中心，沉积厚度最大达 3000 余米。反映了这一带毗邻坳陷轴部，挠曲沉降幅度较大，沉积物近源快速充填，形成了准西北周缘前陆盆地。这一时期，莫北—五彩湾坳陷已分割演化成盆 1 井西、东道海子北、五彩湾—帐北 3 个坳陷，在昌吉、乌鲁木齐前缘一带也沉积了巨厚的夏子街组，最厚可达 2400m，形成了准南周缘前陆盆地。

中二叠世充填序列自下而上可分为夏子街组、下乌尔禾组或相当层位地层。夏子街组充填岩性普遍较粗，主要为一套水下扇、冲积扇、扇三角洲和滨浅湖相的褐色、杂色、灰色和灰绿色砾岩、砂砾岩、同色砾状砂岩、褐色薄层砂岩夹少量深灰色、灰黑色泥岩，局部夹薄煤层。砾石成分复杂，主要为变质岩、火山岩和泥岩等，分选磨圆差，砂泥质

胶结。粗碎屑岩组合所反映的近源快速沉积特征代表了物源区的快速剥蚀和隆升作用，说明有较强的构造活动。充填沉积主要分布于西北缘五八区—夏子街、玛湖、腹部盆1井西和东部地区，一般厚200～700m；而在车—拐地区和克拉玛依断裂上盘及沙南、三台北侧、将军庙—奇台地区均处于缺失（无沉积）或剥蚀状态，与下伏风城组呈区域性角度不整合接触，与上覆下乌尔禾组呈不整合接触。平面上，从盆缘向盆内具有扇根—扇中—扇缘—滨湖亚相—浅湖亚相或扇三角洲相→滨浅湖亚相→半深湖亚相的沉积充填模式（图6-4）；纵向上为向上变细的退积型序列，具海进旋回特点，反映湖泊由浅→深的扩张发展过程。南缘总体为含蒸发性碳酸盐岩的杂色碎屑岩建造，东部为以洪积扇—河流相为主的红色粗碎屑建造及含碳酸盐岩杂色建造沉积。

夏子街组沉积期（或将军庙组沉积期），海水已全部退出准噶尔南缘、博格达及吐鲁番等地而进入陆相沉积时期。火山活动已极少见，西北缘克102井—检乌11井—检乌25井北（推测）断裂、白—百断裂、百—乌断裂、西百乌断裂、夏红北断裂、夏红南断裂、玛2井断裂、乌兰林格断裂、乌兰北断裂等又重新开始活动，并控制了西北缘岩相展布及充填演化，在丰富的物源供给条件下，形成了五八区、百口泉、夏子街地区等规模宏大的水下扇、扇三角洲扇体裙（图6-4）。

下乌尔禾组沉积期（或平地泉组沉积期），坳隆相间的构造格局已不显著，整体以构造沉降作用为主，并控制了沉积充填演化。其充填沉积的范围与夏子街组沉积期相当，地形差异不明显，仅继承性发育了早期的沉降中心，以北东向构造发育为主，沉积厚度差别不大，主要在900～1350m范围内变动。在克拉美丽山前沉积了厚度可达1000m以上的平地泉组，形成了东北缘前陆盆地——五彩湾—帐北前陆盆地。

下乌尔禾组分布于西北缘断阶带、玛湖、盆1井西、达巴松和陆梁地区，一般厚200～1000m，最厚达1220m（玛湖艾参1井），由断裂带向盆地方向充填厚度逐渐增大，总体厚度超过夏子街组，与下伏夏子街组为整合接触，与上覆上乌尔禾组为不整合接触。充填岩性主要为水下扇、扇三角洲相和湖泊相的灰绿色泥岩与灰绿色和灰色砂岩、砾岩互层夹砾状砂岩、薄煤层及深灰色、灰黑色泥岩（图6-5），以水下扇占绝对优势，如五八区、百口泉、夏子街3处大型水下扇；扇三角相不太发育，仅在乌尔禾—风城地区分布。各类粗碎屑扇体是逆掩断层推覆作用的沉积响应，也清楚地指示了盆地边缘相的存在。边缘相主要分布在西北缘车拐—百口泉、夏子街、玛东2—石南3井区、沙帐—大井、北三台、阜康南、南缘中段、奎屯—沙湾西一带，反映了盆地边界的大致位置。

下乌尔禾组沉积期西北缘的断裂活动仍十分活跃，主要有克102—克008—检乌3井（推测）断裂、白—百断裂、百—乌断裂、西百乌断裂、玛2井断裂、夏红北断裂、夏红南断裂、乌兰林格断裂、乌兰北断裂等同生断裂的控制，形成了规模宏大的水下扇、扇三角洲扇体裙。平面上，从盆地边缘向盆地内部具有扇根—扇中—扇缘—滨湖亚相—浅湖亚相沉积序列或扇三角洲相→滨浅湖亚相→半深湖亚相的沉积充填模式，盆地边缘沉积较粗、向内部沉积变细。垂向上，砂砾岩与泥岩、砂岩互层，总体上构成向上变细的退积型沉积序列，呈现海进旋回特点。

南缘中二叠世充填序列总体为一套含蒸发性碳酸盐岩的杂色碎屑岩建造，吉木萨尔

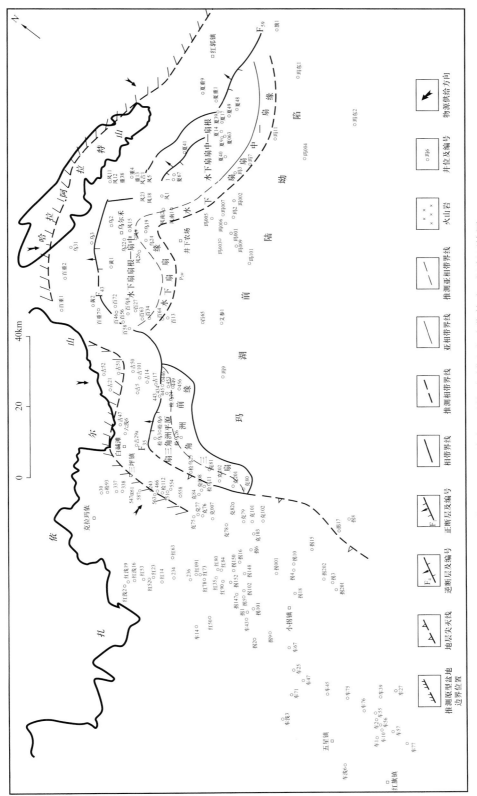

图6-4 准噶尔盆地西北缘中二叠统夏子街组沉积期构造—沉积环境图

吉5井的钻遇厚度达752m。该序列自下而上乌拉泊组为一套滨湖及湖泊三角洲相的灰绿、紫灰色长石岩屑砂岩、粉砂岩夹多层硅质岩和石灰岩。井井子沟组为一套蓝绿色安山质沉凝灰岩、凝灰质砂岩与深灰色砂、泥岩不断增多的互层，具浊积岩特征。芦草沟组为一套半深湖—深湖相黑色粉砂岩、砂质页岩、暗色泥岩、黑色油页岩夹白云岩、白云质灰岩。红雁池组为灰绿色和灰黑色细砂岩、粉砂岩、泥岩夹薄—中层状泥灰岩、砾状砂岩及少量油页岩，表明湖泊水体较芦草沟组沉积期缩小，水体变浅、内源沉积建造减少。

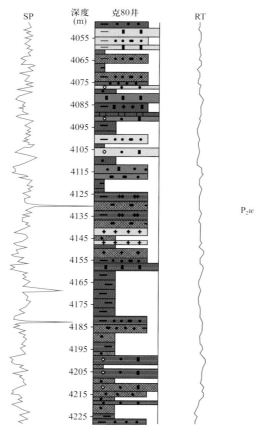

图6-5 西北缘克80井下乌尔禾组水下扇岩性组合与测井曲线特征

盆地东部中二叠世充填序列由将军庙组、平地泉组构成一个旋回，广泛出露于克拉美丽山前，五彩湾凹陷、帐北地区和大井凹陷井下都曾钻遇。将军庙组为一套以洪积扇—河流相为主的红色粗碎屑建造；平地泉组为一套灰绿—灰黑色泥岩、粉砂质泥岩、油页岩夹泥灰岩、薄煤层和煤线，为滨湖—半深湖亚相到陆地沼泽相的含碳酸盐岩杂色建造。

夏子街组沉积期与下乌尔禾组沉积期分别经历了两次湖侵过程，构造活动也分别由强逐渐变弱。这表明在前陆盆地的发育期受周缘冲断活动的间隙式或幕式活动影响，盆地的构造沉降也经历了由快变慢的周期性活动过程，相反沉积充填表现为由粗变细的旋回沉积，体现出前陆盆地周缘冲断的挠曲沉降响应与幕式活动特点。

吐鲁番—哈密地区中二叠世充填序列下部的大河沿组为山麓冲洪积相杂陆屑沉积，充填序列上部的塔尔朗组为跨中—上二叠统的一个地层单位，为河流相与湖泊相交替的沉积环境。

2）准噶尔北东邻区和西南邻区沉积区

中二叠世，西南邻区的伊犁盆地仍为活动型的陆内断陷盆地，地势南高北低，出现不对称型湖相、河流沉积。湖泊相分布于盆地的中部及北部，为一套碎屑岩夹煤线及火山岩；河流相主要分布在盆地东南部分，含双壳类化石。三塘湖盆地中—晚二叠世进入稳定盆地的发育，沉积充填的芦草沟组为一套黑色泥岩、碳质泥岩、砂岩、泥灰岩与少量生物灰岩，在淖毛湖一带出现沥青砂岩和油页岩，属河流、近海湖泊沉积。

2. 中二叠世沉积—构造单元及原型盆地分析

1）主要构造作用及沉积—构造单元划分

中二叠世的主要构造作用表现为西北缘扎伊尔裂陷、南缘及东北缘的边界断层由张性转变为挤压性质，准噶尔盆地周缘向盆内冲断，形成前陆挠曲背景下的坳陷式充填，三大前陆盆地中以准西北周缘前陆盆地逆冲掩覆规模最大，前陆地层层序也最厚。

综合前述分析，中二叠世准噶尔及邻区发育了如图6-6所示的沉积—构造单元。

2）原型盆地类型及其复合叠加特征

关于中二叠世原型盆地类型，有准东地区为坳陷盆地、准噶尔盆地是前陆盆地（冯陶然，2017）、准噶尔盆地南缘为热力沉降坳陷盆地（王家林等，2016）、准噶尔西北缘为后断陷盆地（张元元等，2021）等观点。笔者综合分析认为，中二叠世准噶尔及邻区以挤压型前陆盆地为主，伸展型坳陷及断陷盆地次之（图6-6）。

（1）挤压盆地系列：主要包括两种类型盆地。

①周缘前陆盆地：以准西北周缘前陆盆地最为典型，准南缘前陆盆地次之。

两者分别可划分出由西向东的玛湖前陆坳陷（II_1^1）、中拐—陆西前缘隆起（II_1^2）、沙湾—盆1井西隆后叠加坳陷（II_1^3）和由南向北的准南缘前陆坳陷（II_2^1）、莫索湾—沙南前缘隆起（II_2^2）、东道海子北隆后坳陷（II_2^3）3个完整的结构单元。

②弧后前陆盆地：如吐哈南部前陆盆地（II_{11}）、三塘湖前陆盆地（II_9）、五彩湾—帐北前陆坳陷（II_5）可能也具有这种性质。

其中，准西北周缘前陆盆地的沙湾—盆1井西隆后叠加坳陷单元是其隆后沉积与早二叠世的莫北—五彩湾坳陷西段、准南弱伸展断陷西段发生叠加的结果。东北缘前陆盆地的单元结构并不明显，这可能是其与准南缘前陆盆地相复合造成的。准噶尔在这一时期开始由西北缘、南缘、东北缘3个不同性质的前陆坳陷（或盆地）发生复合而形成一个统一的沉陷盆地。

上述两种盆地也可在平面上复合，据前人资料推测，吐哈盆地该时期可能表现有弧后前陆盆地（南侧）与周缘前陆盆地（北侧）的复合，约在中央断裂一线存在一些岛链

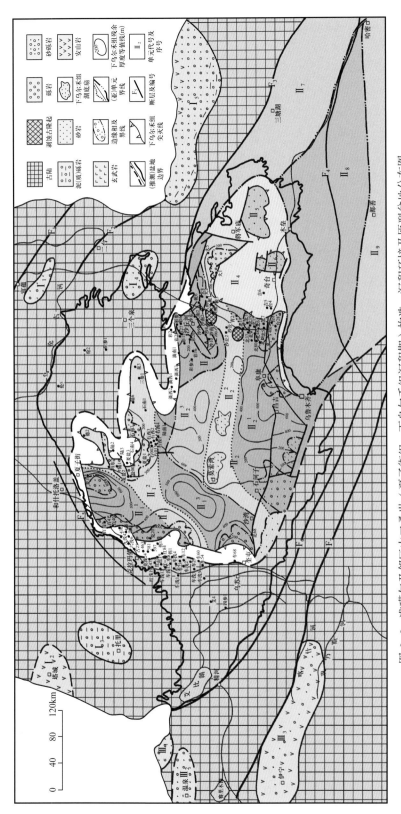

图6-6 准噶尔及邻区中二叠世（夏子街组—下乌尔禾组沉积期）构造—沉积环境及原型盆地分布图

F₁—额尔齐斯断裂；F₂—阿尔曼太断裂；F₃—克拉美丽断裂；F₄—天山北缘断裂；F₅—达尔布特断裂；F₆—艾比湖—巴音沟断裂；F₇—博罗科努—阿其牟都克断裂；

准噶尔北东邻区沉积区：I₁—富蕴南陆内坳陷盆地；I₂—塔城南陆内断陷盆地；I₃—托里陆内坳陷盆地；I₄—三个泉东陆内坳陷盆地；I₅—小羚羊山陆内断陷盆地；

准噶尔西北邻区沉积区：II₁—准西北周缘前陆坳陷；II₁¹—玛湖前缘前陆坳陷；II₁²—中拐—陆梁西前缘；II₁³—沙湾—盆1井西隆后叠加坳陷；II₂¹—准南周缘前陆坳陷；II₂—齐台
前陆坳陷；II₂²—莫索湾—沙南前缘隆起；II₂³—东道海子北隆起；II₃—五彩湾—帐北陆前前陆坳陷；II₄—准东隆起；II₅—梧桐窝子坳陷；II₆—齐台
坳陷；II₇—三塘湖前缘陆坳陷盆地；II₈—博格达南缘坳陷；II₉—吐哈南部前陆坳陷

准噶尔西南邻区沉积区：III₁—温泉北陆内坳陷盆地；III₂—温泉南陆内坳陷盆地；III₃—伊宁陆内断陷盆地

图例：砂砾岩；泥岩；安山岩；砂岩；玄武岩；池沼煤沉积；古陆；剥蚀古隆起；下乌尔禾组湖底凸；边缘相及界线；下乌尔禾组尖灭岩；下乌尔禾组残余厚度等值线（m）；亚单元界线；单元界线；断层及编号；准测盆地边界；单元（亚单元）序号

- 236 -

性质的古隆起，大致以中央断裂为界将盆地分为南、北两个性质不同的凹陷湖盆，都发育了以扇三角洲和滨浅湖为主的沉积，沉积中心位于托参 1 井与盐 1 井之间。

（2）伸展盆地系列：主要包括两种类型盆地。

① 坳陷盆地：如东道海子北坳陷（Ⅱ₄）、奇台—梧桐窝子坳陷（Ⅱ₈）、博格达坳陷盆地（Ⅱ₁₀）、富蕴南陆内坳陷盆地（Ⅰ₁）、托里陆内坳陷盆地（Ⅰ₃）、三个泉东陆内坳陷盆地（Ⅰ₄）、小羚羊山陆内坳陷盆地（Ⅰ₅）、温泉北陆内坳陷盆地（Ⅲ₁）和温泉陆内坳陷盆地（Ⅲ₂）。

② 断陷盆地：如塔城陆内断陷盆地（Ⅰ₂）和伊宁陆内断陷盆地（Ⅲ₃）。

总之，中二叠世，准噶尔地区在准西北冲断带前缘、北天山山前与克拉美丽山前分别发育了准西北、准南周缘前陆盆地与五彩湾—帐北前陆坳陷，并与三塘湖、吐哈南部前陆坳陷并列形成五大前陆盆地单元。再与奇台、梧桐窝子、博格达 3 个坳陷盆地单元复合，在准噶尔—吐哈沉积区形成"五前陆三坳陷"的原型盆地组合格局（图 6-6）。准噶尔北东邻区与西南邻区沉积区，延续早二叠世格局不变。

早二叠世末期准噶尔地体与西伯利亚板块焊接，依附于西伯利亚板块继续向南移动，故中二叠世在准噶尔地区形成了准西北和准南两个周缘前陆盆地系统，两者在石西一带相交。这一时期准噶尔盆地的沉积就主要发生在两个系统的前渊（前缘坳陷）—后渊（隆后坳陷）（图 6-6）。与早二叠世对比，其原始沉积范围已明显向西南扩展，推测西南沉积范围大致以红 23 井—拐 1 井—车 54 井—奎屯—柴窝铺一线为界，西北缘边界与现今盆地边界大致相当。

三、晚二叠世（上乌尔禾组沉积期）原型盆地特征及其演化

1. 构造作用的沉积响应及构造—沉积环境

1）准噶尔—吐哈沉积区

晚二叠世（上乌尔禾组沉积期），准噶尔地区盆地范围向北、向西扩展，北达乌伦古河，西至克拉玛依一带，东到克拉麦里山东端，南邻北天山山前。盆地已处于较为平坦的地形地貌，充填序列不仅在坳陷中有巨厚沉积，在陆梁隆起带及北部的乌伦古地区亦有 100～500m 厚的分布，仅石英滩凸起区缺失，呈现出填平补齐式的沉积特征。受西准噶尔山继续向东推掩的影响，沉降、沉积中心由玛湖向东迁移至盆 1 井西和乌鲁木齐山前一带，最厚分别可达 800m 和 1800m 以上。盆地边缘的断裂活动进一步增强，主要受车 1 井西断裂、红—车断裂、红山嘴东侧断裂、克 75 井西—古 29 井推测断裂、白—百断裂、西百乌断裂、风南 2—夏 48 井推测断裂、夏红北断裂、乌兰林格断裂、乌兰北断裂等同生断裂的控制，西北缘形成磨拉石建造，总体上以一套水下扇相、冲积扇相（图 6-7）、辫状河三角洲相与辫状河流相砂砾质粗碎屑岩为主，局部也发育较厚的湖泊相泥岩；平面上以冲积扇相→辫状河流相→辫状河三角洲或水下扇相→滨浅湖相组合为主，垂向上呈明显的粗→较粗→较细的退积型沉积演化序列特征，颜色具氧化色→弱氧化色→氧化色的变化规律，测井曲线具高阻→中高阻→低阻的响应特点。南缘、东部总体为

河流—湖沼相的红色粗碎屑及灰色—红色复陆屑建造沉积。不少地方发育磨拉石建造，并与下伏下乌尔禾组及上覆下三叠统均呈不整合接触，说明造山带的明显隆起、山前冲断和盆地圈闭的形成也主要发生在晚二叠世。因剥蚀速率和沉积速率增大，盆地由早期的非补偿沉积转变为补偿或超补偿沉积，颗粒变粗。

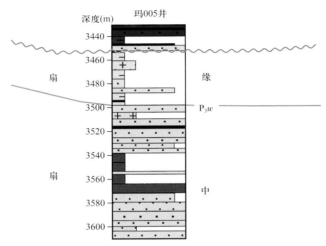

图 6-7　西北缘玛 005 井上乌尔禾组冲积扇岩性组合特征

晚二叠世是西北缘前陆冲断活动的最强时期，前陆冲断带的前锋基本达到现今部位。同时，上乌尔禾组与下三叠统间区域性不整合接触关系表明梧桐河组（P_2wt）沉积末期发生过区域性构造抬升运动，其完整的构造沉积演化表现为早期构造抬升→中晚期构造沉降→末期构造抬升的变化规律。

南缘、东部下仓房沟群全部为稳定型沉积，充填序列下部泉子街组（P_3q）总体为河流—湖沼相的红色粗碎屑沉积建造，充填岩性南缘细、东北缘粗，与下伏平地泉组为不整合接触；序列上部梧桐沟组以红色陆相碎屑岩为主夹黄绿色砂岩、薄层泥灰岩，为一套河流沉积夹滨浅湖沉积，属灰色—红色复陆屑建造。其岩性横向变化大，石钱滩凹陷较粗，帐篷沟地区岩性较细。

吐鲁番、哈密及巴里坤等地水域通过达坂城一带与准噶尔盆地相通，主要为河湖相的粗—细粒砂岩、粉砂岩不均匀互层夹深灰色泥岩、煤线，局部沼泽化，化石丰富。三塘湖盆地晚三叠世开始稳定的湖盆沉积，主要发育深湖相砂泥岩、泥页岩、生物灰岩、凝灰岩沉积，含沥青质、煤或煤线，有时出现油页岩，整个岩系厚 800~1000m；河流沼泽沉积主要发育在其西北角，常伴有河流沉积。

这一时期以干旱—半干旱气候为主，湖泊面积比早二叠世大大缩小，湖水变浅。残留的湖泊主要分布在南缘乌鲁木齐—莫索湾一线及西北缘乌尔禾地区，以细砂泥质沉积为主，为浅湖亚相和冲积平原相。除德仑山—基 1 井—滴水泉一线尚存断续的山脊、将乌伦古坳陷与准噶尔盆地分割外，早二叠世形成的 3 个前陆盆地的分割局面不复存在，趋向于形成统一的陆内坳陷盆地。盆内坳隆相间的构造格局已不明显，沉积凹陷的北东向构造已不存在，反映哈萨克斯坦板块的作用减小。博格达山前底部的巨厚砾岩层为造山期的磨拉石沉积，表明博格达隆起应在晚二叠世。

2）准噶尔北东邻区和西南邻区沉积区

晚二叠世邻区伊宁陆内坳陷盆地扩大，由活动型沉积逐步转变为过渡型沉积。其沉积中心位于阿吾拉勒山一带，充填的巴卡勒河组主要为河流或山麓—短暂湖泊相的砾岩、泥岩、泥灰岩与砂岩互层夹煤线，厚度为1536m。

2. 晚二叠世沉积—构造单元及原型盆地分析

晚二叠世，准噶尔及邻区发育的沉积—构造单元如图6-8所示。

关于晚二叠世准噶尔原型盆地类型，有前陆型陆内坳陷盆地、山前坳陷盆地，准噶尔南缘为山前盆地。准东地区为坳陷盆地，准噶尔南缘为陆内压陷盆地（王家林等，2016），准噶尔盆地为前陆盆地消亡阶段（冯陶然，2017）等观点。

笔者综合分析认为，晚二叠世基本上延续了中二叠世的原型盆地类型与分布格局，准噶尔地区以挤压型前陆盆地为主，准噶尔南侧及北东和西南邻区沉积区为伸展型的坳陷盆地（图6-8）。

可见，晚二叠世基本继承了中二叠世的沉积—构造格局。随着原型盆地的发展与叠加，准西北周缘前陆盆地的范围较中二叠世明显缩小，只能划出前陆坳陷单元。代之以东北缘乌伦古—沙帐前陆盆地与准南前陆盆地的复合作用加剧，造成南缘和东北缘两大前陆盆地范围的明显扩展、"共用"陆梁—白家海前缘隆起带（II₃）及隆后坳陷的"互补包含"现象。图6-8中，"互补包含"现象可以看作东北缘乌伦古—沙帐前陆盆地和准南缘前陆盆地的前陆坳陷单元互为对方的隆后坳陷单元。

这一时期，随着隆坳格局开始弱化，西北缘、南缘前陆盆地系统进一步发展，前渊被快速充填变浅，并向陆一侧迁移，沉积边界向陆一侧扩展，前渊渐趋与后渊合并，准噶尔继续由西北缘、南缘、东北缘3个不同性质的前陆坳陷（或盆地）发生复合，而形成一个晚期完全叠加在克拉通上的统一的沉陷盆地。北部沉积范围向北扩大至伦5井—伦2井—三个泉北一带，在乌伦古地区首次下沉接受了300～400m厚的上乌尔禾组沉积，其沉积边界已较接近现今盆地边界（图6-8）。受晚海西运动的影响，到晚二叠世，托里陆内坳陷盆地、三个泉东陆内坳陷盆地、温泉北和温泉陆内坳陷盆地均已抬升隆起为陆地而不复存在。

晚二叠世早期博格达裂陷槽收缩并充填，水体变浅，晚期经挤压收缩，沿博格达山前带下二叠统卷入褶皱变形，博格达东部至木垒一带首次隆升造山，形成吐哈前陆盆地与三塘湖坳陷盆地的分隔屏障。在克拉美丽山前也出现了不对称的挤压楔形凹陷，中二叠世的前陆范围进一步向北扩大，形成乌伦古—沙帐前陆盆地。故该期准噶尔盆地主体为准西北前陆盆地—南缘前陆盆地—乌伦古—沙帐前陆盆地原型组合而成。

该期另一较大的变化是沿德仑山—陆南—白家海一带形成了弧形（半月形）低隆起带（陆梁—白家海前缘隆起带），它由北东向的石英滩凸起、石西凸起与白家海凸起组成，上乌尔禾组沉积厚度仅100～200m，石英滩凸起轴部石炭系还被剥蚀。故在中部形成"南北分带（准南前陆坳陷带、陆梁—白家海前缘隆起带）、东西分区（北北东向的盆

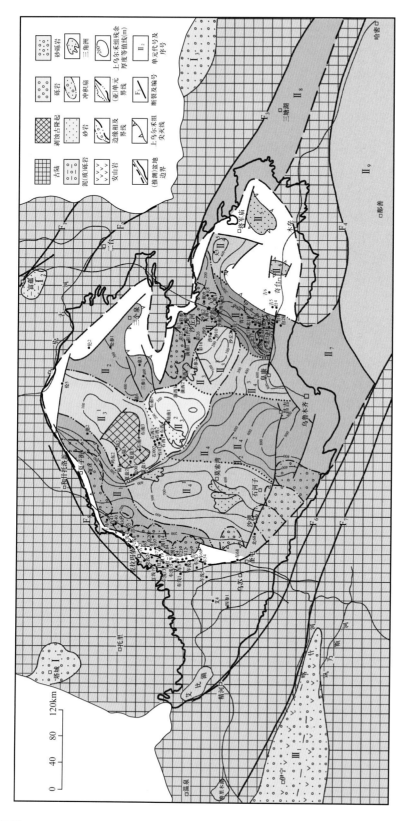

图6-8 准噶尔及邻区晚二叠世（上乌尔禾组沉积期）构造—沉积环境及原型盆地分布图

F₁—额尔齐斯断裂；F₂—阿尔曼太断裂；F₃—克拉美丽断裂；F₄—天山北缘断裂；F₅—达尔布特断裂；F₆—艾比湖—巴音沟断裂；F₇—博罗科努—阿其库都克断裂；

准噶尔北东邻区沉积区：I₁—塔城陆内坳陷盆地；I₃—小羊山（东）陆内坳陷盆地；

准噶尔区沉积区：II₁—准西北周缘前陆坳陷；II₂—乌伦古—沙帐前陆坳陷；II₃—陆梁—白家海前缘隆起带；II₃¹—石英滩凸起；II₃²—白家海凸起；II₃³—白家海凸起；II₄—准南前缘坳陷带；II₄¹—盆1井西坳陷；II₄²—呼图壁坳陷；II₄³—阜康坳陷；II₄⁴—北三台坳陷；II₅—梧桐窝子坳陷；II₆—奇台坳陷；II₇—博格达陆内坳陷盆地；II₈—三塘湖坳陷盆地；II₉—吐哈前陆盆地

准噶尔西南邻区沉积区：III₁—伊宁陆内坳陷盆地

－ 240 －

1井凹陷、呼图壁凹陷、阜康凹陷，北东东向的北三台凹陷与近东西向的石钱滩凹陷和一系列凸起）"的构造格局（图6-8）。

西南邻区伊犁地区晚二叠世开始裂谷后期陆内坳陷盆地的发育，但不同于中国东部的是，坳陷阶段盆地面积不是扩大而是缩小，其盆地范围仅局限于裂谷西段中央（伊犁至霍城一线），显然与两侧山脉的隆升挤压有关，使上二叠统在伊宁凹陷中厚达2000余米。上二叠统下部仍发育双峰式火山岩层，但已从海陆交互相演变为河湖相、沼泽相。

第三节　准噶尔地区三叠纪原型盆地的形成与演化

经过晚二叠世晚期的挤压造山阶段后，三叠纪以调整作用为主，表现为全区均衡下沉接受统一的沉积，盆地内部及周缘构造活动较为平静，没有强烈或明显的抬升或水平挤压，湖盆范围更为扩大，充填序列沉积全区广布，仅在车排子、四棵树和东部边缘的部分地区缺失（李永安，2000；吴绍祖等，2000）。三叠纪末期，印支运动造成西北缘、东北缘和陆梁地区的中—上三叠统部分剥蚀，构造活动表现为东强西弱、北强南弱，东部隆起开始形成。最终印支运动结束了准噶尔盆地北西向隆坳相间的构造特征，形成棋盘格子状构造格局，其对腹部影响较小，但对东部的构造格局影响较大。因此，三叠纪是准噶尔及邻区构造发展史上的一个重要转折时期。

一、早—中三叠世原型盆地特征及其演化

1. 沉积充填序列与构造—沉积环境

1）准噶尔—吐哈沉积区

早三叠世继承并发展了晚二叠世的沉积坳陷，开始进入一个泛盆统一体制下的坳陷发育和整体沉降—抬升的振荡发展阶段，准噶尔盆地不再具有分割性而演化为中生代统一的内陆湖盆，古地形凹凸不平，起伏较大。在印支运动期间，断裂活动较强，主要发育红—车断裂、红3井东断裂、克拉玛依断裂、白—百断裂等，它们也构成了西北缘原型盆地的边界断裂。除局部为连续沉积外，大部分地区与下伏二叠系为区域性角度不整合或平行不整合接触。

百口泉组沉积期（或上仓房沟群沉积期），构造走向转为以北西向为主，在东部、陆梁和乌伦古地区分别发育了大量以北东向、北西向为主的规模不等的逆断层。沉积厚度为15～710m，最厚可达1000m以上，总体表现为南厚北薄的特点。由于构造隆升，西北缘的车排子、中拐及红山嘴地区缺失下三叠统。盆地内部大幅度沉降，在沙湾、乌伦古与大井一带发育3个沉降中心，尤其是沙湾地区沉降剧烈，中—下三叠统沉积厚度达1200m。百口泉组沉积期主要发育洪冲积扇—扇三角洲相（图6-9）、水下扇相红色粗碎屑复陆屑建造，扇体分布和厚度严格受控于基底构造和同沉积断裂，多沿断裂走向排列，垂直于断裂走向发育、生长；河湖相分布于乌鲁木齐—吉木萨尔一带，厚度巨大；湖泊

相分布于盆地中央。西北缘百口泉组总体构成向上变细的退积型沉积旋回，南缘烧房沟组、东北缘上仓房沟群以一套下细上粗的沉积旋回为主。以干旱—半干旱气候为主体，以红层、砂球发育为特征，植物化石极为稀少。

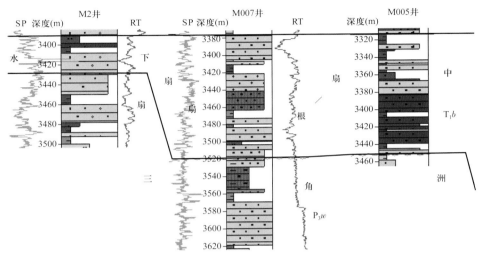

图6-9　准噶尔西北缘下三叠统百口泉组岩相特征剖面图

中三叠世经历了早期湖侵、晚期湖退两个发展阶段，湖陆轮廓、沉积类型和水域性质、构造走向等方面承袭了早三叠世的面貌，天山已由低—中高山变成丘陵山地，盆缘其他隆起的幅度已较低缓，盆内地势普遍降低，也趋平缓，并出现超覆现象。充填序列克拉玛依组在西北缘、南缘、东北缘均有分布，总体为灰色复陆屑夹火山岩建造。沉积相类型有冲积扇、水下扇、扇三角洲、三角洲和滨浅湖相，西北缘相带展布主要为各类扇体—滨浅湖相带（图6-10），车16井断裂、车1井西断裂、车9井西断裂、前红断裂、克拉玛依断裂、克拉玛依西断裂、北白碱滩断裂、中白百断裂、西百乌断裂、乌兰北断裂等盆缘同生断裂比较活跃，导致粗屑物大量堆积在相应断裂下盘，扇体分布受同沉积断裂和地层尖灭线控制，说明西北缘冲断推覆较为剧烈；生物化石及沉积分析表明，最大湖侵可能已达到西北缘克—乌断裂带→乌—夏断裂前缘→车—红断裂前缘一带。南缘为扇三角洲—滨浅湖相带，东部为河流—滨湖相带，北部乌伦古地区则为滨岸沼泽相带；盆内大部分地区发育滨浅湖亚相。由盆缘至盆内方向，常常形成冲积扇—河流冲积平原、辫状河三角洲或水下扇—滨浅湖的相带组合。

根据西北缘古流向及物源分析，中三叠世早期（下克拉玛依组沉积期）呈现多物源特点，碎屑物总的搬运方向是由北东向南西，主要物源区有夏子街、白杨河、克—乌断裂带上盘及车—红断裂上盘等，其中以夏子街及白杨河地区的规模最大，持续时间最长，这与次级构造分布及活动强度有关，也造成不同地区的主要碎屑搬运方向有所不同，如夏子街古流向为南西20°~25°，乌尔禾—黄羊泉为南西0°~10°，百口泉为南东80°~90°，456井—408井及大侏罗沟为南东30°~40°，红山嘴为北东30°~60°等。中三叠世晚期（上克拉玛依组沉积期），主要物源区有红山嘴—车排子地区、扎依尔山区、519井—210井一带、黄羊泉—百口泉地区、夏子街地区、克—乌断裂带北东端及达尔布特断裂带，古流向的总趋势为由北北东到南南西向。但不同地区或同一地区的不同时期，其古流方向也有变化。红山嘴的古流向为90°，百口泉—黄羊泉为90°～180°，夏子街为190°～200°。以夏子街物源区范围最大，供应碎屑的粒度亦最粗；红山嘴及519井—210井地区规模最小，碎屑多在近岸分布。早期以红色碎屑岩为主，为干旱环境；中晚期变为温湿环境，植物繁盛，水生生物有所增多。

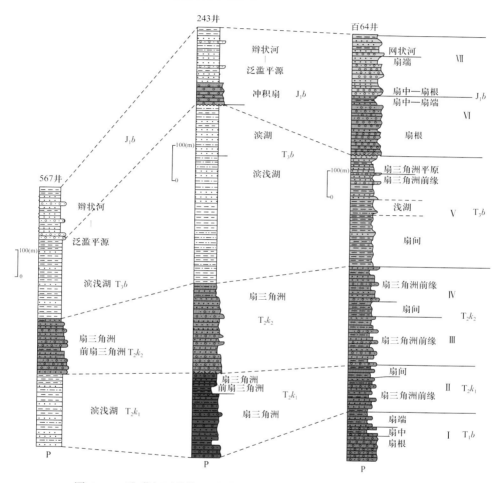

图6-10　准噶尔西北缘三叠系—下侏罗统八道湾组岩相特征剖面图

这一时期，北西侧与准噶尔乌鲁木齐地区有一通道相连的吐哈盆地也急剧沉降，发生又一次削高填低作用，早期盆地边缘主要为冲积扇、河流、扇三角洲和辫状河三角洲沉积，向盆内变为滨湖—浅湖沉积；中晚期主要为浅湖沉积，局部为半深湖沉积。其岩性稳定，粒度由中央向东、西两侧变粗，厚度由西向东增大；其分布局限，存在着多次沉积及沉降中心的迁移。

2）准噶尔北东邻区和西南邻区沉积区

早—中三叠世，准噶尔西南邻区的伊宁盆地三叠系分布在恰普恰勒山边缘、阿吾勒拉山西端和伊宁凹陷北部，主沉降中心位于伊宁凹陷，盆地范围较之前明显缩小。其为河湖相—河流沼泽相的泥质碎屑含煤沉积，厚度一般不大，表现为小的坳陷及粗碎屑充填特征。准噶尔北东邻区的巴尔雷克等小盆地主要表现为陆内坳陷盆地的碎屑充填，以山麓—河流相的粗碎屑岩沉积为主，厚度变化较大。

2. 早—中三叠世沉积—构造单元及原型盆地分析

早—中三叠世，准噶尔及邻区发育的沉积—构造单元如图 6-11 所示。

关于早—中三叠世准噶尔原型盆地类型，有振荡型陆相陆内坳陷盆地、山前坳陷盆地（罗金海等，2000），或是坳陷盆地的观点；也有艾比湖北侧盆地和三塘湖盆地为山间盆地，吐哈盆地为山前坳陷盆地（何登发等，1999；罗志立等，1995；扬克明等，1992；何登发等，1996），准南缘为陆内压陷盆地（王家林等，2016）等观点。

笔者综合研究认为，早—中三叠世准噶尔地区受冲断构造负载作用发生挠曲沉降而主要形成挤压型的前陆盆地。这一时期，准噶尔主体由准南沙湾、克拉美丽山前沙帐—大井、北部乌伦古 3 个前陆坳陷复合而形成一个统一的大型陆相湖盆。与晚二叠世不同的是，由于印支运动的影响，这种复合作用的结果，导致准南前陆盆地、克拉美丽山前前陆盆地、北部前陆盆地普遍发育前陆冲断带或冲断前缘带（II_7^1、II_5^1、II_2^1）及前陆坳陷（II_7^2、II_5^2、II_2^2）两大单元，北部前陆盆地还可能发育了前缘隆起（II_3）单元。西北缘受叠加与复合作用的改造，前陆坳陷也已不明显，只有冲断带（II_1^1）和冲断前缘超覆带（II_1^2）清晰展布，表明西北缘向盆内的冲断作用较强，处在前陆期后的叠加改造阶段。准噶尔北东及西南邻区沉积区主要发育伸展型的陆内坳陷盆地（图 6-11）。

总之，早—中三叠世，准噶尔地区北东部乌伦古—沙帐前陆区分化瓦解、新生成两个前陆盆地，南部、东部、北部三大前陆盆地单元再与奇台、梧桐窝子、三塘湖、吐哈 4 个坳陷盆地单元复合，形成"三前陆四坳陷两带（西北缘、博格达冲断体系）一隆起一斜坡"的原型盆地组合格局（图 6-11）。准噶尔北东邻区与西南邻区沉积区，延续早二叠世格局不变。

前述边缘相的分布指示了当时的盆地边界分布于西北缘西、南缘中部、南缘东部北三台、准东沙丘河—大井、将军庙及乌伦古河南一带。这一时期，与晚二叠世对比，其原始沉积范围大规模扩展，除东部环将军庙东—木垒一带仍为隆起、沉积未达现今盆地边界外，北东部、南部沉积范围基本与现今盆地边界相当。而西北缘红山嘴—夏子街地区沉积范围则超出现今盆地边界，推测当时的盆地西界应在达尔布特断裂附近，处在前人所称第二逆冲席的外缘（马宗晋等，2001）。

二、晚三叠世原型盆地特征及其演化

1. 沉积充填特征与构造—沉积环境

1）准噶尔—吐哈沉积区

晚三叠世是三叠纪最大湖侵时期，整个盆地进入统一坳陷发育期。地貌以低山—丘陵山地为主，盆地边缘的构造活动仍然十分活跃，主要有红—车断裂、克拉玛依西断

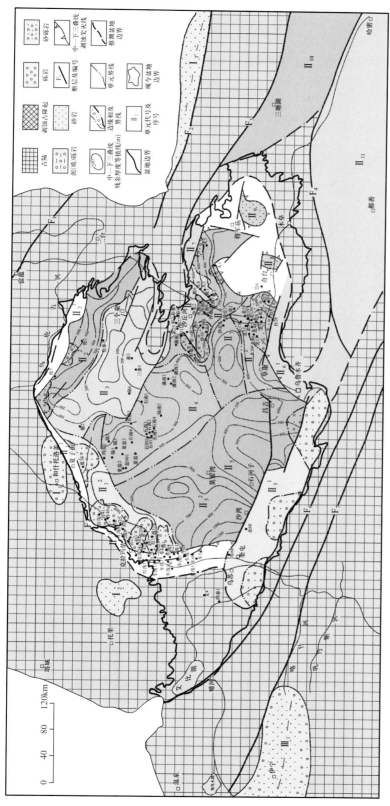

图 6-11 准噶尔及邻区早—中三叠世构造—沉积环境及原型盆地分布图

F₁—额尔齐斯断裂；F₂—阿尔曼大断裂；F₃—克拉美丽断裂；F₄—天山北缘断裂；F₅—达尔布特断裂；F₆—艾比湖—巴音沟断裂；F₇—博罗科努—阿其库都克断裂；

准噶尔北东邻区沉积区：I₁—和什托洛盖陆内坳陷盆地；I₂—巴尔喀什盖陆内坳陷盆地；I₃—小羚羊山陆内坳陷盆地；

准噶尔—吐哈沉积区：II₁—准西北缘盖冲断带及前缘带；II₁¹—中拐—夏子街冲断带；II₁²—准西北缘超覆带；II₂—北部前陆盆地；II₂¹—红岩冲断带；II₂²—乌伦古前陆坳陷；

II₃—三个泉—德仑山前缘隆起；II₄—中部斜坡；II₅—准南前陆盆地；II₅¹—北天山冲断前缘带；II₅²—沙湾前陆坳陷；II₆—博格达山前陆体系；

II₆¹—博格达山前冲断带；II₆²—阜康—北三台山前冲断带；II₇—克拉美丽山前冲断带；II₇¹—克拉美丽山前陆坳陷；II₇²—沙帐—大井前陆坳陷；

II₈—奇台坳陷；II₉—梧桐窝子坳陷；II₁₀—三塘湖陆内坳陷盆地；II₁₁—吐哈陆内盆地；

准噶尔西南邻区沉积区：III₁—伊宁陆内坳陷盆地

245 —

裂、花园沟断裂、北白碱滩断裂、西白百断裂、夏红北断裂、乌兰林格断裂等；在乌伦古坳陷发育了大量以北西向为主的规模不等的逆断层，与区域构造一致，而盆地内部断裂相对较少，反映此期印支运动对盆地的改造作用不大。沉降、沉积中心位于沙湾—盆1井西坳陷和昌吉—阜康坳陷，沉积厚度变化不大，小于1000m。湖平面经历了下降—回升—大规模湖侵—全面后退的完整升降旋回，湖侵持续时间最长，充填一套杂色至灰色复陆屑建造。在相对松弛的构造环境及逐渐湿热的古气候背景下，沉积了厚达300～800m的白碱滩组浅湖—半深湖相泥岩，这套沉积向西北缘克拉玛依—乌尔禾冲断带及陆梁地区逐渐超覆，形成了区域性的泥岩盖层和重要烃源岩。

晚三叠世充填序列在西北缘称白碱滩组，以巨厚的滨浅湖相泥岩夹灰绿色砂砾岩、砂岩沉积为主（图6-10），其次发育冲积扇、扇三角洲，但规模都不大，总体呈湖进序列旋回；物源总方向是由北东到南西，主要物源区有夏子街、白杨河、扎依尔山地区（达尔布特断裂）、红—车断块及克—乌断裂带上盘等，都与断裂活动有关。在南缘称小泉沟群，主要分布于阜康凹陷东南缘，为巨厚层灰色和深灰色泥岩、碳质泥岩与薄—中厚层砂岩、钙质砂岩不等厚互层，局部夹煤线；以滨浅湖相为主，局部为旱地扇、辫状河、辫状河三角洲、曲流河、曲流河三角洲沉积，纵向上构成向上变细、变深的水进沉积旋回；由盆缘向盆内，阜康以西为冲积扇—辫状河—辫状河三角洲—湖泊沉积体系，横向延伸不远，规模较小，但厚度大；阜康以东为曲流河—曲流河三角洲—湖泊沉积体系，厚度相对较小。在东北缘称郝家沟组，为湖沼相深灰色、灰色泥岩夹灰黑色砂质砾岩、砾岩及煤线和菱铁矿沉积，产植物、鲎虫和腹足类化石。

三叠纪末期的构造运动使盆地再次抬升，振荡运动极为显著。在盆地边缘，尤其是盆地西北缘、南缘和东部地区，承受了一定的挤压、扭压应力，形成了一系列冲断、褶皱、不整合及超覆等构造组合。地壳隆升导致湖水从本区全部退出，粗碎屑多沿车—红断裂及乌—夏断裂前缘分布，反映地壳隆升仍以红山嘴及车排子地区最强；乌兰林格以北隆起幅度高，三叠系被剥蚀殆尽，说明乌尔禾—夏子街地区断裂的活动较强，上盘抬升幅度大。

吐哈盆地为湖相—湖沼相细碎屑岩类、碳质泥岩及煤线。三塘湖盆地主体隆升为古陆，仅有零星的河湖—湖沼相细碎屑—泥质沉积，且厚度变化较大。

2）准噶尔北东邻区和西南邻区沉积区

晚三叠世，湖水浸漫至和什托洛盖陆内断陷盆地的低凹地区，形成河湖—湖沼相的碎屑—泥质沉积，厚度变化较大，产植物化石。伊宁陆内坳陷盆地为河湖相杂色碎屑沉积，产鲎虫和植物化石。

2. 晚三叠世沉积—构造单元及原型盆地分析

晚三叠世，准噶尔及邻区发育的沉积—构造单元如图6-12所示。

晚三叠世的原型盆地类型，有准南缘为陆内坳陷盆地（王家林等，2016）等观点。本书认为准噶尔西北缘和东部克拉美丽地区的冲断推覆活动仍较明显，挤压型盆地已不发育，仅在准噶尔南侧分布有吐哈前陆盆地。转而以大量伸展型盆地的发育为主，绝大多数为坳陷盆地，如乌伦古坳陷（Ⅱ₃）、沙湾—盆1井西坳陷（Ⅱ₅）、奇台—梧桐窝子坳陷

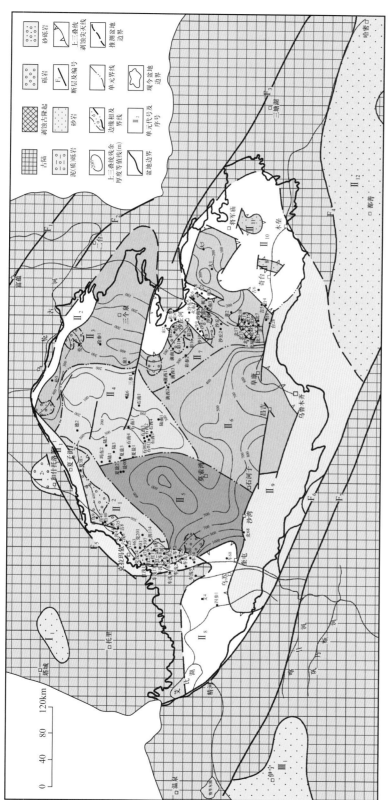

图6-12 准噶尔及邻区晚三叠世构造-沉积环境及原型盆地分布图

F₁—额尔齐斯断裂；F₂—阿尔曼曼太断裂；F₃—克拉美丽断裂；F₄—天山北缘断裂；F₅—达尔布特断裂；F₆—艾比湖—巴音沟断裂；F₇—博罗科努—阿其库都克断裂；
准噶尔北东邻区沉积区：I₁—塔城东陆内坳陷盆地；I₂—和什托洛盖陆内断陷盆地。

准噶尔—吐哈沉积区：II₁—准西北缘冲断带及前缘带；II₁'—中拐—夏子街冲断带；II₁²—冲断前缘超覆带；II₂—北部冲断带；II₃—乌伦古坳陷；II₄—德仑山—石西隆起；
II₅—沙湾—盆1井西坳陷；II₆—昌吉—阜康坳陷；II₇—克拉美丽冲断带及前缘斜坡带；II₈—四棵树冲断剥蚀隆起带；II₉—准南缘冲断带；II₁₀—准东剥蚀
隆起带；II₁₁—奇台—梧桐窝子坳陷；II₁₂—吐哈陆前陆盆地。

准噶尔西南邻区沉积区：III₁—伊宁陆内坳陷盆地。

（II₁₁）、塔城东陆内坳陷盆地（I₁）和伊宁陆内坳陷盆地（III₁），仅在准噶尔北东邻区发育断陷盆地（I₂）。

这一时期，准噶尔地区表现为四大坳陷复合的原型盆地组合面貌。随着周缘隆升和冲断活动的进行，南部的博格达冲断体系进一步扩大形成南缘冲断带，新生的克拉美丽和北部冲断带形成一定规模，四棵树地区、准东地区形成剥蚀隆起带。全区形成"四坳陷四冲断带三隆起一前陆"的构造格局（图6-12）。准噶尔周缘邻区的部分沉积盆地主体隆升为古陆，部分盆地范围大减。

由于泛盆沉积作用和晚期大规模湖侵，晚三叠世的准噶尔湖盆达到首次极盛规模。除西北缘乌—夏地区原始湖盆边界略向东回缩外，南部原始盆地边界南扩至艾比湖—巴音沟断裂带，北部沉积范围北扩至乌伦古河西线—二台以南，均超过了现今盆地边界；克—百地区沉积边界继承早—中三叠世面貌，维持在达尔布特断裂带，东部沉积范围基本达到现今盆地边界。

第四节　准噶尔地区侏罗纪原型盆地的形成与演化

侏罗系分布范围非常广泛，发育齐全，具有昌吉坳陷、乌伦古坳陷等多个沉积、沉降中心，最大残余厚度分别在4000m和3000m以上，由其向周边地层逐渐减薄至1000～1200m。在盆地周边以南缘山前第一排构造带出露最佳，层序亦相对最完整。早侏罗世有规模巨大的扇体裙发育，中—晚侏罗世扇体的发育程度和规模均明显减小许多，表明构造活动从早到晚逐渐减弱的趋势（卢辉楠，1995；张义杰等，1993；辛恒广，2000；谢渊等，1995；喻春辉等，1996）。

本区侏罗纪盆地的沉降曲线表现出与北海裂谷型盆地和渤海湾断陷型盆地中的黄骅坳陷极强的相似性，说明盆地当时处于伸展断陷环境（靳久强等，1999）。因此，早—中侏罗世整体上处于相对松弛弱伸展构造环境，以发育一系列坳陷和断陷盆地为特色；中—晚侏罗世则以区域压扭反转作用为主，沉积范围较为局限。它是南方特提斯洋板块两次俯冲挤压运动（即羌塘块体和拉萨块体分别向北拼贴于欧亚板块南缘）之间应力松弛的产物。在区域上，准噶尔及邻区形成了活动造山带围绕稳定地块的"镶嵌"构造格局，为侏罗纪盆地的发生、发展奠定了基础；南部板缘板块活动所引起的板内构造调整则为侏罗纪盆地的形成和演化提供了动力学来源（靳久强等，1999）。

一、早侏罗世早期（八道湾组沉积期）原型盆地特征及其演化

1. 沉积充填特征与构造—沉积环境

1）准噶尔—吐哈沉积区

受晚三叠世伸展构造运动及燕山I、II幕运动的影响，从晚三叠世后期开始，准噶尔地区表现为泛盆沉积的应力松弛扩展。早侏罗世早期，充填序列八道湾组在准噶尔南缘、东北缘及西北缘有广泛出露（图6-13），德仑山南坡小面积分布，覆盖区各一级构造

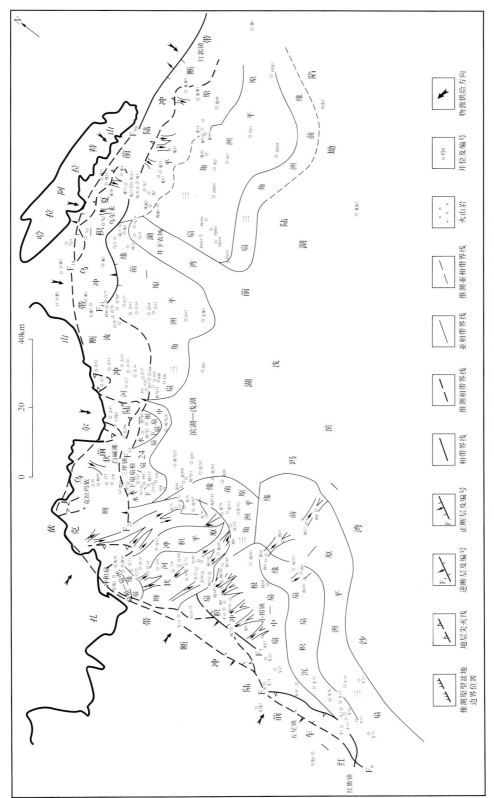

图 6-13　准噶尔盆地西北缘下侏罗统八道湾组沉积期构造—沉积环境图

带均有钻遇。其岩性岩相比较稳定，但厚度变化较大，南缘东部厚度为167～1000m，东北缘西大沟厚210.54m，西北缘吐孜阿克内沟厚度为182.75m。

八道湾组沉积期，北边湖水到达德仑山，东边抵达奇台一带，西面被西准噶尔界山阻隔，南缘和西缘当时湖岸较陡，边界断裂控制着沉积盆地的边界，湖盆边界较现今范围略大。沉积了一套以扇三角洲、湿地扇、辫状河及滨浅湖为主的粗—细粒碎屑岩及含煤沉积（图6-13），起到填平补齐作用，相带北宽南窄、以东西向的湖泊为轴展布。由于陆梁低隆起的"平台"阻隔作用，乌伦古坳陷形成相对独立的扇三角洲—滨浅湖沉积体系；由陆梁隆起向盆地腹部依次沉积辫状河三角洲平原、前缘、前三角洲及滨浅湖到半深湖亚相。盆地东缘属边缘相—曲流河沉积系统，反映其古水流向较为源远流长。晚期基底北部抬升，相带展布多变为自北而南，湖盆向南收缩，沉积中心转移到南部，低地平原及滨湖地带植被茂盛，出现大面积沼泽环境而成煤。

准噶尔湖盆处在扩张及低幅振荡初期，盆内斜坡及腹部稳定沉降。它三面环山，北边有古阿尔泰山，东北及西北分别为东、西准噶尔山系，南部有古天山，从植物和孢粉化石中松柏类占有较大比例来看，当时海拔在500m以上山脉已比较普遍。地形北高南低，略向南倾斜，具凹凸起伏，平面呈圆形，基底呈箕形。西北缘车排子—夏子街、东北缘乌伦古、沙帐及北三台地区存在边缘相与近边缘相（图6-14），粗碎屑充填物呈舌状向盆内突出，其边缘相根部即为盆地的原始沉积边界位置；盆地南缘侏罗系沉积边界就在博格达山北缘附近（喻春辉等，1996），而南缘山前侏罗系部分缺失边缘相或近边缘相（图6-15），表明当时的沉积范围要比现今残存的沉积范围略大。

这一时期，基本上继承了晚三叠世基底隆升剥蚀、气候温暖潮湿的构造沉积面貌，北部的古阿尔泰山和东、西准噶尔山系隆起相对较高，构成区内准噶尔、和什托洛盖、三塘湖等沉积盆地和一些山间洼地的主要物源区。准东地区水体较浅，奇台—将军庙地区大部分为剥蚀隆起区。从该期开始，博格达山地区已隆起成为新的分水岭，使准噶尔、吐鲁番—鄯善、三塘湖地区成为各自独立的沉积盆地。

2）准噶尔北东邻区和西南邻区沉积区

在准噶尔盆地北东邻区，和什托洛盖陆内坳陷盆地与库普—纸房陆内断陷盆地在同沉积断裂的控制下，分别呈北东向与北西向狭长带状展布，也开始接受早期沉积，均可分出山前高地与低地平原两种景观。

在准噶尔盆地西南邻区，古天山在一系列平行的同沉积断裂控制下自南向北依次推覆隆起，在其南侧较低缓的准平原化高地与丘陵间形成伊犁盆地、喀什河盆地等形态不规则的小型陆内坳陷盆地。它们不时地接受来自北部山系的冲（洪）积物，并在各自盆地的北缘形成较稳定的山前高地。各盆地水体较浅且分布极为有限，其偏南的主体多为平缓开阔的低地平原，主要充填河流沉积物。

2. 八道湾组沉积期沉积—构造单元及原型盆地分析

资料表明（何登发等，1999），侏罗纪的主要构造事件包括板块间的调整与相对运动，以及区域构造运动造成侏罗系底部的明显区域不整合面。前者表现为哈萨克斯坦板块在

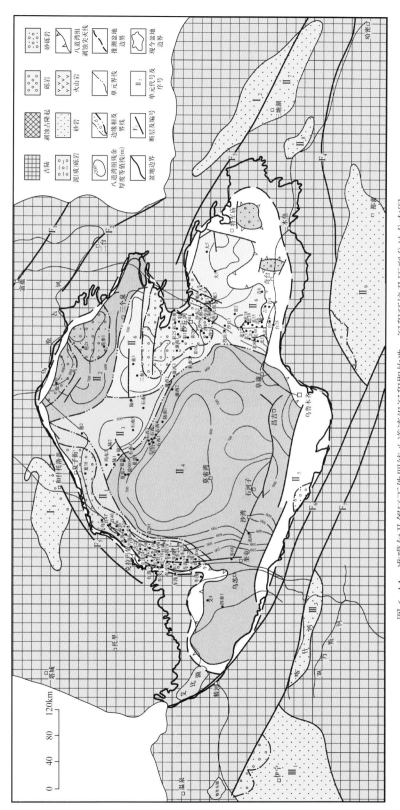

图 6-14 准噶尔及邻区下侏罗统八道湾组沉积期构造—沉积环境及原型盆地分布图

F₁—额尔齐斯断裂；F₂—阿尔曼太断裂；F₃—克拉美丽断裂；F₄—天山北缘断裂；F₅—达尔布特断裂；F₆—艾比湖—巴音沟断裂；F₇—博罗科努—阿其牟都克断裂；

准噶尔北东邻区沉积区：Ⅰ₁—和什托洛盖陆内坳陷盆地；Ⅰ₂—伴普；

准噶尔—吐哈沉积区：Ⅱ₁—准西北缘冲断前缘超覆带；Ⅱ₂—乌伦古坳陷；Ⅱ₃—陆梁隆起；Ⅱ₄—玛素湾—昌吉坳陷；Ⅱ₅—准南冲断前缘斜坡带；Ⅱ₆—克拉美丽前缘斜坡带；Ⅱ₇—三塘湖陆内断陷盆地；Ⅱ₈—巴里坤陆内坳陷盆地；Ⅱ₉—吐鲁番—鄯善陆内坳陷盆地

准噶尔西南邻区沉积区：Ⅲ₁—伊宁陆内坳陷盆地；Ⅲ₂—喀什河陆内坳陷盆地

- 251 -

早三叠世以后可能为一南移过程（早三叠世古纬度为 46°，中新世古纬度为 35°），其东段存在顺时针旋转。这将造成本区的伸展环境，由于造山带周缘固结程度差，常优先拉张形成断陷盆地。

综合上述分析，准噶尔及邻区八道湾组沉积期发育的沉积—构造单元如图 6-14 所示。

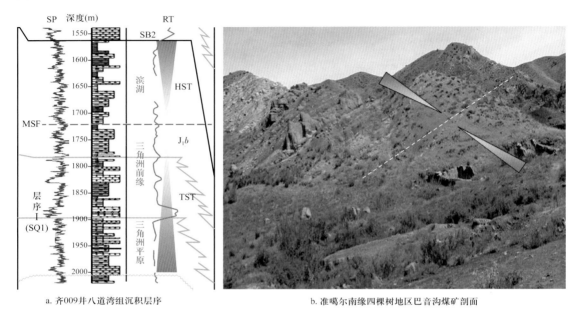

a. 齐009井八道湾组沉积层序　　　　　　　　b. 准噶尔南缘四棵树地区巴音沟煤矿剖面

图 6-15　准噶尔南缘早侏罗世八道湾组滨浅湖—三角洲沉积剖面及露头特征（露头照片为八道湾组中上部海侵—高位体系域）

关于早侏罗世原型盆地类型，观点不尽相同（何登发等，1996；靳久强等，1999；陈发景等，2000；罗金海等，2001；李文厚等，1997）。包括伊宁、精河等"天山盆地"属山间断陷盆地，准噶尔、吐鲁番、哈密、巴里坤—三塘湖、和什托洛盖等"北疆盆地"属类克拉通盆地（靳久强等，1999）；准噶尔盆地中央—北部属克拉通内盆地，三塘湖盆地属伸展断陷盆地，准噶尔南缘昌吉坳陷、吐哈盆地和伊宁盆地（大部分在苏联境内）属弱伸展克拉通周边盆地（陈发景等，2000）；准东早—中侏罗世为断陷盆地；侏罗纪准噶尔盆地为伸展断陷—压扭盆地（何登发等，2018）。

对准噶尔地区侏罗纪原型盆地类型，笔者依据其构造环境、基底性质、地质结构及沉积充填序列特征，结合图 6-14 等资料综合分析认为，在弱伸展构造背景下，早侏罗世准噶尔盆地继承性发育了西北缘冲断前缘超覆带与东北缘克拉美丽冲断前缘斜坡带；南缘冲断活动加剧，发育了准南冲断前缘斜坡带，沉积沉降中心也向盆地腹部迁移、扩展；陆梁地区存在一较为明显的北西—南东向低凸起，形成北西—南东向展布的早侏罗世"一隆两坳、多级台阶/坡折（冲断前缘超覆带与斜坡带）"的古构造格局。其中的乌伦古坳陷呈箕状，沉降中心位于北部大断裂南侧，沉积巨厚；莫索湾—昌吉坳陷有莫索湾和昌吉北部两个较明显的沉降中心，沉积厚度大。早侏罗世早期，准噶尔南东侧发育了三塘湖陆内断陷盆地、巴里坤和吐鲁番—鄯善陆内坳陷盆地。这一时期，准噶尔地区的原始沉积范围较晚三叠世要小，除车排子和准东隆起为陆、略向盆内突进外，其余部分大致回缩至现今盆地边界。

准噶尔—吐哈沉积区的北东、西南两侧邻区，原型盆地类型表现出"北断南坳"的特点，即在北东邻区主要发育断陷型湖盆群，如和什托洛盖陆内坳陷盆地、库普—纸房陆内断陷盆地；在其西南邻区主要发育坳陷型湖盆群，如伊宁陆内坳陷盆地、喀什河陆内坳陷盆地。

二、早侏罗世晚期（三工河组沉积期）原型盆地特征及其演化

1. 沉积充填序列与构造—沉积环境发展

1）准噶尔—吐哈沉积区

三工河组沉积期是侏罗纪湖侵最大、沉积厚度大、湖泊期最长而占优势的时期，准噶尔盆地南深北浅的箕形基底及南厚北薄的沉积特征进一步加强，大规模的湖相泥岩成为良好的生油层。除东缘外，其余地段的边缘断裂仍在活动并控制了盆地的基本轮廓。低地平原已缩至盆缘一带，准噶尔北部湖水到达乌伦古、德仑山并进入和什托洛盖盆地，车排子隆起边界基本为其西侧沉积边界，西北缘红山嘴—夏子街地区盆地边界再次外扩至达尔布特断裂带；最西端可能穿过艾比湖—巴音沟断裂抵达精河—博乐一带，南缘沉积边界已超过现今盆地边界；克拉美丽山前为滨浅湖沉积环境，有近边缘相分布，其沉积边界与现今盆地边界相差不大（图6-16）。

三工河组沉积期为亚热带—暖温带半干旱—潮湿性气候，充填序列三工河组在南缘、东北缘地区有广泛出露，在西北缘克拉玛依地区和德仑山南坡有小面积分布。其在南缘西段一般厚480～882m，向东、西减薄，东北缘西大沟厚165.32m，西北缘吐孜阿克内沟厚136.25m。充填岩性总体为一套黄绿色和灰绿色块状砂岩、砾岩与深灰色和灰绿色泥岩、细粉砂岩不等厚互层沉积，在盆地周边其顶底常夹碳质泥岩或煤线。以滨浅湖—半深湖、湖湾、湖滩及湖泊三角洲沉积为主，沉积物普遍偏细（图6-17）；盆缘可见冲积扇、辫状河、辫状河三角洲沉积（图6-18）。

由盆缘至盆地内，南缘中部为辫状河—辫状河三角洲—湖泊沉积体系，南缘西部和东北缘为曲流河—曲流河三角洲—湖泊沉积体系；曲流河三角洲、辫状河三角洲、辫状河连片构成河流与三角洲相带，分布于山前第一排背斜带。盆地腹部及五彩湾地区发育入湖的三角洲复合体，乌伦古地区发育湿地扇、辫状河三角洲及浅湖沉积体系。

吐鲁番盆地与哈密盆地虽未相连，但距离日益拉近。吐鲁番地区在盆地边缘的粗碎屑物堆积厚度与范围变大，中心湖区向四周扩张，使河流发育的低地平原退缩在盆地内缘；哈密地区在盆地中部也开始出现一定范围的水域。三塘湖盆地三工河组沉积期以湖泊沉积环境为主。

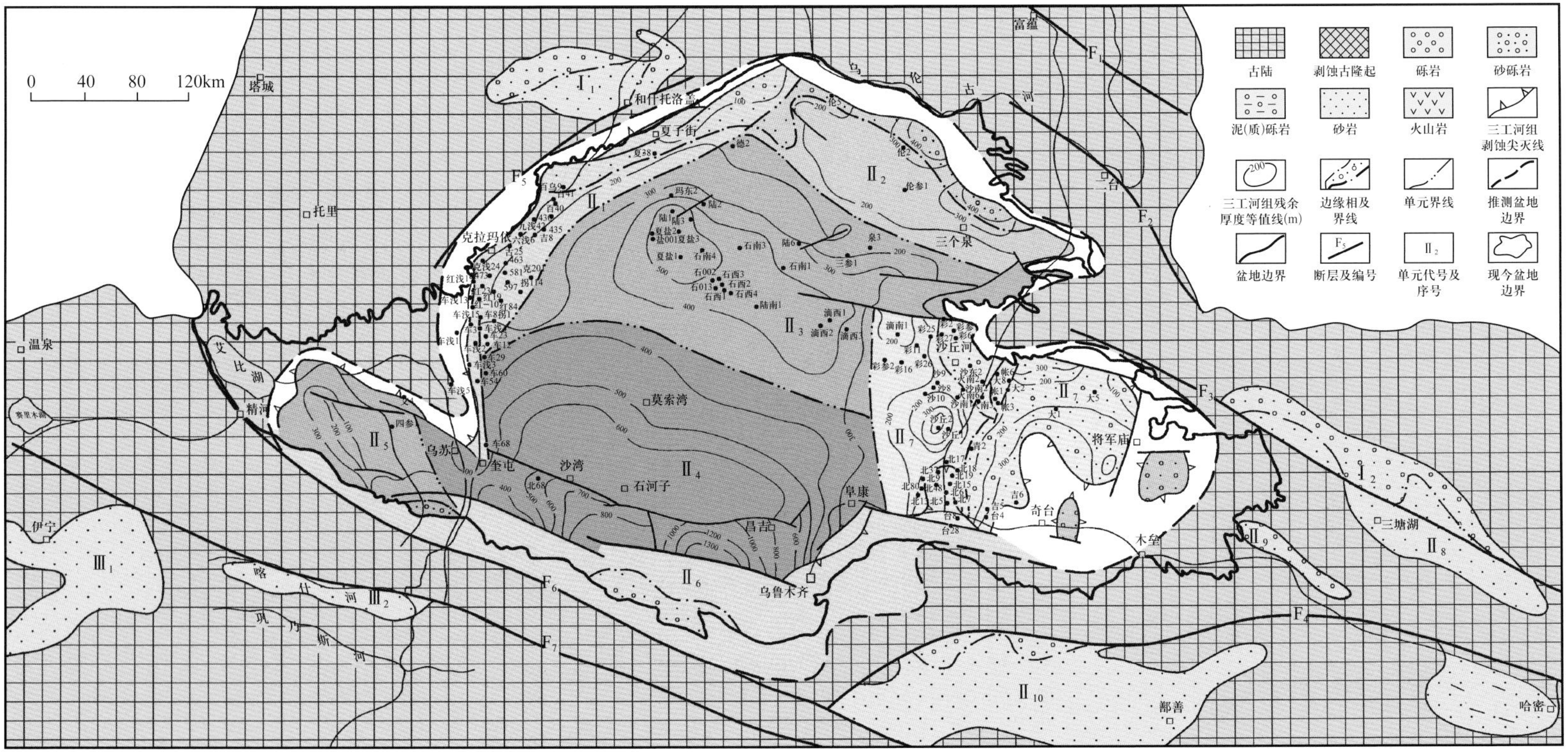

图 6-16 准噶尔及邻区下侏罗统三工河组沉积期构造—沉积环境及原型盆地分布图

F_1—额尔齐斯断裂；F_2—阿尔曼太断裂；F_3—克拉美丽断裂；F_4—天山北缘断裂；F_5—达尔布特断裂；F_6—艾比湖—巴音沟断裂；F_7—博罗科努—阿其库都克断裂；

准噶尔北东邻区沉积区：$Ⅰ_1$—和什托洛盖陆内断陷盆地；$Ⅰ_2$—库普—纸房陆内断陷盆地；

准噶尔—吐哈沉积区：$Ⅱ_1$—准西北缘冲断前缘超覆带；$Ⅱ_2$—乌伦古坳陷；$Ⅱ_3$—石西坳陷；$Ⅱ_4$—准南前缘坳陷；$Ⅱ_5$—四棵树坳陷；$Ⅱ_6$—准南冲断前缘带；$Ⅱ_7$—准东陆内断陷盆地；$Ⅱ_8$—三塘湖陆内坳陷盆地；$Ⅱ_9$—巴里坤陆内坳陷盆地；$Ⅱ_{10}$—吐鲁番陆内坳陷盆地；$Ⅱ_{11}$—哈密陆内坳陷盆地；

准噶尔西南邻区沉积区：$Ⅲ_1$—伊宁陆内坳陷盆地；$Ⅲ_2$—喀什河陆内坳陷盆地

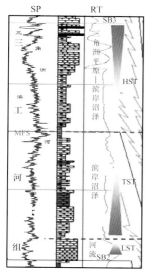
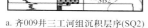

a. 齐009井三工河组沉积层序（SQ2）

b. 准噶尔南缘四棵树煤矿一矿五号平硐剖面三工河组砂泥岩互层韵律

图6-17　准噶尔盆地南缘下侏罗统三工河组剖面及露头沉积特征

2）准噶尔北东邻区和西南邻区沉积区

在准噶尔北东邻区，和什托洛盖盆地（Ⅰ₁）已转化为陆内坳陷盆地，以河流、沼泽、三角洲和滨浅湖沉积环境为主，基本上没有出现深湖盆。因规模有限，沉积环境改变不大。

在准噶尔盆地西南邻区，伊宁陆内坳陷盆地（Ⅲ₁）由于前期的沉积充填和夷平作用，地势高差不断缩小，陆内应力相对松弛，沉积范围更为广阔，以河流、沼泽和湖泊相为主。除原有的两个浅湖区略有增大外，总体地理景观改变不明显。

2. 三工河组沉积期沉积—构造单元及原型盆地分析

下侏罗统三工河组沉积期，准噶尔及邻区发育的沉积—构造单元如图6-16所示。

这一时期，最为明显的沉积—构造格局变化是准噶尔南缘冲断带前缘的沉降坳陷急剧增强，沉积坳陷进一步向腹部扩展，形成石西坳陷；南缘西部新生成四棵树坳陷；同时沉积、沉降中心迅速南移，在准南前缘坳陷中沉积厚度可达1300m以上，石西坳陷与准南前缘坳陷之间形成一个鞍部过渡。这表明来自南、北两侧的强大挤压应力造成车—莫低隆起的发育，开始进入隆起雏形阶段。准东发育了陆内断陷盆地，哈密地区重新沉降而形成陆内坳陷盆地。其原型盆地类型基本维持了八道湾组沉积期的面貌，以坳陷盆地发育为主，次为断陷盆地（图6-16）。

三工河组沉积期，准噶尔地区的原始沉积范围再次扩大，由局部发育近边缘相可知，南缘、西北缘原始沉积边界分别外扩至艾比湖—巴音沟断裂、达尔布特断裂一线，超出了现今盆地边界。

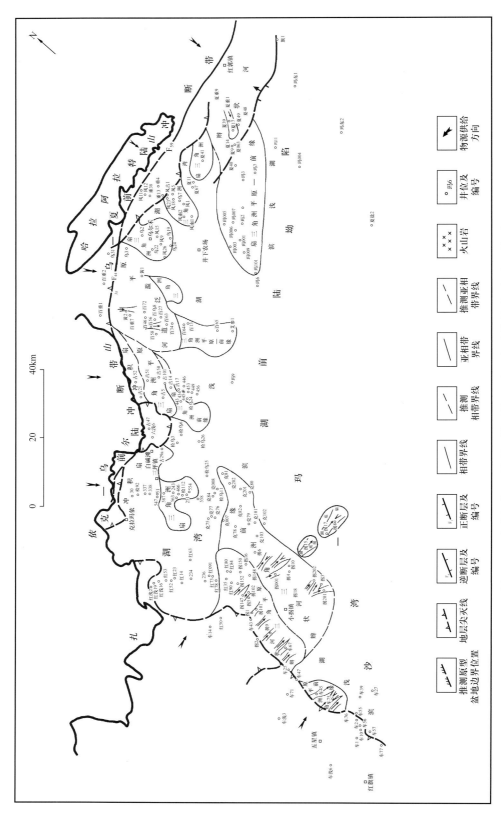

图 6-18 准噶尔盆地西北缘下侏罗统三工河组沉积期构造—沉积环境图

三、中侏罗世早期（西山窑组沉积期）原型盆地特征及其演化

1.沉积充填特征与构造—沉积环境

1）准噶尔—吐哈沉积区

西山窑组沉积期，沉积格局发生显著变化。准噶尔湖盆周缘抬升，湖面又收缩到八道湾组沉积期的规模，出现沼泽化的浅水湖泊，湖湾、三角洲平原广布。西山窑组沉积期充填序列厚度变化大，在玛纳斯河一带最厚达1019m，向东、西减薄，南缘西段厚290～550m，西部颗粒粗，砾岩显著增加；至南缘东段乌鲁木齐厚度为244.91m，三工河厚达611.59m，东北缘西大沟厚度减至137.45m。西北缘地面没有沉积，腹部莫北地区地层很薄，局部缺失西山窑组。其充填岩性为一套灰色、深灰色和灰绿色泥岩、粉砂岩与黄绿、浅灰和灰白色砂岩或含砾砂岩、砾状砂岩互层夹灰黑色碳质泥岩、薄煤层或煤线（图6-19）。沉积体系在南缘以辫状河—辫状河三角洲—湖泊陡坡型模式东西向展布为主（图6-20），沉积中心偏向南缘山前；东部为曲流河（辫状河）—湖泊陡坡型模式。

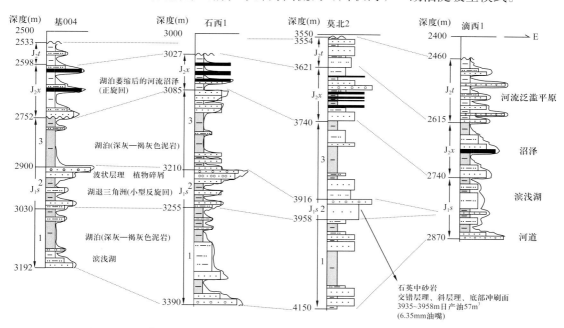

图6-19　准噶尔盆地腹部中—下侏罗统（J_1s—J_2t）岩相特征剖面连井对比图

西山窑组沉积末期燕山运动第Ⅰ幕（又称中燕山运动）造成盆地区域性抬升，发生剥蚀、褶皱、断裂及火山活动，使盆内莫北隆起、东缘、北三台等地区缺失西山窑组。盆地渐趋平原化，昌吉坳陷一带的湖盆范围有所缩小，但北部乌伦古伦参1井区、三台和四棵树坳陷仍有中、小型滨浅湖分布；腹部中部仍有三角洲复合体存在。由于古地形较平坦及沉降与沉积的速率相对平衡，使湖泊普遍沼泽化，煤层及菱铁矿层发育，从而形成盆地侏罗纪最主要的聚煤期。

a. 南缘托斯台剖面西山窑组露头层序特征(SQ3—SQ4)　　b. 南缘四棵树煤矿三矿剖面(西山窑组沉积期砂砾泥岩沉积及
最大湖泛面)

图 6-20　准噶尔盆地南缘中侏罗统西山窑组露头剖面及沉积特征

这一时期，已与准噶尔盆地分隔开来的吐鲁番—鄯善陆内坳陷盆地与哈密弱伸展陆内坳陷盆地更加靠近，趋于贯通连接，并向南大幅度扩展。其总体处于相对开阔平坦的低地平原，冲洪积砂砾岩类仅在北缘及中部隆起边缘零星分布，其间河流密布、泥沼发育，间或有小型浅湖散布其间。

2）准噶尔北东邻区和西南邻区沉积区

在准噶尔盆地北东邻区，库普—纸房陆内断陷盆地大部分地区开始接受沉积。和什托洛盖陆内坳陷盆地也达到了历史上最大规模，除北部边缘有冲洪积扇带外，主体属山前冲积平原河沼沉积环境，河流密布的低地平原植被繁茂、沼泽发育，有利成煤。其底部岩性为中—高电阻的砂砾岩，中下部的煤层则以声波时差大、电阻率高、自然电位和自然伽马低为特征。

在准噶尔盆地西南邻区，伊宁陆内山间断陷盆地继承性保留了较浅的水体，除边缘偶有冲洪积扇体外，主体以河流沉积为主。喀什河陆内山间断陷盆地则以冲洪积砂砾岩沉积为主，但局部或主体曾一度处于扇前河沼沉积环境。

2. 西山窑组沉积期沉积—构造单元及原型盆地分析

中侏罗统西山窑组沉积期，准噶尔及邻区发育的沉积—构造单元如图 6-21 所示。

本节还需讨论前人对该区早—中侏罗世原型盆地性质归属的不同观点。有学者在盆地力学性质、几何形态、所处大地构造位置、基底性质、地层层序和沉积建造特征诸因素研究的基础上，将本区早—中侏罗世的伊宁、精河等"天山盆地"划归山间断陷盆地，认为其发育在造山带之上，受断裂和构造运动控制明显，一般为双断型，活动性较强，继承性较差；将准噶尔、吐鲁番、哈密、巴里坤—三塘湖和什托洛盖等"北疆盆地"划归类克拉通盆地，认为其发育在稳定地块之上，沉积范围较大，由基底断裂控制、形成多个沉积中心，靠近断裂的地方沉积厚度加大，一般为碟形，沉降幅度不大，继承性发育较好（靳久强等，1999）。

有研究认为，早—中侏罗世准噶尔盆地中央—北部属克拉通内盆地，其主要特征包括：

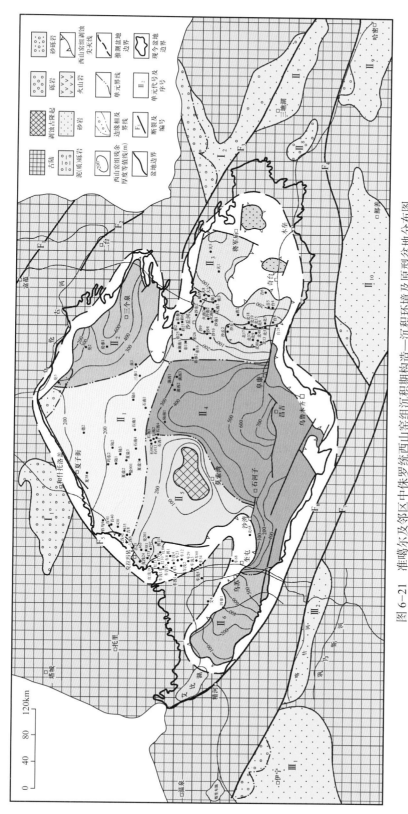

图6-21 准噶尔及邻区中侏罗统西山窑组沉积期构造—沉积环境及原型盆地分布图

F₁—额尔齐斯断裂；F₂—阿尔曼太断裂；F₃—克拉美丽断裂；F₄—天山北缘断裂；F₅—达尔布特断裂；F₆—艾比湖—巴音沟断裂；F₇—博罗科努—阿其库都克断裂；

准噶尔北东邻区沉积区：I₁—和什托洛盖陆盖陆内坳陷盆地；I₂—库普—纸房陆内断陷盆地；

准噶尔—吐哈沉积区：II₁—玛湖—石南斜坡带；II₂—乌伦古—三个泉坳陷；II₃—准东陆内坳陷盆地；II₄—昌吉坳陷；II₅—莫北隆起；II₆—四棵树坳陷；II₇—三塘湖陆内断

陷盆地；II₈—巴里坤陆内坳陷盆地；II₉—哈密密弱伸展陆内坳陷盆地；II₁₀—吐鲁番—鄯善陆内坳陷盆地；

准噶尔西南邻区沉积区：III₁—伊宁陆内山间断陷盆地；III₂—喀什陆内河陆山间断陷盆地

- 259 -

剖面上呈对称碟状凹陷，不受断层控制，盆地面积大；统一的凹陷，沉积厚度薄，仅稳定分布，变化不大；沉积速率比较低；热流值低，准噶尔盆地中部模拟的侏罗纪热流值低于 60mW/m²，低于 Kusnzir（1987）模拟的产生伸展断陷盆地的临界值，缺乏火山岩。而除三塘湖盆地属伸展断陷盆地外，准噶尔盆地南缘昌吉坳陷、吐哈盆地、焉耆盆地和伊宁盆地（大部分在苏联境内）都可能属弱伸展克拉通周边盆地（陈发景等，2000）。弱伸展克拉通周边盆地的主要特征包括：面积变化较大，如焉耆盆地面积为 15400km²，比典型伸展断陷盆地要大 5.4 倍，其宽度为 45km，比伸展断陷要宽 1.5 倍；盆地形态为不对称凹陷，由于盆地边缘遭受破坏，目前尚无法确定其边界是否发育控凹正断层，根据昌吉坳陷厚度稳定分布推测可能不发育控凹的边界正断层；整个盆地内缺乏像伸展断陷那样有次一级正断层的广泛分布；沉积速率为 100～140m/Ma，变化比较大；缺乏火山岩；根据焉耆盆地热史模拟，中侏罗世热流值为 71mW/m²，刚刚达到产生伸展断陷的古热流临界值。

还有研究认为早—中侏罗世准噶尔盆地是弱引张状态下山前的重力陷落山前坳陷盆地（罗金海等，2000），准东为断陷盆地。

笔者认为，上述观点和特征分析都有一定道理，只是采用了不同的原型盆地分类体系和术语而已。综合分析，这一时期，最为明显的沉积—构造格局变化是区内的构造抬升作用加剧，受北西、南东两个方向构造应力的挤压作用，三工河组沉积期发育的准南前缘坳陷在该期发生"东坳西隆"分化，瓦解成西山窑组沉积期的昌吉坳陷（Ⅱ₄）和莫北隆起（Ⅱ₅）两个单元，从而进入车—莫低隆起的隆起发育阶段；准西北缘冲断前缘超覆带消失，转而发育了玛湖—石南斜坡带（Ⅱ₁）；前期的乌伦古坳陷范围和沉积中心向东扩展，发展成乌伦古—三个泉坳陷；三塘湖盆地发展为陆内断陷盆地。西山窑组沉积期，准噶尔地区的原始沉积范围基本维持三工河组沉积期的面貌，最大的变化就是形成了莫北低隆起，以及车排子地区隆起古陆呈舌状又向盆内突进了一些。

在准噶尔北东、西南两侧邻区，原型盆地类型表现出向山间断陷盆地发展的特点，即在准噶尔北东邻区基本维持了早期原型盆地的性质，而在其西南邻区主要发育山间断陷盆地群，如伊宁陆内山间断陷盆地、喀什河陆内山间断陷盆地。它们普遍受引起天山内部差异性升降的同生断裂控制，往往属单边断陷盆地。

四、中—晚侏罗世（头屯河组—喀拉扎组沉积期）原型盆地特征及其演化

1.充填序列特征及构造—沉积环境发展演化

1）中侏罗世晚期（头屯河组沉积期）

中侏罗世晚期，古天山不断隆起，向准噶尔南缘供应物源，西缘、北缘物源可能来自西部及北部较远地区。在燕山Ⅰ幕运动的影响下，准噶尔盆地东、西、北部开始大幅度隆升褶皱，西北部及车—莫地区发生强烈抬升，沿车拐—莫索湾—陆南出现一个缺失中—上侏罗统的巨型低隆起——车排子—莫索湾低隆起（图 6-22），产生北东向分隔效应，将湖盆分割为南、北两个沉降带。北部沉降带主体在乌伦古压扭性陆内坳陷，呈北西向展布；

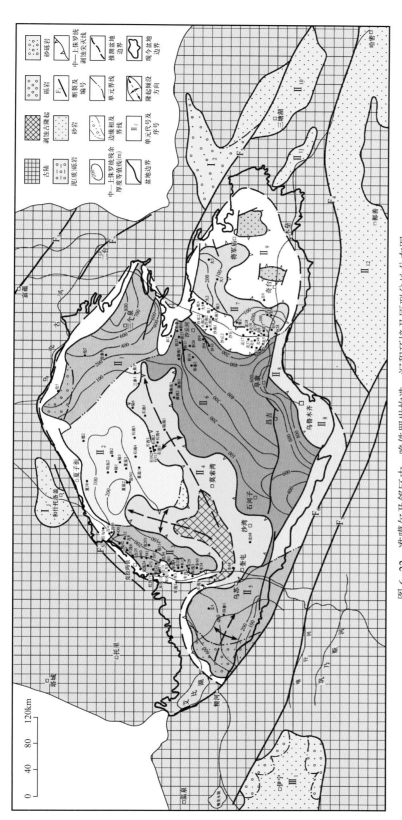

图6-22 准噶尔及邻区中—晚侏罗世构造—沉积环境及原型盆地分布图

F₁—额尔齐斯断裂；F₂—阿尔曼太断裂；F₃—克拉美丽断裂；F₄—天山北缘断裂；F₅—达尔布特断裂；F₆—艾比湖—巴音沟断裂；F₇—博罗科努—阿其克库都克断裂；

准噶尔东北邻区沉积区：I₁—和什托洛盖陆内坳陷盆地；

准噶尔区沉积区：II₁—乌伦古压扭性陆内坳陷；II₂—陆西斜坡；II₃—克拉玛依依压扭性陆内坳陷；II₄—车排子—莫索湾低隆起；II₅—四棵树坳陷；II₆—昌吉—五彩湾压

扭性陆内坳陷；II₇—吉木萨尔—大井坳陷；II₈—博格达前缘隆起；II₉—准东隆起；II₁₀—三塘湖陆内断陷盆地；II₁₁—巴里坤陆内坳陷盆地；II₁₂—吐

哈陆内坳陷盆地；

准噶尔西南邻区沉积区：III₁—伊宁陆内坳陷盆地

南部沉降带主体为昌吉—五彩湾压扭性陆内坳陷，呈北东向展布。同时造成头屯河组与下伏地层的区域性不整合接触，沉积沉降中心分别向东、向南迁移，乌伦古压扭性陆内坳陷沉积厚度为300～800m，昌吉—五彩湾压扭性陆内坳陷厚度为400～1300m。

头屯河组沉积期的充填地层主要分布于南缘地表，以头屯河—玛纳斯河发育较好；腹部、东北部、西北缘井下都有钻遇（图6-23）。南缘西段总厚540～560m，玛纳斯河红沟、乌鲁木齐头屯河及阜康县水磨河厚度分别为705.10m、528.6m和692.63m。充填序列以砂砾岩、细—粉砂岩、泥岩交互为主，中部夹泥灰岩、碳质泥岩或煤线，上部夹凝灰岩。在相带展布上，南缘为旱地扇—辫状河—辫状河三角洲—湖泊陡坡型沉积体系；东部变为曲流河—湖泊陡坡型沉积体系，缺少三角洲沉积；中部仅有零星冲洪积扇体，以滨浅湖相暗色砂泥岩组合为主；北部局部有边缘相，以充填辫状河流相砂岩组合为主，有小型浅湖残留。在湖泊扩张最大的时期，西边湖水可抵达四棵树坳陷，向东湖水侵漫了准东隆起的大部分地区。

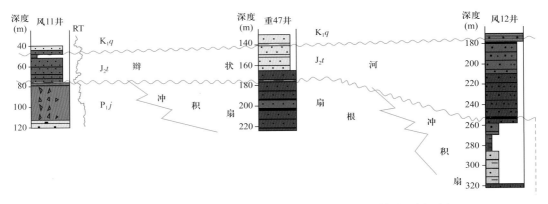

图6-23　准噶尔西北缘中侏罗统头屯河组岩相特征连井对比剖面图

期间，吐哈陆内坳陷盆地沉积范围继续向南、向东扩大，向北部有所收缩，并与哈密盆地连通为一体。沉积中心位于鄯善以北地区，沉积物以杂色砂质泥岩组合为主，主体为滨浅湖，中部出现半深湖—深湖相带，仅边缘地带有河流沉积。库普—纸房和三塘湖陆内断陷盆地开始收缩，伊宁、梧桐窝子等盆地内沉积厚度减薄。这些盆地内以冲洪积砂砾岩与河流相砂岩为沉积充填主体，次为小型湖泊，生活着介形类和大量轮藻植物，随汇水区逐步干枯，至本期末大都同步封闭。

2）晚侏罗世（齐古组—喀拉扎组沉积期）

上侏罗统齐古组—喀拉扎组沉积期，古气候干燥炎热，古天山及东、西准噶尔山系进一步隆起，沉积区与山区间地势差异逐渐增大，盆地腹部和西北局部成为剥蚀区；沉降区主要在北天山山前四棵树—乌鲁木齐一线、昌吉—五彩湾压扭性陆内坳陷、东部的大井、奇台、梧桐窝子和北三台等凹陷以及北部乌伦古压扭性陆内坳陷。湖泊迅速萎缩，沉积范围大面积缩小，充填地层主要在准噶尔南缘山前呈狭长带状分布，以昌吉坳陷和乌伦古坳陷沉积最厚，可达800m以上。

齐古组沉积期在准噶尔南缘周边局部有火山活动，齐古组中部普遍发育凝灰岩或凝灰质砂岩、古生物化石贫乏可能是此活动的反映。这表明在总的挤压背景下，局部发育弱伸展构造活动的环境。其充填地层主要出露在南缘东段，厚度在108～671m之间，以头屯河—玛纳斯河地区厚度最大；南缘西段厚150～315m。充填岩性为一套以河流相、泛滥平原亚相及湖泊相为主的陆相红色碎屑岩夹少量凝灰岩、凝灰质砂岩沉积，冲积相不发育，南缘昌吉一带、中部及东部为浅湖相带。

喀拉扎组沉积期，准噶尔周缘山系隆升达到最强烈阶段，地形高差加大，充填地层分布于南缘西段的紫泥泉子、古牧地及水磨河地区，厚度在15～800m之间，以喀拉扎山厚度最大，达855m，俗称"城墙砾岩"。充填岩性总体为一套旱地扇及间歇性河流相的棕褐—灰褐色砾岩、砂砾岩夹褐色泥岩及砾状砂岩，这套红色磨拉石建造反映了强烈抬升背景、近源快速沉积的特点。准噶尔北东邻区的和什托洛盖陆内坳陷盆地已抬升较强烈并遭受剥蚀，只有吐哈陆内坳陷盆地持续发育至沉积期末，其岩性和沉积厚度横向变化大，分布稳定的湖泊，早期为滨浅湖红色泥岩沉积，晚期则为红色砂岩充填，呈现出即将封闭的山麓冲洪积环境。

晚侏罗世末期，燕山Ⅱ幕构造运动更为强烈，周缘山系大幅度抬升，横亘盆地的车—莫低隆起定型，南部的冲断、推覆及褶皱带开始形成。侏罗系遭受大范围剥蚀，白垩系吐谷鲁群区域性不整合覆盖在侏罗系不同层位之上（图6-24）。

图6-24 准噶尔南缘石河子151团场紫泥泉子剖面
图示吐谷鲁群与喀拉扎组呈角度不整合接触及吐谷鲁群沉积层序露头特征与底界面标志

2. 中—晚侏罗世沉积—构造单元与原型盆地演变

中—晚侏罗世，准噶尔及邻区发育的沉积—构造单元如图6-22所示。

关于中—晚侏罗世准噶尔原型盆地类型，也存有争议。长期以来，许多地质学家认为准噶尔及邻区继承中生代特点，应为挤压型盆地或前陆盆地（孙少华等，1994；葛肖虹等，1997；吴因业等，1998）。有认为中侏罗统西山窑组沉积期结束时的中燕山运动是盆地类型的转型期，中—晚侏罗世该区在挤压性区域构造应力场的控制下经历了挤压型坳陷型盆地类型的发育和叠加（靳久强等，1999）。新疆油田准东公司认为准东地区为坳陷盆地。还有学者认为侏罗纪准噶尔盆地为伸展断陷—压扭盆地（何登发等，2018）。

对此，笔者综合研究认为，中—晚侏罗世为准噶尔及邻区原型盆地的转型期。从盆地形态结构来看，箕状基底及南厚北薄的沉积特征未变，但古气候和沉积环境发生了变化，气温逐步升高，湿度明显下降，向亚热带半干旱—干旱气候转化，沉积范围大大缩小，发育了一套以近源冲积或河流相为主的红层和砾石层，为粗碎屑红色建造（俗称"红侏罗"），并与下伏西山窑组呈区域性角度不整合接触。这种与早—中侏罗世截然不同的面貌，预示着盆地原型的演化发生了改变。

从构造活动来看，由于燕山运动的影响，晚侏罗世盆地经受了一次较强烈的北北东向挤压，来自准噶尔盆地北西、南东两侧的压扭应力进一步增强，天山沿其北缘断裂不断推覆隆升，车—莫地区遭受强烈隆起改造，中央局部隆升为古陆剥蚀区并最终定型而形成北东向展布的车—莫低隆起（Ⅱ₄）。在盆地北部乌伦古和东南部的昌吉—五彩湾地区形成了两个不对称箕状凹陷，其实质仍然是一种外压内拱、外坳内隆的压扭性陆内坳陷盆地。准噶尔北缘、西缘和南缘分别发育了乌伦古压扭性陆内坳陷（Ⅱ₁）、克拉玛依压扭性陆内坳陷（Ⅱ₃）和昌吉—五彩湾压扭性陆内坳陷（Ⅱ₆）三大压扭性盆地单元。准噶尔地区的原始盆地面貌在中—晚侏罗世最大的变化就是因车—莫低隆起格架定型而使盆内大面积剥蚀，西北缘沉积边界回缩至现今盆地边界位置附近。

这一时期，准噶尔东部的三塘湖陆内断陷盆地在晚侏罗世范围急剧缩小，吐鲁番与哈密地区向两侧大幅度扩展，贯通为一体而成为吐哈陆内坳陷盆地。准噶尔北东邻区的沉积盆地维持西山窑组沉积期盆地性质不变，而在准噶尔西南邻区，早期的喀什河陆内山间断陷盆地完全隆起封闭，伊宁地区转为陆内坳陷盆地。

第五节　准噶尔地区白垩纪原型盆地的形成与演化

早白垩世准噶尔及邻区又进入伸展型坳陷盆地发育阶段。资料表明，喜马拉雅运动奠定了地层展布南厚北薄的楔形地质结构，在上斜坡区形成了白垩系中的正断层组合，构造走向以近东西向为主。白垩系主要分布于克拉玛依以东、克拉美丽山南部及盆地南缘地区，周边各地出露程度不同，多数井下钻遇或钻揭，以盆地南缘和腹部地区井下层序最完整，呈平行或角度不整合覆盖于侏罗系之上。

从白垩纪开始，准噶尔北东及西南邻区全部隆升为陆地，准噶尔—吐哈沉积区也完全分离成准噶尔盆地与吐哈盆地两个独立的沉积区。据此笔者将全区重新划分为准噶尔陆内坳陷盆地沉积区和准噶尔周邻沉积区两个单元，分别进行讨论。

一、早白垩世原型盆地特征及其演化

1. 早白垩世沉积—构造单元及原型盆地类型

早白垩世，准噶尔及邻区发育的沉积—构造单元如图 6-25 所示。

关于本区早白垩世的原型盆地类型，有收缩型陆内坳陷盆地、山前坳陷盆地（罗金海等，2000），以及准东地区为坳陷盆地和白垩纪—古近纪准噶尔盆地为陆内坳陷盆地（何登发等，2018）等观点。

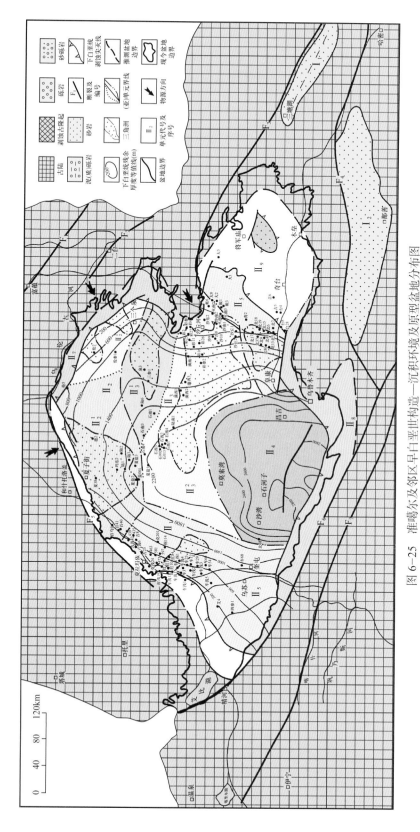

图6-25 准噶尔及邻区早白垩世构造—沉积环境及原型盆地分布图

F_1—额尔齐斯断裂；F_2—阿尔曼太断裂；F_3—克拉美丽断裂；F_4—天山北缘断裂；F_5—达尔布特断裂；F_6—艾比湖—巴音沟断裂；F_7—博罗科努—阿其库都克断裂；

准噶尔周邻沉积区：I_1—三塘湖陆内坳陷盆地；I_2—吐鲁番陆内坳陷盆地；

准噶尔陆内坳陷盆地沉积区：II_1—西部斜坡；II_2^1—北部斜坡；II_2^2—乌伦古斜坡；II_3—中部斜坡；II_3^1—三个泉鼻状构造带；II_3^2—滴水泉—英北鼻状构造带；II_4—南部坳陷；II_5—东部斜坡；II_6—车排子隆起；II_7—北缘隆起；II_8—南缘隆起；II_9—准东隆起

— 265 —

笔者研究认为，本区早白垩世进入中—晚侏罗世强烈挤压应力作用之后的松弛调整期，发展为准噶尔陆内坳陷盆地。构造—沉积环境也发生了巨大变化，早期形成的车—莫低隆起进入了稳定埋藏阶段，原始盆地边界除西北缘略外扩至达尔布特断裂外，基本维持晚侏罗世盆地面貌。受燕山运动影响，全区再次发生剧烈沉降，接受早白垩世近3000m的巨厚沉积。早白垩世原型盆地发育的最大特点是沉积沉降中心向南缘迁移至南部坳陷（Ⅱ₄），盆地周缘分别发育西部斜坡（Ⅱ₁）、北部斜坡（Ⅱ₂）及东部斜坡（Ⅱ₅），中部斜坡上分别发育三个泉、滴水泉—莫北两个鼻状构造带（图6-25）。邻区吐哈盆地夹在博格达山和觉罗塔格山之间，白垩纪是陆内坳陷盆地发育阶段。

2. 原型盆地沉积充填特征及其发展演化

1）准噶尔陆内坳陷盆地沉积区

早白垩世构造走向以近东西向为主，断裂活动相对较弱，仅盆边断裂受构造运动的作用继续活动，总体处在伸展构造环境中。盆地周缘的剥蚀区仍然保持中高山或低山丘陵，其中古阿尔泰山、古天山东段为低山丘陵区，地形起伏不大，水系较发育，以供给细碎屑物质为主；古天山西段地形起伏较大，北侧（准噶尔南缘及邻区盆地）的山前地带有粗碎屑堆积。由于重力恢复及长时间填平补齐式沉积作用，边缘坳陷已不明显，而以盆地腹部为中心做整体同心式下沉，南缘昌吉—莫索湾地区更加急剧沉降形成沉积、沉降中心，沉积厚度可达3500m，由南向西、北、东3个方向厚度快速减薄至尖灭（图6-25）。与下伏侏罗系除玛纳斯、紫泥泉子地区呈假整合接触外，其余均为区域性角度不整合接触（图6-24）；在西北缘乌尔禾和克拉玛依成吉思汗山西段山前地带超覆于古生界之上。

早白垩世充填序列吐谷鲁群自下而上可分为清水河组、呼图壁河组、胜金口组和连木沁组，充填厚度为170～1594m，各组之间均为整合接触。在南缘主要分布于昌吉地区头屯河东岸—乌苏县托斯台地区的第一排构造或单斜带上，以昌吉河—玛纳斯河、紫泥泉子最为发育。在西北缘自克拉玛依—百口泉—夏子街呈条带状延伸，在哈拉阿拉特山南麓至德仑山、艾里克湖间大面积出露，腹部陆梁、三个泉井下均有钻遇，厚86.6～361.7m，局部缺失清水河组沉积。在东北缘分布于滴水泉、五彩湾、沙丘河东—将军庙地区，厚115～385m。主要为浅湖相绿色、灰绿色和棕红色泥岩与灰绿色（块状）砂岩不均匀互层夹紫红色砂质泥岩条带，普遍发育灰绿色底砾岩（图6-26）。由老山边界至盆地中央，相带展布为冲积扇—辫状河—淡水湖泊陡坡型模式，呈水进体系沉积旋回。早白垩世为湿润、温暖型的温带—亚热带古气候，湖盆非常广阔。

受燕山运动Ⅲ、Ⅳ幕的影响，早白垩世早中期大量陆源碎屑沉积充填，晚期盆地抬升，曾一度夷平，普遍缺乏早白垩世晚期至晚白垩世早期的沉积，造成下白垩统吐谷鲁群与上白垩统在局部地区呈不整合接触（图6-27）。

2）准噶尔周邻沉积区

早白垩世，准噶尔周邻主要发育吐鲁番和三塘湖两大陆内坳陷盆地（图6-25）。吐鲁番陆内坳陷盆地夹在博格达山和觉罗塔格山之间，充填序列自下而上分为三十里大墩组、胜金口组和连木沁组。主要发育淡水湖相、河湖相带，盆地的中部、南部为淡水湖相砂质泥岩、泥岩、粉砂岩及砂岩，厚度一般为200～1000m。三塘湖陆内坳陷盆地以河湖相砾岩、砂岩和泥岩为主，厚度为60～270m；在西北缘局部地段为冲积扇相砾岩夹砂岩、砂砾岩，厚度为44m。

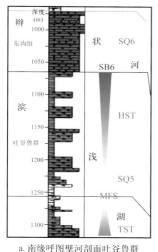

a. 南缘呼图壁河剖面吐谷鲁群充填层序特征

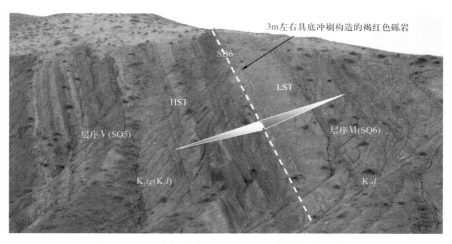

b. 南缘四棵树地区托斯台剖面(吐谷鲁群中上部露头及层序V特征)

图6-26　准噶尔盆地南缘下白垩统吐谷鲁群露头剖面及沉积充填层序特征

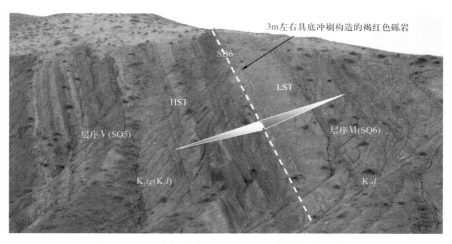

图6-27　准噶尔南缘石河子151团场紫泥泉子剖面
吐谷鲁群与东沟组呈不整合接触、吐谷鲁群上部（层序V）、东沟组下部（层序VI）露头特征及层序VI底界面（SB6）标志

二、晚白垩世原型盆地特征及其演化

1. 晚白垩世沉积—构造单元及原型盆地类型

晚白垩世，准噶尔及邻区发育的沉积—构造单元如图6-28所示。

关于晚白垩世准噶尔的原型盆地类型，有陆内坳陷盆地（何登发等，2018）、再生前陆盆地，以及准东地区晚白垩世—古近纪为差异沉降盆地等观点。

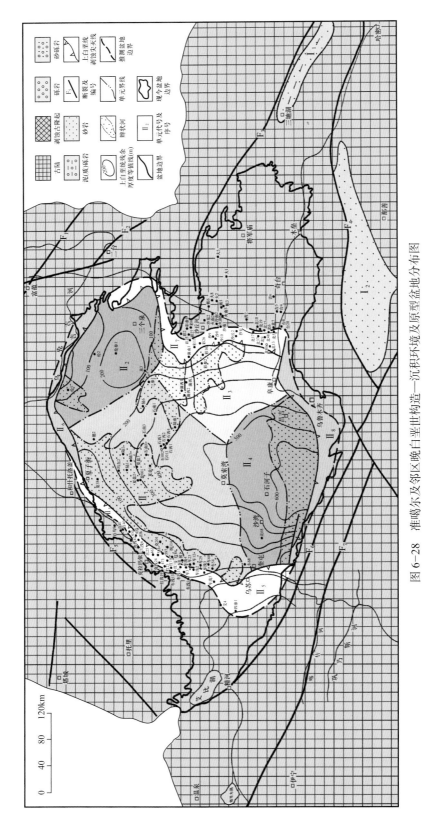

图 6-28 准噶尔及邻区晚白垩世晚期构造—沉积环境及原型盆地分布图

F₁—额尔齐斯断裂；F₂—阿尔曼太断裂；F₃—克拉美丽断裂；F₄—天山北缘断裂；F₅—达尔布特断裂；F₆—艾比湖—巴音沟断裂；F₇—博罗科努—阿其库都克断裂；

准噶尔及周邻沉积区：I₁—三塘湖陆内坳陷盆地；I₂—吐鲁番陆内坳陷盆地；

准噶尔收缩型陆内坳陷盆地沉积区：II₁—中西部陆内坳陷盆地沉积区；II₂—乌伦古古坳陷；II₃—东部斜坡；II₄—南部坳陷；II₅—西缘隆起；II₆—北缘隆起；II₇—东缘隆起；II₈—南缘隆起

笔者初步研究认为，晚白垩世受燕山运动Ⅲ幕的影响，准噶尔原型盆地进入了收缩型陆内坳陷盆地发育阶段。这一时期原型盆地发育的最大特点是盆地整体剧烈抬升，南缘沉积由早白垩世的近 3000m 减薄至晚白垩世的 800 余米，西北缘、东北缘沉积厚度则由近千米减至不足 200m。沉积沉降中心虽仍在南缘，但已向腹部莫索湾迁移扩展，总体为南北两大坳陷、中西部与东部两个斜坡、周缘 4 个冲断隆起的沉积—构造格局（图 6-28）。

2. 原型盆地沉积充填特征及其发展演化

1）准噶尔收缩型陆内坳陷盆地沉积区

晚白垩世东沟组沉积期原型盆地面貌已有较大改变，当时盆地的范围及沉积分布明显缩小，西北缘红山嘴—夏子街地区、南缘原始边界退缩至现今盆地边界附近，南东部边界大幅度缩小至乌鲁木齐—北三台—沙丘河一带，故西北缘车排子、南缘四棵树和东部隆起区的大部分地区缺失沉积，与下伏吐谷鲁群在局部地区呈角度不整合接触（图 6-27）。由其辫状河等近边缘相砂体分布判断，其原型盆地沉积范围要略大于现今的残余地层区域。周缘山系以低山丘陵地貌为主，古天山中段地形起伏较大，有部分粗碎屑注入两侧盆地，周缘低地平原进一步扩展。湖盆水体范围已相当广泛，西起乌苏、东到北三台—彩南、北从三个泉南到南缘第三排构造带都有浅水湖泊分布，而盆地北部主要为洪积平原及滨湖。沉积中心位于盆地南缘呼图壁河—莫索湾一带，沉积最厚可达 1000m，由南缘沉积中心向西、北、东 3 个方向厚度逐渐减薄至尖灭。构造走向以近东西向为主，盆内断裂不发育，仅盆地南缘和乌伦古坳陷的盆边断裂有些活动。

这一时期，充填序列东沟组在盆地南缘主要分布于昌吉—沙湾市之间的第一排构造或单斜带，以及乌鲁木齐以东的阜康县水磨沟西、古牧地构造西南翼，总体为一套河流相、冲积扇相、扇三角洲相、滨浅湖亚相的灰棕色、灰红色和灰色砾岩及红色砂砾岩粗碎屑夹红褐色砂质泥岩（图 6-29），或是砾岩及砂质泥岩沉积，富含钙质结核，厚度为 43～125m，由西向东变薄。在盆地西北缘、北部和东部分布于乌尔禾南艾里克湖东岸至德仑山地区，为河湖相灰白色砂岩与石英砾岩、砂砾岩的不均匀互层，夹棕色和棕黄色泥岩、砂质泥岩，自北向南厚度逐渐增大（60～263m）。盆地中部为淡水湖泊相泥岩、砂质泥岩夹砂岩，厚度为 250～300m。在湿润、温暖型的温带—亚热带古气候下，岩相展布总体以河

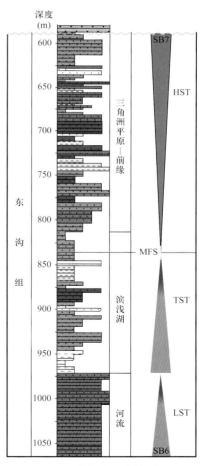

图 6-29　准噶尔盆地南缘呼图壁河剖面东沟组充填层序沉积特征

流—湖泊相为主，淡水湖泊相和冲积扇相次之。

2）准噶尔周邻沉积区

邻区吐鲁番陆内坳陷盆地，晚白垩世充填序列为库穆塔克组、苏巴什组，以山麓冲积扇相—河流相—湖泊相过渡型沉积为主。盆地北部为山麓相—河流相砾岩、砂岩及砂质泥岩，厚度为 110～250m；南部吐鲁番—鄯善一带为河流—湖泊相块状细砂岩、砂岩、砂质泥岩、泥岩夹砾岩，含恐龙类、龟类及大量介形类化石。在鲁克沁一带厚度最大，厚度为 215m。

三塘湖陆内坳陷盆地充填序列为红砾山组，以河湖相复矿砂岩、砂砾岩为主，夹薄层泥岩；下部夹石灰岩薄层或透镜体，并含较多钙质结核，顶部含钙质结核，厚度为242～283m。

第六节　准噶尔地区新生代原型盆地的形成与演化

准噶尔盆地及邻区新生代均为陆相充填沉积。古近系—新近系有着广泛和不同程度的分布，以盆地南缘发育和出露得最好，最大厚度达 5250m；第四系则全区分布，厚度不一（王得林，2000）。资料表明，新生代的喜马拉雅运动重点作用于盆地南缘，造成盆地南降北升，掀斜作用明显，形成典型的箕状盆地结构。因此新生代准噶尔及邻区的原型盆地与构造格局进一步遭受了古近纪、新近纪—第四纪阶段性质各异盆地的叠合与改造。

一、古近纪（紫泥泉子组—安集海河组沉积期）原型盆地特征及其演化

1. 古近纪沉积—构造单元及原型盆地类型

古近纪紫泥泉子组—安集海河组沉积期，准噶尔及邻区发育的沉积—构造单元如图 6-30 所示。

关于古近纪准噶尔的原型盆地类型，有研究认为侏罗纪至新近纪是一个自南向北扩展的东西向山前坳陷盆地（罗金海等，2000），是伴随着造山带前陆逆冲活动而发生的挠曲坳陷成盆机制。另一个观点认为白垩纪—古近纪准噶尔盆地是一个收缩型坳陷盆地。还有观点认为晚白垩世—古近纪准东地区应属差异沉降盆地，邻区吐哈盆地古近纪处在山前坳陷盆地发育的晚期阶段，古近纪准噶尔盆地属陆内坳陷盆地（何登发等，2018）。

笔者认为，古近纪准噶尔为一碟形陆内坳陷盆地，原型盆地发育的主要特点是"一隆两坳"的沉积—构造格局（图 6-30），大致呈北西—南东向展布。准噶尔南东侧、北东及西南邻区均发育陆内坳陷盆地。吐哈陆内坳陷盆地剖面结构呈北厚南薄的楔形，受两侧山脉差异隆升的影响，以北东和北西向两组断裂为界，表现为由吐鲁番坳陷、哈密坳陷和了墩隆起构成的"二坳一隆"构造格局。

2. 原型盆地沉积充填特征及其发展演化

古近纪受燕山运动Ⅲ幕（又称准噶尔运动）影响，盆缘古近系—新近系与下伏白垩

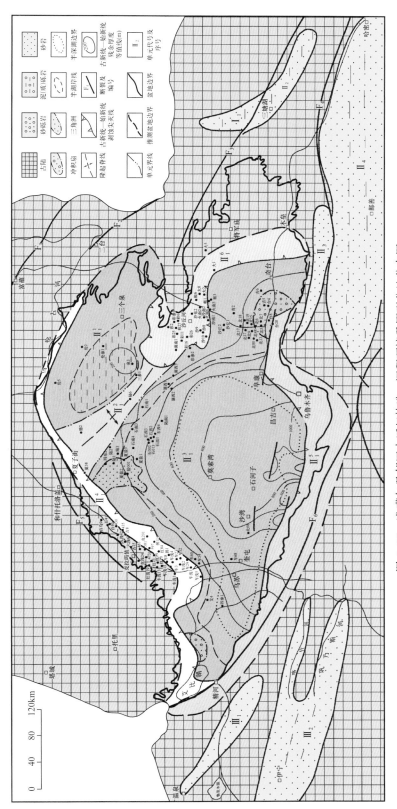

图6-30 准噶尔及邻区古近纪构造—沉积环境及原型盆地分布图

F₁—额尔齐斯断裂；F₂—阿尔曼大断裂；F₃—克拉美丽断裂；F₄—天山北缘断裂；F₅—达尔布特断裂；F₆—艾比湖—巴音沟断裂；

准噶尔北东邻区沉积区：I₁—库普陆内坳陷盆地；

准噶尔—吐哈沉积区：II₁—准噶尔陆内坳陷盆地；II₁¹—乌伦古坳陷；II₁²—陆梁隆起；II₁³—南部坳陷；II₁⁴—西北缘隆起；II₁⁵—南缘隆起；II₁⁶—陆东—大井隆起；

准噶尔西南邻区沉积区：III₁—温泉陆内坳陷盆地；

II₂—准噶尔喋形陆内坳陷盆地；II₃—博格达陆内坳陷盆地；II₄—吐哈陆内坳陷盆地；

II₂—三塘湖陆内坳陷盆地；III₂—伊宁陆内坳陷盆地

- 271 -

系之间多为区域性角度不整合接触（图6-31）。构造走向以北西向为主，盆内断裂不发育，仅盆地南缘断裂有些活动。早期以抬升为主，准噶尔湖盆进一步向盆地南缘收缩，北半部沉积普遍减薄；晚期以坳陷为主，随削高填低和盆地下沉，湖盆沉积范围进一步扩大，原始盆地边界推测应在艾比湖—巴音沟断裂带以南，接受了南部较为广布的浅湖亚相泥岩，而西北缘西北部和东缘大部分地区缺失。全区地势较平坦，沉降、沉积中心位于安集海—昌吉一带，最厚可达1800m，由南向西、北、东3个方向厚度逐渐减薄，形成楔形的盆地结构。这一方面表明沿北天山山前沉降幅度较大，另一方面表明盆地西北、东北缘、博格达山等造山带并未大幅度隆升，或者说向盆地掩冲不强烈，反而地层向早期的冲断体之上逐渐超覆，这种现象表明古近纪该地区并未处于挤压环境。

古新世—始新世（紫泥泉子组沉积期），发育充填序列下部紫泥泉子组，其自北天山山前准南缘东部—西部托托地带均有分布，以呼图壁河—紫泥泉子最为发育；总体为一套稳定型河流—湖泊相棕红色和褐红色砂质泥岩、泥灰岩夹灰红色砂岩、砾岩层，底部为一层棕黄色灰质砾岩（图6-31）。相带展布由盆缘向盆内表现为辫状河—曲流河或辫状河三角洲—湖泊相缓坡型模式，辫状河三角洲主要分布于紫泥泉子以东，曲流河三角洲主要分布于安集海—霍尔果斯一带；以呼图壁—玛纳斯为沉积中心的其他地区，发育小的浅水半咸水湖泊沉积。

图6-31 准噶尔盆地南缘石河子151团紫泥泉子—国防公路剖面
紫泥泉子组与东沟组呈不整合接触，紫泥泉子组下部（层序Ⅶ）、东沟组上部（层序Ⅵ）露头特征及层序Ⅶ底界面（SB7）标志

渐新世（安集海河组沉积期），气候变潮湿，湖水被冲淡，湖域扩大，水体变深，但仍局限于盆地南部。充填序列上部安集海河组主要为一套厚度不大的滨浅湖—半深湖亚相灰绿色、深灰色、黄绿色泥岩夹浅灰色泥灰岩、介壳灰岩、薄层砂岩和砾岩，局部出现深湖沉积环境，形成厚达400m的暗色泥岩，呈稳定下沉的准平原地貌。其岩性岩相稳定，富产双壳类、腹足类、介形类和轮藻化石，与下伏地层呈整合接触。

这一时期，盆地北半部为风蚀荒漠平原，自下而上充填红砾山组及乌伦古组，前者为一套河湖相褐色、灰绿色和棕紫色砂泥岩、砾岩沉积，后者为一套河湖相灰绿色、黄灰色砂岩夹粗砂岩及少量棕褐色泥质粉砂岩。边缘相分布局限于南缘艾比湖东、吉木萨尔—北三台及乌尔禾等地，总体上属红色—杂色复陆屑建造。

准噶尔南东侧的吐哈陆内坳陷盆地，古近纪充填序列分别由台子村组、大步组、十三间房组、连坎组、渐新统组成，胜金口—巴坎一带为砂岩、泥岩夹石灰岩、泥灰岩，含哺乳类化石，产层多，属种丰富。

在准噶尔北东邻区和西南邻区沉积区，古近系仅见于额尔齐斯河南的卡拉吉拉一带，以泥岩为主，厚10～13m，含丰富的针叶—阔叶植物化石。

二、新近纪—第四纪原型盆地特征及其演化

1. 新近纪—第四纪沉积—构造单元及原型盆地类型

新近纪—第四纪，准噶尔及邻区发育的沉积—构造单元如图6-32所示。

关于新近纪—第四纪准噶尔的原型盆地类型，分歧较大，争议激烈。一种观点认为，新近纪—第四纪，渐新世末期喜马拉雅I幕构造运动，使北天山及博格达山开始发生强烈隆升，并向盆地冲断推掩，沿整个准噶尔南缘造成前渊基底挠曲下沉，形成了陆内造山型的前陆盆地。该构造阶段发展过程中共经历了五幕重要的构造运动，第四纪的西域运动（V幕）对北天山的上升及前陆挠曲下沉影响最大。其他观点，尚有复活碰撞前陆盆地（或称再生前陆盆地）、晚期前陆盆地（何登发，1995）、前陆型陆相盆地、类前陆盆地（雷振宇等，2001），以及准东地区属再生前陆盆地、属陆内前陆盆地（何登发等，2018）等观点（蔡忠贤等，2000；何登发等，1999；扬克明等，1992；雷振宇等，2001；何登发等，2004），一些国外学者曾将这类盆地称为碰撞后继盆地（Collisional Successor Basin；Hendrix et al.，1992；Graham et al.，1993）。

前人提出的"复活／碰撞／再生前陆盆地"等名词，主要目的是与准噶尔盆地演化过程中中—晚二叠世的前陆盆地相区别。中文里所谓"复活或再生"，含有在原来基础上演化出来的意思。笔者研究认为新近纪—第四纪是挤压、走滑及其相关变形的主要发生期，沉积盆地的边界在该期最终形成，内部格局最终铸就。如图6-6和图6-8所示，中—晚二叠世存在准西北缘、准南缘和准东北缘三大前陆盆地。新近纪—第四纪则形成了统一的前陆盆地。就沉积—构造格局而言，早—中二叠世具多个沉积沉降中心、隆坳分割的特征，准南缘前陆盆地的沉积沉降中心在南缘东部玛纳斯—乌鲁木齐一带，而新近纪—第四纪前陆盆地的沉积沉降中心在南缘西部四棵树—沙湾一带。早—中二叠世以发育挤压性的周缘前陆盆地为主，充填沉积厚度为1000～1500m，最大不足2000m；而新近纪—第四纪则发育压扭性的陆内前陆盆地，是由于北天山的强烈隆升扩展，在山体北缘沿老的逆冲带形成大规模的叠瓦状逆掩断褶带，在逆掩席重力负载作用下，使准噶尔南部地壳挠曲下沉而形成的不对称山前坳陷型盆地，沉降中心南移，充填沉积厚度为2000～4200m，最大达4500m（图6-32），由冲积扇和冲积平原组成红色造山磨拉石建造。可见虽然都发育了前陆盆地，但其盆地分布范围、沉积沉降中心位置、充填厚度与成盆动力学机制却明显不同。

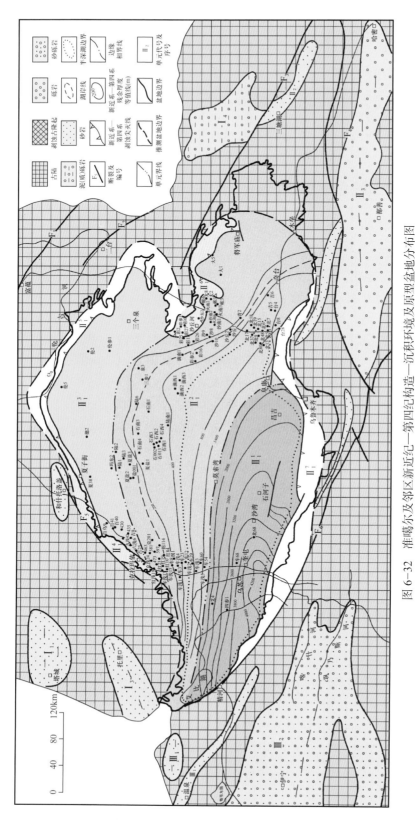

图 6-32　准噶尔及邻区新近纪—第四纪构造—沉积环境及原型盆地分布图

F₁—额尔齐斯断裂；F₂—阿尔曼大断裂；F₃—克拉美丽断裂；F₄—天山北缘断裂；F₅—达尔布特断裂；F₆—艾比湖—巴音沟断裂；F₇—博岁科努—阿其库都克断裂；

准噶尔北东邻区沉积区：I₁—塔城陆内坳陷盆地；I₂—和什托洛盖陆内坳陷盆地；I₃—托里陆内坳陷盆地；I₄—库普—纸房陆内坳陷盆地；

准噶尔—吐哈沉积区：II₁—准噶尔陆内前陆坳陷；II₁¹—准南缘陆内前陆盆地；II₁²—中部前缘斜坡；II₁³—北部前缘隆起；II₁⁴—克拉玛依—夏子街隆起；II₁⁵—红岩隆起；
II₁⁶—沙丘河—大井隆起；II₁⁷—南缘隆起；II₂—三塘湖陆内前陆盆地；II₃—吐哈陆内前陆盆地；

准噶尔西南邻区沉积区：III₁—温泉陆内坳陷盆地；III₂—伊宁陆内坳陷盆地；III₃—温泉（北）陆内坳陷盆地；

- 274 -

因此，笔者依据前述第二章中的前陆盆地分类原则和判别标准分析，新近纪—第四纪在喜马拉雅期构造运动的压扭应力作用下，准噶尔已演变为一压扭性陆内前陆盆地。从剖面结构来看，中新世—更新世盆地南缘发育不对称的单一山前坳陷。平面上，靠近山前冲断带，中新世—更新世沉积厚度大，向前陆方向减薄，呈楔状体分布（图6-33）；至更新世末期，单一型山前坳陷进一步被褶皱冲断带改造为目前2～3个宽阔向斜和期间狭窄背斜（图6-34）。剖面上，从山前至前陆白垩纪—古近纪的沉积厚度变化不大，而中新世—更新世沉积厚度变化剧烈，表明该陆内前陆盆地的发育时限为中新世—更新世，而白垩纪—古近纪时应为陆内坳陷盆地。

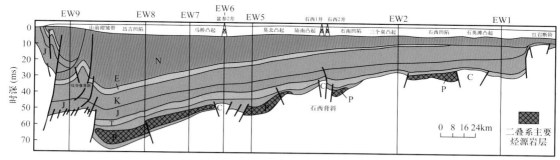

图6-33 准噶尔盆地SN6区域地震大剖面示意图

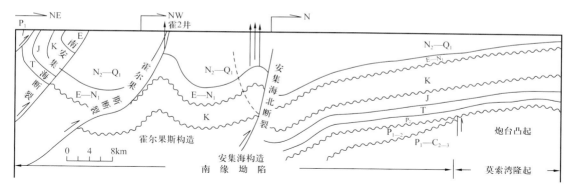

图6-34 准噶尔南缘中新世—更新世山前坳陷构造几何形态示意图（据陈发景等，2004）

这一时期，原型盆地发育分布的主要特点是自南向北可划分出准南缘压扭性陆内前陆坳陷、中部前缘斜坡、北部前缘隆起三大完整的单元，盆地呈南侧厚、向北急剧减薄的楔形结构，构造轴线呈北东—南西向展布。准噶尔南东侧分别发育了三塘湖和吐哈压扭性前陆盆地，北东及西南邻区仍继承古近纪特征，均发育了陆内坳陷盆地。推测其原始沉积范围西北缘北界位于达尔布特断裂带附近，南界又退缩至艾比湖—巴音沟断裂带一线，其余与现今盆地边界位置相当。

2. 原型盆地沉积充填特征及其发展演化

自新近纪起，受喜马拉雅运动影响，山体强烈隆升，准噶尔盆地呈以冲洪积、冲积—湖积为主的低地平原，地貌格局已与现代相近，克拉玛依—克拉美丽一线以北大部分地区已成隆起剥蚀区。盆地的沉积收缩至南缘沿天山一线，其沉降、沉积中心已向西迁移至南缘西部的四棵树—沙湾一带；第四纪又迁至南缘西部艾比湖地区，厚度可达3750m以上，巨厚的沉积构成了盆地南缘新生代沉积凹陷，由其向西、北、东3个方向厚度逐渐减薄至尖灭。区域构造走向以北西向为主，盆内断裂总体并不发育，仅压扭应力在盆地南缘形成了喜马拉雅期成排成带的褶皱和断裂，霍—玛—吐重力滑脱断裂间歇性活动；北缘由于一些基底断裂受其影响而复活，致使上覆浅层形成了一些平缓的低幅度背斜构造；博格达冲断推覆带活动加剧并定型，并使盆地腹部众多的燕山期形成的低幅背斜倾斜加大而成为鼻状构造。气候由中新世的暖温带为主转为上新世的温带—暖温带干燥、温凉气候。

新近纪，原始沉积范围扩大到整个盆地，与下伏渐新统在局部地区呈角度不整合接触。沙湾组沉积期，由于喜马拉雅运动的影响，边缘抬升剧烈，湖域范围锐减，沉积特征由欠补偿的持续下沉，转化为均衡补偿的稳定下沉。以玛纳斯河—安集海一带沉积发育最佳，主要为褐红色或棕红色砂质泥岩，以及灰红色和灰绿色砂岩、砾岩、团块状灰岩及钙质结核层，总体呈向上变细的湖进型沉积序列（图6-35），沉积体系总体为冲积扇—交织河—扇三角洲或辫状河—辫状河三角洲—湖泊缓坡型模式。冲积扇分布于南缘靠山前地带，紧邻扇体为辫状河沉积，卡6井区发育辫状河河道亚相。独南与独山子地区以辫状河三角洲、辫状河和扇三角洲平原沉积为主，间夹扇三角洲前缘和前扇三角洲及湖泊沉积。西湖背斜、乌苏一带地形坡降小，以曲流河三角洲、交织河沉积为主，偶夹湖泊沉积。独山子背斜、独南背斜、安集海背斜、霍尔果斯背斜与霍尔果斯河一带、呼图壁背斜及呼图壁一带均有辫状河三角洲分布；湖泊相较安集海河组沉积期大为缩小。

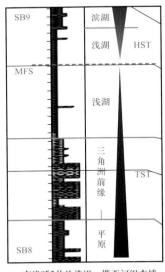 

a. 南缘呼2井沙湾组—塔西河组充填　　b. 南缘霍尔果斯河剖面(沙湾组与塔西河组露头层序及顶界面SB10特征)
　　层序特征(层序Ⅷ)

图6-35　准噶尔南缘沙湾组—塔西河组充填层序及其在安集海背斜南翼露头特征

塔西河组沉积期，构造环境相对稳定，地形高差进一步缩小，表现为持续下沉、均衡补偿间或有欠补偿现象发生，湖域范围有所扩大。充填厚度在南缘吐谷鲁河至独山子比较稳定，以塔西河发育最佳，厚度一般为100～300m，自南向北加厚，向东厚度急剧变薄；井下在卡因迪克附近可达900m。充填岩性主要为灰绿色泥岩、砂质泥岩夹砂岩、介壳灰岩和泥灰岩（图6-36），为辫状河/交织河—辫状河三角洲—湖泊缓坡型模式，局部为水下扇相。辫状河分布于巴音沟—博尔通沟—东湾一线以南，交织河分布于独南背斜以西、独山子以南、巴音沟以北的地区；辫状河三角洲分布于第二排背斜带及前两者以北、以东地区。独1井、独2井附近发育水下扇沉积，西湖背斜、安集海、呼图壁等地均为滨浅湖沉积。

图6-36　南缘奎屯河西岸独山子（独山子背斜北翼）剖面（塔西河组上部层序露头特征）

独山子组沉积期，湖盆萎缩、分割，形成南缘山前磨拉石沉积，独山子组以玛纳斯河至独山子一带沉积最厚，主要为山麓冲积相和河流相苍棕色、褐黄色砂质泥岩、砂岩夹灰绿色砾岩，与下伏塔西河组为连续沉积，与上覆西域组呈角度不整合接触关系（图6-37）。

图6-37　准噶尔南缘151团场国防公路旁剖面（独山子组上部层序露头特征及顶界面标志）

第四纪充填序列主要为一套西域组砾岩及中—上更新统土黄色未胶结的黏土和砂砾堆积，在准噶尔盆地广泛分布和发育，呈戈壁荒漠的地理景观。

准噶尔南东侧的吐哈压扭性前陆盆地，新近纪充填序列自下而上划分为桃树园组、葡萄沟组，分布较广，岩性较粗，厚度在千米以下。其中以火焰山一带最发育，在中细碎屑岩中夹膏泥岩。准噶尔西南邻区的伊宁陆内坳陷盆地为河湖相山间盆地沉积。

第七节　原型盆地叠加改造、演化特征与油气成藏背景探讨

一、准噶尔地区原型盆地的叠加改造、演化特征

前述主要讨论了准噶尔地区二叠纪以来的原型盆地形成与演化过程。总体来看，在晚石炭世准西北缘残余洋消亡以后，发生了强烈的弧陆碰撞过程与造山活动。二叠纪先后经历了以下演化过程：（1）佳木河组—风城组沉积期的碰撞后调整过程，部分具有短暂松弛特征，伴随陆相火山喷发，盆地表现出分割性；（2）夏子街组沉积期、下乌尔禾组沉积期的幕式冲断活动，构造沉降具有加速—快速—慢速的周期性活动特点，前陆盆地体系形成、范围逐渐扩大；（3）上乌尔禾组沉积期的强烈推覆活动，不但发生大规模的逆冲推覆，并且在冲断推覆体的前缘形成了面积广大的冲积扇群，前陆盆地达到其最强盛时期。因此，在早期拉张、晚期挤压的背景下，准噶尔盆地二叠纪的冲断活动表现出前展式特点，早期佳木河组—夏子街组向乌夏一带逐渐超覆，但在下乌尔禾组沉积末期，这些地层也卷入变形，构造—充填沉积演化表现出前陆盆地的典型发育历程。

晚海西运动主幕对准噶尔地区二叠纪盆地演化的影响主要有3个方面：（1）造成区域隆升，使本区发生不均衡抬升，特别是西北缘、东部抬升幅度大，时间早，造成下二叠统、上二叠统之间的不整合；（2）博格达早二叠世的残留海水退出而结束海侵历史，整个盆地全部转入陆相沉积；（3）盆地由早二叠世隆坳分割的局面渐趋转化为统一的大型内陆湖盆。但在整个坳陷盆地发育过程中，由于叠加了周缘活动带对盆地产生的挤压作用影响，从而对统一的坳陷盆地造成了一定程度的改造。二叠纪末期，海西晚期运动造成盆地整体抬升，其中东部抬升和剥蚀时间均要早或长于南缘和西北缘。盆地完全与外海隔绝，形成前陆型陆相盆地，产生了盆地中的北西西向及近东西向的大型隆起与分割性的大型坳陷。之后均衡下沉接受统一的三叠纪沉积，湖盆范围较中—晚二叠世时更为扩大。从整个二叠纪的沉降中心看，由佳木河组沉积期至乌尔禾组沉积期存在明显的东移趋势。

三叠纪表现为在总体弱沉降背景下的退覆式冲断活动，其中西北缘的断裂活动、古流向变化特征与沉积充填特点清楚地再现了冲断活动的逐渐减弱特征，但仍可见到完整的前陆盆地体系。退覆式冲断活动也具有幕式特点，晚期的冲断作用仍较强烈，表现在以下几个方面：（1）断裂活动呈后退式，反映挤压活动的逐步减弱；（2）相应的物源区也在后退，河流具有溯源侵蚀特点；（3）每一时期的活动具有周期性，再现出4个幕式

冲断活动特征；（4）不同带之间的活动差异明显，其间常为水体稍深部位的沉积。

印支运动对准噶尔盆地及邻区三叠纪盆地演化有重要影响，表现为盆地周边的主控断裂除了同生性活动外兼有明显的左、右扭动，盆地北缘一些主控断裂还表现出强烈的推覆活动，克—夏推覆体就主要是在印支期发育起来的。盆地总体以坳陷作用为主，在西缘特别是安集海一带及南缘东部博格达叠加了一定程度的逆冲推覆，并对东部地区产生了比较明显的影响。三叠纪末期，盆地发生整体抬升，形成了三叠系和侏罗系之间的区域性不整合。之后进入燕山构造层的发育和演化。由二叠纪的前展式冲断活动，到三叠纪断裂的退覆式冲断活动发育，完整地揭示了一个前陆冲断带由盛而衰的活动过程。与此相应的是，前陆盆地系统由分割到统一，由不对称充填到完整掩埋。三叠纪末期的构造隆升造成了冲断带及其后缘造山带较大强度的削顶与剥蚀。

侏罗纪处于早期弱伸展、晚期西北缘及南缘和东北缘压扭构造作用的背景之下，以坳陷作用为主，应力松弛占主导地位。早—中侏罗世，由应力松弛造成了微拉张的伸展环境，张性断裂在天山一带及两侧形成，地壳均衡作用十分活跃，在其影响下，天山造山带虽高差不大，但仍持续抬升，抬升速率与剥蚀达到平衡，为山间和山前盆地提供大量碎屑。而两侧的山前断陷盆地则在沉积负载下，沿断裂不断沉降，接收了巨厚的沉积。此时的莫霍面形态和运动方向与地表的造山带和盆地形成了很好的镜像反映。早—中侏罗世之后，二次俯冲挤压旋回开始，在持续增加的挤压力下，天山及山间盆地褶皱隆起，而山体两侧的盆地由弱伸展陆内断陷—坳陷型变为挤压—压扭坳陷型。在压扭应力控制下，山前带也逆冲抬升、盆地萎缩，并背离造山带向两侧迁移。因此侏罗纪是西北缘前陆盆地的消亡期，在冲断系统的楔顶部位有超覆沉积，而向盆内则主要成为坳陷盆地。其原型盆地是横向和垂向上两种地壳运动结合的产物。地壳均衡调整在水平地壳运动（北天山褶皱带的活动及盆地发育的相向运动）参与下控制盆地发育是侏罗纪原型盆地形成的动力来源。

侏罗纪中晚期、末期的燕山（Ⅱ幕）运动对整个侏罗纪盆地演化影响较大，主要表现为以下几个方面：（1）形成了乌伦古和四棵树两个侏罗纪沉积凹陷，其中乌伦古凹陷呈北西走向，侏罗系厚度可达2500m，四棵树凹陷呈东西走向，侏罗系厚度可达1600m；（2）侏罗纪沉积由东向西呈楔形体逐渐减薄，在南北方向以陆梁隆起为界，向南、北两个方向呈楔形体逐渐增厚；（3）在盆地西北缘、南缘和东部地区，承受了一定挤压、扭压应力，形成了一系列冲断、褶皱、不整合及超覆等构造组合，尤其是在腹部侏罗系内部形成了一系列的正断层，拉张作用明显；（4）盆地频繁抬升，振荡运动极为显著，形成了横亘盆地的北东向车—莫低隆起和多套储盖组合；（5）中—晚侏罗世准南缘沉积幅度大、沉积物堆积厚，其中西山窑组含煤最丰富，有数十层煤，多为中厚层状，也有巨厚层发育，可采煤层数十米至数百米，有机质丰富，为最大一次聚煤期，形成盆地南缘重要的油气源岩。

综观整个侏罗纪，当时准噶尔的沉积边界虽远大于现今的盆地边界，但仍基本以周边山脉为限，山脉剥蚀碎屑为其提供了充足的物源。其沉积作用主要受哈拉阿拉特山古水系、扎伊尔山古水系、克拉美丽古水系、乌伦古北部古水系、德仑山古水系、四棵树古水系、依林黑比尔根山古水系、博格达古水系八大古水系控制。以扎伊尔山和哈拉阿拉特山组成的西北物源体系覆盖面最大，物源供给以酸性岩、变质岩、中基性岩碎屑为主；其次为克拉美丽山、东部古隆起和博格达山组成的物源体系，也以酸性岩、中基性岩碎屑为主；北部德仑山、顶山和东北部青格里底山组成的物源体系较弱，但物源中变质岩碎屑大量存在；南部伊林黑比尔根山物源供给最弱，仅对南缘的沉积充填略有影响。腹部陆梁—莫北地区的物源主要来自其东边的克拉美丽和北部德仑山地区，是克拉美丽—陆梁沉积体系和德仑山—陆梁沉积体系的交会处。依据古地理面貌和相分析，准噶尔盆地侏罗纪主要古水流向是西北缘指向南东，平均约240°方向；东缘指向西南及西部；南缘整体流向北，但从早期到晚期，古水流向有从北东渐向北西偏移的趋势。

白垩纪进入中—晚侏罗世强烈压扭应力作用之后的松弛调整期，由早期的陆内坳陷盆地发展为晚期的收缩型陆内坳陷盆地。白垩纪以来，准西北缘基本没有构造活动，红—车地区沉积幅度较大，局部形成了一系列东西向的正断层。燕山运动是该区一个重要成盆期，造成了白垩系底界与侏罗系之间的区域性不整合，在盆地边缘地震资料上 T_{K1} 反射波与下伏地层反射波呈削截不整一；形成了古近系与白垩系间的平行不整合，在盆地东部地震资料上可清晰地看到 T_{E1} 反射波与下伏地层反射波的相交现象。燕山晚期，盆地内表现为以腹部为中心的整体同心式下沉，白垩纪沉积厚度大而稳定，充填了盆地最厚的地层之一。受燕山 II、III、IV 幕运动影响，其沉降、沉积中心迁移至盆地南缘，最大沉积厚度可达 4500m 以上，充填地层由南向北逐渐减薄。在晚白垩世末期盆地受燕山晚期构造运动的影响上升遭受剥蚀，使盆地开始步入喜马拉雅幕式构造运动发展期。

新生代进一步遭受了古近纪、新近纪—第四纪阶段性质各异盆地的叠合与改造，准噶尔地区由古近纪的碟形陆内坳陷盆地、"一隆两坳"沉积—构造格局发展为新近纪—第四纪喜马拉雅期构造运动作用下的压扭性前陆盆地。强烈隆起主要发生在新生代，独山子一带的古近系厚 4000 余米，是一个强烈下沉的边缘坳陷。挽近时期的构造活动以博格达山为轴向南推挤，形成向南突出的弧形构造及右行剪切体系。

二、准噶尔地区原型盆地的演化阶段

综上所述，结合充填序列及地层接触关系分析，在前寒武系结晶基底与前石炭系褶皱基底双层基底上，准噶尔地区构造—沉积演化可划分为如下 6 个阶段。

（1）晚石炭世—风城组沉积期伸展断陷盆地阶段：主要发育准西北伸展断陷、石南火山岩断陷、准南弱伸展断陷及博格达陆间裂谷盆地，火山及断陷活动早期较强烈，晚期微弱。

（2）夏子街组—克拉玛依组沉积期周缘前陆盆地阶段：由准西北周缘前陆盆地、准南周缘前陆盆地、五彩湾—帐北前陆盆地三大前陆盆地构成，以准西北周缘前陆盆地的规模最大，充填的层序也最厚。随着造山作用的持续发生，准西北缘的冲断前锋由达尔布特断裂、克—夏断裂向玛湖断裂呈前展式迁移，致使玛湖前陆坳陷的沉降沉积中心也向盆内迁移。

（3）白碱滩组—西山窑组沉积期弱伸展坳陷盆地阶段：准东发育陆内断陷盆地，西北缘、南缘冲断体系持续发展，形成冲断前缘超覆带及斜坡带。在弱伸展环境下，沉积了厚层砂泥岩及含煤岩系。

（4）头屯河组沉积期—早白垩世压扭坳陷盆地阶段：压扭环境下，在盆地腹部形成了一系列北东向断裂、背斜构造带及南西—北东向的车—莫古隆起，也产生了西山窑组和头屯河组之间、侏罗系与白垩系之间的区域不整合面。早白垩世为岩石圈热冷却沉降期，充填了上千米厚的下白垩统吐谷鲁群，为泛盆发育期，沉积达到最大规模。

（5）晚白垩世—古近纪掀斜坳陷盆地阶段：主要处于压扭掀斜环境，形成统一的沉积沉降中心和碟型盆地结构。

（6）新近纪—第四纪陆内前陆盆地阶段：为北天山向盆地的强烈挤压冲断时期，由于是单侧挤压作用，不但在准南缘形成较宽的上、下不协调的断层相关褶皱叠加背斜带和快速沉降与巨厚充填的昌吉坳陷，也导致盆地腹部向南的急剧掀斜与前缘隆起向北的急剧迁移，至上新世，前缘隆起迁移至北部石英滩—三个泉一带。

三、准噶尔盆地的油气成藏背景浅析

准噶尔地区上述多阶段不同性质原型盆地的纵向叠合形成了南厚北薄、南深北浅的地质结构，中上部储盖组合的成藏时期主要发生在新生代，下部储盖组合在早期形成的油气藏也可能受后期叠加改造影响而发生调整，或被破坏，或再成藏。因此，这种楔形结构决定了盆地油气聚集的基本特点与面貌。由前述可知，侏罗系以上构造层呈南倾单斜形态，主要发育下伏凸起上的低幅度披覆背斜、岩性、地层—岩性、断裂—岩性等隐蔽性圈闭。

准噶尔地区不同时期原型盆地由晚石炭世至新生代发生挤压→弱伸展→压扭→挤压冲断的构造应力变化，与盆地的基底断裂相联合，也形成了不同性质、位置、范围、样式与方位的古隆起构造，具体表现在：（1）北部隆起形成时期最早（晚石炭世—早二叠世），包括陆梁隆起及其以北广大地区，后期逐渐分异；（2）早二叠世在西北缘的造山作用形成了西部的车排子隆起，为原位的断隆；（3）中二叠世—三叠纪形成的中拐凸起—达巴松凸起—陆梁隆起构成玛湖前陆坳陷的前缘隆起，在后期演化中，该前缘隆起逐渐变窄；准东隆起为海西期与印支期的叠加隆起；（4）燕山期压扭作用形成的车—莫古隆起，在新生代向南掀斜而不复存在，也导致油气藏的再调整。不同时期、不同性质的古隆起纵横叠置，影响着沉积物源与沉积物的分配形式，制约着油气运移的基本格局，控制着相应成藏时期的油气分布。根据基底性质、形成时间、活动方式、地质结构与保存状态等特点，将准噶尔盆地的隆起划分为继承型、间断型、转换型与冲断带型隆起4种基本类型（何登发等，2004），腹部地区古隆起划分出中央继承型、叠加型、消亡型古隆起三大类型（何登发等，2012），不同类型的隆起具有独特的油气聚集与分布规律。

油气成藏的基本条件之一是在盆地形成演化中沉积了能生成足够数量油气的烃源岩。因此盆地演化过程中的原型盆地叠加与改造、生烃中心的多期次分布与迁移，对油气成藏与分布有重要影响。

无论是在挤压期还是在弱伸展期，盆地内都发育了优质烃源岩。盆地的烃源层主要为二叠系，其次为侏罗系、古近系。烃源岩分区发育，但在平面上的叠合基本覆盖了整个盆地。由前文可知，二叠纪受海西晚期运动的影响，西准噶尔造山带强烈地自西向东推掩，沉积中心由克—夏断阶带迁至玛湖凹陷、盆 1 井西凹陷。风城组烃源岩为海陆过渡相的残留海—陆缘近海湖沉积，为黑灰色泥岩、白云质泥岩。钻探揭示，风城组沉积期沉积中心主要分布在玛湖凹陷，但推测它广布于玛湖凹陷、盆 1 井西凹陷和沙湾—阜康凹陷。在玛湖凹陷、盆 1 井西凹陷生烃中心，烃源岩厚达 200~250m；在沙湾和阜康凹陷，分别形成两个烃源中心，厚度为 200~300m。其残余有机碳含量平均为 1.26%，总烃含量平均为 0.082%，R_o 值为 0.85%~1.16%，处于成熟—高成熟阶段，是一套较好—好的烃源岩。

中二叠统烃源岩主要包括西北缘和腹部地区的下乌尔禾组、东部的平地泉组和南缘东部的芦草沟组，分布范围较风城组有所扩大。下乌尔禾组在西北缘残余有机碳含量平均为 0.7%~1.4%，处于成熟—高成熟阶段，是一套差—较好的烃源岩，沉积中心主要分布于玛湖凹陷、盆 1 井西凹陷。芦草沟组分布在准南缘和博格达山前凹陷，以油页岩和黑灰色泥岩为主，残余有机碳含量平均为 7.455%，是一套很好的烃源岩。平地泉组主要分布在东部克拉美丽山前五彩湾—大井凹陷，岩性为黑色白云岩夹灰色泥岩，残余有机碳含量平均为 3.12%，R_o 值大多为 0.54%~1.21%，处于成熟—高成熟阶段，是东部最重要的烃源岩之一（惠荣耀等，1999）。

应当特别指出，中晚石炭世—早二叠世的原型盆地格局控制了烃源岩的发育，由于这一时期盆地断陷沉降的不均衡性，近造山带一侧沉降快，水体更趋于还原，从而发育了有利的生烃相带。从前述原型盆地分析来看，西北缘冲断带在中—晚二叠世前陆期的原始盆地边界应在更西北侧，沉积中心应偏向山前带，而不在现今的玛湖凹陷中部。因此烃源岩可向山前带分布，冲断带下盘应有一定范围的生烃中心展布。从盆地结构与成藏来看，西北缘冲断带呈向山前张口的楔形，前渊深坳陷中发育生烃岩系，冲断带发育过程中，逆冲断裂不断上推、前移，可以掩覆下部的生烃岩系。因此，冲断带下盘作为下步勘探新领域值得探索。

侏罗系烃源岩在盆地内分布广、厚度大。八道湾组烃源岩分布于玛湖南—盆 1 井西—莫索湾—昌吉地区，又称莫索湾坳陷，最大厚度可达 300m 以上（图 6-14）；三工河组烃源岩则分布于北天山山前中段偏东，即当时的准南前缘坳陷中（图 6-16），最大厚度约为 200m；西山窑组烃源岩局限于当时的昌吉坳陷（图 6-21，现今沉积—构造单元称为阜康凹陷），最大厚度略高于三工河组。其中，八道湾组和西山窑组既发育暗色泥岩，又发育碳质泥岩和煤岩，属中等烃源岩。在盆地腹部—南部地区侏罗系埋藏较深，南缘埋深达万米，有机质成熟度很高，具较大生烃潜力，可以形成侏罗系原生油气藏。但是，目前腹部勘探成果主要还是以远源、缓坡、次生的侏罗系—白垩系的低幅度构造、断裂—岩性油气藏为主，为断控砂体成藏模式。根据最新资料，在腹部中国石油探区石南 31 井区发现了三工河组岩性油气藏，而中国石化探区莫西庄区块发现了三工河组二段受相带控制的（原生—混生）岩性油藏，笔者称之为相控砂体成藏模式。因此，腹部凹陷区、斜坡下部的侏罗系—白垩系相控油气藏也是应当关注的勘探新领域。

古近系安集海河组烃源岩主要分布于南缘，总有机碳含量为0.04%～4.5%，有机质类型为Ⅱ₁型和Ⅱ₂型。热演化程度普遍较低，在埋深较大地区达到成熟，是一套较差—较好的烃源岩。

总之，盆地沉积凹陷的分布和沉积生烃中心的迁移规律是受盆地石炭纪—二叠纪末期、侏罗纪末期、新近纪3次大的构造运动的影响，在总体上控制了盆地的油气生成与分布。

参 考 文 献

蔡忠贤，陈发景，贾振远，2000.准噶尔盆地的类型和构造演化［J］.地学前缘，7（4）：330-334.

陈发景，汪新文，2000.中国西北地区早—中侏罗世盆地原型分布［J］.地学前缘，7（4）：459-469.

陈发景，汪新文，2004.中国西北地区陆内前陆盆地的鉴别标志［J］.现代地质，18（2）：151-156.

陈书平，张一伟，汤良杰，2001.准噶尔晚石炭世—二叠纪前陆盆地的演化［J］.石油大学学报（自然科学版），25（5）：11-15+23.

冯陶然，2017.准噶尔盆地二叠系构造—地层层序与盆地演化［D］.北京：中国地质大学.

葛肖虹，王锡魁，昝淑芹，等，1997.试论吐鲁番—哈密盆地为剪切—背驮型盆地［J］.地质论评，（6）：561-568.

韩玉玲，2000.新疆二叠纪古地理［J］.新疆地质，18（4）：330-334.

何登发，陈新发，张义杰，等，2004.准噶尔盆地油气富集规律［J］.石油学报，25（3）：1-10.

何登发，李德生，1996.中国西北地区含油气盆地构造类型［J］.石油学报，17（4）：8-17.

何登发，张磊，吴松涛，等，2018.准噶尔盆地构造演化阶段及其特征［J］.石油与天然气地质，39（5）：845-861.

何登发，赵文智，1999.中国西北地区沉积盆地动力学演化与含油气系统旋回［M］.北京：石油工业出版社.

惠荣耀，丁安娜，胡国艺，等，1999.中国西部主要沉积盆地成烃地质特征［J］.新疆石油地质，20（1）：10-14.

靳久强，赵文智，薛良清，等，1999.中国西北地区侏罗纪原型盆地与演化特征［J］.地质论评，45（1）：92-104.

赖世新，黄凯，陈景亮，等，1999.准噶尔晚石炭世、二叠纪前陆盆地演化与油气聚集［J］.新疆石油地质，20（4）：293-297.

雷振宇，何登发，张朝军，2001.中国中西部类前陆盆地与典型前陆盆地类比及其油气勘探前景［J］.地球学报，22（2）：169-174.

李文厚，周立友，柳益群，等，1997.吐哈盆地沉积格局与沉积环境的演变［J］.新疆石油地质，18（2）：135-141.

李永安，2000.新疆三叠纪古地理［J］.新疆地质，18（4）：335-338.

卢辉楠，1995.准噶尔盆地的侏罗系［J］.地层学杂志，19（3）：181-189.

罗金海，车自成，2001.中亚与中国西部侏罗纪沉积盆地的成因分析［J］.西北大学学报（自然科学版），（2）：167-170.

罗志立，宋鸿彪，1995.C-俯冲带及对中国中西部造山带形成的作用［J］.石油勘探与开发，22（2）：1-7.

庞志超，焦悦，袁波，等，2020.准噶尔盆地南缘二叠—三叠纪原型盆地性质与沉积环境演化［J］.地质学报，94（6）：1813-1838.

孙少华，张琴华，秦清香，等，1994.新疆北部晚古生代沉积盆地类型及其沉积特征［J］.地质论评，（1）：55-63.

王得林，2000.新疆古近纪和新近纪古地理［J］.新疆地质，18（4）：352-356.

王家林，吴朝东，朱文，等，2016.准噶尔盆地南缘二叠纪—三叠纪构造—沉积环境与原型盆地演化［J］.古地理学报，18（4）：643−660.

吴绍祖，屈迅，李强，2000.准噶尔早三叠世古地理及古气候特征［J］.新疆地质，18（4）：339−341.

吴因业，罗平，唐祥华，等，1998.西北侏罗纪盆地沉积层序演化与储层特征［J］.地质论评，（1）：90−99.

谢渊，罗安屏，傅恒，等，1995.准噶尔盆地侏罗纪沉积体系序列演化与油气关系［J］.特提斯地质，15（2）：19−25.

辛恒广，2000.新疆侏罗纪古地理［J］.新疆地质，18（4）：342−346.

新疆地质矿产局地质矿产研究所，新疆地质矿产局第一区调大队，1991.新疆古生界（下）［M］.乌鲁木齐：新疆人民出版社.

新疆维吾尔自治区地质矿产局，1993.新疆维吾尔自治区区域地质志［M］.北京：地质出版社.

扬克明，熊永旭，李晋光，等，1992.中国西北地区板块构造与盆地类型［J］.石油与天然气地质，13（1）：47−56.

喻春辉，蒋宜勤，刘树辉，1996.准噶尔盆地与吐哈盆地侏罗纪沉积边界的探讨［J］.岩相古地理，16（6）：48−54.

张功成，陈新发，刘楼军，等，1999.准噶尔盆地结构构造与油气田分布［J］.石油学报，21（1）：13−18.

张恺，1991.论中国大陆板块的裂解、漂移、碰撞和聚敛活动与中国含油气盆地的演化［J］.新疆石油地质，12（2）：91−106.

张义杰，顾新元，1993.新疆北部侏罗纪的古气候及其意义［C］//新疆首届青年学术讨论会文集.乌鲁木齐：新疆人民出版社，360−365.

张渝昌，1997.中国含油气盆地原型分析［M］.南京：南京大学出版社，12−26.

张元元，曾宇轲，唐文斌，2021.准噶尔盆地西北缘二叠纪原型盆地分析［J］.石油科学通报，3：333−343.

张志杰，周川闽，袁选俊，等，2023.准噶尔盆地二叠系源—汇系统与古地理重建［J］.地质学报，97（9）：3006−3023.

赵白，1992.准噶尔盆地的形成与演化［J］.新疆石油地质，13（3）：191−196.

周守沄，巴哈特汉·苏来曼，2000.新疆白垩纪古地理［J］.新疆地质，18（4）：347−351.

Graham S A，Hendrix M S，Wang L B，et al，1993. Collision successor basin of western China：Impact of tectonic inheritance on sand composition［J］. Geological Society of America Bulletin，105：323−344.

Hendrix M S，Graham S A，Carroll A R，et al，1992. Sedimentary record and climatic implications of recurrent deformation in the Tian−shan：Evidence from Mesozoic strata of the north Tarim，South Jungar，and Turpan basins，northwest China［J］. Geological Society of America Bulletin，104：53−79.

第七章 准噶尔盆地腹部构造—沉积响应与油气勘探

就准噶尔盆地腹部油气成藏，前人提出过"源控论"和"梁聚论"观点（张越迁等，2000；张年富等，2003），认为油气成藏是以油源断裂疏通、断裂与不整合运聚、沿"梁"富集为主要特征，其"梁"主要指二叠纪的古梁（凸起构造带）。笔者研究注意到两个现象：一是腹部三工河组、西山窑组储层均以北东向曲流河三角洲砂体为主，平行于北东向构造线和主断裂展布，北东向主河道较发育，并且大多沿二级构造单元中的凸起带延伸，（二叠纪）古山梁成了侏罗纪的古河道，似乎与沉积学常理不符；二是侏罗系—白垩系油气主要聚集到二叠纪"古梁"上成藏，已发现的石南、石西、莫北和彩南油气田均沿北东、北北东向构造带规律性排列，与北东向压扭构造带及北北东向基底断裂的分布基本对应。

由此可见，"梁聚论"只侧重对陆梁地区勘探实践及具体成藏要素作用的总结，但对腹部主砂体与主河道的独特展布及其真正实质并未涉及和解释。本章以构造沉积学、构造—沉积响应及油气成藏组合分析新理论与高精度沉积相、沉积充填格架综合研究为主要手段，以侏罗系为例，直接反演和恢复腹部断裂活动对储集砂体沉积和油气聚集的控制作用，并探讨了油气勘探领域和方向。

第一节 准噶尔盆地腹部断裂发育及构造特征

准噶尔盆地腹部地区发育基底断裂和盖层断裂，前人对盖层断裂系统已有初步论述（丁文龙等，2000；李振宏等，2002；陈新等，2002；张年富等，2003），但对石炭系以下的基底断裂讨论甚少。依据重磁处理及联合反演、地震识别结果，盆地腹部约发育26条基底断裂，在海西早期（泥盆纪—石炭纪）形成了雁列状格架，呈北东、北西、近南北向（北北东向）、近东西向（北西西向）展布，以北东、北西向为主（表7-1）。其中近南北向基底断裂断距不大，但常为基底深大断裂，可明显切断结晶基底和莫霍面，具"开裂"特点，中部最重要的一条几乎纵贯盆地。北东向基底断裂以逆断层为主，主要在侏罗纪强烈活动；北西向基底断裂多为逆断层，主要在二叠纪—三叠纪活动，分布于乌伦古、中拐及莫索湾地区。近东西向基底断裂多陡立逆冲与倾落，在地壳下部转成铲式，上陡下缓，倾向南。基底断裂主要分布于陆梁隆起区，其中主要的一条也几乎横贯盆地中部。

腹部地区主要发育62条盖层断裂，可分为深层（石炭系—三叠系）、中浅层（侏罗系—

表 7-1　准噶尔盆地腹部主要基底断裂特征

编号	断裂名称	走向	长度（km）	活动期	控制意义	断裂性质和级别
F₁	吐孜托依拉断裂	北西	300	P—T	东北缘控盆断裂，索索泉凹陷北界	岩石圈断裂
F₂	陆北断裂	北西	50	P—T	一级构造单元乌伦古陆坳陷及陆梁隆起分界	壳断裂
F₃	三个泉断裂	北西西	100	P—J	三个泉凸起北界，陆梁三角洲前缘亚相大致分界线及主河道	壳断裂
F₄	基南断裂	北东东	32	T	夏盐鼻凸东界，二级单元地形坡折及主河道	壳断裂
F₅	基东断裂	北东东	35	P—J	基东凹陷与基东鼻凸分界，三角洲水系主河道	壳断裂
F₆	陆南断裂	东西	70	P—J	基东凹陷及滴南凸北界，石南断凸—滴北凸起侏罗系主河道	右旋走滑—逆冲断层、壳断裂
F₇	三个泉东断裂	近东西	70	P—Kz	三个泉侏罗系主河道及相带分界	逆断层、壳断裂
F₈	石南4号断裂	北西	85	P—T	三南凹陷及滴南凸西部分界	逆断层、壳断裂
F₉	滴水泉北断裂	北东东	100	J	三南凹陷及滴南凸起东界，侏罗系主河道	逆断层、壳断裂
F₁₀	滴13井北断裂	北东东	60	J	控制滴水泉地区侏罗纪主河道发育	逆断层、岩石圈断裂
F₁₁	滴水泉南断裂	近东西	210	J	一级单元陆梁隆起与中央坳陷南部西段分界	岩石圈断裂
F₁₂	莫北2井断裂	北东	45	P—J	莫北凸起西界，莫北三角洲前缘侏罗系主河道	壳断裂、上正下逆，呈"Y"形
F₁₃	莫索湾北2号断裂	北西西	40	P	控制莫索湾凸起北界及内部地貌	逆断层、壳断裂
F₁₄	莫索湾断裂	北西	40	P—T	控制二级单元莫索湾凸起南界	逆断层、壳断裂
F₁₅	白家海断裂	北东	50	J	白家海凸起西北界及三角洲前缘主河道	壳断裂、上正下逆，呈"Y"形
F₁₆	炮台南北向断裂带	近南北	70	P—Kz	控制中拐凸起东端基底起伏和两侧厚度差异	隐伏壳断裂
F₁₇	一四九团—石河子南北向断裂带	近南北	75	P—Kz	控制基底起伏，莫索湾凸起西端和两侧厚度差异	隐伏壳断裂
F₁₈	莫索湾隆起东侧南北向断裂带	近南北	100	P—Kz	控制基底隆起低凸起带和莫索凸起东界	隐伏张扭性断裂、岩石圈断裂

白垩系）两套断裂系统。深层断裂基本与盆缘逆冲断裂同时形成于晚海西期，主要活动于海西、印支期，有继承性发育特点；大多断开三叠系，以逆断层为主，产状较陡（断面倾角为 60°～80°），断距下大上小（几百米至 1000m）。中浅层断裂主要在燕山运动中晚期压扭环境下形成，到喜马拉雅期后活动基本停止；大多断开侏罗系和白垩系下部地层，以正断层为主，产状略缓（断面倾角 40°～60°），规模小、断距小（几十米至 100m，有的仅使地层挠曲）。盖层断裂在平面上呈北东、北西、近东西、近南北 4 组走向，以北东、北西向展布为主，可呈直线形、波浪形、"S" 形、反 "S" 形和弧形，形成冲起构造、水系状（羽状）构造组合；剖面上形成以正反转构造、花状构造为主的叠加构造组合（李振宏等，2002；胡素云等，2006）。

第二节 腹部断裂活动对侏罗纪砂体沉积的控制作用

腹部侏罗系主要为抬升与沉降频繁交互的振荡性河流沉积，发育北东、北西向两个大的曲流河三角洲沉积体系（图 7-1、图 7-2），分别由东部克拉美丽山物源区和西部哈拉阿拉特山物源区供屑，形成三工河组、西山窑组两个储油层系。侏罗纪河道和三角洲前缘席状砂体异常发育，横向展布大，连续性稳定，可对比性强，埋藏浅；岩性以相对细粒的砂体为主，成岩作用较弱，以原生孔隙为主，故储层物性好、产能和经济效益高。莫索湾、莫北、石西浅层、石南、陆梁等油田都发育这类储集体。

古构造或断裂对盆地沉积与储集砂体的控制作用在其他盆地已见诸报道（李玉喜等，2002；马丽娟等，2002；赵文智等，2003；汪如军等，2023），但对准噶尔盆地的讨论尚不多见（蔚远江等，2004；丁文龙等，2011；高帅等，2016）。研究表明，基底和盖层中，同沉积断裂的活动及其强度对砂体厚度有明显控制作用。

一、构造事件对沉积水系、储集砂体类型与分布型式的控制

侏罗纪燕山期构造运动对准噶尔盆地沉积体系影响明显。受剧烈构造活动的影响，盆地内侏罗系齐古组、头屯河组及西山窑组遭受强烈隆升剥蚀，形成了头屯河组与西山窑组、白垩系与侏罗系的区域性不整合界面。盆地腹部中央低凸起带陆 3 井、陆 6 井、石南 3 井、石西 3 井、陆南 1 井东、莫北 6 井和盆参 2 井发育广泛分布的粗碎屑沉积物和白垩系底砾岩（朱文等，2021），是晚侏罗世—早白垩世强烈构造隆升和剥蚀作用下的沉积产物，指示了燕山运动中期盆地周缘造山带的快速隆升和盆地边界的萎缩，盆地气候也发生由潮湿向干旱的转变。

准噶尔盆地经过二叠纪坳隆分割与孤立成盆、三叠纪统一弱沉降下泛盆沉积的演化，到侏罗纪—白垩纪在弱伸展—压扭作用下形成了南深北浅的箕形基底和由北向南缓倾的缓坡沉积背景（蔚远江等，2004；何登发等，2004，2018；张关龙等，2023）。侏罗纪主要构造事件有三工河组沉积末期、西山窑组沉积末期、头屯河组沉积末期这 3 幕燕山运动，造成局部或区域性不整合、盆缘西山窑组的明显剥蚀和早—中侏罗世沉积的大面积缺失。

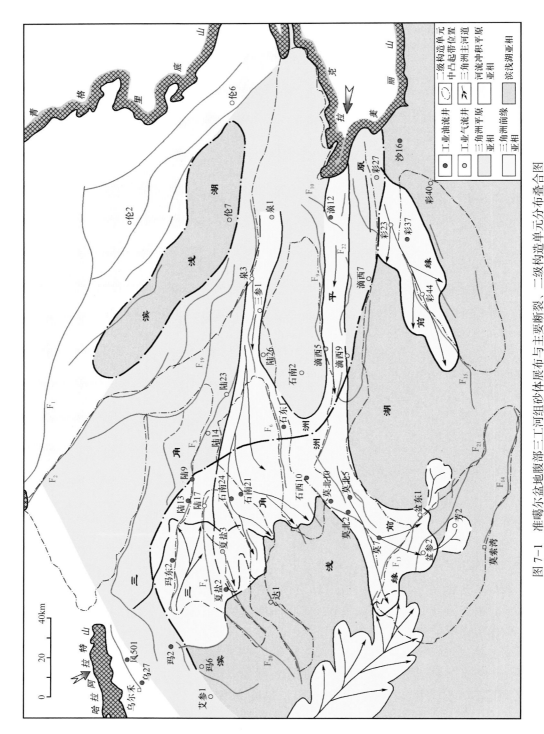

图 7-1 准噶尔盆地腹部三工河组砂体展布与主要断裂、二级构造单元分布叠合图

F₁₉—石西断裂；F₂₀—达巴松 1 号断裂；F₂₁—莫索湾北 1 号断裂；F₂₂—滴水泉断裂（其余断裂名称及编号详见表 7-1）

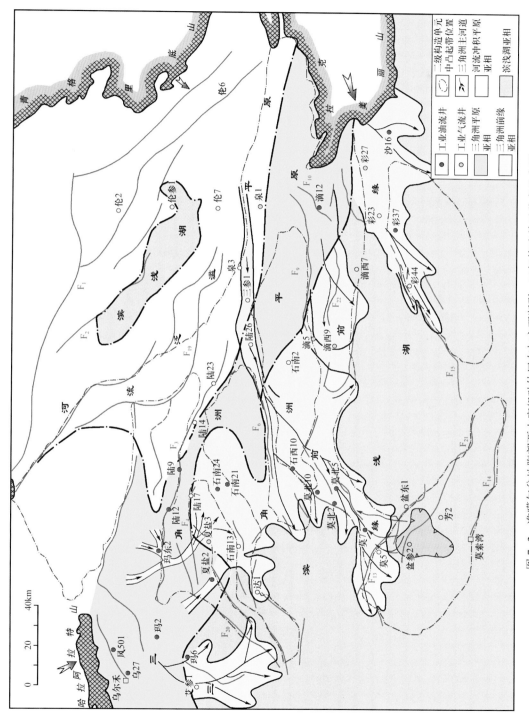

图7-2 准噶尔盆地腹部西山窑组砂体展布与主要断裂、二级构造单元分布叠合图

F₁₉—石西断裂；F₂₀—达巴松1号断裂；F₂₁—莫索湾北1号断裂；F₂₂—滴水泉断裂（其余断裂名称及编号详见表7-1）

图例：
- 二级构造单元
- 中央凸起带位置
- 三角洲主河道
- 河流冲积平原亚相
- 滨浅湖亚相
- 工业油流井
- 工业气流井
- 三角洲平原亚相
- 三角洲前缘亚相

由于陆梁隆起的长期继承性发育，陆梁地区持续表现为北西—南东向低凸起，并将腹部分隔为南、北两大坳陷湖盆沉积区（图7-1、图7-2）。在三工河组—西山窑组沉积期，陆梁地区沉积明显偏薄，车排子—莫索湾低隆起的发育和逐渐定型导致其周边缺失沉积或遭受剥蚀；同时南缘沉降坳陷增强造成沉积、沉降中心南移，这是构造控制沉积的重要表现之一。早—中侏罗世腹部坳陷沉积的范围较大且较稳定，早期形成的雁列式断裂对沉积作用的控制较微弱。沉降期的湖进三角洲水系、抬升期的湖退三角洲水系均构成了有利储集体，如三工河组二段灰色砂岩体（图7-1）。这说明构造升降及坳隆格局决定了沉积面貌，古隆起影响沉积物的物源供应和沉积物分配形式；各组不同体系的生长断裂主要通过控制沉积时的构造地貌控制沉积。盆地构造作用的类型、性质决定了腹部沉积物的类型和性质。或者说，储集砂体的类型和分布型式是构造事件的沉积响应。

二、基底断裂活动对储集砂体分布的控制

在准噶尔盆地腹部可划分出12凸9凹1断阶共22个二级构造单元。由表7-1、图7-1和图7-2均可看出，腹部有多条基底断裂构成了二级构造单元的分界线，控制了主要二级构造带与大型隆起、背斜构造的展布方向。凸起带上多分布大型背斜、断背斜、鼻状构造和压扭性断裂等，并在北西—南东向压扭应力作用下形成了9个压扭构造带（图7-3）；凹陷带则为烃源岩发育区。重力、航磁等资料也显示，北东向、北西西向基底断裂活动和来自盆缘侧向构造应力的共同作用控制了基底断块的升沉、倾斜和断块间的张合、扭动，造就了腹部地区基岩起伏，陆东以近东西向构造为主、陆西以北东向构造为主、中拐及莫索湾以北西向构造为主，以及主要二级构造呈北东向、北西向相嵌展布且隆凹相间的基本格局（陈新等，2002；高帅等，2016；郑祺方等，2018）。

由三工河组、西山窑组砂体展布与二级构造单元及主要断裂分布叠合图（图7-1、图7-2）可以看出，腹部侏罗纪主要发育北东向主水系河道及储集砂体，北东向主河道流向平直、弯曲度小，大多沿二级构造单元中的凸起带延伸，二叠纪古山梁成为侏罗纪的古河道；北东向主砂体展布与北东向主断裂和凸起带方向基本一致，平行于构造线延伸；基东—达巴松、石西—石南、盆5—莫北—陆南、白家海—滴南4个压扭构造带与侏罗纪砂体的展布近乎一致（胡素云等，2006）。这是准噶尔盆地腹部构造控制沉积的又一重要表现。

基底断裂在沉积盖层发育期的活动主要有两种形式，其一为"显性"活动，即基底断裂活动对沉积盖层的厚度与变形、变位有明显控制作用，如美国伊利诺伊盆地和威利斯顿盆地中的基底断裂。根据表7-1及综合资料，盆地腹部多数基底断裂具持续的同沉积活动性，一直断到侏罗系或白垩系下部，这些基底断裂大多表现为"显性"活动。乌伦古地区的吐孜托依拉断裂是控制乌伦古滨浅湖盆的边界断裂，陆梁、莫北—莫索湾、达巴松、白家海地区的基底断裂断距最大可达1600m，控制着二级构造单元边界及古凸起（古梁）分布，北东向基底断裂控制了盖层4个扭动构造带的展布，由此进而控制次级坳陷或二级凹陷单元的沉积分布，造成腹部主河道和砂体的北东向展布（赵文智等，2003；文磊等，2019；唐小飞等，2023；孙潇等，2023）。

其二为"隐性"活动。现代地貌及地质学中常用"逢沟必断"来形容断裂活动与分

布对河道水系与沉积体系的控制作用。将今论古，一方面，部分基底断裂虽断至侏罗系，其同沉积断裂活动造成的落差不大，上覆沉积层的变形、变位并不明显，但基底断裂的低幅度活动（扭动和小规模走滑）容易使地表发生破碎而形成地表破碎带。当有水系注入盆地，河道就极易或常常取其走向冲刷下切，基底断裂分布区就成为主河道及河道砂的主要发育部位。另一方面，莫北—莫索湾地区的基底断裂虽主要在二叠（三叠）纪活动而未断至侏罗系（表7-1），但其与莫北三角洲前缘侏罗纪主河道及莫索湾凸起南东向次级河道水系发育方向基本一致。前已述及，二叠纪"梁"（凸起）到侏罗纪已演化为古斜坡环境，基底断裂的"隐性"活动导致早期的二叠纪凸起带成为浅表断裂破碎带，从而控制了侏罗纪河道及砂体展布（孙靖等，2017）。

此外，侏罗纪沉积时的基底和盖层同沉积断裂活动强度对砂体的沉积厚度也有控制作用。一般来说，同生断层的生长指数和活动速率大者，其两侧沉积厚度差异也大。如莫北地区的北东向盖层（浅层）断裂莫005井东断裂，其生长指数和活动速率由三工河组沉积期→西山窑组沉积期→头屯河组沉积期逐渐增大，活动强度增大，导致该断裂东侧下降盘与西侧上升盘的侏罗系各组地层厚度差自下而上逐渐增大；南边活动强度大于北边，则其在断裂南端的两盘地层厚度差也相应大于断裂北端。

总之，盆地腹部三工河组、西山窑组主砂体沿北东向主断裂及构造线展布，这种骨架砂体展布与古构造格架空间配置的一致性就是北东向基底断裂显性和隐性活动的沉积响应。腹部基底断裂的继承性活动和盖层压扭构造作用不仅控制了古梁的形成，也是侏罗纪主河道与砂体独特展布的主要控制因素。基底断裂控制砂体分布，也就控制了油藏的分布。

三、构造转换带和坡折带对储集砂体发育的控制

总体上，准噶尔盆地侏罗系构造带（断裂带或断裂与坡折带组合）主要有3种类型：（1）平直型，即构造带走向与水系流向垂直，水系较为分散，沉积规模小；（2）两构造带衔接型，两个构造带的交会即构造转换带，在衔接部位构造活动较弱，水系集中，可携带大量碎屑物进入坡折带卸载沉积，形成垂向和平面上都具有一定规模的储集体（徐长贵，2006）；（3）多条构造带以一点为中心呈发散状扇形展布，此类构造带更为复杂，水系通常携带碎屑物沿不同构造带间的沟谷流动，并在坡折带下部卸载沉积。盆地东部克拉美丽山一侧主要发育扇状构造组合，成为腹部地区重要的物源水系之一，但其沉积受到坡折带之间沟—梁组合的限制，规模有一定局限性（鲍志东等，2011）。

侏罗纪构造转换带对准噶尔腹部物源及储集体发育的控制作用主要体现在以下几个方面。

（1）构造转换带控制主要物源与水系：构造转换带部位通常是沟通物源与沉积区的主要通道。克拉美丽山构造转换带、北部古沉积体系构造转换带是腹部沉积区主要物源，西北缘扎伊尔山构造转换带为次要物源，在物源水系沉积物供给充足时成为腹部物源区。

（2）构造转换带应力强度控制物源丰度：盆地级别构造转换带控制主要物源水系，次一级构造转换带控制局部物源水系。

（3）构造转换带与坡折带控制沉积相展布：构造转换带沟通物源水系与沉积区，大

的坡折带通常是沉积相带的界线。

（4）构造转换、坡折及沉积层序演化联合控制砂体横向分布及储层质量：大的构造转换带、高坡降比的坡折带在低位体系域沉积期发育冲积扇、辫状河和曲流河等，可形成规模大的储集体，在高位体系域沉积期常发育大面积三角洲沉积，形成较好储层（鲍志东等，2011）。

北西、西、北东、东部三角洲砂体不断向准噶尔湖盆中心方向输送，在坡折之上形成了多期次、大面积分布的水下分流河道砂体，其面积可达2000km^2，当三角洲前缘水下分流河道砂体堆积到一定程度并在一定的触发条件下，沿坡折发生滑塌和流动，在坡折之下的平台区卸载，形成舌状分布的砂质碎屑流砂体。砂质碎屑流砂体在平台区分布范围较广，厚度适中，在垂向上呈"泥包砂"结构，其底板为三工河组二段二砂层组和三工河组二段一砂层组之间的一套初始湖侵期泥石隔层，顶板为三工河组三段最大湖侵期的厚层泥岩，顶、底板条件好，有利于形成透镜状岩性圈闭（厚刚福等，2022）。

第三节　腹部断裂活动对侏罗系油气聚集的控制作用

一、基底断裂活动的控油气作用

勘探成果显示，盆地腹部目前发现的油气藏多沿伸入烃源区的北东向基底断裂和早期的古凸起聚集，沿受基底断裂控制的北东向鼻凸构造带展布（图7-3a），基本处于腹部基东—达巴松、石西—石南、盆5—莫北—陆南、白家海—滴南的北东向压扭构造带上（图7-3b），构成油气聚集的"黄金带"。例如在莫索湾—莫北凸起、石南断凸、基东鼻凸及夏盐鼻凸分布着莫索湾、莫北、石西、石南和陆梁油田，白家海断裂、滴水泉鼻凸带有彩南油田、五彩湾气田、滴12井八道湾组油藏等分布（图7-3）。这表明北东向、北西西向基底断裂分布活动和盖层断裂压扭作用控制了油气的早期原生成藏与晚期调整次生成藏和再分配，深刻影响着腹部不同时期油气的空间分布主体格局。

究其机理，一是准噶尔盆地基底断裂活动具穿层效应，油气成藏与基底断裂活动及其上延穿层效应有密切关系。腹部深层基底逆断裂已深切地壳，受其继承性活动的明显控制，其上部盖层往往对应发育雁列状、羽状组合的断裂密集带（北东和北西向次级正断裂）以及局部构造交接带，这是基底断裂"隐性"活动留在浅部沉积盖层中的最直观记录。这些基底断裂与正断层在纵向上相互贯通，构成深部油气源快速、高效的垂向运移通道。在油气运移期间，基底断裂同沉积活动时生长指数越大，对油气纵向运移越有利，尤其是几组断裂交会部位的活动断层。故在燕山期压扭作用下形成的车—莫古隆起和一系列北东、北东东向断裂背斜带或断鼻构造、构造交接带是油气富集的主要场所。

二是本区主要基底断裂切过生烃中心或位于生烃中心边缘，基底断裂同沉积活动控制了中—下二叠统生烃凹陷，尤其是玛湖、盆1井西、昌吉、东道海子北富生烃凹陷的发育。这些断距较大、延伸较长的基底断裂同时沟通了生烃凹陷与聚油凸起、烃源岩与储集体，为构造和构造—岩性油气藏的形成提供了有利条件。

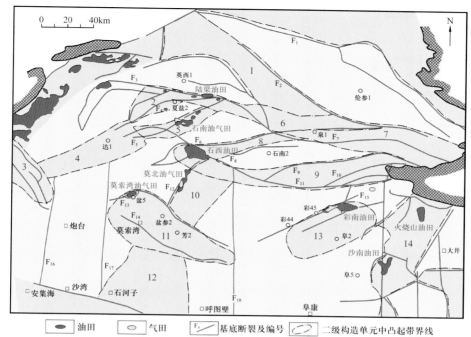

图例：
油田　　气田　　F_2 基底断裂及编号　　二级构造单元中凸起带界线

1—石英滩凸起；2—夏盐鼻凸；3—中拐凸起；4—达巴松凸起；5—基东鼻凸；6—三个泉凸起；7—滴北凸起；
8—石南断凸；9—滴南凸起；10—莫北凸起；11—莫索湾凸起；12—莫南凸起；13—白家海凸起；14—帐北断褶带

a. 准噶尔盆地腹部基底断裂、凸起带与油气田分布叠合图

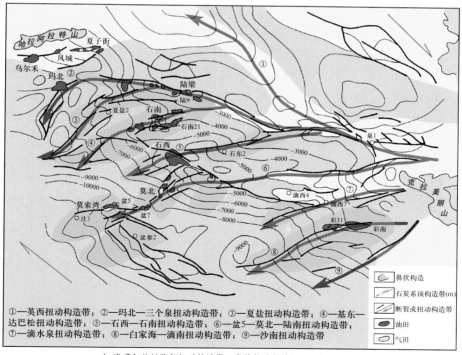

①—英西扭动构造带；②—玛北—三个泉扭动构造带；③—夏盐扭动构造带；④—基东—
达巴松扭动构造带；⑤—石西—石南扭动构造带；⑥—盆5—莫北—陆南扭动构造带；
⑦—滴水泉扭动构造带；⑧—白家海—滴南扭动构造带；⑨—沙南扭动构造带

图例：
鼻状构造
石炭系顶构造带(m)
断裂或扭动构造带
油田
气田

b. 准噶尔盆地腹部扭动构造带、鼻状构造与油气田分布叠合图

图7-3　准噶尔盆地腹部基底断裂、扭动构造带及其与油气田分布叠合图（基底断裂名称及对应编号详
见表7-1）

从已知油藏类型来看，构造和构造—岩性油气藏在平面上主要沿断裂带分布，纵向上"断裂通到哪里，油气就走到哪里"；岩性油气藏主要分布于水下分流河道相带中，储集性能也以这类砂体为优。再者，基底断裂"隐性"活动或盖层断裂压扭作用势必产生数量不等的裂缝，不同程度地改善地层的渗透性，为丰富的油源与供油单元提供有效通道，使得位于深部低隆和油源断裂附近的局部构造成为有效圈闭而捕捉油气。

综上所述，准噶尔盆地腹部基底断裂带制约浅层的鼻状扭动构造带和河流体系，决定了油气聚集的基本环境；深层基底逆断层和浅层正断层与不整合相配置构成油气运移通道；河流砂体与浅层正断层相配置形成圈闭，构成油气富集的具体空间。

二、盖层断裂活动的控油气作用

盆地浅部盖层断裂和深部基底断裂的耦合作用是断裂带中油气得以运移的重要动力。腹部盖层断裂与基底断裂间以 3 种耦合方式形成花状构造、正反转构造组合而控制成藏。一是（反）树丫型耦合，以石南、陆梁地区断裂为代表，下部断至二叠系的基底逆冲断层与上部侏罗系—白垩系雁列式正断层带的倾向相反，在垂向上两者或者相连，或者不连而形成上正下逆组合（李振宏等，2002；张年富等，2003；陈栒等，2021）。有的上覆雁列式或羽状正断层带走向与下伏逆断层走向有一个小的夹角，如白家海断裂和基东断裂带。沿下伏逆断层运移的油气被上覆正断层带遮掩，一般聚油效率较高。二是阶梯型耦合（何登发等，2004），以莫北凸起东侧与东道海子北凹陷过渡区断裂为代表，下部逆冲断裂与上部正断层在剖面上倾向相同，可以相连，也可不连，而构成倾向上的断阶式。由于伴随燕山期盖层断裂活动形成了腹部北东向的车排子—莫索湾低隆起和构造、构造—地层、构造—岩性复合多种圈闭，顺下伏逆断层运移的油气较易沿上覆正断层带呈阶梯状发散分配而成藏，聚油效率尚可。三是交叉型耦合，指上部正断层带与下部逆冲断裂交叉相连的一种组合，可呈"X"形或"十"字形交叉，基底断裂对盖层断裂的控制作用（或两者的耦合程度）不强，聚油效率较低。

此外，无论基底断裂还是盖层断裂，在活动期和静止期的控藏作用各不相同。断层在活动期一般是开启性的，是深部油源或深层油气藏向浅部侏罗系储层运聚的主要通道（丁文龙等，2004；马立民等，2013；陈栒等，2021）。如腹部北北东向和部分北东向断裂在侏罗纪—白垩纪应力值最低，与最大主压应力方向夹角比较小，处于相对开启状态。这些开启断裂造成前侏罗纪油气藏的破坏、再调整，或是直接沟通侏罗系圈闭与烃源区而在晚期次生成藏。断裂在静止期主要起封闭作用，如腹部近东西向或北西西向断裂应力值较高，与最大主压应力夹角也比较大，处于相对封闭状态，可有效遮挡或封堵油气的运移和散失而聚集成藏。莫北地区盖层断裂封闭性由下而上、从南向北变差，与其含油气性变差的特征相一致（张年富等，2003；马小伟等，2017；匡立春等，2022），说明断层封闭性在垂向和平面上的变化直接影响着该地区的含油气性。

三、压扭断裂体系及其控油气作用

前已述及，准噶尔盆地腹部侏罗系发育了压扭断裂体系、形成 9 个压扭构造带。林会喜等（2019）研究表明，腹部地区侏罗系大量压扭断层主要形成于燕山期II幕（侏罗纪末期），呈多个组系、多种组合样式展布，是深部基底强烈压扭形变发育至中浅层的直接响应。根据不同构造单元发育状况与几何学特征差异，大体上可将其分为两种类型：一类压扭断层处于盆1井西、东道海子等构造凹陷内，剪切破裂程度较弱，在三维地震上难于完全识别，多被解释为低序级断层；另一类压扭断层主要处于凸、凹构造单元结合部，尽管缺乏延伸较长的单条大断层，但多条断层组合在一起形成了复杂断裂带，并沿着不同构造单元结合部长距离延伸。

由于凸、凹构造结合部的走向不同，压扭断层贯穿方位及组合样式也相应发生一定变化。压扭断裂体系在平面上沿着凸、凹构造单元结合部发育，呈"撕裂"带状展布，剖面上自基底向浅层生长，侏罗系呈现复杂花状构造，具有以压为辅、以扭为主的成因机制。与腹部地区"棋盘格"底形构造密切相关，侏罗系压扭断层具有"三带一区"4类典型组合样式和展布规律，包括莫索湾—白家海凸起北部近东西向延伸左行左阶压扭断裂带样式、莫索湾—白家海凸起南部近东西向延伸左行右阶压扭断裂带样式、腹部各凸起边缘南北向延伸右行右阶压扭断裂带样式和盆1井西—东道海子凹陷内不完整菱形共轭剪切区样式。

压扭断裂控油气作用表现在压扭断裂体系的构造属性分区导致了油气输导与遮挡作用差异。压扭断层构造属性多变，根据断层组合样式、库仑破裂准则和地震剖面特征可以区分出锐角挤压区与钝角伸展区。不同构造属性单元对油气输导和遮挡作用具有很大差异，勘探程度较高区块解剖表明，钝角伸展区纵向开启性好，断面普遍开启，有利于油气纵向输导，易形成油气纵向输导区；而锐角挤压区封闭性较好，更有利于油气富集，易形成油气主要富集区（林会喜等，2019）。

例如，分析东西向贯穿莫西庄油田的油藏剖面及勘探成果发现，断层两盘油气富集程度差异很大，多条断层两盘会出现油、水对接现象，反映了压扭断层面在两盘的封闭性是有很大差异的（图7-4）。处于挤压区（挤入构造单元）断层面封闭性好，对应此断盘的油气富集程度较高，是油气成藏的有效遮挡条件；处于伸展区断层面封闭性差，油气富集程度明显偏低，多见油水同层，不能有效遮挡油气，更有利于油气纵向输导。从已完钻探井的试油、试采效果来看，整个区块普遍含油，但挤压区和伸展区的油气富集程度却差异较大。高产高效井主要位于锐角挤压区，如Zh102井和Zh5井，累计产油量均超过万吨；而钝角伸展区普遍含水较高，累计产油量较低，如Zh2井和Zh105井等。

尽管油气富集程度受到诸多因素控制，但通过腹部多个已发现油气田的精细解剖，证实压扭断块构造属性是控制油气富集的首要因素，高产区块通常都位于挤压构造属性区内。脆性压扭断裂体系的油气输导与遮挡作用具有构造属性分区特点，在钝角伸展区油气输导性较好，而在锐角挤压区油气遮挡条件更好（林会喜等，2019）。这一新进展，对腹部侏罗系下一步勘探具有很大启示意义。

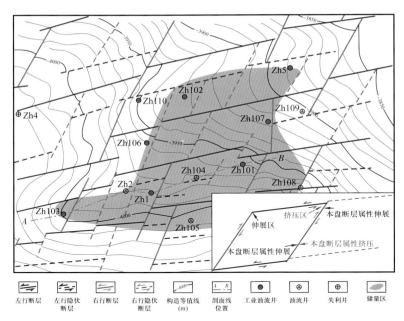

图7-4　准噶尔盆地腹部莫西庄油田不同构造属性单元与油气富集程度关系图（据林会喜等，2019）

第四节　腹部古地貌及古隆起活动对沉积和油气聚集的控制作用

一、腹部侏罗系古地貌控制沉积作用、岩性圈闭形成

1.准噶尔盆地腹部地区沉积体系分布特征

1）早侏罗世沉积体系平面分布

根据沉积构造、相序、岩性剖面结构、砂体厚度和含砂率变化，结合以往成果，尤其是岩心详细观察与描述，综合厘定准噶尔盆地腹部地区侏罗系主要发育辫状河三角洲、滨岸平原、滨浅湖、半深湖—深湖和扇三角洲等沉积体系（彭勇民等，2008；郑胜，2019；孔家豪等，2022）。

（1）八道湾组沉积期。

八道湾组三段沉积期，辫状河三角洲沉积体系及滨浅湖特别发育，半深湖—深湖相覆盖了中部3区块及中部4区块，盆地边缘还可能发育一些扇三角洲沉积体系。八道湾组沉积期存在准噶尔西北缘乌尔禾物源区、西缘克拉玛依物源区、东侧克拉美丽山物源区三大物源区，呈现出"三分"沉积格局。相应地形成三大辫状河三角洲相砂体，即西北缘乌尔禾至中部1区块的北西向砂体（1号砂体）、西缘克拉玛依至中部1区块与中部3区块的北西向逐渐转为南北向砂体（2号砂体）、东侧克拉美丽山至中部2区块与中部4区块的近东西向和近南北向的两支砂体（3号砂体）。其中又以源自乌尔禾物源区的砂体最为发育，向盆地中心推进最远，2号砂体厚度和分布范围略小，3号砂体最小（图7-5）。

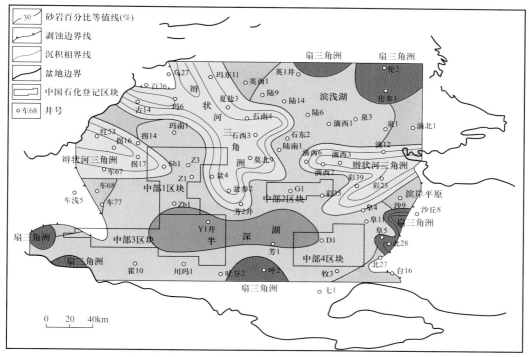

图7-5 准噶尔腹部下侏罗统八道湾组三段沉积体系分布图（据彭勇民等，2008）

与八道湾组三段沉积期相比，八道湾组一段沉积期源于克拉美丽物源区的三角洲沉积体系规模扩展更明显，且覆盖盆地中部1、2区块的大部，沉积面貌与八道湾组三段沉积期相似。八道湾组二段沉积期，"三分"格局依旧，但1号砂体厚度和分布范围比八道湾组三段沉积期小很多，2号砂体规模变得很小，3号砂体变化不大，并与八道湾组三段沉积期具继承性。这是湖平面上升的响应，湖泊沉积体系相对发育，三角洲沉积体系面积大大减小且向盆地边缘退缩。

（2）三工河组沉积期。

辫状河三角洲出现较大变化，多半呈"二分"沉积格局，腹部地区辫状河三角洲砂与深水背景泥交叉叠合在一起，指示了浅水与深水交互的斜坡及盆地沉积环境。

三工河组三段沉积期，湖平面上升，湖水范围增大，砂体规模和分布范围明显变小。辫状河三角洲数量较多，面积不大，明显特征是1号与2号砂体合并（图7-6；彭勇民等，2008）。

三工河组二段沉积期，广泛发育三角洲沉积体系，又以三工河组二段二砂层组沉积期三角洲沉积体系最发育，向盆地中心推进最远，来自三大物源区的三角洲沉积体系覆盖盆地中部1、2、3和4区块的大部分地区（图7-7）。反映出湖平面的降幅最大，推测当时的低位期湖岸线可能到达中部1区块。1号与2号砂体连片分布，3号砂体也连片，但规模稍小。

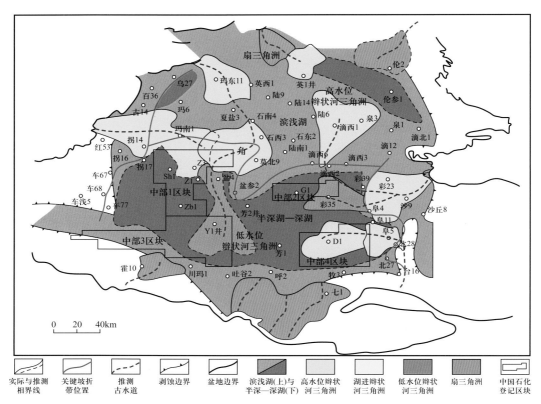

图 7-6　准噶尔腹部侏罗系三工河组三段沉积体系图（据彭勇民等，2008）

关键坡折带 3 条：（1）北部沉积坡折带，自西向东呈 "S" 形的弧形带，过拐 14—玛南 1—石西 1—盆参 2—滴西 6—滴西 2 井；（2）西部断裂坡折带，平行于红—车断裂带，呈南北向，自北而南过拐 17—拐 11—车 71—车 68—车 78 井；（3）东部断裂坡折带，平行于帐北断裂带，自北而南过滴南 1—彩 47—阜 4—阜 10—沙丘 6—北 28—北 8—北 27—北 81—台 16 井

三工河组一段沉积期与三工河组三段沉积期一样，为盆地大规模湖进时期，湖平面快速上升，湖水范围达到最大，三角洲最不发育，具"二分"沉积格局，并退缩至盆地边缘附近。在盆地的西北缘和东侧发育两个规模较小的三角洲沉积体系。

2）中—晚侏罗世沉积体系平面分布

西山窑组沉积期是重要转折点，西山窑组沉积末期准噶尔盆地发生过较强烈的抬升，剥蚀区明显扩大，水深总体变浅，在"二分"沉积格局中出现了大面积的剥蚀区（图 7-8）。头屯河组和齐古组沉积期，由于遭受强烈隆升作用，湖平面快速下降，地层大面积剥蚀，沉积格局不清。

中侏罗统西山窑组沉积期：存在一定的构造抬升作用，剥蚀区的范围比八道湾组和三工河组沉积期明显扩大并到达盆地中心（图 7-8）。西山窑组沉积期辫状河三角洲规模较大，来自三大物源区的三角洲沉积体系发育。与八道湾组一段、八道湾组三段、三工河组二段沉积期相比，其沉积体系平面分布的最大变化是源于乌尔禾物源区和克拉玛依物源区的三角洲明显萎缩，而源于克拉美丽物源区的三角洲规模明显扩展。

不同时期三角洲的空间分布范围不同，低水位期三角洲位于坡折带附近的上、下倾方向；高水位期三角洲进积到关键坡折带；湖进期三角洲向陆方向迁移并远离关键坡折带。

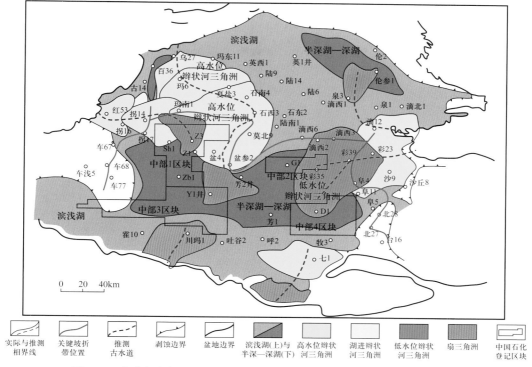

图 7-7　准噶尔腹部三工河组二段二砂组沉积体系图（据彭勇民等，2008）

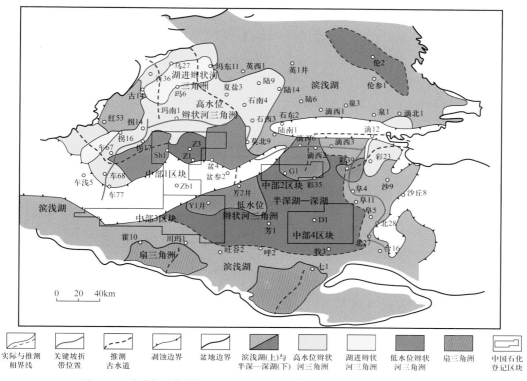

图 7-8　准噶尔腹部侏罗系西山窑组沉积体系图（据彭勇民等，2008）

中侏罗统头屯河组与上侏罗统齐古组沉积期：剥蚀区范围进一步扩大，盆地中部地区沉积物均遭剥蚀。其中，头屯河组沉积期仅在盆地西北角（长 50km、宽 25km 的三角洲）、东南角（长 75km、宽 55km 的三角洲）和东侧（长 65km、宽 30km）残留规模较小的三角洲沉积体系。齐古组沉积期仅在盆地东南角（长 40km、宽 60km）残留规模较小的辫状河三角洲沉积体系。

综上所述，在早侏罗世，八道湾组一段、八道湾组三段、三工河组二段一砂层组和二砂层组沉积期的辫状河三角洲相对发育，而八道湾组二段、三工河组一段、三工河组三段沉积期湖泊相对发育，三角洲退缩至盆地边缘附近。中—晚侏罗世沉积面貌发生了变化，剥蚀区出现在盆地中心，尤其是头屯河组和齐古组因剥蚀严重，盆地沉积面貌难以恢复。

总体看来，腹部地区侏罗纪以深水与浅水交互沉积为特征，辫状河三角洲沉积极为发育。此外，滨浅湖占据了盆地大部，半深湖—深湖相覆盖了中部 1、2、3、4 区块，盆地边缘可能发育一些扇三角洲沉积体系。八道湾组沉积期具有"三分"格局，三工河组—西山窑组沉积期多呈现"二分"沉积格局，头屯河组和齐古组因剥蚀严重，沉积面貌不清。中侏罗统西山窑组沉积期是盆地的重要转折点，从此水深总体变浅，沉积面貌发生了变化，在"二分"沉积格局中出现了大面积的剥蚀区。发育准噶尔盆地西北缘乌尔禾物源区、西缘克拉玛依物源区、东侧克拉美丽山物源区三大物源区，相应地形成了 3 支砂体；并且源自乌尔禾物源区的砂体最发育，向盆地中心推进最远。

2. 准噶尔盆地腹部古地貌控制沉积体系发育

1）盆地腹部古物源古水系控制了沉积体系类型和发育特征

总的来说，在侏罗纪—白垩纪，准噶尔腹部地区存在扎伊尔山系西北缘乌尔禾物源区、西缘克拉玛依物源区和东侧克拉美丽山物源区三大物源区，发育北东一支、北西两支古水系，由沉积和沉降中心形成一大一小两个汇水区，以昌吉凹陷为主，次为玛湖凹陷。沉积体系受主要古水系的控制，形成河流—三角洲—湖泊沉积体系的有机组合。主水系方向以西北缘的车排子—扎伊尔山和东缘克拉美丽山为主，次要物源为北缘古水系，包括德仑山—红岩断阶北缘。北缘水系由于乌伦古湖盆的阻隔而对中部地区的沉积影响不大。

不同沉积时期，南缘北侧一直是准噶尔盆地的沉降、沉积中心。南缘物源对腹部沉积影响较小，而西缘扎伊尔山和东北缘克拉美丽山持续交替隆升，致使古水系流动的大致方向可能变化不大，但在平面上由于水流大小、山谷河流的摆动，水系也是不断前后、左右迁移的，这一点在不同时期沉积体系的分析中表现十分明显。

不同方向的古水流携带不同地区的物源汇集于准噶尔腹部地区，形成了冲积扇、三角洲、河流、湖泊等多种类型体系。不同沉积时期构造作用强弱和主要物源方向是不同的，因而形成的沉积体系也存在一定的差异。沉积体系组合总体上可归纳为长源缓坡辫状河—三角洲沉积体系和短源陡坡三角洲（扇三角洲）沉积体系两种类型，并且以前者为主。

长源缓坡辫状河—三角洲沉积体系分布于西北、东北侧长源河流发育区，形成于盆地边缘构造比较稳定、剥蚀作用强、物源充足、雨量充沛、沉积坡度小而宽缓的古湖盆斜坡背景之上。从物源剥蚀区到盆地汇水区常发育相序完整的大型辫状河—三角洲—湖泊沉积体系。其特点是在盆地边缘河流相发育，山区河流源远流长，延伸远，分布广，沉积厚度相对较大，复合体发育。横向上，湖岸线内退，湖盆中心范围逐渐变小，相带分布为三角洲平原—三角洲前缘—前三角洲及浅湖、半深湖亚相。如三工河组二段沉积期，以西北方向的物源为主，次为东北方向克拉美丽山物源，沉积相带组合自湖盆边缘向湖盆中心依次为三角洲平原、三角洲前缘、前三角洲和浅湖、半深湖亚相（图7-9）。

短源陡坡扇三角洲沉积体系形成条件是构造不稳定、边界断层活动性强、山体隆升高、山前坡降较大和物源丰富。其特征是冲积扇、水下扇较发育，山区河流较短，流向湖盆短轴方向，河流条数较多，沉积体系延伸不远，规模较小。但因距沉积盆地近，沉积物可容空间大，加之物源丰富，其沉积厚度较大。准噶尔南缘以此类型沉积体系为主（图7-9）。

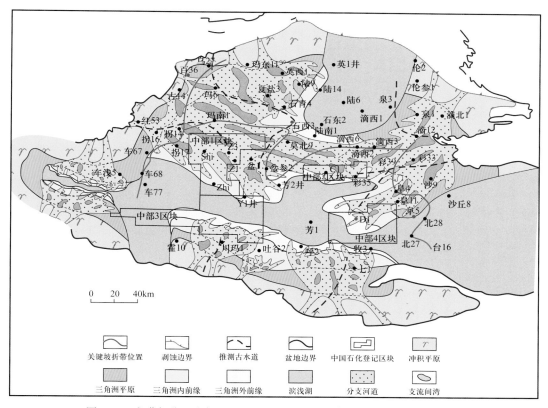

图7-9　准噶尔盆地腹部地区三工河组二段沉积体系图（据郑胜，2019）

准噶尔盆地腹部中生代具有北西方向和北东方向两个大的稳定物源区。其中主要物源区为乌尔禾物源区和克拉美丽物源区，对中部1、2、3和4区块储层的形成具有重要意义。中部区块交替受到上述两个物源区的影响。

相比较而言，克拉玛依物源区的影响范围较小，仅波及沙窝地一带。盆地南缘推测属于次要物源区，对中部3、4区块影响较小。

2）盆地腹部古地貌单元控制了沉积微相平面展布特征

分析表明，水下古沟槽、水下古低凸、古坡折和水下古缓坡等 4 类古地貌单元控制了沉积微相平面展布特征，水下古沟槽充填水下分流河道微相砂体，水下古低凸主体部位发育分流间湾微相泥岩，古坡折之下的水下古平台发育砂质碎屑流砂体（表 7-2）。

表 7-2　准噶尔盆地腹部三工河组古地貌控砂作用（据厚刚福等，2022）

古地貌单元	地震剖面	沉积微相	岩性及测井	古地貌控砂模式	代表井
古沟槽		水下分流河道			MB2、MB17、DD4
古低凸		分流间湾			P5、M107、M15
古坡折、古平台		砂质碎屑流			QS2、QS4、M17

泥岩　粉砂质泥岩　泥质粉砂岩　细砂岩　中砂岩　砂砾岩

水下古低凸为异常隆起，本身地势较高，会对向湖盆中心进积的三角洲起到阻挡或分流的作用，以东部物源三角洲为例，在向盆 1 井西平台、莫东平台进积的过程中，相继被滴北低凸、滴南低凸、石西低凸、石南低凸、三个泉低凸和夏盐低凸分割成 4 个分支（厚刚福等，2022）。而且水下古低凸可容空间较小，水下分流河道砂体较难在其主体部位发生卸载，主要为三角洲前缘细粒悬浮沉积物沉降至低凸主体部位，形成分流间湾微相泥岩或滨浅湖亚相泥岩。

研究表明，准噶尔腹部发育 8 条水下古沟槽，在北西、西、北东、东部三角洲砂体向湖盆中心方向输送的过程中，8 条水下古沟槽为较低洼的地貌单元，可容空间较大，为沉积物输送通道，充填单层厚度较大、多期叠置的水下分流河道微相砂体。水下古低凸主体发育分流间湾微相泥岩，低凸翼部的水下古沟槽发育水下分流河道微相砂体这使得水下分流河道微相砂体在低凸翼部超覆尖灭，存在砂岩尖灭线。喜马拉雅期构造运动使得地层发生反转，盆地腹部构造背景演化为南倾单斜构造（唐勇等，2009），低凸主体部位的分流间湾微相泥岩便对沟槽区充填的水下分流河道微相砂体在上倾方向构成良好的侧向遮挡条件，有利于形成上倾尖灭型岩性圈闭。

3. 准噶尔盆地腹部古地貌控制了岩性地层圈闭形成

地层圈闭的发育主要受不整合面发育状况控制。准噶尔盆地侏罗系分布广泛，最厚达 1300m 以上。侏罗纪准噶尔盆地构造活动虽不强烈但较频繁，形成的多个不整合面都明显有上超和削蚀，尤其盆地边缘十分突出。通过对地震、钻井和露头资料的综合研究，在侏罗系顶底及内部共识别出 8 个不整合面（由下至上为 SB1 到 SB8），将侏罗系分为 7 个三级层序。其中 SB1、SB5 和 SB8 为区域性不整合面，将侏罗系分为两个超层序，众多的不整合面为侏罗系地层圈闭的形成奠定了良好的地质基础（王英民等，2002；周新平等，2012；厚刚福等，2022；陈秋凤等，2022）。

1）地层超覆圈闭

地层超覆圈闭发育在不整合面之上，其形成条件包括地层超覆、不整合面之下的下封泥质岩系、不整合面上的储层及上封泥质岩系。

盆地边缘及盆内陆梁隆起两侧的侏罗系各层序界面之上的超覆都十分发育，盆地内部还发育许多规模较大的坡折带，其下方往往成为低位体系域超覆的重要场所。盆地侏罗系多数不整合面之下发育泛滥平原亚相，不缺乏下封的泥质岩系。层序Ⅰ与 SB1 不整合面之下的三叠系白碱滩组泥岩接触的地区很广泛，条件最为有利；其次为层序Ⅱ、Ⅲ、Ⅳ，在盆地边缘剥蚀较强的部位，界面之下的高位体系域砂岩往往被剥蚀，上覆层序与下伏层序中的水进体系域湖相泥岩直接接触；在莫索湾、陆梁等地区，层序Ⅴ下伏地层剥蚀较强，层序Ⅴ与不同层序的不同岩性相接触，情况复杂。

不整合面上覆层序的底部普遍为粗碎屑岩，储层发育。除层序Ⅰ外，各层序一般为阶跃式水进，有利于发育上封泥质岩系，超覆点处的尖灭砂岩可被湖泛泥岩直接覆盖，有利于发育地层超覆圈闭。目前西北缘断裂带上盘已在此类圈闭获得上亿吨储量，断裂带下盘也有较多此类油气藏，如拐 3 井—拐 201 井油藏等。层序Ⅱ、Ⅲ、Ⅳ有利于此类圈闭的发育，应是盆地腹部侏罗系非构造圈闭中最有利、最重要的类型。

2）深切河谷圈闭

深切河谷圈闭与一般的河道砂岩圈闭不同，其特征是河谷深切于下伏层序之中，因河谷充填物与下伏层序的岩性差异而形成圈闭，属于地层圈闭范畴，规模较大，地震反射特征明显；而一般的河道砂岩圈闭规模小，因岩相变化形成圈闭，难以在地震剖面上通过几何形态识别。发育深切河谷的条件是下伏层序地形高差较大，尤其是要有较大的坡折带，不整合面形成时期基准面下降幅度要较大。准噶尔盆地侏罗系层序Ⅱ、Ⅲ的底部都发育规模较大的下切河谷。层序Ⅱ的水进—高位体系域发育期古水深和古地形高差大，形成显著的坡折带，而随后的 SB3 不整合面形成期构造抬升较强烈，基准面大幅度下降，是侏罗系深切河谷最发育的时期，坡折带上部形成了规模较广泛的较大下切河谷，有利于形成深切谷圈闭。

3）不整合面遮挡地层圈闭

准噶尔盆地大多数地区各层序底部都是粗碎屑岩，因此虽然侏罗系不整合面之下的地层广泛被削蚀，仍不利于形成不整合面遮挡圈闭。但盆地中央部分地区（陆梁、莫索湾及车排子等地）白垩系底部和头屯河组底部沉积较细，可能形成不整合遮挡地层圈闭。

二、腹部古隆起形成演化及其对沉积和油气聚集的控制作用

准噶尔盆地腹部古隆起，总体可以划分为中央继承型古隆起、叠加型古隆起、消亡型古隆起三大类，继承型古隆起包括莫索湾凸起、白家海凸起和中拐凸起，叠加型古隆起以陆梁古隆起、消亡型古隆起以车排子—莫索湾古隆起为典型代表，各自具有独特的形成演化及控砂、控油气作用。

1. 中央继承型古隆起形成演化及其控砂、控油气作用

位于准噶尔盆地中央的莫索湾凸起、白家海凸起和中拐凸起共同构成盆地中部的低凸起带，在此称为中央隆起带，均具有继承性古隆起构造特征，有优越的油气成藏条件。

1）莫索湾凸起形成演化及其控砂控油气作用

根据莫索湾凸起的构造演化特征（表7-3），总体可将莫索湾凸起的形成演化分为如下6个阶段。

表 7-3　准噶尔盆地腹部莫索湾凸起构造演化特征及成藏意义（据何登发等，2005）

发育阶段	时期	地质表现	隆起性质	构造特征	成藏意义	隆起作用
定型期	N—Q	新近系—第四系巨厚沉积，新近系的顶底界呈低角度不整合	掀斜改造埋藏型隆起	石炭系—风城组的闭合面积与幅度加大，夏子街组以上闭合面积与幅度减小，北西西向正断裂活动	油气藏调整与再聚集期，天然气充注期	保存期隆起
调整期	K_1—E	吐谷鲁群—古近系巨厚地层埋藏，其内呈低角度不整合	稳定埋藏隆起	东西构造分异，形成两个局部高点	烃源岩成熟期，异常高压形成期，主要成藏期	成藏期隆起
改造期	J_2t—J_3	西山窑组在西南部的强烈削蚀，缺失头屯河组—上侏罗统	压扭改造隆起	上叠北东向的盆1井西1号、盆1井西2号断裂	浅层油气藏被破坏，中深层向上调整	
埋藏期	T—J_2x	稳定沉降与较厚沉积，三叠系与侏罗系之间的低角度不整合	稳定埋藏隆起	北西向长条状断褶带，部分段上呈背冲断块性质	烃源岩逐步热成熟，近源侧向运聚成藏	
发育期	P	下乌尔禾组底部的区域不整合，莫索湾1号、2号、3号断裂活动	挤压冲断隆起	北西向断层传播褶皱背斜带，东高西低	构造发育期，烃源岩沉积期	沉积期隆起
雏形期	C	佳木河组初始超覆沉积	基底隆起	圆葫芦状，岛弧火山岩夹碎屑岩	主要储层发育期	

隆起的雏形阶段（石炭纪末期）：莫索湾地区下二叠统佳木河组的超覆沉积反映了石炭纪末期隆起的雏形。而从佳木河组的初始上超沉积仅分布在莫索湾凸起的翼部来看，

石炭纪末期的莫索湾隆起就已占据现今"莫索湾凸起"的范围。佳木河组超覆沉积较为缓慢，至沉积末期，隆起的高部位沿莫3井—莫10井一线呈北西—南东向展布，形态也由初始的"圆葫芦"状变为长条状。

隆起的发育期（二叠纪）：风城组沉积是佳木河组超覆沉积的持续发展，并最终覆盖了整个莫索湾凸起。凸起起伏大大减小，但下伏石炭系顶界的隆起形态予以保持。夏子街组沉积末期，莫索湾凸起发生大规模冲断隆升与剥蚀作用。夏子街组的残留厚度在隆起的顶部大为减小，而在盆1井西凹陷要厚得多。断裂表现为断层传播褶皱性质，褶皱轴部被强烈剥蚀。上乌尔禾组、下乌尔禾组沉积期盆地整体沉降。二叠纪末期，莫索湾背斜整体呈披覆性质，随时间推移，面积与幅度逐渐向上减少。

稳定埋藏阶段（三叠纪—西山窑组沉积期）：三叠纪为盆地稳定发育期。莫索湾凸起在区域沉降背景下堆积一套河流—湖泊沉积。早侏罗世—西山窑组沉积期，莫索湾凸起仍为稳定沉降背景。

改造阶段（头屯河组沉积期—晚侏罗世）：改造阶段构造起伏减缓，莫索湾背斜西翼出现分异。盆地内部形成南西—北东向车排子—莫索湾隆起。西山窑组及三工河组残余厚度向莫索湾凸起部位急剧减薄。头屯河组沉积期—晚侏罗世，首先在莫索湾凸起西部遭受北东向断裂改造。该时期整个盆地顺时针旋转，右旋力偶作用下形成一组北东向逆断层或背斜，产生一组北西向的正断层。

隆起的埋藏调整阶段（白垩纪—古近纪）：早白垩世，盆地再次稳定沉降。石炭系顶界闭合面积和幅度持续增大，二叠系顶界、三叠系顶界在白垩纪末期分离出东、西两个局部高点。夏子街组顶界在白垩纪末期呈北西向展布的长条形，并表现出东、西分异的趋势。该时期，也是相邻凹陷的主要烃源岩二叠系下乌尔禾组的生油高峰，稳定的构造环境为油气成藏提供了保障。同时在三工河组下部—八道湾组上部孕育了异常高压封闭层，腹部的异常高压系统逐渐形成。

隆起掀斜定型阶段（新近纪—第四纪）：新近纪以来，随北天山带的急剧隆升与向北的大规模逆冲推覆，昌吉凹陷发生快速挠曲沉降。腹部地区逐渐向南掀斜，表现为古近系顶界、新近系顶界向北逐渐被削蚀，这一现象与莫索湾凸起古生界、中生界内部的不整合面不同，后者由北向南或由南北两翼向中部呈削蚀特征。向南掀斜作用在莫索湾凸起区导致了两种效应，一是下伏构造层（石炭系—古近系）向南倾斜，随这种掀斜作用的加剧，石炭系顶界、风城组顶界的闭合幅度与闭合面积逐步增大，而其上覆构造层的闭合幅度与闭合面积逐渐减小；二是向南的掀斜逐渐积累了挠曲应力，在腹部形成了一系列北西西向、近东西向的正断层，它们延伸短、断距小，并且主要发育在侏罗系与白垩系之中。这些断层对该期油气向上的调整与成藏起着重要作用。

分析莫索湾凸起控砂、控油气作用认为，莫索湾凸起浅部断层既为正断层，又具有走滑性质，属张扭性断裂系统，在平面上局部密集分布。由于该断裂系统断距小、断面陡，牵引或逆牵引构造不发育，岩性配置不当（砂体未能被完全错开），断层封闭性较差，很难对油气形成侧向封堵，这也是莫索湾凸起断块或断鼻圈闭至今未能见到工业性油气流的主要原因。莫索湾地区深部断裂的晚期活动，为油气的垂向运移提供了良好的通道。晚侏罗世，浅部断裂断至地表，导致油气散失，侏罗纪以后，断裂活动基本停止，随上覆地层增厚，断面所受压应力增大，断层的封闭性增强，断距大、岩性配置适当的断层可对油气起侧向封堵作用。

2）中拐凸起形成演化及其控砂控油气作用

中拐凸起位于西北缘克—乌断裂带和红—车断裂带的转换部位，凸起主体由南部的红3井东侧断裂、中拐南断裂和西部的红山嘴东侧断裂控制，是一个石炭纪—二叠纪的宽缓鼻状古隆起。其总体经历了海西、印支、燕山、喜马拉雅等多期构造运动，形成演化可划分为海西中—晚期石炭纪基底隆起、早—中二叠世凸起形成、印支—燕山运动继承发育和喜马拉雅期最终掀斜定型4个演化阶段。

石炭纪基底隆起阶段：中拐凸起在航磁剩余异常图中有明显反应，表明中拐凸起具有基底隆起背景，在石炭纪时已具雏形。并且其仅发育于上地壳，和东部莫索湾凸起独立发育。

早—中二叠世凸起形成阶段（石炭纪—下乌尔禾组沉积末期）：受海西运动影响，早—中二叠世准噶尔地块与哈萨克斯坦内部地块强烈碰撞，在挤压应力场的作用下中拐地区西部红—车断裂带及红3井东侧断裂带活动强烈，其上、下盘地层也随之差异抬升形成中拐古鼻状隆起。

晚二叠世—三叠纪古凸起继承发育阶段（上乌尔禾组—白碱滩组沉积期）：晚三叠世构造运动趋于平缓，红—车及红3井东侧断裂带活动强度已经减弱，上乌尔禾组超覆沉积在佳木河组顶界风化面上，中拐古隆起开始进入潜伏埋藏阶段。受印支运动影响，三叠纪—侏罗纪区域应力场由早期的强烈挤压转为挤压松弛，除边界逆断裂继续活动外，发育了大量正断裂，主要为北西向，次为北东向。三叠纪盆地已基本形成统一的水体，但由于早三叠世继承并发展了晚二叠世干旱炎热的古气候，导致湖盆边缘粗碎屑沉积分布，拐5等井中均有体现。三叠纪末期，中拐凸起与五八区连为一体。

侏罗纪—新生代古隆起改造阶段：该期形成上三叠统—侏罗系构造层和白垩系—新近系构造层，侏罗系和白垩系之间存在大的角度不整合。侏罗纪沉积范围扩大，由于构造运动趋于平缓，构造沉降和沉积充填大体平衡，造成河流沼泽和湖泊广泛分布的特点，为含煤层系的形成提供了有利条件，如八道湾组和三工河组。中—晚侏罗世的早燕山运动使该区受力变为挤压松弛，红—车断裂带及红3井东侧断裂带活动微弱直至停止。受外压内张的构造运动影响，发育的断裂主要为侏罗系内部正断裂，断距小、延伸距离也短。区域大地构造格局基本定型于早—中侏罗世，并一直保持至今。新近纪由于天山剧烈活动，向盆地挤压，在中拐凸起构造活动表现为，除发育近东西向的张性正断裂外，以北部相对于南部抬升较高的掀斜为主。早白垩世构造运动逐渐平息，仅有少许小断裂断至白垩系，构造活动表现为整体近东倾的单斜，接受白垩系的沉积，使得原有的小幅度构造变小甚至基本消失。

分析中拐凸起控砂、控油气作用认为，中拐凸起的构造演化决定了侏罗系岩性油气藏发育的类型和分布。中拐凸起油气藏圈闭类型主要为断块和地层岩性圈闭。侏罗系受中拐凸起演化的影响，沿凸起翼部向高部位形成超覆沉积，地层内部形成超覆尖灭，易于形成地层圈闭；在斜坡区可以形成由水下分流河道和河口沙坝组成的岩性圈闭，中拐凸起已发现的侏罗系油气藏主要分布在红—车断裂带及昌吉凹陷西斜坡紧邻红—车断裂带部位，如在其偏南地区主要发育断块油气藏及断块—地层型复合油气藏；在其以北地区上倾方向，发育小规模岩性油气藏。

3）白家海凸起形成演化及其控砂控油气作用

白家海凸起为准噶尔盆地中央坳陷东部一个北东向展布的三级正向构造单元。凸起南面为阜康凹陷，北面为东道海子北凹陷，东北面为五彩湾凹陷，东南以沙西断裂为界与沙—奇凸起和沙帐断褶带相邻，西面与莫索湾、莫北凸起紧邻。

海西晚期，在白家海深层断裂的作用下，白家海凸起开始发育，近东西向的白家海凸起对南北两侧凹陷起显著的分割作用。印支期—燕山期，东部进入统一成盆时期，在南倾斜坡背景下，白家海凸起逐渐演化定型为一个具有多个高点，向南西倾没的大型鼻状构造。

分析白家海凸起控砂、控油气作用认为，白家海凸起在构造格局上属于"凹中隆"，具有十分有利的油源条件。白家海凸起油气藏主要受岩性和构造的双重控制，断裂垂向运聚成藏特征明显，其深层断裂与中、浅层断裂的连通性好坏程度直接决定了侏罗系油气成藏的可能性。白家海凸起高部位构造继承性表现得最为明显和彻底，从石炭系至侏罗系持续发育断背斜、断块、断鼻圈闭。由于各层系圈闭是在古凸起基础上继承发展而成的，因而圈闭形成时间早，圈闭形态与规模在后期演化过程中略有变化，但圈闭始终存在。白家海凸起北侧边界为一断裂带，主断裂断开石炭系至中侏罗统，侏罗系发育伴生断裂，因而在东道海子北断裂上、下盘，侏罗系以下发育断鼻圈闭，侏罗系发育断鼻、断块圈闭。总体来说，白家海凸起上层圈闭系多，圈闭形成时间早，主要断裂在侏罗纪末期基本停止活动，保存条件好，是圈闭条件最为优越的区域。

2. 陆梁叠加型古隆起形成演化及其控砂、控油气作用

陆梁隆起为准噶尔盆地中央坳陷与北部乌伦古坳陷之间的大型隆起带，走向为北西—南东，是准噶尔盆地一级构造单元，面积约为 19393km^2。陆梁隆起构造演化历史复杂，发育多个次级构造单元，构造及演化特征与油气藏的形成具有密切关系。

1）陆梁古隆起形成演化特征

陆梁隆起是在石炭系基底上发育的古隆起，多期构造运动下经历了隆起初始发育、相对稳定发育、振荡运动发育和持续发育定型 4 个主要发育和演化阶段。

海西末期隆起初始发育阶段：由地震剖面可以发现二叠系沉积前陆梁隆起位置已经具有隆起古地貌雏形，石炭系顶界面发育区域不整合，在石炭系顶部也有遭受不同程度剥蚀的反射特征，这表明在石炭纪末期受中海西期构造运动影响，陆梁隆起开始大幅度抬升，形成了陆梁隆起的初始古隆起地貌特征。海西晚期构造运动使陆梁隆起再次发生大规模隆升，使下伏二叠系遭受剥蚀，导致陆梁隆起上二叠统缺失区进一步扩大。

印支期隆起相对稳定发育阶段：印支构造运动期总体处于相对稳定沉降发育阶段，三叠纪沉积初期陆梁隆起区地形起伏相对平缓，除滴北凸起西端（三参 1 井区）仍处于

较高古地形未接受中—下三叠统沉积外，整个陆梁隆起都接受了三叠系沉积，但厚度较薄。三叠纪末期印支运动对陆梁隆起影响有限，表现在多数地区三叠系与侏罗系整合接触，仅滴南凸起东段有较明显抬升，造成该地区上三叠统被剥蚀而缺失。

燕山期隆起振荡运动发育阶段：燕山期多次的构造运动使得陆梁隆起经历了多次沉降和隆升的震荡发育过程。早侏罗世，陆梁隆起整体沉降接受沉积，直到西山窑组沉积末期才开始抬升遭受剥蚀，因而八道湾组、三工河组、西山窑组基本上是一套连续沉积；燕山运动 I 幕在陆梁隆起西部地区有较明显的活动，表现在石英滩凸起—英西凹陷—三个泉凸起—三南凹陷一带可见头屯河组底界面为剥蚀不整合面。侏罗纪末期，燕山运动 II 幕对陆梁隆起有强烈影响，表现在陆梁隆起区侏罗系与白垩系之间为区域性削蚀不整合接触，该时期构造运动使陆梁隆起整体大幅抬升，导致隆起上凸起高部位头屯河组被大范围剥蚀，西山窑组上部也被部分剥蚀，其中石西凸起东段和滴南凸起中部西山窑组被全部剥蚀。

早白垩世陆梁隆起再次整体下沉接受巨厚下白垩统沉积。下白垩统沉积末期，陆梁隆起由南向北、由中部向东、西两个方向抬升，使下白垩统上部遭受剥蚀，并且由南向北剥蚀程度增大，陆梁东部地区由西向东抬升强烈，下白垩统剥蚀严重，滴南凸起东段靠近山前部分被完全剥蚀而缺失，因此，陆梁隆起下白垩统与上白垩统之间为区域性削蚀不整合接触关系，代表了燕山运动 III 幕早期活动特点。晚白垩世末期，陆梁隆起再次由南向北、由东向西抬升，上白垩统遭受剥蚀，并沿上述两个方向剥蚀程度增大。因此，陆梁隆起上白垩统与古近系之间为区域性削蚀不整合接触关系，表明燕山运动 III 幕晚期在陆梁隆起仍有较强烈活动。

喜马拉雅期隆起持续发育阶段：喜马拉雅期，在近南北向水平及压应力作用下，盆地周缘山系的快速隆升及盆地基底由北向南掀斜，造成北升南降，使陆梁隆起整体呈向南倾斜的单斜带。喜马拉雅期构造活动相对较弱，以区域性掀斜作用为主。新近系—第四系，陆梁隆起仍然具有向南掀斜的构造背景，表现在隆起南翼新近系—第四系向北逐层超覆的沉积特征，并且喜马拉雅期陆梁隆起有整体向西抬升特征，因此，喜马拉雅期沉积厚度有限。

2）陆梁古隆起构造控砂控油气作用

（1）隆起区断裂和岩性体构成圈闭而形成油气藏。

一是断裂活动影响沉积作用，相互影响成为圈闭要素。对于同生长正断层，其上盘常形成逆牵引背斜，上盘同时代地层厚度要明显大于下盘同时代地层厚度，随活动减弱，这种趋势也相应减小直至消亡。断层活动明显控制着沉积作用。具体表现为陡坡断阶控制了陡坡带砂砾岩体的发育，缓坡断阶控制了缓坡带低位扇体的发育，盆内坡折控制了三角洲及滑塌浊积岩体的发育，凸缘坡折控制了冲积扇及河流沉积体系的发育。

对于同生长逆断层，随着逆冲断层呈向前破裂式或向后破裂式发展，与逆冲断裂活动有关的扇体呈前积、加积或退积式发育。同沉积逆冲断裂的演化控制了扇体的进积与退积，形成单一扇体和复合扇体储集体。

二是断裂、岩性体相互独立，各自成为圈闭要素。断裂与岩性体配置关系有多种方式（图7-10）。受断层与岩性体的配置关系和断层封闭性的影响，在正断层下降盘、上升盘均可成藏，也可以由断层组合形成断块油气藏。

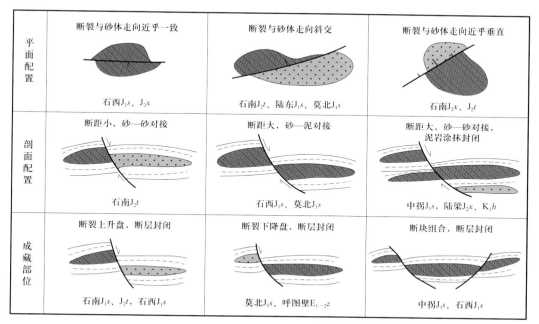

图7-10　准噶尔盆地腹部断裂—岩性体配置关系示意图（据何登发，2007）

在准噶尔腹部地区，沿着走向，断裂可以与岩性体平行（石西油田三工河组、西山窑组砂岩油藏）、斜交（石南头屯河组油藏、陆东三工河组油藏、莫北三工河组油藏等）或垂直（石南西山窑组油藏、头屯河组油藏）；在剖面上，受断层断距大小及泥岩涂抹的影响，断裂带可具有封闭能力，如中拐凸起三工河组油藏、陆梁油田西山窑组油藏等受断层与岩性体的配置关系和断层封闭性的影响，在正断层的下降盘、上升盘均可成藏，也可以由断层组合形成断块油气藏，例如莫10井断块油藏、石西油田三工河组油藏等（何登发，2007）。

（2）隆起区断裂参与油气成藏而形成岩性体油气藏。

一是断裂组合样式影响油气运移、聚集、分布与含油气丰度。在沉积盆地中，断裂、不整合面、渗透性地层等构成了油气运移网络，而不整合面及其上薄层砂岩常是流体长距离侧向运移的通道；断层则起到垂向运移通道的作用。它们的不同配置方式构成了流体的"复式输导"体系。相关的断层组合主要有正断层组合、逆断层组合和正、逆断层组合形式，如图7-11所示。

正断层组合包括3种样式：① 阶梯式，自油源区运移来的油气沿阶梯状断层及砂体由构造低部位逐渐向构造高部位运移调整，油气在运移期间及成藏以后常遭受次生改造；② 楼梯式，断开层位深、浅不同的反向断层组合，使油气向上运移调整；③ "T"形组合，由两条断开层位相近、倾向相反的断层组成，油气在断层上盘或之间的断块中聚集（图7-11；何登发，2007）。

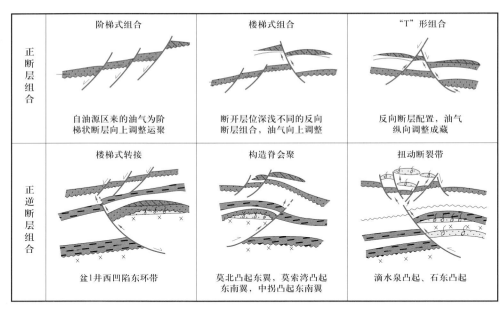

正断层组合	阶梯式组合	楼梯式组合	"T"形组合
	自油源区来的油气为阶梯状断层向上调整运聚	断开层位深浅不同的反向断层组合，油气向上调整	反向断层配置，油气纵向调整成藏
正逆断层组合	楼梯式转接	构造脊会聚	扭动断裂带
	盆1井西凹陷东环带	莫北凸起东翼，莫索湾凸起东南翼，中拐凸起东南翼	滴水泉凸起、石东凸起

图 7-11　准噶尔腹部断裂在形成断裂—岩性体油气藏中的运移通道作用（据何登发，2007）

正、逆断层组合主要有 3 种样式：① 楼梯式转接，下为逆断层、上为阶梯状正断层组合。例如准噶尔腹部盆 1 井西凹陷东环带，形成了莫索湾、莫北等油气田群。油气来自盆 1 井西凹陷，沿这种断层组合方式运移到侏罗系乃至白垩系中聚集。由于油、气形成时期不同，天然气生排烃期偏晚，天然气主要聚集在莫北 2 井区块等构造低部位，使石油向构造高部位调整，例如莫 11 和莫 10 等区块。

② 构造脊会聚，主要见于莫北凸起东翼、莫索湾凸起东南翼和中拐凸起东南翼，深部逆断层的活动形成浅部的断鼻带、背斜带或者是深部凸起之上的披覆构造带，表现为向生烃凹陷的鼻状倾没，深部油源断层将油气侧向导引至隆起区再沿正断层向上调整成藏。例如准噶尔腹部石西、石南、陆梁、石东等油气田（藏）都具有这种成藏机制，形成了"沿梁会聚、断控阶状成藏"的模式。

③ 扭动断裂带，如滴水泉断裂带、石东凸起带和白家海凸起等。深层逆断层规模大，在早期（主要为晚海西期）活动形成褶皱背斜带，顶部遭受削截；在晚期（晚侏罗世）受压扭活动影响，于逆断层上方形成一系列小规模雁列状的正断层组合，在剖面上可构成花状、半花状等组合。正、逆断层的楼梯式转接组合和构造脊会聚是油气高效聚集方式，沿着这些构造带都发现了较高丰度的油气藏。相比之下，扭动断裂带的聚集效率略微逊色，但深层断裂相关褶皱背斜中往往有大规模天然气聚集。

二是断裂活动期次影响油气运移、聚集时期与油气成藏模式。准噶尔盆地断裂活动具有海西期、印支期、燕山期—喜马拉雅期等多期活动特点。早期的基底断裂在后期还可以复活。在海西期，以发育逆断层为主，断距大、延伸远；燕山期断裂往往平行于基底逆断层，大多数为正断层，断距小、延伸距离短；喜马拉雅期断裂主要在南缘，盆地腹部仅发育小规模正断层。由于不同时期构造应力场的性质、地层组成、与不整合面及砂体配置关系等的变化，断裂呈开启、封闭或间隙式活动，流体沿断裂的活动也就具有

"幕式"活动特点（何登发，2007）。

如腹部盆1井西凹陷北部的石西、石南、陆梁油田，阜康凹陷东部的三台、北三台、沙南油田。油气源对比研究表明，油气源主要为二叠系湖相暗色泥岩，其次为石炭系海陆过渡相含碳质泥岩，在空间上相对偏下。自"生烃区"到"油气聚集区"，油气经历了较长距离的运移，可以把它们之间由断裂、不整合面及骨架砂体组成的运移网络称为"汇烃区"。

受断裂系统、储集体及不整合面的控制，于"汇烃区"多层系聚集，例如石西油田的石炭系、石南31井区清水河组油藏，石南4井、石南21井区头屯河组油藏表现为风成组的成熟油和下乌尔禾组的高熟油的混合，后期还遭受气侵的影响。"汇烃区"内油气聚集的具体方式受前述的断裂组合方式、断裂与不整合面及砂体的配置关系的影响，最终形成了"断裂—岩性体"占主导的油气藏类型（何登发，2007）。

3. 车排子—莫索湾消亡型古隆起形成演化及其控砂控油气作用

车排子—莫索湾古隆起（简称车—莫古隆起）是位于准噶尔腹部地区的古潜山式正向构造单元，西起红—车断裂带、中经莫索湾和莫北地区、东北抵陆南构造带，隆起主体在车排子—莫索湾之间，在白垩系沉积前为轴向北东—南西向的宽缓背斜，位于红—车断裂东侧，脊线高点位于征1井附近，南北两端弯曲整体呈"S"形（林会喜等，2022）。已在车—莫古隆起及两翼地区发现石西油田、莫北油田、莫索湾油气田、莫西庄油田、征1井区和永进油田，勘探潜力巨大。

关于车—莫古隆起形成时间和演化阶段的划分，有经历了隆起形成发育（西山窑组沉积期—晚侏罗世）、隆起埋藏（白垩纪—古近纪）和隆起消失（塔西河组沉积期—第四纪）3个阶段（贾庆素等，2007），初始形成（早侏罗世形成雏形）、强烈发育（早—晚侏罗世）、隐伏埋藏（白垩纪—古近纪）和掀斜消亡（塔西河组沉积期—第四纪）4个阶段（纪友亮等，2010），以及基底调整稳定期（中侏罗世前）、缓慢隆升雏形期（中侏罗世）、快速隆升形成期（晚侏罗世）、整体南倾改造期（白垩纪—新生代）4个阶段演化（林会喜等，2022）等观点。分析车—莫古隆起控砂、控油气作用可以得出以下结论。

（1）车—莫古隆起同沉积阶段性发育制约了盆地物源格局和地层展布。受燕山运动影响，中侏罗世车—莫古隆起与盆地周缘低矮的造山带同时隆升，使原本连通的准噶尔盆地和吐哈盆地彼此分割成两个独立的盆地，明显改变了准噶尔盆地的边界，并开始向两侧盆地（准噶尔和吐哈盆地）供源，导致准噶尔盆地中侏罗世的物源格局和盆地边界与早侏罗世相比发生巨大变化。下侏罗统、中侏罗统、上侏罗统分别表现为"底部稳定分布—中部沉积超覆—上部无沉积或剥蚀"的结构样式。

（2）车—莫古隆起的形成、发展直至最终消亡，不但控制了地层的沉积展布，对油气的聚集成藏也有重大的控制作用（咚殿君等，2006；吴晓智等，2006；赵宏亮，2006；乔玉雷等，2013；高崇龙等，2016；孔家豪等，2022）。早侏罗世，车—莫古隆起发生低幅隆升，对八道湾组和三工河组沉积体系展布和结构样式产生的影响较小，主要形成辫状河三角洲沉积体系，来自盆地西北缘的物源还可以到达盆地腹部及南缘地区；中—

晚侏罗世，由于受到了车—莫古隆起的阻隔，盆地西北缘的物源只分散于隆起以北地区，中—上侏罗统遭受了严重的剥蚀，导致盆地腹部地区由原来的沉积或沉降中心演变为物源区，为两侧提供充足的物源，形成辫状河三角洲和滩坝共存的沉积体系组合。以及与白垩系的区域不整合面（孔家豪等，2022）；白垩纪，全区发生剧烈沉降，车—莫古隆起进入稳定埋藏阶段，早白垩世以河流沉积为主，晚白垩世以浅湖、三角洲沉积为主。古隆起的持续发育导致古隆起顶部中—上侏罗统遭受了严重的剥蚀，形成多期不整合面，为地层不整合遮挡圈闭的发育创造了条件。同时古隆起东缘和东南缘形成了一系列小型滨浅湖滩坝沉积及小型三角洲沉积体，有利于岩性尖灭圈闭和地层超覆圈闭的形成。车—莫古隆起在白垩纪遭受的埋藏作用及在古近纪—新近纪和第四纪遭受的掀斜作用，使原先已经形成的地层圈闭、岩性圈闭更加复杂化，形成被改造的构造—地层和构造—岩性圈闭（纪友亮等，2010），由岩性圈闭及地层不整合遮挡圈闭形成的油气藏是今后该区油气勘探的目标和方向。

（3）车—莫古隆起存在期间，处于油气生成高峰，古构造控制古油藏分布。其发展演化的控藏作用表现为早期（西山窑组沉积末期—晚侏罗世隆起发育期）是侏罗系第一期充注成藏和部分遭受破坏、中期（早白垩世末期—古近纪末期隆起埋藏期）是侏罗系油气藏主要成藏期、晚期（塔西河组沉积晚期—第四纪隆起消失期）是侏罗系油气藏调整改造期（图7-12），但油气仍会以古隆起构造枢纽带为中心向北西方向运移。车—莫古隆起掀斜调整后的石油运移调整和晚期油气补充次生成藏，控制着现今油藏分布（王京红等，2012）。据计算，侏罗系3个古油藏储量达$28.03 \times 10^8 t$，古油藏按40%运移再聚集，可形成$11.20 \times 10^8 t$储量的次生油藏。

三、腹部古隆起控油气规律剖析

分析古隆起发育对生储盖组合和油气成藏的控制作用认为，总体上古隆起的发育及其构造特征控制了油气的运聚与成藏特点，古隆起的形态决定了油气运移的路径、方向，古隆起的调整过程和方式控制了油气藏的改造、调整和油气的再分配，古隆起的定位时期和定位形态决定了目前油气的分布状态，并总结了多期叠加古隆起油气富集规律（何登发等，2005）。

1. 古隆起区基底断裂构造带为油气富集带

资料显示，目前发现的盆地腹部油气藏多沿伸入烃源区的北东向基底断裂和早期的古凸起聚集，沿受基底断裂控制的北东向鼻凸构造带展布（图7-3a），基本处于腹部基东—达巴松、石西—石南、盆5—莫北—陆南、白家海—滴南的北东向压扭构造带上（图7-3b），构成油气聚集的"黄金带"。例如在莫索湾—莫北凸起、石南断凸、基东鼻凸及夏盐鼻凸分布着莫索湾、莫北、石西、石南、陆梁油田，白家海断裂、滴水泉鼻凸带有彩南油田、五彩湾气田、滴12井八道湾组油藏（图7-3）。这表明北东向、北西西向基底断裂分布活动和盖层断裂压扭作用控制了油气的早期原生成藏与晚期调整次生成藏和再分配，影响着腹部不同时期油气的空间分布主体格局。

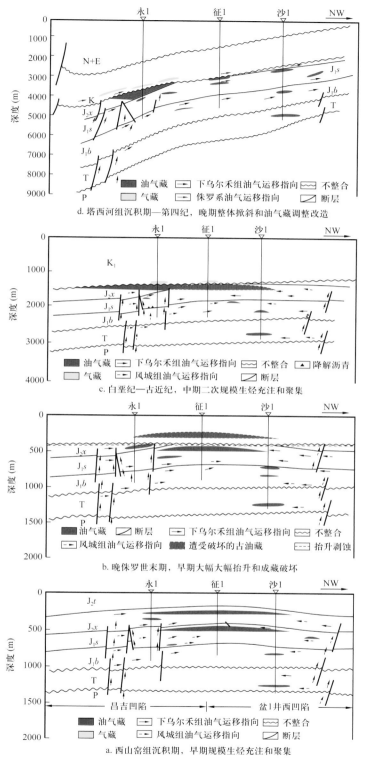

图 7-12 准噶尔盆地腹部车—莫古隆起区油气成藏演化剖面示意图（据贾庆素等，2007）

分析认为，燕山期压扭作用下形成的车—莫古隆起和一系列北东、北东东向断裂背斜带或断鼻构造带、构造交接带是油气富集的主要场所。同时，古隆起区主要基底断裂切过生烃中心或位于生烃中心边缘，其同沉积活动控制了中—下二叠统生烃凹陷，尤其是玛湖、盆1井西、昌吉、东道海子北富生烃凹陷的发育。这些断距较大、延伸较长的基底断裂同时沟通了生烃凹陷与聚油凸起、烃源岩与储集体，为构造和构造—岩性油气藏的形成提供了有利条件。基底断裂"隐性"活动或盖层断裂压扭作用势必产生数量不等的裂缝，不同程度地改善地层的渗透性，为丰富的油源与供油单元提供有效通道，使得位于深部低隆和油源断裂附近的局部构造成为有效圈闭而聚集油气（胡素云等，2006）。

2. 基底断裂与盖层断裂的耦合方式和多期作用控制油气富集部位

1）基底断裂与盖层断裂的耦合方式控制油气聚集

沉积盖层中发育的断裂系统明显受控于基底断裂系统，在沉积盖层断裂密集带之下均存在深部基底断裂，在盆地内部基底断裂明显比盖层断裂发育。基底断裂与盖层断裂之间存在着4种耦合方式。

（1）盆缘断阶型耦合。以克拉玛依断裂带为代表，以前锋逆冲断裂为界，其次级断裂构成内缘断块与外缘断块，自盆缘向盆内呈阶梯状下降。由前锋逆冲大断裂沟通深部烃源（风城组），油气向上运移并在断块中进行分配，构成了下伏风城组烃源岩生烃，逆断层将其和上覆的乌尔禾组—克拉玛依组扇体储集体沟通，上部为上三叠统白碱滩组泥岩封盖的最佳配置，形成了克拉玛依巨型油气聚集带（张国俊等，1983；谢宏等，1984）。

（2）盆缘掩覆型耦合。以南缘霍—玛—吐背斜带、乌—夏断裂带和乌兰林格断裂带为代表。在滑脱面上、下形成了两套变形系统。由于泥岩滑脱层覆盖，使得其下构造变形系统成藏条件变好。

（3）盆内阶梯型耦合。下部逆冲断裂与上部正断层带（断层束）在剖面上倾向相同，构成倾向向上的断阶式。

（4）盆内反树丫型或楼梯型耦合。下部逆冲断裂与上部正断层带倾向相反，两者可以相连，也可以不相连，沿倾向构成反树丫型或楼梯型组合。沿下伏逆断层运移的油气被上覆正断层带遮掩，聚集效率较高。

2）基底断裂的深部活动可以形成浅层构造带，进而影响沉积体系

隆坳格局和构造升降决定了沉积面貌，古隆起影响沉积物的物源供应和沉积物分配形式，各组不同体系的生长断裂主要通过控制沉积时期的构造地貌，进而控制沉积。因此，储集砂体的类型和分布形式是构造事件的沉积响应。

腹部古隆起区、基底断裂的继承性活动和盖层的压扭构造作用不仅控制了古构造梁的形成，也是侏罗纪主河道与砂体展布的主要控制因素。基底断裂控制砂体分布，也就控制了油藏的分布。

3）多期次断裂作用导致多期、多种油气富集方式

在古隆起区，多期次断裂作用主要表现在以下几个方面：（1）多期次断裂将油气从

低部位输导向高部位，发生"断裂泵"式油气聚集。陆梁隆起区内，在夏盐鼻凸、基东鼻凸、石东鼻凸、滴水泉鼻凸等北东向构造梁背景之上，海西期断裂、燕山期断裂等呈北东、北北东向雁列状展布，它们将油气从玛湖凹陷、盆1井西凹陷和东道海子北凹陷向陆梁隆起高部位输送。隆起是油气运移指向，构造梁（鼻凸带）汇集油气，断裂带输导油气，随断裂的阶状发育，油气聚集层位升高，沿"梁"富集，呈现出"梁汇断聚阶状富集"的面貌。

（2）多期次断裂使不同时期聚集的油气发生混聚，出现多种成藏模式。准噶尔盆地石西油田石炭系沥青的聚集最早发生在晚三叠世，在晚侏罗世随区域压扭作用发生，北东向的张扭性断层形成，这些张性、张扭性断层组合断开石炭系—中侏罗统，使油气向上调整至中—下侏罗统砂体中；随区域南倾作用的发生，正断层活动进一步活跃，油气向上运聚至白垩系中，出现3期运聚现象。这在莫北油气田、彩南油田、中拐凸起等非常常见。可见，北东向、北西西向基底断裂活动分布和盖层断裂压扭作用控制了油气的早期原生成藏与晚期调整次生成藏和再分配，影响着腹部不同时期油气的空间分布主体格局（张义杰等，2010）。

（3）多期次断裂的叠接和交叉影响着富集和高产区块。石西油田北西西向正断层切过了背斜圈闭，它们是石西油田内部油气分区块发育的影响因素之一。两组断裂的交叉部位常是油气高产区块。两组断裂叠接的方式不但影响局部油气圈闭，也影响着含油气丰度。构造和构造—岩性油气藏在平面上主要沿断裂带分布，岩性油气藏主要分布于水下分流河道相带中。

3. 多期叠合背景下，区域封盖层或成岩改造封闭层将古隆起划分为多个含油气区间

准噶尔盆地腹部以上三叠统白碱滩组泥岩盖层为界，可分为上、下两个油气成藏区间。石炭系—中三叠统成藏区间以垂向运聚为主，断块与断背斜油气藏为主要类型；侏罗系—白垩系成藏区间以正断层与西山窑组和头屯河组之间的不整合为运移通道，以低幅度构造—岩性油气藏为主要类型。

下侏罗统三工河组上部和下白垩统吐谷鲁群泥岩也对油气有分隔作用。

准噶尔盆地上三叠统顶部—下侏罗统底部发育异常压力封闭层，以此为界，形成下部（石炭系—中三叠统）的超压聚集系统和上部（三工河组—下白垩统）的常压聚集系统。随时间和空间变化，异常压力封闭层的开闭可出现"幕式"运聚现象。

4. 多期叠合背景下，古隆起多层系油气聚集，主要发育4种油气成藏组合

受区域封盖层和成藏过程制约，准噶尔盆地的古隆起纵向上主要发育4种成藏组合：石炭系—中三叠统火山岩、砂砾岩背斜型油气成藏组合；上三叠统—下侏罗统砂岩背斜型油气成藏组合；中侏罗统—下白垩统砂岩低幅度（断）背斜或构造—岩性、地层—岩性油气成藏组合；中白垩统—古近系砂岩岩性—背斜油气成藏组合。

陆梁隆起自下而上发育石炭系顶部火山岩风化壳、二叠系砂岩、中—下三叠统砂岩、

中—下侏罗统砂岩和下白垩统砂岩等多套储层，构成了多层系叠置含油现象。

5. 多期叠合背景下，沿叠加界面上、下发育一套成藏组合，为油气聚集的重要场所

盆地叠合的实质是沿叠加界面（即区域不整合面）上、下形成了一套特殊的储盖组合，多次叠合不但在多个叠加界面上、下发育多套特殊的储盖组合，更可能由于叠加界面的复合或聚合导致不同构造层的油气藏在空间上发生叠接从而形成复式油气聚集区带（何登发等，2005）。主要叠合界面常为区域不整合面，不整合面及其上薄层砂岩是油气长距离运移的通道。

准噶尔盆地腹部侏罗系顶、底及其内部不整合广泛发育，其中中侏罗统下部西山窑组和上部头屯河组之间的角度不整合尤为重要（何登发，2007）。油气实践表明，该不整合面的上、下是油气聚集的重要场所；其后期掀斜演变对油气聚集和调整再分配产生了重要影响。

此外，白垩系底部、新生界底部、二叠系顶部及底部等区域不整合面发育，以其为依托，形成了河道透镜状砂体、砂岩上倾尖灭、砂体削截、潜山等多种圈闭，它们将成为腹部古隆起区油气勘探的主要目标（何登发等，2012）。

第五节　腹部多种成藏模式及岩性油气藏勘探领域

国内外岩性油气藏以源储一体型为主，而准噶尔盆地腹部地区为远源次生、源上大跨度分离型。准噶尔盆地腹部找到以侏罗系三工河组、西山窑组为主要含油层系的6套储油层，以及下二叠统风城组、上二叠统下乌尔禾组和侏罗系煤系3套主要烃源层，在八道湾组、三工河组、西山窑组、头屯河组及清水河组、呼图壁河组均发育规模展布的优质储层（张越迁等，2000；郭秋麟等，2021；陈栩等，2021；王林生等，2023），已陆续发现了陆梁、石西、石南、莫北、莫索湾等多个油气田，成为盆地下一步油气增产上储的重要战略领域。

一、凸起带和斜坡上部"三位一体"断控砂体次生成藏模式及勘探领域

腹部以深层二叠系、石炭系供烃为主，主要发育反树丫型、阶梯型断裂耦合带，缓坡环境下基底与盖层断裂活动控制河道、湖泊三角洲砂体的沉积分布，形成以北东向为主的断裂岩性体组合。深部逆断层、中浅部正断层和三叠纪末期形成的不整合面构成垂向输导体系，油气沿古梁长距离阶状运移到各类圈闭中，多期次聚集而晚期成藏定型，形成"油源断裂及不整合、低幅度背景、岩性体三位一体"断控砂体次生成藏模式（图7-13a）。也有学者称之为源外沿梁断控阶状油气成藏、源上源下不整合断控油气成藏模式（马立民等，2013；麻伟娇等，2017，2018）。

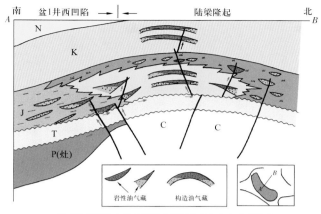

a. 准噶尔腹部凸起带和斜坡上部断控砂体次生成藏模式

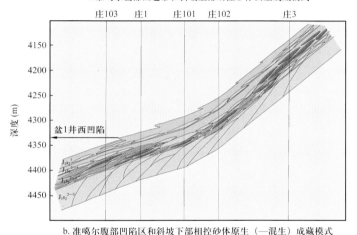

b. 准噶尔腹部凹陷区和斜坡下部相控砂体原生（—混生）成藏模式

图 7-13　准噶尔盆地腹部两种可能的油气成藏模式示意图

目前，中国石油矿权区的勘探对象主要为侏罗系—白垩系低幅度背景下的断控砂体次生油气藏，勘探思路主要是立足凸起和斜坡背景找油。根据基底逆断裂和盖层正断层带展布、耦合与油气分布特点，北北东、北东向的夏盐鼻凸、基东鼻凸、石南断凸、盆5井—莫北凸起、滴水泉西南鼻凸、白家海断裂带与沙南断裂7个压扭构造带应是腹部地区的勘探重点。三工河组沉积期砂体从陆西—石南—石西—莫北—莫索湾一带大范围连片分布，横向展布非常稳定，夏盐、石南地区更形成北西向三角洲体系与北东向三角洲体系的交会叠置（图7-1）。西山窑组沉积期在夏盐、石南、达巴松地区形成北西向三角洲相区与北东向三角洲体系的交会，砂体叠置程度较高；盆参2井区车—莫古隆起也向北侧邻区辅助供屑而形成砂体交会叠置。纵向上，在夏盐、石南、石西、滴南、白家海及莫北—莫索湾地区形成了三工河组、西山窑组三角洲沉积体系的共同交会、叠置区。

下一步，仍然要立足凸起带、缓坡上部及"断裂＋构造＋岩性体"的有机叠合区，沿白垩系与侏罗系不整合面附近寻找低幅度构造—岩性油气藏。有利勘探领域包括三南凹陷西斜坡、盆5井—莫北凸起东及西斜坡、东道海子东及西斜坡、莫索湾凸起东部、车—莫低凸起等。

二、斜坡下部和凹陷区低幅度背景相控砂体原生（—混生）成藏模式及勘探领域

最新资料显示，盆地腹部也可有来自侏罗系烃源岩的自源型油气聚集，以中国石化矿权区庄1、董1和永1等深井的重要突破（吴金才等，2004）为代表，总体特征为以缓坡下部或凹陷区低幅度背景下的岩性油气藏为主，包括低位体系域砂岩透镜体油藏（征沙村构造）、水进体系域砂岩尖灭体—构造复合油藏（莫西庄构造三工河组二段一砂层组油藏）、高位体系域三角洲—河道连片砂体油藏（莫西庄构造三工河组二段二砂层组油藏）等（吴金才等，2004），未发现大型的油源断裂，仅有小断裂局部控制砂体展布，发育三工河组二段、头屯河组、清水河组多层系岩性—地层圈闭，储集砂体相变快、物性横向变化大，非均质性较强；多层系砂体叠合连片，单砂体独立控藏，呈多油水系统。

中国石化探区的突破表明，腹部凹陷区和缓坡下部可能存在原生（—混生）岩性油气藏，为低幅度背景相控砂体原生（—混生）成藏模式（图7-13b），主要证据有以下几个方面。

（1）侏罗纪湖相分布广泛，沉积厚度为200～300m，最大厚度在300m以上，烃源岩主要分布于盆1井西—沙湾—阜康凹陷，包括暗色泥岩、碳质泥岩和煤岩，存在生烃的物质基础。

（2）盆内大部分地区侏罗系在地史上的最大埋深一般为2000～4000m，低地温场背景下，有机质成熟度（R_o）较低，生成的油气有限。但腹部位于或邻近供烃主凹陷，尤其在昌吉凹陷内埋深加大，可达万米，有机质成熟度较高，有利于一定量的侏罗系烃源岩成熟生烃；同期存在的异常高压提供油气运移动力，也可使下伏油源向上运移。

（3）董1井原油样品族组分中饱和烃含量高，而非烃与沥青质含量较低（2.31%），具有煤成油的特征，其油源与侏罗系煤系地层有亲缘关系；庄1井八道湾组天然气具有煤型气混入特征，可能是侏罗系煤成气与二叠系油型气的混合气，表明侏罗系煤系地层可以生烃、供烃。

（4）据沉积—构造演化资料，二叠纪生烃凹陷在侏罗纪—新近纪已演变为南倾缓坡，早期的油源向北发生一定的优势运移，可形成一定的侏罗纪混生成藏配置。

（5）广泛发育三角洲前缘席状砂、远沙坝、滩坝和浊积扇砂体，凹陷区和斜坡下部盖层小断裂局部控砂，自源型油气就近捕集，有利于形成岩性圈闭。

下一步，中国石油探区应积极在凹陷区勘探，通过精细描述找准砂体，以多类型、多砂体叠置区为岩性—地层油气藏的有效勘探区。有利勘探领域包括盆1井西凹陷及围斜下斜坡、东道海子北凹陷及围斜下斜坡、三南凹陷等。

三、腹部侏罗系—白垩系远源次生油气藏成藏模式及勘探领域

也有学者称之为"远源、缓坡、次生"油气藏组合模式（何登发等，2004）。准噶尔盆地腹部侏罗系—白垩系次生油气藏发育4类输导体系（图7-14；刘刚等，2019）。

第1类输导体系为砂体。砂体是腹部次生油气藏最简单的输导体系，具备长距离侧

向输导油气的能力。当侏罗系古构造被破坏后，原生油藏溢散出的油气首先在其砂体储层中侧向调整，然后在新的构造圈闭中聚集成藏。

输导体系类型	输导体系示意特征	作用区域	成藏层位	油气藏类型	典型油气藏
I 砂体： (1) 三工河组二段砂体； (2) 八道湾组砂体		莫索湾—莫北鼻状凸起 莫索湾—莫北内环带	三工河组二段 八道湾组	断块 低幅度背斜	盆5井三工河组二段
II 砂体—断裂： (1) 三工河组二段砂体； (2) 八道湾组砂体； (3) 喜马拉雅期断裂		陆南—莫北凸起 陆南—石西凸起 陆梁地区	三工河组二段 西山窑组 呼图壁河组	岩性 低幅度背斜	石西2井西山窑组
III 砂体—断裂—不整合面： (1) 三工河组二段砂体； (2) 八道湾组砂体； (3) 喜马拉雅断裂； (4) 侏罗系顶部不整合面		陆南—石西凸起 陆南—石东凸起 陆南—石南鼻状凸起	头屯河组 清水河组	地层 岩性 断块	石东2井清水河组
IV 砂体—断裂—不整合面—断裂： (1) 三工河组二段砂体； (2) 八道湾组砂体； (3) 喜马拉雅期断裂； (4) 侏罗系顶部不整合面； (5) 喜马拉雅断裂		陆南—石西凸起 陆南—石东凸起 陆南—陆梁凸起	呼图壁河组	岩性 低幅度背斜	陆9井呼图壁河组

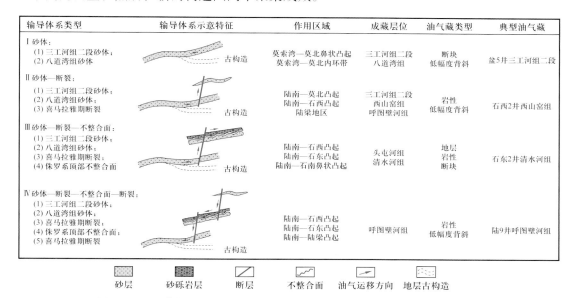

砂层　　砂砾岩层　　断层　　不整合面　　油气运移方向　　地层古构造

图 7-14　准噶尔盆地腹部次生油气藏的输导体系类型（据刘刚等，2019）

第 2 类输导体系为砂体—断裂。溢散的油气在下侏罗统侧向连续的砂体中运移，当遇到喜马拉雅期断裂发育区，油气沿断裂向中—上侏罗统和白垩系浅层运移，并在与断裂对接的岩性或构造圈闭中聚集成藏。

第 3 类输导体系为砂体—断裂—不整合面。在喜马拉雅期断裂将油气输导至浅层后，油气沿不整合的风化淋滤带砂体或不整合面之上的底砾岩继续侧向运移，在不整合面控制的地层圈闭中聚集成藏。

第 4 类输导体系为砂体—断裂—不整合面—断裂。沿不整合面侧向运移的油气，当再次遇至开启的喜马拉雅期断裂时，同样优先沿断裂向白垩系浅层调整，随后在与断裂对接的圈闭中聚集成藏。

陈楸等（2021）梳理出断裂垂向单一输导型、断裂—毯砂阶状输导型、断裂—不整合复合输导型等 3 类的优势输导要素组合类型。结合输导体系与成藏过程及成藏要素的时空耦合关系，总结出 3 类优势输导体系控制下的成藏模式，即断裂垂向单一输导控制下的立体成藏模式、断裂—毯砂阶状输导控制下的环凸成藏模式、断裂—不整合复合输导控制下的连片成藏模式（图 7-15）。

近年来，中国石油新疆油田分公司突破经典"梁聚论"构造找油思路，建立准噶尔腹部微古地貌控砂控圈—缓坡远源型成藏模式，拓展了凸起翼部缓坡型岩性油气藏勘探新领域，指导发现石南高效油田。首次发现白垩纪存在南北向油气运移路径，明确了三大成藏区带与富集层位。通过古地貌与砂体耦合关系分析，建立 6 类古地貌控制下的 14 种岩性圈闭成因地质模式，在古凸起分割水系型和沟槽引导型岩性圈闭模式指导下，分别发现了古梁翼部石南 21 井和梁下石南 31 井岩性油藏，并实现了高效开发。

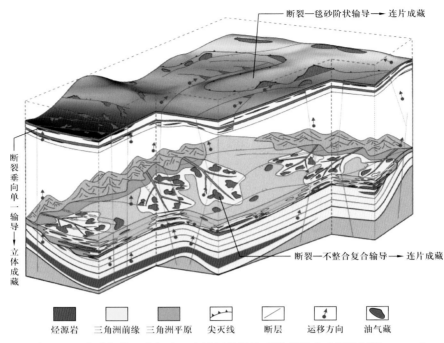

断裂—毯砂阶状输导 → 连片成藏

断裂垂向单一输导→立体成藏

断裂—不整合复合输导 → 连片成藏

| 烃源岩 | 三角洲前缘 | 三角洲平原 | 尖灭线 | 断层 | 运移方向 | 油气藏 |

图 7-15　准噶尔盆地腹部地区中浅层输导体系控藏模式（据陈棡等，2021）

突破凹陷区缺乏有效储层的传统认识，构建准噶尔腹部源上湖盆砂质碎屑流岩性气藏模式，指导获得重大发现。发现盆1井西凹陷及周缘发育两期坡折、五大沟槽区，以及多期走滑断裂输导体系，坡下发育砂质碎屑流砂体。受致密带组合遮挡、深浅断裂接力输导、跨层垂向运移、储盖相互配置等因素控制，油气在砂质碎屑流砂体内聚集并规模成藏。风险勘探、常规预探与老井复试相结合，在盆1井西凹陷东环带发现前哨高效气田。

攻克准噶尔腹部厚沙漠区薄砂层地震预测技术瓶颈，形成缓坡圈闭识别与预测技术系列，实现了规模勘探和效益开发。研发厚沙漠区地震资料采集处理技术、精细层序格架与微古地貌约束下的岩性圈闭顶底板刻画技术、多参数约束下的叠前叠后联合储层及油气检测技术，使岩性圈闭识别成功率提高30%，储层预测符合率91%。发现30余个高效岩性油气藏，新增三级石油地质储量1.89×10^8t，天然气地质储量266×10^8m³。开发效益显著，产能贡献率81%，弥补了老区原油递减，支撑了新疆油田连续12年千万吨稳产，有效抵御了低油价的冲击。

展望未来腹部次生油气藏的勘探，资源潜力巨大，仍有希望取得新发现。一是凸起区、斜坡带和晚期复杂断裂带是远源次生油气藏有利富集带，油气藏类型主要是岩性、地层油气藏和低幅度构造油气藏（陶士振等，2017），在古油藏石油调整路线上的岩性—地层圈闭、岩性及构造—岩性复合圈闭是下一步油气勘探重点。二是阜康凹陷侏罗系—白垩系输导体系发育，成藏条件优越，勘探程度低，是探索中浅层高效岩性—地层油气藏的重要潜力区（陈棡等，2021）。三是腹部中深层石炭系残余生烃凹陷和规模火山岩储层发育区，如滴南凸起带为天然气有利勘探方向（胡素云等，2020）。

参 考 文 献

鲍志东，赵艳军，祁利祺，等，2011.构造转换带储集体发育的主控因素：以准噶尔盆地腹部侏罗系为例 ［J］.岩石学报，27（3）：867-877.

陈发景，汪新文，2004.中国西北地区陆内前陆盆地的鉴别标志［J］.现代地质，18（2）：151-156.

陈发景，汪新文，汪新伟，2005.准噶尔盆地的原型与构造演化［J］.地学前缘，12（3）：77-89.

陈桐，卞保力，李啸，等，2021.准噶尔盆地腹部中浅层油气输导体系及其控藏作用［J］.岩性油气藏，33（1）：46-56.

陈秋风，程长领，刘德志，2022.准噶尔盆地阜康凹陷侏罗系三工河组沉积特征［J］.中国石油大学胜利学院学报，36（2）：11-15.

陈新，卢华复，舒良树，等，2002.准噶尔盆地构造演化分析新进展［J］.高校地质学报，8（3）：257-267.

丁文龙，金之钧，张义杰，等，2000.新疆准噶尔盆地断裂控油气作用机理研究［J］.地学前缘，9（3）：102.

丁文龙，金之钧，张义杰，等，2011.准噶尔盆地腹部断裂控油的物理模拟实验及其成藏意义［J］.地球科学（中国地质大学学报），36（1）：73-82.

丁文龙，王燮培，李衍达，等，2004.柴西地区尕斯断陷同生逆断裂构造特征与形成演化［J］.石油与天然气地质，（6）：634-638.

咚殿君，任建业，任亚平，2006.准噶尔盆地车—莫古隆起的演化及其对油气藏的控制［J］.油气地质与采收率，（3）：39-42+106.

高崇龙，纪友亮，任影，等，2016.准噶尔盆地石南地区清水河组沉积层序演化分析［J］.中国矿业大学学报，45（5）：958-971.

高帅，马世忠，庞雄奇，等，2016.准噶尔盆地腹部侏罗系油气成藏主控因素定量分析及有利区预测［J］.吉林大学学报（地球科学版），46（1）：36-45.

郭秋麟，吴晓智，卫延召，等，2021.准噶尔盆地腹部侏罗系油气运移路径模拟［J］.岩性油气藏，33（1）：37-45.

何春波，张亚雄，于英华，等，2023.油源断裂输导油气演化阶段的确定方法及其应用［J］.吉林大学学报（地球科学版），53（4）：1066-1074.

何登发，2007.断裂—岩性体油气藏特征［J］.石油学报，28（2）：22-28+34.

何登发，陈新发，张义杰，等，2004.准噶尔盆地油气富集规律［J］.石油学报，25（3）：1-10.

何登发，翟光明，况军，等，2005.准噶尔盆地古隆起的分布与基本特征［J］.地质科学，（2）：248-261+304.

何登发，张磊，吴松涛，等，2018.准噶尔盆地构造演化阶段及其特征［J］.石油与天然气地质，39（5）：845-861.

何登发，周路，吴晓智，2012.准噶尔盆地古隆起形成演化与油气聚集［M］.北京：石油工业出版社.

厚刚福，王力宝，宋兵，等，2022.坳陷湖盆古地貌对沉积体系的控制作用：以准噶尔盆地中部侏罗系三工河组二段一砂组为例［J］.地质学报，96（7）：2519-2531.

胡素云，蔚远江，董大忠，等，2006.准噶尔盆地腹部断裂活动对油气聚集的控制作用［J］.石油学报，27（1）：1-7.

胡素云，李建忠，王铜山，等，2020.中国石油油气资源潜力分析与勘探选区思考［J］.石油实验地质，42（5）：813-823.

纪友亮，周勇，况军，等，2010.准噶尔盆地车—莫古隆起形成演化及对沉积相的控制作用［J］.中国科学：D辑　地球科学，40（10）：1342-1355.

贾庆素，尹伟，陈发景，等，2007.准噶尔盆地中部车—莫古隆起控藏作用分析［J］.石油与天然气地质，28（2）：257-265.

孔家豪，张关龙，许淑梅，等，2022.准噶尔盆地侏罗纪车—莫古隆起的发育阶段及其对沉积体系的制约［J/OL］.中国地质，1-23［2023-06-21］. http：//kns.cnki.net/kcms/detail/11.1167.P.20220621.1150.010. html.

匡立春，支东明，王小军，等，2022.准噶尔盆地上二叠统上乌尔禾组大面积岩性—地层油气藏形成条件及勘探方向［J］.石油学报，43（3）：325-340.

李玉喜，庞雄奇，汤良杰，等，2002.柴西地区近南北向构造系统及其控油作用分析［J］.石油勘探与开发，29（1）：65-68.

李振宏，汤良杰，丁文龙，等，2002.准噶尔盆地腹部地区断裂特征分析［J］.石油勘探与开发，29（1）：40-43.

林会喜，宁飞，苏皓，等，2022.准噶尔盆地腹部车排子—莫索湾古隆起成因机制及油气意义［J］.岩石学报，38（9）：2681-2696.

林会喜，王建伟，曹建军，等，2019.准噶尔盆地中部地区侏罗系压扭断裂体系样式及其控藏作用研究［J］.地质学报，93（12）：3259-3268.

刘刚，卫延召，陈棡，等，2019.准噶尔盆地腹部侏罗系—白垩系次生油气藏形成机制及分布特征［J］.石油学报，40（8）：914-927.

麻伟娇，王峰，宋明星，等，2017.不整合面上底砾岩控制油气运聚的流体证据［J］.特种油气藏，24（1）：81-86.

麻伟娇，卫延召，李霞，等，2018.准噶尔盆地腹部中浅层远源、次生油气藏成藏过程及主控因素［J］.北京大学学报（自然科学版），54（6）：1195-1204.

马立民，李志鹏，林承焰，等，2013.准噶尔盆地石西油田侏罗系构造样式及其控油规律［J］.新疆石油地质，34（1）：907-918.

马丽娟，解习农，任建业，2002.东营凹陷古构造对下第三系储集体的控制作用［J］.石油勘探与开发，29（2）：64-66.

马小伟，朱传真，林玉祥，等，2017.准噶尔盆地温压系统演化与油气远源成藏［J］.石油实验地质，39（4）：467-476.

彭勇民，宋传春，欧方军，等，2008.准噶尔盆地腹部地区侏罗系沉积体系展布［J］.新疆地质，26（3）：265-269.

乔玉雷，隋风贵，林会喜，等，2013.准噶尔盆地中部车莫古隆起对油气的控制作用［J］.石油天然气学报，35（12）：56-61+6.

沈扬，贾东，宋国奇，等，2010.源外地区油气成藏特征、主控因素及地质评价［J］.地质论评，56（1）：51-59.

宋传春，2006.准噶尔盆地中部沉积体系及沉积特征［M］.北京：地质出版社.

宋永，杨智峰，何文军，等，2022.准噶尔盆地玛湖凹陷二叠系风城组碱湖型页岩油勘探进展［J］.中国石油勘探，27（1）：60-72.

孙靖，吴爱成，王然，等，2017.准噶尔盆地中央坳陷莫索湾地区侏罗系三工河组深层致密砂岩气储集层特征及成因［J］.古地理学报，19（5）：907-918.

孙潇，鲁克改，王国荣，等，2023.准噶尔盆地乌伦古坳陷中新生代构造演化与铀成矿作用研究［J］.地质论评，69（S1）：185-188.

唐小飞，马静辉，张博文，等，2023.准噶尔盆地柴窝堡凹陷中二叠统地层格架与沉积体系特征［J］.地质科学，58（3）：986-1007.

汪如军，冯建伟，李世银，等，2023.塔北—塔中隆起奥陶系富油气三角带断裂特征及控藏分析［J］.特种油气藏，30（2）26-35.

王京红，杨帆，2012.车莫古隆起对古油藏及油气调整控制作用［J］.西南石油大学学报（自然科学版），
　　34（1）：49-58.

王林生，赵晓东，李亮，等，2023.低含油饱和度油藏储层特征及其成藏控制：以准噶尔盆地玛西斜坡
　　中浅层八道湾组为例［J］.断块油气田，30（5）：770-780.

王英民，刘豪，王媛，2002.准噶尔盆地侏罗系非构造圈闭的勘探前景［J］.石油勘探与开发，（1）：
　　44-47.

蔚远江，何登发，雷振宇，等，2004.准噶尔盆地西北缘前陆冲断带二叠纪逆冲断裂活动的沉积响应［J］.
　　地质学报，78（5）：612-625.

文磊，孙相灿，李程，等，2019.准噶尔盆地乌伦古坳陷中—新生代构造演化及成因机制［J］.岩石学报，
　　35（4）：1107-1120.

吴金才，孟闲龙，王离迟，等，2004.准噶尔盆地腹部隐蔽油气藏及勘探思路［J］.石油与天然气地质，
　　25（6）：682-685.

吴晓智，张年富，石昕，等，2006.准噶尔盆地车—莫古隆起构造特征与成藏模式［J］.中国石油勘探，
　　（1）：65-68+84+8.

谢宏，赵白，林隆栋，等，1984.准噶尔盆地西北缘逆掩断裂区带的含油特点［J］.新疆石油地质，（3）：
　　1-15.

张关龙，王越，2023.准噶尔盆地早二叠世构造—沉积格局及石油地质意义［J］.油气地质与采收率，30
　　（1）：35-48.

张国俊，杨文孝，1983.克拉玛依大逆掩断裂带构造特征及找油领域［J］.新疆石油地质，（1）：1-5.

张年富，张越迁，徐常胜，等，2003.陆梁隆起断裂系统及其对油气运聚的控制作用［J］.新疆石油地质，
　　24（4）：281-283.

张越迁，张年富，姚新玉，2000.准噶尔盆地腹部油气勘探回顾与展望［J］.新疆石油地质，21（2）：
　　105-109.

赵宏亮，2006.准噶尔盆地车—莫古隆起演化及其控藏规律［J］.新疆石油地质，（2）：160-162.

赵文智，胡素云，汪泽成，等，2003.鄂尔多斯盆地基底断裂在上三叠统延长组石油聚集中的控制作用
　　［J］.石油勘探与开发，30（5）：1-5.

赵文智，张斌，王晓梅，等，2021.陆相源内与源外油气成藏的烃源灶差异［J］.石油勘探与开发，48
　　（3）：464-475.

郑祺方，彭巍巍，窦洋，2018.准噶尔盆地重磁力场与构造特征分析［J］.中国矿业，27（2）：168-172.

郑胜，2019.准中地区三工河组浅水三角洲沉积模式及油气勘探意义［J］.特种油气藏，26（1）：87-93.

周新平，徐怀民，王仁冲，等，2012.准噶尔盆地侏罗系不整合复合体及其岩性地层油气藏［J］.现代地
　　质，26（3）：581-588.

朱文，王任，鲁新川，等，2021.准噶尔盆地西北腹部燕山期构造活动与沉积响应［J］.地球科学，46
　　（5）：1692-1709.

第八章　准噶尔盆地西北缘构造—沉积响应 与扇体油气藏勘探

准噶尔盆地西北缘是该盆地油气最富集的区带，岩性—地层油气藏是其主要的勘探领域，同沉积构造坡折对层序建造和岩性油气藏富集带也有控制作用，发育众多同沉积构造坡折控制的层序低位体系域砂砾岩体储层，如冲积扇、辫状河道、低位三角洲及滨浅湖砂体、湖底扇砂体，有利于岩性油气藏发育（冯有良等，2018）。

其中冲积扇砂砾岩是准噶尔盆地西北缘地区主要的油气储层，在前人根据气候、扇体规模、沉积物搬运方式等因素差异对冲积扇类型进行划分的基础上，笔者开展了西北缘二叠纪—侏罗纪各种成因扇体的成藏特征与成藏条件的研究，以便对西北缘有利储集体的分布预测、扇控岩性油气藏分布规律及深化精细勘探方向提供参考。

第一节　准噶尔盆地西北缘地质概况

一、构造特征与构造—沉积演化

准噶尔盆地西北缘可划分为西北缘冲断带（包括西南段的车排子—红山嘴断裂带、中段的克拉玛依—百口泉断阶带与东北段的乌尔禾—夏子街断褶带，按习惯分别简称为红—车、克—百、乌—夏断裂带）、中拐凸起、玛湖凹陷西斜坡和沙湾凹陷西斜坡等次级构造单元（图8-1）。其中，西北缘冲断带的红—车、克—百、乌—夏三大断裂带从西南至东北首尾相接、向盆地外凸而成3个弧形断裂带，总体呈"S"形或反"S"形；在其外凸弧顶处，断面缓，断距较大；而向两侧，断面较陡，断距也相应变小。三大构造带可据横向断层从南至北细分出次级、更次级的单元或构造带。

根据二维地震剖面解释结果，西北缘冲断带共发育大小断层60条，绝大多数为逆（掩）断层，包括7条一级断裂、11条二级断裂、42条三级断裂。区内二叠纪重要断裂有19条，主要分布在乌尔禾、夏子街和红旗坝地区；从下至上只断开二叠系的断层有10条，其中2条近东西向、4条近南北向、3条为西南—北东向、1条呈西北—东南向，主要分布在大断裂带的内侧和外侧边缘，较明显的为白碱滩以南和玛北斜坡的4条隐伏断裂。

三大断裂带的构造样式、活动强度有别，各具特色。在剖面上，其断层面总体呈上陡下缓凹面向上的弧形，断层前缘倾角一般为40°～50°，向下变缓至20°～30°。平面上各断裂带之间的衔接部位常是水平运动减弱、沉积加厚的地区，为侧断坡、斜断坡或横向断层所分隔，由北西向的红山嘴东侧断裂与黄羊泉断裂构成转换边界，具有构造转换与调节的作用，对油气的分布也有明显的控制。

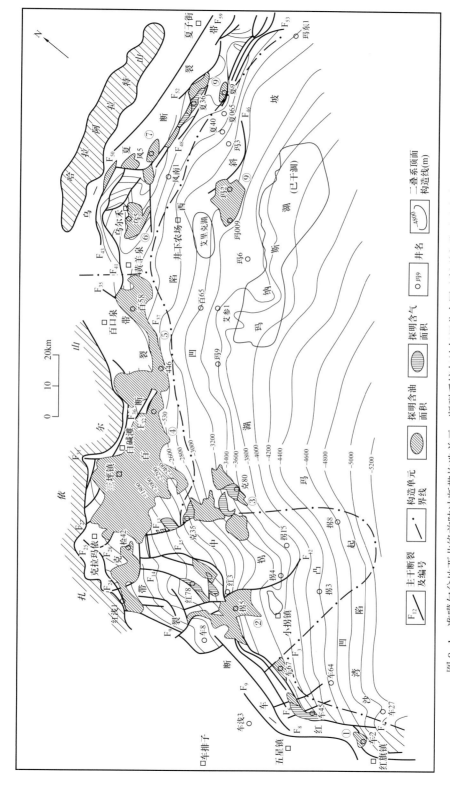

图 8-1 准噶尔盆地西北缘前陆冲断带构造单元、断裂系统与油气田分布图（断裂名称及对应编号详见表 8-3）

①—车排子油田；②—小拐油田；③—红山嘴油田；④—克拉玛依油田；⑤—百口泉油田；⑥—乌尔禾油田；⑦—风城油田；⑧—夏子街油田；⑨—玛北油田

综合前述及资料可知，在晚石炭世准西北缘残余洋消亡以后，发生了强烈的弧陆碰撞过程与造山活动。在这种背景之下开始了西北缘前陆冲断体系形成与演变，发育多套储盖组合、断裂系统接力输导和圈闭条件；进入断坳转换期，晚二叠世—早三叠世改造活动西强东弱、边缘强内部弱，经过二叠系佳木河组—风城组沉积期的碰撞后调整与前陆盆地分割性发育、夏子街组—下乌尔禾组沉积期的幕式周期性活动与前陆盆地体系范围渐扩、上乌尔禾组沉积期的大规模强烈推覆与冲断前缘扇体群沉积之后，三叠纪的冲断活动趋于减弱，并具有退覆式冲断和幕式活动特点，但仍可见到完整的前陆盆地体系。三叠纪以后处于挤压坳陷阶段，发育同沉积逆断裂坡折和隐伏断裂挠曲坡折及其控制的层序建造。晚三叠世本区湖平面经历了下降→回升→大规模长期湖侵→全面后退的完整升降旋回后，前陆盆地体系趋于统一和完整掩埋，冲断作用仍较强烈，其构造隆升造成了冲断带及其后缘造山带较大强度的削顶与剥蚀。侏罗纪是西北缘前陆盆地的消亡期，八道湾组—西山窑组沉积期处于构造活动的宁静期，在冲断系统的叠瓦冲断楔之上发育了稳定的楔顶沉积，具有超覆特征，而向盆内则主要成为坳陷盆地，在这一时期车排子—莫索湾古隆起开始形成。白垩纪以来，西北缘基本没有构造活动，红—车地区沉积幅度较大，局部形成了一系列东西向的正断层（贾承造等，2000；马宗晋等，2001；冯有良等，2018；林会喜等，2022；张元元等，2022；Ma et al.，2022；李勇等，2023；陈刚强等，2023；周培兴等，2023；Sun et al.，2023）。

总之，西北缘前陆冲断带发生于海西运动晚期（石炭纪末期），定型活动于印支运动期，结束于三叠纪末期，为一条北东向隐伏展布的大型叠瓦逆掩断裂带，逐渐被掩伏在侏罗纪—白垩纪沉积层之下，成为向盆内倾伏的前缘单斜，经历了完整的前陆盆地旋回及多个阶段演化而形成现今的面貌（贾承造等，2000；Feng et al.，2018；张关龙等，2023；张元元等，2022；朱文等，2021；冯有良等，2018）。

二、充填序列与沉积特征

经二维地震剖面、钻井资料、区域系统对比，西北缘二叠纪—侏罗纪由老到新依次发育了13套地层，其垂向充填序列、接触关系与沉积特征见表8-1。

充填地层在西北缘的不同区块分布不尽相同，总体上表现为南厚北薄、东厚西薄的特征，甚至二叠系在红山嘴与中拐地区被剥蚀尖灭、在克拉玛依至百口泉地区沿断层线尖灭，中拐局部及车排子、红山嘴地区没有下三叠统发育。在地震剖面上，其反射结构特征明显，连续性好，由能量较强的层系组成，各层系底部为2～3个强相位，层系间具有明显的角度不整合接触。层内逆冲和逆掩断裂十分发育，呈现与上覆构造层在特征和面貌上差异明显的上隆脱顶形态，形成反射波大上拱、小挠曲现象，反映了挤压构造运动和多期冲断的特点。

其沉积体系特征及盆地充填演化随时代不同而有差异。二叠系佳木河组在平面上，沿盆地边缘断裂带及中拐凸起向盆地方向依次为水下扇根—扇中—扇缘及滨湖—浅湖亚相或扇三角洲平原—扇三角洲前缘—滨湖—浅湖亚相的沉积序列，总体构成规模较大的向上变粗的沉积旋回。夏子街组在垂向上形成了退积型沉积序列。下乌尔禾组扇体主要分布于克拉玛依以东和以北地区，湖泊相广泛分布于扇体以南和扇体间地区。三叠系百口泉组在晚二叠世隆起剥蚀后的侵蚀面上总体构成一向上变细的退积型旋回序列；白碱滩组总体呈一向上变粗的旋回序列。侏罗系八道湾组具多旋回序列结构，三工河组在克拉玛依地区和德仑山南坡有小面积分布，头屯河组代表了西北缘冲断体系一个小的活动时期。

表 8-1　准噶尔盆地西北缘二叠系—侏罗系充填序列及沉积特征简表

地 层		代号	充填序列	沉积体系及岩相特征
侏罗系	上统	J_3q	齐古组	零星沉积
	中统	J_2t	头屯河组	河流—河流三角洲—冲积扇—扇三角洲相及滨浅湖亚相红色粗碎屑含煤沉积，下细上粗的反旋回序列
		J_2x	西山窑组	以辫状河—辫状河三角洲—湖相及零星扇体沉积为主，在西北缘地面没有沉积
	下统	J_1s	三工河组	以滨浅湖—半深湖、湖泊三角洲及小型扇三角洲和冲积扇沉积体系为主
		J_1b	八道湾组	扇三角洲—湿地扇—辫状河相含煤粗—细粒碎屑岩沉积体系，岩性岩相比较稳定，厚度变化较大
三叠系	上统	T_3b	白碱滩组	以巨厚的滨浅湖亚相泥岩沉积为主，其次发育冲积扇、扇三角洲沉积体系，但规模都不大
	中统	T_2k_2	上克拉玛依组	冲积扇、水下扇、扇三角洲、三角洲和滨浅湖混合沉积体系，具多旋回结构
		T_2k_1	下克拉玛依组	冲积扇、水下扇、扇三角洲、三角洲和滨浅湖混合沉积体系，具多旋回结构
	下统	T_1b	百口泉组	洪冲积扇—河湖三角洲—水下扇相红色粗碎屑沉积体系
二叠系	上统	P_3w	上乌尔禾组	大型水下扇—冲积扇—辫状河—湖泊沉积体系组合，以大面积发育水下扇为特征
	中统	P_2w	下乌尔禾组	大型水下扇—扇三角洲—湖泊沉积体系组合
		P_2x	夏子街组	扇三角洲平原—前缘或水下扇—湖泊沉积体系组合，在垂向上形成了退积型沉积序列
	下统	P_1f	风城组	陆缘近海滨浅湖—扇三角洲—冲积扇及湖底扇沉积体系，白云质泥岩、泥岩互层及碎屑岩夹火山岩
		P_1j	佳木河组	水下扇—扇三角洲相碎屑岩与火山岩相—滨浅湖亚相混合沉积体系，向上变粗的大型沉积旋回

总之，西北缘早二叠世发育了一套火山—火山碎屑岩和水下扇、扇三角洲相碎屑岩沉积；中—晚二叠世主要发育冲积扇、水下扇、扇三角洲、辫状河、正常三角洲、陆缘近海湖或湖泊沉积。故二叠系扇体多样、成因类型齐全，主要包括冲积扇、水下扇、扇三角洲，偶见湖底扇类型。三叠系—侏罗系储层也以发育各种成因扇体（主要为冲积扇、水下扇、扇三角洲，偶见小型湖底扇）为主。

三、沉积相类型划分及其特征

本区二叠纪—侏罗纪主要相标志、沉积相类型及划分方案、典型实例见表 8-2。对西北缘二叠纪—侏罗纪扇体及其他类型沉积相特征分述如下。

表 8-2 准噶尔盆地西北缘二叠纪—侏罗纪扇体沉积相类型划分及主要相标志特征

相	亚相	微相	主要相标志	典型实例
冲积扇	扇根、扇中、扇端	筛积物、泥石流、扇面河道（砂质、砾质）、片流、沼泽、沙楔	厚—巨厚粗碎屑岩堆积，常见洪积层理、大型交错层理、正粒序层理、平行层理、冲刷充填构造，以砾石杂乱排列为主，分选差，以红色、浅灰绿色等氧化—半氧化色调为主，偶见含泥质纹层状膏岩薄夹层；多近盆缘或分布于断裂带上盘	车1井上乌尔禾组、夏56井风城组—夏子街组冲积扇
河流相	河道	河床、边滩、心滩（砾质坝、砂质坝）	岩性总体较粗—正常粗细，呈砂砾岩、砂岩与不纯泥岩的不等厚韵律互层，常形成多个向上变细的正韵律结构及双层剖面结构	车27井头屯河组辫状河、风南1井头屯河组曲流河
	堤岸	天然堤		
	泛滥平原	支流河道、支流河道间、沼泽、（废弃河道）		
水下扇	水下扇根、水下扇中、水下扇端	扇根水道、扇面河道、片流	大套粗碎屑岩，呈向上变细的韵律，多位于断裂下盘，距物源区不远，以灰—灰绿色、棕色、杂色等非氧化色调为主，泥岩以灰绿色、浅灰色不纯泥岩为主，镜下可见方解石、石膏等略咸水介质胶结物，呈一定封闭的水下环境	拐3、拐148井佳木河组，玛101、玛009井百口泉组，玛002井上乌尔禾组，夏40井下乌尔禾组
（辫状河）三角洲	（辫状河）三角洲平原	分流河道、分流河道间、堤岸、沼泽、（废弃河道）	以砂泥岩组合为主，垂向剖面上三层（带）结构清楚，常构成向上变粗的正韵律旋回，沉积系列具多旋回性，可夹煤层及碳质页岩，见斜层理、炭屑及植物碎片，多分布于湖盆缓坡，背靠河流泛滥平原	拐3井西山窑组三角洲
	（辫状河）三角洲前缘	水下分流河道、分流间湾、河口沙坝、指状沙坝、席状沙坝		
	前（辫状河）三角洲	前缘泥、（浊积砂）		
扇三角洲	扇三角洲平原	辫状分流河道、辫状分流河道间、堤岸、沼泽、（辫状废弃河道）	总体岩性较粗，为中厚层—巨厚层灰色砂砾岩、砂泥岩、不纯泥岩互层韵律的较粗碎屑岩、含煤碎屑岩系，可夹数层煤及碳质泥岩，见炭屑，水平层理、交错层理发育，取心见较多的炭化植物茎干和碎片、斜层理、泥质或砂质条带或团块，纵向上常与河湖相伴生	拐5井佳木河组，456井、玛9井百口泉组，克84井下克拉玛依组，玛2井、玛009井上克拉玛依组，车39、车27井八道湾组
	扇三角洲前缘	水下辫状分流河道、辫状分流间湾、河口沙坝、指状沙坝、席状沙坝		
	前扇三角洲	前缘泥、（浊积砂）		
湖泊	滨湖	水道、砾质滩、砂质滩坝、沼泽	总体为较稳定的细碎屑岩，岩性以灰色、褐灰色和绿灰色中厚层泥岩、砂质泥岩为主，夹细砂岩、粉砂岩、含砾砂岩，发育波状层理、斜层理，局部见黄铁矿晶体	百56井、艾参1井白碱滩组，车39井、车27井三工河组滨浅湖
	湖湾	湖湾泥、粉泥坪		
	浅湖	砂坪、泥坪、砂泥坪		
	半深湖	湖底泥、（风暴层、浊积砂）		

相	亚相	微相	主要相标志	典型实例
陆缘近海湖	近海滨湖	砾质滩、砂质滩坝、灰云坪、泥云坪、云泥坪	仅见于风城组中，岩性特征明显，总体为一套碳酸盐岩夹中细碎屑岩及火山岩，以棕褐色、灰—深灰色中厚层灰质白云岩、泥质白云岩、白云质泥岩为主，夹凝灰质泥岩、泥质砂岩、凝灰质砂岩及褐色凝灰岩，局部（风古1井）火山凝灰岩增多，与碳酸盐互层，夹泥质白云岩、灰质白云岩层	风南1井、风南2井、风古1井风城组近海滨浅湖
	近海湖湾	湖湾泥、粉泥坪、凝灰质泥坪		
	近海浅湖	砂坪、泥坪、凝灰质泥坪、云质砂坪		
火山喷溢相	喷发—沉积	各类含火山灰碎屑岩	各种灰色、棕褐色和灰绿色玄武质火山角砾岩、凝灰岩、安山岩、流纹岩和玄武岩等，在地震剖面上为强振幅—中等振幅的平行—亚平行、连续—较连续反射特征；在电测曲线上，电阻率曲线呈块状高阻异常，局部有齿状轻微起伏变化，自然伽马曲线为齿状高值异常，自然电位曲线反映不明显；常与冲积扇相扇端—扇中组成垂向共生组合	中拐地区佳木河组下亚组—中亚组
	火山溢流	安山岩、玄武岩、（流纹岩、英安岩）		
	火山喷发或爆发	凝灰岩、角砾岩、火山角砾岩、集块岩		
火山沉积相	火山泥石流	沉火山砂岩、角砾岩、集块岩	以深灰—褐灰色沉凝灰岩、含砂凝灰岩、角砾凝灰岩和富凝灰质粗碎屑岩为主，纵向上常形成与冲积扇交替沉积的组合	拐9井佳木河组中亚组
	火山洼地	沉火山碎屑岩、凝灰岩		

（1）冲积扇相：在西北缘分布较广，见于二叠系佳木河组下亚组—上亚组、夏子街组、下乌尔禾组、上乌尔禾组，三叠系百口泉组、白碱滩组，侏罗系八道湾组（J_1b）及头屯河组（J_2t）中，总体为一套粗碎屑岩，各层系中岩性略有变化。

佳木河组冲积扇相岩性特征为中厚层、厚层—巨厚层灰色、深灰色、杂色、棕褐色和灰褐色细砾岩、砾岩、砂砾岩、砾状砂岩、含砾砂岩、含砂粉砂岩，夹中细砂岩、凝灰质岩屑砂岩、泥质砂岩、泥质砾岩、凝灰质砂砾岩、粉砂岩和砂泥岩。其总体为一套夹火山岩的粗碎屑岩巨厚堆积，呈红色，镜下碎屑颗粒具氧化铁泥质薄膜，反映为氧化环境生成。

根据倾角测井和FMI资料，这套粗碎屑岩中常见向上变细的韵律结构、洪积层理、大型交错层理、正粒序层理、平行层理、冲刷充填构造发育，岩层面多呈微波状起伏，以砾石杂乱排列为主，分选差，常呈砂泥与粗碎屑砾岩、砂砾岩的混杂堆积，并有30cm的"漂砾"散布，多处呈向上变细的正韵律旋回，显示近源快速堆积和大型辫状河道沉积的特征。在拐102井尚见一含泥质纹层状膏岩薄夹层，说明当时为炎热干旱气候，主要形成旱地扇。

百口泉组冲积扇相沉积特征表现为一套厚层—巨厚层浅灰绿色不等粒小砾岩、灰色砂砾岩、细砂岩夹泥质砂岩、泥质粉砂岩等，其砾石成分为变质岩和火成岩，少量长石、石英碎屑，分选差，半棱角状，钙泥质胶结疏松，以扇中亚相较发育为特征。

头屯河组冲积扇相下部为中厚—巨厚层灰色和灰绿色粉砂岩、泥质细砂岩、含砾砂岩与浅灰绿色泥岩、砂质泥岩略等厚互层，上部以巨厚层深灰色砾岩、灰色泥岩为主，形成总体向上变粗的反韵律粗碎屑沉积结构。

（2）水下扇相：在西北缘全区广泛发育，见于二叠系佳木河组、夏子街组、下乌尔禾组、上乌尔禾组、三叠系百口泉组、白碱滩组中，如中拐拐3井区佳木河组中亚组、风城—玛湖西斜坡区风南2—风南1井区夏子街组水下扇等。

水下扇的沉积特征，以中拐拐3井区佳木河组中亚组为代表，其岩性为灰绿色、灰色和杂色中厚—巨厚层砂砾岩、砾岩与棕色和灰色砂质泥岩、泥岩、中细砂岩、含砾砂岩、泥质砂岩不等厚韵律互层。其位于断裂下盘，离佳木河组尖灭线及红3井东大断裂东南有一定距离（8～9km），距物源区又不远，大套粗碎屑岩呈向上变细的韵律旋回，显示扇体的沉积特点；其颜色为以灰—灰绿色、杂色为主的非氧化色调，镜下见方解石、石膏胶结物，表明不是陆上强氧化环境，而是有一定封闭的水下环境，并且是略咸水介质。其交错层理（大于8°～10°的高角度交错层理）倾向不甚稳定，结合物探解释资料分析，在拐9井区、拐5井区应是两个不同物源供给方向的大扇体。

（3）扇三角洲相：广泛发育于西北缘地区侏罗系八道湾组、三工河组及头屯河组和三叠系各组中，三叠系上克拉玛依组、下克拉玛依组较为发育，局部见于下乌尔禾组、上乌尔禾组、佳木河组及夏子街组中。一般扇三角洲相为一套中厚层—巨厚层灰色和灰白色砂砾岩、细砾岩、砾状砂岩（泥质）、中细砂岩夹泥质粉砂岩、含砾粉砂岩及砂质泥岩，总体岩性较粗，见炭屑、水平层理、交错层理发育。八道湾组扇三角洲相特征为中厚层—巨厚层灰白色、灰色和深灰色砾岩、细砾岩、砾状砂岩、含砾砂岩、粉砂岩、泥质砂砾岩与泥质粉砂岩、泥岩互层，夹数层煤及碳质泥岩，其常为含煤较粗碎屑岩系，总体具向上变粗韵律结构，内部形成多个向上变细的小韵律旋回，取心见较多的炭化植物茎干和碎片、斜层理、泥质或砂质条带或团块。头屯河组及三工河组扇三角洲相不甚发育，仅见于拐102井区，主要为一套厚层灰白色小砾岩、细砾岩、砂岩夹（粉）砂质泥岩及泥岩，纵向上常与河湖相伴生，反映一定程度的湖盆水体动静变化。扇三角洲特征及典型层序如图8-1所示。

（4）火山喷溢相：主要见于中拐地区二叠系佳木河组、风城—夏子街—玛湖西斜坡区二叠系佳木河组及风城组中。中拐地区佳木河组下亚组火山喷溢相岩性特征为深灰色、棕褐色和灰绿色玄武质火山角砾岩、凝灰岩、安山岩、玄武岩。在地震剖面上为强振幅、平行—亚平行、连续—较连续反射，在电测曲线上，电阻率曲线呈块状高阻异常、局部要有齿状轻微起伏变化，自然伽马曲线为齿状高值异常，自然电位曲线反映不明显，可划分出火山溢流至喷发亚相的数个旋回。佳木河组中亚组火山喷溢相岩性特征为灰色和褐灰色安山岩、流纹岩和玄武岩等，在地震剖面上呈中等振幅较连续反射特征，常与冲积扇相扇端—扇中组成垂向共生组合。

在风城—夏子街—玛湖西斜坡区，火山喷溢相主要为火山喷发或爆发亚相的灰绿色、棕褐色和浅灰色凝灰岩、火山角砾岩，局部为火山溢流亚相的灰绿色安山岩、褐灰色流纹岩及褐色玄武岩。

应提及，火山喷溢相为一笼统称谓，因单井无法或难于恢复火山机构，无法详细划分其火山作用相，进一步可细分为喷发—沉积、火山溢流、火山爆发 3 个亚相及安山岩、玄武岩、凝灰岩、（火山）角砾岩、（火山）集块岩 6 个微相。

（5）火山沉积相：以拐 9 井佳木河组中亚组为代表，以深灰—褐灰色沉凝灰岩、含砂凝灰岩、角砾凝灰岩、富凝灰质粗碎屑岩为主，纵向上常为与冲积扇交替沉积的组合，可进一步划分出火山泥石流、火山洼地等亚相及若干微相。

（6）三角洲相：广布于八道湾组、三工河组、头屯河组、西山窑组、白碱滩组及下克拉玛依组中，尤以在侏罗系中发育为特征。西山窑组三角洲相仅零星见于拐 3 井中，不具代表性。

八道湾组三角洲相沉积特征为中厚层、厚层或巨厚层的灰色、灰绿色、褐灰色、灰白色和浅灰色岩屑中细砂岩、泥质砂岩、含砾岩屑砂岩、砾状岩屑砂岩，夹砂质泥岩、泥质粉砂岩、泥岩或不等厚互层，可夹煤层及碳质页岩，见斜层理、炭屑及植物碎片，常构成向上变粗的正韵律旋回。

头屯河组—三工河组三角洲相特征为灰色、灰褐色、浅灰色和浅紫红色中细砂岩、含砾砂岩、泥质砂岩、细砾岩、粉砂岩、泥岩和泥质粉砂岩的多个韵律互层组合，以三角洲前缘和平原亚相较为发育。

白碱滩组—下克拉玛依组三角洲相特征为中厚层—厚层浅灰色、灰色和灰白色中细砂岩、粉砂岩、泥质粉砂岩及砂质泥岩，沉积系列具多旋回性、砂岩成分主要为岩屑石英，分选不好，泥质胶结致密—中等。

（7）辫状河相：主要分布于下克拉玛依组中，岩性特征为中厚层—厚层灰色、灰绿色和灰白色砂砾岩、砾状不等粒砂岩、中细砂岩、泥质不等粒岩屑砂岩与泥质粉砂岩、砂质泥岩的不等厚韵律互层，总体岩性较粗，常形成多个向上变细的正韵律结构及双层剖面结构。

（8）湖泊相：主要分布于上乌尔禾组、白碱滩组和三工河组中，克拉玛依组及八道湾组也有零星分布，总体为一套较稳定的细碎屑岩沉积，岩性以灰色、褐灰色和绿灰色中厚层泥岩、砂质泥岩为主，夹细砂岩、粉砂岩和含砾砂岩，发育波状层理、斜层理，局部见黄铁矿晶体。相应地，形成上乌尔禾组、白碱滩组、三工河组 3 个湖侵高潮，在本区表现较为明显。

（9）陆缘近海湖相：仅见于风城地区风城组中，岩性特征明显，总体为一套碳酸盐岩夹中细碎屑岩及火山岩，以棕褐色、灰—深灰色中厚层灰质白云岩、泥质白云岩、白云质泥岩为主，夹凝灰质泥岩、泥质砂岩、凝灰质砂岩及褐色凝灰岩，局部（风古 1 井）火山凝灰岩增多，与碳酸盐互层，夹泥质白云岩、灰质白云岩层。进一步可划分出近海湖湾、近海滨湖、近海浅湖 3 个亚相和若干个微相（表 8-2）。

第二节　西北缘二叠纪—侏罗纪同生断裂活动与扇体发育特征

西北缘二叠纪—侏罗纪扇体类型齐全多样，下面按时代分述。

一、西北缘前陆冲断带二叠纪扇体发育和时空演化

1.二叠纪各时期扇体的发育及展布特征

结合连井剖面、沉积厚度等岩相资料分析，整个二叠纪由佳木河组沉积期至上乌尔禾组沉积期，早期（早二叠世）火山活动较强烈，中晚期构造沉降持续和逆冲推覆作用进行，造成湖平面逐渐上升，大量扇体充填沉积。

1）佳木河组沉积期扇体

佳木河组沉积期以发育水下扇为主，三坪镇—五区局部发育扇三角洲（图8-2）。水下扇主要分布于车排子—中拐、五区南、十区—百口泉、乌尔禾及夏子街地区，总体为一套火山岩及砾质粗碎屑岩组合。水下扇沉积在地震剖面上常呈连续性较好的（亚）平行较强反射，表明横向较稳定，水体较深。垂向上构成向上变粗的较大规模的沉积旋回，充填序列下部相对较细，主要为细砾岩、砂岩夹砂泥岩、暗色泥岩及火山岩，电测曲线为低阻段，多数探井未钻穿；上部相对较粗，主要为砾岩、凝灰质（角）砾岩、砂砾岩，电测曲线为高阻特征。

2）风城组沉积期扇体

近期勘探、研究揭示，西北缘风城组沉积期发育含外源碎屑、内源化学物质和火山碎屑的多源混积组合，下部为浅湖亚相水下熔结（角砾）凝灰岩、火山碎屑岩及玄武岩，中—上部发育扇三角洲、冲积扇及湖底扇相，中间为三角洲相—滨浅湖亚相—（半）深湖亚相白云质砂岩、白云岩、泥质白云岩、白云质泥岩、薄层砂岩和泥岩组合（李汉林，2022；倪敏婕等，2023）。

风城组沉积期扇体最大的是五八区扇三角洲，为一套砂砾岩、砾岩、钙质砂岩、粉砂岩和白云质泥岩夹凝灰质中砂岩及玄武岩组合；次为百口泉冲积扇—扇三角洲，为一套砂砾岩、不等粒砂岩夹砂质泥岩组成的粗碎屑岩组合；玛湖凹陷西斜坡扇体发育，玛9井区为一小型湖底扇。岩相横向展布较稳定，纵向上总体呈一个大的粗—细—粗沉积旋回，电性具高阻—相对低阻—高阻的测井响应，地震剖面上主要为中强振幅平行、亚平行连续反射，形成退积—进积的沉积充填序列。

3）夏子街组沉积期扇体

夏子街组沉积期主要发育扇三角洲及水下扇，扇三角洲分布于五八区，为砂砾岩、砾岩、砂岩、泥质砂岩夹少量泥岩组合，粒度相对较粗；水下扇分布于百口泉、乌尔禾及夏子街地区，岩性组合下部为较厚的砂砾岩、小砾岩夹砂岩，上部为相对较薄的砾质砂岩、泥质（含砾）砂岩夹泥岩。纵向上，扇三角洲或水下扇体均构成总体向上变细的退积型沉积序列，反映湖盆水体由浅到深的扩张发展过程。在单井及连井剖面上可识别出夏子街组发育3期不完整的扇体，表现为由水下扇扇根到扇中的3个不完整沉积旋回。

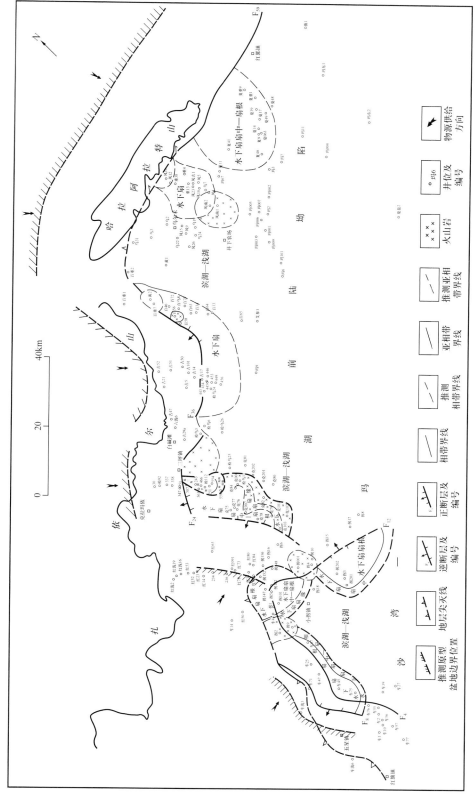

图 8-2 准噶尔盆地西北缘冲断带佳木河组沉积期构造—沉积环境图

4）下乌尔禾组沉积期扇体

下乌尔禾组沉积期主要发育五八区、百口泉、夏子街3处大型水下扇（图8-3），乌尔禾—风城地区为扇三角洲沉积。平面上，由南西的五八区到北东的夏子街地区，水下扇面积、规模渐趋扩大，具盆地边缘沉积较粗、向盆内变细特点。垂向上，表现为（泥质）砂砾岩、泥质含砾砂岩与砂质泥岩、泥岩的互层韵律，总体略呈向上变细的退积型沉积序列，地震剖面上具有明显的湖岸上超。扇三角洲表现为一套砂砾岩、泥质砂岩夹泥岩及煤层的含煤粗碎屑岩沉积组合，最多可识别出4个旋回，具4期发育特点。

5）上乌尔禾组沉积期扇体

上乌尔禾组沉积期为西北缘扇体发育的高峰期，以大面积发育水下扇为主，由五八区到夏子街均有分布（图8-4），中下部岩性为一套棕褐色、灰褐色砂质砾岩夹泥岩及砂岩组合，中上部为浅灰—灰色（泥质）砂砾岩及灰绿色、杂色厚层泥岩组合。垂向上呈明显的粗→较粗→较细的退积型沉积序列，具高阻→中高阻→低阻的测井响应。

上乌尔禾组在玛湖西斜坡、夏子街多井钻遇，但除风南1井、夏40井外，少有钻穿。其在玛湖西斜坡区扇体岩性、岩相稳定，局部含煤。但在玛101井区含砾及砾岩明显增多，向北东至夏40—夏9井区，上乌尔禾组相变为红色—褐灰色砂砾岩、砂岩夹泥岩沉积，推测上乌尔禾组扇体分布面积较大，物源明显来自北东夏子街—红旗镇方向。

车拐地区发育冲积扇，但钻揭不全，总体为砂砾岩、泥质砂岩夹泥岩组合。据钻井及连井剖面资料，上乌尔禾组最多发育3期不完整的扇体，表现为由扇根到扇中的3个不完整旋回，扇体之间有扇间洼地相隔。

2. 二叠纪各时期扇体的时空叠置及迁移特征

为更好地研究二叠纪各时期扇体的时空展布、叠置及迁移规律，将佳木河组、风城组、夏子街组、下乌尔禾组、下乌尔禾组沉积期5个时期的扇体分布进行时空叠合（图8-5），结合前述分析，二叠系扇体在各个岩组中均有分布，以佳木河组和上乌尔禾组中最为发育，其中佳木河组沉积期扇体分布区域较广，而下乌尔禾组扇体的分布范围、规模面积均为最大，表明佳木河组沉积期西北缘冲断活动波及较广、强度不大；而上乌尔禾组沉积期的冲断推覆作用范围广、强度大。

佳木河组沉积期扇体主要分布于车—拐、克拉玛依、百口泉、夏子街地区的盆地边缘，受控于拐前断裂、红3井东断裂、白—百断裂及乌兰北断裂。风城组沉积期扇体分布范围及规模均为最小，主要发育于五区南及百口泉地区。风城组—下乌尔禾组沉积期扇体主要分布于五八区—白碱滩—夏子街地区，受克拉玛依—乌尔禾—夏子街断裂的控制。在五区南克80井区、百口泉百64井区、夏子街地区扇体最为发育，共有4期，说明玛湖凹陷西斜坡二叠纪构造活动性最强，延续时间最长，形成的扇体规模较大。

从时空展布看，由佳木河组沉积期至上乌尔禾组沉积期，西北缘二叠纪的扇体逐渐由盆缘向盆内推进，扇体面积总体不断扩大，显示出明显的迁移性。从地域分布和叠置关系来看，车—拐地区发育扇体叠置程度相对较差，由佳木河组沉积期至上乌尔禾组沉积期，扇体局部略呈向盆缘收缩、后退现象，而克拉玛依—夏子街地区二叠纪扇体叠置

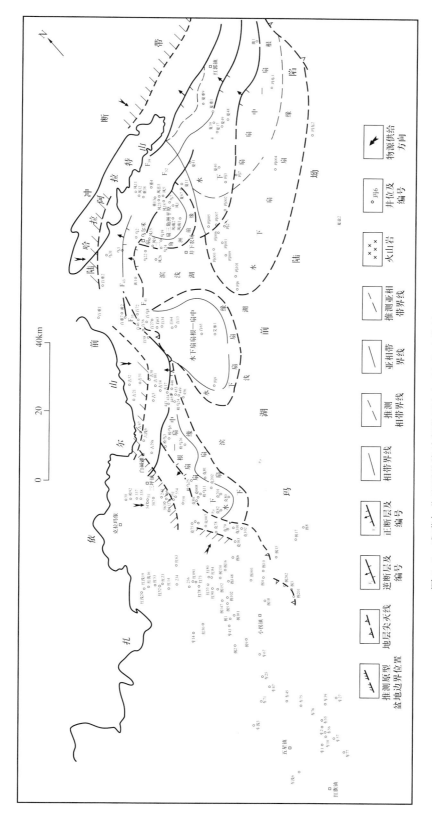

图 8-3 准噶尔盆地西北缘冲断带下乌尔禾组沉积期期构造—沉积环境图

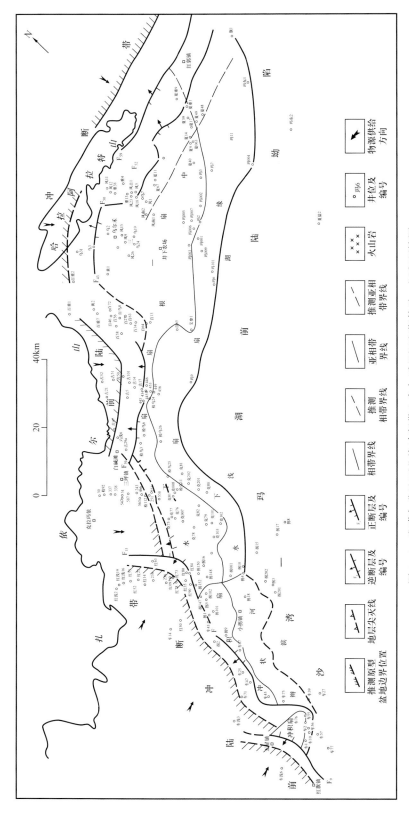

图 8-4　准噶尔盆地西北缘冲断带上乌尔禾组沉积期期构造—沉积环境图

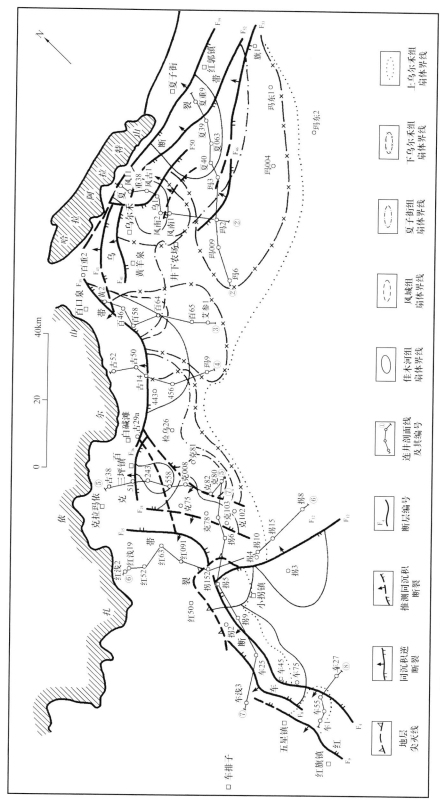

图 8–5　准噶尔盆地西北缘二叠纪（P_1j–P_3w）同沉积断裂及扇体的空叠置分布图（断裂名称及编号详见表 8–1）

程度较好，具明显的由盆缘向盆内渐进式扩展、迁移的特点，反映了红山嘴—车排子断裂带与克拉玛依—百口泉及乌尔禾—夏子街断裂带冲断推覆作用的强度及迁移地域性有明显差异。

结合连井剖面、沉积厚度等岩相资料分析，整个二叠纪由佳木河组沉积期至上乌尔禾组沉积期，早期（早二叠世）火山活动较强烈，中晚期构造沉降持续和逆冲推覆作用进行，造成湖水面逐渐上升，大量扇体充填沉积。

二、西北缘前陆冲断带二叠纪同沉积断裂发育和冲断活动

1. 二叠纪同沉积断裂发育特征及冲断活动分析

西北缘前陆冲断带断裂大多数在二叠纪活动强烈，三叠纪—侏罗纪呈继承性活动特点。通过分析、识别，将统计出的二叠纪同沉积断裂列入表 8-3 中。结合图 8-5 可知，由西南到东北各时期主要发育的同沉积断裂依次为佳木河组沉积期 8 条（红山嘴—车排子断裂 F_4、拐前断裂 F_8、红 3 井东断裂 F_{12}、克拉玛依断裂 F_{24}、白—百断裂 F_{35}、中白百断裂 F_{36}、乌兰北断裂 F_{59}、克 103—克 78—克 75 井西推测断裂）、风城组沉积期 2 条（克102—检乌 11—检乌 25 北推测断裂、白—百断裂）、夏子街组沉积期 5 条（克 102—检乌 11—检乌 25 北推测断裂、白—百断裂、西百乌断裂 F_{43}、夏红北断裂 F_{50}、乌兰林格断裂 F_{52}）、下乌尔禾组沉积期 9 条（克 102—克 008—检乌 3 井推测断裂、白—百断裂、百乌断裂 F_{41}、西百乌断裂、玛 2 井断裂 F_{46}、夏红北断裂、夏红南断裂 F_{53}、乌兰林格断裂、乌兰北断裂）、上乌尔禾组沉积期 10 条（车 1 井西断裂 F_9、红山嘴—车排子断裂、红山嘴东侧断裂、克 75 井西—古 29a 推测断裂、白—百断裂、西百乌断裂、风南 2—夏 48 井推测断裂、夏红北断裂、乌兰林格断裂、乌兰北断裂）。

从数量分析，风城组沉积期的冲断推覆作用最弱，以残留海背景下克拉玛依—百口泉断裂带的较弱冲断活动和乌尔禾—夏子街断裂带的火山活动为特色。由夏子街组沉积期至上乌尔禾组沉积期，同生断层的数量增加，反映出冲断推覆作用的加强。

从空间展布来看，在红山嘴—车排子断裂带发育 5 条同生断裂，克拉玛依—百口泉断裂带发育 6 条同生断裂，乌尔禾—夏子街断裂带发育 8 条同生断裂，也反映出西北缘二叠纪由南西到北东冲断推覆作用逐渐加强的特点。这些同生断层绝大多数控制了二叠纪各期扇体的沉积岩相边界，一部分同时控制着扇体的岩相及厚度等的发育。

二叠纪同生断裂均为逆掩断裂，以一、二级断裂为主。从其对各时期扇体的控制作用分析，一级同生断裂大多具有明显的继承性活动的特点，但具体的活动延续时间又有差别，克拉玛依断裂主要在佳木河组沉积期活动，控制了五区 243 井—568 井扇三角洲（相）边界及其沉积分布。红山嘴—车排子断裂在佳木河组沉积期活动强烈，形成对车 75—车 25 井水下扇、拐 5 井区水下扇沉积和分布的控制；之后趋于平静，到上乌尔禾组沉积期再次复活，断开风城组—上乌尔禾组之间的地层，并控制了车 45—拐 5 井冲积扇的沉积和分布。白—百断裂活动于佳木河组—风城组沉积期，夏子街组沉积期趋于平静，至下乌尔禾组再次复活，断开了夏子街组，并持续活动至上乌尔禾组沉积期。西百乌断裂、夏红北断裂、乌兰林格断裂的冲断活动均表现为夏子街组—上乌尔禾组沉积期对百口泉—乌尔禾—风城—夏子街地区扇体的控制。乌兰北断裂的冲断活动主要在佳木河组沉积期和下乌尔禾—上乌尔禾组沉积期，而风城组—夏子街组沉积期则较为平静。

表8-3 准噶尔西北缘前陆冲断带二叠纪同沉积断裂一览表

编号	断裂名称	断裂级别	构造带	控制的二叠纪峋体	同生断裂活动时期	断开地层上、下盘厚度（m）								同生断层活动性指数				典型地震剖面
						佳木河组上盘	佳木河组下盘	风城组上盘	风城组下盘	夏子街组上盘	夏子街组下盘	下乌尔禾组+上乌尔禾组上盘	下乌尔禾组+上乌尔禾组下盘	佳木河组	风城组	夏子街组	下乌尔禾组+上乌尔禾组	
F$_4$	红-车断裂	一级	红山嘴—车排子	车45—拐5冲积边界，车75—车25水下峋厚度，拐5井区水下峋边界	风城组、上乌尔禾组沉积期	708	958					500	550	1.35			1.10	C8439、C023
F$_8$	拐前断裂	二级		车75—车25水下峋边界	佳木河组沉积期													C023
F$_9$	车1井西断裂	二级		车1—车55冲积边界	上乌尔禾组沉积期	350	1600							4.57				C029
F$_{12}$	红3井东断裂	二级		拐3井及拐5井区水下峋边界	佳木河组沉积期													H048
F$_{15}$	红山嘴东侧断裂	二级		中拐—五八区水下峋边界	上乌尔禾组沉积期	840	960					310	320	1.14			1.03	H8307
F$_{24}$	克拉玛依断裂	一级	克拉玛依—百口泉	五区243井—568井峋三角洲边界	佳木河组沉积期	150	3624							24.20				K8421
F$_{35}$	白-百断裂	一级		八区—百口泉水下峋边界，五区—十区及百口泉冲积边界，五区—十区峋三角洲及百口泉—百口泉水下峋边界	佳木河组、风城组、夏子街组、下乌尔禾组、上乌尔禾组沉积期	2900	3000	10	400					1.03	40.00			BK8320
F$_{36}$	中白百断裂			十区—百口泉水下峋边界	佳木河组沉积期	2000	2900							1.45				BK8320

- 339 -

编号	断裂名称	断裂级别	构造带	控制的二叠纪沉积体	同生断裂活动时期	断开地层上、下盘厚度（m）								同生断层活动性指数				典型地震剖面
						佳木河组上盘	佳木河组下盘	风城组上盘	风城组下盘	夏子街组上盘	夏子街组下盘	下乌尔禾组+上乌尔禾组上盘	下乌尔禾组+上乌尔禾组下盘	佳木河组	风城组	夏子街组	下乌尔禾组+上乌尔禾组	
F41	百乌断裂	二级		乌尔禾—风城鼻三角洲边界	下乌尔禾组沉积期	1300	1600	600	750	550	700	600	700	1.23	1.25	1.27	1.17	HA8312
F43	西百乌断裂	一级	克拉玛依—百口泉	乌尔禾—夏子街水下鼻边界、乌尔禾—风城鼻三角洲边界、百口泉—乌尔禾水下鼻边界	夏子街组、下乌尔禾组、上乌尔禾组沉积期													HA8312
	克103—克78—克75井西西推测断裂			五区南水下鼻边界	佳木河组沉积期													
	克102—检乌11—检乌25北推测断裂			五区—十区鼻三角洲边界、五区南鼻三角洲边界	风城组、夏子街组沉积期													
	克102—克008—检乌3井推测断裂			五八区—十区水下鼻边界	下乌尔禾组沉积期													
	克75井西—古29a推测断裂			中拐—五八区水下鼻边界	上乌尔禾组沉积期													
F46	玛2井断裂	二级	乌尔禾—夏子街	夏子街水下鼻厚度	下乌尔禾组沉积期	1100	1200	950	1100	850	990（不完整）	1400	1575	1.09	1.16		1.13	F8103

编号	断裂名称	断裂级别	构造带	控制的二叠纪嗣体	同生断裂活动时期	断开地层上、下盘厚度（m）佳木河组下盘	佳木河组上盘	风城组下盘	风城组上盘	夏子街组上盘	夏子街组下盘	下乌尔禾组+上乌尔禾组上盘	下乌尔禾组+上乌尔禾组下盘	同生断层活动性指数 佳木河组	风城组	夏子街组	下乌尔禾组+上乌尔禾组	典型地震剖面
F_{50}	夏红北断裂	一级		风城—夏子街水下嗣厚度、乌尔禾—风城洲三角洲边界、风城—夏子街水下嗣边界	夏子街组、下乌尔禾组、上乌尔禾组沉积期													F8225
F_{52}	乌兰林格断裂	一级	乌尔禾—夏子街	夏子街水下嗣厚度、风城—夏子街水下嗣边界	夏子街组、下乌尔禾组、上乌尔禾组沉积期	2000	2400	560	700	640（不完整）	1200	10	950	1.20	1.25		95.00	X8205
F_{53}	夏红南断裂	二级		夏子街水下嗣厚度、乌尔禾—夏子街水下嗣边界	下乌尔禾组、上乌尔禾组沉积期	2100	3000	340	600	660（不完整）	940	700	1080	1.43	1.76		1.54	X8205
F_{59}	乌兰北断裂	一级		夏子街水下嗣边界、风城—夏子街水下嗣、夏子街水下嗣边界	佳木河组、下乌尔禾组、上乌尔禾组沉积期													X8205
	风南2—夏48井推测断裂			夏子街水下嗣厚度	上乌尔禾组沉积期													

从控扇同生断裂与各期扇体展布之间的关系来看，二叠纪的扇体多平行于控扇同生断裂走向呈定向分布，而垂直于其走向沉积、生长，表明不同时期活动的同生断层严格控制了粗碎屑扇体的沉积、分布。如图8-5所示，西北缘红山嘴—车排子、克拉玛依—百口泉、乌尔禾—夏子街3个构造带上控扇断裂与扇体的展布、迁移对应关系各不相同；在红山嘴—车排子构造带中东部，由佳木河组沉积期至上乌尔禾组沉积期，扇体的叠置迁移表现为由盆内向盆缘收缩、后退，扇体范围逐渐减小，而相应时期的控扇断裂则是向盆内推进、扩展。分析认为，这主要是由于佳木河组和上乌尔禾组沉积期（即早期和晚期）的冲断推覆作用强度差异造成，佳木河组沉积期冲断活动强烈，造成大面积扇体分布；上乌尔禾组沉积期迁移、复活后的冲断活动减弱，造成扇体范围减小。

由佳木河组沉积期至上乌尔禾组沉积期，在克拉玛依—百口泉断裂带南部五区一带，控扇断裂与扇体均表现出由南西向北东的迁移特点，具有较好的耦合性；在克拉玛依—百口泉断裂带中北部，虽然扇体由盆缘不断向盆内推进，但是控扇断裂没有迁移。这种现象表明克拉玛依—百口泉断裂带南北段的冲断活动性有差异，其南部的冲断推覆强烈、迁移性大，北部的冲断推覆作用平稳而持久、波动迁移微弱。

在乌尔禾—夏子街断裂带，二叠纪各期扇体叠置关系较好，其由佳木河组沉积期至上乌尔禾组沉积期的扇体分布迁移与相应控扇同生断裂的分布迁移具有较好的耦合性，均表现为由盆缘向盆内的迁移、扩展。如图8-6所示，重47井前为乌兰北断裂，其冲断活动造成下盘的重47井佳木河组水下扇沉积，并与上覆头屯河组呈角度不整合直接接触；重47井—风古1井之间为乌兰林格断裂，其冲断活动形成风古1井风城组—夏子街组水下扇，并与上覆八道湾组—三工河组呈角度不整合接触。风古1井—乌7井之间为夏红北断裂，其冲断活动控制了乌7井下乌尔禾组扇体的沉积，并与上覆百口泉组呈角度不整合接触；乌7井—风南1井间为一推测同生断裂，它控制了风南1井上乌尔禾组扇体的发育。由此可知，它们是分别在佳木河组、风城组（—夏子街组）、下乌尔禾组、上乌尔禾组沉积期发生冲断推覆活动的同生断裂，伴随着前陆冲断带同生断裂的冲断活动和向盆内的前展式推覆迁移，二叠纪夏子街水下扇、冲积扇和扇三角洲不断向盆地方向迁移，并造成连井剖面上井间地层的缺失尖灭、岩相突变，以及平面上扇体的空间叠置及迁移景观。

研究表明，由于受局部同生断裂控制的影响，往往在断裂上冲盘的顶端，垂直于物源方向缺失同期扇体沉积，表现为水下扇或冲积扇在平面上呈断续分布，在剖面上多呈楔状、不规则透镜状展布，显示出前陆盆地冲断带楔顶带的沉积—构造特征（图8-7）。沿玛009—夏40井剖面（图8-5中②），由于玛2井断裂、夏红南断裂等叠瓦状前缘逆冲断层的冲断活动，上乌尔禾组沉积期扇体在向湖盆方向推进时在这些断裂上冲盘的顶端（玛2井、玛3井、夏40井）局部缺失，而在断裂的下降盘（玛009井、玛002井及玛009井南东侧的玛101井）发育水下扇体或冲积扇体。

总的来看，二叠纪西北缘冲断带的同生断裂在百口泉—乌尔禾—夏子街地区活动性最强，延续时间最长，形成的扇体规模较大；车拐—克拉玛依地区活动性相对较弱，形成的扇体规模较小，扇体的叠置性也较差。因此，从扇体发育来看，黄羊泉—夏子街断裂带及其以南的斜坡区具有较大的勘探潜力。但由于冲断作用造成一些扇体分布的断续性，增加了储集体预测和油气勘探的难度。

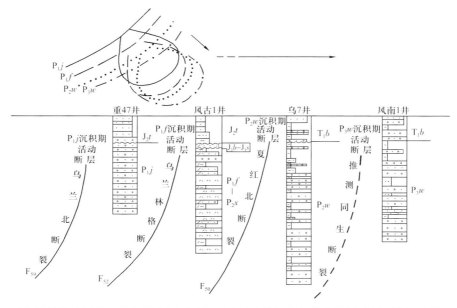

图 8-6　西北缘前陆冲断带二叠纪同生断裂冲断活动对扇体沉积迁移的控制（剖面位置见图 8-5 中①）

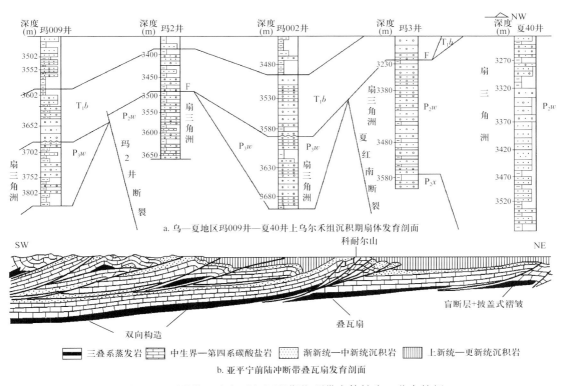

a. 乌—夏地区玛009井—夏40井上乌尔禾组沉积期扇体发育剖面

图例：
三叠系蒸发岩　　中生界—第四系碳酸盐岩　　渐新统—中新统沉积岩　　上新统—更新统沉积岩

b. 亚平宁前陆冲断带叠瓦扇发育剖面

图 8-7　西北缘上乌尔禾组沉积期楔顶带扇体缺失、分布特征
a. 剖面位置见图 8-5 中②及与亚平宁前陆冲断带对比；b. 转引自贾承造等（2000）

2. 二叠纪同生断裂冲断活动强度的定量化统计分析

为进一步探讨同生断层在各个时期的活动强度，尝试将定量统计学方法（侯贵廷等，2000）引入本区压扭性前陆盆地冲断带研究之中，充分利用地震剖面解释资料，结合钻井剖面获取同生逆掩断裂上、下盘（较）完整的地层厚度数据，并计算出同生断层的活动性指数。活动性指数指逆掩断层下盘地层厚度与上盘未剥蚀地层厚度的比值，用以衡量同生断层的冲断活动性的强弱程度。当上、下盘厚度差值越大，则活动性指数值越大，表明同生逆掩断裂的冲断推覆距离越大，其断层活动性越强；反之，活动性指数值越小表明同生逆掩断裂的冲断推覆距离越小，其断层活动性越弱。

由表 8-2 及图 8-8 可知，目前仅有的数据中，佳木河组沉积期红山嘴—车排子、克拉玛依—百口泉、乌尔禾—夏子街构造带的同生断层活动性指数分别在 1.143～4.571、1.034～1.45、1.091～1.429 之间。总体看来，红山嘴—车排子断裂带佳木河组沉积期的平均活动性指数值最大，活动性最强。观察发现，在风城组、夏子街组、下乌尔禾组 + 上乌尔禾组沉积期同一时期（同组地层中）的不同构造带，由红山嘴—车排子→克拉玛依—百口泉→乌尔禾—夏子街断裂带，同生断层活动性指数呈略微增加趋势，反映其同生断层活动性趋于增强。不同时期的同一构造带中，红山嘴—车排子、克拉玛依—百口泉构造带的变化规律不甚明显，乌尔禾—夏子街构造带由佳木河组沉积期至下乌尔禾组 + 上乌尔禾组沉积期，同生断层活动性指数有增加趋势，反映冲断推覆强度逐渐增大。

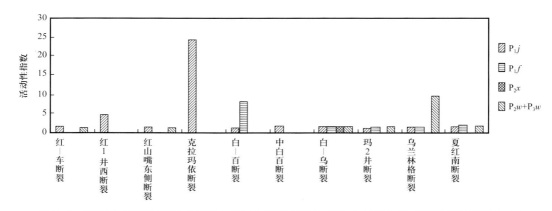

图 8-8　西北缘前陆冲断带二叠纪主要同生断裂活动性指数分布直方图（断裂编号见表 8-2）

观察同一同生断裂（带）在不同时期的活动指数变化，红—车、克—乌构造带的变化规律不甚明显，乌—夏构造带由佳木河组沉积期至下乌尔禾组 + 上乌尔禾组沉积期，同生断层活动性指数有增加趋势，反映其冲断推覆程度逐渐增强。

笔者注意到，在图 8-8 中，克拉玛依断裂的活动性指数相对很高。查证后分析认为，一方面，其活动确实较强烈，造成断裂上、下盘厚度差较大；另一方面，其上盘厚度曾遭受轻微剥蚀、较实际厚度略偏小，从而造成异常高值。因此，严格说来，在计算逆冲同沉积断裂的活动性指数时，上盘厚度应取未剥蚀的厚度，才便于计算结果的准确对比分析。

三、西北缘前陆冲断带三叠纪扇体发育与时空演化

1. 三叠纪各时期扇体的发育及展布特征

1）百口泉组沉积期扇体

百口泉组沉积期由南向北依次发育五区南、八区—十区、百口泉及风城—夏子街 4 个大型水下扇（图 8-9），其分布受控于同沉积断裂，多沿断裂走向排列，垂直于断裂走向发育、生长。总体为一套紫褐色、灰色和灰绿色砾岩、（泥质）砂砾岩夹泥质砂岩、粉砂岩及灰色泥岩组合，构成向上变细的退积型沉积旋回。该套粗碎屑岩沉积在局部剖面上可识别出两期不完整发育的扇体。

2）下克拉玛依组沉积期扇体

下克拉玛依组沉积期扇体类型多样，主要发育冲积扇、扇三角洲，少量水下扇。由盆缘向盆地方向，常常形成冲积扇—河流冲积平原—扇三角洲或冲积扇—辫状河三角洲的相带组合（图 8-10）。冲积扇见于车 1—车 56 井区、红 50—拐 5 井区及夏子街地区，其规模以夏子街地区较大，红—车地区稍小，分布受同沉积断裂和地层尖灭线控制。岩性为一套紫红色、灰绿色砂砾岩夹砾岩、泥砾岩、不等粒砂岩及泥岩、砂质泥岩组成的粗碎屑岩组合，旋回性不甚明显。

扇三角洲主要分布于克—百断裂带下盘，主要包括红山嘴地区红浅 16—红 78 井区、五区 547—克 80 井、八区古 29a—检乌 3—检乌 26 井，以及夏子街地区玛 3—玛 7 井扇三角洲 4 个分布区。岩性为一套块状砾岩、砂砾岩、泥质砂岩、粉砂岩和泥岩交互组合，总体呈向上变浅的沉积序列。在红山嘴—五区，常与下伏石炭系火山岩呈不整合接触，夏子街地区则与下伏百口泉组呈整合接触。

水下扇主要分布于百口泉—乌尔禾及风城地区，水下扇扇根、扇中、扇缘各亚相发育完整，逐渐由盆缘向盆内推进。岩性为一套块状砾岩、砂砾岩、含砾砂岩、不等粒砂岩及粉砂质泥岩、砂质泥岩组合，具多旋回结构，以百口泉—乌尔禾扇体规模较大。

3）上克拉玛依组沉积期扇体

上克拉玛依组沉积期以发育扇三角洲为主，遍布于红山嘴、克—百及乌—夏断裂带，由北西向南东依次有红山嘴、五区、十区、百口泉、乌尔禾及玛北—夏子街 6 个扇三角洲分布区（图 8-11）。岩性总体呈（块状）砂砾岩、含砾砂岩、泥质砂岩、粉砂岩及泥岩组合，普遍夹煤层，具多旋回结构，呈向上变粗的旋回韵律。在测井曲线上，一个完整的扇三角洲沉积序列呈漏斗形（自然伽马和双侧向曲线）；如果仅发育扇三角洲前缘与平原序列，则多呈锯齿状箱形。一般测井曲线多呈锯齿状，说明其岩性组合较复杂。

其次为冲积扇，分布于黄羊泉—百口泉、夏子街地区，岩性组合为一套块状砾岩、砂砾岩、泥质砂砾岩夹泥岩、粉砂质泥岩组成，旋回性不明显，与顶底地层均为整合接触。拐 148—拐 10 井区则发育湖底扇。

4）白碱滩组沉积期扇体

白碱滩组沉积期主要发育冲积扇、扇三角洲，但规模都不大（图 8-12）。冲积扇分布于车 75—车 27 井区及检 93 井西，为砂砾岩、含砾砂岩及泥岩组合韵律。扇三角洲分

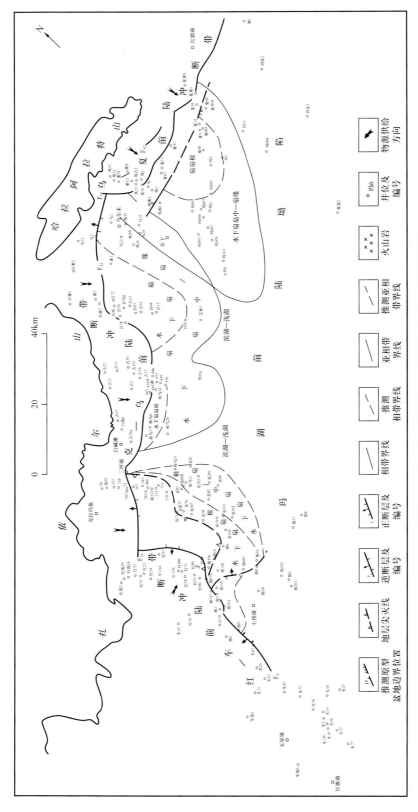

图 8-9 准噶尔盆地西北缘冲断带百口泉组沉积期构造—沉积环境图

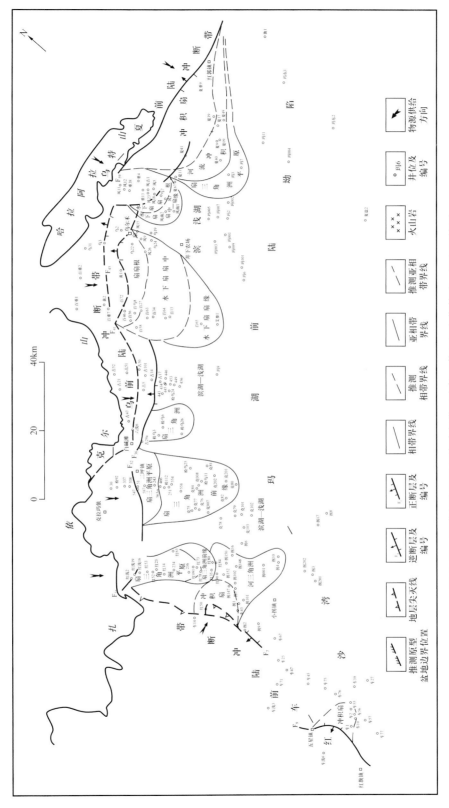

图 8-10　准噶尔盆地西北缘冲断带下克拉玛依组沉积期构造—沉积环境图

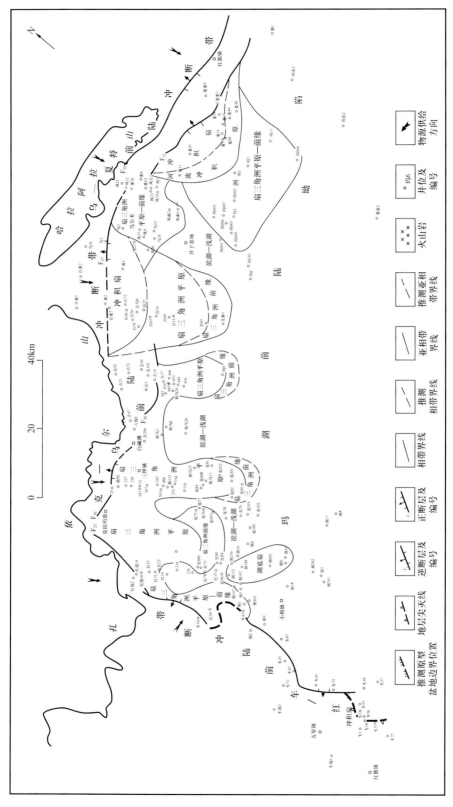

图 8-11 准噶尔盆地西北缘冲断带上克拉玛依组沉积期构造—沉积环境图

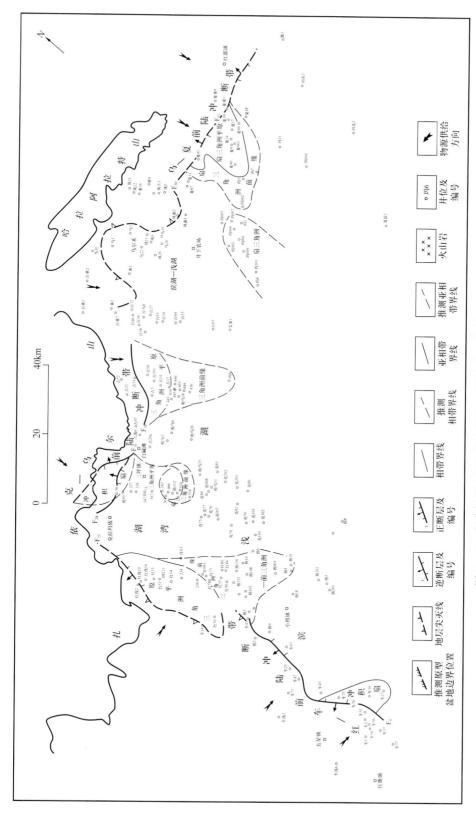

图 8-12　准噶尔盆地西北缘冲断带白碱滩组沉积期构造—沉积环境图

布于五区及夏子街地区，为一套砂砾岩、泥质含砾砂岩和泥岩组合，偶夹煤线，总体呈向上变粗的沉积旋回。

2. 三叠纪各时期扇体的时空叠置及迁移特征

为便于对比分析，将上述各期扇体进行时空叠合成图（图 8-13），可以发现三叠纪扇体在各组中均有发育，各期扇体分布较分散，叠置程度总体尚可，局部较差。在红—车、克—百、乌—夏构造带，各时期扇体的叠置、迁移既有差异，又有一些共性。差异表现为在车—拐地区扇体不发育，仅在白碱滩组沉积期分布车 75—车 27 井区小扇体；红山嘴地区扇体叠置程度尚可，由盆缘向盆内扇体迁移特点是百口泉组沉积期推进→下克拉玛依组沉积期退缩→上克拉玛依组沉积期再推进但范围较百口泉组沉积期小→白碱滩组沉积期强烈退缩至扎依尔山脚下。克拉玛依—十区扇体的叠置、迁移特点与红山嘴地区基本相同。百口泉—乌尔禾地区，白碱滩组沉积期没有扇体发育，由百口泉组沉积期至上克拉玛依组沉积期扇体的叠置程度最好，并逐渐由盆内向盆缘小幅度收缩。由百口泉组沉积期至白碱滩组沉积期，乌—夏构造带扇体叠置程度尚好，由盆缘向盆地方向其在百口泉组沉积期推进→下克拉玛依组沉积期退缩→上克拉玛依组沉积期再次推进且范围超越覆盖了百口泉组沉积期扇体→白碱滩组沉积期再次退缩但退缩范围较下克拉玛依组沉积期小。

上述各构造带扇体叠置、迁移特征的差异现象，表明各时期各构造带的同生断裂活动性也有显著差异：西北缘前陆冲断带构造在三叠纪分段活动；乌—夏断裂带夏子街地区的冲断推覆活动最强烈、活动的波动性最明显，活动延续时间最长，形成的扇体规模较大；红山嘴及克—百断裂带冲断推覆作用的波动性也较明显；车—拐地区的冲断推覆活动性最弱，形成零星的扇体发育。

三叠纪扇体叠置迁移的共性则主要表现为由百口泉组沉积期至白碱滩组沉积期，扇体展布在由盆内向盆缘退缩的总趋势下，呈百口泉组—下克拉玛依组沉积期由盆缘向盆内、上克拉玛依组—白碱滩组沉积期由盆内向盆缘的两个进退波动变化。这种波动变化，反映了西北缘冲断构造活动逐渐减弱总趋势下活动程度的强弱波动。总体看来，三叠纪扇体的沉积具退覆式叠置迁移特点。

四、西北缘前陆冲断带三叠纪同沉积断裂发育和冲断活动

1. 三叠纪同沉积断裂发育特征及冲断活动分析

根据单井、连井剖面及各时期构造—沉积环境资料，结合地震资料构造解释成果，初步识别出三叠纪同沉积断裂 22 条、推测同沉积断裂 1 条（图 8-13）。它们全为逆断层，包括红—车断裂等 7 条一级断裂，红 3 井东断裂等 6 条二级断裂，其余为三级断裂。同沉积断裂对地层、岩相、扇体的控制作用见表 8-3。

从数量来看，红—车、克—百、乌—夏构造带同生断裂分别为 7 条、11 条、5 条，反映出各构造带的冲断活动性存在差异。从分布来看，同生断裂在红—车、克—百两大构造带及其接合部、过渡带相对集中，多分布于红山嘴地区及克—百断裂带南段，说明其逆冲推覆作用相对较为频繁而剧烈，并且冲断活动在红—车断裂带为南弱北强，在克—百断裂带则是南强北弱。

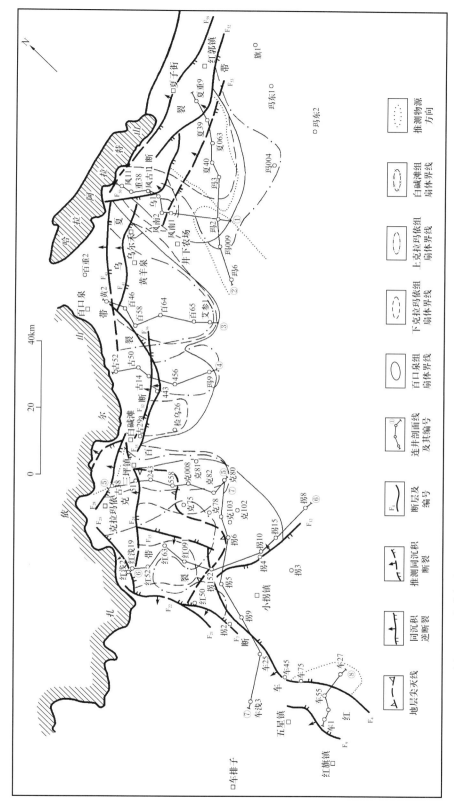

图 8-13　准噶尔盆地西北缘三叠纪同沉积断裂扇体时空叠置分布图（断裂名称及对应编号详见表 8-3）

绝大多数同生断裂控制了扇体的相带边界和分布，部分同时控制其沉积厚度和岩相特征。如百口泉组沉积期扇体分布主要受红—车断裂（F_4）、红3井东断裂（F_{12}）、西百乌断裂（F_{43}）、夏红北断裂（F_{50}）、乌兰林格断裂（F_{52}）的控制，下克拉玛依组和上克拉玛依组沉积期扇体分布主要受红—车断裂、前红断裂（F_{22}）、北白碱滩断裂（F_{30}）及中白碱滩断裂（F_{32}）、西百乌断裂、夏红北断裂、乌兰北断裂（F_{59}）的控制，白碱滩组沉积期扇体主要受红山嘴东侧断裂（F_{15}）、克拉玛依断裂（F_{24}）及克拉玛依西断裂（F_{25}）、白—百断裂（F_{35}）、夏红北断裂、乌兰林格断裂、西白百断裂的控制（表8-4）。分析表明，本区的一级断裂均为多期次活动、继承性强的同沉积断裂，活动特点各不相同。三叠纪红—车断裂在百口泉组沉积期和上克拉玛依组沉积期活动，克拉玛依断裂于下克拉玛依组沉积期开始冲断推覆活动，上克拉玛依组沉积期趋于静止，至白碱滩组沉积期再次复活，控制了中拐—五区南水下扇边界。白—百断裂的活动时限为白碱滩组沉积期，西百乌断裂在百口泉组—上克拉玛依组沉积期活动，夏红北断裂的活动时限为百口泉组—上克拉玛依组沉积期，乌兰林格断裂则分别在百口泉组、上克拉玛依组、白碱滩组沉积期发生冲断推覆活动。

从控扇断裂与扇体的分布、迁移关系来看，由百口泉组沉积期至白碱滩组沉积期，各区呈现出不同特点：百口泉—乌尔禾—夏子街地区，随控扇断裂由老山→盆缘→老山迁移，扇体相应由盆缘→盆内→盆缘作进退分布的波动变化响应；克拉玛依地区，随控扇断裂由盆缘向老山迁移，依次展布了三区3034井断裂（F_{28}）、花园沟断裂（F_{29}）及北白碱滩断裂（F_{30}），扇体也相应由盆内向盆缘作退覆式迁移；八区—十区也可见到这种现象。这种耦合性说明三叠纪同生控扇断裂控制了相应扇体的迁移，即扇体的迁移是同时期前陆冲断带逆冲断裂活动迁移的沉积响应。

2. 三叠纪同生断裂冲断活动强度的定量化统计分析

由表8-3及图8-14可知，三叠纪同一断裂带中，由百口泉组沉积期至白碱滩组沉积期，随时代变新红—车、克—百、乌—夏构造带的同生断裂活动性指数均呈减弱趋势。对于同一时期的同生断裂，百口泉组沉积期，由红—车→克—乌→乌—夏构造带，去除人工估计的误差外，其活动性指数呈略微增加趋势。在下克拉玛依组—白碱滩组沉积期的同一时期，克—百断裂带的同生断裂活动性指数略微偏大，说明其冲断推覆活动略强于红—车、乌—夏断裂带。红—车、乌—夏断裂带的冲断推覆规律性不明显。

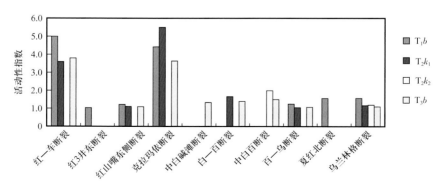

图8-14 西北缘三叠纪同沉积断裂活动性指数分布直方图

表 8-4 西北缘前陆冲断带三叠纪同沉积断裂及其活动性特征一览表

编号	断层名称	断裂级别	构造带	对三叠纪储体的控制	活动时期	断开地层上、下盘厚度（m）								同生断层活动性指数				典型地震剖面
						T_1b上盘	T_1b下盘	T_2k_1上盘	T_2k_1下盘	T_2k_2上盘	T_2k_2下盘	T_3b上盘	T_3b下盘	T_1b	T_2k_1	T_2k_2	T_3b	
F_4	红一车断裂	一级	红一车	中拐—五区南水下扇及红山嘴扇三角洲边界	T_1b、T_2k_2	50	250	50	180			50	190	5.00	3.60		3.80	C023
F_7	车 16 井断裂			红 50—拐 5 井区冲积扇边界	T_2k_1													C8436
F_{12}	红 3 井东断裂	二级		中拐—五区南水下扇南侧部分边界	T_1b	上盘 540，下盘 560（整个三叠系，未细分层）								1.04				H048
F_{15}	红山嘴东侧断裂	二级		中拐—五区南水下扇推测边界	T_3b	270	330	130	144			210	230	1.22	1.11		1.10	H8307
F_{21}	车 9 井西断裂			红山嘴扇三角洲西边界	T_2k_2													H83041
F_{22}	前红断裂			红山嘴扇三角洲西南边界	T_2k_2													H8301
F_9	车 1 井西断裂	二级		车 1—车 56 井冲积扇边界	T_2k_1													
F_{24}	克拉玛依断裂	一级	克一百	中拐—五区南水下扇、红山嘴扇三角洲及五区（南）三角洲边界	T_3b、T_2k_1	70	310	60	330			50	182	4.43	5.50		3.64	K8421
F_{25}	克拉玛依西断裂	二级		红山嘴扇三角洲边界	T_3b													H8307
F_{30}	北台碱滩断裂			五区扇三角洲北及五区冲积扇边界	T_3b、T_2k_2													K8722
F_{32}	中白碱滩断裂			八区扇三角洲边界	T_2k_1							120	160				1.33	B8311
F_{35}	白一百断裂	一级		八区—十区水下扇、百口泉水下扇边界	T_3b			120	200			150	210		1.67		1.40	BK8320
F_{36}	中白百断裂			十区扇三角洲边界	T_2k_2					50	100	100	150			2.00	1.50	BK8320

编号	断层名称	断裂级别	构造带	对三叠纪扇体的控制	活动时期	断开地层上、下盘厚度（m）								同生断层活动性指数				典型地震剖面
						T₁b 上盘	T₁b 下盘	T₂k₁ 上盘	T₂k₁ 下盘	T₂k₂ 上盘	T₂k₂ 下盘	T₃b 上盘	T₃b 下盘	T₁b	T₂k₁	T₂k₂	T₃b	
F_{41}	百一乌断裂	二级		百口泉水下扇	T_2k_1	280	350	380	400			280	300	1.25	1.05		1.07	HA8312
F_{43}	西白乌断裂	一级	兀一百	百口泉水下扇及百口泉—风城水下扇边界、黄羊泉—百口泉冲积扇及乌尔禾扇三角洲边界	T_1b、T_2k_1、T_2k_2													HA8312
F_{28}	三区3034井断裂			五区冲积扇厚度	T_3b													
F_{29}	花园沟断裂			五区—克拉玛依冲积扇边界	T_3b													
F_{50}	夏红北断裂	一级		风城—夏子街水下扇边界、风城水下扇边界、夏子街扇三角洲边界	T_1b、T_2k_1、T_3b	160	250							1.56				F8225
F_{52}	乌兰林格断裂	一级	乌一夏	风城—夏子街扇边界、夏子街冲积扇及扇三角洲、夏子街扇三角洲	T_1b、T_2k_2、T_3b	140	220	120	140	100	120	100	110	1.57	1.17	1.20	1.10	X8205
F_{59}	乌兰北断裂	一级		夏子街冲积扇及扇三角洲、夏子街冲积扇及灭尖线	T_2k_1、T_2k_2													X8205
F_{38}	西白百断裂	二级		十区三角洲边界	T_3b													
	凤南2—夏39井南断裂			风城夏子街冲积扇及扇三角洲厚度	T_3b													

五、西北缘前陆冲断带侏罗纪扇体发育与时空演化

1.侏罗纪各时期扇体的发育及展布特征

1）八道湾组沉积期扇体

八道湾组沉积期以发育扇三角洲、冲积扇为主，局部发育水下扇。扇三角洲广布于车—拐、十区—百口泉、风城—玛湖地区，为一套砂砾岩、泥质砂岩、含砾砂岩、细砂岩、泥岩、砂质泥岩夹煤层的含煤碎屑岩系，具多个向上变粗的沉积旋回。

冲积扇主要分布于红—车地区盆地边缘，以车—拐地区冲积扇规模最大，南起车77井、北至红50—拐147—拐10井一线，西起于沉积边界、东至车57—车55—拐201—拐10井一线；次为规模较小的红浅2—红浅16井冲积扇，岩性为一套块状砾岩、砂砾岩、泥质砂岩、不等粒砂岩及砂质泥岩、泥岩的韵律组合。

水下扇分布于五八区克—百断裂带下盘，南起563井南、北至检乌26井区，西起三坪镇、东到568井区，岩性总体为砂砾岩、泥质含砾砂岩夹砂质泥岩组合，具向上变细的旋回结构。

2）三工河组沉积期扇体

三工河组沉积期主要发育扇三角洲和冲积扇，在拐15、拐17、拐18井区见小型湖底扇。扇三角洲分布于五区587井—554井、十区古51—443井、乌尔禾、风城地区风古1—风南1井、夏子街地区夏41井区及夏40—玛101井区，其岩性组合为砂砾、泥质含砾砂岩、不等粒砂岩、中细砂岩、泥岩、粉砂质泥岩的韵律，总体呈向上变细的多个沉积旋回，平面上既可单独展布，也可形成由盆缘向盆内由冲积扇→扇三角洲或由辫状河→扇三角洲→滨浅湖的相带组合。冲积扇分布于克拉玛依古38—547井、古21—古52井区，岩性为砂砾岩、泥质砂岩、砂质泥岩及泥岩组合韵律，呈向上变粗的旋回结构。

3）西山窑组沉积期扇体

西山窑组沉积期大面积分布正常三角洲砂体，仅夏子街地区零星发育扇体（图8-15），均受西山窑组剥蚀尖灭线控制。扇三角洲主要分布于夏41—夏40—夏14井区，呈一套泥质砂岩、含砾不等粒砂岩夹砂质泥岩组合，略显向上变细的旋回韵律；冲积扇主要分布于夏重3—夏重9井区，呈一套中厚层砂砾岩夹不等粒砂岩组合，旋回性结构不明显。

4）头屯河组沉积期扇体

头屯河组沉积期是侏罗纪扇体的又一发育期，主要发育冲积扇、扇三角洲（图8-16）。冲积扇分布于红—车及克—百断裂带盆地边缘，车—拐地区冲积扇由南西向北东依次形成车67井、拐9—拐101井、拐5—拐102井3个朵叶体；红山嘴—五区冲积扇由红浅19—红53井、红26井、565—克84井3个朵叶体组成；八区—十区冲积扇由三坪镇—546井、检乌3井、古46—古49—古5井3个朵叶体组成。岩性主要为一套砂砾岩、含砾不等粒砂岩、泥质砂岩、泥岩组合韵律，总体呈向上变细的旋回结构。

扇三角洲主要分布于克—百断裂带，由南西向北东依次发育五区南红63—克80井、古52—古50井、百56—456井扇三角洲，岩性主要为一套含砾不等粒砂岩、泥质砂岩及粉砂岩、中—粗砂岩与泥岩、砂质泥岩不等厚互层组合韵律，总体呈向上变粗的旋回结构。

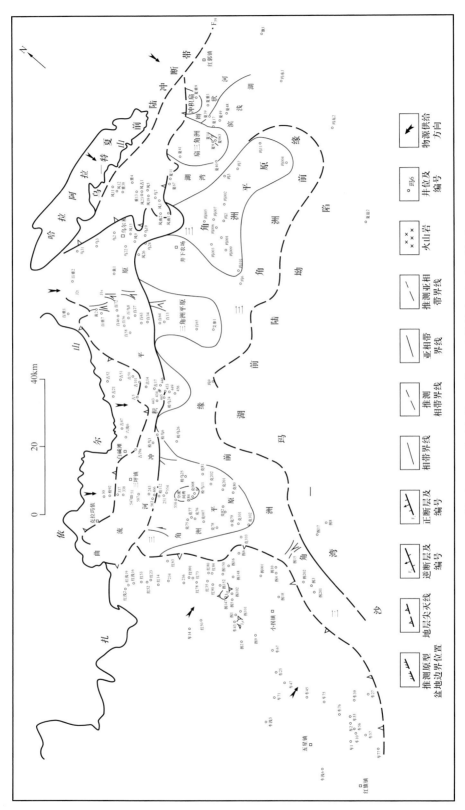

图 8-15　准噶尔盆地西北缘冲断带西山窑组沉积期期构造—沉积环境图

2. 侏罗纪各时期扇体的时空叠置及迁移特征

用前述同样方法，将上述扇体分别进行时空叠合（图 8-17）并结合前述分析，可知侏罗纪各时期扇体发育程度差别较大，主要为两期扇体，以八道湾组沉积期扇体最为发育，规模、面积均为最大；次为头屯河组沉积期。从地域分布和叠置关系看，三工河组—头屯河组沉积期扇体分布均较分散，叠置关系较差；由八道湾组沉积期至头屯河组沉积期，各期扇体均表现为由盆内向盆缘老山物源区退缩的退覆式沉积迁移特征。

六、西北缘前陆冲断带侏罗纪同沉积断裂发育和冲断活动

1. 侏罗纪同沉积断裂发育特征及冲断活动分析

根据单井、连井剖面及地震解释成果，初步识别出侏罗纪同沉积断裂 9 条、推测同沉积断裂 4 条（表 8-5）。其均为逆断层，包括克拉玛依断裂、白—百断裂、乌兰北断裂 3 条一级断裂，其余为 4 条二级断裂及三级断裂。按数量统计，红—车、克—百、乌—夏三大构造带的同沉积断裂分别为 5 条、5 条、3 条，表明其断裂活动性差异不大。从其分布区域来看，同沉积断裂在各构造带的分布较为稀散、均匀，说明侏罗纪总体构造活动性较为均衡、活动强度差异性不大。

从扇体发育时间分析，红—车断裂带主要在八道湾组、头屯河组沉积期活动；克—百断裂带主要在八道湾组、三工河组、头屯河组沉积期活动；乌—夏断裂带主要在八道湾组—西山窑组沉积期发生逆冲推覆作用，西山窑组沉积期之后趋于平静。从扇体发育规模分析，各构造带的活动性存在差异，车—拐地区八道湾组扇体规模较大，断裂活动性较强，形成时期较早；之后的扇体规模及断裂活动性急剧减小，克—百断裂带的活动性呈强弱波动性变化的特点。百口泉—夏子街地区八道湾组扇体规模最大，早期活动性最强，其形成早，持续时间相对较长（八道湾组—西山窑组沉积期）。

侏罗纪同沉积断裂的活动还体现在它们大多控制着扇体的相带展布与相带边界，部分同时控制着扇体的沉积厚度、断裂上下盘的岩相特征及地层的推测沉积边界。由统计结果分析，一级同生断裂多具继承性活动特点，其中乌兰北断裂活动时限为八道湾组—西山窑组沉积期，车 16 井断裂在八道湾组、头屯河组沉积期活动，乌 12 井西断裂在八道湾组、三工河组沉积期活动，扎伊尔山根推测断裂在三工河组、头屯河组沉积期活动。

从控扇断裂与扇体分布、迁移的关系来看，除八道湾组扇体外，大多数扇体主要受局部断裂活动的控制而使其各具特点。车—拐地区同生断裂活动早强晚弱，红山嘴地区同生断层活动早弱晚强，断裂迁移性不明显，导致八道湾组、头屯河组扇体规模早小晚大，向湖盆推进。克—百、乌—夏地区，由八道湾组沉积期至头屯河组沉积期，随控扇断裂由盆缘向老山活动迁移，扇体相应由盆内向盆缘老山退缩，二者耦合极好。该耦合关系表明侏罗纪同生断裂控制了相应时期扇体的沉积分布与迁移，即扇体的沉积、分布与迁移是同沉积断裂的冲断推覆作用、活动强度与迁移的沉积响应。

2. 侏罗纪同生断裂冲断活动强度的定量化统计分析

侏罗纪同沉积断裂（表 8-5，图 8-18）因地震剖面上未作详细层段划分，给研究造成了一定困难。一般情况，由早侏罗世至晚侏罗世，同生断层活动性指数呈减小趋势，红—车断裂带的车 16 井断裂、克—百构造带的克拉玛依断裂活动性略强些。

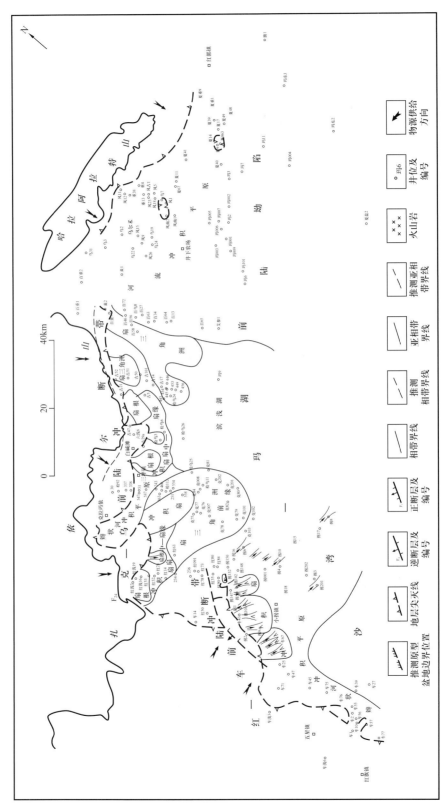

图 8-16 准噶尔盆地西北缘冲断带头屯河组沉积期期构造—沉积环境图

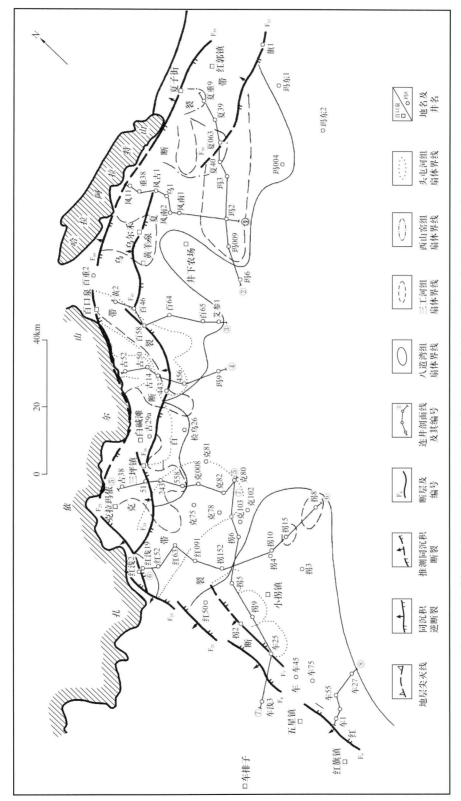

图 8-17 准噶尔西北缘侏罗纪同沉积断裂扇体及断裂空置分布图（断裂名称及对应编号详见表 8-5）

表 8–5　西北缘前陆冲断带侏罗纪同沉积断裂及其活动性特征一览表

编号	断层名称	断裂级别	构造带	对侏罗纪纪扇体的控制	同生断裂活动时期	断开地层上、下盘厚度（m）		断层活动性指数 侏罗系	典型地震剖面
						侏罗系上盘	侏罗系下盘		
F_7	车16井断裂			车67—拐147井及车67—拐9—拐102井冲冲积扇边界	J_1b，J_2t	100	165	1.65	C8436
F_8	拐前断裂	二级	红—车	车57—车25井冲积扇边界	J_1b	100	120	1.20	C023
F_9	车1井西断裂	二级		车57—车25冲积扇外推边界	J_1b				C029
	车1—车10井间推测断裂			控制头屯河组地层尖灭及原始边界	J_2t				
	红浅2—红浅19井间推测断裂			红山嘴—五区冲积扇边界	J_2t				
F_{24}	克拉玛依断裂	一级		五八区水下扇边界	J_1b	390~830	600~1100	1.33~1.54	K8421
F_{35}	白一百断裂	一级		十区一百口泉扇三角洲边界	J_1b	800	1000	1.25	BK8320
F_{41}	百一乌断裂	二级	克一百	百口泉—乌尔禾扇三角洲边界	J_1b				HA8312
F_{44}	乌12井西断裂			八道湾组及三工河组推测沉积边界	J_1b，J_1s				HA8312
	扎伊尔山根推测断裂			克拉玛依冲积扇、八区—十区冲积扇及百口泉扇三角洲边界	J_1s，J_2t				
F_{53}	夏红南断裂	二级	乌—夏	夏子街扇三角洲边界	J_1s	570	600	1.053	G8204
F_{59}	乌兰北断裂	一级		八道湾组、三工河组及西山窑组推测沉积边界	J_1b—J_2x	60	100	1.667	X8205
	重13—风古1井间推测断裂			乌尔禾—夏子街扇三角洲边界	J_1s				X8205

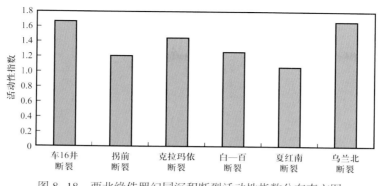

图 8-18 西北缘侏罗纪同沉积断裂活动性指数分布直方图

第三节　西北缘前陆冲断带挤压逆冲构造—扇体沉积响应讨论

一、西北缘二叠纪—侏罗纪扇体叠置及冲断推覆作用的沉积响应模式

综合前述，西北缘二叠纪—侏罗纪发育了数量众多的粗碎屑扇体。将各期扇体简化归并为二叠纪、三叠纪、侏罗纪 3 个时代的扇体，并进行叠合分析，发现红山嘴—车排子、克拉玛依—百口泉、乌尔禾—夏子街断裂带中扇体的叠置关系存在差异，在车—拐地区，各期扇体的叠置程度尚可；红山嘴地区和克拉玛依—百口泉、乌尔禾—夏子街地区的扇体叠置程度很好。

在空间上，由佳木河组沉积期至上乌尔禾组沉积期，随控扇断裂逐渐由老山向盆缘（或斜坡）方向迁移，相应地，扇体则逐渐由盆缘向盆地方向推进、扩展，两者形成极好的耦合性。由扇体叠置规模及分布面积分析，车拐地区的逆冲推覆作用强度总体要弱于克拉玛依—乌尔禾—夏子街地区。在时间上，二叠系扇体各个岩组中均有发育，但在上乌尔禾组、下乌尔禾组中分布最广。在百 64 井区和中拐克 80 井区最为发育，共有 4 期次，说明乌尔禾—夏子街构造带和中拐斜坡构造活动性最强，延续时间最长，形成的扇体规模较大。

归纳起来，二叠纪为一前展式推覆冲断及渐进式扇体迁移模式（图 8-19），即由佳木河组沉积期至上乌尔禾组沉积期，随同生控扇断裂由老山向盆缘的前展式推覆活动，扇体呈现由盆缘向盆内渐进迁移的沉积响应耦合。

从空间分布来看，由三叠纪至侏罗纪，随主要控扇断裂由盆缘向老山方向迁移，扇体规模逐渐变小，并由盆内向盆缘方向退缩迁移。这说明由三叠纪至侏罗纪，车—拐地区逆冲构造的冲断作用呈增强趋势，红山嘴和克—夏地区的冲断活动呈减弱趋势，并且车—拐地区的冲断活动强度总体要弱于克—百—夏地区，到燕山中晚期趋于静止，活动时期呈北早南晚特点。

三叠纪—侏罗纪扇体在平面上迁移现象明显，在三叠纪或侏罗纪内部，从早到晚扇体均表现出向西北方向物源区迁移的特征。平面上北东部侏罗纪扇体规模大，形成时间早，而西南部扇体规模小、形成时间晚，总体呈由北东向南西迁移的趋势，说明北东部断裂活动较早，活动强度较大，而中部和西南部断裂活动较晚，活动强度减弱。

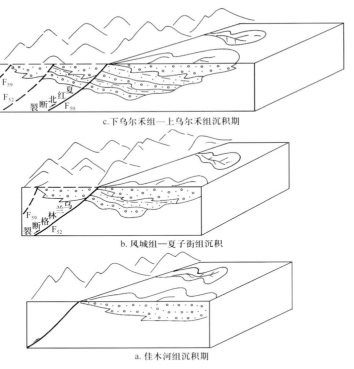

图 8-19　西北缘前陆冲断带二叠纪前展式冲断推覆活动及渐进式扇体迁移的沉积响应模式

在时间上，据百 64 井分析，三叠纪扇体共发育 5 期，在东北部黄羊泉—红郭镇南最发育，受克—百断裂控制，均分布于其南侧。不同时期断裂活动性有显著差异：西北缘冲断带东北部活动性最强，延续时间最长，形成的扇体规模较大；向西活动性逐渐减弱，断裂分段活动，表现在扇体分布较分散、叠置程度差。侏罗纪扇体总体发育 4 期，以白碱滩以南的八道湾组、头屯河组沉积期两期扇体叠置发育为主，叠置关系较差、规模较小，故侏罗纪的同生断裂活动强度和规模远不及三叠纪大，且在中段较为强烈。

归纳起来，由三叠纪至侏罗纪，总体为一由强至弱的退覆式冲断活动及扇体迁移沉积响应模式（图 8-20），即由百口泉组沉积期至头屯河组沉积期，随主要同生控扇断裂活动分布由盆缘向老山方向的退缩迁移，冲断活动在车—拐地区渐强，在红山嘴和克—夏地区渐弱，冲断活动强度总体由盆缘向盆地方向逐渐减弱直至停息；相应地，各期扇体平面上分布规模渐小，盆地范围不断扩大，总体呈由盆内向盆缘老山退缩迁移的沉积响应，两者耦合性良好。

综上所述，二叠纪—侏罗纪各期扇体叠置关系较好，总体趋势是随主要控扇断裂由盆缘向老山方向迁移，扇体规模逐渐变小，并由盆内向盆缘方向退缩迁移。扇体这种在时空上的叠置、迁移现象，说明从三叠纪至侏罗纪构造活动逐渐减弱，百口泉—乌尔禾—夏子街地区活动性最强，延续时间最长，形成的扇体规模较大；车—拐—克拉玛依地区活动性减弱，扇体叠置程度相对差些、扇体规模也稍小。总的来看，乌—夏断裂带推覆距离最大，克—乌断裂带次之，红—车断裂带推覆距离最小，活动强度呈向南减弱的特点。不同时期活动的同生断裂控制了扇体的分布，同生断裂的冲断活动强弱决定了扇体的规模大小。或者说，沉积扇体的发育受同沉积活动断裂的控制，断裂活动的期次、强度与方式制约着扇体的数量、规模与迁移方向。

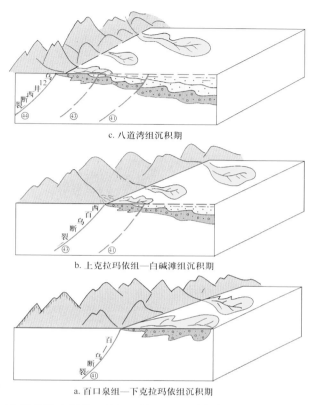

c. 八道湾组沉积期

b. 上克拉玛依组—白碱滩组沉积期

a. 百口泉组—下克拉玛依组沉积期

图 8-20　准噶尔西北缘前陆冲断带三叠纪—侏罗纪退覆式冲断活动及扇体迁移的沉积响应模式

二、西北缘二叠纪—侏罗纪地层不整合面的层位、性质与冲断推覆事件

地层不整合面不仅是准噶尔前陆盆地沉积记录中最重要的地质特征之一，而且是分割盆地充填序列的界面。据钻井、测井资料及地震资料，西北缘前陆冲断带地层发育角度不整合、平行不整合（假整合）两种属于构造成因的不整合。西北缘充填地层在佳木河组与石炭系、夏子街组与风城组、上乌尔禾组与下乌尔禾组、百口泉组与上乌尔禾组、八道湾组与白碱滩组、头屯河组与西山窑组、齐古组与头屯河组之间存在 7 个区域性角度不整合，在佳木河组内部的一亚组、二亚组、三亚组各亚组之间为区域性角度不整合，风城组与佳木河组间为区域性平行不整合（假整合），白碱滩组与上克拉玛依组间为区域性角度不整合（局部变为假整合—整合接触），西山窑组与三工河组间为区域性的假整合（局部变为整合接触）。据此共可识别标定出由上石炭统至清水河组的 13 个不整合界面（界线），其中佳木河组至头屯河组间发育 11 个不整合面，包括 5 个区域性角度不整合，佳木河组至上乌尔禾组间发育 7 个不整合面。根据构造事件的沉积响应理论和西北缘地层不整合面分布的具体特点，西北缘每一个地层不整合面应是西北缘前陆冲断带逆冲推覆事件的沉积响应和地层标识。据此，至少可确定西北缘前陆冲断带二叠纪存在 7 次逆

冲推覆事件，自早三叠世以来存在 6 次逆冲推覆事件（图 8-21），其中自早二叠世—晚侏罗世存在 11 次逆冲推覆事件。

三、西北缘二叠纪—侏罗纪粗碎屑扇体的层位、侧向迁移与冲断推覆活动

进一步按时代层位及地域空间统计扇体时空分布，可获如下认识。

（1）由图 8-21 中各期扇体的层位分布分析其迁移特点是：在佳木河组—下乌尔禾组沉积期、上乌尔禾组—百口泉组沉积期、下克拉玛依组—白碱滩组沉积期、八道湾组—西山窑组沉积期，随时代变新，扇体呈由西南（红山嘴—车排子地区）略向东北方向（克拉玛依—夏子街地区）迁移的周期性变化，是呈周期性的旋回式（幕式）迁移。

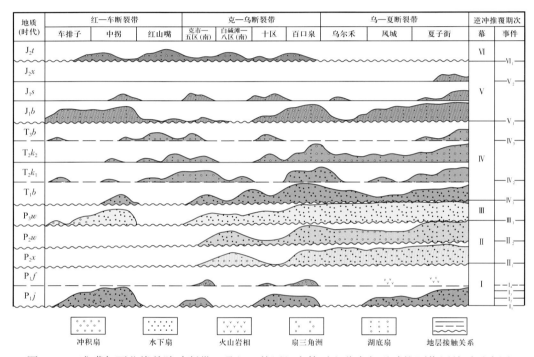

图 8-21 准噶尔西北缘前陆冲断带二叠纪—侏罗纪扇体时空分布与逆冲推覆作用关系示意图

（2）由扇体时空分布范围、规模分析，二叠纪由佳木河组沉积期至上乌尔禾组沉积期，随着扇体由西南向东北的迁移，其扇体规模渐趋增大，反映在二叠纪随时代变新西北缘冲断推覆强度增大且在空间上具有由西南向东北迁移、增强的特点。三叠纪—侏罗纪与此相反，随时代变新，扇体规模总体变小且呈由西南向东北迁移、规模变小的趋势，说明由三叠纪至侏罗纪随时代变新，西北缘逆冲推覆强度减弱，在空间上呈由西南向东北活动迁移、冲断减弱的特点，反映三叠纪—侏罗纪西北缘逆冲推覆作用具有右旋剪切和压扭应力特征。

（3）西北缘前陆盆地充填序列中最底部的砾岩扇体出现于佳木河组底部，显示佳木河组沉积期冲断带已具雏形，并处于逆冲抬升剥蚀状态，为西北缘前陆盆地提供物源。同时，佳木河组—风城组沉积期均有火山岩发育，表明西北缘冲断带演化过程中并非始终为挤压环境，在二叠纪初期处于伸展断陷环境，夏子街组沉积期才发展为挤压型前陆坳陷环境。

（4）由前述盆地充填层序，可以识别、厘定出充填序列内二叠纪 5 期、三叠纪—侏罗纪 6 期发育强度各不相同的扇体，剖面上呈粗碎屑楔状体分布，构成西北缘前陆冲断带逆冲推覆作用的沉积标识。

四、西北缘二叠纪—侏罗纪逆冲推覆幕及逆冲构造—扇体沉积响应机理

由图 8-21 中的 10 个主要扇体展布层位分析，西北缘自二叠纪以来至少存在 10 个逆冲推覆事件；另据区域性不整合面应是区域性构造事件的地层标识，共可识别出 13 次逆冲推覆事件。根据西北缘二叠纪—侏罗纪发育的具一定规模的主扇体展布，结合区域性不整合界面，可初步划分出 6 个逆冲推覆幕。

可见，西北缘二叠纪存在 3 个逆冲推覆幕、7 次逆冲推覆事件，三叠纪—侏罗纪存在 3 个逆冲推覆幕、6 次逆冲推覆事件。

对比分析发现，构造层序与逆冲推覆幕的时限基本一致，即逆冲推覆幕的作用时间与构造层序的发育期限具良好耦合性。因此构造层序可作为逆冲推覆幕的沉积响应，是一个成盆期的充填实体；与各期主扇体及局部不整合面发育相对的层序可作为逆冲推覆事件的沉积响应，是一个成盆期不同演化阶段的充填实体。

综上所述，西北缘前陆冲断带各类扇体的沉积分布受不同时期同沉积活动断裂的严格控制，其时空叠置及迁移规律的差异是红—车、克—百及乌—夏各构造带冲断作用地域性及作用强度差异性的沉积响应。

西北缘冲断带沉积作用是对造山带逆冲推覆作用的响应，利用其沉积记录可以恢复和推断其逆冲推覆构造形成发展历史和岩石圈流变过程。前陆冲断带的发生发展与其沉积充填演化是一个耦合系统，其形成演化对各构造带（构造单元）、沉积相带与烃源岩分布、区域热作用、油气藏形成及其组合等方面具有明显控制作用，构成油气分布的有序性及复杂性。

第四节　西北缘前陆冲断带构造活动的层序地层响应

一、西北缘前陆冲断带二叠纪—侏罗纪层序地层格架的建立

层序被定义为以不整合面及可与之对比的整合面为界的、内部相对统一的且成因上有联系的一套地层，层序内部可以进一步划分出准层序和体系域等次一级的地层单元（雷德文等，1993；赵玉光等，1993；张明山等，1996；焦养泉等，1997；吕雪雁等，1999；侯贵廷等，2000；陈书平等，2020；常嘉等，2021；李智高等，2023；Xia et al.，2023；Wendorff et al.，2023）。据此，首先通过地震层序标定和分析，识别出作为层序界面的 7 个不整合面（向盆地内部可以变为整合面）。这些反射层中，绝大部分是新疆油田分公司勘探开发研究院以往的研究中所划的地层组或段的界线，并被标定过。然后结合钻井层序分析，以二叠系—侏罗系存在的七大区域不整合面为界，赋予这些界线层序地层学的含义，可划分出 6 套二级层序（表 8-6）。

表 8-6　准噶尔盆地西北缘二叠纪—侏罗纪层序地层划分表

传统地层方案		层序地层方案			界面	不整合面	地震层位	备注
系	组（代号）	二级层序	三级层序	体系域				
白垩系	清水河组（K_1q）	层序Ⅶ（SQ7）	Sb1	LST	SB7		T_{K_1}	
侏罗系	头屯河组（J_2t）	层序Ⅵ（SQ6）	Sb2 Sb1	HST TST LST	SB6		T_{J_2t}	
	西山窑组（J_2x）	层序Ⅴ（SQ5）	Sb2 Sb1	HST TST LST HST			T_{J_2x}	
	三工河组（J_1s）		Sb3 Sb2 Sb1	TST LST HST TST			T_{J_1s}	
	八道湾组（J_1b）		Sb2 Sb1	TST LST HST TST LST	SB5		T_{J_1b}	
三叠系	白碱滩组（T_3b）	层序Ⅳ（SQ4）	Sb1	HST TST			T_{T_3b}	
	上克拉玛依组（T_2k_2）		Sb3 Sb2	TST LST			T_{T_2k}	
	下克拉玛依组（T_2k_1）							
	百口泉组（T_1b）		Sb1	TST LST	SB4		T_{T_1b}	
二叠系	上乌尔禾组（P_3w）	层序Ⅲ（SQ3）	Sb2 Sb1	TST LST	SB3		T_{P_3w}	
	下乌尔禾组（P_2w）	层序Ⅱ（SQ2）	Sb3 Sb2 Sb1	HST TST LST			T_{P_2w}	
	夏子街组（P_2x）		Sb4 Sb3 Sb2 Sb1	HST TST LST	SB2		$T_{P_1f—P_2x}$	
	风城组（P_1f）	层序Ⅰ（SQ1）	Sb1	HST TST				
	佳木河组（P_1j）		Sb2 Sb1	HST TST	SB1		T_{P_1j}	
石炭系（C）							T_{C_3}	

- 366 -

本区二叠纪—侏罗纪沉积具有明显的旋回性，分隔旋回的不整合面通常是一些削蚀、上超面，两个不整合面之间就是一个层序。一个层序是一个大的沉积旋回，其界面就是旋回的分界面，通常也是岩性和沉积相的分界面。在这种大的旋回层序内部，经系统的层序划分与对比，再根据地震反射结构（图8-22）、次级旋回（准层序）的叠置方式和沉积相划分准层序组，从而确定体系域，例如，退积式准层序组是水进体系域的标志，加积式和进积式准层序组是高位体系域的标志。

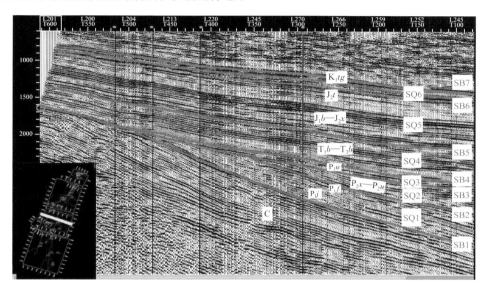

图 8-22　准噶尔西北缘前陆冲断带二叠纪—侏罗纪层序地层格架及地震层序反射特征

本区低位体系域和高位体系域均表现为上超充填，但仅靠地震资料难以确定两者之间的界限。高位体系域相对容易识别些，常常表现为前积下超充填。在较厚的层序内，反射同相轴较多，体系域较容易划分。在较薄的层序内，反射同相轴少，仅靠一两个反射同相轴难以确定体系域的性质。

二、西北缘冲断带前陆发育各时期的层序地层特征

前已述及，本区早二叠世为伸展断陷盆地原型，处在前陆发育的前期（或称前前陆期）阶段；夏子街组—克拉玛依组沉积期为周缘前陆盆地原型，处在前陆期阶段；而晚三叠世—侏罗纪处在前陆晚期或称后前陆期演化阶段。各时期层序地层特征简述如下。

1. 前前陆期（佳木河组—风成组沉积期）层序地层特征

佳木河组下段和中段组成一个大的粗—细—粗沉积旋回，为水进体系域（底部可能含低位体系域）—高位体系域。佳木河组上段是一个大的向上变粗的沉积旋回，主要由细砾岩、砂岩夹暗色泥岩和砾岩、砂砾岩组成，电测曲线上表现为低阻—高阻段，水体相对较深—较浅，属水进体系域和高位体系域。风城组本身是一个大的粗—细—粗沉积旋回，下部由砂砾岩夹暗色泥岩组成，为扇三角洲沉积，水体相对较深，属分布范围较小的低位体系域；中上部主要由一套灰黑色白云质沉凝灰岩、泥岩及砂砾岩、砂岩与泥

岩互层组成，为陆缘近海湖—三角洲沉积，上部可以分出几个以加积方式叠置的向上变粗的沉积旋回（准层序），说明海平面上升速度由快变小，是水进体系域—高位体系域的特征。

2. 前陆期（夏子街组—克拉玛依组沉积期）层序地层特征

夏子街组、下乌尔禾组下段和上段组成一个大的粗—细—粗沉积旋回。旋回下部的夏子街组由砂砾岩、砂岩夹少量泥岩组成，粒度普遍较粗，为冲积扇、水下扇和辫状河沉积，属低位体系域。下乌尔禾组下段是水进体系域，是湖侵频繁、规模大、湖平面上升快的时期；可划分出 4 个准层序，每个准层序为一个向上变粗的小旋回，并呈退积式叠置，即自下而上每个准层序中细岩性段越来越厚，而粗岩性段越来越薄。上乌尔禾组大套砂砾岩发育，为冲积扇沉积，总体呈向上变细的扇退序列，属低位体系域（图 8-23）。在地震剖面上，其相当于 P_{t_5}—T_{t_1} 之间的反射单元，由 2～3 个同相轴组成，主要为中强振幅平行、亚平行连续反射。该层序仅有低位体系域，水进体系域和高位体系域缺失（可能被剥蚀掉）。

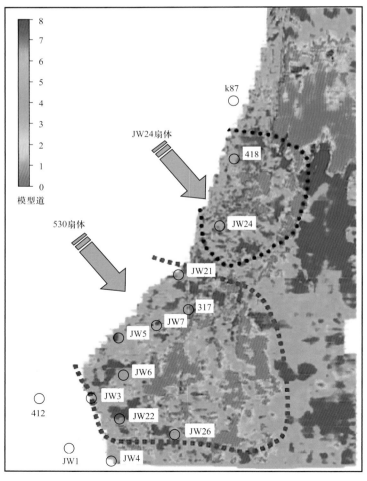

图 8-23　准噶尔西北缘前陆冲断带二叠系乌尔禾组低位体系域扇体地震波形分类图

早—中三叠世为湖盆扩张、调整背景下的振荡沉积，层序界线清楚，从地震剖面上可见削顶现象。层序构成单元自下而上依次为无岸上超的低位体系域→湖进体系域→沉积速率缓慢的悬浮沉积形成的湖相泥岩（下克拉玛依组顶部最大湖泛面）→高位体系域，以低位体系域和湖进体系域为主。早中期扇体、河流沉积发育，后期湖基准面上升速率大于盆地上升速率，湖水面积不断扩大，并漫过断裂上盘，指示了构造运动的加强及湖水面的上升。

3. 后前陆期（白碱滩组—头屯河组沉积期）层序地层特征

在前陆盆地晚期，盆缘断裂具有同生性质，为挤压性或压扭性构造环境；湖基准面升降与构造沉降、沉积物供给和气候等因素近似呈正弦函数关系。自下而上的层序单元构成依次为层序底界面→湖进体系域→沉积速率缓慢的垂向沉积形成的湖相泥岩→高位体系域扇三角洲→层序顶界面。其间经历了由水进体系域—（最大）湖侵—湖退扇三角洲体系—充填萎缩和封闭消亡的过程，是一种标志前陆盆地趋于消亡的层序特征。

三、西北缘冲断带构造活动的层序地层响应特征

研究表明，前陆盆地的构造活动控制着前陆盆地的层序发育，其层序界面、层序叠置样式、体系域发育演化是逆冲作用、基底隆升、不同构造带特定沉降过程的层序地层响应。在准噶尔西北缘前陆冲断带，主要表现为如下几方面（赵玉光等，1993；焦养泉等，1997；吕雪雁等，1999；林会喜等，2022；周培兴等，2023；张关龙等，2023；Wu et al.，2023）。

（1）西北缘冲断带等时地层格架的建立依赖于各种级别的不整合面及其相应的整合界面的存在。本区主要的 7 个不整合层序界面是构造逆冲作用或构造运动的反映，也是构造层序的分隔界面。其二级构造层序是构造运动的产物，代表了盆地不同成盆期的产物；三级构造层序代表前陆盆地演化同一成盆期的不同发育阶段，是构造运动或构造作用与相对海平面变化叠加的产物，其成因主要与盆缘造山带的区域构造活动、盆内沉积作用和相对湖平面变化的联合作用有关；其层序的发育叠合反映了西北缘前陆冲断带具有多旋回的沉积—构造演化史。

（2）前陆盆地构造活动对盆地的可容空间产生了深刻的影响，从而对盆地充填和层序叠置样式起重要的控制作用。前陆期和非前陆期、逆冲期和相对静止期形成的盆地充填样式、体系域特征显然不同。总体上，前前陆期西北缘处在伸展拉张断陷环境，以水进体系域—高位体系域为主，低位体系域不发育。在盆地拉张断陷过程中，发育了佳木河组、风城组两大套烃源岩，为前陆期挠曲沉降背景下的深埋、熟化提供了物质基础。

前陆期西北缘处在挤压逆冲变形、挠曲沉降环境下，岩石圈最初常以瞬时的弹性变形来响应逆冲负载，此时沉降速率大，可容空间增加。大量的粗碎屑物堆积在西北缘山前，在逆冲带近端的层序叠置呈加积或退积。以低位体系域和湖进体系域为主，高位体

系域不发育，层序展布上表现为极度的不对称特征。由于盆缘推覆体周期性向盆地内部推进，断裂带区呈多级阶地展布，控制着沉积相的空间配置，常造成地层在断裂上盘薄下盘厚的特征，沉积相多为多级扇体分布（水上—水下），如百口泉和夏子街地区早—中三叠世发育了大型红色和棕红色冲积扇体、扇三角洲，湖滨线远离推覆体，湖水面积很小。在盆地挠曲沉降和多期幕式逆冲推覆过程中，发育了多套低位体系域扇体，形成巨厚的储层，掩伏于前前陆期烃源层之上，有利于形成优质的生储配置。

后前陆期西北缘处在相对静止的压扭构造环境下，沉积层序受湖水基准面升降与构造沉降、沉积物供给和气候因素的影响加大，湖盆扩张，以湖进体系域、高位体系域发育为主，前陆层序渐被掩埋，呈现前陆盆地趋于消亡的层序特征。

（3）区域构造运动控制着西北缘层序的发育特征。西准噶尔洋的消减封闭和碰撞造山不仅影响了本区盆地形成和演化，而且是该地区沉积层序形成的主要控制因素。多次的碰撞挤压和松弛拉张导致了多次的水退、水进，从而形成了多个层序。

研究表明，下二叠统的层序发育与西准噶尔洋的几次俯冲消减有关。在下二叠统佳木河组下段沉积初期、中段沉积末期、上段沉积末期和风城组沉积末期，西准噶尔洋先后发生了4次俯冲消减，并最终彻底封闭，分别造成石炭系与下二叠统之间、佳木河组下段与中段之间、佳木河组上段与风城组之间及上二叠统、下二叠统之间的不整合，完成了伸展断陷盆地向前陆盆地的转化，开始了陆相盆地的沉积阶段。

上二叠统的层序发育与陆—陆碰撞造山有关。夏子街组沉积期（特别是早期），本区仍处于挤压隆升状态。地形高差较大，冲积扇、辫状河发育，沉积了低位体系域的大套砾岩、砂砾岩，后期开始缓慢沉降。下乌尔禾组沉积期，本区全面沉降，地形高差变小，大规模湖侵和供屑沉积充填，形成了水进体系域的暗色细粒沉积和高位体系域的砾岩、砂岩、泥岩沉积。下乌尔禾组沉积末期，本区大规模抬升并遭受剥蚀，形成了其与上乌尔禾组之间的不整合。上乌尔禾组沉积期，本区主要处于挤压状态，地形高差较大，形成了低位体系域的大套砾岩、砂砾岩和湖进体系域的砂砾岩与泥岩互层沉积。二叠纪末期，本区又大规模抬升并遭受剥蚀，形成了上乌尔禾组与三叠系之间的区域性不整合。

（4）基底构造作用的参与影响着西北缘层序的发育特征。基底构造将西北缘分隔成不连续的小坳陷（盆地），它们对逆冲过程的响应不同，导致沉积和层序叠置形式及相带分布等的差异。同时，前陆盆地的逆冲和基底卷入的相对时间也是地层充填形式的主要控制因素之一。

（5）湖水基准面上升、下降的沉积响应有明显差异。地层单元的几何形态和岩性受四大参数（构造沉降、湖基准面升降、沉积物供给速率和气候）的控制。湖基准面升降及构造沉降与相对湖盆边缘的湖滨线位置之间互为因果关系。当湖水面上升时，形成湖进体系域；之后，随着向高水位期推进，由于湖基准面上升速率减慢，形成高位体系域。当湖基准面下降速率大于构造沉降速率时，在前陆盆地断裂下盘往往形成低水位期地层单元。随着湖基准面不断下降，最靠近盆地腹部的生长逆断层下盘出现了滨湖岸线的沉积物。

第五节　西北缘前陆冲断带二叠纪—侏罗纪扇体
成藏特征及成藏条件

近十余年来，准噶尔盆地所发现的岩性、断裂—岩性与低幅度背斜油气藏储量日益攀升，占年发现量的 70% 以上（赵白，1985；杨津等，2012；陈萍等，2015；冯有良等，2018；岳欣欣，2021；陈静等，2021；董雪梅等，2023）。随着勘探难度的逐渐加大，构造圈闭日益匮乏，岩性地层油气藏正逐渐成为新疆油田的主要勘探领域和目标。

半个多世纪以来，准噶尔西北缘前陆冲断带已经历了 5 轮油气勘探开发实践，发现了 200 多个油藏。本节在前文基础上，从 160 口单井剖面、15 条联井剖面、13 个层位平面渐次展开西北缘二叠纪—侏罗纪各种成因扇体的成藏特征与成藏条件的研究，旨在对该区有利储集体的分布预测、对扇控岩性油气藏分布规律及深化精细勘探方向提供参考。

一、西北缘二叠纪—侏罗纪扇体含油气性与扇体油气藏分布

1. 西北缘二叠纪—侏罗纪扇体发育与扇体油气藏时空分布

笔者对全区 200 多个油藏进行了系统整理，按各层组分别统计各类扇体油气藏及其分布区块，结合前述沉积相研究成果，进行了二叠系、三叠系、侏罗系 11 个层组的扇体与油藏分布叠合成图（蔚远江等，2007）。

结合连井剖面、沉积厚度等资料分析，西北缘二叠纪粗碎屑扇体数量众多，主要发育在克拉玛依—夏子街地区及佳木河组、夏子街组、下乌尔禾组 + 上乌尔禾组沉积期 3 个时期，规模大、继承性好、叠置程度高（图 8-24）；扇体的分布范围、规模面积均以上乌尔禾组为最大，其次为佳木河组扇体。统计表明，二叠系扇体油藏主要分布于佳木河组、上乌尔禾组、下乌尔禾组 3 个层位，含油层多、油藏规模大、储量丰度高。截至 2006 年底发现大型扇体 26 个，典型含油扇体 14 个（表 8-6），探明储量 $3.585 \times 10^8 t$。

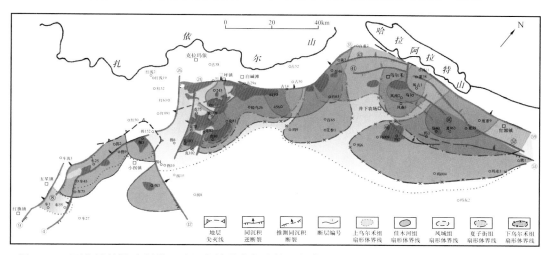

图 8-24　西北缘前陆冲断带二叠纪扇体分布与扇控油气藏时空叠合图（据蔚远江等，2007，修改）

三叠纪扇体主要分布在克拉玛依—夏子街地区及百口泉组、克拉玛依组沉积期两个时期，各期扇体的发育、叠置程度总体尚可，局部较差，以东北部黄羊泉—红郭镇南最为发育（图8-25），规模大、继承性好、叠置程度高。三叠系扇体油藏主要分布于百口泉组、克拉玛依组两个层位，含油层多、规模大、储量丰度高。截至2006年底发现大型扇体30个，典型含油扇体19个，探明储量 $5.5 \times 10^8 t$。

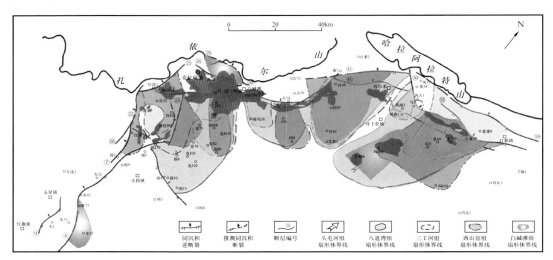

图 8-25　西北缘前陆冲断带三叠纪扇体分布与扇控油气藏时空叠合图（据蔚远江等，2007，修改）

　　侏罗纪扇体主要发育在中拐—克拉玛依—百口泉地区及八道湾组、头屯河组沉积期两个时期，各期扇体规模小、继承性差，以八道湾组扇体规模、面积均为最大；三工河组—头屯河组沉积期扇体分布均较分散，叠置关系较差（图8-26）。侏罗系扇体油藏主要分布于八道湾组、头屯河组两个层位，含油层少、油藏规模小、储量丰度高。截至2006年底发现大型扇体27个，典型含油扇体15个，探明储量 $2.7 \times 10^8 t$。

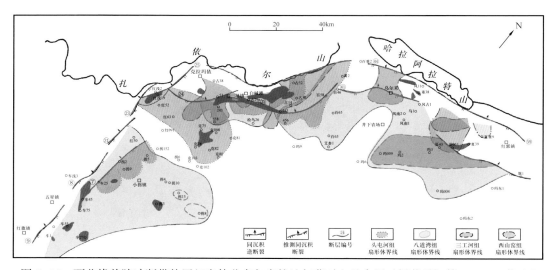

图 8-26　西北缘前陆冲断带侏罗纪扇体分布与扇控油气藏时空叠合图（据蔚远江等，2007，修改）

由上所述，已发现油藏大多产于各类扇体中，由于扇体发育的差异性，扇体油气藏的分布也有很大的变化（图8-24—图8-26）。从地域和区块来看，扇体油气藏主要富集于克拉玛依的五区—五区南—八区、车排子—小拐、百口泉、夏子街—玛北地区。从层位来看，已知扇体油气藏主要分布于佳木河组、下乌尔禾组＋上乌尔禾组、百口泉组、克拉玛依组、八道湾组、头屯河组共6个富集层位，而以克拉玛依组、下乌尔禾组、佳木河组、头屯河组最为富集。按储量统计，目前西北缘探明的二叠系—侏罗系扇体油气藏储量为 11.8×10^8t ，占累计探明石油地质储量（ 12.93×10^8t ）的91.25%。可见，扇体油藏构成了西北缘冲断带油气储量的绝大部分，扇体的面积、规模及叠置程度与扇控油气藏的含油层数、油藏规模、储量丰度呈正相关关系。因此二叠系—侏罗系冲积扇、扇三角洲和水下扇是西北缘最主要的储集体，前人提出的"扇控论"观点也是由此而来（靳军，2017；邹妞妞等，2017；林会喜等，2022；李勇等，2023；张关龙等，2023；张志杰等，2023）。

从统计资料来看，储层物性与含油性并无明显关系（表8-7），储集体能否成为有效的储油场所，还取决于与油气运移、封盖条件等的匹配关系，油气的形成受多种因素共同制约。

2. 西北缘二叠纪—侏罗纪扇体含油气性与扇控油气藏类型分布

以车—拐地区统计为例，车排子地区主要为八道湾组、头屯河组及佳木河组扇体含油，油气的富集相带主要为扇三角洲前缘水下分流河道及席状沙坝、扇三角洲平原分流河道、冲积扇扇根扇面河道微相；中拐地区多为佳木河组中—下段、上乌尔禾组、风城组、上克拉玛依组、三工河组、八道湾组扇体含油，油气主要富集于冲积扇扇中—扇根扇面河道（辫状水道）、扇三角洲前缘水下分流河道—平原辫状分流河道、水下扇水道微相中。

在车—拐地区的各个层位中，油气富集相带有所不同。佳木河组扇体油气藏主要产于冲积扇扇中辫状水道—扇根扇面河道、扇三角洲前缘水下分流河道（或河口坝）—平原辫状分流河道、水下扇扇根—扇中辫状水道微相中。上乌尔禾组扇体油气藏产于水下扇扇根—扇中水道、扇三角洲平原辫状分流河道—前缘水下分流河道微相带。上克拉玛依组扇体油藏产出于扇三角洲前缘水下分流河道—平原分流河道微相带，储集岩以不等粒砂岩、中砂岩为主，其次为砂砾岩、含砾砂岩。八道湾组、头屯河组扇体油藏产出于扇三角洲前缘水下分流河道（河口坝或席状沙坝）—平原辫状分流河道、冲积扇扇中扇面河道微相带。三工河组扇体油藏产出于三角洲前缘水下分流河道—河口坝微相带。油气的产能则以拐102井佳木河组中段冲积扇、拐5井佳木河组中—下段扇三角洲—冲积扇体最高，前者日产油 $5.47 \sim 107.64t$ 、日产气 $790 \sim 11803m^3$ ，后者日产油 $17.8 \sim 99.82t$ 、日产气 $1598 \sim 12960m^3$ 。

综合各区统计资料，从相带类型来看，已知油藏大多产于水下扇、冲积扇及扇三角洲3种类型中（图8-24—图8-26）。由于各期扇体发育的差异性，不同层位、不同类型扇体和同一类型扇体不同亚相的含油气性有较大差异。不同类型扇体中，以水下扇、扇三角洲含油气性最好，其次为冲积扇相，主要富集于水下扇扇根及扇中、扇三角洲平原及前缘4个亚相带（图8-27）。同一类型扇体不同亚相中，水下扇扇根—扇中亚相和扇三角洲前缘亚相是西北缘最有利的储集相带，也是最重要的勘探对象。

表 8-7 准噶尔盆地西北缘前陆冲断带二叠系大型典型扇体油藏统计（数据截至 2006 年底）

层位	扇体名称	油藏（区块）名称	相亚相类型	储层岩性	储层孔隙度（%）	储层渗透率（mD）	油藏类型	含油面积（km²）	有效厚度（m）	石油储量（10⁴t）	溶解气储量（10⁸m³）
P₁j	车排子（车 75 井—车 25 井—拐 9 井—车 44 井区）扇体	车 46 井断块	水下扇扇根	砂砾岩、凝灰质砂岩、中砂岩	4.6~19.8（11）	0.02~353	断层遮挡的构造—岩性油藏	7.5	19.9	655	4.96
		车 72 井断块	水下扇扇根	砂砾岩、含砾砂岩	5.9~15.7（9）	0.01~69.5	构造—岩性油藏	2.6	34.1	340	2.57
		车 67 井区	水下扇扇根	砂砾岩、小砾岩	8~20（13）	0.01~500（9.6）	断块—扇体油藏	13.6	8	440	9.64
	小拐（拐 5 井区）扇体	拐 5 井区	水下扇扇中—扇根	中砾岩、小砾岩，少量砂砾岩、砾状砂岩、粗砾岩	5.71~15.72（6.72）	0.04~151（0.25）	断块—扇体油藏	16.7	132.2	1622	34.71
		拐 5 井区	水下扇扇中—扇根	中砾岩、小砾岩，少量砂砾岩、砾状砂岩、粗砾岩	5.31~15.71（6.37）	0.03~104.63（0.16）	断块—扇体油藏	33.2	233	4752	100.26
	中拐南（拐 3 井区）扇体	拐 3 井区	水下扇扇根	凝灰质砂砾岩、不等粒砂岩	9.11~20.95	0.19~3288	断裂—岩性油藏				
	五八区（547 井—466 井—558 井区）扇体	574 井区块砾岩段	扇三角洲平原	砂砾岩	1.29~23.5（8.58）	0.01~682.39（0.872）	断裂—地层油气藏	1.2	3.6	17	0.13
		检 105 井区	扇三角洲前缘	砂砾岩	1.29~23.5（8.58）	0.01~682.39（0.872）	断裂—地层油气藏	2.7	9.6	92	
	五区南（克 75 井—克 82 井—克 102 井区）扇体	克 82 井区块气藏	水下扇扇中—扇缘	砂砾岩	1.29~23.5（8.58）	0.01~682.39（0.872）	断裂—地层油气藏	11	40.3		105.44
	十区—百口泉（检鸟 24 井—百 456 井—百 72 井—黄 2 井区）扇体	百 72 井区	水下扇扇中	凝灰质砂砾岩、不等粒砂岩	平均 9.56	平均 0.49	断块（交叉断层）油藏	5.7	52	1334	200.10

层位	扇体名称	油藏（区块）名称	相或亚相类型	储层岩性	储层孔隙度（%）	储层渗透率（mD）	油藏类型	含油面积（km²）	有效厚度（m）	石油储量（10⁴t）	溶解气储量（10⁸m³）
P₁j	乌尔禾一风城（风11井一乌27井区）扇体	乌27井区	水下扇扇中	含砾砂岩	20		断块油藏	6.1	11	550	
P₁f	五区南（克008井一克80井区）扇体	五区南	扇三角洲平原—前缘	砂砾岩、含砾砂岩	7.6			33.5	9.9	986	13.71
P₂x	百口泉—乌尔禾扇体	百21井区块	水下扇扇中	砂砾岩、含砾砂岩	平均12.2	平均71.2	断块油藏	13.3	17.5	1170	5.50
		乌27井区	水下扇扇中	杂色砂砾岩、含砾不等粒砂岩	10～15		断背斜油藏	6.1	11	550	
P₂w	五区（南）—八区—十区（克80井—446井区）扇体	五区	水下扇扇根	砂质砾岩、砂砾岩、中粗粒砂岩	8～20（8～12）	0.01～500		26.2	13.2	1043	22.10
		五区—五区南	水下扇扇根—扇中	以灰色、灰绿色砂砾岩为主	6.8～15.6（8.8）	平均有效渗透率5.4	扇体岩性油藏	9.2	33.1	942	15.26
		五区—五区南	水下扇扇根—扇中	以灰色、灰绿色砂砾岩为主	6.8～15.6（8.8）	平均有效渗透率5.4	扇体岩性油藏	23	19.5	1384	22.42
		530井区块	水下扇扇中	灰绿色小和深灰砂砾岩、砂质小砾岩、不等粒砂岩	8～17（11.3）	0.01～6.62（0.5）	断裂—扇体（构造—岩性）油藏	10.5	61.7	2301	39.22
		八区	水下扇扇根—扇中	砾岩、砾状砂岩、砂砾岩	3.68～15.6（11）	0.1～49.8	扇体岩性油藏	41.1	62.2	8837	158.18
		八区	冲积扇扇根—扇中	砂砾岩、含砾中粗砂岩	3.68～15.6（9.3）	0.1～49.8	扇体岩性油藏	0.5	88.7	121	2.17

层位	扇体名称	油藏（区块）名称	相成亚相类型	储层岩性	储层孔隙度（%）	储层渗透率（mD）	油藏类型	含油面积（km²）	有效厚度（m）	石油储量（10⁴t）	溶解气储量（10⁸m³）
P₂w	百口泉（百72井—玛9井—艾参1井区）扇体	百1断块	水下扇扇根		13			2.5	31.2	375	2.70
		检188断块	水下扇扇中	小砾岩夹薄层砂泥岩	7.2～17.9（10.9）	0～732.8（44.6）	断裂—岩性油藏	1.6	26.8	194	1.20
	乌尔禾—风城（风15井—夏67井—风18井—风南1井区扇体）扇体	乌27井区	扇三角洲前缘	以泥质细砂岩、砂砾岩为主			断块（网块断层）油气藏	3.1	38	912	
	夏子街—玛北（夏重9井—玛6井—玛004井区）扇体	玛2井区	水下扇扇中	砂砾岩	6.09～12.87（8.07）	0.4～41.33（2.28）	岩性—构造油藏	46.4	14.9	2291	4.12
P₃w	五区—五区南扇体（拐10井—克84井—检乌6井区扇体）	五区（302—57220—57260井区）	水下扇扇根—扇中	砂砾岩	9		断裂—扇构造—岩性油藏	34	18	2450	33.10
		克75井区	水下扇扇根	灰色和灰绿色砂砾岩、砂质不等粒砾岩	6.8～15.6（8.8），气顶6.4～17（11.5）	1.31～788.26（26.27），平均有效渗透率5.4	岩性油藏	14.3		711	41.94
		克82井区	克78井扇扇中	灰色砂砾岩	6.0～13.4（8.35）	0.093～182（3.563）	扇控构造—岩性油藏	10.9	25.8	738	38.56
		克79井区	水下扇扇中	砂质不等粒砾岩及含砾不等粒中粗粒砂岩	7.13～10.6，低孔	2.938～26.27，低渗	扇控构造—岩性油藏	26.2	22.3	1043	
合计								402.7		35850	857.99

注：表中数据格式为最小值～最大值（平均值）。

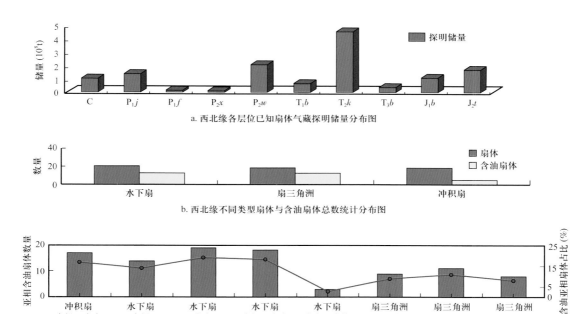

a. 西北缘各层位已知扇体气藏探明储量分布图

b. 西北缘不同类型扇体与含油扇体总数统计分布图

c. 西北缘各类扇体油气藏富集亚相及占比统计分布图

图 8-27　准噶尔西北缘前陆冲断带已知扇体油气藏分布特点直方图（据蔚远江等，2007）

从油气藏成因类型来看，西北缘的扇体油气藏可以划分为与断裂及不整合有关的构造油气藏、构造—岩性油气藏、岩性—油气藏三大类，以及断块—岩性油气藏、背斜—岩性油气藏、断背斜—岩性油气藏、断裂—岩性油气藏、岩性油气藏、地层不整合油气藏 6 个亚类。为节省篇幅，仅列出西北缘冲断带二叠系扇体油藏统计资料（表 8-7），由一例而知全貌。其中构造（断块）油藏主要发育在断阶带及扇根—扇中，地层不整合、岩性油藏主要发育在斜坡区及扇中—扇缘亚相。

从数量统计来看，以断裂作为油气遮挡条件、岩性控制油气水分布的断裂—岩性油气藏分布最广，其次为单纯的岩性油气藏，主要分布于克拉玛依油田的斜坡区和环中拐地区，可占到西北缘油气藏总数的 53.3%，在扇体油气藏中所占比例高达 80% 以上。背斜岩性油气藏以乌尔禾三叠系背斜—岩性油藏、乌尔禾下二叠统、风城组背斜—岩性油藏为代表，背斜对油气起主要封闭控制作用，岩性对油气分布和油气逸散起阻挡作用。断块—岩性油藏以断层为油气阻挡条件，地层为单斜层，油藏体下倾方向的边界线多为岩性所控制，油层边界线与构造等高线相交，见有五$_1$区上克拉玛依组、下克拉玛依组，五$_2$区上克拉玛依组、下克拉玛依组，五$_3$区下克拉玛依组、八区八道湾组，二区上克拉玛依组、下克拉玛依组，三区上克拉玛依组、下克拉玛依组，红 105 井区下克拉玛依组，八区上克拉玛依组、下克拉玛依组等 14 个油藏。

从探明储量看，目前已在二叠系、三叠系、侏罗系不同层组中发现了 11 个大型扇控油气藏，合计探明石油地质储量 3.3826×10^8t（表 8-8），均属断裂—岩性和岩性油气藏。其他还有四$_2$区下克拉玛依组岩性油藏，乌尔禾风城背斜二叠系岩性油藏，断裂带的八区、十区三叠系白碱滩组小型岩性油藏等。

表 8-8   准噶尔盆地西北缘发育的典型扇体与扇体油气藏分布简表

层位	扇体名称	主要油气藏（田）	探明储量（10^4t）	扇体类型
百口泉组	玛北扇体 百口泉扇体	玛北油田百口泉组油藏 百口泉油田百口泉组油藏	2087 3777	冲积扇
上乌尔禾组	克 75 井扇体 克 79 井扇体 克 82 井扇体 检乌 17—550 井扇体	五区南上乌尔禾组油气藏 克 79 井区上乌尔禾组油藏 克 82 井区上乌尔禾组油藏 五区上乌尔禾组油藏	2326 1043 738 2450	冲积扇
下乌尔禾组	玛北扇体	玛北油田下乌尔禾组油藏	2291	水下扇
夏子街组	530 井扇体	530 井区"乌尔禾组"油藏	2300	扇三角洲
夏子街组—风城组	八区扇体	八区"乌尔禾组"油藏	10000	
佳木河组	拐 5 井扇体 车 67 井扇体	小拐油田 车 67 井区佳木河组油藏	6374 440	冲积扇

注：原开发所称的乌尔禾组现为夏子街组或风城组。

二、西北缘二叠纪—侏罗纪扇体成藏样式与成藏特征

1. 西北缘二叠纪—侏罗纪扇体成藏样式

综合分析发现，西北缘的多期多类扇体，总体叠置程度良好，扇体各个部位均可成藏，形式多样，存在一扇一藏、多扇一藏、一扇多藏或扇体复合叠加成藏 3 种成藏样式。结合实例分述如下。

1）一扇一藏

以五区南克 75 井、克 82 井区上乌尔禾组油气藏为典型代表（图 8-28），其位于克拉玛依油田五区南部，构造上处在克—乌断裂带克拉玛依逆掩断裂下盘斜坡与中拐凸起北斜坡交会处，构造格局为一东南倾的单斜，地层倾角为 5°～10°。

五区的克 75 井上乌尔禾组油气藏于 1993 年发现，上交探明石油储量 2326×10^4t、含油面积 32.2km²；天然气储量 53.32×10^8m³、含气面积 8.1km²。克 79 井区上乌尔禾组油藏于 1995 年上交探明石油储量 1043×10^4t（含油面积 26.2km²）。克 82 井区 1998 年发现了二叠系佳木河组气藏，1999 年上交天然气探明储量 95.67×10^8m³；2000 年上报上乌尔禾组油藏石油控制储量 1684×10^4t、含油面积 22.3km²，并于 2002 年探明。

上乌尔禾组总体为一套下粗上细的正旋回沉积，属低位体系域冲积扇相，超覆沉积在二叠系佳木河组之上；顶部受到不同程度的剥蚀，与上覆三叠系下克拉玛依组呈角度不整合接触。根据岩性、电性特征及沉积旋回将其自上而下划分为乌一（P_3w_1 或 W_1）、乌二（P_3w_2 或 W_2）、乌三（P_3w_3 或 W_3）3 个砂层组，各砂层组在上倾方向的不同构造位置尖灭。乌一砂层组平均残留厚度为 100m，为冲积扇扇缘亚相的浅棕色砂质泥岩夹灰

色、灰黑色砂砾岩及杂色含砾泥质砂岩沉积，其中洪泛平原泥岩沉积是本区主要盖层。乌二砂层组平均残留厚度为65m，为冲积扇扇中亚相的褐灰色含砾中粗粒岩屑砂岩及灰色砂砾岩沉积，平均粒径为3mm。乌三砂层组以近源冲积扇扇根—扇中亚相灰色砂砾岩及砂质砾岩为主，平均粒径为9mm，向上岩性变细，平面上分布稳定，构成该区的主力油层。

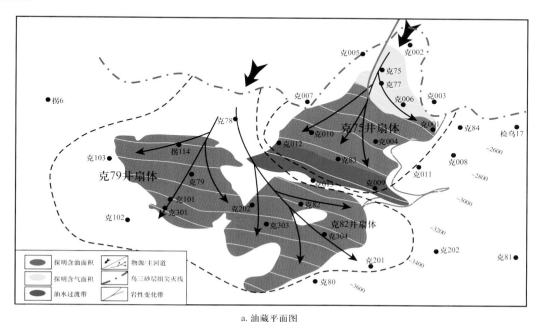

a. 油藏平面图

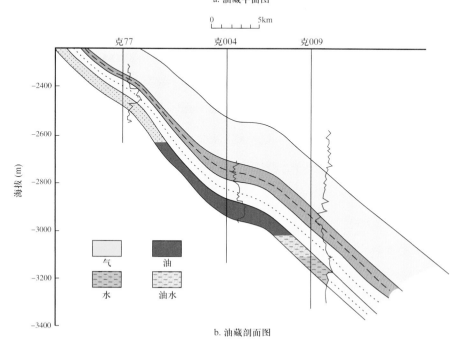

b. 油藏剖面图

图8-28　西北缘冲断带五区南上乌尔禾组扇体油气藏分布特征

沉积相研究表明，主力油层乌三砂层组分别发育克75井、克79井、克82井3个大小不等的早晚两期冲积扇体（图8-28a），沉积物源来自西北部和北部。早期的克75井扇体主要分布于克001、克011、克009、克012、克007所圈定的范围内，主流线自西向东，为克75—克004—克83—克009方向。晚期的克78井扇体是一个大型复合扇体，规模较大，发育两大分支朵叶体，一支由西向北东延伸，主流线为克78—克82—克304—克201方向，控制着克82井区上乌尔禾组油藏；另一支由西向南东延伸，主流线由克78—克79—克301至克102井，控制着克79井区上乌尔禾组油藏分布。由于扇体发育的长期性和间歇性，使多期沉积的砂砾岩体在某些部位相互叠置复合而成冲积扇群，在某些部位又被泥岩层相互分隔，甚至缺失，致使克75井、克79井、克82井3个区块上乌尔禾组油藏都形成各自独立的扇体油气藏（图8-28a），油藏之间并未连通。分割两个油藏的主要因素是克79井、克82井含油扇体两个朵叶体之间岩性变细、扇缘有泥岩隔层，致使扇间及扇缘地带物性变差，阻断了扇体间的连通。

　　根据资料，该区油藏范围受冲积扇相带及发育规模制约，油藏的规模与扇体厚度密切相关。上乌尔禾组总体是以次生溶孔为主的小孔隙、低渗透率、分选差的储层。克82井区乌三砂层组平均孔隙度为9.26%，平均渗透率为3.34mD；克79井区乌三砂层组平均孔隙度为8.9%，平均渗透率为2.45mD。处于扇体主体部位及主流线附近的克79井、拐114井、克101井沉积较厚，储油条件有利；向扇体侧翼至扇间砂层厚度逐渐减薄，泥质成分增加，储集条件明显变差。扇根水道和扇中亚相扇面河道微相岩性最粗、物性最好，含油性最好；河漫滩微相岩性变细、物性变差，含油性变差；扇缘亚相岩性最细、物性最差，基本不含油或为水层。

　　油气藏研究表明，油气水分布受冲积扇体控制。克78井扇体为稠油油藏，检乌13井扇体为含油水层，克75井扇体为稀油油藏，据原油密度与油气水产比判断其有各自的油水边界。克75井扇体油气水分布服从重力分异规律，构造高部位是气层，中部为油层，中下部岩性变细，储层变差，构造平缓，存在一较宽的油水过渡带，其下为水层（图8-28b）。地层水多保存在扇间地带和扇缘，油气藏的边底水不活跃。一般情况下，扇体上倾部位为稠油层遮挡，扇间地带岩性多变，渗透性差，砂层厚度减薄，泥质成分增加，成为油气侧向遮挡条件。故其油气水分布在各自独立的扇体内，是受扇体控制的构造—岩性油气藏。盖层和扇体顶端的封闭条件较好，成藏后即使储层发生倾斜或褶皱变动，油气仍能封存其中。

　　类似的"一扇一藏"现象在克拉玛依油田五区上乌尔禾组油藏同样存在。五区上乌尔禾组油藏距克拉玛依市以东约20km，西面紧邻五₃中区，北面为五₂东区，东面为八区，南面为五区南油藏。构造上处于中拐鼻隆东北翼、南白碱滩断裂下盘，总体为一东南倾的单斜构造。区内的检101井西高角度逆断裂呈西北倾向，延伸约13km，断距较大（东北部100m至南西部20m），对各个时期的油气运移及封闭起到决定性的作用。

　　五区油藏勘探始于1964年，1964年底于256井2762～2780m井段首次获工业油流（2.5mm油嘴生产，日产油10.4t，日产气2902m³）。但真正取得实质性突破，则是在1999年对5711、5729、5731、5760、5763等5口井加深钻探至上乌尔禾组并试产获高产油气流。

研究表明，储油层为冲积扇相扇根—扇中亚相砂砾岩体沉积。

研究表明，沉积物源来自西北部和北部，西北部和北部的 3 条水流在该区形成 3 条大扇体，其中一条沿检 206 井—检乌 20 井—检 104 井—检乌 8 井方向延伸；第二条沿检 113 井—检 114 井—检 101 井—检乌 8 井和检 113 井—检 114 井—检 105 井—558 井—检乌 13 井方向延伸；第三条位于检乌 9 井以东方向。这 3 条扇体在扇中亚相纵横叠加，直到扇缘部位（检乌 11 井—克 008 井—291 井）汇成一体，并向南与克 75 井扇体相连。根据取心资料、电测资料和各探井、开发井的出油效果，处于扇根亚相水道微相和扇中亚相辫流带的岩性最粗、物性最好，含油性最好；处于河漫滩微相（水道间）的岩性变细、物性变差，含油性变差；扇缘亚相岩性最细、物性最差，基本不含油或为水层。

五区上乌尔禾组构造上倾方向受剥蚀尖灭线遮挡，下倾方向由 202 古隆起和岩性相变形成圈闭构造，西北和东南分别被克—乌断裂和检 101 井西断裂切割。北部的扇体在二叠纪末期遭受明显侵蚀，出现三叠系直接覆盖在二叠系扇顶砂砾岩之上的情况。在三叠系底部有渗透层的地区，形成不整合面上、下渗透层互相沟通的"连通窗"。

根据试油资料，五区上乌尔禾组油藏的地层水性质变化很大，不同的井氯离子含量为 1000～11800mg/L，总矿化度（数据不全）为 7000～19600mg/L，且分布杂乱。研究发现本区存在两种成因类型的地层水。一类是氯离子含量高于 7000mg/L 的地层水，都分布在两个扇体之间的接合部位，即扇间地带；另一类是氯离子含量小于 5000mg/L 的地层水，都分布在扇顶的主槽部位，而且只出现在检乌 17、550、555 等 3 个扇体上。分析认为扇间高矿化度地层水是上乌尔禾组沉积时的同生水，由于扇间地带物性不如扇体顶部且相对低洼，在中生代早、中期油气大规模运移聚集时扇体中地层水被集中保存下来。主槽部位的低矿化度地层水物性与五区三叠系地层水十分相近，应是从"连通窗"渗入的三叠系地层水。

检 101 井西断裂和检乌 44 井西断裂对五区油气水有着重要的控制作用，并将五区切割成检 101 井西断层上盘的 302 井区上乌尔禾组油藏、检 101 井西断层下盘的 57220 井区上乌尔禾组油藏和 57260 井区上乌尔禾组油藏 3 个独立的油藏，并形成各自的油水边界。

302 井区上乌尔禾组油藏受地层剥蚀线、地层构造的控制，油藏规模最大，油气水分布服从重力分异规律，在海拔 −2070m 以上为气区，在海拔 −2210m 以上为纯油区，海拔 −2290～−2210m 之间为油水过渡带，在海拔 −2290m 以下为纯水区。

57220 井上乌尔禾组油藏西面受检 101 井西断裂控制，南面受检乌 44 井西断裂遮挡，根据各探井和评价井试油试采资料初步推断，油水界面海拔为 −2580m，在海拔 −2580m 以上为纯油区，在海拔 −2580m 以下则为油水过渡带或边水区，油藏规模较小。

57260 井区上乌尔禾组油藏北面受检 101 井西断裂遮挡，西南面为地层尖灭圈闭，东面受岩性控制。根据各探井、评价井试油试采资料推断，油水界面海拔为 −2350m。

分析认为，一般扇体由扇根、扇中、扇缘三单元构成，每个扇体的外围都有以泥质岩为主的扇缘亚相和扇间沉积物分布，形成一个低渗透—非渗透带，使每个扇体成为一个相对独立的水动力体系。油气藏形成时，来自下伏地层的油气向每个扇体的高部位即扇顶聚集，扇体内地层水则向扇间及扇缘集中，到达平衡状态后，可能在油水过渡部位形成稠油带，如检乌 20 井一带（检乌 13 井 2862~2888m 深度原油密度为 0.9217g/cm³）更加剧了储层中流体侧向运移的困难。因此尽管后期构造运动（不包括断裂活动）改变了成藏时的地层产状和构造形态，但并未导致存于扇间地带地层水的大规模迁移和油水的重新分布，早先的油气藏仍然得以保存在扇体之中。因此冲积扇具有"独自成藏、自成系统"的特点，而且扇体一旦形成油气藏，还具有"自我保护"的能力。

综上所述，"一扇一藏"往往是以扇体为单元形成独立的油气藏，扇体单一，均一性好，多被扇缘泥质分隔层围限，或扇体朵叶体之间岩性变细而分隔油藏，油藏规模受冲积扇相带及发育规模、扇体厚度制约。油藏一般成带分布，但可能大小悬殊、流体性质各异、产能高低不一。在具有良好封闭条件时，各扇体顶端可能形成独立的气顶或气藏。油气水分布较复杂，往往不受构造控制而分布在各自独立的扇体内，单个油藏内油水界面统一，地层水保存在扇间地带和扇体前缘方向而非至现今构造最低部位，边底水不活跃。

2）一扇多藏或扇体复合叠加成藏

以玛北油田三叠系百口泉组和二叠系下乌尔禾组油藏为典型代表（何登发等，2003；支东明等，2018；唐勇等，2019；陈磊等，2020；余海涛等，2020；纪友亮等，2023）。其位于乌—夏断阶带下盘、玛湖凹陷北斜坡，呈一陡缓不等的南倾单斜，局部发育玛 2 井鼻状构造及玛 006 井低幅度背斜，距玛纳斯湖约 5km。百口泉组可划分为 B₁、B₂、B₃ 3 套砂层组，下乌尔禾组可划分为 W₁、W₂、W₃ 3 套砂层组，两者之间呈角度不整合接触。下乌尔禾组顶部为一剥蚀面，在不同构造位置上遭受不同程度的剥蚀。油藏位于下乌尔禾组与百口泉组扇体扇中亚相的叠合部位（图 8-29），其中 W₁ 砂层组为盖层，W₂ 砂层组是主要储油层，厚 55~70m。

分析表明，百口泉组为玛北冲积扇扇根—扇中亚相砂质砾岩及砂砾岩沉积，主体部位砂层最厚，向两侧岩性变化大，砂层减薄，夹层增厚，连通性变差。其有效孔隙度平均为 8.88%，渗透率平均为 1.23mD。纵向上，B₁、B₂、B₃ 砂层组有效孔隙度平均值分别为 10.02%、7.45%、6.9%，渗透率平均值分别为 0.62mD、0.648mD、1.246mD，自上而下孔隙度具有减小的趋势，渗透率则相反。百口泉组油藏主要分布于扇根部位，向扇中部位变差，甚至不出油。

岩相综合分析认为，下乌尔禾组以深灰色砂质不等粒小砾岩为主，夹少量含砾砂岩，为多个以水下扇扇中亚相为主的叠合沉积，平面上可分为玛 4 井扇、玛 007 井扇、玛 002 井扇 3 个扇体。下乌尔禾组油藏位于 3 个扇体的叠合部位，砂体叠合连片，厚度较大，物性较好，是油气聚集的有利相带。纵向上，油层段 W₂ 砂层组孔隙度平均为 7.19%，渗透率为 1.1295mD；平面上，其平均孔隙度为 8.07%，平均渗透率为 2.28mD。向扇缘和扇间滩地岩性变细，储层物性变差；而扇体叠合部位的物性较好，说明多个扇体的叠置也有利于油气垂向运移。分析认为，扇体的叠加可造成在侧向上储集扇体与生油岩的直接接触，或是靠风城组与乌尔禾组底部不整合面转接接触而形成油气藏，两种方式的聚油丰度存在明显差异。扇体的大小、厚度及叠置程度和叠置厚度与油气藏规模、油层厚度之间有一定正向相关性，但并非一一对应关系。

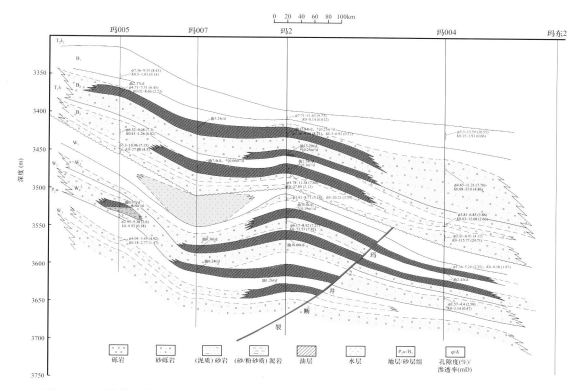

图 8-29　西北缘玛北油田玛 005—玛 004 井下乌尔禾组 + 百口泉组扇体油藏及物性分布剖面图

据试油结果及综合分析，玛北油田下乌尔禾组油藏是受扇体控制的岩性油藏，百口泉组油藏为受扇体控制的构造—岩性油藏。总体上，百口泉组、下乌尔禾组储层为以次生溶孔为主、微细喉道、低孔低渗的较差储层。据测井资料，其含油饱和度具有明显变化，可能存在油水界面（-3285m）。油藏边底水不活跃，天然气驱动类型为弹性驱。下乌尔禾组、百口泉组最大含油高度分别为 220m 和 245m，油藏埋深分别为 3610m 和 3502m。

总的看来，"一扇多藏"扇体常受断裂多期强烈切割（图 8-30），非均质性强，非渗透夹层发育，油藏规模与扇体规模密切相关。

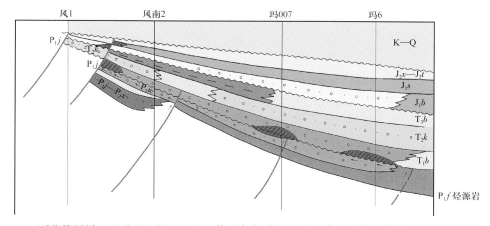

图 8-30　西北缘风城—玛北地区风 1—玛 6 井下乌尔禾组 + 百口泉组扇体油藏剖面（一扇多藏特征）

3）多扇一藏

以克—百断阶带检 55 井区夏子街组＋下克拉玛依组、古 27 井—601 井区下克拉玛依组＋上克拉玛依组扇体油藏为典型代表（图 8-31）。该类扇体油藏多分布于某一扇体中部及与其他扇体的叠合部位，或某一相带与其他相带的叠合交叉地带，或某一断裂构造与其他断裂的交叉部位，大多与断裂分布发育关系密切，在紧靠主断裂、地层尖灭线处，常发育组成扇体裙，其与断裂配合而形成构造—岩性油气藏，如八区二叠系风城组和夏子街组紧靠断裂处形成了亿吨级的扇体—岩性油气藏。

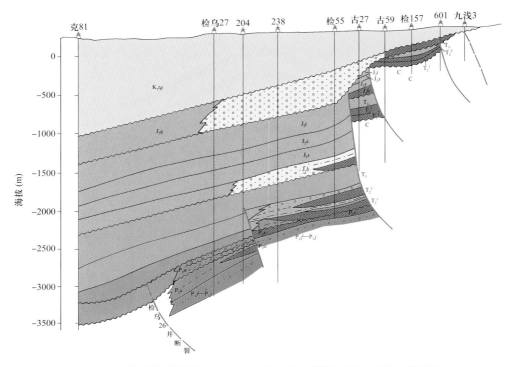

图 8-31　西北缘冲断带克 81 井—九浅 3 井油藏剖面图（多扇一藏特征）

总体来看，"多扇一藏"一般多期扇体继承发育、叠置程度高，没有明显泥岩隔层或隔层不发育，连通性好，扇体各个部位均可成藏，油藏规模较大。

2. 西北缘二叠纪—侏罗纪扇体油气藏基本特征与成藏条件

多年的勘探开发实践中，前人已形成对西北缘扇体油气藏的一些认识。以克拉玛依油田八区乌尔禾组岩性油藏为例，其为一个低渗透率裂缝型砂砾岩油藏，经历了 24 年的开发，但动用程度仍然较差。该岩性油藏的特点是油气藏主要分布于西北缘主断裂的下盘，岩性、物性控制油藏，以超覆形式为主的岩性块状油藏多是大油藏，富集高产；以透镜体形式出现的油藏均是小油藏，油气并不富集，产量不高；油藏体长轴方向与构造轴向（或地层倾向）垂直或斜交表现出岩性对油气的控制作用；油气藏高度大（按油藏位于构造的最高部位等值线和油层最边部的构造等值线计），形状不规则；原油物性好，溶气量高，储层物性较差；压力饱和程度较高，油层自喷能力强。

断块岩性油藏具有下列特点：（1）油层封堵条件主要为断层，油藏体形状主要由岩性控制，在油气上倾方向，岩性也起一定的控制作用；（2）位于主断层区的这类油藏，油气富集程度高，一般主断层区外的油藏，富集程度较低；（3）油藏主要分布于克拉玛依油田区，即克拉玛依断裂系统区的二、三、五、七、八区；（4）地层压力高，属中高饱和油藏，油层中低渗透率，但自喷能力强或较强。

笔者对西北缘典型扇体油气藏成藏特征进行了进一步解剖总结，详见表8-9。结合前述可知，西北缘发育多期多种扇体，总体叠置程度良好，扇体成藏形式多样，可以独自成藏，一扇一藏，自成体系，也可一扇多藏或多扇一藏。油水分布不严格受构造控制，而受构造—岩性—断裂综合控制，地层水多保存在扇间地带和扇缘，油气藏的边底水不活跃；成藏后即使储层发生倾斜或褶皱变动，油气仍能封存其中且保存很好，盖层和扇体顶端的封闭条件是这类油气藏形成、保存的关键。

扇体油藏大多与断裂发育关系密切，常被油源断裂切割，或分布于某一断裂构造与其他断裂的交叉部位；多分布于不整合面上、下或附近。在紧靠主断裂、地层尖灭线处冲积扇和扇三角洲发育，组成扇裙，当与断裂配合，形成了扇体—岩性圈闭，遇到油气，就可形成油气藏。如八区二叠系风城组和夏子街组紧靠断裂处形成亿吨级的扇体—岩性油气藏，五区克75井区、克79井区二叠系上乌尔禾组靠乌三砂层组尖灭线处形成扇体岩性油气藏等。

在相带类型上，以水下扇扇中—扇根与扇三角洲平原—前缘亚相组合油气富集最好（有利于油气聚集），大部分储量集中在扇根—扇中亚相，且为相对高产相带；扇缘岩性变细，聚油气条件变差而不利于油气聚集。扇体油藏多分布于某一扇体中前缘及与其他扇体的叠合部位，或分布于某一相带与其他相带的叠合交叉地带。故相带和岩性对扇体成藏起着十分关键的作用。

扇体油气藏的规模与质量取决于扇体的分布面积、叠加方式、叠置厚度与亚相组合。二叠系扇体呈前展式迁移、进积叠加方式，各期扇体的垂向叠置良好；百口泉组—克拉玛依组扇体为波动式迁移、叠置方式，扇体叠置及储盖配置较好，这是二叠系、三叠系扇体富集油气的原因之一。白碱滩组—侏罗系扇体呈退覆式迁移、退积叠加方式，构造活动及扇体发育趋弱，各期扇体的垂向叠置变差，则扇体油藏不甚发育。一般扇体面积和厚度越大，油藏规模则越大。

勘探实践和研究表明，西北缘具备良好的岩性油气藏成藏条件。由前述可知，西北缘前陆冲断带先后经历了晚海西、印支、燕山、喜马拉雅4期主要构造运动，以及中寒武世—早石炭世、中石炭世—早三叠世、中—晚三叠世、三叠纪—中侏罗世、晚侏罗世—早白垩世、晚白垩世—第四纪6个阶段的早期前陆盆地演化而形成现今的面貌。多旋回构造运动和多期湖平面升降造就了多种类型不同规模的沉积体系，尤其洪冲积沉积体系在各时期普遍发育形成的粗碎屑岩与湖泊相或洪泛平原相泥岩构成良好的储盖组合，为各类岩性圈闭形成奠定了坚实的物质基础。

西北缘主要发育二叠系和侏罗系两套最重要的烃源岩，其东邻玛湖二叠系富生烃凹陷、南邻沙湾二叠系及侏罗系生烃凹陷，处于玛湖二叠系风城组油气系统的有效供烃范围内。因此，多源、多灶、多期成藏为西北缘隐蔽油气藏的形成提供了雄厚的资源基础。

表 8-9　准噶尔盆地西北缘前陆冲断带典型扇体油藏特征表

含油扇体	储层岩相	烃源岩	运聚方式	油气成藏特征	成藏期	构造部位	油气藏类型	探明储量(10⁴t)	成藏组合及主控因素
车67—车45井区扇体	佳木河组冲积扇扇根亚相，以褐色、杂色砂砾岩为主，其次为褐色砂岩，含砾色砂岩	以下乌尔禾组为主，其次为风城组	侧向运移为主	原油具中低密度、中高含蜡、较高凝固点，保存条件较好；厚层块状孔隙—裂缝双重介质储层，具粒间溶孔—晶间裂缝—粒内溶孔—晶间溶孔的孔隙组合	三叠纪—侏罗纪、白垩纪—新近纪	断阶带、红—车断裂带下盘	具边底水的块状构造—岩性油藏	440	断层、扇体相带、岩性、物性（孔隙度、渗透率、裂缝）共同控制
小拐地区拐5—拐9井区扇体	佳木河组水下扇中亚相—扇中亚相棕褐色和杂色砾岩、砂砾岩、含砾砂岩、中粗砂岩	以下乌尔禾组为主，其次为风城组	以不整合面侧向运移为主，断裂垂向沟通	扇体内部原油均具低密度、中高含蜡、较高凝固点，与扇体外部的原油性质有明显不同	三叠纪—侏罗纪、罗纪	断阶带与斜坡带交会区	块状构造—岩性油藏	6374	断层、扇体相带、不整合、岩性、裂缝共同控制
五区南克75井—克79井扇体	上乌尔禾组上扇中亚相—扇中亚相W₃¹砂层为绿灰色砂质砾岩，W₂¹砂层为灰色和灰绿色砂砾岩，砂质不等粒砾岩	风城组生油，佳木河组生气，少部分为上乌尔禾组的贡献	原油以沿不整合面侧向运移为主，气以垂向运移为主	克75井区具上气、中油、下部为油水过渡带及水层油分异特征；克79井区为正常上倾部位为稠油遮挡。原油性质：原油密度、黏度、含蜡量、凝固点参数，克75井区为0.894g/cm³、101mPa·s、9.2%、8℃；克82井区8.5%、37mPa·s、15℃、具"一低、一中、两高"特征；克79井区分别为0.869g/cm³、0.838~0.916g/cm³、8.53~326.28mPa·s、5.44%~7.3%、0~15℃；多源、多期成藏	油成藏：三叠纪末期；气成藏：白垩纪—新近纪	克—乌断裂带依断裂下盘斜坡带	扇体岩性油气藏	4776	油气水分布受扇体控制，扇体上倾部位为稠油遮挡；扇间地带岩性多变，渗透性差、砂层连通差，成为油气侧向遮挡条件。扇体发育规模控制，扇体均分布在上乌三砂组头部及扇体的主体部位，出油井均分布在上乌三砂组头部及扇体的主流线附近，主控因素为扇体相带、地层尖灭线、岩性、物性（孔隙度、渗透率、裂缝）

含油扇体	储层岩相	烃源岩	运聚方式	油气成藏特征	成藏期	构造部位	油气藏类型	探明储量（10⁴t）	成藏组合及主控因素
玛北扇体	W₂砂层组水下扇中砂砾岩，孔隙度为6.09%～12.87%，平均为8.07%；渗透率为0.4～41.33mD，平均值2.28mD	以风城组为主，其次为佳木河组、下乌尔禾组	以侧向运移为主，同时有垂向运移	原油具低密度、中高含蜡、较高凝固点。扇体抬升的部位原油发生了蒸发作用，形成了玛4、玛003等井的稠油及干沥青；在封闭条件好的部位保存了玛2等井的轻质原油	中—晚三叠世末期	斜坡带	扇体控制的断背斜—扇体油藏	2291	油气的分布主要受背斜控制，断层也起着遮挡作用，扇体岩性影响储集性，含油性
	B₂、B₃砂层组冲积扇，孔隙度为6.71%～12.87%，平均为8.88%；渗透率为0.31～24.4mD，平均值为1.23mD；自上而下孔隙度减小、渗透率增大	以风城组为主，有佳木河组的贡献	以侧向运移为主，同时有断层的垂向运移	扇体抬升的部位原油发生了蒸发及干沥青；形成了玛4、玛003等井的稠油及干沥青；在封闭条件好的部位保存了玛2等井的轻质原油	中—晚三叠世末期	斜坡带	扇体控制的构造—岩性油藏；扇体岩性油藏	2087	断裂、不整合、扇岩性控制成藏
八区530井区扇体	W₄～W₁砂层组为水下扇根—扇中亚相，W₄砂层组为深灰、灰褐色砂质（不等粒）小砾岩、W₃～W₂砂层组为中砾岩、砂质（不等粒）小砾岩	以下乌尔禾组、风城组为主	以不整合面侧向运移为主，并有断层的垂向运移作用	原油密度为0.862g/cm³，黏度为12.7～13.9mPa·s，含蜡量为5.84%～6.07%为正常原油。含油上扇根—扇中孔隙度大，平面上扇根—扇中储层储集性高，为Ⅰ、Ⅱ类储层；向扇缘部位物性变差、孔隙度、含油饱和度低，为Ⅲ类储层；含油饱和度降低，低孔、低渗特低渗	三叠纪—侏罗纪	斜坡带	扇体控制的构造—岩性油藏	2300	油藏北部受断裂（415井断裂）遮挡，西部及东部受岩性、物性控制。南部受物性及构造控制；物源来自西北部；断层、扇层、岩性、物性控制油藏
百口泉—乌尔禾扇体	夏子街组百21井区水下扇中	风城组	以侧向运移为主，兼有垂向运移	含油面积通常较小、油藏储量低；扇体成群成带分布，断层成带分布；单一断块油气水系统简单，各断块之间的油气水系统复杂，各断块之间的油气水界面变化大，流体性质也不一致	三叠纪末期、早侏罗世—白垩纪	断阶带下盘	块状—层状断块气藏	1170	油气分布主要决定于断层侧向封堵和圈闭的闭合度

含油扇体	储层岩相	烃源岩	运聚方式	油气成藏特征	成藏期	构造部位	油气藏类型	探明储量（10^4t）	成藏组合及主控因素
八区乌禾扇体	八区"乌禾组"冲积扇相扇根—扇中亚相砂砾岩、不等粒砾岩与砾状砂岩的巨厚砾岩体	以下乌尔禾组、风城组为主	以侧向运移为主、兼有垂向运移	原油相对密度为 0.8420，黏度为 45mPa·s，含蜡量为 8.33%，饱和程度 85%，密度为 0.6930g/cm³，压力系数 1.3 左右，富集高产（单井最高日产油 197m³），自喷能力强，物性变化快	油藏：三叠纪末期；气藏：中一晚侏罗世	斜坡带	大型块状岩性油藏	8958；天然气 1×10^8m³	油层原始地层压力 348.5Pa，饱和压力 296Pa；成藏，分布受沉积相控制，常成群成组出现
五区检乌17—550井扇体	上乌尔禾组冲积扇扇根—扇中亚相灰绿色泥质砂砾岩、砾状不等粒砂岩、砂质不等粒砾岩及泥质砂岩	风城组生油、佳木河组生气	以垂向运移为主、同时有侧向运移	检 101 井西和检乌 44 井西断裂将该区切割成检 101 井西断上盘的 302 井区上乌尔禾组油藏、检 101 井西断裂下盘的 57220 井区上乌尔禾组油藏和 57260 井区上乌尔禾组油藏 3 个独立的油藏，并形成各自的油水边界	油藏：三叠纪末期；气藏：中一晚侏罗世	断阶带与斜坡带交会区	构造—岩性油藏	2450	构造上倾方向变剥蚀尖灭线遮挡，下倾方向由 202 古隆起和岩性相变封闭，西北和东南分别被检—乌断裂切割 101 井西断裂和检

根据二维地震解释结果，西北缘冲断带共发育大小断层60条，包括7条一级断裂、11条二级断裂、42条三级断裂（图8-1），绝大多数为逆断层或逆掩断层。二叠系—三叠系以挤压型逆断裂为主，一般规模大、延伸长，克—乌、红—车等部分断裂为基底断裂，红3井东侧断裂等则从隆起带一直延伸到了生油凹陷区；其侏罗系中发育了少量张扭性正断层，规模小，受控于下伏隐伏的深大断裂，平面上呈弧形雁列或羽状排列。可见，多期断裂活动、多个区域性不整合面发育为岩性圈闭成藏构筑了良好的油气输导系统。

三、西北缘二叠纪—侏罗纪扇体成藏模式与成藏主控因素分析

研究表明，扇体的成藏受控于特殊的地质条件，油源断层的沟通或侧向上与生油岩的叠接是其必要条件，也受控于各期发育的多种类型扇体岩相、不整合运移通道、物性、圈闭和成藏期的有机配置5种因素。扇体成藏的关键是生/储侧接或不整合面转接，取决于扇体与不整合面、断层的组合与配置方式。在早期运聚、晚期调整成藏格局下，断阶带主要表现为扇体与断层相配置的垂向运聚成藏模式，斜坡区为扇体与不整合或古构造背景（鼻状构造）配置组合的侧向运聚成藏模式（图8-32）。

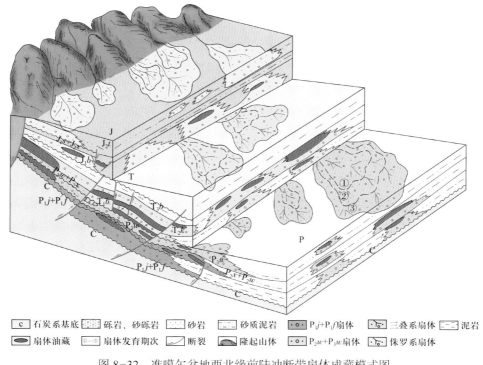

图8-32　准噶尔盆地西北缘前陆冲断带扇体成藏模式图

研究表明，油气主要是下部佳木河组、风城组烃源岩由如下3种方式运聚成藏。

（1）逆掩断层切割扇体：西北缘经历了海西—燕山多期构造运动，造成断阶带大量逆掩断裂发育，深部逆断层主要切割扇根或扇中部位，使油气侧向或垂直运移到这些部位富集成藏。

（2）扇体的叠合：可造成在侧向上储集扇体与生油岩的直接接触（侧接），或是靠风

城组与下乌尔禾组底部不整合面转接接触而形成油气藏，两种方式的聚油丰度存在明显差异，且扇体的大小与叠置程度及油气藏规模之间并非一一对应关系。扇体油气藏的大小与上述运聚方式有关。

（3）不整合面运聚：西北缘扇体储集体大多掩覆在佳木河组、风城组烃源岩之上，其充填地层序列中发育多个不整合面和地层尖灭带；斜坡区由于断裂不发育，若不整合面或尖灭线附近存在合适的圈闭，油气就可沿不整合面侧向或垂直运移、聚集成藏。不整合面不仅是油气运移的主要通道，而且是油气聚集的有利场所。

综上所述，剖析西北缘"扇控论"的实质，可以初步总结为如下几点：

（1）扇体发育受同沉积断裂活动的控制，冲断活动的期次、强度与方式制约着扇体的数量、规模与迁移性；

（2）扇体与不整合面及断层的组合与配置方式决定了扇体油气藏的形式与成藏模式，在断阶带为扇体与断层相配置的垂向运聚成藏模式，在斜坡区为扇体与不整合或古构造背景（鼻状构造）配置组合的侧向运聚成藏模式；

（3）扇体成藏形式多样，可以独自成藏，一扇一藏，自成体系，也可一扇多藏或多扇一藏，扇体油气藏的规模与质量取决于扇体的叠加方式与亚相组合，其中以水下扇扇中—扇根、扇三角洲前缘亚相为最好。

第六节 扇体岩性油气藏精细勘探潜力与勘探方向

一、西北缘扇体岩性油气藏的精细勘探潜力

从探明程度来看，西北缘始终是准噶尔盆地油气探明储量增长的主要领域和地区。自 1955 年克拉玛依油田被发现以来，沿准噶尔盆地西北缘陆续发现了乌尔禾、百口泉、红山嘴等多个油气田，截至 2006 年底，西北缘已累计探明石油地质储量 $12.9319 \times 10^8 t$，占全盆地的 75.75%。探明储量增长曲线表明，从 1955 年发现克拉玛依大油田至今，平均年探明石油地质储量（2000～4000）$\times 10^4 t$，年均石油资源探明速度为 0.57%（蔚远江等，2007；陈刚强等，2023），油、气探明程度分别为 53.86%、40.18%。与东部渤海湾盆地、松辽盆地或前扎格罗斯冲断带类比，按探明程度 65%～70% 计算，至少仍有（2.61～3.78）$\times 10^8 t$ 剩余石油；按年均探明 $3000 \times 10^4 t$ 计算，将需 10～15a 时间探明。故西北缘仍具相当大的资源潜力，仍将是准噶尔盆地未来增储上产的重要地区。

从剩余资源来看，西北缘是准噶尔盆地油气资源最丰富的地区，探明储量主要分布在三叠系、二叠系和侏罗系，剩余油气资源仍较丰富。据三次资源评价成果，西北缘石油总资源量为 $33.998 \times 10^8 t$，天然气总资源量为 $5173 \times 10^8 m^3$，三级石油储量为 $15.5738 \times 10^8 t$，剩余石油资源量为 $8.7765 \times 10^8 t$，占盆地剩余资源量的 28.5%。剩余资源量的 50% 主要分布在小拐断块、沙门子—中拐斜坡、五—八区、百—夏区、艾—玛区及玛东北地区二叠系，扇体分布面积最大，发育层位最多。其次为三叠系，而侏罗系扇体

的发育层位少、规模相对较小。因此二叠系、三叠系扇体最具勘探潜力，石炭系勘探程度很低，潜力较大。

从精细勘探成效来看，扇体油藏的滚动扩展和新发现是储量增长的重要构成形式，如八区乌尔禾扇体在近期经过对其精细刻画，储量由原来的 9000×10^4t 增至 1.2×10^8t，可能更大达 2×10^8t。目前在断阶带仍有相当数量的剩余出油气井点，如红—车断裂带尚有剩余出油气井点 30 余口，主要由于构造不落实、油气水分布规律及油气藏控制因素不清、区块面积小、钻试工艺过时等造成单井产量低，而未上交探明储量；近年来克—百断阶带也没有上交油气控制和预测储量，但开发上具有滚动勘探储量。这些区块在油藏描述及新老资料的重新认识、挖潜的基础上，通过钻探少量的评价井及老井恢复试油（气）工作，可新增一些规模不大但品质较好、可及时开发的储量。西北缘低阻油气层比较普遍，车排子、小拐、红山嘴、克拉玛依、乌尔禾地区均有发现，典型井有车 38 井、拐 16 井、乌 27 井等，随着西北缘深化勘探的发展，如能高度重视识别更多低电阻率油气层，有望在老井复查、老区挖潜中取得更大突破。

从勘探程度来看，西北缘各构造带勘探程度不均衡，在断阶带及附近一些扇体的不同层位与部位还存在低勘探程度区，如一些扇体前期只发现了浅层油气藏，深部还有多个层系没有钻探，这些层系含油情况并不差，只要加强钻探就可以扩大储量规模；一些扇体前期只对含油好的层位做了工作，相对较差层位较少或没有作业，而其储量同样也具较高勘探价值；还有一些扇体在平面上的勘探极不均一，一般扇中—扇根部位勘探程度较高，而扇中—扇缘总体勘探程度较低，近年发现该部位也可形成油气藏。可见，只要加强对这些扇体的研究，实时加深、扩边钻探，就可以扩大储量规模，扩大勘探潜力。

从勘探新区来看，近年通过新老地震、钻探资料对西北缘扇体重新解释，新发现了一批扇体，不仅拓展了勘探领域，而且也表明如果工作继续深入，将还会有新的扇体被发现。此外，在玛湖西斜坡带尚存在玛湖背斜等古构造圈闭，201 鼻隆、玛 4 井区等低幅度构造，以及地层—岩性、断裂—岩性和地层圈闭的有利发育区；在勘探程度较低的中拐凸起已发现白垩系良好的油气显示点，车 28 井区几口探井白垩系吐谷鲁群低电阻率薄砂层获低产工业油流、车 77 井在吐谷鲁群中上部气测值发生明显异常，油气显示活跃，测井共解释出油层 41m，预示虽然吐谷鲁群电阻率较低，但仍有可能获得工业油流，成为一个新的重要勘探目的层。

根据近期研究，西北缘有一定的控制和预测储量区块，有一定的升级和探明潜力。尚存在大量剩余出油气点，统计有剩余出油气点 389 口井 564 层，其中石炭系剩余出油气点 28 口井，二叠系剩余出油气点 60 口井，三叠系剩余出油气点 215 口井，侏罗系剩余出油气点 74 口井，白垩系剩余出油气点 12 口井。红—车断裂带有剩余出油气点 66 口井 100 层，克—百断裂带有剩余出油气点 242 口井 253 层，乌—夏断裂带有剩余出油气点 43 口井 108 层。其中稀油和天然气点 199 井 359 层，包括五大含油层系。如克拉玛依油田仍有未升级的预测储量区块 12 块、未升级的控制储量区块 8 块及剩余出油气点 130 口井，其中石炭系 38 口井、二叠系 15 口井、三叠系 49 口井、侏罗系 28 口井（匡立春等，2011），为西北缘精细勘探提供了重要线索。

根据地质评价可知，二叠系扇体面积为5200km²，三叠系扇体面积为3400km²，侏罗系扇体面积为3400km²，按3个时代扇体有利叠合面积2000～4000km²、扇体平均油气资源丰度（30～40）×10⁴t/km² 估算，扇体勘探有（7～8）×10⁸t潜在资源。进一步优选评价出有效勘探面积1947km²、平均资源丰度（70～130）×10⁴t/km²的二叠系—侏罗系最有利勘探区块，预测还有（2～3）×10⁸t的发现潜力。

尤需指出，从地质认识深化和勘探理念转变来看，2003年以前集中于西北缘冲断带勘探，在坳陷边缘冲断带油气富集和构造—沉积响应认识的指导下，西北缘断裂带富油区含油范围不断扩展。2003年至今集中在玛湖斜坡区和富烃坳陷勘探，揭示碱湖烃源岩成熟—高成熟双峰式高效生油规律、凹陷区大型退覆式浅水扇三角洲砾岩沉积新模式和凹陷区源上扇控大面积成藏模式，由源边断裂带构造勘探逐步转到源内主体区岩性勘探。在玛湖斜坡区砂砾岩岩性油藏成藏和全油气系统认识的指导下，自2012年之后持续获得发现，继荣膺2016年度全国"十大地质找矿成果"之后，"坳陷区砾岩油藏勘探理论技术与玛湖特大型油田发现"荣获2018年度国家科技进步奖一等奖（王一端等，2021）。玛湖斜坡带至凹陷区发现新的十亿吨级砾岩大油区，形成玛湖满凹含油格局，成为近期增储重点领域（侯启军等，2018；唐勇等，2019；陈磊等，2020），西北缘玛湖西侧斜坡区展示出较大勘探潜力。

因此西北缘勘探领域较广，新增储量规模可能较大，未来若干年仍将是准噶尔盆地深化挖潜、精细勘探的重要地区。

二、西北缘扇体岩性油气藏深化精细勘探的领域及方向

1. 未来西北缘的现实及突破领域和勘探方向

根据沉积相及储层资料、生储盖及成藏组合综合分析，西北缘剩余资源潜力大，剩余勘探领域多，下列地区是今后西北缘岩性油气藏的有利勘探领域和方向（图8-33）。

1）夏红南及玛北井下农场有利区（图8-33A区、B区）

包括夏红南风城组滩坝及火山岩相、下克拉玛依组水下扇—扇三角洲及上克拉玛依组冲积扇—扇三角洲，夏子街百口泉组水下扇根—扇中，井下农场—夏红南下乌尔禾组、上乌尔禾组及八道湾组扇三角洲等有利区块。区内发育多种粗碎屑储集扇体，据邻区风南1、夏40、玛002等井物性资料，总体虽属中等—中等偏差储层，但在部分层段孔渗值相对较好。其邻近风城组生烃中心，局部有佳木河组及风城组两套烃源岩叠加，处于油气运移主要指向上；分布有夏10井断裂、夏21井断裂、夏红北断裂等逆断裂，受乌—夏断裂控边，并处于断裂带下盘，利于油气运移、捕集；生储盖配置总体尚好，探井稀少，但邻区已发现夏24—夏21井、夏29井区、夏子街下乌尔禾组＋百口泉组油气藏及夏69井风城组油藏。

该有利区2004年风城组构造—岩性油藏勘探有重大突破，夏72井在4808～4826m深度厚约19m的流纹质熔结含角砾凝灰岩段，大型压裂后4mm油嘴试产获油57.44m³/d、气4330m³/d的高产工业油气流。据中国石油杭州地质研究院2004年的研究成果，该有利

区风城组主要是一套正常碎屑岩与火山碎屑岩过渡的岩石类型，中间夹杂少量的正常碎屑岩。主要岩性为沉凝灰岩、沉晶屑凝灰岩、云质沉凝灰岩及凝灰质砂岩等，其中凝灰质的粒级多为泥和粉砂级。泄水缝和构造裂缝较为发育，普遍存在白云岩化、去云化及硅化等成岩现象，可成为一套非常规储层。上述勘探研究成果预示，断裂带下盘及环玛湖斜坡区中深层风城组具较好的勘探前景。

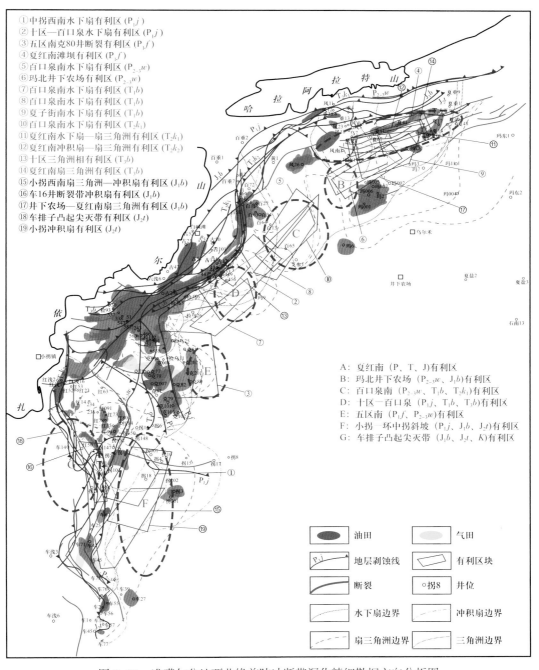

图 8-33　准噶尔盆地西北缘前陆冲断带深化精细勘探方向分析图

值得注意的是，夏子街百口泉组水下扇根—扇中有利区的南、北两侧均已钻探发现百口泉组油气藏，南东为玛北油田百口泉组油藏，北西为夏子街油田百口泉组油藏，唯独该有利区内探井稀少，显得空白。构造上，该区块有乌—夏断裂控边，且在断裂下盘，局部有百口泉组剥蚀尖灭带环绕，构造配置也较有利。区内钻井探及层位较浅，玛北油田最深大多钻及下乌尔禾组且未钻穿，而下乌尔禾组、百口泉组正是主力油层；沉积研究也发现，区内二叠系还大量发育各类扇体，并有剥蚀尖灭线展布。因此，该区块极具勘探潜力，结合地震精细构造解释寻找新的有利目标，并优选老井复查、扩边加深钻探，有望找到构造—岩性圈闭，使已发现的油藏扩边或连片。

笔者还研究发现该区的玛101—夏重3井剖面相变明显，由斜坡区较粗的湖湾—冲积扇—辫状河—扇三角洲含煤沉积→较细的滨浅湖—半深湖—扇三角洲平原—前缘沉积→较粗的冲积扇扇中亚相沉积。在斜坡区多口"玛×"字号探井中，玛101井白碱滩组具活动型粗碎屑沉积的特点，预示着玛101井附近可能存在着一个可供物源的古隆起；换句话说，白碱滩组沉积期，玛101井北西附近、夏40—夏063井一带存在着两个不同方向的物源体系及由其构成的小型扇体。这一古隆起应有一定继承性，对玛101井区的沉积作用有一定影响，证据如下。

（1）玛101井在地理位置上处在靠近湖盆的地带（斜坡带中下部），但玛101井的白碱滩组为一套较粗的冲积扇—辫状河—扇三角洲相煤系沉积。（2）由玛101井→玛009井→玛2井方向及由夏063井→夏9井→夏40井方向，沉积物由粗变细，沉积相由扇三角洲—辫状河组合→扇三角洲—滨浅湖组合→滨浅湖组合，剖面上显示出"两头粗浅、中间细深"的特征，沉积中心似乎在玛002井—玛3井一带，这从目前公认的北西向物源体系和沉积特征角度难以解释。（3）玛101井百口泉组—八道湾组总体岩性均较邻井偏粗，反映其（较长时期的）近物源沉积特点。

这一现象未见前人提及。从区域上来看，是否为湖底扇沉积（但其为煤系特征，浊积相标志未见）？是否为车—莫古隆起早期抬升供给物源？值得今后关注和深入研究。这对西北缘斜坡带的成藏及隐蔽圈闭勘探有一定意义。

2）十区—百口泉及百口泉南有利区（图8-33C区、D区）

包括十区—百口泉佳木河组水下扇、十区白碱滩组三角洲、百口泉南下乌尔禾组＋上乌尔禾组＋百口泉组＋下克拉玛依组水下扇、玛北井下农场—风南1井南断裂下乌尔禾组＋上乌尔禾组水下扇和扇三角洲相等有利区块。该大区处于克—乌大断裂下盘，紧邻玛湖凹陷佳木河组及风城组生烃中心，形成这两套烃源岩的叠置组合带，位于油气运移主要指向上，油气运移距离不长，油源丰富。广泛发育着成带、成群分布的扇体裙，形成多个粗碎屑扇体朵叶体的分布与叠合，火山岩储集体发育，据邻井物性资料统计，总体属中等—中等偏差、局部属较好—中等储层，且总体上埋藏相对较浅，储集条件有利。有检乌24井南断裂、检乌26井北断裂、风南1井南断裂等配置，侏罗系、三叠系及二叠系内部的不整合面也可成为油气运移通道。纵向上，可形成多套盖层，生储盖组合、配置良好。有克—乌断裂带及佳木河组剥蚀尖灭带控边，易于形成断层—岩性、地层（尖灭带或不整合）圈闭。邻区已有百56—403井油气藏及玛北油田分布，已有探井见不同程度的油气显示或低产油流。例如，乌17井乌尔禾组油气显示良好；百65井在八道湾组取到了3.14m含油岩心，2460～2465m井段试油，经压裂获得日抽油0.49t，日抽水22m³，累计产油18.975t，累计产水418.94m³，原油密度为0.8165g/cm³，白碱滩组取出个别外渗原油的岩心；百75井在下乌尔禾组取心见稠油。

总体看来，区内钻井探及层位较浅，百口泉油田大多钻及三叠系，而二叠系埋藏不深、扇体发育、成藏条件较佳。应当特别指出，2003年新疆油田在百口泉油田百31井区百口泉组油藏评价中，将扩边井b1764井加深至下乌尔禾组，在1362～1396m井段试油，4.0mm油嘴日产油26.7t，不含水。接着对8口扩边井加深至佳木河组，7口井试油均获得高产，平均单井日产油24.5t。预计佳木河组和下乌尔禾组油藏2004年新增含油面积6km²，新增探明储量600×10⁴t。这一最新成果揭示，区内中深层（三叠系—二叠系）极富勘探潜力。下一步应加强地震资料的精细构造解释及构造—岩性圈闭识别研究。

3）五区以南风城组及下乌尔禾组＋上乌尔禾组有利区（图8-33E区）

该区块处于扇三角洲相区，有利储集体为克82—克201—克202井扇三角洲平原分流河道微相砂砾岩体及克81—克80井扇三角洲前缘水下分流河道砂体，风城组平均孔隙度为7.7203%～10%、平均渗透率为0.4887～1mD，物性评价中等偏差。该区位于佳木河组生烃区，距风城组生烃区不远，处于油气近距离运移指向上，区内分布的克80井断裂可成为有利的油气运移通道；其西南侧有风城组尖灭线环绕，成藏组合及构造配置较有利，且探井不多。

需特别指出，八区乌尔禾扇体油藏在近期的开发过程中经过对扇体的精细刻画，不断扩边、滚动勘探，探明储量由原来的8958×10⁴t增至1.2×10⁸t，可能更大达2×10⁸t。这一事实说明，扇体展布范围很大，目前远未摸清扇体储层和扇体油藏的分布规律。应当进一步解放思想，对该区开展精细的二维、三维地震构造解释和储层定量预测，以寻找有利圈闭和构造。

4）小拐—环中拐斜坡有利区（图8-33F区）

包括小拐西南八道湾组冲积扇—扇三角洲、小拐佳木河组及头屯河组冲积扇扇中等有利区块。该区位于玛湖和昌吉两大生烃凹陷之间及玛湖—盆1井西和昌吉两个复合富油气系统内，是一个石炭纪—早二叠世形成的东南倾大型鼻状构造，紧邻下乌尔禾组生烃中心，处于油气运移的主要指向上，利于油气的聚集。

据新疆油田勘探开发研究院1999年的统计资料可知，物性受储集岩相和储层成岩作用的控制。五八区佳木河组下亚组孔隙度为0.44%～24.99%，平均为7.1131%；渗透率为0.003～459.19mD，平均为13.3981mD。小拐地区佳木河组下亚组孔隙度为0.74%～20.45%，平均为7.8861%，渗透率为0.002～1750mD，其渗透率变化范围较大，渗透率的好坏取决于裂缝发育程度，总体属中等—较好储层；佳木河组中亚组在拐201—拐3—拐4—拐10井区平均孔隙度为10%～18%，平均渗透率为0～1800mD，属较好—好级别储层；上亚组孔隙度为0.35%～24.88%，平均为10.7619%，渗透率为0.01～1859.7mD，平均为24.6115mD。邻区较高的孔渗表明储集物性条件优越，推测本区储集岩孔渗值较高。另据邻区车排子探井物性统计（图8-34），推测本区八道湾组孔渗物性条件较好，生储盖组合配置较好。

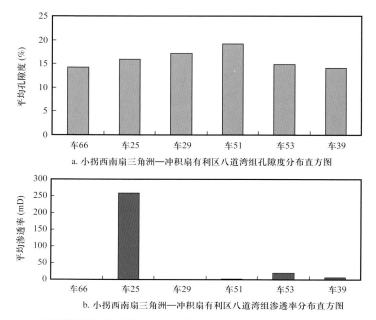

a. 小拐西南扇三角洲—冲积扇有利区八道湾组孔隙度分布直方图

b. 小拐西南扇三角洲—冲积扇有利区八道湾组渗透率分布直方图

图8-34　西北缘前陆冲断带小拐—环中拐斜坡有利区八道湾组储集性能分析

其周缘已发现车501井、车30—车51井及拐3—拐201井区八道湾组油藏，已在拐4井侏罗系、拐10井和克102井二叠系、拐148井三叠系获得工业油流，在拐8井、克302井白碱滩组见到良好的油气显示及低产油流，克81井白碱滩组取到含油岩心，表明是一个多层系含油的油气聚集区，应有一定勘探潜力。

此外，紧邻富烃凹陷的正向构造单元成藏条件有利，中拐凸起东南斜坡位于富烃凹陷的迎烃面，处于生烃灶与已发现油藏集中区之间的油气过路部位，发育不同期次的断裂和不整合面，成藏条件非常有利。中拐凸起已探明石油储量 1.10×10^8t，主要集中在靠近断裂带的区域，但其石油资源量约为 4.12×10^8t，依然有近 3×10^8t 的待探明资源，潜力依然很大。

5）车排子凸起尖灭带八道湾组、头屯河组、白垩系冲积扇及扇三角洲有利区（图8-33G区）

该区为环绕头屯河组剥蚀尖灭线分布，处于冲积扇扇中—扇根亚相带，辫状水道微相的砂砾岩储集体发育，头屯河组平均孔隙度为13.62%～22.03%，平均渗透率为10.67～580.53mD，总体为中等—好储层，物性条件较好。其邻近下乌尔禾组生烃中心的油气运移指向上，侏罗系煤系地层也可生油生气，油气源丰富。发育多条二叠系—三叠系大逆掩断裂及侏罗纪—新近系的正断裂，构成油气纵向运移的有效通道；二叠系各层组之间、二叠系与三叠系间、三叠系与侏罗系间、侏罗系与白垩系之间的不整合面，可构成油气侧向运移的有效通道，沿地层尖灭带易于形成有利圈闭。圈闭类型较多，有构造、地层、（扇体）岩性圈闭，还有古构造和异常体（车78井区二叠系地震强反射层等），具有一定的勘探潜力。据悉，在中国石化矿权区块的探井已打到稠油油藏。按常理分析，稠油的出现表明其并未完全遭到破坏，形成了一定的封堵和保存；稠油之下，应当有稀油分布，这一现象值得重视和进一步研究。

6）西北缘斜坡带（玛湖西侧斜坡区）全油气系统立体勘探有利区

随着近期研究和勘探的深入，认识到在多期断裂垂向运移、不整合面横向输导条件下，形成源上砂砾岩整体成藏，采用针对致密砾岩储层的细分切割绕砾压裂技术能够实现其有效动用。环凹大型斜坡区发育的不整合为大面积岩性—地层油气藏提供了良好的圈闭与保存条件，形成了西北缘上二叠统的源储分离型——超覆—削截复合油气成藏模式。玛湖凹陷具备规模勘探的有利成藏条件，开启勘探由西北缘断裂带走向凹陷区的重大战略转移，在玛湖凹陷西侧玛北斜坡、玛西斜坡、玛南斜坡先后取得突破（唐勇等，2019）。

玛湖凹陷西侧玛北斜坡的突破揭示了玛湖凹陷斜坡区扇三角洲前缘相带有利区整体成藏；夏子街扇西翼具备三面遮挡、良好顶底板、构造平缓且储层低渗透的整体成藏三大条件；开发技术上二次加砂工艺能够显著提高致密砂砾岩储层产量。

玛湖凹陷西侧玛西斜坡的重大进展突破了前期认为砂砾岩储层有效埋深在3500m以浅的认识，证实了三叠系百口泉组贫泥砂砾岩发育深埋优质储层。西斜坡位于西北缘断裂带下盘、生烃凹陷的上倾方向，是油气向构造高部位的西北缘断裂带运移的必经之路。从目前发现来看，三叠系、中—上二叠统均呈现富油的特点。受岩性、岩相及物性控制，油藏以岩性或岩性—构造复合型为主，具有大面积连续分布的特点。

玛湖凹陷西侧玛南斜坡的突破显示玛湖凹陷南斜坡三叠系百口泉组油藏纵向叠置、横向连片，呈"一砂一藏"特征，为岩性油气藏；储层受相带控制，而非受裂缝控制；在迎烃面的上倾方向指出上乌尔禾组储—盖配置良好、顶底板条件有利。

勘探成果逐步证实玛湖凹陷西侧斜坡区三叠系百口泉组具备扇控大面积成藏地质特征。从北到南发育了玛北斜坡（玛4—玛15—夏7202—夏9井区一带，图8-33中A、B区周边及东南）、玛西斜坡（玛9—艾湖1—玛西1井区一带，图8-33中C、D区周边及东侧）、玛南斜坡（克80—克81—玛湖1井区一带，图8-33E—F区间及东侧）三大玛湖西侧斜坡有利区。其中，玛北斜坡和玛西斜坡也是源储分离型——超覆—削截复合油气藏、玛南斜坡也是上二叠统大面积岩性—地层油气藏的有利勘探方向（匡立春等，2022）。

从新类型、新领域评价和勘探进展来看，西北缘发育3套主力烃源岩、3套区域性泥岩盖层，与储层呈纵向叠置，形成"三层楼"结构，由此形成石炭系油气系统、二叠系油气系统和侏罗系油气系统三大油气系统，玛湖西侧斜坡区具有"全油气系统"特征和立体勘探潜力。

2. 未来西北缘的准备领域和勘探方向

1）西北缘克—百断裂带及乌—夏断褶带推覆体下盘掩伏带含油领域

前面第5章原型盆地分析已经提到，断裂带下盘作为下步勘探新领域值得探索研究。本节根据综合资料，提出如下依据。

（1）从生烃与沉积中心来看，晚石炭世—风城组沉积期伸展断陷盆地的原型格局控制了烃源岩的发育，盆地断陷沉降的不均衡性导致近造山带一侧沉降快，水体更趋于还原环境，有利的生烃相带大面积展布，形成了主力生烃层系。原型盆地分析表明，早二叠世的原始盆地边界应分布在现今老山边界的更西北侧（图8-2），沉积中心应偏向山前带，而不在现今的玛湖凹陷中部。因此烃源岩可向山前分布，冲断带下盘应有一定范围的生烃中心展布。这也被近期的研究佐证，李宗浩等（2018）认为西北缘掩伏带处于玛湖凹陷风城组和佳木河组的生烃中心，风城组和佳木河组发育良好的储盖组合，易于形成源内自生自储型油气藏。

（2）从盆地结构来看，掩伏带发育"三层楼"式的地层结构，即底层为石炭系—下二叠统原地地层、准原地叠加层序；中层为石炭系推覆层序；上层为三叠系—白垩系超覆沉积层序。下盘掩伏带主要分布下二叠统风城组、佳木河组烃源岩，广泛发育，埋深为4400~5500m。李宗浩等（2018）统计风城组掩伏带长为106km，宽为1.2~7.0km，面积约为360km^2；佳木河组一段—三段掩伏带面积合计约为2444km^2，分布面积十分可观。中—晚二叠世前陆期由于逆冲推覆作用，大量粗碎屑剥蚀沉积而发生挠曲沉降，形成西北缘冲断带向山前张口的楔形结构，前渊深坳陷中发育生烃岩系和上覆的粗碎屑（扇体）储集体，构成较好的源储配置。

（3）从冲断带发育及地震剖面来看，后期的冲断带发育过程中，逆冲断裂不断上推、前移，可以掩覆下部的生储层系，并形成推覆体下盘断层相关褶皱（背斜）带（图8-35），具备圈闭条件。在乌尔禾—夏子街地区的掩伏推覆带下盘发育大量断层圈闭和断层相关背斜圈闭，这些圈闭距油源近、扇体储集体发育、圈闭幅度大，是今后该区勘探的重要目标。

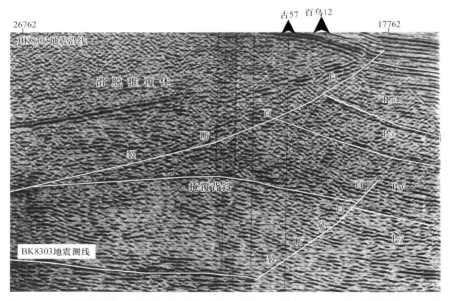

图8-35　西北缘前陆冲断带白碱滩断裂构造东段地震剖面（示下盘掩伏带含油领域）

（4）从成藏特征来看，据张立平（2002）的研究，玛北油田二叠系下乌尔禾组储层中玛006井、玛007井的R_c值（换算的镜质组反射率）较低，分别为0.71%和0.8%；

从东部的玛 2 井到西部的玛 4 井、玛 003 井 R_c 值逐渐升高，由 0.89% 增大到 1.21%；三叠系储层中的原油成熟度高于二叠系储层中原油成熟度。成熟度的变化说明油气的充注可能是从西往东充注的（图 8-36），即油气是由断裂带（或斜坡带）向现今盆地（玛湖凹陷）运移、充注的。

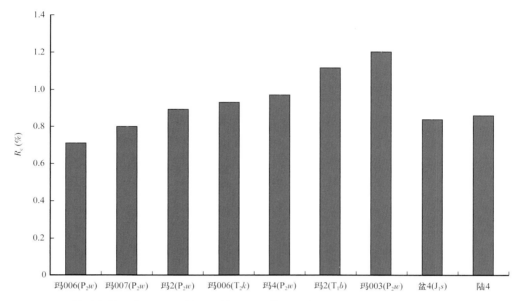

图 8-36　西北缘冲断带玛湖地区 R_c 值（换算的镜质体反射率）分布图（示由西向东的油气充注方向）

（5）从油气分布特点思考，克拉玛依断裂带为何油气如此富集？为何其长期稳产且在近年储产量大幅增长？但是，人们一直认为玛湖凹陷（中部）是生烃中心、油气具有（由东）向西北侧的优势运移方向，这与上述研究结论不符。如果上述几条分析推论成立，则克拉玛依断裂带下盘掩伏带富存烃源层，逆冲断裂推覆活动过程中，油气极易"近水楼台先得月"而沿大断裂垂向运移至（上盘）圈闭中成藏。这样的解释看来也有合理的一面。

（6）近期研究认为，构造型掩伏带的源—储—盖层分布对于形成高效输导体系和大规模地层油气藏十分有利；断裂发育为油气运移提供垂向通道，形成近源下生上储型油气藏。

总体上，西北缘已在超剥带、断褶带和斜坡带发现了大量油气，而掩覆带一直未能获得突破。西北缘掩伏构造带勘探程度低，贴近烃源层或处于源内，发育深大构造型圈闭，成藏条件十分优越，特别是其中的"帽檐"圈闭埋藏适中，勘探潜力大，是寻找规模储量，实现跨越式发展的最有利勘探新领域（李宗浩等，2018）。

2）西北缘玛湖西侧斜坡区深层—超深层含油气领域

玛湖西侧斜坡区深层主要指石炭系—二叠系。多年来石炭系—二叠系各层组均有油气藏分布，且深层—超深层发现一批大构造和储备圈闭。深层石炭系、中—下二叠统分布有火山岩非常规储层和碎屑岩、致密砾岩储层类型，业已发现火山岩物性与深度关系不大，主要受裂缝和岩相控制，且更邻近烃源岩，成藏条件更优越；腹部中国石化区块的探井，在5500m深度仍发现了孔渗物性较好的（三叠系）碎屑岩储层。深层—超深层的石炭系—二叠系油气探明程度低，剩余资源潜力大，是未来油气勘探突破最重要的接替领域。

近期，分布于玛湖富烃凹陷边缘及斜坡区的砾岩是准噶尔盆地规模增储上产的主体。综合分析认为，玛北斜坡具有良好的油源条件、储集条件，以及油气输导条件。通过突出风险勘探，强化集中勘探与精细勘探，按照"下凹进源、常非并重"和"全油气系统"理念，走向深层—超深层领域的勘探取得了丰硕成果（何文军等，2019；赵永强等，2023）。在斜坡区扇控大面积成藏模式指导下，相邻扇体勘探接连取得丰硕成果，初步展现多个亿吨级高效、优质储量区块，从玛北斜坡区至玛南斜坡区延伸百余千米。

随着夏盐凸起、达巴松凸起等富烃凹陷周缘古隆起石炭系的勘探突破，创建了"石炭系自生自储与新生古储"成藏认识。但在西北缘冲断带石炭系油藏已有发现的情况下，冲断带下盘及斜坡带—坳陷区深层—超深层石炭系油气系统的勘探还有待深化研究和深化探索。

此外，玛湖西侧斜坡区侏罗系主要发育玛北挠曲坡折带、玛湖挠曲坡折带，是地层削蚀不整合圈闭、地层超覆不整合圈闭及深切谷等非构造圈闭发育的有利地区。

3）西北缘中浅层立体成藏（成矿）和玛湖西侧斜坡区风城组页岩油致密油有利区

西北缘乌尔禾地区具有烃类3期成藏、3期破坏特征，形成了由二叠系和三叠系稀油油藏、侏罗系稠油油藏、白垩系油砂矿和沥青矿脉构成的稀油—稠油—油砂—沥青立体成藏（成矿）模式，由深部至浅部稀油、稠油、油砂、沥青之间存在共生或过渡关系。该模式成藏独特，据此推测在风城油田稠油油藏下方，深层二叠系、三叠系中可能存在稀油油藏，目前尚未有油气发现，但值得开展深入研究，有望获得突破。在深层断裂的断错、弯转和非连续里德尔剪切破裂处，对浅层断裂进行刻画是准噶尔盆地西北缘冲断带寻找浅层小型油气藏的重要方向。其中，乌尔禾断裂带与夏子街断裂带的交接地带是最有利的勘探区带。断层顶部的侏罗系剥蚀尖灭带，局部具备地层型稠油油藏的成藏条件，而在稠油的遮挡封闭作用下，可能还具备形成稀油油藏的成藏条件（陈刚强等，2023）。

玛湖凹陷风城组全油系统的发现以2019年玛页1井页岩油和玛湖28井区致密油的勘探突破为契机，连续3年累计落实储量$5.4×10^8$t。玛湖凹陷的风城组埋深为4500～6000m，烃源岩的镜质组反射率（R_o）普遍分布在0.7%～1.2%之间；受控于热演化程度，流体相态整体以油为主；近两年相继在玛51X井、夏205X井、玛页1H井等多口井取得了百吨高产的突破（唐勇等，2019），也预示着玛湖西侧斜坡区页岩油致密油的良好前景。

中国石化的西北缘哈山探区紧邻玛湖凹陷，风城组发育与玛湖凹陷相似的碱湖相细粒混合沉积建造和岩相组合，形成多套中等—优质烃源岩，2022年实施的HSX4井和HS5井在风城组均见到丰富油气显示，HS5井准原地风城组近期获得高产工业油流，打开了盆缘复杂构造区页岩油勘探新局面（赵永强等，2023）。

综上所述，未来若干年，西北缘主要存在新发现的扇体、低勘探程度扇体的扇中—扇缘部位、斜坡带全油气系统、推覆体下盘掩伏带、斜坡区深层—超深层、中浅层立体成藏（成矿）和玛湖西侧斜坡区风城组页岩油致密油七大重点领域，层位上应集中于二叠系、三叠系、侏罗系，其次为石炭系、白垩系。随着地震勘探、储层预测和体积压裂技术的提高，只要充分应用岩性—地层油气藏的勘探思路、成藏组合分析方法与现代构造地质学的解析技术进一步搞精、搞细扇体勘探，更加深化逆掩断裂控油论、扇控论，创新"全油气系统"和"常非并重、立体勘探"认识，西北缘前陆冲断带，尤其是斜坡区还会有大场面发现！

第七节　西北缘深化精细勘探存在问题与勘探建议

一、存在的主要问题

近十余年，西北缘的许多探井落空（宋明水等，2016；赵文智等，2019；丁力等，2021），勘探遭遇一些挑战。圈闭钻探的失利是油气勘探难以避免的，也正是油气勘探有巨大风险之所在。通过失利探井的分析（表 8-10），有利于总结经验教训和重新认识油气成藏规律，以指导下一步勘探。

表 8-10　准噶尔盆地西北缘前陆冲断带近年主要探井失利分析

圈闭名称	探井号	钻探目的层	失利主要原因
夏 48 井东断块	夏 73 井	三叠系、侏罗系含油气性	油源断裂不发育
夏 67 井西断鼻	夏 75 井	三叠系、侏罗系含油气性	储层不发育，物性差
玛 009 井东断块	玛 8 井	侏罗系、三工河组	保存条件差
玛 9 井南断块	玛 10 井	三叠系、侏罗系含油气性	断层对油气的沟通性差
克 81 井西地层圈闭	克 88 井	二叠系、三叠系含油气性	三叠系储层质量差，侧向有效封堵性差，圈闭有效性低
拐 8 井南 1 号断块	拐 21 井	侏罗系、三工河组	断裂断距小，有效封堵性差
拐 103 井断层—地层圈闭	拐 22 井	侏罗系、三工河组	侧向有效封堵性差
拐 8 井区岩性圈闭	拐 8 井	侏罗系	断裂断距小、沟通油源差，砂体展部不清（含油水层）
拐 8 井北异常体	拐 14 井	侏罗系	无深大断裂沟通油源，泥包砂的异常体成了空圈闭
拐 10 井东 1 号断块圈闭	拐 15 井	侏罗系、下乌尔禾组	断开层位浅（白垩系—三叠系），断距小（10~30m），储层不发育
拐 201 井岩性圈闭	拐 202 井	侏罗系八道湾组、三工河组	侏罗系内部逆断裂起遮挡作用，砂体在上倾方向岩性发生相变，连通性差，对油气聚集不利

由表 8-10 及近期勘探实践可知，西北缘近年探井失利的主要原因在于储层和断裂等输导体系匹配问题。综合分析认为，准噶尔盆地西北缘油气勘探目前主要面临以下问题与难点。

（1）领域上：西北缘断阶带剩余出油气点较多，对其油气藏的类型和规模尚不清楚；玛湖西侧斜坡区存在玛湖背斜等低幅度构造和扇体地层／构造—岩性等圈闭，对其综合识别与精细研究尚不深入；勘探程度较低的中拐凸起、断裂带下盘等领域，对新目的层（白垩系、深层等）的了解其少、对其勘探目标的具体刻画尚不清晰；以往选取的预探领域未取得突破，主要原因是构造与相带不匹配，未钻揭扇三角洲前缘有利相带或储层和输导体系不匹配。

（2）技术上：西北缘三维地震勘探程度不均衡，影响构造精细解释；部分区块地震资料品质难以满足识别低幅度构造和岩性圈闭的要求，还缺乏完备技术；尚未形成一套针对岩性油气藏勘探的技术和方法体系；老井试油不彻底现象比较普遍，针对西北缘低电阻油气层、白垩系及其他层系薄砂层的综合识别技术，钻井工艺、油层保护技术仍不完善；大型压裂技术，地震资料连片采集、处理、解释、建模与成像攻关技术，多井建模地震测井联合反演技术，地震相分析技术，地震相干体技术和层序地层学技术的综合运用与结合不够。

（3）研究上：粗粒沉积的基础研究仍较薄弱，如古地形与坡度、相带与微相划分、沉积成因机制、水槽模拟实验、砾岩成岩作用等，除车排子地区外，对西北缘白垩系的划分对比与综合研究几乎为空白区；对西北缘冲断带"前缘单斜"的形成与演化、冲断带的内部细结构、推覆体之下地层的属性与含油气性、冲断推覆体之间的关系、逆掩断层控油的特点或实质等的研究尚待细化；沉积储层、成岩作用整体精细研究也不深入，缺乏全区各层系扇体亚相、微相分布与叠置图和岩性油气区带划分图；西北缘储层物性的复杂与多变性，构造的多期叠加和改造，油气和圈闭演化历史和时空配套关系复杂；对西北缘前陆冲断带原型盆地分析及其改造和叠加的研究广度与深度都还不足；新构造运动对油气成藏的影响与作用也处于探索之中；储量区块和层系众多，油气资源新层系、新领域、新类型评价有待补充完善，"家底"需要进一步深化梳理。粗粒沉积测井解释瓶颈、地震处理与解释以及定量地质知识库的建立，也有待攻关。

制约西北缘油气勘探的关键因素主要是有效储层预测难，部分储层质量较差，导致部分探明储量难以动用开发或油气产量较低；其次是部分地区构造复杂，断裂运油、封油（油源断裂与断层封堵）及其与成藏要素、成藏作用的有机匹配研究不够，圈闭难以落实，岩性圈闭识别技术尚不完备。

二、下步勘探建议

（1）整体解剖玛湖西侧斜坡区，加强二叠系—侏罗系、石炭系及白垩系扇体微相及储层展布、砂砾岩扇体成岩作用与相对高孔渗带分布、多井约束与地震约束下的岩性反演与储层质量预测的精细与定量研究，编制出一整套大比例尺的相关工业图件，深化前述七大重点领域评价与分析。

（2）优化"下凹进源、常非并重"和"全油气系统"立体勘探，加大风险勘探力度，加强断裂运油、封油（油源断裂与断层封堵）及其与成藏要素、成藏作用的有机匹配研究，进一步深化扇体油气藏成藏特征与分布规律研究，并开展各类扇体中各种岩性在无油和有油充注情况下的成岩压实模型和孔渗演化模型，定量预测储层孔渗能力，以搞清有效扇体储层展布，落实扇体的勘探井位。

（3）坚持老区老井复查，高度重视从老井资料中捕捉油藏的各种信息、寻找突破，使老区有些区块再上钻或恢复试油；并充分发掘老地震资料潜力，加强地震资料连片采集—处理—解释—建模—成像一体化、地质—工程一体化、常规—非常规一体化攻关，力争大突破。

（4）摸索一套针对西北缘粗碎屑扇体岩性圈闭勘探和高速高效探明低幅度背斜油气藏的二维—三维地震采集—处理—解释实用技术、现代测井技术与油藏精细描述技术，岩性圈闭和低幅度背斜的识别要采用多井建模地震测井联合反演技术、地震相分析技术、地震相干体技术、叠前深度偏移技术、三维可视化技术，以提高圈闭识别的精度，加强推覆体下盘和斜坡区深层研究，查清三叠系—侏罗系可能存在的低幅度构造，地层、岩性圈闭及断裂展布，为发现亿吨级油田做准备。

（5）突破的关键：一是正确识别和追踪"三线"（地层超覆线、岩性尖灭线、构造等高线）和"三面"（不整合面、断层面、储层顶底面）；二是准确预测二叠系—侏罗系相对优质储层发育的"五带"（坡折带、裂缝带、有利相带、尖灭带、次生孔隙发育带），划分岩性油气区带；三是深入研究油气聚集规律，查明扇体油气藏的分布规律和成藏要素配置；四是在有利带内寻找可靠目标。

参 考 文 献

常嘉，陈世悦，王琼，等，2021.陆表海背景下障壁海岸体系沉积层序及聚煤模式：以渤海湾地区晚古生代太原组为例［J］.煤田地质与勘探，49（4）：123-133.

陈刚强，张磊，王东勇，等，2023.准噶尔盆地乌尔禾地区稀油—稠油—油砂—沥青立体成藏（成矿）模式［J］.石油学报，44（7）：1072-1084.

陈静，陈军，李卉，等，2021.准噶尔盆地玛中地区二叠系—三叠系叠合成藏特征及主控因素［J］.岩性油气藏，33（1）：71-80.

陈磊，杨镱婷，汪飞，等，2020.准噶尔盆地勘探历程与启示［J］.新疆石油地质，41（5）：505-518.

陈萍，张玲，王惠民，2015.准噶尔盆地油气储量增长趋势与潜力分析［J］.石油实验地质，37（1）：124-128.

陈书平，王毅，周子勇，等，2020.塔里木盆地中—下寒武统自然伽马测井曲线周期及其在沉积层序划分中的意义［J］.地质通报，39（7）：943-949.

陈书平，张一伟，汤良杰，等，2001.准噶尔晚石炭世—二叠纪前陆盆地的构造演化［J］.地质学报，75（4）：398-408.

丁力，郝纯，吴宇兵，等，2021.微生物油气检测技术在准噶尔盆地油气勘探中应用［J］.中国石油勘探，26（3）：136-146.

董雪梅，李静，潘拓，等，2023.准噶尔盆地红车断裂带油气成藏条件及勘探潜力［J］.石油学报，44（5）：748-764.

樊向东，1997.车—拐地区岩相划分及岩相与油气的关系［C］//1997年底新疆石油管理局勘探开发研究院成果论文集（勘探分册）.326-333.

冯有良，胡素云，李建忠，等，2018.准噶尔盆地西北缘同沉积构造坡折对层序建造和岩性油气藏富集带的控制［J］.岩性油气藏，30（4）：14-25.

何登发，贾进斗，张立平，等，2003.准噶尔盆地大油田的勘探方向［C］//中国石油天然气股份有限公司勘探与生产分公司，中国石油天然气股份有限公司2003年勘探技术座谈会报告集.北京：石油工业出版社，346-351.

何登发，吕修祥，林永汉，等，1996.前陆盆地分析［M］.北京：石油工业出版社.

何文军，王绪龙，邹阳，等，2019.准噶尔盆地石油地质条件、资源潜力及勘探方向［J］.海相油气地质，24（2）：75-84.

侯贵廷，钱祥麟，蔡东升，2000.渤海中、新生代盆地构造活动与沉积作用的时空关系［J］.石油与天然气地质，21（3）：201-206.

侯启军，何海清，李建忠，等，2018.中国石油天然气股份有限公司近期油气勘探进展及前景展望［J］.中国石油勘探，23（1）：1-13.

纪友亮，张月，周勇，等，2023.阵发性洪水条件下辫状河型冲积扇构型研究：以准噶尔盆地西北缘现代白杨河冲积扇为例［J］.古地理学报，25（2）：255-276.

贾承造，何登发，雷振宇，等，2000.前陆冲断带油气勘探［M］.北京：石油工业出版社.

蒋春雷，金振奎，马辉树，等，1997.准噶尔盆地西北缘二叠系沉积相类型研究［C］//第五届全国沉积学及岩相古地理学学术会议论文集.乌鲁木齐：新疆科技卫生出版社，205-208.

焦养泉，郎风江，杨生科，等，1997.准噶尔盆地西北缘T—J₂沉积充填作用过程与推覆构造作用过程耦合分析［C］//第五届全国沉积学及岩相古地理学学术会议论文集.乌鲁木齐：新疆科技卫生出版社，202-204.

金振奎，马辉树，1997.西北缘斜坡区二叠系沉积相与油气的关系［C］//1997年度新疆石油管理局勘探开发研究院成果论文集（勘探分册）.317-319.

靳军，2017.准噶尔盆地西北缘河流型冲积扇沉积模式研究：以现代白杨河冲积扇为例［R］.中国石油新疆油田分公司.

匡立春，薛新克，杨海波，等，2011.准噶尔盆地西北缘精细勘探实践［C］//第四届中国石油地质年会论文集.北京：石油工业出版社，264-274.

匡立春，支东明，王小军，等，2022.准噶尔盆地上二叠统上乌尔禾组大面积岩性—地层油气藏形成条件及勘探方向［J］.石油学报，43（3）：325-340.

郎风江，焦养泉，杨瑞麒，等，1997.克拉玛依油田露头区低弯度河道沉积组合［C］//第五届全国沉积学及岩相古地理学学术会议论文集.乌鲁木齐：新疆科技卫生出版社，151-152.

雷德文，吕焕通，刘振宇，等，1998.准噶尔盆地西北缘斜坡区冲积扇储集层预测与效果［J］.新疆石油地质，19（6）：470-472.

李汉林，2022.准噶尔盆地二叠系风城组沉积相与沉积演化分析［J］.科技与创新，（24）：13-16+21.

李勇，罗力元，王剑，等，2023.断层封闭性演化地球化学评价方法及其控藏作用：以准噶尔盆地西北缘红车断裂带为例［J］.天然气工业，43（8）：12-25.

李勇，曾允孚，1994.试论龙门山逆冲推覆作用的沉积响应：以成都盆地为例［J］.矿物岩石，14（1）：58-66.

李勇，曾允孚，1995.龙门山逆冲推覆作用的地层标识［J］.成都理工学院学报，22（2）：1-9.

李智高，丁琳，李小平，等，2023.基于沉积层序理论的高精度层序划分方案及其对岩性圈闭的预测：以珠江口盆地恩平凹陷新近系为例［J］.海洋地质前沿，39（5）：73-82.

李宗浩，刘海磊，卞保力，等，2018.准噶尔盆地西北缘掩伏带构造特征及勘探潜力分析［J］.特种油气藏，25（5）：56-60.

林会喜，宁飞，苏皓，等，2022.准噶尔盆地腹部车排子—莫索湾古隆起成因机制及油气意义 [J].岩石学报，38（9）：2681-2696.

刘少峰，1993.前陆盆地的形成机制和充填演化 [J].地球科学进展，8（4）：30-37.

吕雪雁，张周良，金振奎，等，1999.准噶尔盆地西北缘二叠系层序地层学特征 [J].新疆石油地质，20（增刊）：621-623.

倪敏婕，祝贺暄，何文军，等，2023.准噶尔盆地玛湖凹陷风城组沉积环境与沉积模式分析 [J].现代地质，37（5）：1194-1207.

秦苏保，1985.准噶尔盆地西北缘沉积建造及其大地构造意义 [J].大地构造与成矿学，（2）：61-72.

丘东洲，1994.准噶尔盆地西北缘三叠—侏罗系隐蔽油气圈闭勘探 [J].新疆石油地质，15（1）：1-9.

丘东洲，张继庆，陈新发，等，1994.准噶尔盆地西北缘三叠—侏罗系储层沉积成岩与评价 [M].成都：成都科技大学出版社.

丘东洲，赵玉光，1993.西准噶尔界山前陆盆地晚期层序地层模式及应用 [J].岩相古地理，（6）：1-17.

宋明水，赵乐强，宫亚军，等，2016.准噶尔盆地西北缘超剥带圈闭含油性量化评价 [J].石油学报，37（1）：64-72.

唐勇，郭文建，王霞田，等，2019.玛湖凹陷砾岩大油区勘探新突破及启示 [J].新疆石油地质，40（2）：127-137.

王一端，闫建文，李中，等，2021.砾岩油田：准噶尔盆地谱新篇 [J].石油知识，3：16-17.

蔚远江，李德生，胡素云，等，2007.准噶尔盆地西北缘扇体形成演化与扇体油气藏勘探 [J].地球学报，28（1）：62-71.

杨津，刘迪，吴红华，等，2012.中国西北部含油气盆地的构造带类型及其复式油气藏（田）初探 [J].海相油气地质，17（1）：1-9.

伊海生，王成善，李亚林，等，2001.构造事件的沉积响应：建立青藏高原大陆碰撞、隆升过程时空坐标的设想和方法 [J].沉积与特提斯地质，21（2）：1-15.

尤兴弟，1986.准噶尔盆地西北缘风城组沉积相探讨 [J].新疆石油地质，7（1）：47-52.

余海涛，刘新宇，吴博闻，等，2020.准噶尔盆地西北缘沙湾凹陷上乌尔禾组大型扇三角洲控制因素 [J].新疆地质，38（1）：71-76.

岳欣欣，2021.准噶尔盆地春光地区新近系沙湾组辫—曲演化与成藏特点 [J].石油实验地质，43（6）：967-975.

张关龙，王越，2023.准噶尔盆地早二叠世构造—沉积格局及石油地质意义 [J].油气地质与采收率，30（1）：35-48.

张纪易，1980.克拉玛依洪积扇粗碎屑储集体 [J].新疆石油地质，（0）：33-53.

张继庆，等，1992.准噶尔盆地西北缘三叠—侏罗系沉积模式 [J].新疆石油地质，13（3）：206-216.

张明山，钱祥麟，李茂松，1996.造山带逆冲与前陆盆地沉降和沉积平衡关系定量讨论：以库车陆内前陆盆地为例 [J].北京大学学报（自然科学版），32（2）：188-197.

张元元，曾宇轲，唐文斌，2021.准噶尔盆地西北缘二叠纪原型盆地分析 [J].石油科学通报，6（3）：333-343.

张志杰，周川闽，袁选俊，等，2023.准噶尔盆地二叠系源—汇系统与古地理重建 [J].地质学报，97（9）：3006-3023.

赵白，1985.克拉玛依油田的非背斜油气藏 [J].新疆石油地质，6（1）：1-10.

赵文智，胡素云，郭绪杰，等，2019.油气勘探新理念及其在准噶尔盆地的实践成效 [J].石油勘探与开发，46（5）：811-819.

赵永强，宋振响，王斌，等，2023.准噶尔盆地油气资源潜力与中国石化常规—非常规油气一体化勘探策略［J］.石油实验地质，45（5）：872−881.

赵玉光，丘东洲，张继庆，1993.西准噶尔界山前陆盆地晚期（T—J）层序地层与油气勘探［J］.新疆石油地质，14（4）：323−331.

赵玉光，肖林萍，2000.西准噶尔前陆盆地二叠纪火山—沉积序列与盆地演化耦合［J］.地质论评，46（5）：530−535.

支东明，唐勇，郑孟林，等，2018.玛湖四陷源上砾岩大油区形成分布与勘探实践［J］.新疆石油地质，39（1）：1−8.

周培兴，吴孔友，董方，等，2023.准噶尔盆地断拗转换期剥蚀厚度及其分布规律［J］.地质与资源，32（5）：575−583.

朱文，王任，鲁新川，等，2021.准噶尔盆地西北腹部燕山期构造活动与沉积响应［J］.地球科学，46（5）：1692−1709.

邹妞妞，张大权，史基安，等，2017.准噶尔西北缘玛北地区扇三角洲砂砾岩岩相分类及储集意义［J］.地质学报，91（2）：440−452.

Feng Jianwei，Dai Junsheng，Li Xin，et al，2018. Soft collision and polyphasic tectonic evolution of Wuxia foreland thrust belt：Evidence from geochemistry and geophysics at the northwestern margin of the Junggar Basin［J］. Geodynamics，118：32−48.

Ma Yinshan，Wang Tao，Yang Yazhou，et al，2022.Stratigraphic−Tectonic Evolution and Characterization of the Carboniferous in the Karamay−Baikouquan Fault Zone in the Northwestern Margin of the Junggar Basin，Northwest China［J］. Frontiers in Earth Science，10.

Sun Shuai，Yang Sen，He Wenjun，et al，2023. Structural deformation and its implication for hydrocarbon accumulation in the Wuxia fault belt，northwestern Junggar basin，China［J］. Open Geosciences，15（1）：14−25.

Wendorff M，Świąder A，Felisiak I，2023. Modal Quantitative Logs for the Objective Recording and Analysis of Very Thick Sedimentary Sequences［J］. Minerals，13（5）：675.

Wu Haisheng，Sun Shuai，Zheng Menglin，et al，2023.Reservoir Overpressure in the Mahu Sag，Northwestern Junggar Basin，China：Characteristics and Controlling Factors［J］. Geofluids，2422666：15.

Xia Fei，Zhang Yongzhan，Wang Li，et al，2023.Sedimentary Sequence and Age of Core NTCJ1 in the Sheyang Estuary，Western South Yellow Sea：A Re−Interpretation［J］. Water，15（20）：3617.

第一作者简介

蔚远江，1966 年 9 月生，沉积盆地分析与石油地质综合评价、油气勘探规划部署及发展战略研究学者，中国石油勘探开发研究院高级／一级工程师、项目经理。1987 年本科毕业于长安大学（原西安地质学院），2002 年获中国地质大学（北京）博士学位，2004 年从中国石油勘探开发研究院博士后流动站出站。长期从事常规—非常规油气地质综合评价与规划战略研究、勘探实践，获评 2023 年度"全国石油和化工优秀科技工作者"。

主要在盆地分析与构造—沉积学、（非）常规油气资源与地质综合评价、（非）常规油气勘探规划计划与发展战略方面取得优秀业绩和重要成果。提出构造—沉积响应与油气成藏效应地质综合研究思路与方法系列，创建了前陆冲断带、复杂油气区（冲断）构造活动—砂砾岩扇体／砂体迁移沉积响应与油气成藏模式，指出准噶尔盆地西北缘扇体油气藏、腹部岩性油气藏勘探领域和有利方向，以及油区煤层气、伴生矿产资源评价与战略选区，并为近期勘探实践逐渐证实。建立陆相页岩油"六定"思路（定背景、定烃源岩、定储层、定区带、定资源、定"甜点"）勘探评价流程与模式、页岩油气（拟建）示范区可行性评价方法及评价参数与指标体系，联合修订致密油甜点分级评价参数、指标体系与编制评价软件，创新开展页岩气区地质活动性评价方法与滑移摩擦实验研究，初步揭示了发震断层活化倾向、滑移距离与地震时空演化关系。创建油气勘探科技规划编制方法与技术指标体系、常规—非常规油气地质勘探前沿

技术测评优选与战略研究方法系列，制定油气勘探技术手册与中长期科技规划和发展战略，提出了前沿技术发展总体思路、发展战略、获取策略、技术发展路线图与发展建议，前陆冲断带、页岩油气等重大领域评价优选、大油气田勘探方向和战略成果支撑了国家层面、中国石油勘探有利领域和方向的量化优选和部署决策。

获省部级科技奖和荣誉15项、院局级奖19项（排名前5共13项，集体奖3项）。出版《含油气盆地构造—沉积响应研究与准噶尔盆地应用实践》《油气地质勘探前沿技术发展态势与战略选择》等第一作者专著3部、合作专著10部（排名前六4部）。发表学术论文60余篇，其中第一/通讯作者30余篇，SCI、EI检索22篇，会议论文12篇（第一作者7篇，国内外宣读交流10篇）。编写决策参考/信息专报10余篇。获发明专利、实用新型专利授权5件，申请发明专利7件，获软件著作权3项。负责完成国家油气重大专项、中国石油重大专项及前瞻性基础性重点课题、博士后基金、专/课题22项，目前负责在研专/课题3项。

现为中国石油和化学工业联合会油气行业研究员及上游咨询专家、中国石油集团公司招标评审专家，担任中国地质大学（北京）、华北科技学院、长江大学等院校的企业硕士生导师，石油工程师学会（SPE）、中国石油学会、中国能源研究会、中国沉积学会、中国矿物岩石地球化学学会会员，《石油勘探与开发》（中、英文版）、《地质学报》（中、英文版）等10种SCI、EI及核心期刊审稿人。